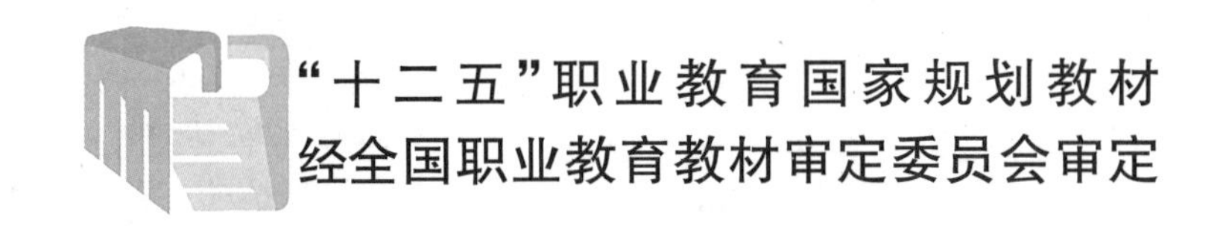

高职高专土建类专业精品课程系列教材

建筑工程识图实训

（修订版）

胡兴福　主　编
黄陆海　副主编
陈文元　颜有光　主　审

科学出版社
北　京

内 容 简 介

“施工图识读”是教育部颁布的《建筑工程技术专业教学标准》中的实践教学环节，也是高职高专教育土建类专业教学指导委员会颁布的《建筑工程技术专业校内实训及校内实训基地建设导则》中规定的基本实训项目（即必须在校内完成的项目）。

本书包括五个项目：建筑工程施工图识读概览、砌体结构房屋施工图的识读、钢筋混凝土结构房屋施工图的识读、钢结构房屋施工图的识读、钢筋翻样。

本书可作为建筑工程技术专业识图实训教材，也可用于地下与隧道工程、建设工程造价、建设工程监理、建设工程管理等土建类相关专业的识图实训，还可用于全国建筑工程识图比赛（高职组）参考用书，同时，还可供有关工程技术人员参考。

图书在版编目（CIP）数据

建筑工程识图实训（修订版）/胡兴福主编. —北京：科学出版社，2017

（“十二五”职业教育国家规划教材·经全国职业教育教材审定委员会审定·高职高专土建类专业精品课程系列教材）

ISBN 978-7-03-052807-0

Ⅰ.①建… Ⅱ.①胡… Ⅲ.①建筑制图－识图－高等职业教育－教材 Ⅳ.①TU204.21

中国版本图书馆 CIP 数据核字（2017）第 107248 号

责任编辑：万瑞达　万瑞达/责任校对：王万红

责任印制：吕春珉/封面设计：曹　来

科学出版社 出版

北京东黄城根北街 16 号

邮政编码：100717

http://www.sciencep.com

三河市骏杰印刷有限公司印刷

科学出版社发行　各地新华书店经销

*

2017 年 7 月 第 一 版　开本：787×1092 1/8

2023 年 1 月 修 订 版　印张：28 1/4 插页 4

2023 年 7 月第三次印刷　字数：587 000

定价：65.00 元

（如有印装质量问题，我社负责调换〈骏杰〉）

销售部电话 010-62136230　编辑部电话 010-62137026（VA03）

修订版前言

教育是国之大计、党之大计。教育、科技、人才是全面建设社会主义现代化国家的基础性、战略性支撑。全面建设社会主义现代化国家，必须坚持科技是第一生产力、人才是第一资源、创新是第一动力，深入实施科教兴国战略、人才强国战略、创新驱动发展战略。高等教育人才培养要树立质量意识、抓好质量建设、全面提高人才自主培养质量。

本书是"十二五"职业教育国家规划教材，根据《高等职业教育建筑工程技术专业教学标准》和《专科职业学校建筑工程技术专业实训教学条件建设标准》编写。

本书分为五个实训项目，内容按照由简单到复杂、由单一到综合的思路组织，即：项目1为施工图基本知识的概览，项目2、3、4分别为钢筋混凝土结构、砌体结构、钢结构三种典型结构的施工图识读实训，项目5为钢筋翻样实训，每一种施工图又按照由单一施工图识读到整套施工图综合识读的思路编排，并通过任务2.7、任务3.7节对不同屋面形式、不同基础类型的施工图进行拓展识读。

本书修订的主要内容是：

（1）依据最新的标准和图集，对全书内容进行了更新；

（2）增加了思维导图；

（3）增加了课程思政元素和案例；

（4）增加了数字资源（AR模型）。

（5）增加了装配式混凝土结构施工图识读的相关内容。

（6）对《16G101-1、2、3图集》相关的内容进行更新，改为《22G101-1、2、3图集》相关内容。

本书配有课程资源，为钢筋混凝土结构、砌体结构、钢结构完整施工图各一套。登录科学出版社职教技术出版中心（http：//www.abook.cn/）网站即可注册下载使用。

本书由四川建筑职业技术学院胡兴福、黄陆海、张爱莲、胡林龙、张建新、李杰和中国中铁二院工程集团有限公司宋林波共同编写，胡兴福、黄陆海任主编。具体编著分工是：项目1由黄陆海、胡兴福编写；项目2由张爱莲、胡兴福编写；项目3由黄陆海、胡林龙编写；项目由4张建新、宋林波编写；项目5由李杰、宋林波编写。四川省第四建筑工程公司总工程师唐忠茂教授级高级工程师担任本书主审，他认真审阅了书稿，并对提出了许多建设性建议，谨此表示衷心感谢。

限于编者水平，书中疏漏之处难免，恳请读者批评指正。

编　者

2021年9月

第一版前言

根据《高等职业教育建筑工程技术专业教学标准》和《高等职业教育建筑工程技术专业教学基本要求》，施工图识读能力是建筑工程技术专业学习的基本能力，建筑工程识图实训是该专业的基本实训项目。然而，相关教材缺乏，使施工图识读实训难以真正落实。本书正是在这样的背景下编写而成。

为培养适应建筑业产业结构不断调整的高素质技术技能人才，满足日益增长的建筑施工与管理一线工程技术人员的需求，作为建筑业后备人才培养最重要的高职院校，建筑工程技术专业必须加强专业技能培养。施工图识读能力是该专业的首要专业技能。本书分为五个项目，内容按照由简单到复杂、由单一到综合的思路组织，即项目1为建筑工程施工图识读概览，项目2～4分别为砌体结构、钢筋混凝土结构、钢结构三种典型结构的施工图识读实训，项目5为钢筋翻样实训，每一种施工图又按照由单一施工图识读到整套施工图综合识读的思路编排，并通过2.7节、3.7节对不同屋面形式、不同基础类型的施工图进行拓展识读。鉴于许多学校在混凝土结构平法施工图教学方面的需求，本书对平法施工图的图示方法做了详细介绍。

由于部分图纸尺寸较大，文中所提“附录”部分详见电子资源。电子资源内容包含砌体结构、钢筋混凝土结构、钢结构完整施工图各一套，以便教学与自学时查看详图。

本书由四川建筑职业技术学院胡兴福、黄陆海、张爱莲、胡林龙、张建新、李杰等共同编写，胡兴福任主编，黄陆海任副主编。

中国中铁二院工程集团有限责任公司高级工程师（一级注册结构师）担任本书主审。他们认真审阅了书稿，并提出了许多建设性建议，谨此表示衷心的感谢。

限于编者水平，书中疏漏之处在所难免，恳请广大读者批评指正。

编　者

2017年1月

目　　录

建筑工程施工图识读概览

教学目标

【项目教学目标】

通过教学，使学生熟悉建筑工程施工图的相关知识。

【教学实施建议】

1. 指导学生预习相关课程知识。

2. 指导学生阅读有关制图标准，包括《房屋建筑制图统一标准》(GB/T 50001—2010)、《建筑制图标准》(GB/T 50104—2010)、《建筑结构制图标准》(GB/T 50105—2010)、《建筑给水排水制图标准》 (GB/T 50106—2010)、《暖通空调制图标准》(GB/T 50114—2010)、《建筑电气制图标准》 (GB/T 50786—2012)。

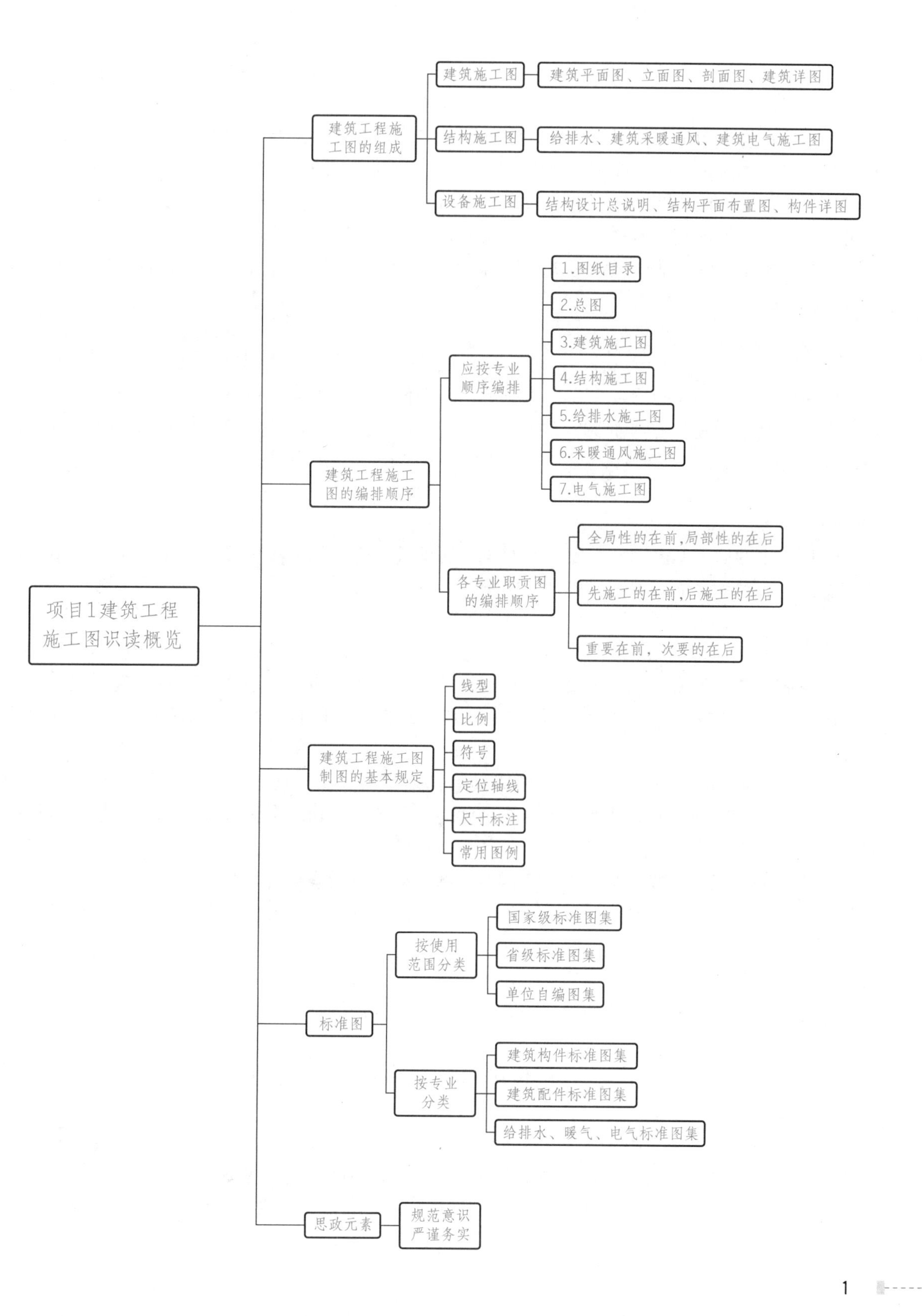

任务 1.1　熟悉建筑工程施工图的组成

图纸是工程技术人员的共同语言，了解图纸的基本知识和看懂图纸是技术人员应该掌握的基本技能。

建筑工程施工图是表示工程项目总体布局，建筑物的外部形状、内部布置、结构构造、内外装修、材料做法及设备、施工等要求的图样。施工图具有图纸齐全、表达准确、要求具体的特点，是进行工程施工、编制施工图预算和施工组织设计的依据，也是进行技术管理的重要技术文件。一套完整的施工图一般包括建筑施工图、结构施工图、给水排水施工图、采暖通风施工图及电气施工图等专业图纸。习惯上将给水排水、采暖通风和电气施工图合在一起统称为设备施工图。

1. 建筑施工图

建筑施工图简称建施图，主要表明建筑物的平面、空间形态、内部布置、装饰、构造、施工要求等。它包括建筑总平面图、建筑平面图、立面图、剖面图和建筑详图（指楼梯、墙身、门窗详图等）。

2. 结构施工图

结构施工图简称结施图，主要表明建筑物的承重结构构件的布置和构造情况。它包括结构设计总说明、结构平面布置图、构件详图等。

3. 设备施工图

设备施工图简称设施图，主要表明建筑物的建筑设备的布置、规格等内容，包括建筑给水排水施工图（简称水施）、建筑采暖通风空调施工图（简称暖施）、建筑电气施工图（简称电施）。

较大的工程和要求较高的工程，还需要有消防报警、安全防范、综合布线和装修施工图等。施工图设计阶段，所有涉及房屋建造过程的专业工种，均应会识读能够指导现场施工用的各专业图纸和设计说明。

各工种的施工图一般包括基本图和详图两部分，基本图表示全局性的内容，详图则表示某些配件和局部节点构造等的详细情况。施工图设计的图纸及设计文件有建筑施工图中的建筑总平面图、建筑各层平面图、立面图、剖面图、建筑详图等，结构施工图中的基础平面图、基础详图、楼层平面图及详图、结构构造节点详图等，给水排水施工图、采暖通风施工图、电气施工图等，建筑、结构及设备等的说明书，结构及设备的计算书，工程预算书等。

任务 1.2　熟悉建筑工程施工图的编排顺序

一套简单的房屋施工图有一二十张图纸，一套大型复杂建筑物的图纸至少有几十张，甚至上百张、几百张之多。因此，为了便于看图、易于查找，就应把这些图纸按顺序编排。

建筑工程施工图应按专业顺序编排，一般的编排顺序是：图纸目录、总图、建筑施工图、结构施工图、给水排水施工图、采暖通风施工图、电气施工图等。如果是以某专业工种为主体的工程，则应该突出该专业施工图而另外编排。

各专业的施工图应按图纸内容的主次关系系统地排列。各专业施工图的编排顺序是：全局性的在前，局部性的在后；先施工的在前，后施工的在后；重要的在前，次要的在后；图纸目录和总说明附于施工图之前。例如，基本图在前，详图在后；总体图在前，局部图在后；主要部分在前，次要部分在后；布置图在前，构件图在后；先施工图在前，后施工图在后等。

任务 1.3　熟悉建筑工程施工图制图的基本规定

1.3.1　线型

图线的线型、线宽和用途见表 1.1。

表 1.1　图线的线型、线宽和用途

名称		线型	线宽	用途
实线	粗	——————	b	主要可见轮廓线
	中粗	——————	$0.7b$	可见轮廓线
	中	——————	$0.5b$	可见轮廓线、尺寸线、变更云线
	细	——————	$0.25b$	图例填充线、家具线
虚线	粗	- - - - - -	b	见各有关专业制图标准
	中粗	- - - - - -	$0.7b$	不可见轮廓线
	中	- - - - - -	$0.5b$	不可见轮廓线、图例线
	细	- - - - - -	$0.25b$	图例填充线、家具线
单点长画线	粗	—·—·—·	b	见各有关专业制图标准
	中	—·—·—·	$0.5b$	见各有关专业制图标准
	细	—·—·—·	$0.25b$	中心线、对称线、单位轴线
双点长画线	粗	—··—··—	b	见各有关专业制图标准
	中	—··—··—	$0.5b$	见各有关专业制图标准
	细	—··—··—	$0.25b$	假想轮廓线、成型前原始轮廓线
折断线	细	——\/——	$0.25b$	断开界线
波浪线	细	～～～～	$0.25b$	断开界线

1.3.2　比例

绘图所用的比例应根据图样的用途与被绘对象的复杂程度，从表 1.2 中选用，并应优先采用表中常用比例。

表 1.2　绘图所用的比例

常用比例	1∶1、1∶2、1∶5、1∶10、1∶20、1∶30、1∶50、1∶100、1∶150、1∶200、1∶500、1∶1000、1∶2000
可用比例	1∶3、1∶4、1∶6、1∶15、1∶25、1∶40、1∶60、1∶80、1∶250、1∶300、1∶400、1∶600、1∶5000、1∶10 000、1∶20 000、1∶50 000、1∶100 000、1∶200 000

一般情况下，一个图样应选用同一种比例。根据专业制图需要，同一图样可选用两种比例，

特殊情况下也可自选比例，这时除应注出绘图比例外，还必须在适当位置绘制出相应的比例尺。

1.3.3 符号

建筑工程施工图中常用的符号包括剖切符号、标高符号、索引符号、详图索引符号、详图符号、引出线、对称符号、连接符号等，具体如图1.1～图1.9所示。

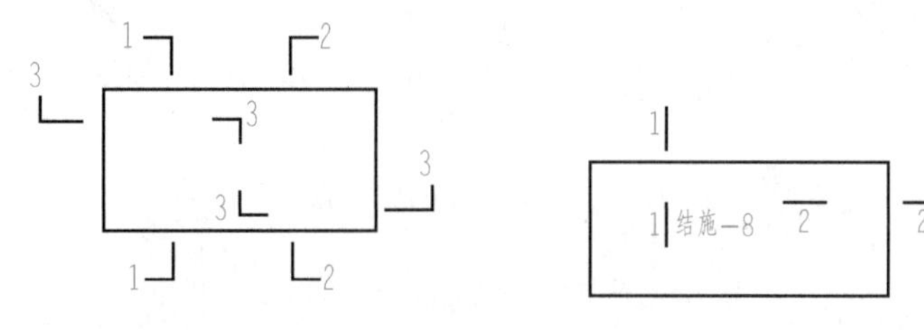

图1.1 剖视的剖切符号　　图1.2 断面的剖切符号

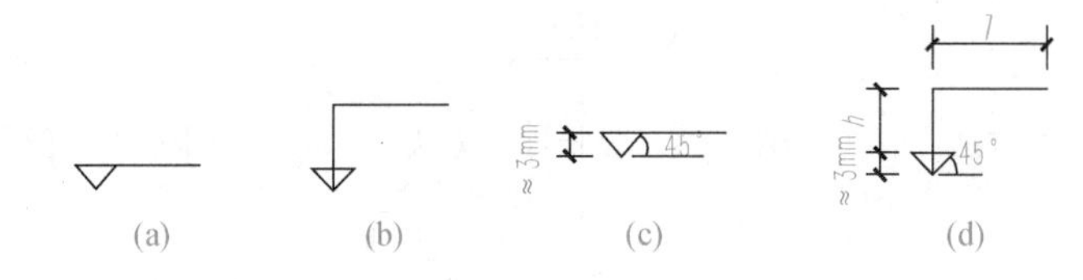

图1.3 标高符号

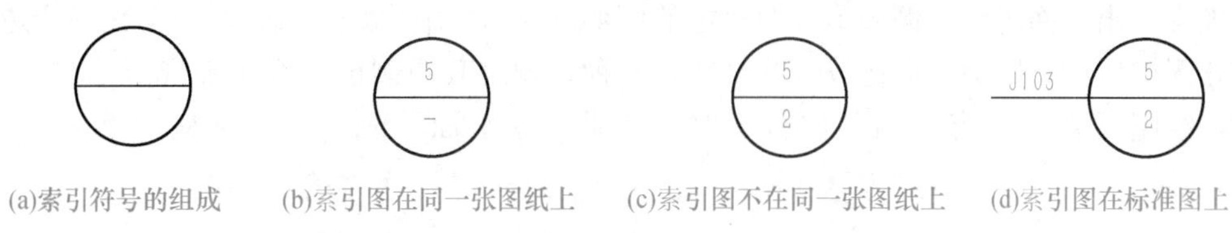

(a)索引符号的组成　(b)索引图在同一张图纸上　(c)索引图不在同一张图纸上　(d)索引图在标准图上

图1.4 索引符号

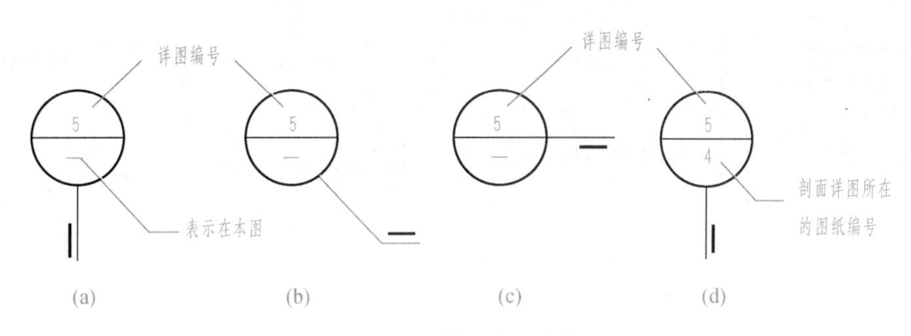

图1.5 详图索引符号

(a)与被索引图样在同一张图纸内的详图符号　(b)与被索引图样不在同一张图纸内的详图符号

图1.6 详图符号

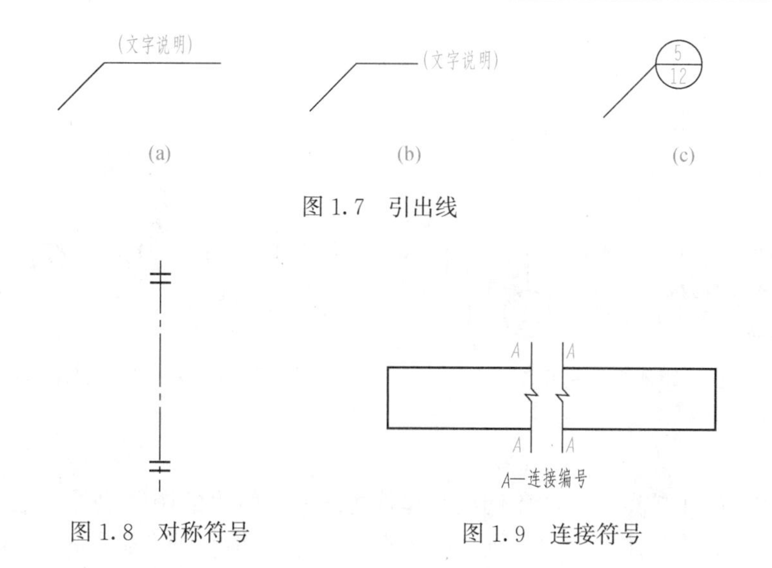

图1.7 引出线

图1.8 对称符号　　图1.9 连接符号

1.3.4 定位轴线

定位轴线是确定建筑构配件的位置及相互关系的基准线，同时也是施工放线的基线。定位轴线用于平面时称为平面定位轴线，用于竖向时称为竖向定位轴线。

定位轴线的编号，宜标注在图样的下方或左侧。横向编号应用阿拉伯数字，从左至右顺序编写；竖向编号应用大写拉丁字母，从下至上顺序编写，如图1.10所示。

组合较复杂的平面图中定位轴线也可采用分区编号。编号的注写形式应为“分区号-该分区编号”。“分区号-该分区编号”采用阿拉伯数字或大写拉丁字母表示，如图1.11所示。

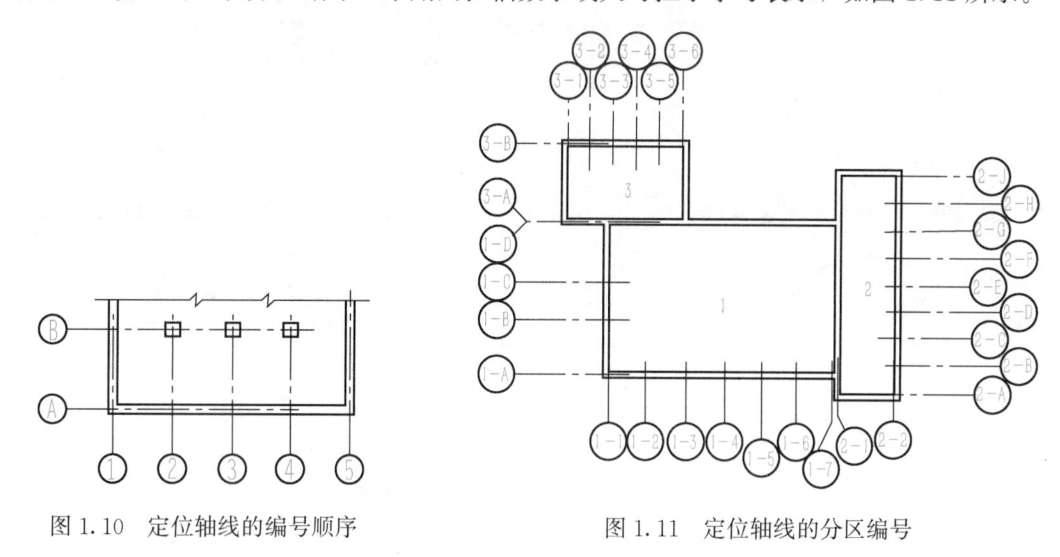

图1.10 定位轴线的编号顺序　　图1.11 定位轴线的分区编号

附加定位轴线的编号，应以分数形式表示。两根轴线的附加轴线，应以分母表示前一轴线的编号，分子表示附加轴线的编号，编号宜用阿拉伯数字顺序编写；①号轴线或Ⓐ号轴线之前的附加轴线的分母应以01或0A表示，如图1.12所示。一个详图适用于几根轴线时，应同时注明各有关轴线的编号，如图1.13所示。另外，通用详图中的定位轴线，应只画圆，不注写轴线编号。

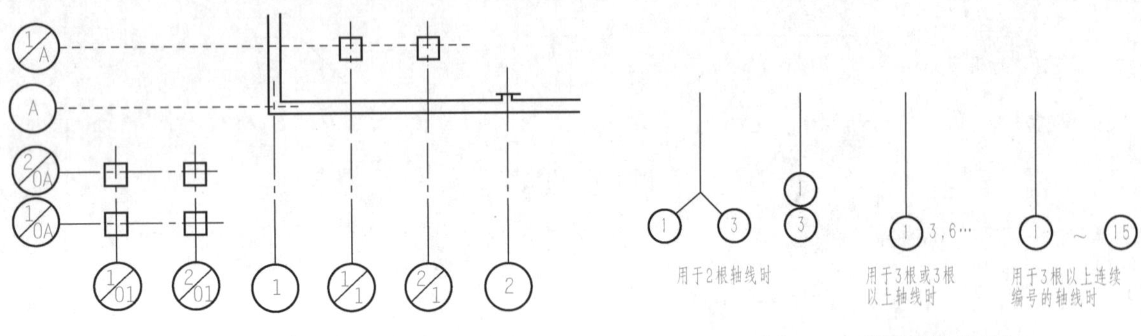

图 1.12　附加轴线编号　　　　图 1.13　详图的轴线编号

1.3.5　尺寸标注

在工程图中，除了按照一定的比例绘制建筑物或者构筑物的图形以外，还必须完整、准确地标注出实际尺寸，作为施工、竣工结算的依据。尺寸标注必须正确、完整、清晰，且符合国家制图标准的规定。

图样上的尺寸，包括尺寸界线、尺寸线、尺寸起止符号和尺寸数字四部分，如图 1.14 所示。

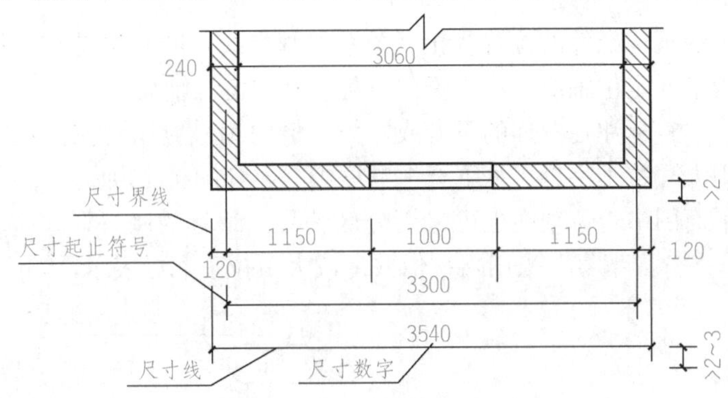

图 1.14　尺寸标注的基本组成

半径、直径、球、角度、弧度、弧长、弦长的标注图示如图 1.15～图 1.22 所示。

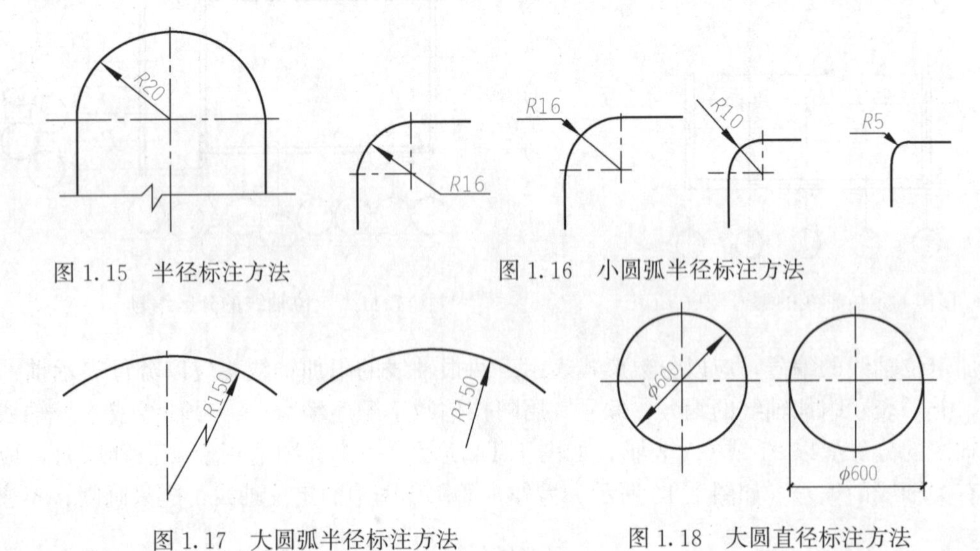

图 1.15　半径标注方法　　图 1.16　小圆弧半径标注方法

图 1.17　大圆弧半径标注方法　　图 1.18　大圆直径标注方法

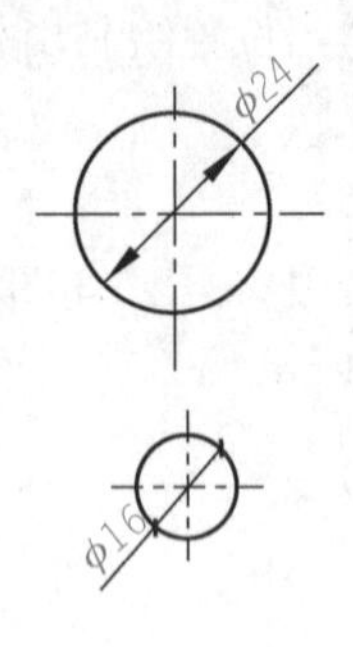

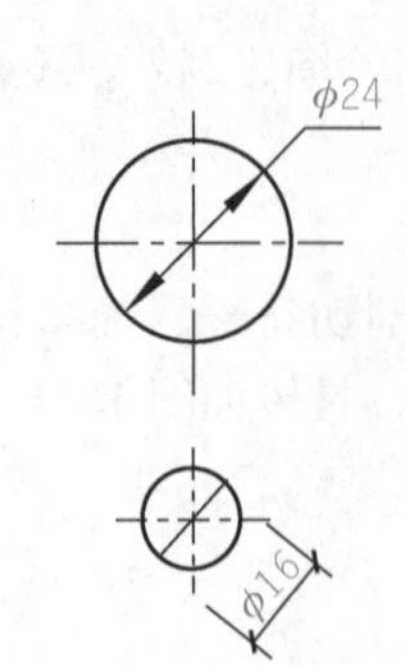

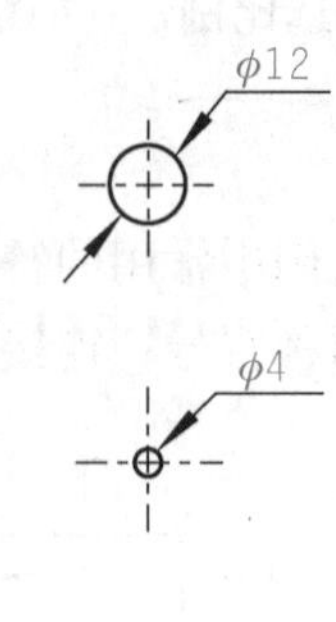

图 1.19　小圆直径的标注方法

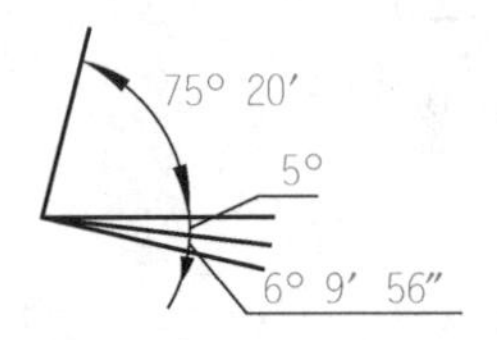

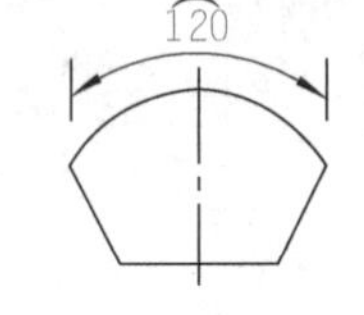

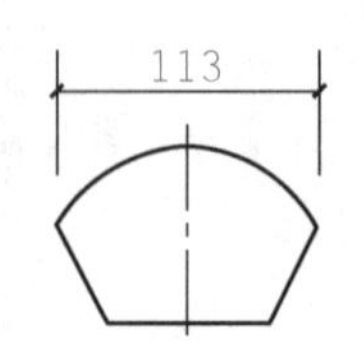

图 1.20　角度标注方法　　图 1.21　弧长标注方法　　图 1.22　弦长标注方法

1.3.6　常用图例

由于建筑的总平面图和平面图、立面图、剖面图的图样均按比例缩小，有些图样就不可能按实际投影画出，而采用图例表示（即规定的图形画法），图例大小以阅图人能够看清楚为准，并不遵守图样比例。图例一般比较直观易懂，各种专业对其图例也均有明确规定，在容易发生误解时，绘图时就应对有关图例进行说明。常用的总平面图例、建筑材料图例见表 1.3 和表 1.4。

表 1.3　常用总平面图例

图例	名称	图例	名称
	新建建筑物		原有铁路
	新建构筑物		新建围墙，大门
	原有建筑物		原有围墙
	规划建筑物		新建挡土墙
	可利用建筑物		新建围墙，挡土墙
	露天堆场		拆除围墙
	敞棚或敞廊		拆除原有建筑物、构筑物

续表

图例	名称	图例	名称
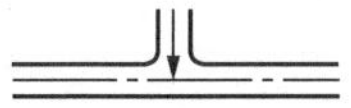	新建道路	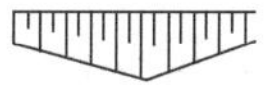	填挖边坡或护坡
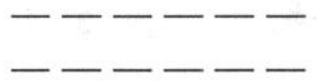	规划道路		排水明沟
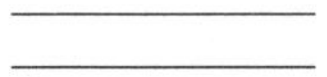	原有道路	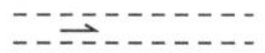	有盖的排水沟
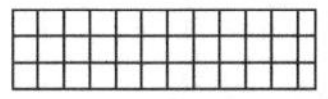	铺砌路面	0.3（坡度%） 50（距离 m）	道路坡度标
	人行道		室内、外地坪标高
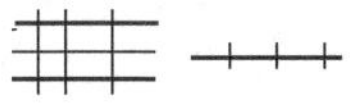	斜坡栈桥，卷扬机道		花坛，绿化地
	新建铁路		行道树

表 1.4　常用建筑材料图例

名称	图例	备注
砂砾石、碎砖三合土	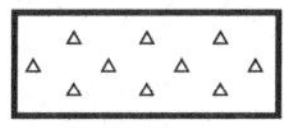	
石材	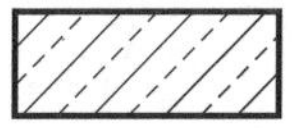	
毛石	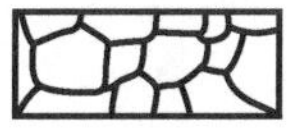	
普通砖	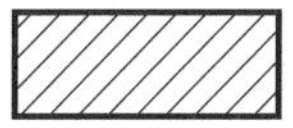	包括实心砖、多孔砖、砌块等砌体。断面较窄不易绘出图例线时，可涂红
耐火砖	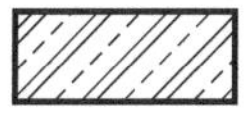	包括耐酸砖等砌体
空心砖		指非承重砖砌体
饰面砖		包括铺地砖、马赛克、陶瓷锦砖、人造大理石等

续表

名称	图例	备注
焦渣、矿渣	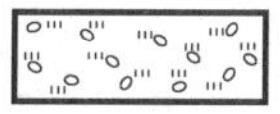	包括与水泥、石灰等混合而成的材料
混凝土	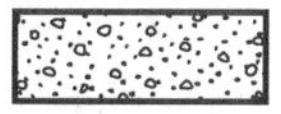	（1）本图例指能承重的混凝土及钢筋混凝土； （2）包括各种强度等级、骨料、添加剂的混凝土； （3）在剖面图上画出钢筋时，不画图例线； （4）断面图形小，不易画出图例线时，可涂黑
多孔材料	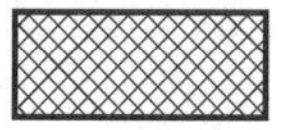	包括水泥珍珠岩、沥青珍珠岩、泡沫混凝土、非承重加气混凝土、软木、蛭石制品等
纤维材料	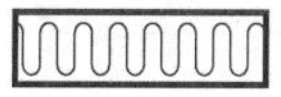	包括矿棉、岩棉、玻璃棉、麻丝、木丝板、纤维板等
泡沫塑料材料	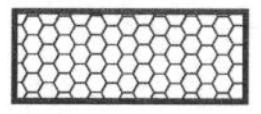	包括聚苯乙烯、聚乙烯、聚氨酯等多孔聚合物类材料
木材		（1）上图为横断面，上左图为垫木、木砖或木龙骨； （2）下图为纵断面
胶合板	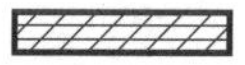	应注明为×层胶合板
石膏板	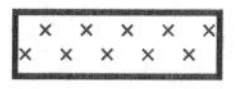	包括圆孔、方孔石膏板、防水石膏板等

任务 1.4　熟悉标准图

一些常用的构配件和构造做法，通常直接采用标准图。标准图也是建筑工程施工图的组成部分。

我国标准图有两种分类方法。

1. 按使用范围分类

1）经国家有关主管部门批准，可以在全国范围内使用的标准图集。例如 04J012-3（2004年编制的建筑设计用编号为 012-3 的标准图集），其内容是以亭、廊、花架、太阳能室外照明等室外景观建筑为主的建筑构造做法，供设计直接选用，设计确定采用某一具体做法后（在图纸上标明标准图集编号、页码或标准做法代码），即照此施工。

2）经省或地区有关主管部门批准，在本地区范围内使用的标准图集。例如 05SJ917-9［小城镇住宅通用（示范）设计——广西南宁地区］等，此图集提供一套完整的、可直接选用的以南宁地区为代表的、具有广西特色的小城镇住宅施工图，包括建筑、结构、给水排水、采暖通风与空气调节、建筑电气各专业在内的图纸。在图纸上，选用这类标准图集需标明使用地域，如南宁 05SJ917-9。

3）各大设计单位（院级）或施工单位自行编制的通用标准图集，如设计院编制的通用节点大样图等。

2. 按专业分类

1）建筑配件标准图。一般用“J”表示，如西南地区建筑配件标准图中的西南 04J515，其内容为室内装修标准图。

2）建筑构件标准图。一般用“G”表示，如西南地区建筑构件标准图中的西南 04G231，其内容为预应力混凝土空心板图集。

除此之外，还有给水排水（代号“S”）、电气（代号“D”或“DX”）、暖通（代号“SK”或“K”）等专业的标准图集。详情可查国家建筑标准设计网（http：//www. chinabuilding. com. cn）。

练习题

1. 什么是建筑工程施工图？其主要包括哪些内容？
2. 建筑工程施工图纸的编排顺序是什么？
3. 《房屋建筑制图统一标准》（GB/T50001—2010）规定的虚线有几种线型？线宽分别是多少？各有什么用途？
4. 建筑工程图样的尺寸标注由哪几部分组成？
5. 国家建筑标准设计图集是怎么分类的？

项目2 砌体结构房屋施工图的识读

教学目标

【项目教学目标】

通过教学，学生应能够识读砌体结构房屋建筑施工图、结构施工图、设备施工图。

【教学实施建议】

1. 采用项目教学法，4～6人一组，在教师指导下进行。

2. 由简单到复杂，循序渐进地开展训练，即建筑施工图的识读、结构施工图的识读、设备施工图的识读→2.6节砌体结构房屋整套图样识读，使学生掌握识图的方法和技巧→2.7节不同形式屋面施工图拓展识读，使学生掌握不同形式屋面施工图的识读方法和技巧→2.7节不同形式的基础施工图的拓展识读，使学生掌握不同形式基础施工图的识读方法和技巧。

3. 用真实的工程施工图样作为评价载体，根据学生读图速度、对图样内容领会的准确度、对图样的认知程度和综合对应程度进行评价。

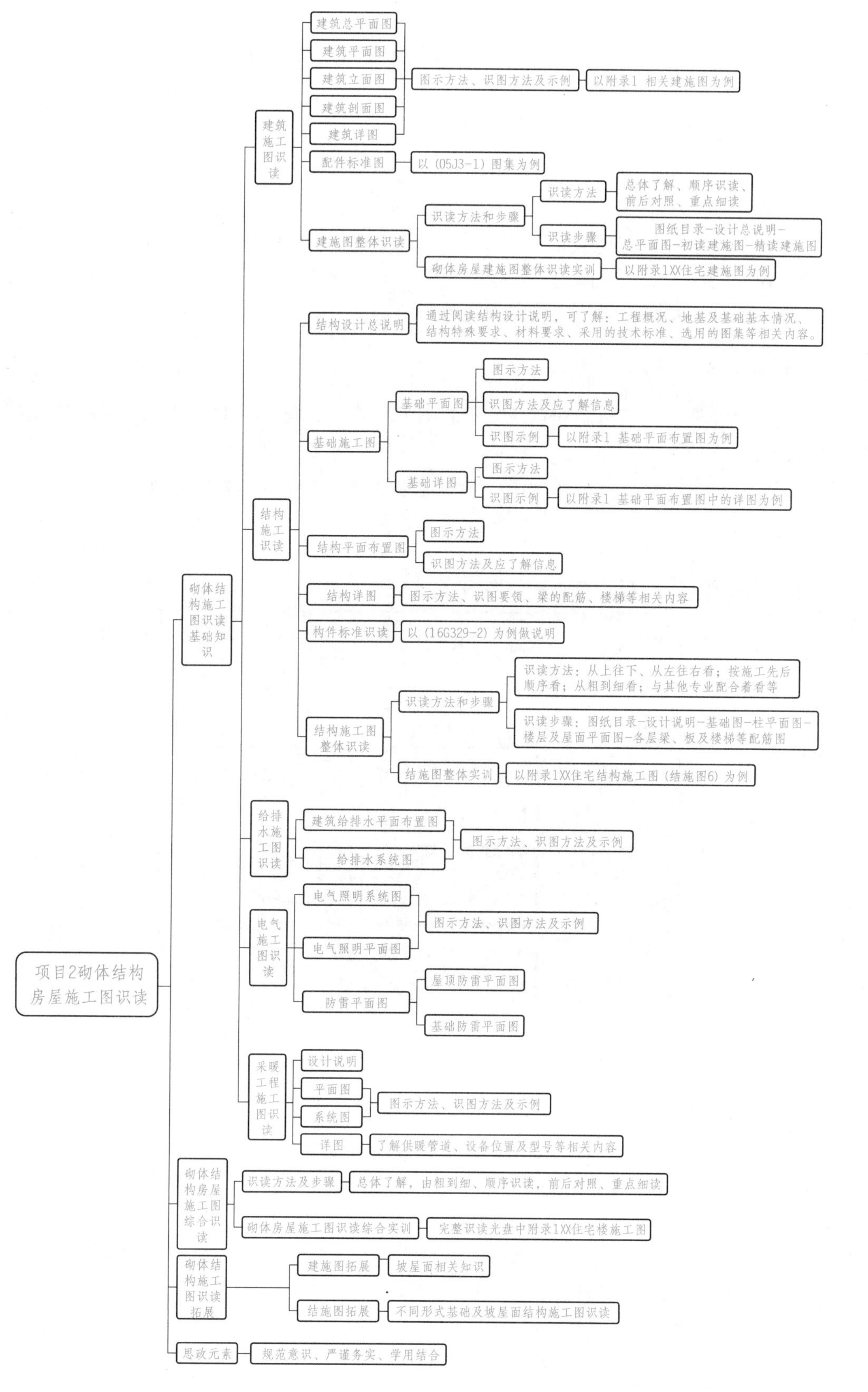

任务 2.1　建筑施工图的识读

2.1.1　建筑总平面图的识读

1. 图示方法

建筑总平面图是假设在建设区的上空向下投影所得的水平投影图，简称总平面图。绘制时，将新建建筑物四周一定范围内的新建、拟建、原有和要拆除的建筑物、构筑物连同其周围的地形、地物状况用水平投影的方法和相应图例画出。

2. 识图方法及应该了解的信息

首先阅读标题栏，以了解新建建筑工程的图名和比例；再看指北针或风向频率玫瑰图，了解新建建筑的地理位置、朝向和主要风向；最后了解新建建筑物的平面位置、形状、层数、室内外标高及其外围尺寸，以及道路交通、绿化带布置情况和原有建筑物等周围环境。

3. 识图示例

以图 2.1 所示××工程建筑总平面图为例。

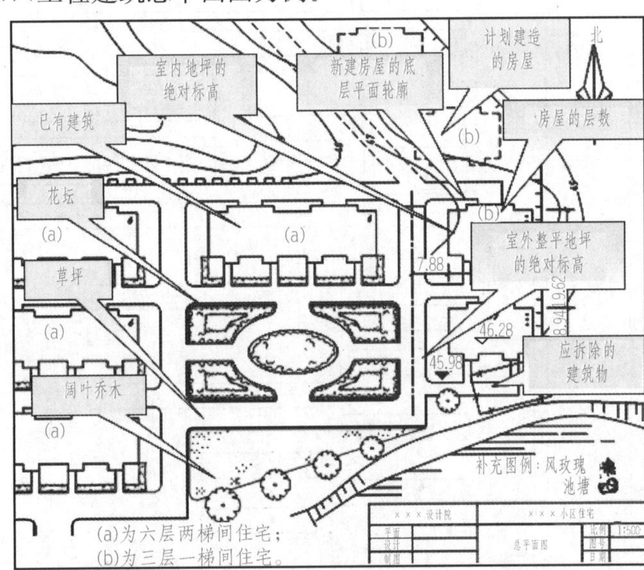

图 2.1　××工程建筑总平面图识图实例

1）了解图名、比例、图例以及有关文字说明。该总平面图的比例为 1∶500。总平面图由于所绘范围较大，所以一般绘制时采用较小的比例，如 1∶500、1∶1000、1∶2000 等，总平面图上标注的尺寸，一律以“米（m）”为单位。

2）了解工程性质、地形外貌、用地范围和周围环境等情况。新建工程是某小区内两栋相同的住宅楼，每栋层数为三层，绝对标高为 46.28m。它的北向有两栋计划修建的住宅楼，西向有已有建筑和绿化区，南向有待拆房屋。

3）了解总平面区域形状和功能布局。本总平面图为矩形，其功能全部为住宅楼，新建房屋（粗实线线框）在整个平面图的右侧。

4）了解地势高低情况。从所注的底层地面和等高线的标高，可知该地势西向高、东向低，自西向东倾斜，从而可了解雨水的排流方向，并可计算填挖土方的数量。总平面图中所注标高均为绝对标高，以 m 为单位，一般标注至小数点后两位。

5）熟悉新建建筑的定形、定位尺寸。图 2.1 中新建住宅楼的长 19.62m、宽 8.94m 是定形尺寸；两楼南北间距 15.13m，以及左墙边距离道路中间的尺寸 7.88m 是定位尺寸。

6）了解新建建筑附近的室外地面标高、明确室内外高差。图中新楼之间绝对标高为 45.98m，而室内底层地面为 46.28m，所以室内外高差为 46.28－45.98＝0.30(m)。

7）了解新建房屋的位置。新建房屋的位置在总平面图上的标定方法有两种：对于小型项目，一般以邻近原有永久性建筑物的位置为依据，引出相对位置；对于大中型项目，可用坐标来定位。用坐标确定位置时，宜注出房屋三个角的坐标。当房屋与坐标轴平行时，可只注出其对角坐标，如图 2.1 中新建房屋的位置是以邻近原有永久性建筑物的位置为依据，引出相对位置。

8）了解新建房屋的朝向和主导风向。总平面图上一般画有指北针或风向频率玫瑰图，以指明房屋的朝向和该地区常年风向频率。风向频率是在一定的时间内某一方向出现风向的次数占总观察次数的百分比。风向线最长者为主导风向。图 2.1 中右上角所示的风向频率玫瑰图表明该地区全年最大的主导风向为北风，该张总平面为上北下南、左西右东。明确风向有助于建筑构造的选用及材料的堆放，如有粉尘污染的材料应堆放在下风向等。

9）了解新建房屋四周的道路、绿化规划及管线布置等情况。

2.1.2　建筑平面图的识读

1. 图示方法

建筑平面图（简称平面图）是假想用一个水平的剖切平面沿着窗台以上的门窗洞口处将房屋剖切开，移走剖切平面以上部分而得的水平剖面图（图 2.2）。除屋顶平面图以外，建筑平面图是一个水平全剖面图。屋顶平面图却是从建筑物上方往下观看得到屋顶的水平直接正投影图，主要表明屋顶的外形，屋面排水方向及坡度，内、外檐沟、屋檐、女儿墙、屋脊线、落水口、上人孔、水箱及其他构筑物的位置和索引符号等。

凡是被剖切到的墙或柱断面轮廓线用粗实线（*b*）表示；没有被剖切到的可见轮廓线，如墙身、窗台、梯段等用中实线（0.5*b*）或细实线（0.25*b*）表示；尺寸线、尺寸界线、引出线等用细实线（0.25*b*）表示；轴线用细单点长画线表示。

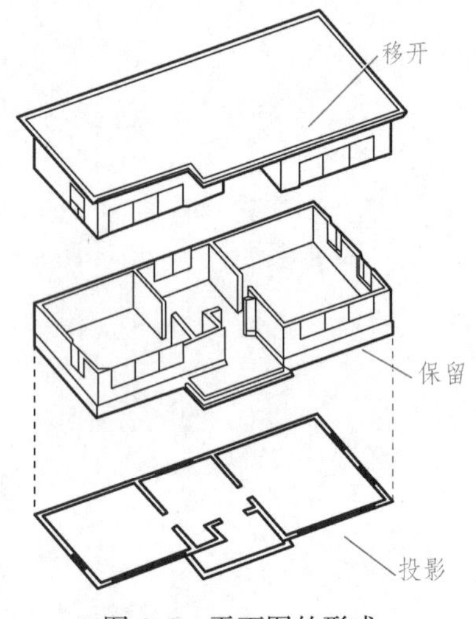

图 2.2　平面图的形成

平面尺寸包括外部尺寸和内部尺寸。

外部尺寸标注三道尺寸：

第一道（最外一道）尺寸：房屋外轮廓的总尺寸，即从一端的外墙边到另一端外墙边的总长和总宽，可用于计算建筑面积和占地面积。

第二道（中间一道）尺寸：房屋定位轴线间尺寸，一般横向轴线间的尺寸称为开间尺寸，纵向轴线间的尺寸称为进深尺寸，可用于确定各定位轴线间的距离。

第三道（最里一道）尺寸：分段尺寸，表示门窗洞口的

宽度和位置，墙垛分段以及细部构造等。

如果房屋平面图前后或左右不对称，则平面图的上下左右四边都应注写三道尺寸。如有部分相同，另一些不相同，可只注写不同部分。

内部尺寸指外墙以内的全部尺寸，主要用于注明内墙门窗洞口的位置及其宽度、墙体厚度、卫生器具、灶台和洗涤盆等固定设备的位置及其大小。此外，还应表明楼、地面的相对标高，以及房间的名称、门窗编号。

2. 识图方法及应该了解的信息

识读建筑平面图，应该了解如下内容：图名、比例及文字说明；纵横定位轴线及其编号；房屋的平面形状和总尺寸；房间的布置、用途及交通联系；门窗的位置、数量及型号；房屋的开间、进深、细部尺寸和室内外标高；房屋细部构造和设备配置等情况；剖切位置及索引符号。

3. 识图示例

以附录 1 建施 5 中的首层平面图为例。

1）了解图名、比例及总长、总宽尺寸，了解图中代号的含义。图名：首层平面图，比例为 1∶100。总长为 36.00m，总宽为 16.1m。

2）了解建筑的朝向和平面布局。首层平面图标用指北针来表示建筑物的朝向，图中的指北针表明该房屋坐北朝南。该建筑为两单元组合式住宅楼。①～⑧轴线为一单元，每单元中都有一部两跑式楼梯，连接着左右两户住宅。

每层为四户，北面中间入口为楼梯间，最西边的户型为三室两厅一厨二卫，西边有一阳台，其他三个户型为三室两厅一厨一卫，南边有一阳台。

以最西边户型为例，说明各房间尺寸：朝南的卧室开间为 3.9m，进深为 4.2m；朝南的主卧室开间为 4.2m，进深为 6.3m；朝北的卧室开间为 3.9m，进深为 4.8m；楼梯开间为 2.4m；厨房开间为 3.3mm。

内墙厚度均为 240mm，外墙厚度为 370mm。

3）了解定位轴线的编号及其间距。横向定位轴线：①～④，纵向定位轴线：Ⓐ～Ⓚ。

4）了解各种标高。底层室内地面相对标高±0.000，楼梯间地面标高－0.500m，室外标高－0.620m。

5）了解各种尺寸。三道尺寸：最外一道为总长和总宽，如横轴的为 36000m，纵轴的为 14400m；中间一道为定位轴线间距；最里一道为门窗洞口与定位轴线的距离。

外墙的外轮廓线与尺寸线间的距离不小于 10mm，三道尺寸线间的距离为 7～10mm。

6）了解房屋的构造及配件类型、数量及其位置。

7）了解其他细部（如楼梯、墙洞和各种卫生器具等）的配置和位置情况。该建筑物内部有两部楼梯，向上 15 个踏步到二层楼面。

8）了解房屋的外部设施。散水宽 1000mm。

9）了解剖面图的剖切位置、索引符号等。首层平面图上标有剖面图 1—1 的剖切符号，它的剖切平面垂直于纵向定位轴线，其投影方向向右。

2.1.3　建筑立面图的识读

1. 图示方法

建筑立面图（简称立面图）是将房屋的各个立面按正投影法投影到与之平行的投影面上得到的正投影图（图 2.3）。

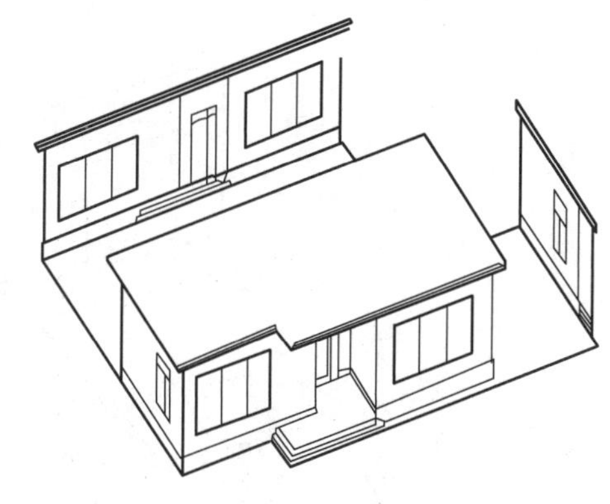

图 2.3　立面图的形成

立面图中的图线：加粗线表示建筑物的室外地坪线，宽为 1.4b。粗实线表示建筑物的外轮廓线（如立面图的屋脊线和外墙最外轮廓线），宽为 b。中实线表示门窗洞口、檐口、阳台、雨篷、台阶、花池等，宽为 0.5b。细实线表示建筑物上的墙面分隔线、门窗格子、雨水管、栏杆、花格，以及引出线等细部构造的轮廓线，宽为 0.25b。

2. 识图方法及应该了解的信息

识读建筑立面图应该了解以下信息：

1）图名及比例。

2）房屋的外貌特征。

3）门窗类型、位置及数量。

4）房屋的竖向标高。

5）房屋外墙面的装修做法。

6）立面图与平面图的对应关系。

3. 识图示例

以附录 1 建施 6 中的⑭～①轴立面图为例。

1）了解图名和比例。该图是表示房屋北向的立面图，比例为 1∶100，如果用轴线来命名，应为⑭～①轴立面图（以轴号在立面图中从左向右的顺序来命名）。

2）了解立面图和平面图的对应关系。北立面图与建筑平面图相对应，其左端轴线编号为⑭，右端轴线编号为①。

3）了解建筑的外貌和特征。附录 1 建施 6 中的⑭～①轴立面图中主要有两个出入口，并在每个出入口处设有雨篷。墙表面处安装雨水管。该住宅楼为六层加一阁楼层，下面带有地下室。与平面图结合识读可知楼梯间就在外门部位，因此外门上的小窗为楼梯间平台上方的窗户，与各屋的外窗不在同一水平位置。

4）了解建筑高度。立面图中的尺寸，主要以标高的形式注出。一般标出室内外地坪、檐口、女儿墙、雨篷、门窗、台阶等处的标高。附录 1 建施 6 中的⑭～①轴立面图中，室外地坪标高为－0.620m，女儿墙顶面标高为 20.400m。住宅楼自室外地面起的高度为 20.400＋0.620＝21.020m。各层窗洞的高度为 1.400m，楼梯间窗洞也是 1.400m。

5）了解建筑外装修要求。从图中可知该建筑外墙面装修做法。图中是用文字加以说明，有时也要用代号表示。从图中文字说明可知，1～2 层的外墙面为仿石材灰色涂料，3～6 层的外墙面为白色（掺黄色）涂料，阁楼层的外墙面为砂浆卧瓦灰色涂料。

2.1.4 建筑剖面图的识读

1. 图示方法

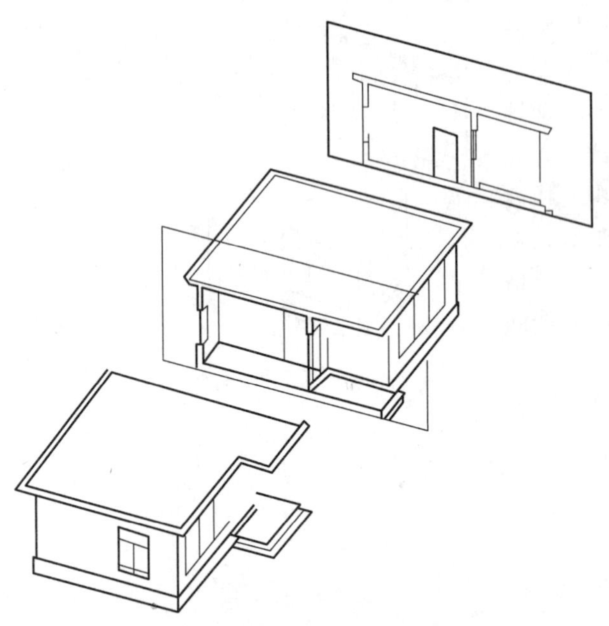

图 2.4 剖面图的形成

建筑剖面图（简称剖面图）是假想用一个或多个剖切平面在建筑平面图的横向或纵向沿房屋的主要入口、窗洞口、楼梯等需要剖切的位置将房屋垂直地剖开，移去剖切平面与观察者之间的部分，将剩下部分按正投影的原理投射到与剖切平面平行的投影面上得到的图样（图 2.4）。

剖面图中，剖切到的墙身、楼板、屋面板、楼梯段、楼梯平台等轮廓线用粗实线表示；未剖切到的可见轮廓线如门窗洞、楼梯段、楼梯扶手和内外墙轮廓线用中实线（或细实线）表示；门窗扇及分格线等用细实线表示；室外地平线用加粗实线表示。

应标注各部位完成面的标高，如室外地面标高、室内一层地面及各层楼面标高、楼梯平台，各层的窗台、窗顶、屋面，以及屋面以上的通风道、被剖切到的所有外墙门窗口的上下标高、檐口、女儿墙顶等的标高。

应标注门窗洞口高度、层间高度及总高度，室内还应注出内墙上门窗洞口高度以及内部设施的定位、定形尺寸。经常把这些尺寸分为三道。其中，最外：房屋总高尺寸。中间：楼层高度尺寸。最里：室内门、窗、墙裙等沿高度方向的定形尺寸和定位尺寸。

2. 识读方法及应该了解的信息

识读建筑剖面图应该了解的信息有：

1）图名及比例。
2）剖面图与平面图的对应关系。
3）房屋的结构形式。
4）各部分尺寸和标高等。
5）屋面、楼面、地面的构造层次及做法。
6）屋面的排水方式。
7）索引详图所在的位置及编号。
8）其他未剖切到的可见部分。
9）楼梯的形式和构造。
10）剖切位置和投影方向，剖面图的剖切位置和投影方向在底层平面图上。
11）墙体剖切情况。

3. 识图示例

以附录 1 建施 7 中的 1—1 剖面图为例。

1）了解图名、比例及剖面图与平面图的对应关系。该图为 1—1 剖面图，比例为1：100。由剖面图的图名和轴线编号与首层平面图上的剖切位置和轴线编号相对照，可知 1—1 剖面图是横剖面图，剖切位置在⑧～⑨轴之间的门窗洞处，剖切后向左投影。

2）了解建筑的主要结构材料和构造形式。由 1—1 剖面图可以得知，该住宅的垂直方向承重构件是砖墙，水平方向承重构件从地下室底板、各层楼板到屋顶均为现浇钢筋混凝土，楼板与内外墙相交处均做现浇钢筋混凝土圈梁，所以该房屋为砖混结构。从 1—1 剖面图中还可以得到墙体和门窗洞、梁板与墙体的连接等内容。

3）了解房屋各部位的尺寸和标高情况。本建筑室内外高差为 0.62m（指室外地面与一层地面之间的高差）。住宅楼总高度为 20.4m。首层室内地面标高为±0.000，地下室标高为－2.180m，所以地下室的层高为 2.18m。一至六层层高为 2.85m；门上圈梁高度为 550mm；①轴为楼梯间外墙单元户门所在处；阳台门洞高度为 1.8m。

4）了解索引详图所在的位置和编号。

5）了解屋面坡度和构造情况。1—1 剖面图中标高 17.100m 为屋面板的结构上皮标高。

2.1.5 建筑详图的识读

房屋建筑图通常需要绘制局部构造详图（如墙身、楼梯等详图）、局部平面图（如阳台详图、厨厕详图），以及装饰构造详图（如门窗、壁柜、墙面的墙裙做法等）。下面介绍一般房屋建筑施工图中常见的详图。

1. 外墙剖面详图

（1）图示方法

外墙详图是建筑剖面图中的外墙身（从室外地坪到屋顶檐口分成几个节点）折断后画出的局部放大图。墙身详图实际上是建筑剖面图的局部放大图。在多层房屋中，若各层的构造情况一样，可只画墙脚、檐口和中间层（含门窗洞口）三个节点，按上下位置整体排列。由于门窗一般均有标准图集，为简化作图，采用折断省略画法，因此门窗在洞口处出现双折断线。有时墙身详图不以整体形式布置，而把各个节点详图分别单独绘制，也称为墙身节点详图。

外墙剖面详图主要表达墙身由地面至屋顶各部位（地面、楼面、屋面和檐口等处）的构造、材料、施工要求及墙身有关部位的连接关系，以及门窗洞口、窗台、勒脚、防潮层、散水等细部做法，是砌墙、立门窗口、室内外装修等施工和编制工程预算的重要依据。有时在外墙详图上引出分层构造，注明楼地面、屋顶等的构造情况，而在建筑剖面图中省略不标。

（2）识图示例

以附录 1 建施 12 中的墙身大样图二的外墙剖面详图为例。在识读墙身详图时，一般以自下而上的顺序识读。

1）了解图名、比例。该图名为墙身大样图二，详图采用的比例为 1：30，从轴线符号可知为轴线外墙身。

2）了解墙体的位置、厚度及其定位。该墙为外纵墙，该墙身大样图二为Ⓐ轴线上①～②

轴墙身剖面，砖墙的厚度为 370mm（偏轴），定位轴线与墙外皮相距 250mm，与墙内皮相距 120mm。

3）了解各部位的标高、竖向高度尺寸及其标注形式和墙身细部尺寸。详图应标注室内外地面、各层地面、屋面、窗台、圈梁或过梁以及檐口等处的标高。同时，还应标注窗台、檐口等部位的高度尺寸及细部尺寸。在详图外侧标注一道竖向尺寸，从室外地面至屋顶。在楼地面层和屋顶板标注标高，注意中间层楼面标高采用 5.700m、8.550m、11.400m、14.250m 上下叠加方式简化表达，图样在此范围中只画中间一层。

4）了解地面、楼面和屋面的构造。在详图中，凡构造层次较多的地方，如屋面、楼面、地面等处，应用分层构造说明的方法表示。

5）了解窗台、窗过梁（或圈梁）、板的位置及其与墙身的关系。墙体采用普通砖砌筑，窗过梁、压顶、防潮层、天沟、楼板等为钢筋混凝土制作。图中反映出楼板与墙体、天沟板与墙体、雨水管与墙体、过梁与墙体等相互间的位置关系。

6）了解散水的做法及屋面排水情况。散水应标注排水坡度、宽度及做法。本例中散水坡度为 4%、宽度尺寸为 1000mm、天沟内找坡为 1%。

2. 楼梯详图

楼梯详图表示楼梯的结构形式、构造、各部分的详细尺寸、材料和做法。楼梯详图上应画出楼梯平面图、楼梯剖面图，某些细部仍未表达清楚的地方，还应针对这些局部进一步画出局部详图。通常，楼梯平面图画在同一张图纸内，并互相对齐。这样，既便于识读，又可省略标注一些重复尺寸。

（1）楼梯平面图

1）图示方法。楼梯平面图是假想沿着房屋各层第一段的任一位置，将楼梯水平剖切后向下投影所得的图形，因此，楼梯平面图实际上是建筑平面图中楼梯间部分的局部放大图。通常要画底层平面图、一个中间层平面图和顶层平面图。各层平面图的剖切位置如图 2.5 所示。底层平面图是从第一个平台下方剖切的，将第一跑楼梯段断开（用倾斜成 30°、45°的折断线表示），因此只画半跑楼梯，用箭头表示上下行的方向。中间层楼面图需画出被剖切的向上的梯段，还要画出由该层向下行的完整梯段以及休息平台等。顶层平面图是从顶层窗台处剖开，由于未剖切到楼梯段，因此图中应画出完整的楼梯段和平台，在梯口处应注"下"字及箭头。

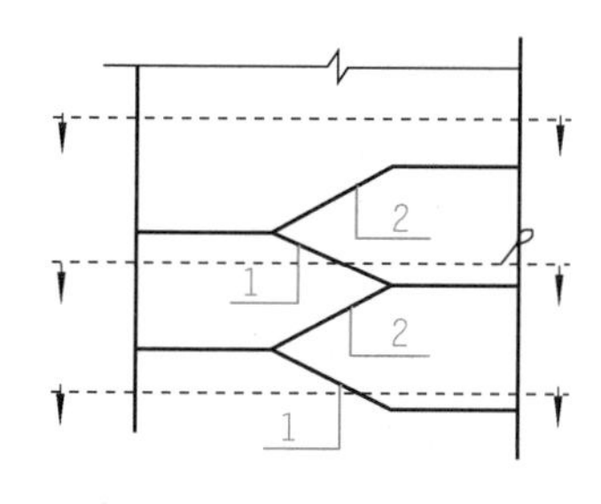

图 2.5 各层平面图的剖切位置

在楼梯平面图中，需要在各层要标注楼梯间的开间和进深尺寸、楼（地）面和平台面标高尺寸、楼梯的长度和宽度、踏步面数和宽度、休息平台及其他细部尺寸等。楼梯的长度要标注水平投影长度，通常用踏步面数乘以踏步宽度表示，如附录 1 建施 11 中的楼梯平面图所示。另外还应标注出各层楼（地）面、休息平台的高度。

2）识读楼梯平面图应该了解的信息。

① 楼梯在建筑平面图中的位置及有关轴线的布置。

② 楼梯的平面形式和踏步尺寸。

③ 楼梯间各楼层平台、休息平台面的标高。

④ 中间层平面图中三个不同梯段的投影。

⑤ 楼梯间墙、柱、门、窗的平面位置、编号和尺寸。

⑥ 楼梯剖面图在楼梯底层平面图中的剖切位置。

3）识图示例。以附录 1 建施 11 中的楼梯平面图为例。

① 了解楼梯在建筑平面图中的位置、开间、进深及墙体的厚度。楼梯位于横向④～⑤（⑩～⑪）、纵向Ⓓ～Ⓙ之间。开间 2400mm、进深 6000mm，墙的厚度为 370mm。

② 了解楼梯段及梯井的宽度。楼梯段的宽度为 1050mm，梯井的宽度为 120mm。

③ 了解楼梯的走向以及楼梯段起步的位置。各个楼层的楼梯的走向（向上或向下）如楼梯段上指示线和箭头所示，指示线端部注写的"上"和"下"以各自楼层的楼（地）面为基准。顶部楼梯平面中没有向上的梯段，故只有"下"。第一个梯段踏步的起步位置距Ⓓ轴 2530mm。

④ 了解楼梯段、楼梯井和休息平台的平面形式、位置、踏步的宽度和踏步的数量。该楼梯为两跑楼梯。各层楼梯的踏步总数：地下一层有 9 个踏步，一层有 10 个踏步，二层到顶层都有 8 个踏步。标准层的休息平台宽度分别为 1940mm、1200mm，楼梯段长度尺寸为8×280＝2240mm，表示该梯段有 8 个踏面，每一踏面宽度为 280mm。

⑤ 了解楼梯间处的墙、柱、门窗平面位置及尺寸。该楼梯间外墙和两侧内墙厚 240mm，平台上方分别设门窗洞口，洞口宽度都是 1200mm，窗口居中。

⑥ 了解各部位的标高。一层入口处地面标高为－0.500m，其余各层休息平台标高分别为 1.844m、4.275m、7.125m、9.975m 和 12.825m（顶层平台标高）。

⑦ 了解各楼梯剖面图的剖切位置及编号。在一层平面图中有剖切符号，剖切符号表达了楼梯剖面图的剖切位置和剖切方向。

（2）楼梯剖面图

1）图示方法。按照楼梯底层平面图上标注的剖切位置，用一个铅垂的剖切平面，沿各层的一个梯段和楼梯间的门窗洞剖开，向另一个未剖切的梯段方向投影，此时所得的剖面图就是楼梯剖面图，如附录 1 建施 11 中的楼梯剖面图所示。

在剖面图中应注出各层楼（地）面、休息平台的标高，楼梯段的高度及其踏步的级数和高度。楼梯段的高度通常用踏步的级数乘以踏步的高度表示。

2）识图示例。以附录 1 建施 11 中的楼梯剖面图为例。

① 了解楼梯的构造形式。从图中可以看到该楼梯为板式楼梯，且为双跑式。

② 与楼梯平面图对照，弄清楚剖切位置及投影方向。例如 A—A 剖面图，可在一层楼梯平面图中找到相应的剖切位置，该剖面图是从左往右做投影而形成的。

③ 了解轴线尺寸及编号。该剖面图墙体轴线编号为Ⓓ和Ⓙ，其轴线尺寸为 6000mm。

④ 了解房屋的层数、楼梯梯段数、踏步数。该住宅楼有 6 层加一阁楼层。

⑤ 熟悉楼梯在竖向和进深方向的有关标高、尺寸和详图索引符号。A—A 剖面图的右侧注有每个梯段高，如 158×9=1422，其中 9－1＝8 表示踏步数，158 表示踏步高。该楼梯间标准层高为 2.85m，进深 6.00m。在图中扶手上有一索引符号，选自 05J8 中的栏杆、扶手做法。楼梯栏杆高为 900mm。

⑥ 了解楼梯段、平台、栏杆、扶手等相互间的连接构造。该楼梯为现浇钢筋混凝土板式楼梯，楼梯板放在平台梁上，平台梁将力传至楼梯间横台上。栏杆、扶手构造在节点详图中表示。

（3）楼梯节点详图

如图 2.6 所示，楼梯节点详图一般包括踏步、扶手、栏杆详图和梯段与平台处的节点构造详图。通常选用建筑构造通用图集，以表明它们的断面形式、细部尺寸、用料、构造连接及面层装修做法等。

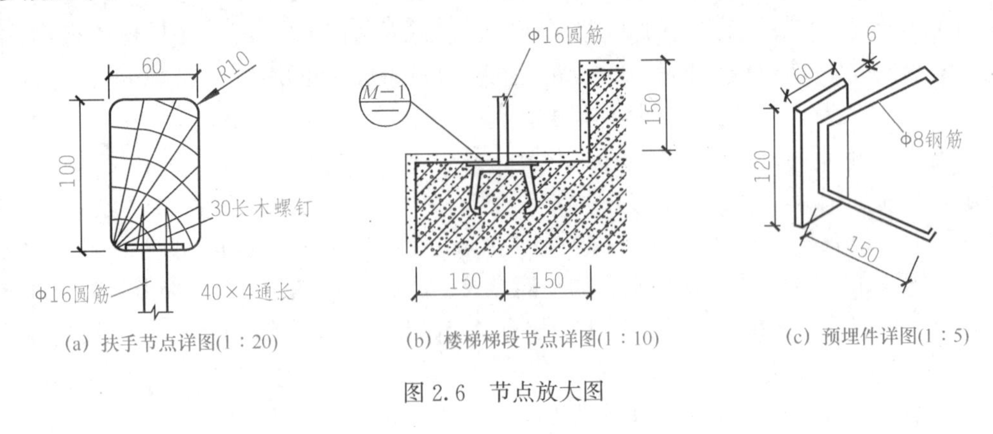

图 2.6　节点放大图

3. 门窗详图

门窗详图一般由门窗立面图、节点详图、门窗五金表及文字说明等组成。详图说明注写在门窗表附注内或相关的门窗详图内，也可写在首页设计说明中。

门窗详图的图示内容如下：

1）门窗详图以立面图表明门窗的组合形式、开启方式和方向、主要尺寸及节点索引标志。

2）门窗的开启方式由开启线决定，开启线有实线和虚线之分。如附录 1 建施 2 中的门窗详图所示，图中用实线表示外开，虚线表示内开，开启线交点处表示旋转轴位置。

3）门窗节点剖面图表示门窗某节点中各部件的用料和断面形式，还表示各部件的尺寸及其相互间的位置关系。

4）推拉窗在推拉扇上用箭头表示开启方向，固定窗则无开启线。窗樘用双细实线画出，也可用粗实线代替，窗扇和开启线均用细实线画出。

5）弧形窗和转折窗应绘制展开立面图。弧形窗或转折窗的洞口尺寸应标注展开尺寸。

6）门窗立面图上注有两道尺寸：外面一道尺寸为门窗洞尺寸，也就是建筑平面图和剖面图上所注的尺寸；里面一道尺寸为门窗扇的尺寸。

识读门窗详图应该了解以下信息：

1）从窗的立面图上了解窗的组合形式及开启方式。

2）从窗的节点详图中还可以了解到各节点窗框、窗扇的组合情况及各木料的用料断面尺寸和形状。

2.1.6　建筑配件标准图的识读

下面以《外墙外保温的标准图集》（05J3-1）为例。

《外墙外保温的标准图集》（05J3-1）分为建筑（05J）、给排水（05S）、采暖通风（05N）和电气（05D）四个专业，共计 56 册，基本涵盖了建筑设计的主要方面。《外墙外保温的标准图集》（05J3-1）是适合内蒙古、天津、河北、河南、山西五省区范围内的建筑工程的施工做法。其中建筑的标准图集包括 05J1 工程做法，05J2 地下工程防水，05J3-1 外墙外保温，05J3-2 外墙内保温，05J3-3 外墙夹心保温，05J3-4 加气混凝土砌块墙，05J3-5 钢丝网架水泥聚苯乙烯夹心板墙，05J3-6 轻质内隔墙，05J4-1 常用门窗，05J4-2 专用门窗，05J5-1 平屋面，05J5-2 坡屋面，05J6 外装修，05J7-1 内装修-墙面、楼地面，05J7-2 内装修-配件，05J7-3 内装修-吊顶，05J8 楼梯，05J9-1 室外工程，05J9-2 环境景观设计，05J10 附属建筑，05J11-1 住宅厨房，05J11-2 住宅卫生间，05J12 卫生洗涤设施，05J13 无障碍设施。

在附录 1 建施 12 中，详图①里面的滴水线应该查阅《外墙外保温的标准图集》（05J3-1）。圆圈内的 C6 代表不带窗套窗口（面砖饰面），A 代表《外墙外保温的标准图集》（05J3-1）C6 页次里标有 A 的那个详图（图 2.7）。

在附录 1 建施 2 中，门窗表里面的第一个普通门的名称编号为 M（0821），该门的详图应该查阅《常用门窗的标准图集》（05J4-1）。通过翻阅图集得知该详图为《常用门窗的标准图集》（05J4-1）。第 89 页编号为 LPM-0821 的那个详图（图 2.8）。

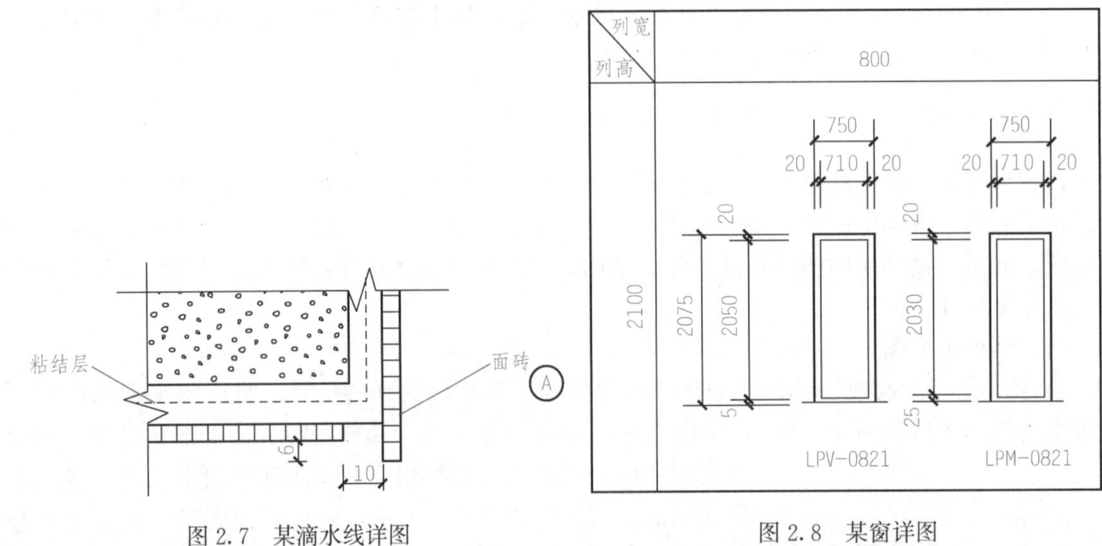

图 2.7　某滴水线详图

图 2.8　某窗详图

2.1.7　建筑施工图的整体识读

1. 识图方法和步骤

识读整套建筑施工图时，应按照“总体了解、顺序识读、前后对照、重点细读”的方法。具体识读某单张图纸时，应按“由外向里、由大到小、由粗到细、图样与文字说明交替、有关图纸对照看”的方法，重点看轴线及各种尺寸关系。读图时，按照先整体后局部，先文字说明后图样，先图形后尺寸的顺序进行。

建筑施工图的识读步骤如下：

1）阅读图纸目录，浏览整套图纸，了解是什么类型的建筑，哪家设计单位，图纸共有多少张，主要有哪些图纸，并检查全套各工种图纸是否齐全，图名与图纸编号是否相符等。

2）阅读建筑设计总说明，了解工程概况、设计依据、建筑构造做法等，将所采用的标准图集编号摘抄下来，并准备好标准图集，供看图时使用。

3）阅读总平面图，了解新建建筑的地理位置、朝向、平面位置、形状、层数等。

4）初读建筑施工图。依次识读建筑平面图、立面图、剖面图和详图，在头脑中形成整栋房屋的立体形象，能想象出建筑物的大致轮廓。

5）精读建筑施工图。将建筑平面图、立面图、剖面图、详图进行对照，将图样与文字进行对照，精细阅读，对图样上的每个线面、每个尺寸都务必认清看懂，并掌握它与其他图的关系。

2. 建筑施工图整体识读训练

以附录1××住宅楼工程施工图建施图部分为例。

（1）识图引导问题

1）该工程有几张建筑施工图？分别是哪些？平面图和立面图有几幅？详图有哪些？

2）该建筑首层平面图中有几种户型？各有什么特点？

3）剖切位置在哪里？剖切方向如何？为什么选择在这个地方剖切？

4）首层室内地面标高与室外地面标高相差多少？楼梯间地面标高与室外地面标高相差多少？建筑高度是多少？室外设计标高是多少？

5）地下一层地面标高是多少？建筑入口朝向哪里？

6）识读标准层平面图，指出二楼阳台与三、四、五楼阳台有何不同？

7）阁楼层平面图和坡屋面平面图中的“结构预留洞”各有几个？留作何用？

8）楼门门洞高度是多少？

9）首层用户拥有“入户阳台”，该入户阳台上的“入户雨篷”标高是多少？如何解决该问题？

10）由标高2.850m下至标高1.844m共有几个踏步？

11）楼梯间在首层的净高为多少？

12）立面图上有以下三个标高：20.400m、19.600m和17.100m，有人说这三个标高标定的是结构高度，你是否认同？从该份建筑施工图中找出依据。

13）砌体结构中，墙体布置与房屋的使用功能和房间大小有关，而且影响这个建筑物的刚度。在该附图中，指出哪些墙属于山墙？哪些墙属于纵墙、内纵墙？

14）最东户的次卧是阴面还是阳面？次卧的进深是多少？

15）总长总宽分别是多少？墙体的厚度是多少？各楼层的层高是多少？净高是多少？

（2）识图任务

1）平面图。

① 识图目的：了解图名、比例及定位轴线；了解房屋的平面布置；了解建筑物的朝向；了解三道尺寸；了解底层室内地面相对标高、楼梯间地面标高及室外标高；了解剖切符号。

② 识图示例：

首层平面图的阅读　以附录1建施5中的首层平面图为例。

a. 图纸比例为1∶100，横向定位轴线①～⑭，纵向定位轴线Ⓐ～Ⓚ。

b. 该楼每层为四户，北面中间入口为楼梯间，最西边的户型为三室两厅一厨二卫，西边有一阳台，其他三个户型为三室两厅一厨一卫，南边有一阳台。以最西边户型为例，朝南的卧室开间为3.9m，进深为4.2m；朝南的主卧室开间为4.2m，进深为6.3m；朝北的卧室开间为3.9m，进深为4.8m；楼梯开间为2.4m；厨房开间为3.3m。内墙厚度均为240mm，外墙厚度为370mm。

c. 首层平面图标有指北针来表示建筑物的朝向。

d. 三道尺寸：最外一道为总长和总宽，如横轴的为36000mm，纵轴的为14400mm；中间一道为定位轴线间距；最里一道为门窗洞口与定位轴线的距离。

外墙的外轮廓线与尺寸线间的距离不小于10mm，三道尺寸线间的距离为7～10mm。

e. 底层室内地面相对标高±0.000，楼梯间地面标高－0.500m，室外标高－0.620m。

f. 向上15个踏步到二层楼面。

g. 散水宽1000mm。

h. 首层平面图上标有剖面图1—1的剖切符号，它的剖切平面垂直于纵向定位轴线，其投影方向向右。

标准层平面图和顶层平面图　以附录1建施5中的二～五层平面图和六层平面图为例。

a. 在首层平面图中表示清楚的构配件，不再重复绘制。

b. 标准层平面图中不绘制指北针和剖切符号。

c. 二～五层平面图中标有雨篷，如果二层以上的平面图（如六层平面图和阁楼层平面图）单独绘制，则不再绘制已由二层平面图表示的雨篷。

屋顶平面图　以附录1建施6中的屋顶平面图为例。

a. 将屋面上的构配件直接向水平投影面所作的正投影图为屋顶平面图。屋顶平面图主要表明屋顶的外形，屋面排水方向及坡度，内、外檐沟、屋檐、女儿墙、屋脊线、落水口、上人孔、水箱及其他构筑物的位置和索引符号等。

b. 用带坡度的箭头表示屋面的排水方向。

c. 屋顶平面图比较简单，可用较小的比例绘制，例如，附录1建施6中屋顶平面图的比例也可以采用1∶200。

局部平面图　某工程的局部平面图如图2.9所示。

图示内容：

a. 局部平面图的图示方法与底层平面图相同。

b. 为了清楚表明局部平面图所处的位置，必须标注与平面图一致的轴线及编号。

c. 常见的局部平面图有卫生间、盥洗室、楼梯间、阳台等。

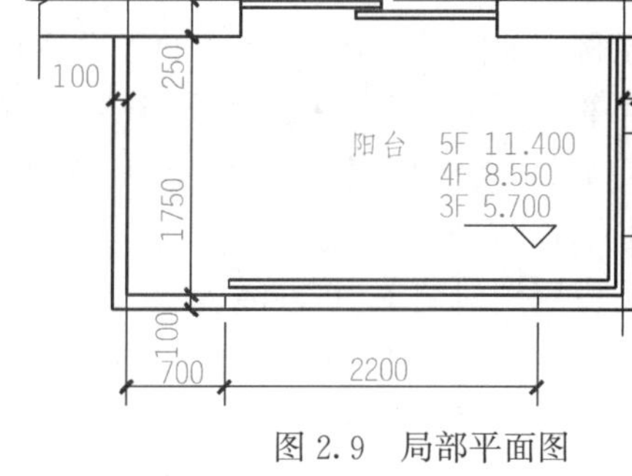

图2.9　局部平面图

2）立面图。

① 识图目的：了解图名及比例；了解房屋的外貌特征；了解门窗类型、位置及数量；了解房屋的竖向标高；了解房屋外墙面的装修做法；了解立面图与平面图的对应关系。

② 识图示例：

由附录1建施6中的⑭～①轴立面图知，室外地坪标高为－0.620m，女儿墙顶面标高为20.400m。

3）剖面图。

① 识图目的：了解图名及绘图比例；了解剖面图与平面图的对应关系；了解房屋的结构形

式；了解各部分尺寸和标高等；了解屋面、楼面、地面的构造层次及做法；了解屋面的排水方式；了解索引详图所在的位置及编号；了解其他未剖切到的可见部分；了解楼梯的形式和构造；了解剖切位置和投影方向，剖面图的剖切位置和投影方向在底层平面图上；了解墙体剖切情况，共剖到四座墙（B、D、F、J）。

② 识图示例：

如附录1建施7中的1—1剖面图所示，可知：

a. 层高为2.85m。

b. 门上圈梁高度为550mm。

c. 一层地面与外地面的高度为－0.62m。

d. J轴为楼梯间外墙单元户门所在处。

e. 阳台门洞高度为1.8m。

4）外墙剖面详图。

① 识图目的：了解图名及比例；了解墙体的做法；了解楼板与墙体、天沟板与墙体、雨水管与墙体、过梁与墙体等相互间的位置关系。

② 识图示例：外墙剖面详图如附录1建施12中的墙身大样图二所示，由图可得如下结论：

a. 详图采用的比例为1∶30，从轴线符号可知为轴线外墙身。

b. 墙体采用普通砖砌筑，窗过梁、压顶、防潮层、天沟、楼板等为钢筋混凝土制作。

c. 图中反映出楼板与墙体、天沟板与墙体、雨水管与墙体、过梁与墙体等相互间的位置关系。

5）楼梯详图和剖面图。

① 识图目的：了解楼梯在建筑平面图中的位置及有关轴线的布置；了解楼梯的平面形式和踏步尺寸；了解楼梯间各楼层平台、休息平台面的标高；了解中间层平面图中三个不同梯段的投影；了解楼梯间墙、柱、门、窗的平面位置、编号和尺寸；了解楼梯剖面图在楼梯底层平面图中的剖切位置。

② 识图示例：如附录1建施11中的楼梯平面图所示，可以得知：

a. 在楼梯平面图中，为了表示各个楼层楼梯的走向（向上或向下），可在楼梯段上用指示线和箭头表示，并以各自楼层的楼（地）面为准，在指示线端部注写“上”和“下”。因顶部楼梯平面中没有向上的梯段，故只有“下”。

b. 剖切线应用倾斜的45°折断线表示。

c. 各层楼梯的踏步总数，由附录1建施11中的楼梯平面图知地下一层有9个踏步，一层有10个踏步，二层到顶层都有8个踏步。

d. 在底层平面图中，标注了楼梯剖面的位置线，即剖切面。如附录1建施11中的楼梯剖面图所示，楼梯剖面图是前面所讲住宅楼建筑剖面图的局部放大图。

楼梯剖面图主要表达楼梯的梯段数、踏步数、类型及结构形式，表示各梯段、平台、栏杆等的构造及它们的相互关系。

6）门窗详图。

① 识图目的：从窗的立面图上了解窗的组合形式及开启方式。从窗的节点详图中还可以了解到各节点窗框、窗扇的组合情况及各木料的用料断面尺寸和形状。

② 识图示例：如附录1建施2中的门窗详图所示，门窗立面图上注有两道尺寸：外面一道尺寸为门窗洞尺寸，也就是建筑平面图和剖面图上所注的尺寸；里面一道尺寸为门窗扇的尺寸。

任务2.2　结构施工图的识读

砌体结构施工图的基本内容包括结构设计说明（对于较小的房屋一般不必单独编写）、砌体结构基础施工图、结构平面布置图（基础平面图、楼层结构平面图、屋面结构平面图）、结构详图（梁、板、柱、墙、基础、楼梯、屋架等结构详图）。

2.2.1　结构设计说明的阅读

结构设计总说明是结构施工图的纲领性文件，主要包括抗震设计与防火要求、地基与基础、地下室、钢筋混凝土各种构件、砖砌体、后浇带与施工缝等部分选用的材料类型、规格、强度等级、施工注意事项等。

通过阅读结构设计说明，主要达到如下目的：

1）熟悉工程概况。

2）了解地基及基础基本情况。

3）了解对结构的特殊要求。

4）了解说明中强调的内容。

5）掌握材料质量要求以及要采取的技术措施。

6）了解所采用的技术标准和构造。

7）了解选用的标准图集。

8）熟知砌体的构造要求。

2.2.2　砌体结构基础施工图的识读

砌体结构事故案例

事故概况：北京某大学教学楼分为甲、乙、丙、丁、戊5段，各段间用沉降缝分开。乙段与丁段在结构上是对称的，当主体结构已全部完工，在施工进入装修阶段时，大楼乙段部分突然倒塌，倒塌时正值清晨，造成6名工人死亡，5名工人重伤，损失严重。

事故分析：该工程由正规且有知名度设计院设计，施工单位是市属的大建筑公司。大楼乙段和丁段为地上五层，跨度14. 2m，现浇混凝土主梁，截面尺寸300mm×1200mm，间距5.4m；次梁跨度5.4m，截面尺寸为180mm×450mm，间距2.4～3.0m，现浇混凝土板厚80mm，大梁支承于490mm×2000mm的窗间墙上。首层砌体设计采用砖的强度等级为MU10，砂浆为M10。施工中对砖的质量进行检验，发现不足MU10，因而与设计洽商，将丁段与乙段的砖柱改为加芯混凝土组合柱，加芯混凝土断面为260mm×1000mm，配有少量钢筋，纵筋6ϕ10，箍筋ϕ6间距300mm，每隔10行砖左右，设ϕ4拉筋一道。支承大梁的梁垫为整浇混凝土，与窗间墙等宽，与大梁同高，并与大梁同时浇筑。经初步检查，设计按规范要求，并无错误；混凝土浇筑符合质量要求，砌体部分砌筑质量稍差，尤其是加芯混凝土部分，不够致密，其他方面基本符合要求。

可以判断大梁下组合砖柱首先破坏而引起房屋倒塌的可能性较大。丁段与乙段完全对称，虽未倒塌，但已看到④轴靠近七层主楼的窗间墙存在着从底层到四层的斜裂缝。在大多数大梁的梁垫下出现垂直的微细的劈裂裂缝，内墙出现在梁垫下，外墙出现在梁头上。窗间墙包芯柱混凝土严重脱水，质地疏松，与砖之间粘结较差，难以共同工作。因而组合柱的承载力不足应为房屋倒塌的根源。

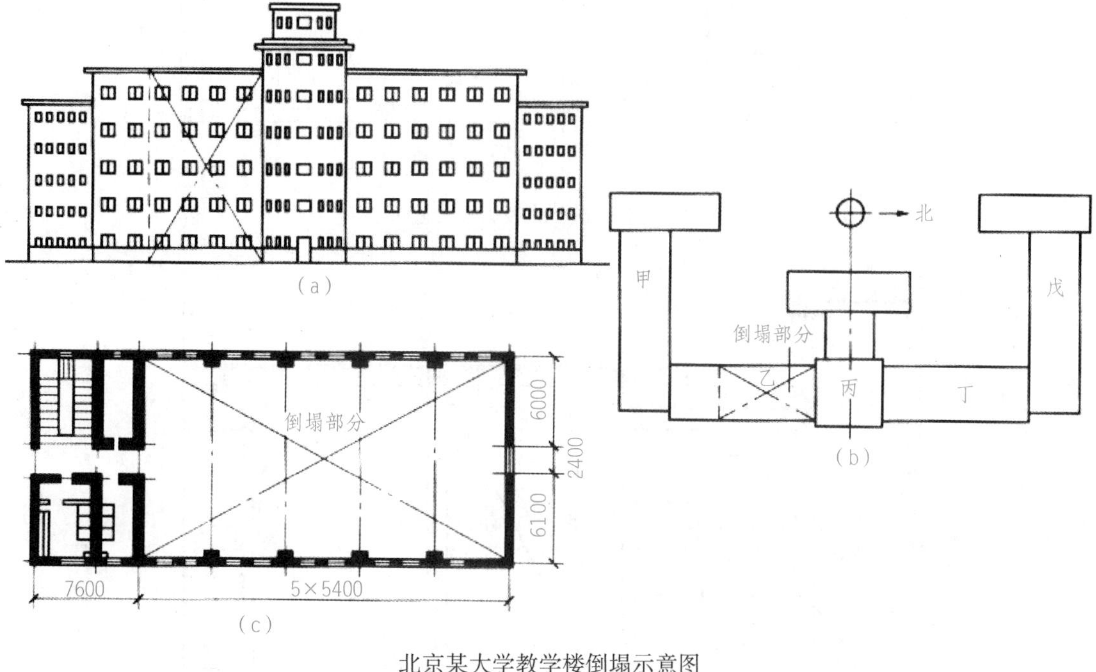

北京某大学教学楼倒塌示意图

砌体结构的基础类型很多，而且所用材料和构件也不同，比较常用的是无筋扩展基础、扩展基础和筏板基础。砌体结构基础施工图主要图纸有基础平面图和基础详图。基础布置图以表示基础部位构件的平面位置为主要目的，结合基础详图表示基础和基础部位构件的标高和详细尺寸及做法。砌体结构的施工图重点突出基础的轮廓线、标高和尺寸及基础的配筋情况等。

1. 基础平面图

（1）图示方法

假想用一个水平剖切平面沿建筑物底层室内地面（±0.000）与防潮层之间的平面将房屋剖开，移去上部建筑物和土层，向水平面作正投影所得到的投影图称为基础平面图。移去截面以上的建筑物和基础回填土后作水平投影，就得到基础平面图。

在基础平面图中，只画出基础墙（或柱）及基础底面的轮廓线，其他细部轮廓线都省略不画。这些细部的形状和尺寸在基础详图中表示。

由于基础平面图实际上是水平剖面图，故剖到的基础墙、柱的边线用粗实线画出；基础边线用细实线画出；在基础内留有孔、洞及管沟位置用细虚线画出。剖切到的钢筋混凝土柱应该涂黑。

基础平面图的尺寸标注分内部尺寸和外部尺寸两部分。外部尺寸只标注定位轴线的间距和总尺寸。内部尺寸应标注各道墙的厚度、柱的断面尺寸和基础底面的宽度等。具体来说主要有如下几种尺寸：

轴线尺寸　在基础平面图上需标注定位轴线间尺寸（开间、进深尺寸）和两端轴线间的尺寸。

墙体尺寸　基础平面图上要以轴线为基准标注出各墙厚度尺寸。

基础宽度尺寸　基础平面图上要以轴线为基准标注出各墙基础最外边宽度的尺寸。

其他尺寸　有地沟、管道出入口等，在基础平面图上需标明出入位置及尺寸。

（2）识图方法及应了解的信息

阅读基础平面图时要注意基础的标高和定位轴线的数值，了解基础的形式和区别，注意其他工种在基础上的预埋件和预留洞。

1）查阅建筑图，核对所有的轴线是否和基础一一对应，了解是否有的墙下无基础而用基础梁替代，基础的形式有无变化，有无设备基础。

2）对照基础的平面和剖面，了解基底标高和基础顶面标高有无变化，有变化时是如何处理的。如果有设备基础，还应了解设备基础与设备标高的相对关系，避免因标高有误造成严重的责任事故。

3）了解基础中预留洞和预埋件的平面位置、标高、数量，必要时应与需要这些预留洞和预埋件的工种进行核对，落实其相互配合的操作方法。

4）了解基础的形式和做法。

5）了解各个部位的尺寸和配筋。

（3）识图示例

以附录1基础平面布置图为例：

一看图名、比例和纵横定位轴线及编号，了解有多少道基础，基础间定位轴线间尺寸。

二看基础的平面布置。基础平面图应反映基础墙、柱、基础底面的形状、大小尺寸及基础与轴线的尺寸关系。注意轴线的中分和偏分。

三看基础梁的布置与代号。不同形式的基础梁用代号JL1、JL2、…表示。

四看基础的编号、基础断面的剖切位置和编号，了解基础断面图的种类、数量及其分布位置，以便与断面图对照阅读。

五看施工说明，用文字说明地基承载力及材料强度等级的要求、防潮层做法、设计依据以及施工注意事项等，从中了解施工时对基础材料及其强度等的要求，以便准确施工。

2. 基础详图

（1）图示方法

在基础的某一处用铅垂剖切平面切开基础所得到的断面图称为基础详图。

钢筋混凝土独立基础除画出基础的断面图外，有时还要画出基础的平面图，并在平面图中采用局部剖面表达底板配筋。

基础详图的轮廓线用中实线表示，钢筋符号用粗实线绘制。

（2）识图示例

附录1基础平面布置图中的详图（结施3）为某建筑物的基础详图，本示例为平板式筏形基础。

一看图名与比例。图名常用1—1、2—2、…断面或用基础代号表示。基础详图常用1∶20、1∶30或1∶40的比例绘制，如附录1中的基础详图所示，比例均采用1∶30。

二看轴线及其编号、对位置。先用基础详图的编号对基础平面的位置，了解这是哪一条基础上的断面或哪一个柱基。如果该基础断面适用于多条基础的断面，则轴线圆圈内可不予编号。

三看基础断面图中基础梁的高、宽尺寸或标高及配筋。

四看基础的详细尺寸，基础墙的厚度，基础的宽、高，垫层的厚度等。

五看室内、外地面标高及基础底面标高。

六看基础及垫层的材料、强度等级、配筋规格及布置。

七看施工说明，了解防潮层的标高尺寸及做法，了解圈梁的做法和位置，各种材料的强度和钢筋的等级以及对基础施工的要求。

2.2.3 结构平面布置图的识读

1. 图示方法

结构平面布置图是假想用一个剖切平面沿着楼板上皮水平剖开后，移走上部建筑物后作水平投影所得到的图样。

结构平面图上的轴线应和建筑平面图上的轴线编号和尺寸完全一致。

在结构平面图中，剖到的梁、板、墙身可见轮廓线用中粗实线表示；楼板可见轮廓线用粗实线表示；楼板下的不可见墙身轮廓线用中粗虚线表示；可见的钢筋混凝土楼板的轮廓线用细实线表示。剖切到的钢筋混凝土柱子要涂黑。

（1）预制楼板的图示方法

预制楼板结构平面图主要表示预制梁、板及其他构件的位置、数量及连接方法。其内容一般包括结构平面图、节点详图、构件统计表及文字说明。如图2.10所示，左边的房间标注为7Y-KB336-2，其含义：7表示数量7块；Y-KB表示预应力钢筋混凝土空心板；33表示板的标志长度（以分米计），该空心板的长度为3300mm；6表示板的标志宽度（以分米计），该空心板的宽度为600mm；2表示板的荷载等级序号，该空心板的荷载等级为2级。

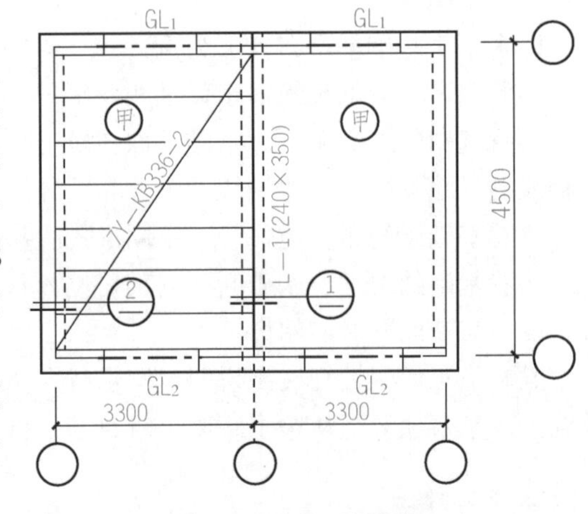

图2.10 某预制楼板

对于预制楼板，用粗实线表示楼层平面轮廓，用细实线表示预制板的铺设，习惯上把楼板下不可见墙体的实线改画为虚线。预制板的布置有以下两种表达形式：

1）在结构单元范围内，按实际投影分块画出楼板，并注写数量及型号。预制板的铺设方式相同的单元，用相同的编号如甲、乙等表示，而不一一画出每个单元楼板的布置（图2.11）。

2）在结构单元范围内，画一条对角线，并沿着对角线方向注明预制板数量及型号（图2.12）。上面介绍的图2.10就属于这种表达方式。

（2）现浇钢筋混凝土板的图示方法

对于现浇楼板，用粗实线画出板中的钢筋，每一种钢筋只画一根，同时画出一个重合断面，表示板的形状、厚度和标高（图2.13）。当现浇板配筋简单时，直接在结构平面图中的板上绘出配筋图，表明钢筋的弯曲及配置情况，注明钢筋编号、规格、直径、间距等（图2.13）。

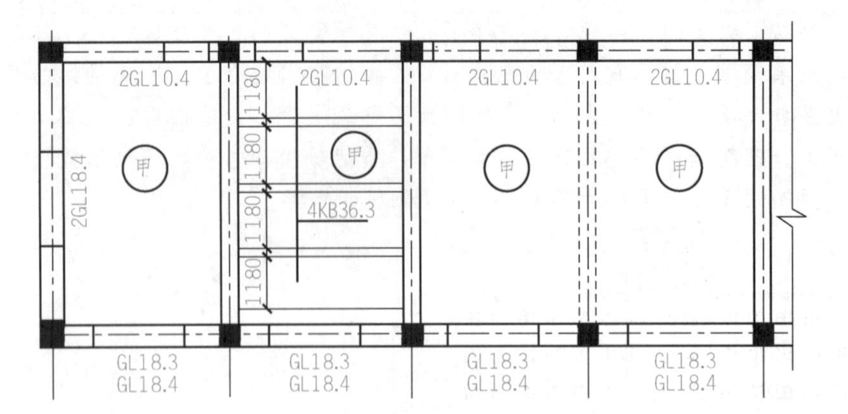

图2.11 预制板的表达方式之一

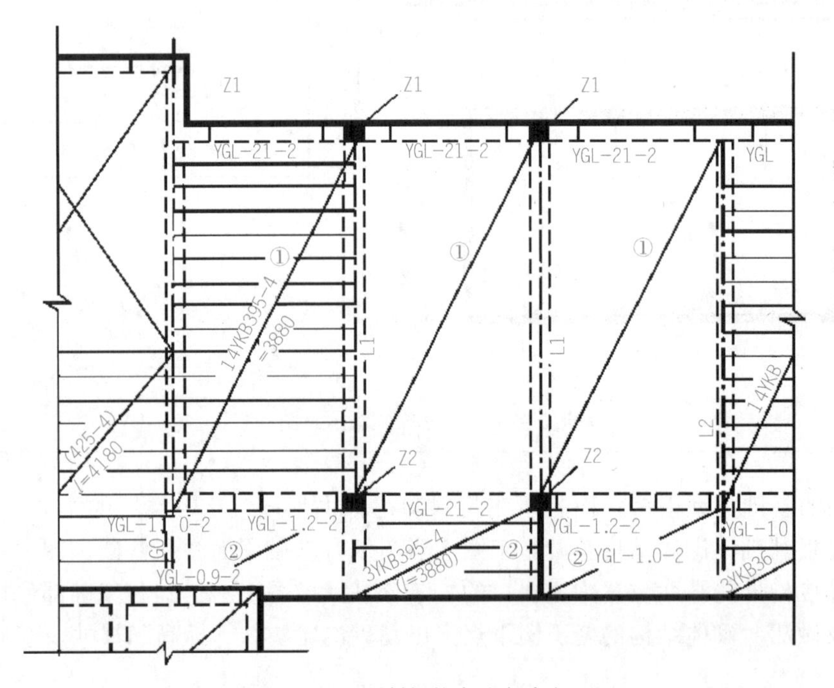

图2.12 预制板的表达方式之二

（3）平屋顶与楼层的结构布置的不同之处

1）平屋顶的楼梯间，满铺屋面板。

2）带挑檐的平屋顶有檐板。

3）平屋顶有检查孔和水箱间。

4）楼层中的厕所小间用现浇钢筋混凝土板，而屋顶则可用通长的空心板。

5）平屋顶上有烟囱、通风道的留孔。

2. 识图方法及应了解的信息

1）了解结构的类型，了解主要构件的平面位置与标高，并与建筑施工图结合了解各构件

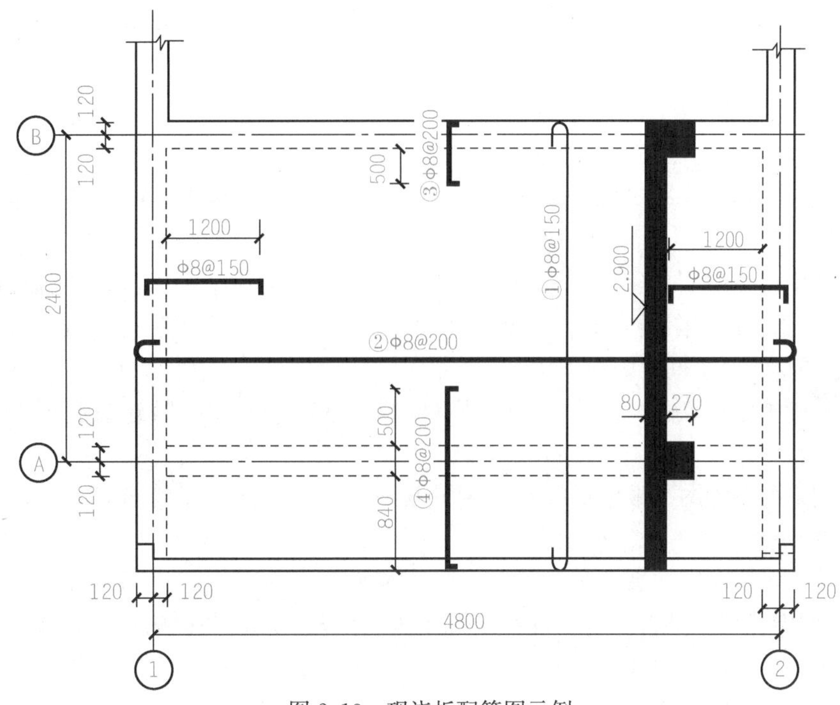

图 2.13　现浇板配筋图示例

的位置和标高的对应情况。因为设计时，结构的布置必须满足建筑上使用功能的要求，所以结构布置图与建筑施工图存在对应的关系，例如，墙上有洞口时就设有过梁，对于非砖混结构，建筑上有墙的部位墙下就设有梁。

2）结合剖面图、标准图和详图对主要构件进行分类，了解它们的相同之处和不同点。

3）了解各构件节点构造与预埋件的相同之处和不同点。

4）了解整个平面内，洞口、预埋件的做法与相关专业的连接要求。

5）了解各主要构件的细部要求和做法，反复以上步骤，逐步深入了解，遇到不清楚的地方在记录中标出，进一步详细查找相关的图纸，并结合结构设计说明认定核实。

6）了解其他构件的细部要求和做法，反复以上步骤，消除记录中的疑问，确定存在的问题，整理、汇总、提出图纸中存在的遗漏和施工中存在的困难，为技术交底或会审图纸提供资料。

2.2.4　结构详图的识读

（1）图示方法

砌体结构的构件，一般包括现浇梁或预制梁、过梁、现浇板或预制板、雨篷、楼梯等。现浇板一般在结构平面上表示（如附录 1 结施 3 二层结构平面图中的 LB 即代表现浇板）；预制钢筋混凝土楼板通常采用标准图集中的构件，一般不画构件详图，施工时根据标注的型号和标准图集查阅板的尺寸、配筋情况；过梁也一般选用标准图；雨篷和阳台采用现浇的形式较多，也可以在结构平面图上增加剖面或断面图进行表示；楼梯详图与钢筋混凝土房屋中的相同。另外，结构平面图中没有表达清楚的部位均应在构件详图上表示，详图中还要有表示构件的钢筋表。

（2）识图要领

1）将构件对号入座，即核对结构平面上构件的位置、标高、数量是否与详图相吻合，有无标高、位置和尺寸的矛盾。

2）了解构件与主要构件的连接方法，看能否保证其位置或标高，是否存在与其他构件相抵触的情况。

3）了解构件中配件或钢筋的细部情况，掌握其主要内容。

4）结合材料表核实以上内容。

（3）梁的配筋图

梁的配筋图包括立面图、断面图和钢筋详图，有时还有钢筋表。当梁的类型不一致时，常分别画出梁的立面，在梁的立面图上根据变化情况设置剖切线，再根据剖切面画出梁截面的尺寸和配筋，并附有钢筋表或钢筋形状。当梁的类型一致，如都是矩形梁，只是配筋和尺寸不同，也常只画一个示意性的立面，分别标注不同梁的尺寸，画出不同梁的剖面并加文字注明所对应的梁号。图 2.14 所示为现浇梁配筋图的一般表示方法。

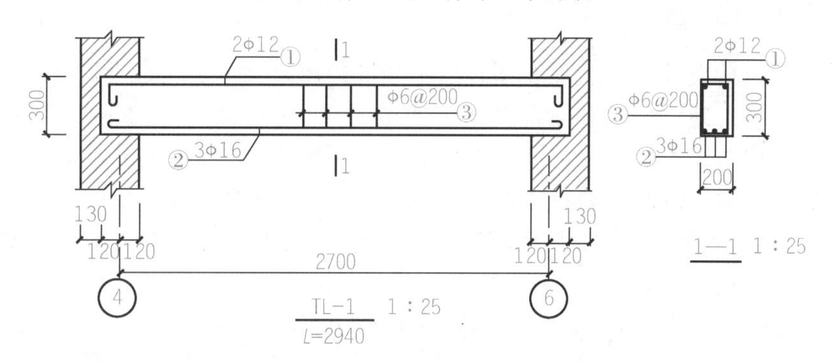

图 2.14　现浇梁配筋图的一般表示方法

该钢筋混凝土梁位于④轴到⑥轴之间，其截面尺寸是 200mm×300mm，其绘图比例为1：25。在识读梁的配筋详图时需要注意，立面图与断面图应联系起来读图。此处的钢筋详图从略。

楼层结构平面上的现浇构件可绘制详图。详图需注明形状、尺寸、配筋、梁底标高等以满足施工要求，如图 2.15 所示的 QL 配筋图。

在节点放大图中，应说明楼板或梁的底面标高和墙或梁的宽度尺寸。有时用详图表明构件之间的构造组合关系，如板与圈梁搭接的装配关系，如图 2.16 所示的 GL 详图。

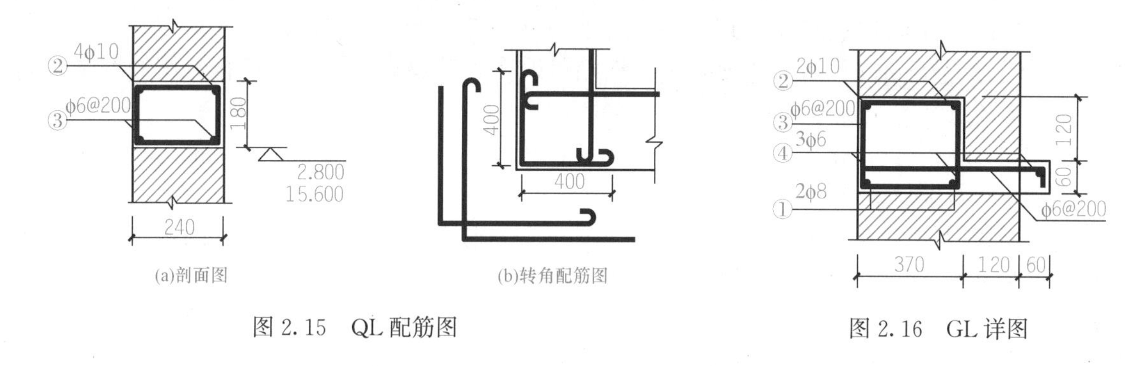

图 2.15　QL 配筋图　　　　图 2.16　GL 详图

（4）楼梯

楼梯详图主要表示楼梯的类型、结构形式及梯段、栏杆扶手、防滑条、底层起步梯级等的详细构造方式、尺寸和材料。楼梯结构详图是主要表达楼梯结构部分的布置、形状、大小、材料、构造及其相互关系的图样。楼梯结构详图主要包括楼梯结构平面图、楼梯剖面图和楼梯配筋图。

楼梯结构平面图的图示要求与楼层结构平面布置图基本相同，它是用剖切在楼层间或楼梯平台上方的一个水平剖视图来表示的。

钢筋混凝土楼梯的不可见轮廓线用细虚线表示，可见轮廓线用细实线表示，剖到的砖墙轮廓线用中实线表示。

楼梯结构剖面图是垂直剖切在楼梯段上所得到的剖视图。楼梯结构剖面图是主要表示楼梯的承重构件的竖向布置、构造和连接情况，楼梯段、楼梯梁的形状和配筋（当平台板和接板为现浇板时的配筋）大小尺寸及各构件标高的图样。

在楼梯结构剖视图中，不能详细表示楼梯板和楼梯梁的配筋时，应另外用较大的比例画出配筋图，配筋图中不能表示清楚钢筋布置，应在配筋图外面增加钢筋大样图（即钢筋详图）。

2.2.5　建筑构件标准图的识读

一般图集的结构包括设计说明、配筋图、技术经济指标以及节点构造详图等。例如，《建筑物抗震构造详图（多层砌体房屋和底部框架砌体房屋）》（11G329-2）的主要内容为总说明、多层砖砌体房屋抗震构造详图、构造柱与拉结筋立面、加强构造柱与拉结筋立面、构造柱根部与基础圈梁连接做法、构造柱伸至室外地面下500做法、构造柱根部锚入基础做法、墙体钢筋网片与构造柱连接节点、无构造柱时墙体钢筋网片节点、楼梯间墙体配筋构造、圈梁与构造柱连接节点、无构造柱时板底圈梁连接节点、板底圈梁与板的连接、顶层大房间下一层有构造柱时构造柱（组合砖壁柱）锚固（6度、7度）、阳台挑梁与圈梁的连接（6度、7度）、6～8度区女儿墙配筋构造、后砌隔墙与构造柱、承重墙的拉结多层混凝土小砌块砌体房屋抗震构造详图、底部框架-抗震墙砌体房屋抗震构造详图等。

2.2.6　结构施工图的整体识读

1. 识图方法和步骤

（1）识读方法

结构施工图的识读方法一般是先要弄清是什么图，然后根据图纸特点从上往下、从左往右、由外向内、由大到小、由粗到细，图样与说明对照，建筑施工图、结构施工图、水暖电施工图相结合看，另外还要根据结构设计说明准备好相应的标准图集与相关资料。

1）从上往下、从左往右的看图顺序是施工图识读的一般顺序，比较符合看图的习惯，同时也是施工图绘制的先后顺序。

2）由前往后看，根据房屋的施工先后顺序，从基础、墙柱、楼面到屋面依次看，此顺序基本也是结构施工图编排的先后顺序。

3）看图时要注意从粗到细，从大到小。先粗看一遍，了解工程的概况、结构方案等；然后看总说明及每一张图纸，熟悉结构平面布置，检查构件布置是否合理正确，有无遗漏，柱网尺寸、构件定位尺寸、楼面标高等是否正确；最后根据结构平面布置图，详细看每一个构件的编号、跨数、截面尺寸、配筋、标高及其节点详图。

4）纸中的文字说明是施工图的重要组成部分，应认真仔细逐条阅读，并与图样对照看，便于完整理解图纸。

5）结构施工图应与建筑施工图结合起来看图。一般先看建筑施工图，通过阅读设计说明、总平面图、建筑平立剖面图，了解建筑体型、使用功能，内部房间的布置、层数与层高、柱墙布置、门窗尺寸、楼梯位置、内外装修、材料构造及施工要求等基本情况；然后看结构施工图。在阅读结构施工图时应同时对照相应的建筑施工图，只有把两者结合起来看，才能全面理解结构施工图，并发现存在的矛盾和问题。

（2）识图步骤

1）查看图纸目录，熟悉图纸数量和内容。同时按图纸目录检查图纸是否齐全，图纸编号与图名是否符合。

2）阅读结构设计说明。了解设计概要、基础、主体结构的结构做法、工程概况、设计依据、主要材料要求、标准图或通用图的使用、构造要求及施工注意事项等。准备好结构施工图所套用的标准图集及地质勘察资料备用。

3）阅读基础平面布置图、详图与地质勘察资料。基础平面图应与建筑底层平面图结合起来看图。

4）阅读柱平面布置图。根据对应的建筑平面图校对柱的布置是否合理，柱网尺寸、柱断面尺寸与轴线的关系尺寸有无错误。

5）阅读楼层及屋面结构平面布置图。对照建筑施工平面图中的房间分隔、墙体的布置检查各构件的平面定位尺寸是否正确，布置是否合理，有无遗漏，楼板的形式、布置、板面标高是否正确等。

6）识读各层梁平面整体配筋图、板平面整体配筋图、楼梯及其他配筋图。

7）按前述的施工图识读方法，详细阅读各平面图中的每一个构件的编号、断面尺寸、标高、配筋及其构造详图，并与建筑施工图结合，检查有无错误与矛盾。看图中发现的问题要一一记下，最后按结构施工图的先后顺序将存在的问题全部整理出来，以便在图纸会审时加以解决。

8）在前述阅读结构施工图中，涉及采用标准图集时，应详细阅读规定的标准图集。

总体来说，识图步骤主要分为三大步：第一步为识读结构设计说明；第二步为识读结构平面布置图，包括识读基础图、识读楼层结构平面布置图和识读屋层结构平面图，其中识读基础图包括识读基础平面布置图和识读基础详图；第三步为识读结构构件详图。

2. 结构施工图整体识读训练

以附录1××住宅楼工程施工图结构施工图部分为例（结施1～结施6）。

（1）识图引导问题

1）本例结构类型是什么？该工程有几张结构施工图？分别是哪些结构施工图？

2）结构施工图中该建筑物的耐久年限为多少年？抗震设防烈度为多少？

3）本例构造柱设置在哪些部位？构造柱混凝土强度等级是多少？钢筋如何配置？

4）本例圈梁设置在哪些墙体上？圈梁混凝土强度等级是多少？钢筋如何配置？

5）基础底部标高是多少？垫层混凝土强度等级是多少？

6）基础的类型有哪些？本例采用什么类型的基础？

7）梁有几种形式？柱有几种形式？板厚多少？

8）楼梯详图中，轴线编号有什么要求？剖切符号画在哪里？

9）本例楼层结构标高是多少？

10）楼梯是什么形式？板式楼梯还是梁式楼梯？休息平台是现浇板吗？

11）楼面结构标高与建筑标高的关系是怎样的？

12）基础平面布置图与基础详图的剖切方式有什么不同?

13）根据基础平面图回答，各工程基础是什么构造形式？采用何种材料?

14）在结构图中指出哪些是构造柱？哪些是圈梁？为什么要设置构造柱和圈梁？如何设置构造柱和圈梁？圈梁和构造柱为什么要连接到一起?

（2）识图示例

1）识读结构设计说明。由识读结构设计说明可以得知如下信息：

① 该建筑物为砖混结构，其基础形式为平板式筏基。

② 该建筑结构的安全等级为二级。

③ 该建筑物的耐久年限为50年，抗震设防烈度为8度。

④ ±0.000及其以下基础梁、板、柱均为C30，其他梁、板、柱、构造柱、过梁等均采用C25。

2）识读基础平面布置图。以附录1中结施3的基础平面布置图为例，可知如下信息：

① 该图的图名为基础平面布置图，其比例为1∶100，纵向定位轴线的编号从①到⑭，横向定位轴线的编号从Ⓐ到Ⓚ。

② 以剖面1—1为例，其基础墙的厚度为370mm、柱子尺寸为370mm×600mm、基础垫层的厚度为100mm。该基础平面布置图中的轴线基本都是偏分。

③ 该图中的基础梁有JL3、JL4、JL5。以JL3为例，其具体的尺寸为400mm×400mm，该基础梁中配有8根HRB335的直径为25mm的受力钢筋和直径为10mm间距为100mm的箍筋。

④ 该图中有1—1、2—2和3—3三个基础断面图，其中1—1断面图为外墙，2—2断面图为周边外墙，3—3断面图为内部墙。

⑤ 处理后的地基承载力不小于130kPa，填充基础的材料最大粒径不得超过50mm。

3）识读基础详图。

① 该图中的图名为1—1、2—2和3—3断面图，其比例均采用1∶30。

② 1—1断面适合于外墙，2—2断面适合于周边外墙，3—3断面适合于内墙。

③ 以1—1断面图为例，其基础断面图中基础梁的截面高度为600mm，宽度为400mm，其底面标高为－2.630m。

④ 基础及垫层所有的材料都是钢筋混凝土。

⑤ 建筑物四周布置圈梁。

4）识读楼层结构平面布置图。以附录1中结施4的三、四层结构平面图为例，可得出如下信息：

① 读图图名为三、四层结构平面图。

② 外墙的厚度为370mm，内墙的厚度为240mm，构造柱有GZ1、GZ2、GZ7和GZ9，梁有TL1、L2和L3，板有LB1、LB2和LB3，该结构中的板均采用现浇板。

③ “楼梯另详”是指楼梯的详图是单独绘制的。

5）识读结构构件详图。以附录1中结施5的QL1为例，该圈梁的宽度为370mm，高度为180mm，配有6根直径为12mm的受力钢筋，箍筋的直径为6mm，间距为200mm，双肢箍。QL1适用于370mm的墙体下部。

以附录1中结施5的GZ1为例，该构造柱的截面尺寸为370mm×370mm，配有8根直径为14mm的受力钢筋，箍筋的直径为6mm，加密区间距为100mm，非加密区间距为200mm，三肢箍。

以附录1中结施6的楼梯结构平面图为例，由该平面图可以得知：楼梯梁用TL-2表示，楼梯的柱子用TZ表示。

以附录1中结施6的楼梯结构剖面图为例，由该剖面图可以详细地看出各层的标高，以及楼梯梁、楼梯板和楼梯柱之间的位置关系。

以附录1中结施6的楼梯配筋图TB-1为例，由该配筋图得知，该TB共配有四种类型的钢筋。其中①、②、③号为受力钢筋，④号为分布钢筋，两者相互垂直，且分部钢筋在受力钢筋的内侧，分布钢筋起到将板的荷载均匀地传递给受力钢筋的作用。楼梯柱TZ的截面尺寸是240mm×240mm，配有4根直径为16mm的受力钢筋，箍筋的直径为8mm，间距为150mm，双肢箍。

以图2.17所示的雨篷板详图为例，该雨篷板的悬挑长度为900mm，为挑板式雨篷板，雨篷板的根部厚度为100mm，端部厚度为80mm，雨篷板的受力钢筋为Φ 8@150，分部钢筋为Φ 6@200，伸入雨篷梁的长度为370mm。

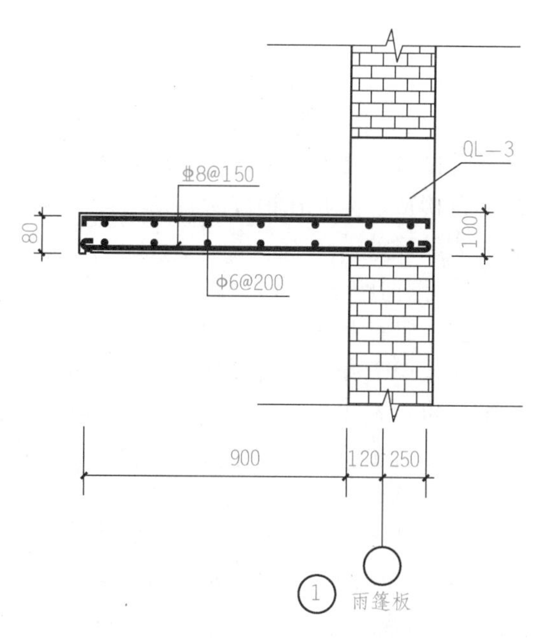

图2.17　某工程雨篷板配筋图

任务2.3　给水排水施工图的识读

建筑给水排水施工图按设计任务要求，应包括平面布置图（总平面图、建筑平面图）、系统图、施工详图（大样图）、设计施工说明及主要设备材料表等。

2.3.1　建筑给水排水平面布置图的识读

1. 图示方法

建筑给水排水工程平面图一般有地下室给水排水平面图、一层给水排水工程平面图、标准层给水排水工程平面图和屋面层给水排水工程平面图。

建筑给水排水平面图是用假想水平面沿房屋窗台以上适当位置水平剖切并向下投影（只投影到下一层假想面，对于底层平面图应投影到室外地面以下管道，而对于屋面层平面图则投影到屋顶顶面）得到的剖切投影图，不仅反映了建筑中墙、柱、门窗洞口等内容，也同时反映了卫生设备、管道等内容。

对于简单工程，由于平面中与给水排水相关管道设备较少，一般把各楼层给水排水管道、设备绘制在同一张图纸中；对于高层建筑或其他复杂工程，由于其平面给水排水有关管道、设备较多，在同一张图纸中难以表达清楚，可以根据需求和功能分别绘制各类型给水排水管道、设备平面等。无论各种管道是否绘制在一张图纸上，各管道之间的相互关系要表达清楚。

2. 识图方法及应了解的信息

在识读管道平面图时，先从目录入手，了解设计说明，根据给水系统的编号，依照室外管网→引入管→水表井→干管→支管→配水龙头的顺序认真细读；然后将平面图和系统图结合起来，相互对照识图。排水管道识图则根据排水系统的编号，依照卫生器具→支管→立管→出户管的顺序，结合系统图相互对照识读。在识读平面图时，应了解的主要信息和注意事项如下：

1）查明卫生器具、用水设备和升压设备的类型、数量、安装位置及定位尺寸。卫生器具和各种设备通常都是用图例画出来的，它只说明器具和设备的类型，而不能具体表示各部分的尺寸及构造，因此在识读时必须结合有关详图和技术资料，弄清楚这些器具和设备的构造、接管方式及尺寸。

2）弄清给水引入管和污水排出管的平面位置、走向、定位尺寸与室外给水排水管网的连接形式、管径及坡度。

给水引入管上一般都装有阀门，通常设于室外阀门井内，在平面图上就能完整表示出来。这时，可以查明阀门的型号及距建筑物的距离。

污水排出管与室外排水总管的连接是通过检查井来实现的，识读过程中要了解排出管的长度，即外墙至检查井的距离。

给水引入管和污水排出管通常都注上系统编号，编号和管道种类均写在直径为8～10mm的圆圈内，圆圈内过圆心画一条水平线，线上面标注管道种类，如给水系统写汉语拼音字母“J”，污水系统写“W”；线下面用阿拉伯数字标注编号。

3）查明给水排水干管、立管、支管的平面位置与走向、管径尺寸及立管的编号。从平面图上可清楚地查明管道是明装还是暗装，以确定施工方法。

4）消防给水管道要查明消火栓的布置、口径大小及消防箱的形式与位置。

5）在给水管道上设置水表时，必须查明水表的型号、安装位置、表前后阀门的设置情况。

6）对于室内排水管道，还要查明清通设备的布置情况，清扫口的型号和位置，弄清楚室内检查井的进出管连接方式。对于雨水管道，要查明雨水斗的型号及布置情况，并结合详图弄清雨水斗与天沟的连接方式。

3. 识图示例

以图2.18所示××工程首层给水排水平面图为例。

从首层给水排水平面图中可以看出给水只有JL1和JL2的位置。排水的内容主要为排水立管位置及各户型排水器具间的管道连接，如E户型有3根排水立管，分别是主卫的PL-1、公卫的PL-3和厨房的PL-2；卫生间的卫生器具为洗脸盆、坐式大便器和地漏；以上卫生器具排水均直接接入地下一层排水干管，而不与排水立管连接。

2.3.2 给水排水系统图的识读

1. 图示方法

系统轴测图采用轴测投影原理绘制，是能够反映管道、设备等三维空间关系的立体图，有正等轴测投影图和斜等轴测投影图两种。其中，斜等轴测投影图在建筑给水排水系统轴测图中应用较多。

建筑给水排水系统轴测图一般按照一定的比例用单线表示管道，用图例表示设备。在系统轴测图中，上下关系是与层（楼）高相对应的，而左右、前后关系会随轴测投影方位的不同而变化。人们在绘制系统轴测图时，通常把建筑物南面（或正面）作为前面，把建筑物北面（或背面）作为后面，把建筑物西面（或左侧面）作为左面，把建筑物东面（或右侧面）作为右面。

2. 识图方法及应了解的信息

室内给水系统图是反映给水管道及设备空间关系的图样。识读给水系统图时，可以按照循序渐进的方法，从室外水源引入处入手，顺着管道的走向，依次识读各管路及用水设备。也可逆向进行，即从任意一用水点开始，顺着管路，逐个弄清管道、设备的位置，管径的变化及管件等信息。

室内排水系统图是反映室内排水管道及设备空间关系的图样。识读排水系统图时，可以按照卫生器具或排水设备的存水弯、器具排水管、排水横管、立管和排出管的顺序进行，依次弄清楚排水管道走向、管路分支情况、管径尺寸、各管道标高、各横管坡度、存水弯形式、通气系统形式及清通设备位置等信息。

3. 识图示例

以图2.19所示××工程给水排水工程立管系统图为例。

给水立管系统：图中首先标明了给水立管系统的编号——JL1和JL2。该系统编号与给水排水平面图中的系统编号相对应，分别表示该建筑物2个水暖井中的给水立管。各楼层的标高（本建筑为6层加阁楼，总高度为17.1m）。从本系统图可见，室外城市给水管网的水以下行上给的形式直接供应到各用户，1～3楼立管管径为*DN*50，4～5楼为*DN*40，6楼以上为*DN*32。每根给水立管在每楼层分别引出两根横支管，并设置阀门和水表。

排水立管系统：图中标明了排水立管系统的编号——PL-1～PL-5。以PL-2为例，从平面图中可知PL-2位于E户型厨房，将2、3、4、5、6楼及阁楼厨房排水排入污水井2。该立管管径为*DN*75，在屋顶设置升顶通气管并有网罩，在1楼、4楼和阁楼主管上设置了检查口。

2.3.3 给水排水详图的识读

室内给水排水详图包括节点图、大样图、标准图，主要是管道节点、水表、消火栓、水加热器、卫生器具、套管、开水炉、排水设备、管道支架的安装图及卫生间大样图等，这些图都是根据实物用正投影法画出来的，图中注明了详细尺寸，可供安装时直接使用。

下面以图2.20所示某建筑2～5层给排水单元大样图为例，从大样图中读取给水排水管道安装位置等信息。

给水系统：B户型和E户型给水均从S/N水暖管道井引入，分别用于厨房和厕所的用水器具。从图中可以知道给水管道管径、水表、阀门的位置。

排水系统：B户型有2根排水立管，分别位于厨房和卫生间。E户型有3根排水立管，分别位于主卫、厨房和公卫。从图中可知卫生器具排水管的连接顺序和位置。通过大样图的识读，可以解答系统图中管道及设备平面位置不明的问题。

因此，给水排水施工图的识读，一定要将施工平面图、系统图及详图三者结合，并认真阅读设计说明及图纸中文字注释部分，发挥空间想象力，按照给水排水方向顺序，依次获得管道及设备在建筑物中位置、管径、管道走向等信息。

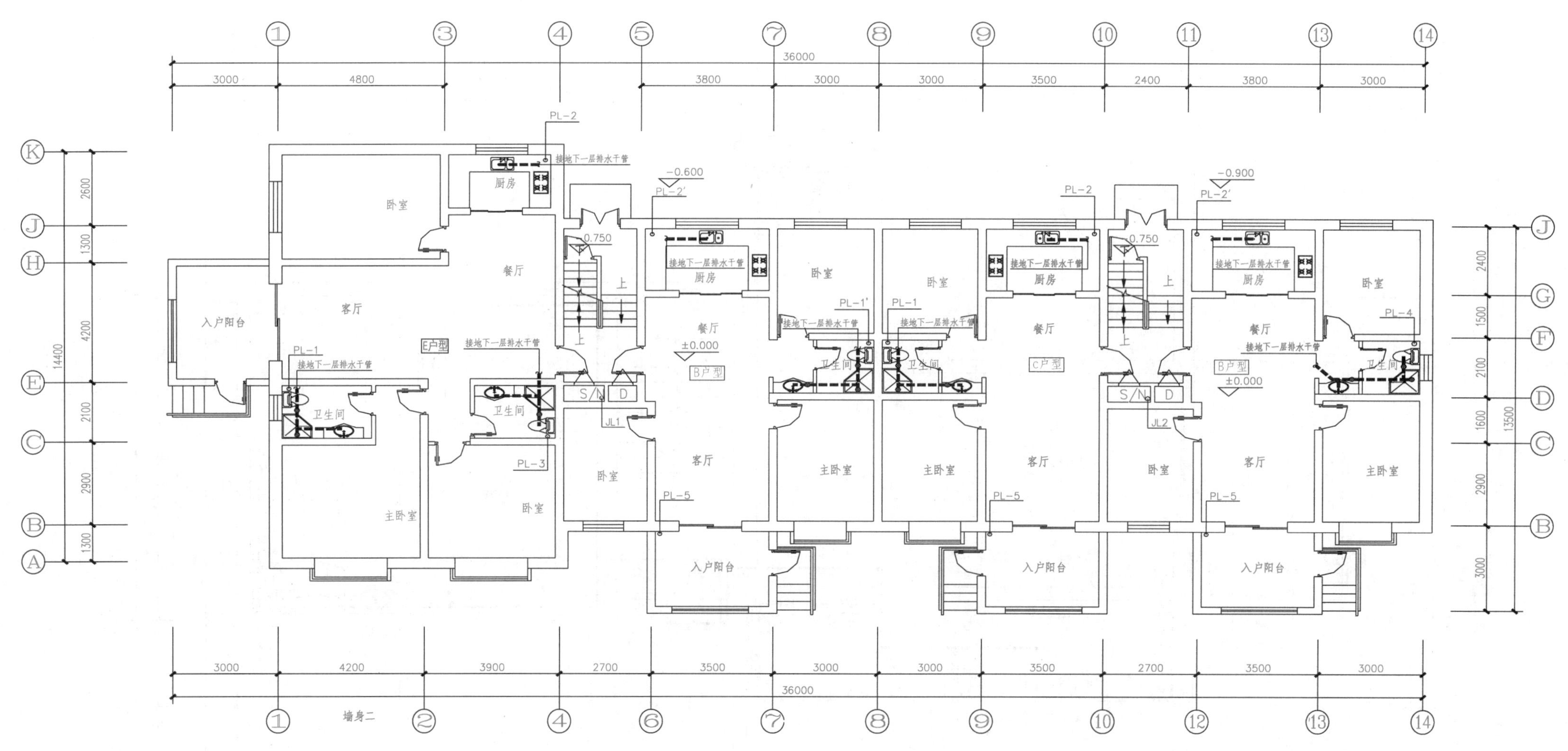

图 2.18 ××工程首层给水排水平面图 1：100

（电子资源附录 1，2.3 建筑给排水施工图图号 2）

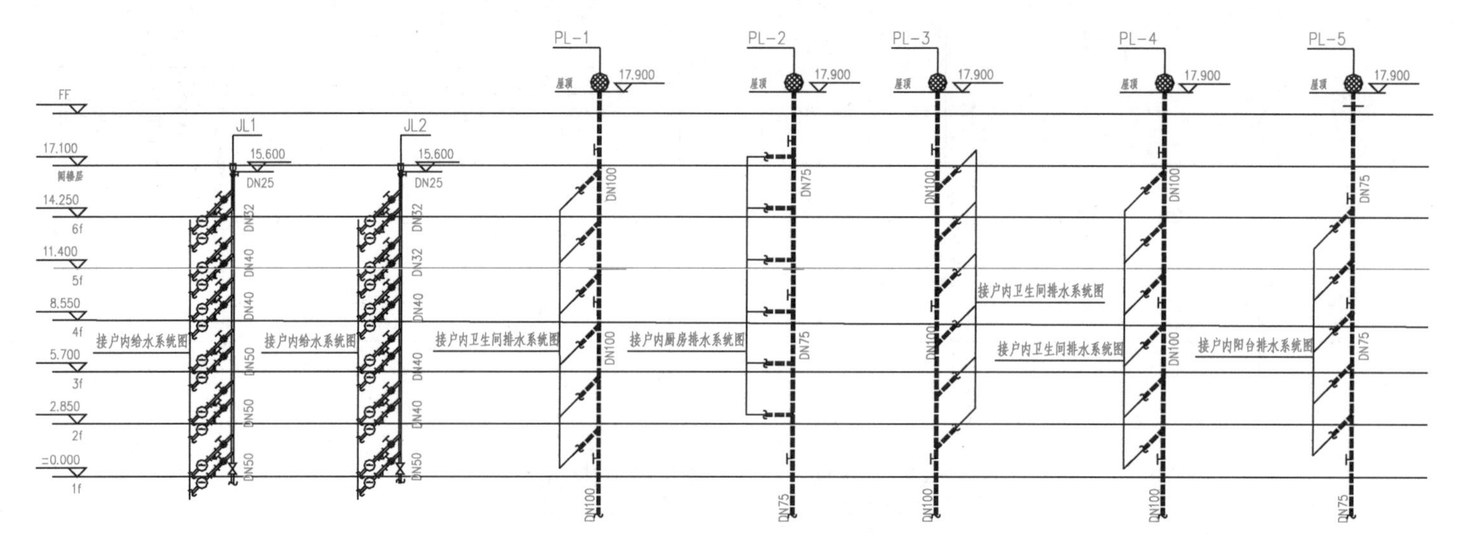

图 2.19 ××工程给水排水工程立管系统图 1：50

（电子资源附录 1，2.4 建筑给排水施工图图号 3）

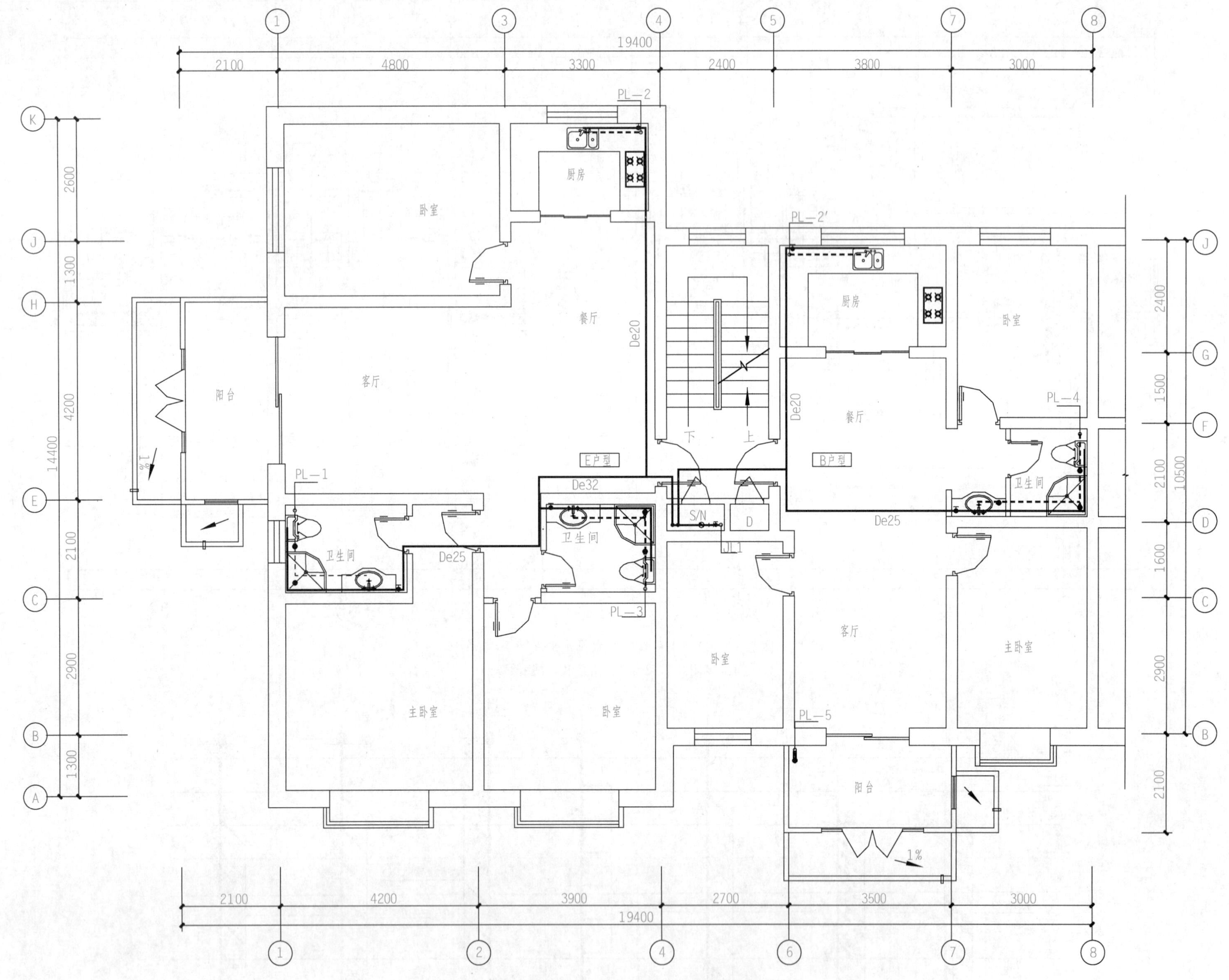

图 2.20　某建筑 2～5 层给排水单元大样图 1：50

（电子资源附录 1，2.4 建筑给排水施工图图号 4）

任务 2.4 电气施工图的识读

设备安装类安全事故案例

——严重违章验电 短路灼伤人

事故回顾： 一天，某厂运行监护人高某、操作人贾某准备测量380V电动机绝缘电阻，测量前需先验电，监护人高某在电源开关柜用验电笔验电时，验电笔不亮（设备确已停电）。二人怀疑验电笔有问题，为了确认验电笔能否使用，便到另一带电的开关柜进行验证。操作人贾某站在侧面用手电筒照亮，监护人高某验电，当验电笔伸向开关柜内时，验电笔金属部分与柜体接触，对地短路放电，弧光灼伤二人。

原因及暴露问题：

（1）监护人直接操作严重违章；

（2）严重违章，扩大验电范围，擅自在其他开关柜验电严重违章；

（3）验电方式不当，验电笔金属部分与柜体接触。

事故图片及示意图

2.4.1 电气照明系统图的识读

1. 图示方法

电气系统图有变配电系统图、动力系统图、照明系统图等。电气系统图只表示电气回路中各元器件的连接关系，不表示元器件的具体情况、具体安装位置及具体接线方法。

系统图用单线绘制，图中虚线所框的范围为一个配电盘或配电箱。各配电盘、配电箱应该标明其编号及所用的开关、熔断器等电器的型号、规格。配电干线及支线应用规定的文字符号标明导线的型号、截面、根数、敷设方式（若是穿管敷设，还应标明管材和管径）。对各支路应标出其回路编号、用电设备名称、设备容量及计算电流。

2. 识图方法及应了解的信息

1）熟悉各种电气工程图例与符号。

2）了解建筑物的土建概况，结合土建施工图识读电气系统施工图。

3）按照设计说明→电气外线总平面图→配电系统图→各层电气平面图→施工详图的顺序，先对工程有一个总体概念，再对照着系统图，对每个部分、每个局部进行细致的理解，深刻地领会设计意图和安装要求。

3. 识图示例

以图2.21所示1～2层住宅照明系统图为例。

1）通过设计说明和建筑平面图，我们知道本工程为住宅楼，地上六层带阁楼，地下一层为架空层戍类库房，每层2个单元4户。

2）粗读：如图2.21所示，该住宅小区配电系统采用三级负荷配电，由单线引入至π接箱后分三个回路，其中一个回路备用，其他2个回路分别供该住宅楼的2个单元，每个回路通过T接头分到各楼层的照明计量箱，在照明计量箱内分2个回路供每单元的两户使用。

3）精读：按照照明系统图的走向，该照明系统始于电源进线YJV22-0.6/1kV-4×120 SC100，表示该电缆为铜芯交联聚乙烯绝缘聚氯乙烯护套电力电缆，耐压等级为0.6/1kV，电缆内为4芯，截面积为120mm^2，SC100为直径100mm的钢管保护套管埋地敷设，埋设深度为0.8m。

方框内的参数，P_e是额定功率132kW，K_X是需要系数0.7，cos φ是功率因数0.9，P_{js}是计算功率92.4kW，I_{js}是计算电流156A。电源进线后经过250A/3P（脱扣电流250A，3路）的隔离开关，并在此接地，接地电阻≤4Ω。200/5表示三绕组电流互感器，一次侧额定电流为200A，二次侧额定电流为5A，电流比倍率为40。CM1-250L/3300-200为CM1系列塑料外壳式断路器，分断能力为200A。

π接箱内分为三路，各路接CM1系列塑料外壳式断路器，每个断路器的分断能力不同，其中接A单元的为160A，接B单元的为125A，备用的为80A。π接箱引出WLM1和WLM2两根电缆回路，均为YJV22-0.6/1kV-4×70+1×35 FC［YJV22表示交联聚乙烯绝缘聚氯乙烯电缆；0.6/1kV表示电缆的电压等级；4×70+1×35表示电缆是五芯电缆，4根截面积为70mm^2，1根截面积为35mm^2；FC表示在地板内（地埋）暗敷］，由四线到五线可知，该配电系统为TN-C-S。

WLM1和WLM2电缆通过T接头分别供A和B单元6层24户用户用电。以1层A单元为例，WLM1在一层通过T接头引入AW-1-1照明计量箱，引入线为YJV22-0.6/1kV-3×16（同上，但该电缆为三芯电缆，截面积为16mm^2，分别为相线L1、中性线N和保护地线PE）。AW-1-1照明计量箱通过BM-100/63-2C塑料外壳式断路器分为3路，分别供A单元E户型、B户型及公共照明用电使用。在E户型回路上依次设置10（40）A电能表（额定电流10A，最大电流40A）和BM-63/32-2C塑料外壳式断路器后，再分两路，WL1接E户型照明箱AL1，另一路供该户型地下室用电。WL1为BV-3×10 SC32（3根10mm^{2}的铜塑线穿*DN*32的焊接钢管敷设）。其他楼层和其他户型可依上述方法识读。

通过精读我们熟悉了照明供电系统在入户照明箱前的线路、供电方式和设备组成等。下面我们识读供电系统在入户照明箱内的情况。图2.22为AL1住宅户内照明箱系统图。AL1住宅户内照明箱（大小是450×360×100）由BV-3×10 SC32引入，经过ABB断路器S262-C32-UA，0V后分为9个回路，这9个回路分别为该户型的照明、插座、空调插座等使用，每个回路安装BM系列开关或漏电保护开关。需注意断路器和漏电保护开关的区别，漏电保护开关相对断路器只是在图例上多了一个圈。以照明线BV-3×2.5PVC20为例，1号回路的线为3根截面积2.5mm^{2}的铜塑线穿*DN*20的PVC管敷设。

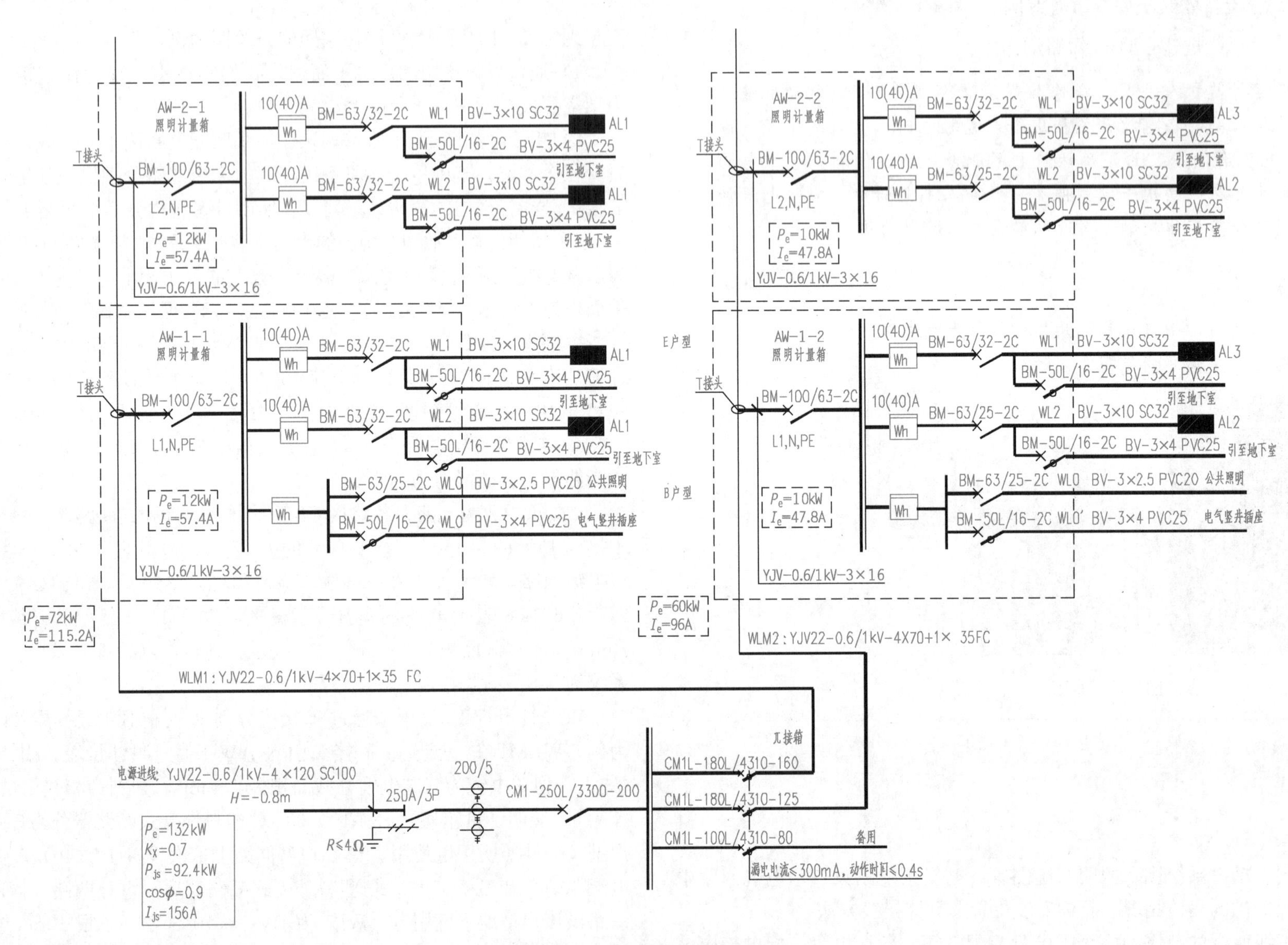

图 2.21　1～2 层住宅照明系统图

（电子资源附录 1，2.4 电气施工图图号 2）

2.4.2　电气照明平面图的识读

1. 图示方法

在建筑电气施工图中，平面图通常是将建筑物的地理位置和主体结构进行宏观描述，将墙体、门窗、梁柱等淡化，而电气线路突出重点描述。其他管线，如水暖、煤气等线路，则不出现在电气施工图上。

电气平面图是表示假想经建筑物门窗沿水平方向将建筑物切开，移去上面部分，从上面向下面看，所看到的建筑物平面形状、大小，墙柱的位置、厚度，门窗的类型及建筑物内配电设备、照明设备等的平面布置、线路走向等情况。

照明平面图的土建平面是完全按比例绘制的，电气设备和导线则不是完全按比例画出它们的形状和外形尺寸，而是采用图形符号加文字标注的方法绘制的。导线和设备的垂直距离和空间位置一般不用立面图表示，而采用文字标注安装高度或附加施工说明来表示。

2. 识图方法及应了解的信息

根据平面图表示的内容，识读平面图要沿着电源、引入线、配电箱、引出线、用电器这样一条“线”来读。在识读过程中，要注意了解电源进户装置、照明配电箱、灯具、插座、开关等电气设备的数量、型号规格、安装位置、安装高度，表示照明线路的敷设位置、敷设方式、敷设路径、导线的型号规格等。

1）看建筑物概况，楼层、每层房间数目、墙体厚度、门窗位置、承重梁柱的平面结构。

2）看各支路用电器的种类、功率及布置。图中灯具标注的一般内容有灯具数量、灯具类型、每盏灯的灯泡数、每个灯泡的功率及灯泡的安装高度等。

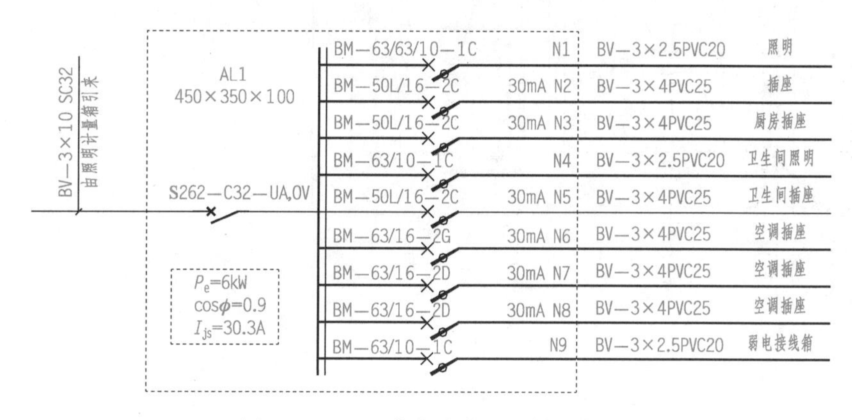

图 2.22　AL1 住宅户内照明箱系统图

3）看导线的根数和走向。各条线路导线的根数和走向是电气平面图主要表现的内容。比较好的阅读方法是，首先了解各用电器的控制接线方式，其次按配线回路情况将建筑物分成若干单元，最后按“电源—导线—照明及其他电气设备”的顺序将回路连通。

4）看电气设备的安装位置。由定位轴线和图上标注的有关尺寸可直接确定用电设备、线路管线的安装位置，并可计算管线长度。

3. 识图示例

图 2.23 为××工程首层 A 单元照明平面图。

从图 2.23 中可以看到，A 单元分为 E 户型和 B 户型，我们以 E 户型为例。照明配电箱 AL1 设置在进门处，AL1 通过 WL1 连接到配电室中计量箱 AW - 1-1。从照明配电箱 AL1 一共引出 9 条支线，其中 N1 为照明用电，N2 为插座，N3 为厨房插座，N4 为卫生间照明用电，N5 为卫生间插座，N6 为厨房侧卧室空调插座，N7 为客厅空调插座，N8 为主卧室和隔壁客卧空调插座，N9 接弱电箱。其中 N1 照明用电支线最为复杂，包括了除卫生间外的所用房间照明灯具和开关，需注意，开关所连接灯具线路旁边都用数字注明导线的根数。

2.4.3　防雷平面图的识读

建筑物的防雷接地平面图通常表示出该建筑防雷接地系统的构成情况及安装要求，一般由屋顶防雷平面图、基础接地平面图等组成。

防雷平面图是指导具体防雷接地施工的图纸。通过阅读，需了解工程的防雷接地装置所采用设备和材料的型号、规格、安装敷设方法、各装置间的连接方式等情况。在阅读的同时，还需结合相关数据手册、共有标准及施工规范。

1. 屋顶防雷平面图

图 2.24 为某住宅楼屋顶防雷平面图。从图可知，该住宅楼利用热镀锌圆钢Φ 10mm 作避雷带，沿屋面女儿墙等四周明敷。引下线利用结构构造柱中 4 根不小于Φ 12mm 主筋上下焊接连通，共有 8 处引下线。

从电气施工图设计说明中可知，ϕ10mm 避雷带网支承点间距为 1m，避雷带纵横连通形成不大于 20m×20m 或 24m×16m 的网格。

2. 基础接地平面图

图 2.25 为某住宅楼基础接地平面图，从图可知，该住宅楼基础在①④⑧⑭轴各有 2 条引出线，采用 40×4 镀锌扁钢与基础接地体焊接，深度为地坪以下 0.8m，长度为散水外 0.6m，详细做法查看《05 系列建筑标准设计图集》（DBJT 03-22—2005）中的 05D10《防雷接地工程与等电位联结》。这些引出线通过避雷引下线与屋面防雷网连接。另外，设置在离 1 层 2.5m 高处的 π 接箱也要采用 2 根 40×4 镀锌扁钢进行重复接地。

电阻测试点位置：在①轴交ⒶⓀ和⑭轴交ⒷⒿ有 4 处接地电阻测试点，高度为地坪以上 0.6m。

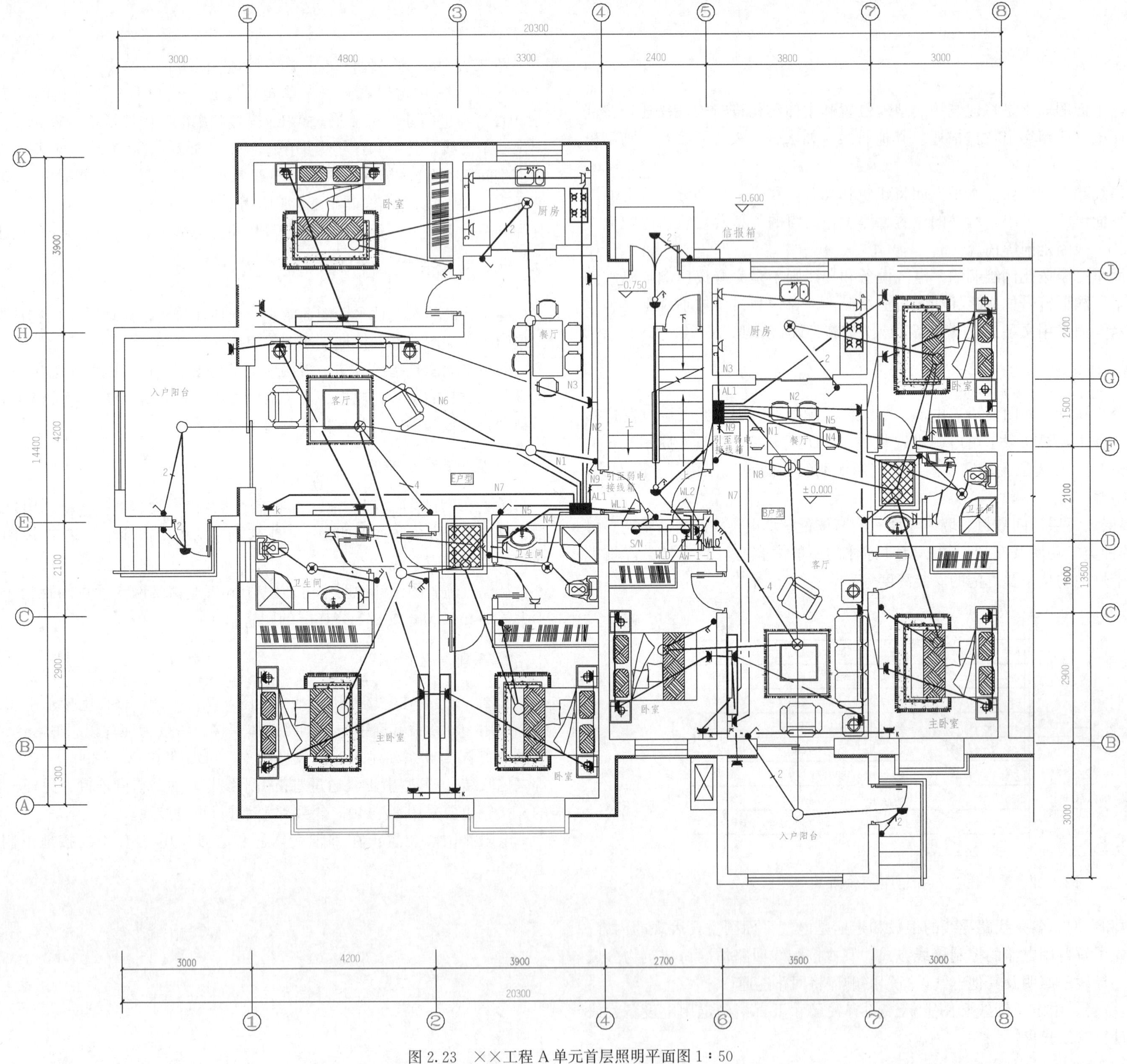

图 2.23　××工程 A 单元首层照明平面图 1：50

（电子资源附录 1，2.4 电气施工图图号 6）

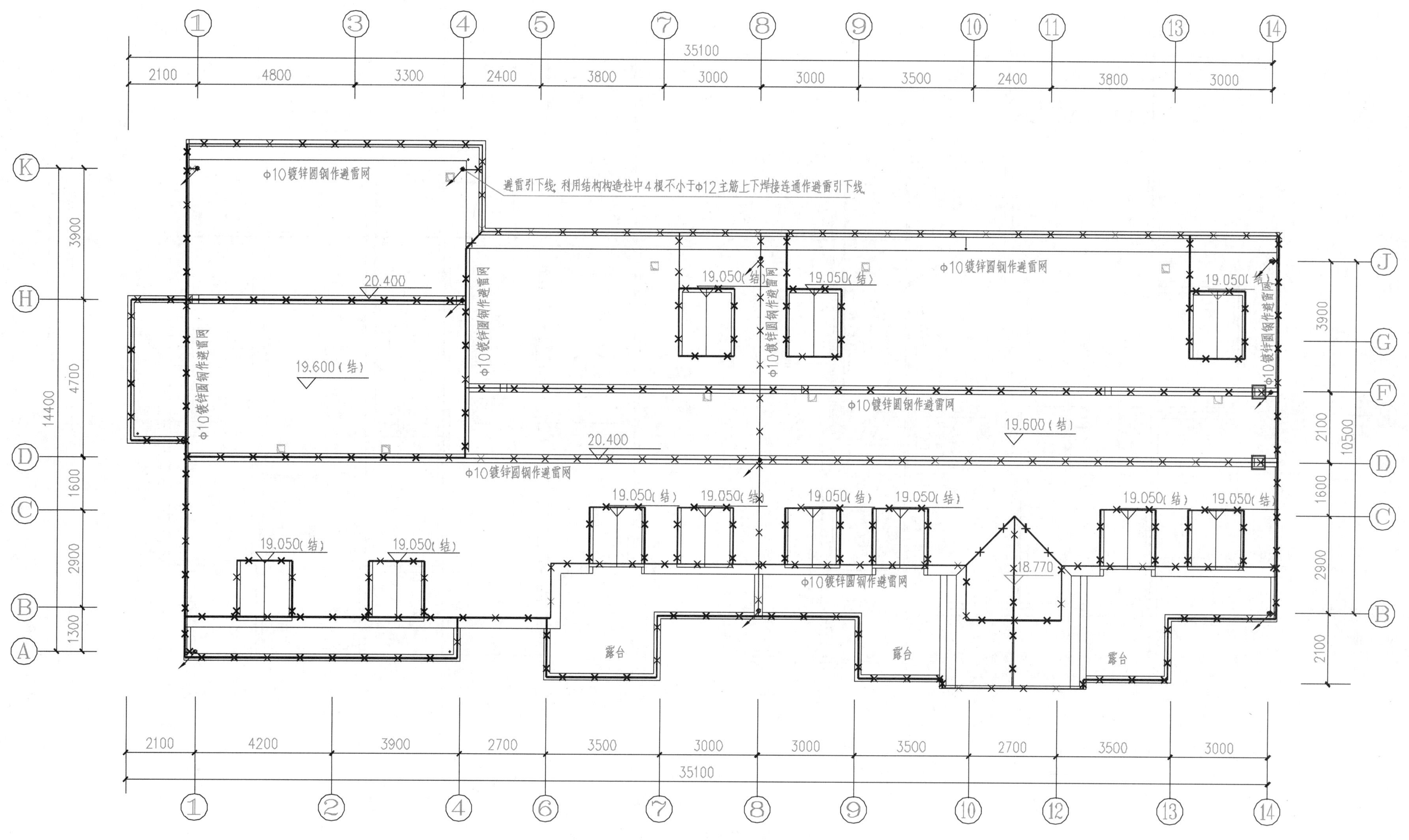

图2.24　某住宅楼屋顶防雷平面图1：100
（电子资源附录1，2.4电气施工图图号6）

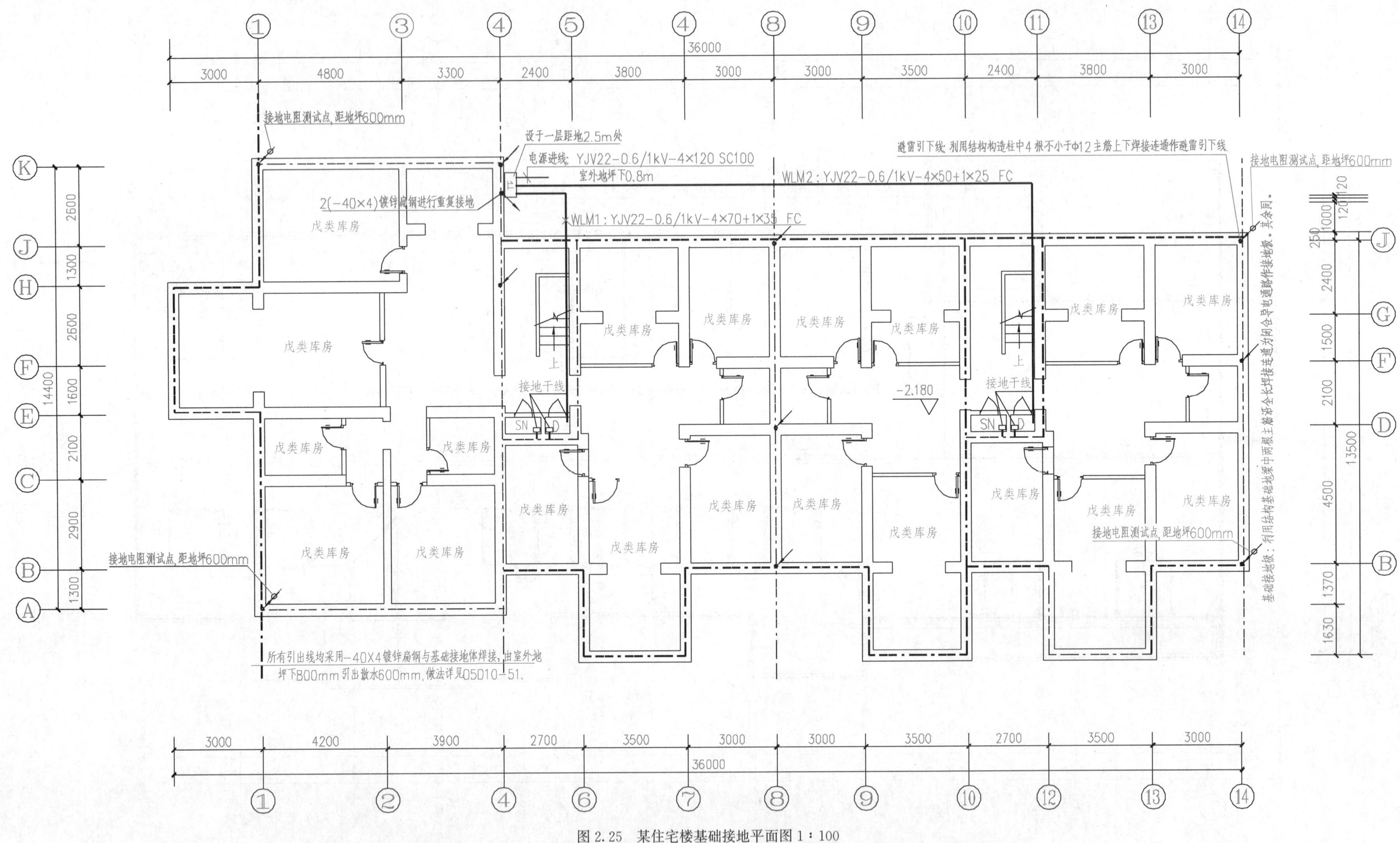

图 2.25　某住宅楼基础接地平面图 1：100

（电子资源附录 1，2.4 电气施工图 19＃楼电气图）

任务 2.5　采暖工程施工图的识读

采暖工程施工图一般由设计说明、采暖平面图、采暖系统图、采暖详图、主要设备材料表等部分组成。

2.5.1　设计说明

设计说明的主要内容如下：

1）建筑物的采暖面积、热源的种类、热媒参数、系统总热负荷。

2）采用散热器的型号及安装方式、系统形式。

3）在安装和调整运转时应遵循的标准和规范。

4）在施工图上无法表达的内容，如管道保温、油漆等。

5）管道连接方式、所采用的管道材料。

6）在施工图上未做标识的管道附件安装情况，如在散热器支管与立管上是否安装阀门等。

2.5.2　采暖平面图的识读

1. 图示方法

采暖平面图主要表示各层管道及设备的平面布置情况，通常只画房屋底层、标准层及顶层采暖平面图，当各层的建筑结构和管道布置不相同时，一般是每层均绘制。

为了突出管道系统，用细实线绘制建筑平面图的墙身、门窗洞、楼梯等构件的主要轮廓；用中实线以图例形式画出散热器、阀门等附件的安装位置；用粗实线绘制回水干管，在底层平面图中画出了供热引入管、回水管，并注明了管径、立管编号、散热器片数等。

2. 识图方法及应了解的信息

采暖平面图主要表示采暖系统的平面布置，其内容包括管线（热水给水管、热水回水管）的走向、尺寸，各零部件的型号和位置等。在识图时，若按照热水给水管的走向顺序读图，则较容易看懂，即从供热管入口开始，沿水流方向按供水干、立、支管的顺序到散热器，再由散热器开始，按回水支、立、干管的顺序到出口为止。

通过平面图，弄清建筑层数、各房间的名称、门窗位置、热力入口位置、管道和散热器位置、散热器的种类、片数和接管形式等信息。

3. 识图示例

以图 2.26 所示某建筑地下一层采暖干管平面图为例。

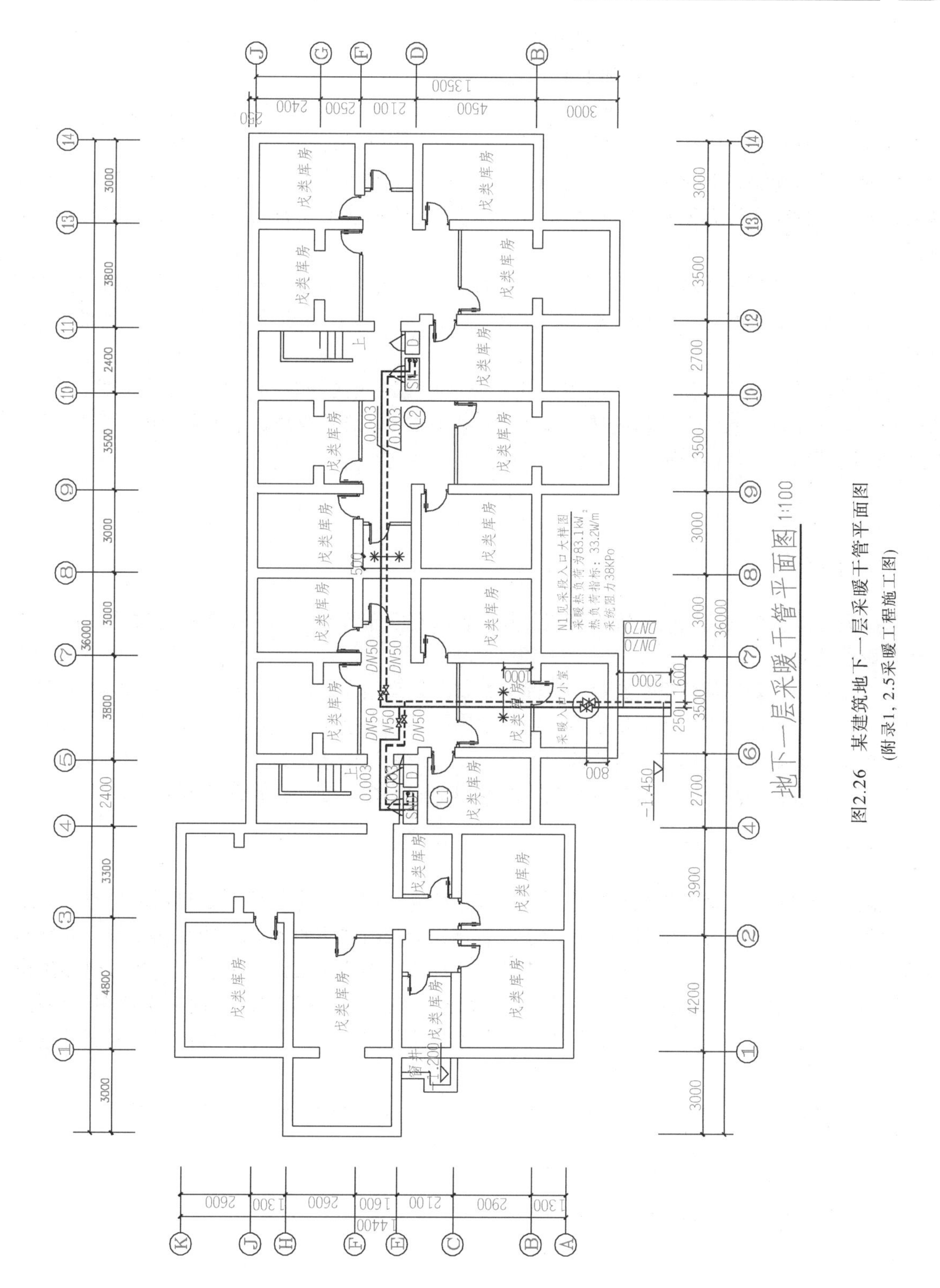

图2.26　某建筑地下一层采暖干管平面图
（附录1，2.5采暖工程施工图）

由设计说明及建筑平面图可知，此建筑为6层建筑，总共2个单元，每层4户，分B、C、E三种户型，B户型每层2户，C和E户型每层1户。

如图2.26所示，供热进水管和回水管（直径*DN*70）均设置在⑥轴和⑦轴之间，埋地深度1.45m。供热进水管和回水管穿墙后进采暖入口小室后（详细做法见N1大样图），沿地沟敷设，地沟内管道安装高度为−0.35m，并设置支架。在Ⓓ轴和Ⓕ轴位置分成2个方向进入SN水暖管道井，管径变为*DN*50，坡度为0.003，坡向与进水管水流方向相反，与回水管水流方向相同。

通过图2.26地下一层采暖干管平面图，我们大体知道建筑物的进水管和回水管的空间位置、管径大小及供热区域（左侧管道井负责1单元B、E户型，右侧管道井负责2单元的B、C户型）。

通过设计说明可知，散热器采用的是TZY-3-5-6型铸铁柱翼型散热器，安装高度0.65m。从E户型采暖平面图看，散热器的散热片数量：客卫4片，卧室8片，主卧室9片，主卫5片，客厅12片，卧室11片，厨房8片，餐厅5片。

2.5.3 采暖系统图的识读

1. 图示方法

采暖系统图主要表明采暖系统中管道及其设备的空间布置与走向，按照正等轴测或正面斜二测投影法绘制。

在系统图中，若局部管道被遮挡、管线重叠，一般采用断开画法，断开处用小写拉丁字母连接表示，也可以用双点画线连接示意。在系统图中一般供热干管是用粗实线绘制的，回水干管是用粗虚线绘制的，散热器、管道阀门等是以图例形式用中粗实线绘制的，并在管道或设备附近标注了管道直径和标高、散热器片数、各楼层地面标高，以及有关附件的高度尺寸等。

2. 识读方法及应了解的信息

采暖系统图是用正面斜轴测投影绘制的采暖系统立体图，图中也标明散热器的位置、数量以及各管线的位置、尺寸、编号等。在识读时，首先应分清热水给水管和热水回水管，并判断出管线的排布方法是上行式、下行式、单立式、双立式中的哪种形式；其次查清各散热器的位置、数量以及其他元件（如阀门等）的位置、型号；最后按供热管网的走向顺次读图。另外，在识读采暖系统图时，可以与平面图对照，沿热水给水管走向顺序读图，可以看出采暖系统的空间相互关系。识读系统图要注意以下几点信息：

1）采暖管道的来龙去脉，包括管道的走向、空间位置、管径及管径变径点位置。
2）管道上阀门的位置、规格。
3）散热器与管道的连接方式。
4）与平面图对应看哪些管道明装，哪些管道暗装。

3. 识图示例

以图2.27和图2.28所示××工程采暖干管和采暖立管系统图为例。

该采暖系统为双立管上供下回热水采暖系统，从图2.27建筑采暖干管系统图可知，管径*DN*70的供暖进水管和回水管从地下1.45m引入，过N1采暖入口后沿−0.35m深地沟敷设，后分支为*DN*50的H1、H2两根采暖供水管和G1、G2两根回水管到管道井。另外，系统图中的阀门位置、坡度大小朝向及支架位置都表达清楚。

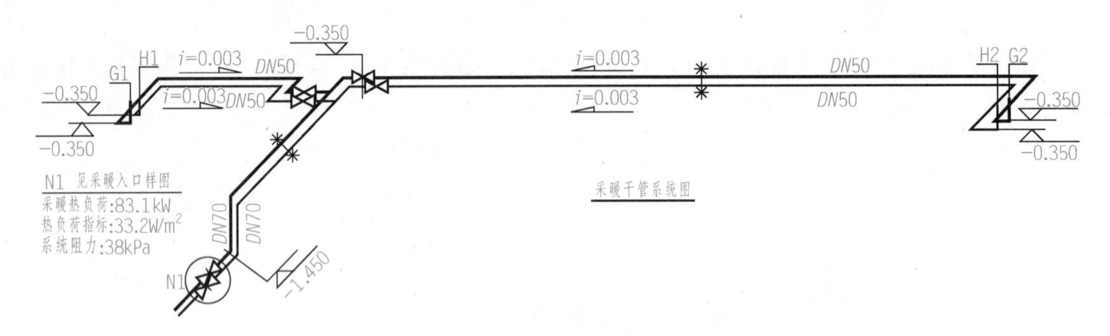

图2.27 ××工程采暖干管系统图 1∶100
（附录1，2.5采暖工程施工图）

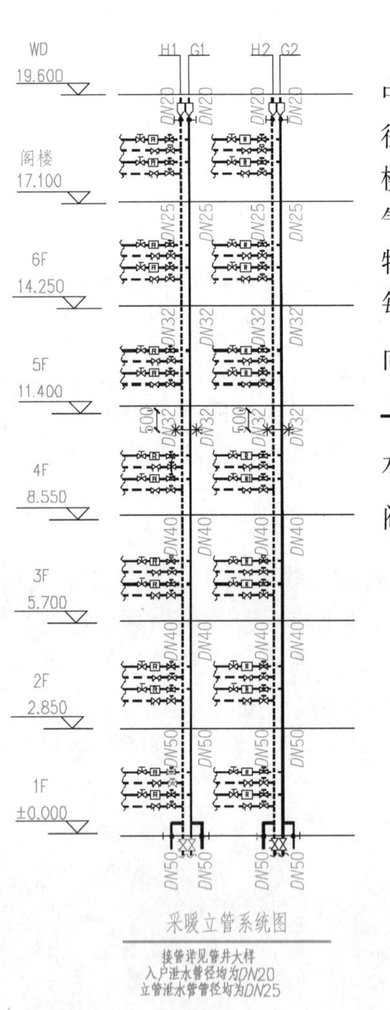

图2.28 采暖立管系统图
（附录1，2.5采暖工程施工图）

图2.28为采暖立管系统图，该图始端为采暖干管系统图中的G_1、H_1、G_2、H_2供、回水管，末端进入住户。立管管径变化为一楼*DN*50，二、三楼*DN*40，四、五楼*DN*32，六楼*DN*25，阁楼*DN*20。供、回水立管在最高处安装有4个排气阀。图2.29为二楼采暖立管系统图，通过该图可知，建筑物二楼从*DN*40立管上分出8根支管，分别对应二楼的4户，每户各一根供暖进水和回水支管。在供暖进水管上按进水方向依次安装有过滤锁闭阀、热量计 R 、手动调节阀，回水管按回水方向依次安装有过滤阀和锁闭阀。

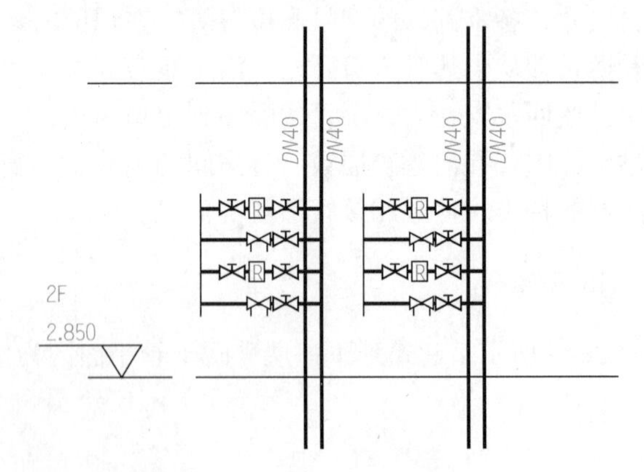

图2.29 二楼采暖立管系统图
（附录1，2.5采暖工程施工图）

2.5.4　采暖详图的识读

通过识读供暖平面图及干管、立管系统图，我们可以了解该建筑的供暖管道及供暖设备的位置、型号等信息，但关于采暖热力入口、散热器安装及管道入户敷设垫层的情况却不清楚。下面通过大样图及示意图可知。图 2.30 为采暖热力入口大样图，图 2.31 为散热器安装大样图，图 2.32 为管道入户敷设垫层做法示意图。

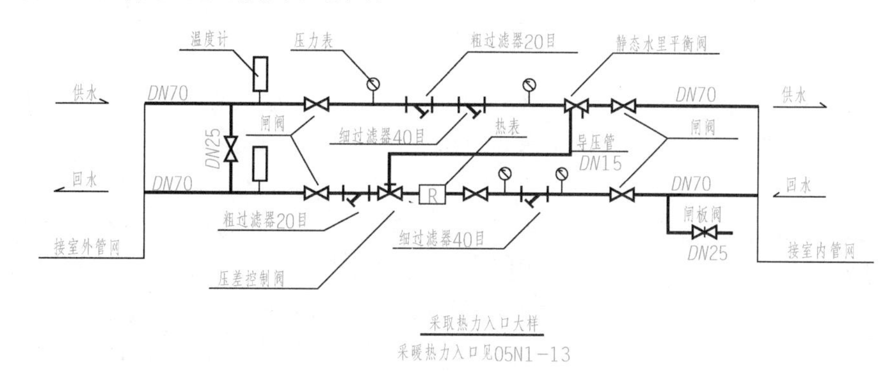

图 2.30　采暖热力入口大样图
（附录 1，2.5 采暖工程施工图）

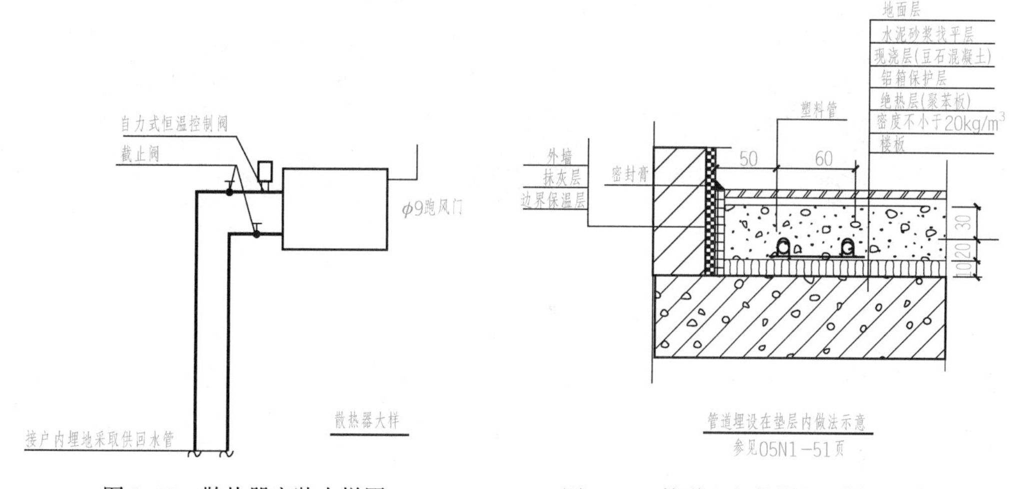

图 2.31　散热器安装大样图
（附录 1，2.5 采暖工程施工图）

图 2.32　管道入户敷设垫层做法示意图

任务 2.6　砌体结构房屋施工图综合识读

2.6.1　砌体结构房屋施工图综合识读的方法及步骤

一栋建筑物从施工到建成，需要全套建筑施工图作为指导，简单的建筑可能有几张或者十几张图纸，复杂的建筑则需要几十或者上百张图纸。要想熟练地识读施工图，除了要掌握投影原理、熟悉国家制图标准外，还必须掌握各专业施工图的图示内容和方法。此外，还要经常深入到施工现场，对照图纸观察实物，这也是提高识图能力的一个重要方法。

施工图的识读方法可归纳为：总体了解、由粗到细、顺序识读、前后对照、重点细读。识读一张图纸时，应按由外向里、由大到小、由粗至细、图样与说明交替、有关图样对照看的方法，重点看轴线及各种尺寸关系。

1. 总体了解

一般先看图纸目录、总平面图和设计说明，了解工程概况，如工程设计单位、建设单位、新建房屋的位置、高程、朝向、周围环境等。对照目录检查图纸是否齐全、采用了哪些标准图集，并备齐这些标准图集。

2. 由粗到细、顺序识读

在总体了解建筑物的概况以后，要根据图样编排和施工的先后顺序从大到小、由粗到细，按建筑施工图、结构施工图、设备施工图仔细阅读有关图样。

1）对于全套图样来说，先看说明书、首页图，后看建筑施工图、结构施工图和设备施工图。

2）对于每一张图样来说，先看图标、文字，后看图样。

3）对于建筑施工图、结构施工图和设备施工图来说，先看建筑施工图，后看结构施工图、设备施工图。

4）建筑施工图。先看各层平面图：了解建筑物的功能布局、建筑物的长度、宽度、轴线尺寸等。再看立面图和剖面图：了解建筑物的层高、总高、立面造型和各部位的大致做法。平、立、剖面图看懂后，要大致想象出建筑物的立体形象和空间组合。最后看建筑详图：了解各部位的详细尺寸、所用材料、具体做法，引用标准图集的应找到相应的节点详图阅读。进一步加深对建筑物的印象，同时考虑如何进行施工。

5）结构施工图。通过阅读结构设计说明了解结构形式、抗震设防烈度以及主要结构构件所采用的材料等有关规定后，依次从基础结构平面布置图开始，逐项阅读楼面、屋面结构平面布置图和结构构件详图。了解基础形式，埋置深度，墙、柱、梁、板等的位置、标高和构造等。

6）设备施工图。看设备施工图，主要了解水、电管线的管径、走向和标高，了解设备安装的情况，便于留设各种空洞和预埋。

3. 前后对照、重点细读

读图时，要注意平面图、剖面图对照读，平、立、剖面图与详图对照图，建筑施工图和结构施工图对照读，土建施工图和设备施工图对照读，做到对整个工程心中有数。

4. 重点细读

根据工种的不同，将有关专业施工图再有重点地仔细读一遍，并将遇到的问题记录下来，图样会审时进行质疑。

当然上述步骤并不是孤立的，而是要经常相互联系进行、反复阅读才能看懂。

2.6.2　砌体结构房屋施工图综合识读训练

建议在教师引导下，学生 4～6 人一组，完整识读附录 1××住宅楼工程施工图（CAD 图纸见电子资源附录1)。

识图引导问题：

1）该工程有哪几种施工图？各工种施工图分别有多少张？

2）该建筑多少层？各层层高是多少？总高度多少？总建筑面积是多少？

3）该建筑各层平面图中有几种户型？各有什么特点？

4）剖面图的剖切位置在哪里？剖切方向如何？为什么选择在这个地方剖切？

5）首层室内地面标高与室外地面标高相差多少？楼梯间地面标高与室外地面标高相差多少？各层楼地面标高是多少？首层室内地面的绝对标高是多少？

6）建筑入口朝向哪里？楼门门洞高度是多少？

7）各层楼阳台有何不同？

8）阁楼层平面图和坡屋面平面图中的“结构预留洞”各有几个？留作何用？

9）首层用户拥有“入户阳台”，该入户阳台上的“入户雨篷”标高是多少？如何解决该问题？

10）楼梯形式是什么？各跑有几个踏步？踏步尺寸是多少？

11）楼梯间在首层的净高为多少？各层楼梯平台标高是多少？

12）各房间的开间、进深尺寸是多少？总长、总宽分别是多少？

13）哪些墙属于山墙？哪些墙属于纵墙、内纵墙？

14）最东户的次卧是阴面还是阳面？

15）各楼层的净高多少？

16）结构施工图中该建筑物的耐久年限为多少年？抗震设防烈度为多少？

17）本工程所用钢筋、混凝土、砖、砂浆的品种和强度等级各是什么？

18）构造柱设置在哪些部位？构造柱混凝土强度等级是多少？钢筋如何配置？

19）圈梁设置在哪些墙体上？圈梁混凝土强度等级是多少？钢筋如何配置？

20）基础形式是什么？基础底部标高是多少？垫层厚度是多少？垫层混凝土强度等级是多少？

21）各楼层结构标高是多少？与建筑标高相差多少？

22）基础平面布置图与基础详图的剖切方式有什么不相同？

23）给水引入管平面位置、走向、定位尺寸。

24）污水排出管的平面位置、走向、定位尺寸。

25）给水引入管和污水排出管与室外给水排水管网的连接形式、管径及坡度。

26）卫生器具、用水设备和升压设备的类型是什么？数量各是什么？安装位置在哪里？定位尺寸各是多少？

27）给水引入管上阀门的型号是什么？距建筑物的距离为多少？

28）给水排水干管、立管、支管的平面位置与走向、管径尺寸。管道是明装还是暗装？

29）消火栓的布置、口径大小及消防箱的形式与位置。

30）水表的型号是什么？数量为多少？安装位置在哪里？

31）清通设备的类型、布置位置。

32）排水管道走向、管路分支情况、存水弯形式、通气系统形式。

33）排水管道的材料、管径、各管道标高、各横管坡度。

34）配电系统采用几级负荷配电？从何处引入？引入分几个回路？

35）各房间灯具数量、类型、安装方式、安装高度。

36）每盏灯的灯泡数为多少？每个灯泡的功率为多少？

37）各条线路导线的根数和走向如何？

38）防雷接地装置所采用设备和材料的型号、规格、安装敷设方法。

任务 2.7　砌体结构房屋施工图识读拓展

2.7.1　建筑施工图识读拓展

屋面是建筑艺术的主要表现之一，屋面的形式对建筑的造型极具影响。砌体结构的屋面按其外形一般可分为坡屋面、平屋面和其他形式的屋面。平屋面施工图在前面已学习，下面介绍坡屋面。

坡屋面是指屋面坡度较陡的屋面，其坡度一般在10%以上。坡屋面在我国有着悠久的历史。坡屋面的常用形式有单坡、双坡、硬山、悬山、歇山、庑殿等。坡屋顶按其坡面的数目可分为单坡顶、双坡顶和四坡顶。当房屋宽度不大时，可选用单坡顶。当房屋宽度较大时，宜采用双坡顶或四坡顶。双坡屋顶有硬山和悬山之分，硬山是指房屋两端山墙高出屋面，山墙封住屋面。悬山是指屋顶的两端挑出山墙外面。古建筑中的庑殿顶和歇山顶属于四坡顶。常见坡屋面的构成如图2.33所示。

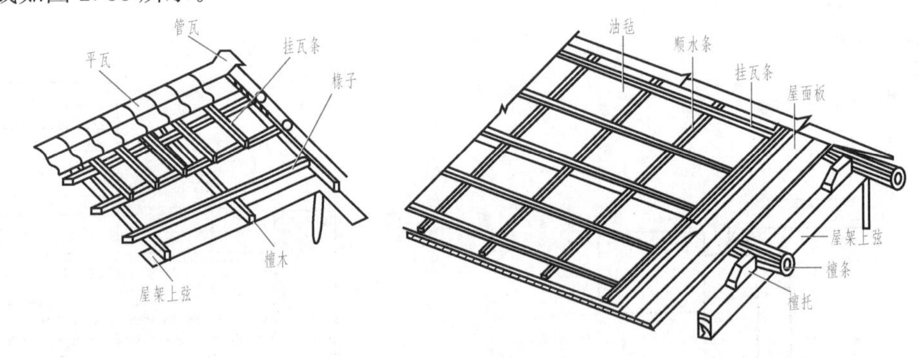

图2.33　常见坡屋面构成

屋顶平面图（图2.34）上需绘出排水坡度，天沟、雨水管和雨水口的规格、数量和位置。坡屋顶多采用斜率法表示屋顶排水坡度。一个雨水口负担200m^{2}面积的雨水（屋面面积按水平投影面积计算）。其主要构造要求如下：

（1）檐口

坡屋面的檐口式样主要有两种：一种是挑出檐口，要求挑出部分的坡度与屋面坡度一致；另一种是女儿墙檐口，要做好女儿墙内侧的防水，以防渗漏。

1）砖挑檐。砖挑檐一般不超过墙体厚度的1/2，且不大于240mm。每层砖挑长为60mm，砖可平挑出，也可把砖斜放，用砖角挑出，挑檐砖上方瓦伸出50mm。

2）椽木挑檐。当屋面有椽木时，可以用椽木出挑，以支承挑出部分的屋面。挑出部分的椽条，外侧可钉封檐板，底部可钉木条。

3）屋架端部附木挑檐或挑檐木挑檐。如需要较大挑长的挑檐，可以沿屋架下弦伸出附木，支承挑出的檐口木，并在附木外侧面钉封檐板，在附木底部做檐口吊顶。对于不设屋架的房屋，可以在其横向承重墙内压砌挑檐木并外挑，用挑檐木支承挑出的檐口。

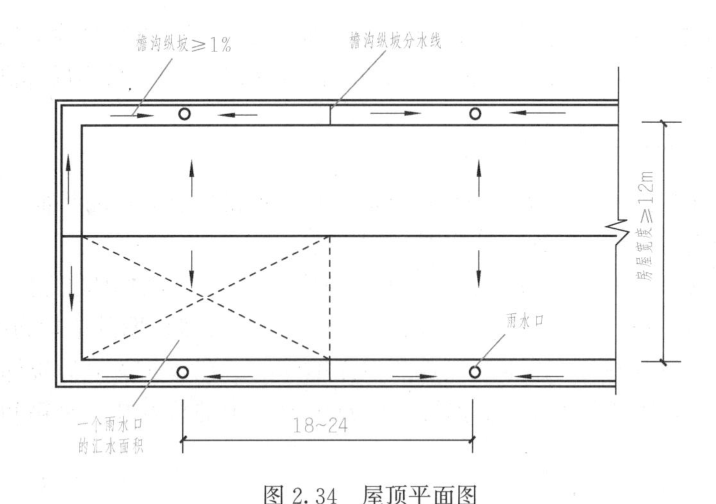

图 2.34 屋顶平面图

4）钢筋混凝土挑天沟。当房屋屋面集水面积大、檐口高度高、降雨量大时，坡屋面的檐口可设钢筋混凝土天沟，并采用有组织的排水。

（2）山墙

双坡屋面的山墙有硬山和悬山两种。硬山是指山墙与屋面等高或高于屋面成女儿墙。悬山是把屋面挑出山墙之外。

（3）斜天沟

坡屋面的房屋平面形状有凸出部分，屋面上会出现斜天沟。构造上常采用镀锌铁皮折成槽状，依势固定在斜天沟下的屋面板上，作为防水层。天沟主要用于汇集和迅速排除屋面雨水。沟底沿长度方向应设纵向排水坡，简称天沟纵坡。天沟纵坡的坡度宜小于1%。天沟的净断面尺寸（图2.35）根据降雨量和汇水面积的大小确定。一般建筑的天沟净宽不应小于200mm，天沟上口至分水线的距离不应小于120mm。

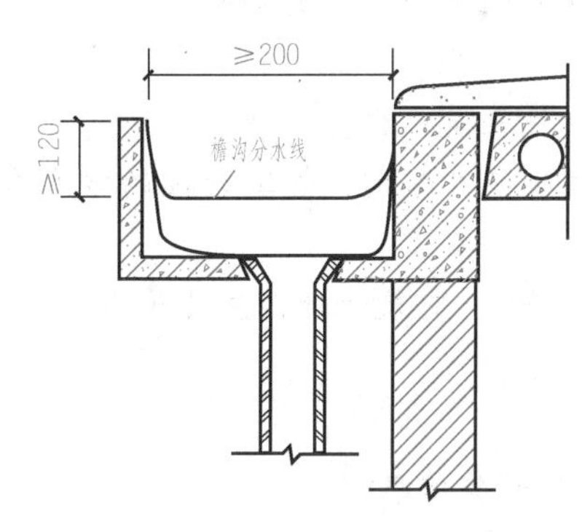

图 2.35 天沟的净断面尺寸

（4）烟囱泛水构造

烟囱四周应做泛水，以防雨水的渗漏。一种做法是镀锌铁皮泛水，将镀锌铁皮固定在烟囱四周的预埋件上，向下披水。在靠近屋脊的一侧，铁皮伸入瓦下，在靠近檐口的一侧，铁皮盖在瓦面上。另一种做法是用水泥砂浆或水泥石灰麻刀砂浆做抹灰泛水。

（5）檐沟和落水管

坡屋面房屋采用有组织排水时，需在檐口处设檐沟，并布置落水管。坡屋面排水计算、落水管的布置数量、落水管、雨水斗、落水口等要求同平屋顶有关要求。雨水管的材料根据建筑物的耐久等级加以选择，最常采用的是塑胶和铸铁。雨水管的管径有50mm、75mm、100mm、125mm、150mm和200mm几种规格。一般民用建筑常用75～100mm的雨水管，面积小于25m^{2}的露台和阳台可选用直径50mm的雨水管。雨水管的数量与雨水口相等，一般情况下雨水口最大间距不宜超过24m。

2.7.2 结构施工图识读拓展

1. 不同构造形式基础施工图识读拓展

砌体结构工程依据地基条件和结构特点，通常有不同的基础类型，各种基础类型所用材料和构件也不同。砌体结构常采用无筋扩展基础（包括砖基础、毛石基础、混凝土基础等）、扩展基础（柱下钢筋混凝土独立基础、墙下钢筋混凝土条形基础），当地基土较软弱时也常采用筏板基础。基础的类型还可以依照构造型形式不同分为条形基础、独立基础、筏形基础和箱形基础。下面介绍前两种。

（1）条形基础

条形基础也称带形基础，形式比较规则，是砌体结构中最常用的基础形式，有刚性和柔性之分，也可分为有垫层的砖基础和有钢筋混凝土底板的基础。有垫层的砖基础里面的垫层有多种形式，以混凝土垫层为主，通常是在刚形成的基槽底部用C10～C15混凝土铺筑，再在上面砌筑砖基础，是典型的刚性基础。

条形基础的基础图包括基础平面图和基础详图。基础平面图主要表示每道墙或基础梁的平面位置，根据图示需要增加剖面图，表示基础部位各种构件的详细做法。当采用条形基础时，将上部墙和土体看作透明体，重点突出基础的轮廓线，有管沟和洞口时在管沟和洞口的部位增加阴影线。常见的条形基础的组成示意图如图2.36所示。

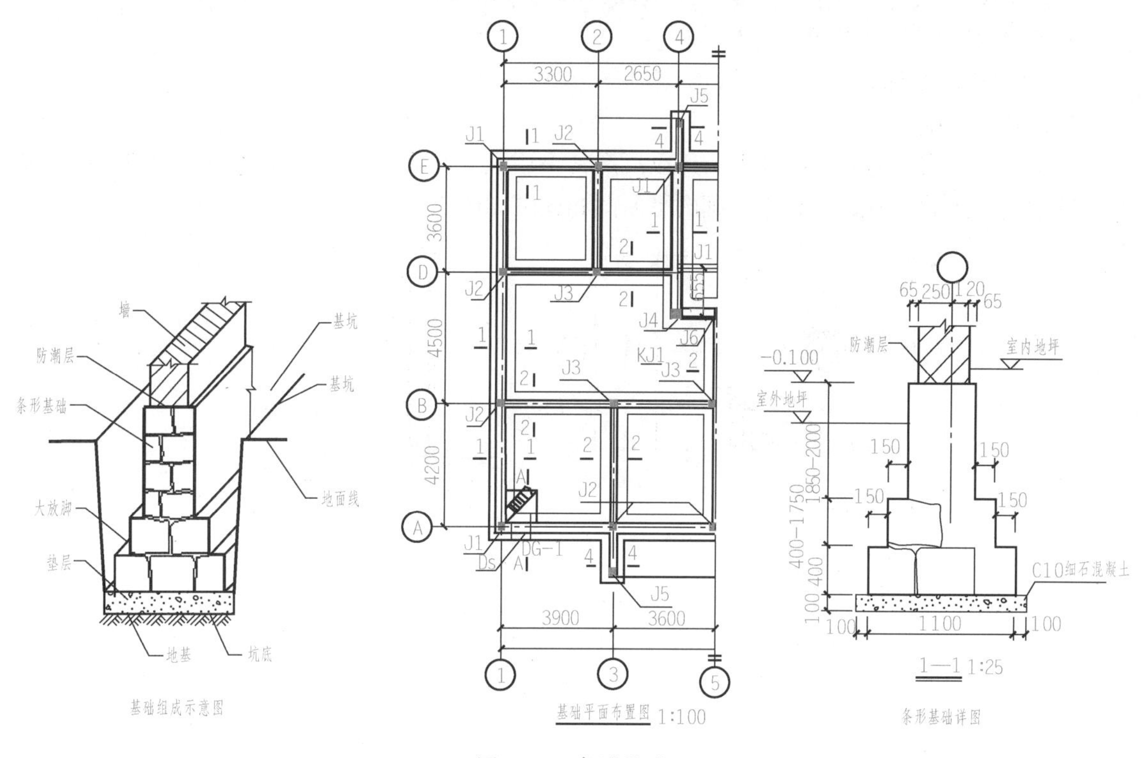

图 2.36 条形基础

1）平面图。

① 形成：在基坑填土之前，在与基底平行的投影面上对基础所作的平行投影。

② 内容：从平面图中，可看到基础的定位、基础的分布、基础的宽度、基础墙的宽度，以及基础断面的剖切位置。

③ 阅读举例：以图 2.36 中的条形基础的基础平面布置图为例，可得知如下结论：

a. 图名、比例：该图的图名为基础平面布置图，其比例为 1∶100。

b. 线型的区分：粗实线表示基础墙的断面，细实线表示基础底面的投影线。

c. 墙体的宽度、各种基底的宽度：其墙体的宽度为 370mm，基底的宽度为 500mm。

d. 断面的剖切符号：该图中有 1—1、2—2、3—3、4—4 剖切符号，每个剖切符号都有一个详图与之对应。

e. 定位轴线之间的尺寸：定位轴线与建筑平面图的轴线位置相同。

f. 左下角的 DG-1 代表的是洞口过梁。⑤轴线上的双粗横线为对称图形的简化方法。

2）基础详图。有几个剖切编号，就应有几个基础详图（断面图）与之对应。以图 2.36 中的 1—1 剖面图为例，可得知如下结论：

① 图名、比例：该图为条形基础详图，其比例为 1∶25。

② 定位轴线：有圆圈标志的点画线为定位轴线。

③ 室内外的地坪及标高。

④ 基础垫层（材料、形状、尺寸）：该基础垫层为混凝土垫层，且为矩形垫层，其厚度是 100mm。

⑤ 基础墙的尺寸和材料，基础（大放脚）的尺寸和材料。

⑥ 防潮层的位置及作用。

⑦ 尺寸标注及标高标注。

（2）独立基础

对于工业厂房，通常是柱承重，所以厂房常采用独立基础。当民用住宅采用框架结构形式时，基础也采用独立基础。独立基础的平面图和详图如图 2.37 所示。

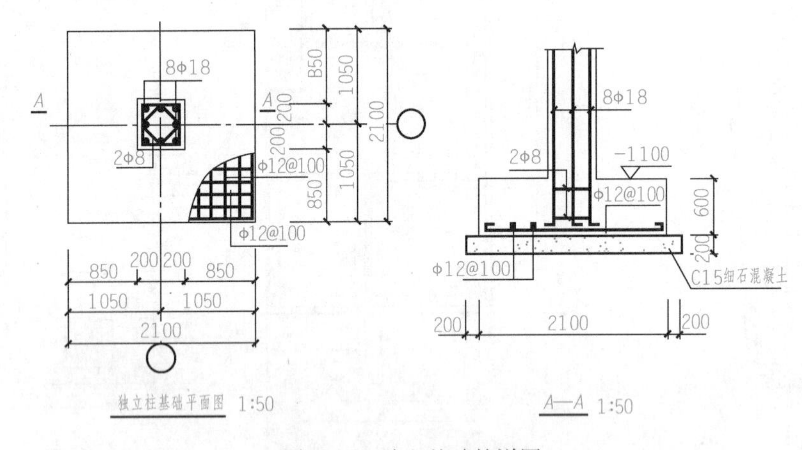

图 2.37　独立基础的详图

1）平面图。与条形基础的平面图相类似，柱断面涂黑，其余的构件投影线用细实线表示。

2）详图。独立基础详图包括立面图（采用全剖面）和平面图（采用局部剖面）。

2. 不同形式屋面结构识读拓展

砌体结构的屋面按其外形一般可分为坡屋面、平屋面和其他形式的屋面。由于坡屋面应用范围最广，本部分主要介绍坡屋面的结构图。

以附录 1 中结施 5（对应 CAD 图纸见电子资源附录 1，2.2 结构施工图）坡屋面结构平面图为例，板的厚度为 120mm，其配筋为Φ10@150 双层双向。未注明的梁均为按轴线居中布置，或与墙、柱边对齐。预留洞口一般都在建筑图中详细标注。在楼面图上的楼梯间位置，屋面图上是满铺屋面板的。带挑檐的平屋顶有檐板。注意屋面图中的检查孔、水箱间、烟囱、通风道的留孔。

练习题

1. 识读砌体结构房屋建筑平面图主要了解哪些内容？
2. 识读砌体结构房屋建筑立面图主要了解哪些内容？
3. 识读砌体结构房屋建筑剖面图主要了解哪些内容？
4. 如何识读砌体结构房屋外墙剖面详图中地面、楼面和屋面的构造？
5. 识读砌体结构房屋楼梯详图主要了解哪些内容？
6. 砌体结构房屋结构施工图的基本内容包括哪些？
7. 砌体结构房屋结构平面布置图中，平屋顶与楼层结构布置的不同之处有哪些？
8. 请对教材图 2.15 中的圈梁配筋图进行识读。
9. 给水施工图识图顺序是否和排水施工图识图顺序一致？区别是什么？
10. 排水系统的排水体制是什么？管网布置的形式、管材及接口形式、管道敷设的方式分别是什么？
11. 一根配电线路的标注为 12—BV（3×70+1×50）SC—FC，它表示什么意义？
12. 电气照明系统图的识图顺序是什么？
13. 建筑防雷图纸包括哪些？
14. 采暖平面图主要表示采暖系统的平面布置，其内容包括哪些信息？
15. 试读图 2.30 采暖热力入口大样图的信息，尤其注意阀门等附件的表达。
16. 图 2.36 所示条形基础是刚性基础还是柔性基础？其垫层混凝土强度等级一般是多少？

项目3 钢筋混凝土结构房屋施工图的识读

教学目标

【项目教学目标】

通过教学，学生应能够识读钢筋混凝土结构房屋建筑施工图、结构施工图、设备施工图。

【教学实施建议】

1. 采用项目教学法，4～6人一组，在教师指导下进行。

2. 由简单到复杂，循序渐进地开展训练，即建筑施工图的识读、结构施工图的识读、设备施工图的识读→通过3.6节钢筋混凝土结构房屋施工图综合识读，帮助学生掌握识图的方法和技巧→3.7节钢筋混凝土结构房屋施工图的拓展识读，帮助学生掌握桩基础施工图的识读方法和技巧。

3. 用真实的工程施工图样作为评价载体，根据学生读图速度、对图样内容领会的准确度、对图样的认知程度和综合对应程度进行评价。

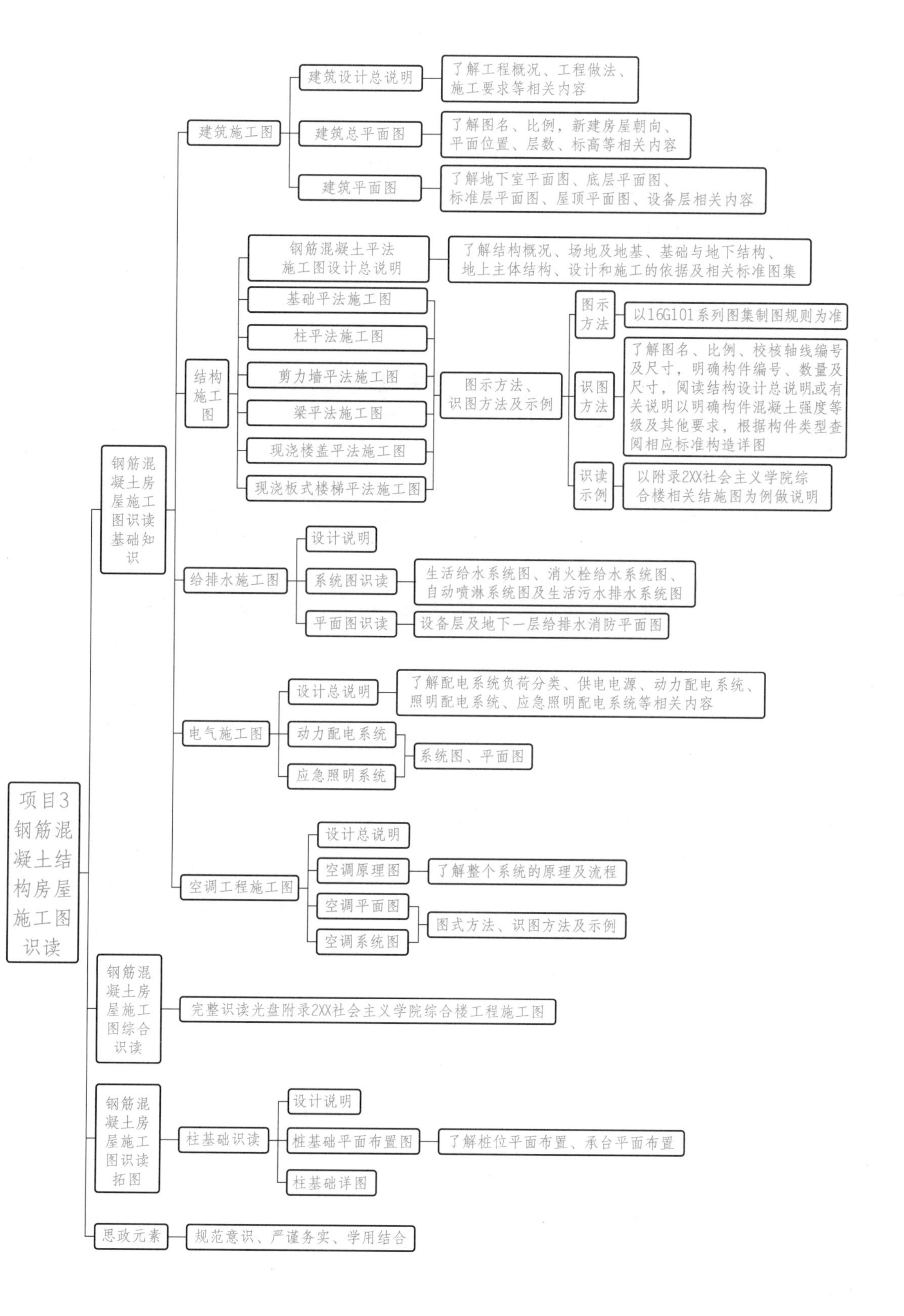

任务 3.1 建筑施工图的识读

钢筋混凝土结构房屋与砌体结构房屋的建筑施工图主要内容及识读方法差别不大，本节将以××社会主义学院综合楼——一栋双塔高层混凝土框剪结构（图 3.1，施工图见附录 2）为例，引领读者识读钢筋混凝土结构建筑施工图。重点讲述二者不同之处，相同之处不再赘述，读者可以参考项目 2 的相关内容。

3.1.1 建筑设计总说明及总平面图的识读

1. 建筑设计总说明

建筑设计总说明主要内容有工程概况与设计依据、建筑设计要点、构造做法等。以附录 2 建施 1（建筑设计总说明）、建施 2（工程做法）为例做如下说明。

（1）工程概况

工程概况主要包括建筑层数、建筑规模、建筑功能、建筑标高说明等。

本工程为××社会主义学院综合楼，一类高层建筑，地下一层，地上十五层及十层，总建筑面积为 31 929.3m²，其中地上 24 561.45m²，地下 7367.85m²。地上为集办公、教室、住宿、餐饮等功能为一体的综合楼，地下室为设备用房、库房、汽车库及平战结合人防工程等。设计使用年限为 50 年；耐火等级为地上一级，地下一级；抗震设防烈度为 8 度；建筑高度为 67.9m；室内外高差为 0.600m，±0.000m 相当于绝对标高 792.00m。具体详见附录 2 及电子资源中的图纸。

（2）工程做法

这方面的内容比较多，包括地面、楼面、墙面、屋面等的做法。无论是识读还是编制，均需清楚文中各种数字、符号的含义。例如，附录 2 建施 2（对应 CAD 图纸见电子资源附录 2 所需建筑施工图）中的“工程做法”表格中列出了施工位置、所用材料、面层厚度、面层具体做法等。施工到相应位置要仔细对照阅读。

（3）施工要求

施工要求包含两个方面的内容，一是要明确必须严格执行施工规范及验收标准，二是要求严格按图纸施工。

2. 建筑总平面图

建筑总平面图图示内容、识读方法与项目 2 所述基本相同，此处不再赘述。下面以建施 3 所示的总平面图为例做如下说明：

1）了解图名、比例及文字说明。从附录 2 建施 3 中可以看出这是××社会主义学院综合楼的总平面图，比例为 1∶500，其主要经济技术指标如表 3.1 所示。

表 3.1 主要经济技术指标

经济技术指标		单位	数据
建设净用地		m²	3155
总建筑面积	地上建筑面积	m²	24 561.45
	地下建筑面积	m²	7367.85
建筑密度		%	47.07
容积率		—	4.68
绿化率		%	10
配套停车位	地上停车	辆	28
	地下停车	辆	204

2）了解新建房屋的朝向。由图中可以看出，新建综合楼朝向北偏东 10°左右，主要出入口设在南面。

3）了解新建房屋的平面位置、层数、标高等。

新建房屋平面位置在总平面图上的标定方法有两种：对于小型工程项目，一般以邻近原有永久性建筑物的位置为依据，引出相对位置；对于大型的公共建筑，往往用城市规划网的测量坐标来确定建筑物转折点的位置。

由附录 2 建施 3（对应 CAD 图纸见电子资源附录 2 所需建筑施工图）可以看出，新建综合楼由东、西塔楼和中部裙房组成；东塔楼 10 层（最高 46m），西塔楼 15 层（最高 67.9m），中部裙房 3 层（高度为 16.80m）；在新建综合楼的北面是原有的 32 层的 9 号楼，距 9 号楼 41.32m 处正北面是原有的 32 层的 10 号楼，9 号楼道路对面的东北角是原有的一所幼儿园。新建建筑的轮廓投影用粗实线画出，其首层主要地面的相对标高为±0.000m，相当于绝对标高为 792.00m，在确定建筑物的室内地坪标高及室外整平标高时要注意尽量结合地形，以减少土方工程量。

新建综合楼的位置是根据原有的建筑物和道路以及大地测量坐标共同来确定的。新建综合楼的西塔楼南外墙皮距南道路红线为 30.06m、中部裙房南外墙皮距南道路红线为 30.11m。新建综合楼西塔楼北外墙皮距 9 号楼南外墙皮 32.67m，中部裙房北外墙皮距 9 号楼南外墙皮为 30.68m。新建综合楼西塔楼北外墙皮距 10 号楼南外墙皮为 93.61m，距幼儿园的南外墙皮为 84.23m。图中还可以看到新建综合楼外墙轴线交点及用地红线折点处大地测量坐标，如新建综合楼东北角的大地测量坐标为 $\frac{X=58587.410}{Y=13517.326}$。

4）了解地下工程、人防工程范围，建筑散水、机动车停车位、道路、围墙及绿化等情况；了解绿化、美化的要求和布置情况以及周围的环境；了解道路交通及管线布置情况。

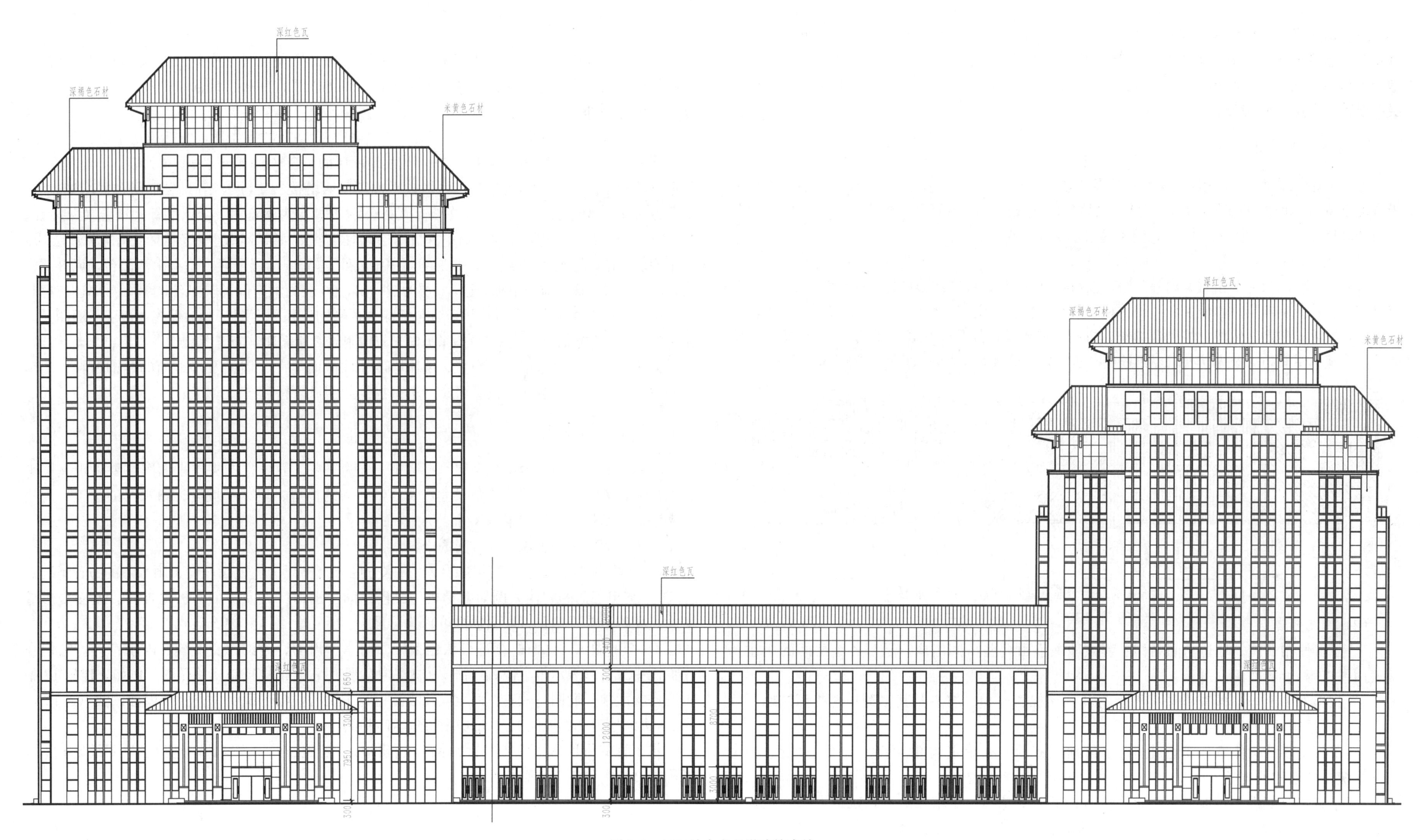

图3.1 ××社会主义学院综合楼

3.1.2 建筑平面图的识读

高层钢筋混凝土房屋建筑平面图的图示方法及识读方法与多层结构房屋基本相同。高层建筑和多层建筑一样，一般有地下室平面图、底层平面图、标准层平面图和屋顶平面图四种，只是由于高层建筑层高的增多和构造的复杂化，还出现了地下层（±0.000 以下）平面图和设备层平面图、夹层平面图等。

1. 地下室平面图

地下室是指其主要部分都在地面以下的房间。地下室根据其在地面以下部分的多少可以分为全地下室（地面低于室外地面的高度超过该房间净高的一半者）和半地下室（地面低于室外地面的高度超过该房间净高的 1/3，但不超过 1/2 者）两种。

（1）图示内容

各种墙、柱的尺寸和位置；内外门窗，包括其位置和编号、门的开启方向；变形缝，包括其位置和尺寸；卫生器具、水池、台、厨、柜、隔断等位置；电梯、楼梯等，包括楼梯上下方向示意和主要尺寸；地沟、地坑、墙上预留洞、机座、重要设备位等；坡道、台阶、通气竖道、管道竖井等；地下室有防火及人防要求，则还应有防火分区示意图及人防示意图，如图 3.2 所示。

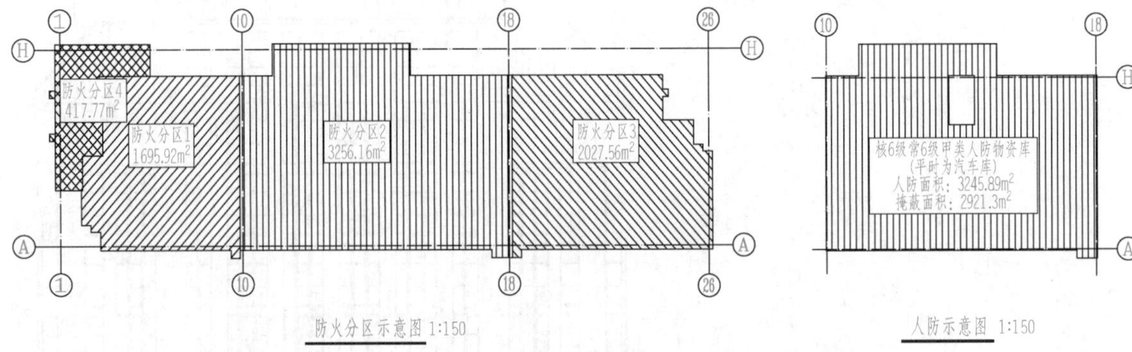

图 3.2 ××社会主义综合楼地下室防火分区及人防示意图

（2）识图要点

1）了解使用功能。通过房间名称了解该地下室由哪些房间组成，了解各个房间的用途及其使用要求等。

2）找出外部出口。即查看平面图上有几部楼梯、电梯、坡道及其位置，这些都是地下室对外交通联系用的。

3）了解主要结构体系。要通过图样了解地下室的主要承重构件，了解柱网的情况、剪力墙的情况、外墙的情况等。

4）了解主要配件。对地下室平面的整体有了一个基本的了解后，可依次或有选择地查阅建筑构配件部分内容，如：①设备机房；②防潮、防水部分；③地沟部分。

地下室平面图识读方法与项目 2 所述底层平面图识读方法相同。本综合楼地下室平面图见附录 2 建施 4（对应 CAD 图纸见电子资源附录 2，所需建筑施工图）。

2. 底层平面图

底层平面图识读方法与前所述相同，大家可参考项目 2 自行阅读。本工程底层平面图见附录 2 建施 5（对应 CAD 图纸见电子资源附录 2，所需建筑施工图）。

3. 标准层平面图

除底层平面图外，在多层或高层建筑中，除了标高有差异外，中间层一般都相同，这样的中间层可称为标准层，用一张标准层平面图表达就可以了，在楼层地面一个标高符号上标出其他上层的标高即可。

本综合楼的二层为集中办公处，三层中部裙房为大空间的报告厅，中部裙房上部只有三层，故四层平面图为东、西塔楼第四层与中部裙房屋面层的组合平面图，均需要单独表达，绘制图样。从第五层开始，需要分别绘制东、西塔楼平面图。西塔楼共 15 层，第 5 层主要布置培训教室，6～7 层主要布置休息间，8～12 层主要布置办公室，13 层为阅览室、会议厅等，14 层为展示厅，15 层为大空间的健身房，上部还有电梯机房层，故西塔楼从第 5 层起应该还有包括除去顶层的 7 张平面图。东部塔楼共 10 层，5～8 层为集中办公处，但 5～7 层东西端均有生活阳台，而 8 层没有，故第 8 层平面图应该单独表达，9 层为健身房，10 层为大空间的员工活动室，上部还有电梯机房层，故东塔楼从第 5 层起应该还有包括除去顶层的 5 张平面图。本工程其他楼层平面图见附录 2 建施 5～建施 12（对应 CAD 图纸见电子资源附录 2 所需建筑施工图）。

其识读内容主要包括房间布置、墙体厚度、柱截面尺寸、墙面及楼地面的装饰材料、门窗的设置等，此处不再赘述，读者可参考本书提供的图样自行阅读。

4. 屋顶平面图

坡屋顶的房屋通常会出现夹层，夹层主要仍为平层。教学楼的夹层平面图主要表现夹层平面的尺寸，坡屋面立柱的位置及尺寸，天（檐）沟的位置、尺寸、坡度，雨水口的位置、规格及做法，以及检修口的位置和尺寸。

屋顶平面图主要表示三个方面的内容。

1）屋面的排水情况。例如屋脊线、排水分区天（檐）沟、屋面坡度、雨水口的布置情况。

2）突出层面的物体。例如电梯机房、楼梯间、水箱、天窗、烟囱、检查孔、屋面变形缝等。这些构造在平屋顶（坡屋顶也可）上设置。

3）细部做法。屋面的细部做法包括屋面防水、天沟、檐沟、变形缝、雨水口等。它们在平面图中大多只表示一个位置，需要另加说明，使用索引符号查阅相关详图。例如，建施 12 中的东塔楼屋顶平面图，就对屋面上人孔位置进行了说明，根据说明，查找平屋面图集（05J5-1）第 24 页编号为 2 的屋面上人孔通用详图施工即可。

本工程的屋顶平面图见附录 2 建施 6、建施 9、建施 10、建施 12（对应 CAD 图纸见电子资源附录 2 所需建筑施工图）所示。

5. 设备层

在高层建筑中还有另一种特殊的夹层，即设备层，如本综合楼，其地下室及西塔楼第 5 层处有夹层，均为设备层，见附录 2 建施 4、建施 7（对应 CAD 图纸见电子资源附录 2 所需建筑施工图）。因为高层建筑较高，水、暖、电的供给需要分区供应，设备层主要用于布置电机、水泵、风机、配电屏等设备。设备层的平面图识读与普通层平面图的识读基本一致，主要是了解设备层的房间类型、平面布置尺寸及工作通道的布置与尺寸。因为设备层主要面向设备工作

所需，所以层高与其他层通常不同，识读时需要注意其楼地面的标高及通道设计内容。

另外，建筑立面图、建筑剖面图、建筑详图及建筑配件标准图的图示内容及阅读方法同前，此处不再赘述，大家可参考附录2建施13～建施30（对应CAD图纸见电子资源附录2所需建筑施工图）自行阅读。

任务3.2 结构施工图的识读

混凝土结构事故案例（一）

事故概况：1995年12月8日，位于四川省德阳市区的一幢主体工程刚刚竣工，正在进行内外装修的7层综合楼（钢筋混凝土框架结构）突然坍塌，总建筑面积3100m²的大楼成为废墟。造成在内就餐的建筑工人伤亡惨重，最终统计共死亡17人，重伤5人，轻伤5人。事发后，相关单位对旌湖开发区管委会主任等11人机构人员移交司法机关审查起诉追究刑事责任，对德阳棉麻总公司7人判有期徒刑。

事故原因分析：该工程结构设计失误是这次事故的直接原因。设计单位是一家丁级设计院，在设计中存在严重违反结构设计规范的要求：(1)桩基承台过薄，设计者未经过认真计算复核，导致角桩对承台抗冲切及承台板抗弯抗剪能力均不足；(2)房屋西南角有抽柱，导致该部形成大跨结构，节点内力复杂，梁与梁多出交叉，混凝土难以浇筑密实；(3)上部结构取值偏小；(4)设计中采用计算机算，但对软件的应用能力较差，对计算机输出结果无法进行校核和自控。

施工中，未严格遵守图纸会审要求，会审中对重大设计错误未提出异议；在施工技术管理方面，基础施工中违反操作规程；工程质量出现问题未及时纠正。

这件事故以及国内国际重大建筑事故引发了国内对当时建设的建筑质量担忧，1996年、1997年两年间出现了大讨论，自此国家也完善了相关法规和政策。

德阳12.8事故现场示意图图

钢筋混凝土结构通常采用平法施工图。我国关于混凝土结构平法施工图的国家建筑标准设计图集为《混凝土结构施工图平面整体表示方法制图规则和构造详图》G101系列图集，现行版本为：

1）22G101-1（现浇混凝土框架、剪力墙、梁、板），简称《G101-1图集》；

2）22G101-2（现浇混凝土板式楼梯），简称《G101-2图集》；

3）22G101-3（独立基础、条形基础、筏形基础及桩基承台），简称《G101-3图集》；

4）12G101-4（剪力墙边缘构件）。

本节将以××社会主义学院综合楼工程为例引领读者识读混凝土结构平法施工图。

3.2.1 钢筋混凝土结构平法施工图设计总说明

（1）混凝土结构设计总说明的基本内容

混凝土结构设计总说明的基本内容通常包括以下五部分：

1）结构概述；

2）关于场区与地基；

3）关于基础结构及地下结构；

4）关于地上主体结构；

5）关于设计、施工所依据的规范、规程和标准设计图集等。

（2）结构设计总说明中与平法施工图密切相关的内容

1）图集号。平法标准图的图集号。

2）使用年限。混凝土结构的使用年限。

3）抗震等级。有无抗震要求都要写清楚，以明确是否选用相应抗震等级的标准构造图。

4）混凝土强度等级和钢筋级别。柱、墙、梁等各类构件在其所在的部位所选用的混凝土强度等级和钢筋级别，以确定相应纵向受拉钢筋的最小锚固长度、最小搭接长度等。

5）标准构造详图有多种选择。当标准构造详图有多种可以选择的构造做法时，应写明在何部位选择何种做法；未注明时，则由设计人员自动授权于施工人员选择任何一种做法。

6）钢筋接头形式。柱（包括墙柱）纵筋、墙身分布钢筋、梁上部纵筋等接长所采用的接头形式及相关要求，如有必要还需说明对钢筋性能的要求。

7）环境类别。当对混凝土保护层厚度有特殊要求时，写明不同的柱、墙、梁、板等构件所处的不同环境类别。

8）变更。当需要对图集的标准构造详图做某些变更时，应写明变更的具体内容。

9）特殊要求。当对具体工程有特殊要求时，应在施工图中另加说明。

其中第4）～7）项内容也可以分别写入基础、柱、墙、梁等平法施工图的说明或相应表格中。

（3）基础结构或地下结构与上部结构的分界

在识读混凝土结构平法施工图时应该特别注意，当工程为抗震设计且有地下室时，规范规定地下一层的抗震等级应与上部结构相同，地下一层以下的抗震等级可根据具体情况采用三级或更低等级。

1）当基础埋深较浅时，且当建筑首层地面以下至基础之间未设置双向地下框架梁时，上部结构与基础结构的分界取在基础顶面，如图 3.3 所示。

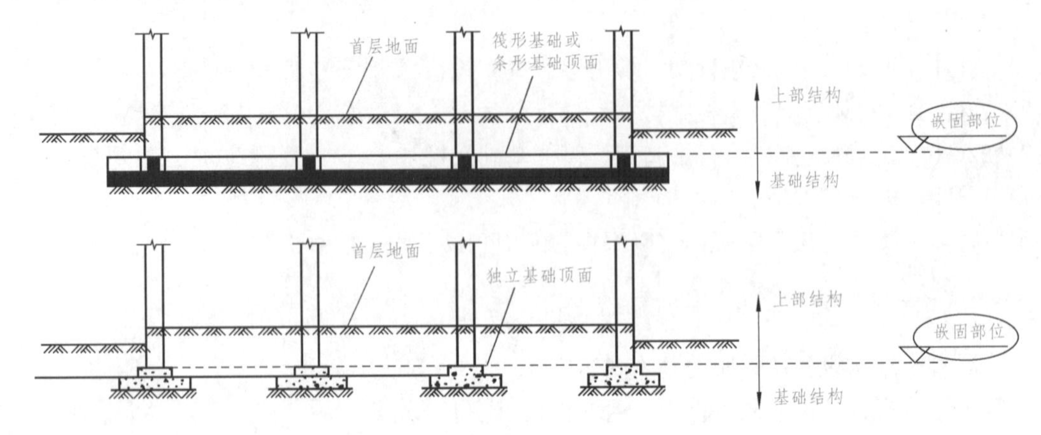

图 3.3　基础顶面为嵌固部位

2）当基础埋深较浅时，且当建筑首层地面以下至基础之间设置双向地下框架梁时，上部结构与基础结构的分界取在地下框架梁顶面，如图 3.4 所示。

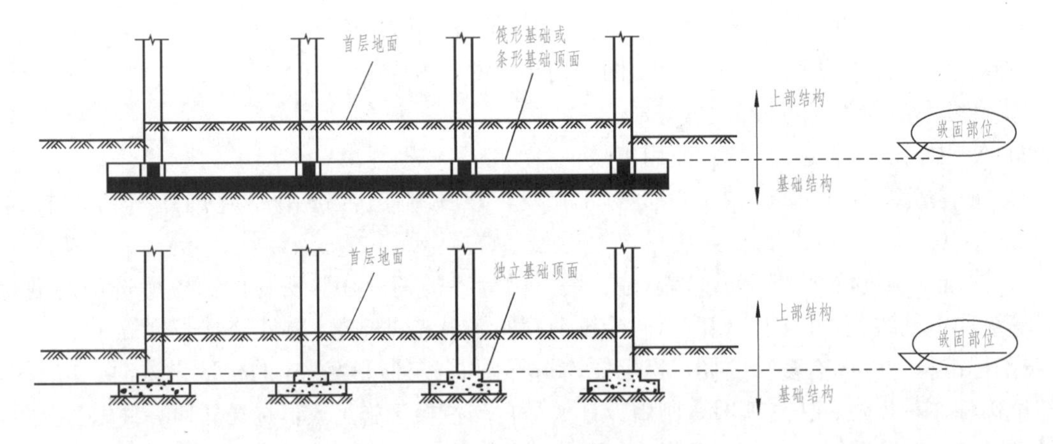

图 3.4　地下框架梁顶面为嵌固部位

3）当地下室结构为地下室或半地下室（半地下室应嵌入室外自然地坪以下不小于 1/2 层高），上部结构与基础结构的分界取在地下室或半地下室顶面，如图 3.5 所示。

4）当地下室结构为地下室或半地下室加箱形基础时，上部结构与基础结构的分界取在地下室或半地下室顶面，如图 3.6 所示。

5）当最上层地下室应嵌入室外自然地坪以下小于 1/2 层高时，上部结构与基础结构的分界取在最上层地下室顶面，如图 3.7 所示。

在上部结构与基础结构有了明确的分界之后，我们把分界位置以上的设计图样视为地上结构柱、剪力墙、梁平法施工图，以下的设计视为地下室结构或基础结构施工图。工程施工的时候，施工人员应按照构件所处的实际位置与相应的标准构造详图进行施工。

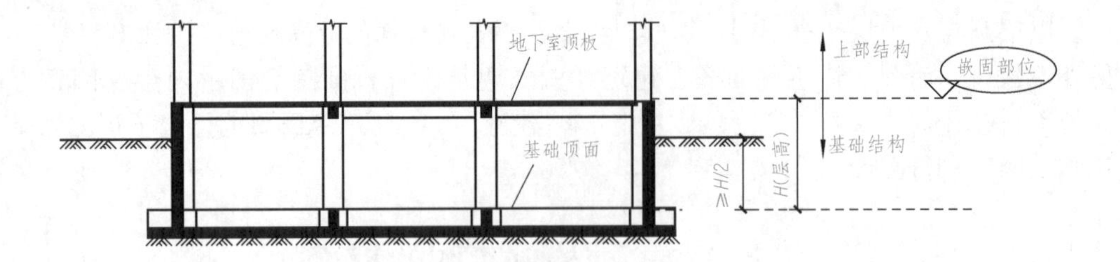

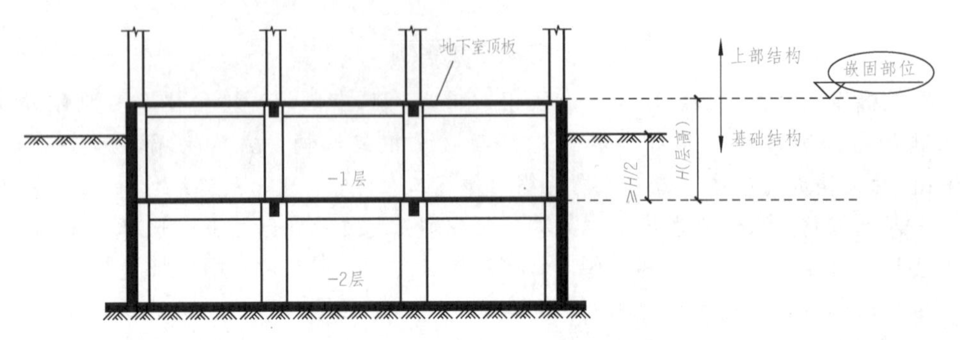

图 3.5　地下室或半地下室顶面为嵌固部位（一）

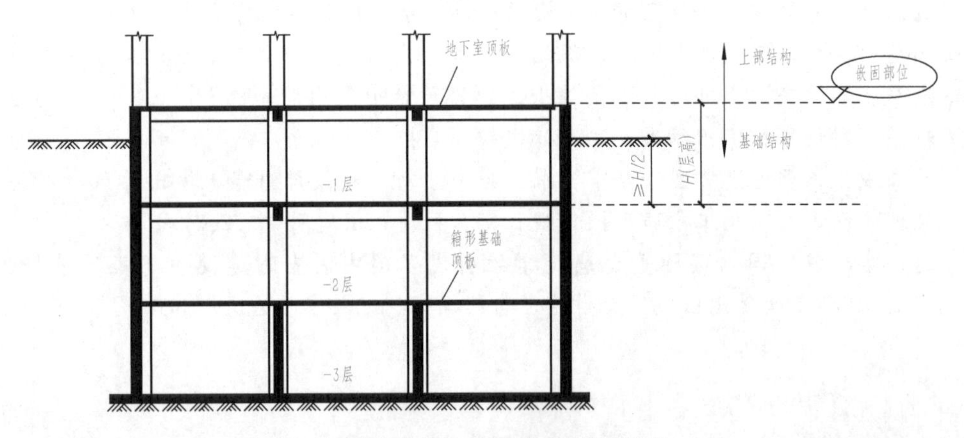

图 3.6　地下室或半地下室顶面为嵌固部位（二）

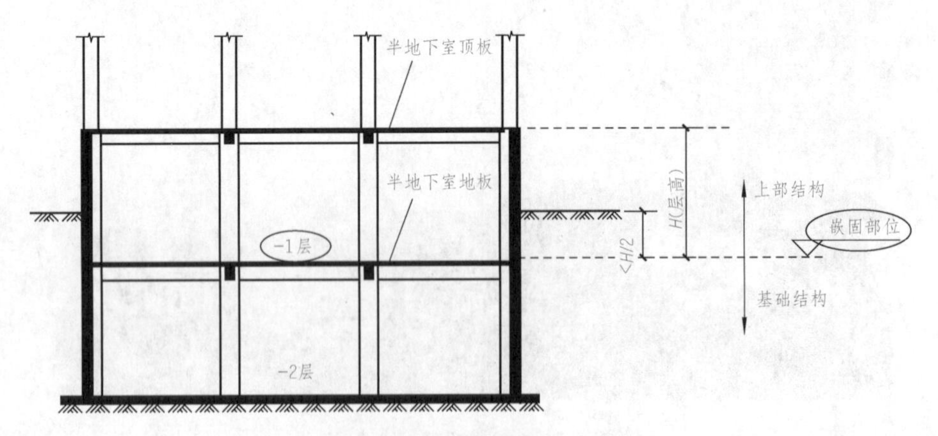

图 3.7　最上层地下室顶面为嵌固部位

3.2.2　基础平法施工图的识读

混凝土独立基础、条形基础、筏形基础及桩基承台施工图均可采用平法表示。

1. 图示方法

(1) 独立基础

独立基础主要有普通独立基础和杯口独立基础。按基础底板截面形状的不同，分为阶形和锥形独立基础；按基础上柱根数的不同，又分为单柱独立基础和多柱独立基础。

独立基础平法施工图有平面注写与截面注写两种表达方式。

在独立基础平面布置图上应标注基础定位尺寸：当独立基础的柱中心线或杯口中心线与建筑轴线不重合时，应标注其定位尺寸。编号相同且定位尺寸相同的基础，可仅选一个进行标注。

1）基础编号。独立基础编号如表3.2所示。

表3.2　独立基础编号

类型	基础底板截面形状	代号	序号
普通独立基础	阶形	DJ_j	××
	锥形	DJ_z	××
杯口独立基础	阶形	BJ_j	××
	锥形	BJ_z	××

2）独立基础的平面注写方式。独立基础的平面注写方式分为集中标注和原位标注两部分内容。

① 单柱独立基础标注方法。

a. 集中标注：在基础平面图上集中引注基础编号、截面竖向尺寸、配筋三项必注内容，以及基础底面标高（与基础底面基准标高不同时）和必要的文字注解两项选注内容。

(a) 基础编号如表3.2所示。

(b) 截面竖向尺寸。普通独立基础：阶形截面竖向尺寸的标注形式为$h_1/h_2/\cdots$如图3.8 (a) 所示；锥形截面竖向尺寸的标注形式为h_1/h_2，如图3.8 (b) 所示。

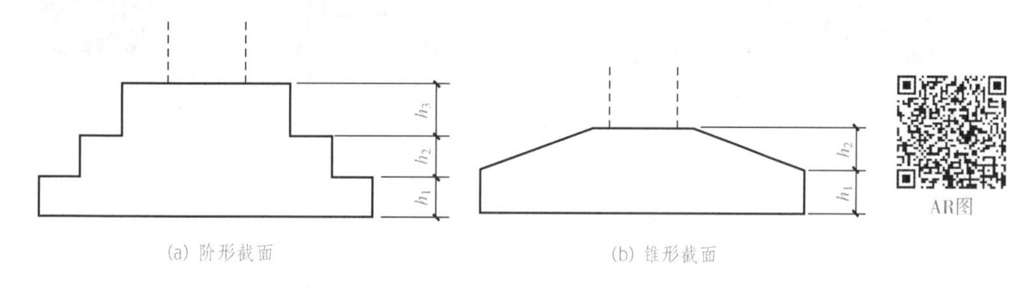

图3.8　普通独立基础竖向尺寸的标注图示

例如，独立基础DJ_j××的竖向尺寸注写为300/300/400，表示阶形基础中，h_1=300mm，h_2=300mm，h_3=400mm，基础底板总厚度为1000mm。

杯口独立基础：阶形截面竖向尺寸标注分两组，一组表达杯口内，另一组表达杯口外，两组尺寸以“,”号分隔，注写形式为a_0/a_1，$h_1/h_2/\cdots$如图3.9 (a)、(b) 所示；锥形截面基础，注写为a_0/a_1，$h_1/h_2/h_3$，如图3.9 (c)、(d) 所示。其中a_0表示杯口深度。

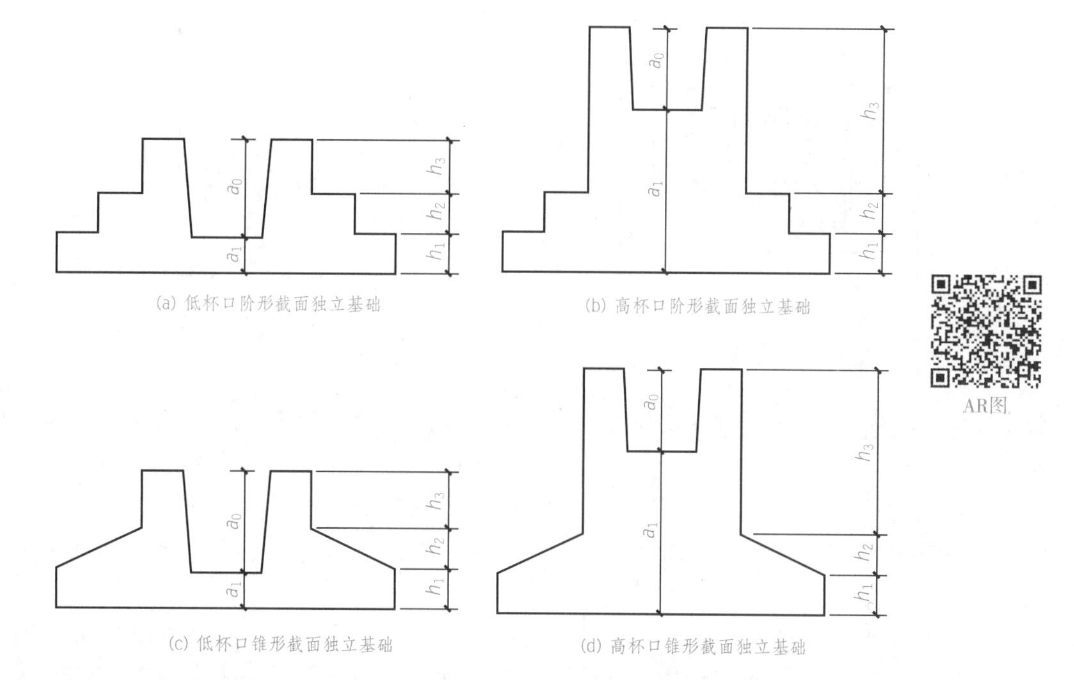

图3.9　杯口独立基础竖向尺寸标注图示

(c) 配筋。独立基础底板配筋规定：以B代表各种独立基础底板配筋，X向配筋以X打头注写，Y向配筋以Y打头注写，当两向配筋相同时以X或Y打头注写。图3.10所示为独立基础底板底部的双向配筋示意，图中B：XΦ16@150，YΦ16@200，表示基础底板底部配置HRB335级钢筋，X向直径为16mm，分布间距150mm；Y向直径为16mm，分布间距200mm。

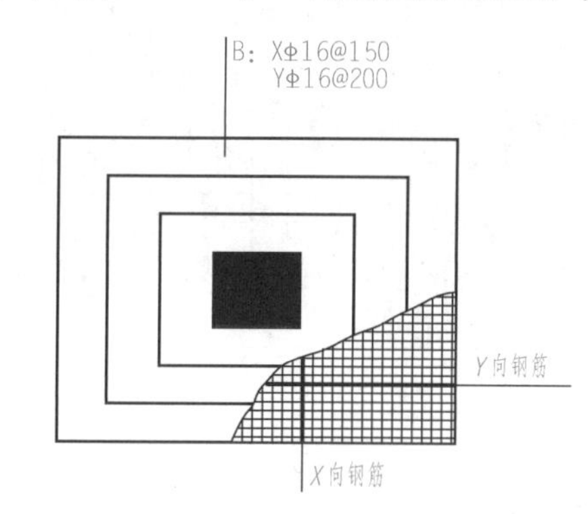

图3.10　独立基础底板底部的双向配筋示意

杯口独立基础顶部焊接钢筋网标注规定为：以Sn打头标注杯口顶部焊接钢筋网的各边钢筋。图3.11 (a) 所示为单杯口独立基础顶部焊接钢筋网示意，图中Sn 2Φ14表示杯口顶部每边配置2根HRB335级直径为14mm的焊接钢筋网。图3.11 (b) 所示为双杯口独立基础顶部焊接钢筋网示意。图3.11 (b) 中Sn 2Φ16，表示杯口每边和双杯口中部杯壁顶部均配置2根

HRB400 级直径为 16mm 的焊接钢筋网。

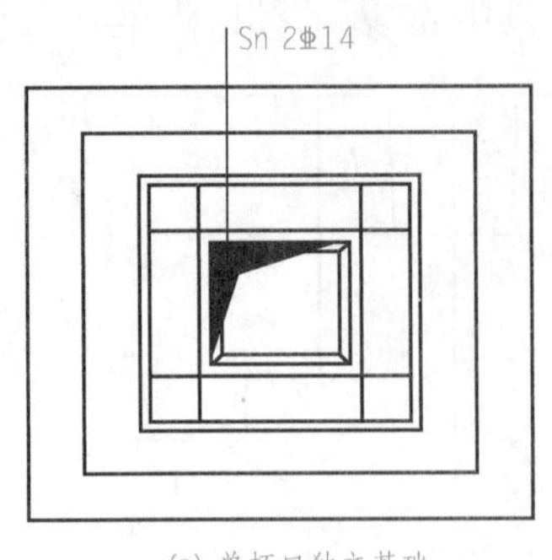

(a) 单杯口独立基础

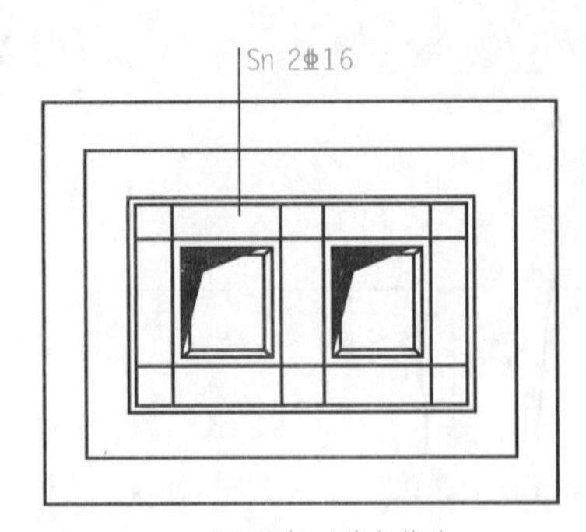

(b) 双杯口独立基础

图 3.11　杯口独立基础顶部焊接钢筋网示意

高杯口独立基础杯壁外侧和短柱配筋标注规定：以 O 代表杯壁外侧和短柱配筋；先注写杯壁外侧和短柱配筋，再注写箍筋，注写形式为角筋/长边中部钢筋/短边中部钢筋，箍筋（两种间距）；当杯壁水平截面为正方形时，注写为角筋/x 边中部钢筋/y 边中部钢筋，箍筋（两种间距，杯口范围内箍筋间距/短柱范围内箍筋间距）；双杯口独立基础杯壁外侧配筋标注同单杯口独立基础。

图 3.12（a）中 O：4 Φ 20/Φ 16@220/Φ 16@200 表示单高杯口独立基础的杯壁外侧和短柱配置 HRB400 级竖向钢筋和 HPB300 箍筋，其竖向钢筋为 4 Φ 20 角筋、Φ 16@220 长边中部钢筋和Φ 16@200 短边中部筋；φ 10@150/300 表示箍筋直径为 10mm，杯口范围间距 150mm，短柱范围间距 300mm。图 3.12（b）表示双高杯口独立基础，由图可见，其注写方式同单高杯口独立基础，区别在于双高杯口独立基础杯壁外侧钢筋应同时环住两个杯口的杯壁配筋。

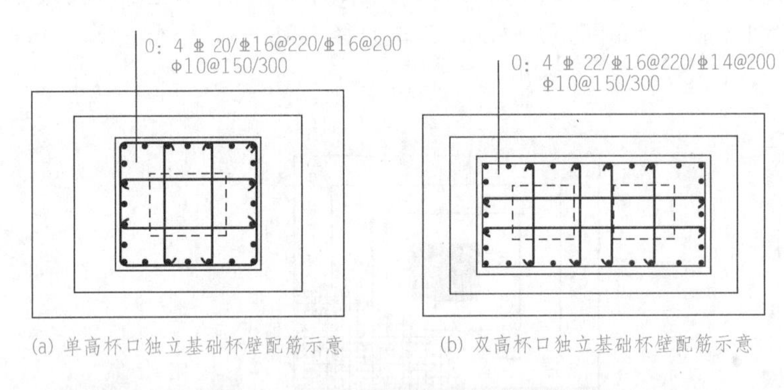

(a) 单高杯口独立基础杯壁配筋示意　　(b) 双高杯口独立基础杯壁配筋示意

图 3.12　高杯口独立基础杯壁配筋示意

普通独立基础埋深较大，且设置短柱时，短柱配筋应注写在独立基础中，注写规定：以“DZ”代表基础短柱；先注写短柱纵筋，再注写箍筋，最后注写短柱标高范围，注写形式为角筋/长边中部筋/短边中部筋，箍筋，短柱标高范围；单短柱水平截面为正方形时，注写形式为角筋/x 边中部筋/y 边中部筋，箍筋，短柱标高范围。图 3.13 中，短柱配筋标注为 DZ：4 Φ 20/5 Φ 18/5 Φ 18，φ 10@100，−2.500～−0.050，表示独立基础短柱设置在−2.500～−0.050 高度范围内，配置 HRB400 级竖向钢筋和 HPB300 箍筋，其竖向钢筋为 4 Φ 20 角筋、5 Φ 18 x 边中部筋，5 Φ 18 y 边中部筋，箍筋为φ 10mm，间距 100mm。

(d) 基础底面标高（选注内容）。当独立基础的底面标高与基础底面基准标高不同时，应将独立基础底面标高注写在“()”内。

(e) 必要的文字标注（选注内容）。当独立基础有特殊要求时，宜增加必要的文字说明。例如，基础底板配筋长度是否采用减短方式等，可以在该项注明。

b. 原位标注：钢筋混凝土和素混凝土独立基础的原位标注是在基础平面布置图上标注独立基础的平面尺寸。

普通独立基础原位标注：如图 3.14 和图 3.15 所示，其中，x、y 为普通独立基础两向边长，x_i、y_i 为阶宽或锥形平面尺寸。

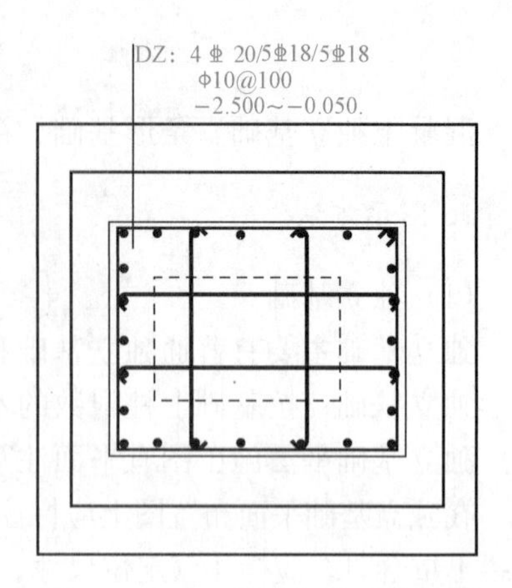

图 3.13　独立基础短柱配筋示意

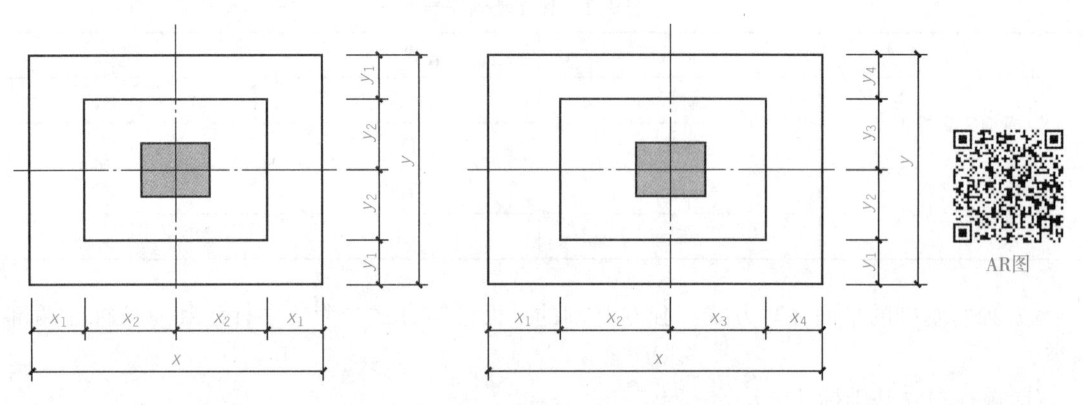

图 3.14　阶形截面普通独立基础原位标注

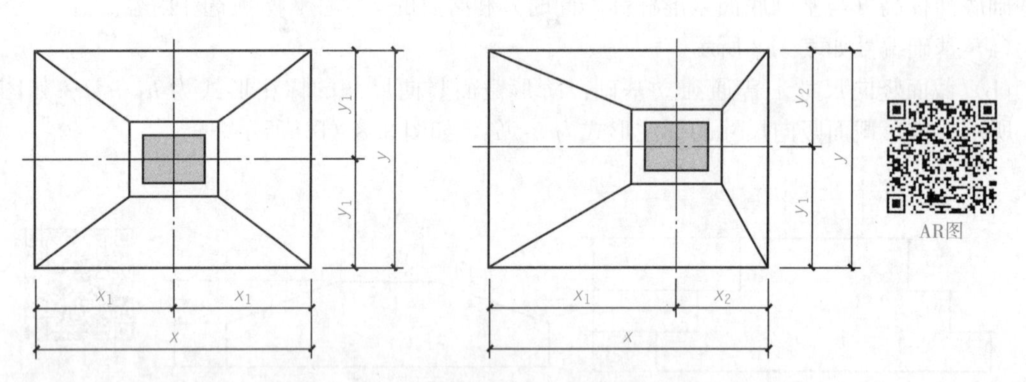

图 3.15　锥形截面普通独立基础原位标注

杯口独立基础原位标注：如图 3.16 所示，原位标注 x、y，x_u、y_u，x_{ui}、y_{ui}，t_i，x_i，y_i，i=1，2，3……。其中，杯口下口厚度为为 t_i+25mm，杯口上口尺寸 x_u、y_u 按柱截面边长两侧双向各加 75mm；杯口下口尺寸按标准构造详图（为插入杯口的相应柱截面边长尺寸，每边各加 50mm），设计不注。

单柱独立基础平面注写图示意如图 3.17 所示。

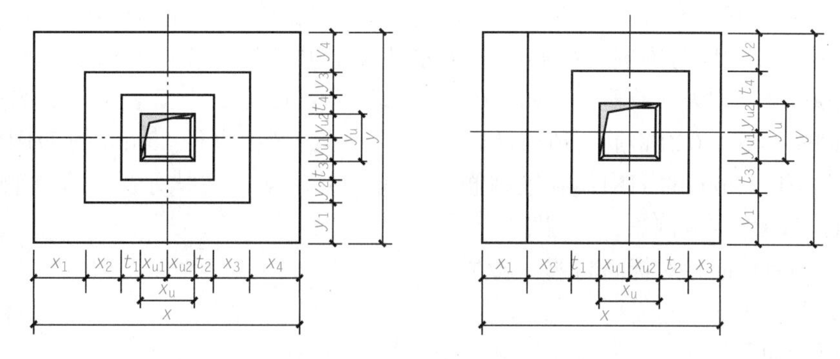

图 3.16 杯口独立基础原位标注

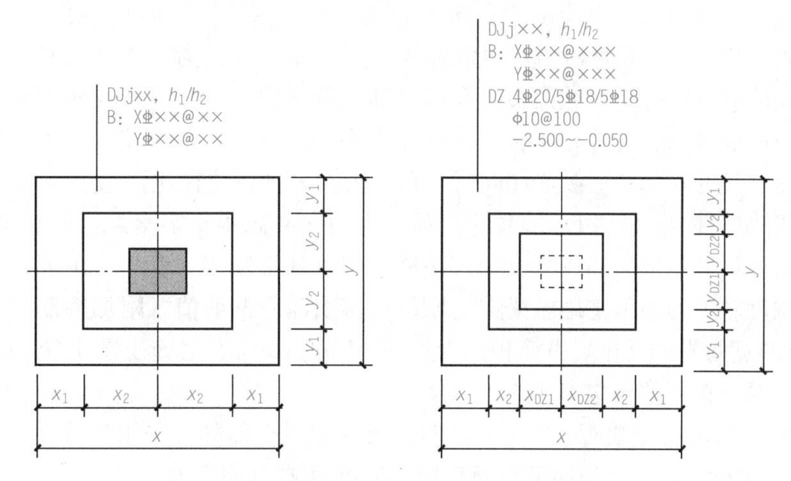

图 3.17 单柱独立基础平面注写图示意

② 双柱独立基础的标注方法。独立基础通常为单柱独立基础，也可为多柱独立基础（双柱或多柱等）。多柱独立基础的编号、几何尺寸和配筋的标注方法与单柱独立基础相同。

当为双柱独立基础且柱距较小时，通常仅配置基础底部钢筋；当柱距较大时，除基础底部钢筋外，尚需在两柱间配置基础顶部钢筋或设置基础梁；当为四柱独立基础时，通常可设置两道平行的基础梁，需要时可在两道基础梁之间配置基础顶部钢筋。

a. 注写双柱独立基础底板顶部配筋。双柱独立基础底板顶部配筋通常对称分布在双柱中心线两侧，注写为双柱间纵向受力钢筋/分布钢筋。当纵向受力钢筋在基础底板顶面非满布时，应注明其总根数。

图 3.18 中 T：11 Φ 18@100/φ 10@200 表示独立基础顶部配置纵向受力钢筋 HRB400 级，直径为 18mm，设置 11 根，间距 100mm；分布筋 HPB300 级，直径为 10mm，分布间距 200mm。

b. 注写双柱独立基础基础梁配筋。当双柱基础为基础底板与基础梁相结合时，注写基础梁的编号、几何尺寸和配筋。例如，JL××（1）表示该基础梁为 1 跨，两端无外伸；JL××（1A）表示该基础梁为 1 跨，一端有外伸；JL××（1B）表示该基础梁为 1 跨，两端有外伸。注写示意如图 3.19 所示。

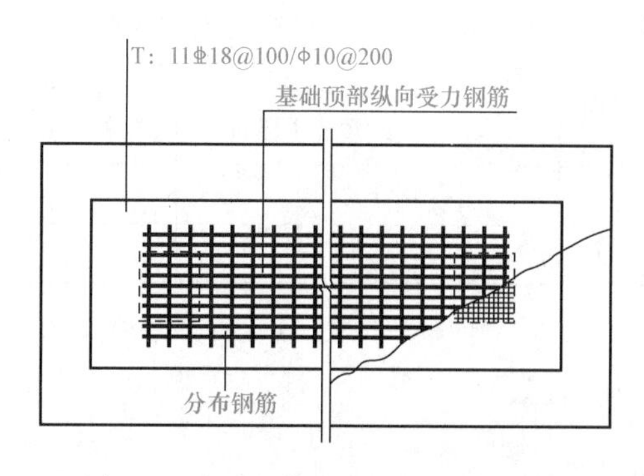

图 3.18 双柱独立基础底板顶部配筋

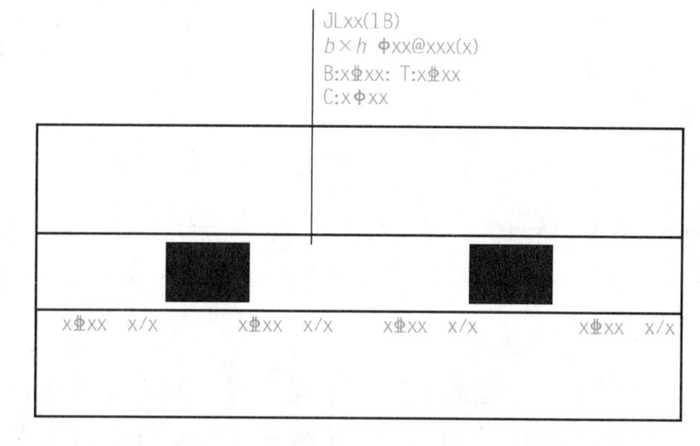

图 3.19 双柱独立基础梁配筋注写示意

c. 注写双柱独立基础的底板配筋。双柱独立基础的底板配筋的注写，可以按条形基础底板的规定注写，也可按独立基础底板的规定注写。

d. 注写配置两道基础梁的四柱独立基础底板顶部配筋。当四柱独立基础已设置两道平行的基础梁时，根据内力需要可在双梁之间及梁的长度范围内配置基础顶部钢筋，注写为梁间受力钢筋/分布钢筋。

图 3.20 中 T：Φ 16@120/φ 10@200 表示独立基础顶部配置纵向受力钢筋 HRB400 级，直径为 16mm，间距 120mm；分布筋 HPB300 级，直径为 10mm，分布间距 200mm。

3）独立基础的截面注写方式。独立基础的截面注写方式可分为截面标注和列表注写（结合截面示意图）两种表达方式。采用截面注写方式时，应在基础平面布置图上对应所有基础编号，如表 3.2 所示。

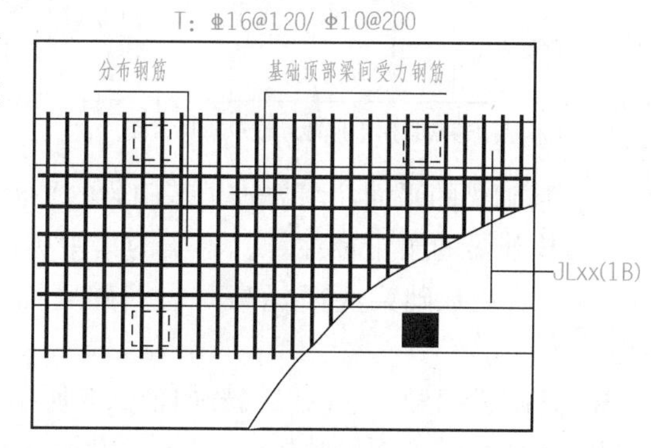

图 3.20 四柱独立基础底板顶部配基础梁间配筋注写示意

对单个基础进行截面标注的内容和形式，与传统“单构件正投影表示方法”基本相同。

对多个同类基础，可采用列表注写（结合截面示意图）的方式进行集中表达，主要内容为基础截面的几何数据和配筋等，在截面示意图上应标注与表中栏目相对应的代号，列表的具体内容规定可参考平面标注法所述，具体如表 3.3 和表 3.4 所示。

表 3.3 普通独立基础几何尺寸和配筋表

基础编号/截面号	截面几何尺寸				底部配筋（B）	
	x、y	x_c、y_c	x_i、y_i	h_1/h_2	X 向	Y 向

表 3.4　杯口独立基础几何尺寸和配筋表

基础编号/截面号	截面几何尺寸				底部配筋（B）		杯口顶部钢筋网（Sn）	杯壁外侧配筋（O）	
	x、y	x_c、y_c	x_i、y_i	a_0，a_1，$h_1/h_2/h_3/\cdots$	X 向	Y 向		角筋/长边中部筋/短边中部筋	杯口箍筋/短柱箍筋

（2）条形基础

条形基础平法施工图有平面注写与列表注写两种表达方式。

条形基础可分为两类：梁板式条形基础和板式条形基础。

梁板式条形基础适用于钢筋混凝土框架结构、框剪结构、部分框支剪力墙结构及钢结构。平法施工图将梁板式条形基础分解为基础梁和条形基础底板分别进行表达。

板式条形基础适用于钢筋混凝土剪力墙结构及砌体结构。平法施工图仅表达条形基础底板。

1）条形基础编号。条形基础编号分为基础梁和条形基础底板编号，如表 3.5 所示。

表 3.5　条形基础梁及底板编号

类型		代号	序号	跨数及有否外伸
基础梁		JL	××	（××）端部无外伸 （××A）一端有外伸 （××B）两端有外伸
条形基础底板	锥形	TJB_P	××	
	阶形	TJB_J	××	

注：条形基础通常采用锥形截面或单阶形截面。

2）基础梁的平面注写方式。基础梁的平面注写方式分集中注写和原位标注两部分内容。

① 基础梁的集中标注。基础梁的集中标注内容包括基础梁编号、截面尺寸、配筋三项必注内容，以及基础梁底面标高（与基础底面基准标高不同时）和必要的文字注解两项选注内容。

a. 基础梁编号。基础梁编号如表 3.5 所示。

b. 条形基础截面尺寸标注。$b \times h$ 表示基础梁截面的宽度和高度；当为加腋基础梁时，c_1 表示腋长，c_2 表示腋高。

c. 基础梁的配筋注写。基础梁的配筋注写如表 3.6 所示。

表 3.6　基础梁的配筋注写

箍筋	一种间距	钢筋级别、直径、间距（肢数）
	多种间距	第一种箍筋根数与级别、直径、间距/第二种箍筋根数与级别、直径、间距/……/中间箍筋级别、直径、间距（肢数）
贯通筋	底筋	B：×××或×××＋（×××）
	顶筋	T：×××＋×××/×××
	侧面筋	G：×××

例如，9 Φ 16@100/9 Φ 16@150/Φ 16@200（6）表示配置 3 种 HRB400 级箍筋，直径均为 16mm，从梁两端起向跨内按间距 100mm 设置 9 道，再按间距 150mm 设置 9 道，梁其余部位的间距为 200mm，均为 6 肢箍。又如，B：4 Φ 25；T：12 Φ 25 7/5 表示梁底部贯通纵筋为 4 根直径 25mm 的 HRB400 级钢筋；顶部贯通纵筋上一排为 7 根直径 25mm 的 HRB400 级钢筋，下一排为 5 根直径 25mm 的 HRB400 级钢筋。再如，G：4 Φ 14，表示梁的每个侧面配置 4 根直径 14mm 的 HRB400 级钢筋。

d. 注写基础梁底面相对标高高差（选注）。

e. 必要的文字注解（选注）。

② 基础梁的原位标注。

a. 基础梁底部全部纵筋（包括底部非贯通纵筋和以集中标注的底部贯通纵筋）原位注写。当梁端或梁在柱下区域的底部纵筋多于一排时，用“/”将各排纵筋自上而下分开；当两排纵筋有两种直径时，用“＋”将两种直径纵筋相连。具体注写方式为×Φ××＋×Φ××/×Φ××；当梁中间支座或梁在柱下区域两边的底部纵筋配置不同时，需要在支座两边分别标注；当梁中间支座两边的底部纵筋配置相同时，可仅在支座一边标注；当梁端（柱下）区域的底部全部纵筋与集中注写过的底部贯通纵筋相同时，可不再重复做原位标注。

b. 基础梁附加箍筋或（反扣）吊筋的注写。当两向基础梁十字交叉，但交叉位置无柱时，应该根据抗力需要设置附加箍筋或（反扣）吊筋。将附加箍筋或（反扣）吊筋直接画在平面图十字交叉梁中刚度较大的条形基础主梁上，原位直接引注总配筋值（附加箍筋的肢数注在括号内）。当多数附加箍筋或（反扣）吊筋相同时，可在条形基础平法施工图上统一注明。少数与统一注明值不同时，在原位直接引注。

c. 基础梁外伸部位的变截面高度尺寸注写。当基础梁外伸部位采用变截面高度尺寸时，在该部位原位注写 $b \times h_1/h_2$，h_1 为根部截面高度，h_2 为尽端截面高度。

d. 修正内容注写。当在基础梁上集中标注的某项内容（如截面尺寸、箍筋、底部与顶部贯通纵筋或架立箍筋、梁侧面纵向构造钢筋、梁底面标高等）不适用于某跨或某外伸部位时，将其修正内容原位标注在该跨或该外伸部位，施工时原位标注优先。

图 3.21 所示为基础梁平法标注示例。

JL01（3）300×800——基础梁编号（跨数）、截面宽×高。
Φ 8@100（2）——箍筋的钢筋级别、直径、间距（箍筋肢数）。
B：220；T：225——基础梁底部、顶部的通长筋根数、钢筋级别、直径。
G2 Φ 14——构造钢筋根数、直径。
（−0.10）——基础梁底面标高与基础底面基准标高的差值，负号表示低于基础底面基准标高。

图 3.21　基础梁平法标注示例

3）条形基础底板的平面注写方式。条形基础底板的平面注写方式分集中标注和原位标注两部分内容。

① 条形基础底板的集中标注。条形基础底板的集中标注内容包括条形基础底板编号、截面竖向尺寸、配筋三项必注内容，以及条形基础底板底面标高（与基础底面基准标高不同时标注）和必要的文字注解两项选注内容。

a. 条形基础底板编号。条形基础底板编号如表 3.5 所示。条形基础底板向两侧的截面形状通常有两种：TJB_J（阶形）和 TJB_P（锥形）。

b. 条形基础底板截面竖向尺寸标注。锥形截面尺寸标注为 h_1/h_2，如图 3.22 所示；阶形截面尺寸标注如图 3.23 所示。

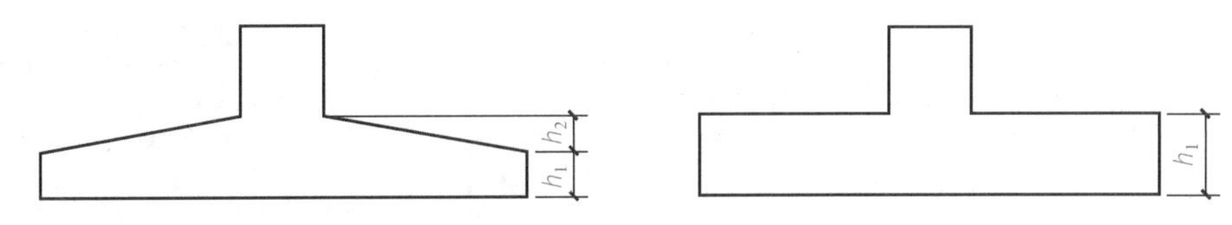

图 3.22　条形基础底板锥形截面竖向尺寸　　图 3.23　条形基础底板阶形截面竖向尺寸

c. 基础梁的配筋注写。以 B 字打头，注写条形基础底板底部的横向受力钢筋；以 T 字打头，注写条形基础底板顶部的横向受力钢筋；注写时，用“/”分隔条形基础底板的横向受力钢筋与构造钢筋，如图 3.24 所示。

图 3.24（a）中 B：⌀ 14@150/Φ 8@250 表示条形基础底板底部配置 HRB400 级横向受力钢筋，直径为 14mm，分布间距为 150mm；配置 HPB300 级构造钢筋，直径为 8mm，分布间距为 250mm。图 3.24（b）中 T：⌀ 14@200/Φ 8@250 表示条形基础底板顶部配置 HRB400 级横向受力钢筋，直径为 14mm，分布间距为 200mm；配置 HPB300 级构造钢筋，直径为 8mm，分布间距为 250mm。

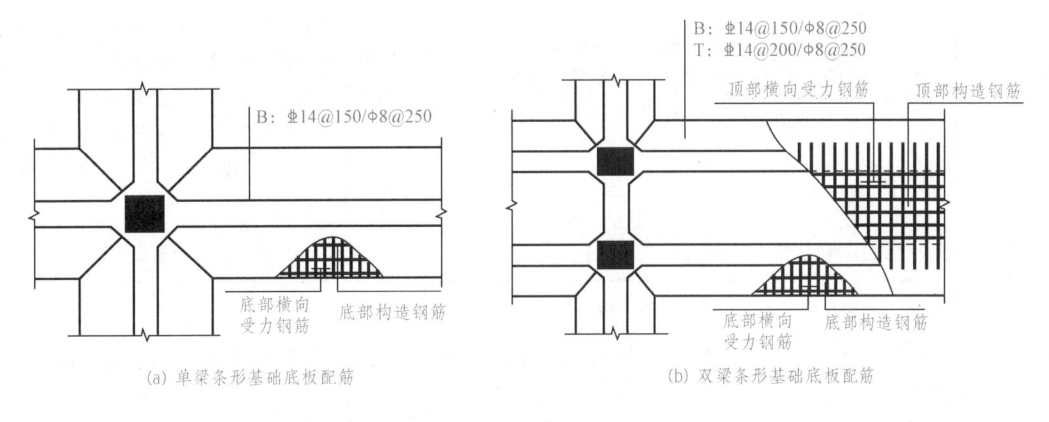

(a) 单梁条形基础底板配筋　　(b) 双梁条形基础底板配筋

图 3.24　条形基础底板底部、顶部配筋示意

d. 注写条形基础底板底面相对标高高差（选注）。

e. 必要的文字注解（选注）。

② 条形基础底板的原位标注。

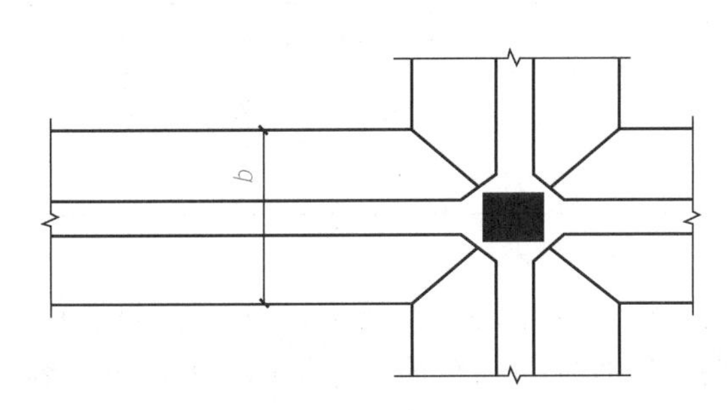

图 3.25　条形基础底板平面尺寸原位标注

a. 原位注写条形基础底板的平面尺寸。原位标注 b、b_i（$i=1$，2，3，…）。其中 b 为基础底板总宽度，b_i 为基础底板台阶的宽度。当基础底板采用对称与基础梁的锥形截面或单阶形截面时，b_i 可以不标注，如图 3.25 所示。

b. 原位注写修正内容。当在条形基础底板上集中标注的某项内容，如底板截面竖向尺寸、底板配筋、底板底面标高等，不适用于条形基础底板的某跨或某外伸部位时，可将其修正内容原位标注在该跨或该外伸部位，施工时原位标注优先。

4）条形基础的截面注写方式。条形基础的截面注写方式可分为截面标注和列表注写（结合截面示意图）两种表达方式。采用截面注写方式时应在基础平面图布置图上对所有条形基础进行编号，编号方式如表 3.5 所示。

① 截面标注。对条形基础进行截面标注的内容和形式与传统“单构件正投影表示方法”基本相同。对于基础平面布置图上已原位标注清楚的该条形基础梁和条形基础底板的水平尺寸，截面图上可以不再标注。

② 列表注写。对多个条形基础可采用列表注写（结合截面示意图）的方式集中表达。表中内容为条形基础截面的几何数据和配筋，截面示意图上应标注与表中栏目相对应的代号。

基础梁列表集中注写内容和列表格式如表 3.7 所示。当设计为两种箍筋时，箍筋注写为第一种箍筋/第二种箍筋，第一种箍筋为梁端部箍筋，注写内容包括箍筋的箍数、钢筋级别、直径与肢数。

表 3.7　基础梁几何尺寸和配筋表

基础梁编号/截面号	几何尺寸		配筋	
	$b\times h$	加腋 $c_1\times c_2$	底部贯通纵筋+非贯通纵筋，顶部贯通纵筋	第一种箍筋/第二种箍筋

注：表中栏目可根据具体情况增加，如增加基础梁地面标高等。

条形基础底板列表集中注写内容和列表格式如表 3.8 所示。

表 3.8　条形基础底板几何尺寸和配筋表

基础底板编号/截面号	几何尺寸			底部配筋	
	b	b_i	h_1/h_2	横向受力钢筋	纵向构造钢筋

注：1. 表中栏目可根据具体情况增加，如增加上部配筋、基础底板地面标高（与基础底板地面基准标高不一致时）等。
2. b、b_i 为水平尺寸，h_1/h_2 为竖向尺寸。

（3）筏形基础

筏形基础又称筏片基础、筏板基础、满堂红基础，有梁板式和平板式两种类型。梁板式又可细分为交梁式和梁式，板式也可以细分为板顶加礅式和板底加礅式。

1）梁板式筏形基础。

梁板式筏形基础平法施工图是在基础平面布置图上采用平面注写方式进行表达的。

① 梁板式筏形基础构件的类型与编号。梁板式筏形基础由基础主梁、基础次梁、基础平板等构成，其构件编号如表 3.9 所示。

② 基础主梁 JL 与基础次梁 JCL 的平面注写。基础主梁 JL 与基础次梁 JCL 的平面注写分集中标注与原位标注两部分内容，如表 3.10 所示。

表 3.9　梁板式筏形基础构件编号

构件类型	代号	序号	跨数及有否外伸
基础梁（柱下）	JL	××	（××）或（××A）或（××B）
基础次梁	JCL	××	（××）或（××A）或（××B）
梁板筏基础平板	LPB	××	

注：（××A）表示一端有悬挑，（××B）表示两端有悬挑。

表 3.10　基础主梁 JL 与基础次梁 JCL 标注说明

集中标注说明：集中标注应在第一跨引出		
注写形式	表达内容	附加说明
JL××（×A）或 JL××（×B）	基础主梁 JL 或基础次梁 JCL 编号具体包括代号、序号（跨数及外伸情况）	（×A）表示一端有外伸，（×B）表示两端均有外伸，无外伸则仅注跨度（×）
$b \times h$	截面尺寸，梁宽×梁高	当加腋时，用 $b \times h Yc_1 \times c_2$ 表示，其中 c_1 为腋长，c_2 为腋高
××Φ××@×××/Φ××@×××（×）	第一种箍筋道数、等级强度、直径、间距/第二种箍筋（肢数）	Φ—HPB300，Φ—HRB335，Φ—HRB400，$Φ^R$—RRB400，下同
B×Φ××；T×Φ××	底部（B）贯通纵筋根数、强度等级、直径；顶部（T）贯通纵筋根数、强度等级、直径	底部纵筋应有不少于 1/3 贯通全跨，顶部纵筋全部连通
G×Φ××	梁侧面纵向构造钢筋根数、强度等级、直径	为梁两个侧面构造纵筋的根数
（×.×××）	梁底面相对于筏板基础平板标高的高差	高者前加+号，低者前加－号，无高差不注
原位标注（含贯通筋）说明		
注写形式	表达内容	附加说明
×Φ×××/×	基础主梁柱下与基础次梁支座区域底部纵筋根数、强度等级、直径，以及用“/”号分隔的各排筋根数	为该区底部包括贯通筋与非贯通筋在内的全部纵筋
×Φ××@×××	附加箍筋总根数（两侧均分）、规格、直径及间距	在主次梁相交处的主梁上引出
其他原位标注	某部位与集中标注不同的内容	原位标注取值优先

注：相同的基础主梁或次梁只标注一根，其他仅注编号，有关标注的其他规定详见制图规定，在基础梁相交处位于同一层面的纵筋相交叉时，设计应注明何梁纵筋在下，何梁纵筋在上。

③ 梁板式筏形基础平板 LPB 的平面注写。梁板式筏形基础平板 LPB 的平面注写分板底部与顶部贯通纵筋的集中标注与板底部附加贯通纵筋的原位标注两部分内容，如表 3.11 所示。

表 3.11　梁板式筏形基础平板 LPB 标注说明

集中标注说明：集中标注应在双向均为第一跨引出		
注写形式	表达内容	附加说明
LPB××	基础平板编号，包括代号和序号	为梁板式基础的基础平板
h=××××	基础平板厚度	
×：BΦ××@×××；TΦ××@×××；（×、×A、×B） Y：BΦ××@×××；TΦ××@×××；（×、×A、×B）	X 向底部与顶部贯通纵筋强度等级、直径、间距（总长度：跨数及有无外伸） Y 向底部与顶部贯通纵筋强度等级、直径、间距（总长度：跨数及有无外伸）	底部纵筋应有不少于 1/3 贯通全跨，注意与非贯通纵筋组合设置要求，详见制图规则。顶部纵筋应全跨连通，用 B 引导底部贯通纵筋，用 T 引导顶部贯通纵筋，（×A）表示一墙有外伸，（×B）表示两墙均有外伸，无外伸则仅注跨数（×）。图面从左至右为 X 向，从下至上为 Y 向
板底部附加非贯通筋的原位标注说明：原位标注应在基础梁下相同配筋跨的第一跨下注写		
注写形式	表达内容	附加说明
ⓧΦxx@xxx(x,xA,xB) XXXX 基础梁	底部附加非贯通纵筋编号、强度等级、直径、间距（相同配筋横向布置的跨数及有无布置到外伸部位）；自梁中心线分别向两边跨内的伸出长度值	当向两侧对称伸出时，可只在一侧注伸出长度值，外伸部位一侧的伸出长度与方式按标准构造，设计不注，相同非贯通纵筋可只注写一处，其他仅在中粗实线上注写编号，与贯通纵筋组合设置时的具体要求详见相应制图规范
修正内容原位注写	某部位与集中标注不同的内容	原位标注的修正内容取值优先

注：图注中注明的其他内容见制图规范第 4.6.2 条，有关标注的其他规定详见制图规则。

2）平板式筏形基础。平板式筏形基础平法施工图是在基础平面布置图上采用平面注写方式进行表达的。

① 平板式筏形基础的构件类型与编号。平板式筏形基础由柱下板带、跨中板带组成，其构件编号如表 3.12 所示。

表 3.12　平板式筏形基础构件编号

构件类型	代号	序号	跨数及有否外伸
柱下板带	ZXB	××	（××）或（××A）或（××B）
跨中板带	KZB	××	（××）或（××A）或（××B）
平板筏基础平板	BPB	××	

注：（××A）表示一端有悬挑，（××B）表示两端有悬挑。

② 柱下板带 ZXB 与跨中板带 KZB 的平面注写。柱下板带 ZXB 与跨中板带 KZB 的平面注写分板带底部与顶部贯通纵筋的集中标注与板带底部附加非贯通纵筋的原位标注两部分内容，如表 3.13 所示。

表 3.13　平板式筏形基础柱下板带 ZXB 与跨中板带 KZB 标注说明

集中标注说明：集中标注应在第一跨引出		
注写形式	表达内容	附加说明
ZXB××（×A）或 KZB××（×B）	柱下板带或跨中板带编号，具体包括代号、序号（跨数及外伸状况）	（×A）表示一端有外伸，（×B）表示两端均有外伸，无外伸则仅注跨数（×）
b=××××	板带宽度（在图注中应注明板厚）	板带宽度取值与设置部分应符合规范要求
B Φ××@×××；T Φ××@×××	底部贯通纵筋强度等级、直径、间距；顶部贯通纵筋强度等级、直径、间距	底部纵筋应有不少于 1/3 贯通全跨，注意与非贯通纵筋组合设置的具体要求，详见制图规范
板底部附加非贯通纵筋原位标注说明		
注写形式	表达内容	附加说明
⑧ Φxx@xxx xxxx；柱下板带：Φxx@xxx xxxx；跨中板带：Φxx@xxx xxxx	底部非贯通纵筋编号、强度等级、直径、间距；自柱中线分别向两边跨内的伸出长度值	同一板带中其他相同非贯通纵筋可仅在中粗虚线上注写编号，向两侧对称伸出时，可只在一侧注伸出长度值，向外伸部位的伸出长度与方式按标准构造，设计不注，与贯通纵筋组合设置时的具体要求详见相应制图规则
修正内容原位注写	某部位与集中标注不同的内容	原位标注的修正内容取值优先

注：1. 相同的柱下或跨中板带只标注一条，其他仅注编号。
　　2. 图注中注明的其他内容见制图规则第 5.5.2 条，有关标注的其他规定详见制图规则。

③ 平板式筏形基础平板 BPB 的平面注写。平板式筏形基础平板 BPB 的平面注写分板底部与顶部贯通纵筋的集中标注与板底部附加非贯通纵筋的原位标注两部分内容，如表 3.14 所示。

表 3.14　平板式筏形基础平板 BPB 标注说明

集中标注说明：集中标注应在双向均为第一跨引出		
注写形式	表达内容	附加说明
BPB××	基础平板编号，包括代号和序号	为平板式筏形基础的基础平板
h=××××	基础平板厚度	
X：B Φ××@×××；T Φ××@×××；（×、×A、×B） Y：B Φ××@×××；T Φ××@×××；（×、×A、×B）	X 向底部与顶部贯通纵筋强度等级、直径、间距（总长度：跨数及有无外伸） Y 向底部与顶部贯通纵筋强度等级、直径、间距（总长度：跨数及有无外伸）	底部纵筋应有不少于 1/3 贯通全跨，注意与非贯通纵筋组合设置的具体要求，详见制图规则。顶部纵筋应全跨贯通，用 B 引导底部贯通纵筋，用 T 引导顶部贯通纵筋。（×A）表示一端有外伸，（×B）表示两端均有外伸，无外伸则仅注跨数（×），图面从左至右为 X 向，从下至上为 Y 向

续表

板底部附加非贯通钢筋的原位标注说明：原位标注应在基础梁下相同配筋跨的第一跨下注写		
注写形式	表达内容	附加说明
⊗ Φxx@xxx(x,xA,xB) xxxx 柱中线	底部附加非贯通纵筋强度等级、直径、间距（相同配筋横向布置时的跨数及有无布置到外伸部位）；自梁中心线分别向两边跨内的伸出长度值	当向两侧对称伸出时，可只在一侧注伸出长度值，外伸部位一侧的伸出长度与方式按标准构造，设计不注。相同非贯通纵筋可只注写一处，其他仅在中粗虚线上注写编号。与贯通纵筋组合设置时的具体要求详见相应制图规则
修正内容原位注写	某部位与集中标注不同的内容	原位标注的修正内容取值优先

注：图注中注明的其他内容见制图规则第 5.5.2 条，有关标注的其他规定详见制图规则。

（4）桩基承台

桩基承台平法施工图有平面注写与截面注写两种表达方式。

1）桩基承台编号。桩基承台分为独立承台和承台梁，编号按表 3.15 和表 3.16 的规定。

表 3.15　独立承台编号

类型	独立承台截面形状	代号	序号	说明
独立承台	阶形	CT_J	××	单阶截面即为平板式独立平台
	锥形	CT_z	××	

注：杯口独立承台代号可为 BCT_J 和 BCT_P，设计注写方式可参照杯口独立基础，施工详图应由设计者提供。

表 3.16　承台梁编号

类型	代号	序号	跨数及有否悬挑
承台梁	CTL	××	（××）端部无外伸 （××A）一端有外伸 （××B）两端有外伸

2）独立承台的平面注写方式。独立承台的平面注写方式分为集中标注和原位标注两部分内容。

① 独立承台的集中标注。独立承台的集中标注是在承台平面上集中引注独立承台编号、截面竖向尺寸、配筋三项必注内容，以及承台板底面标高（与承台底面基准标高不同时）和必要的文字注解两项选注内容。

a. 独立承台编号。独立承台编号如表 3.15 所示。独立承台的截面形状通常有两种：CT_J××（阶形）和 CT_z××（锥形）。

b. 独立承台截面竖向尺寸标注。独立承台截面竖向尺寸标注为 h_1/h_2，如图 3.26 所示。

c. 独立承台配筋注写。

独立承台底板与顶部的双向配筋应分别注写，顶部配筋仅用于双柱或四柱独立承台。单独立承台顶部无配筋时则不注顶部。具体规定如下：以 B 字打头注写底部配筋，以 T 字打头注写顶部配筋；矩形承台 X 向配筋以 X 打头，Y 向配筋以 Y 打头，当两向配筋相同时，则以 X&Y 打头注写；当为等边三桩承台时，以“△”打头，注写三角形布置的各边受力钢筋（注明根数并在配筋值后注写“×3”），在“/”后注写分布钢筋，如△××ф××@××××3/ф××@×××；当为等腰三桩承台时，以“△”打头，注写底边受力钢筋＋两对称斜边的受力钢筋(注明根数并在配筋值后注写“×2”)，在“/”后注写分布钢筋，具体形式为△××ф××@×××＋××ф××@××××2/ф××@×××；当为多边形（五边形或六边形）承台或异性承台，且采用 X 向和 Y 向正交配筋时，注写方式与矩形独立承台相同；梁桩承台可按承台梁标注。

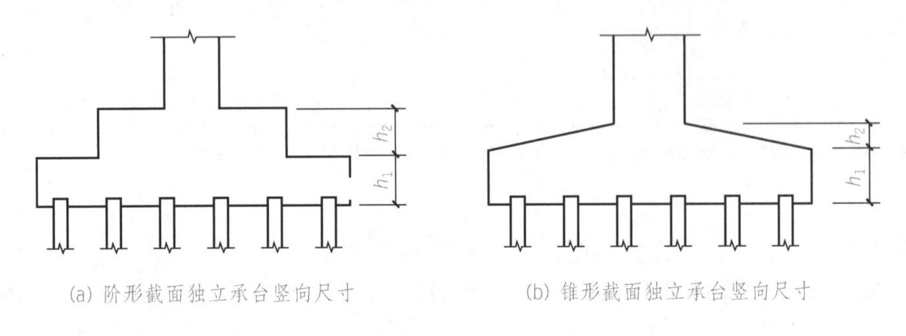

图 3.26　独立承台竖向尺寸标注示意

d. 注写基础底板底面相对标高高差（选注）。

e. 必要的文字注解（选注）。

② 独立承台的原位标注。独立承台的原位标注是在桩基承台平面布置图上标注独立承台的平面尺寸。相同编号的独立承台可仅选一个进行标注，其他仅注编号，如表 3.17 和图 3.27 所示。

表 3.17　独立承台的平面尺寸原位标注

矩形承台	x、y、x_i、y_i、a_i、b_i，i=1、2、3……	x、y 表示独立承台两向边长；x_i、y_i 为阶宽或锥形平面尺寸；a_i、b_i 为桩的中心距及边距
三桩承台	x、y、x_i、y_i，i=1、2、3……，a	x、y 为三桩独立承台平面垂直于底边的高度；x_i、y_i 为承台分尺寸和定位尺寸；a 为桩的中心距切角边缘的距离
多边独立承台	x_i、y_i、a_i，i=1、2、3……	x、y 表示独立承台两向边长；x_i、y_i 为为承台分尺寸和定位尺寸；a_i 为桩的中心距切角边缘的距离

3）承台梁的平面注写方式。承台梁 CTL 的平面注写方式分集中标注和原位标注两部分内容。具体可参考基础梁的平面标注方法。

4）桩基承台的截面注写方式。桩基承台的截面注写方式可分为截面标注和列表注写（结合截面示意图）两种表达方式。采用截面注写方式时，应在桩基平面布置图上对所有桩基进行编号，如表 3.15 和表 3.16 所示。桩基础承台的截面注写方式可参照独立基础及条形基础的截面注写方式。

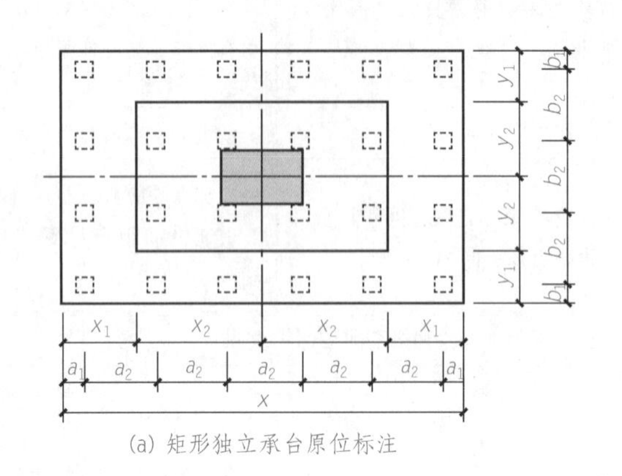

AR图

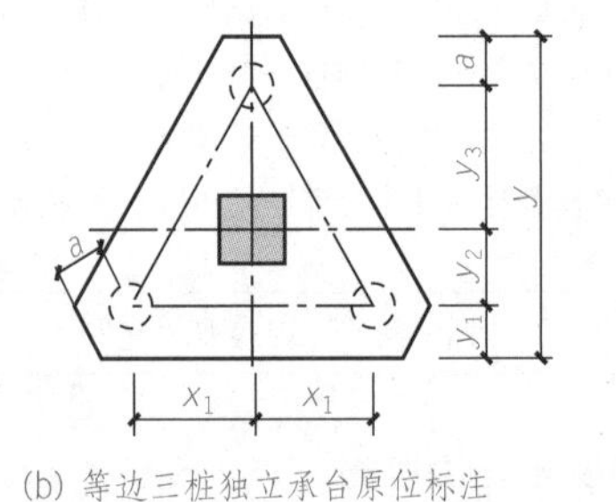

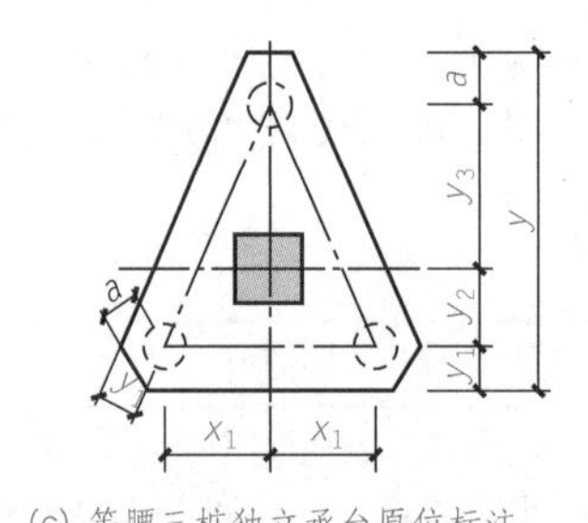

图 3.27　独立承台的平面尺寸标注

2. 识读方法及应了解的信息

1）查看图名、比例。

2）与建筑平面图对照，校核基础平面图的定位轴线。

3）根据基础的平面布置，明确基础的种类、位置、代号。

4）根据基础的平面布置，明确基础相关构造种类、位置、尺寸。

5）阅读结构设计总说明或有关说明，明确基础的混凝土强度等级及施工要求。

6）根据基础的编号，查阅图中标注或截面标注，明确基础的截面尺寸、标高、独立基础的底板配筋、基础梁的配筋、基础底板的通长配筋和基础底板支座下部非贯通纵筋、承台的配筋等。再根据设计要求和标准构造详图确定钢筋的构造要求，如基础梁纵向钢筋的锚固长度、切断位置、弯折要求和连接方式、搭接长度等，附加箍筋、吊筋的构造，基础底板钢筋的构造要求等。

7）联合阅读基础平面图与设备施工图，明确设备管线穿越基础的准确位置，洞口的形状、大小以及洞口上方的过梁要求。

3. 识图示例

以图3.28（详见插页四）（对应CAD图纸见电子资源附录二，所需结构施工图1～7）所示××社会主义学院综合楼基础平面布置图为例。

由图可见：该平面基础布置图中总共有两类形式的基础，东西塔楼下部为梁板式筏形基础（其下部地基处理采用CFG桩复合地基，图样另详），其余部分为带防水板的独立基础，下面以此为例来引领同学们进行基础施工图的识读。

1）本图为基础平面布置图，比例为1∶150，与对应的建筑平面图比例一致。

2）校核基础平面图的定位轴线，与对应建筑平面图一致。

3）根据基础的平面布置，明确基础的种类、编号、位置。

由图3.28可见，该平面基础布置图中总共有两种类型的基础。东、西塔楼下部为梁板式筏形基础，其中：西塔楼下部筏板位于①～⑩×Ⓓ～Ⓖ轴线之间（四周有悬挑）。其余部分为带防水板的独立基础，总共有6种编号的独立基础，其中编号1～5的为锥形截面单柱基础，编号6的为双柱基础。

梁板式筏形基础中基础梁并未标注，基础梁施工图是单独绘制的，图3.29为西塔楼下部筏板基础梁配筋图（比例为1∶100）。由图可见其基础梁有14种，编号为JZL1～JZL14；要注意基础梁与轴线的关系，如JZL2是对中布置、JZL10则向下偏离轴线150mm布置。

4）基础相关构造的编号、位置、尺寸。要注意基础联系梁、后浇带、集水坑、电梯基坑等的种类编号及位置。如位于⑩～⑱×Ⓓ～Ⓗ轴线之间的独立基础设置了联系梁，编号为DLL1，其尺寸见DLL1详图为400mm×500mm，对中布置；后浇带有2种，宽度均为800mm，集水坑有两种，尺寸为1000mm×1000mm×1000mm和1200mm×1200mm×1200mm（见基础设计说明）。

5）阅读结构设计总说明或有关说明：确定基础的混凝土强度等级为C35，明确施工要求。

6）根据基础的编号，查阅图中标注或截面标注，明确基础的截面尺寸、配筋和标高。

① 筏板基础。本工程中筏板基础底板采用传统的表示方法，基础梁采用平法标注。

a. 截面尺寸及标高。由图3.29（详见插页五）（对应CAD图纸见电子资源附录二，所需结构施工图1～7）知西塔楼下部筏板厚度为700mm，基础底板标高见基础底板设计说明或电梯基坑断面图*C—C*（*D—D*），为−5.850m，电梯基坑板顶标高为−7.380（−7.350）m；基础梁集中标注中没有标注基础梁底面标高高差这一项，表示所有的基础梁底面标高都同筏板基础底标高，其截面尺寸见集中标注（如JZL10截面尺寸为600mm×1400mm）。

b. 筏板基础底板配筋。板钢筋画法规定：在平面图中配置双层钢筋时，底层钢筋弯钩应向上或向左，顶层钢筋则向下或向右；每组相同的钢筋，可以用粗实线画出其中一根来表示，同时用横穿的细线表示其余的钢筋，横线的两端带斜短划表示该号钢筋的起止范围。下面以西塔楼下梁筏板基础底板为例做如下说明：

底板通长钢筋上下位置关系：上排为横向通长钢筋在上，纵向通长钢筋在下；下排为横向通长钢筋在下，纵向通长钢筋在上。

上排横向通长钢筋布置：上排横向通长钢筋在①～②轴线之间配置Φ16钢筋，间距170mm；②～④轴线之间配置Φ18钢筋，间距150mm；④～⑦轴线之间配置2种钢筋，第一种为长度从Ⓔ轴线起向上一直延伸到板边，间距为170mm的Φ16钢筋，第二种为长度从Ⓔ轴线起向下一直延伸到板边、间距为150mm的Φ18钢筋；⑦～⑧轴线之间配置Φ18钢筋，间距为150mm；⑧～⑩轴线之间配置Φ16钢筋，间距170mm。

上排纵向通长钢筋布置：上排纵向通长钢筋沿横向整个筏板满布间距为170mm的Φ16钢筋。

下排通长钢筋、板底非通长钢筋配置及东塔楼下部筏板基础钢筋配置大家可自行识读。

c. 基础梁配筋。基础梁的钢筋包括集中标注和原位标注两部分。以位于Ⓓ轴线上的JZL10为例做如下说明：

集中标注中内容：该基础梁有7跨，两端无悬挑，箍筋配置为Φ16，间距为200mm（四肢箍），下部通长钢筋为4Φ25+3Φ22（两种直径，一排布置），侧面构造钢筋为4Φ14（每侧2根）。

原位标注内容（以左起为第一跨）：

第一跨：上部通长钢筋为4Φ25，左支座梁底负筋为8Φ25，右支座梁底负筋同第二跨左边支座梁底负筋，箍筋Φ12，间距200mm（四肢箍）。

第二跨：上部通长钢筋为15Φ25 8/7（两排布置，上排8根、下排7根），左支座处梁底负筋为10Φ25，右支座梁底负筋同第三跨左支座梁底负筋，箍筋同集中标注。

第三跨：上部通长钢筋为12Φ25 8/4（两排布置，上排8根、下排4根），左支座处梁底负筋为18Φ25 8/10（两排布置，上排8根、下排10根），右支座梁底负筋同第四跨左支座梁底负筋，箍筋同集中标注。

第四跨：配筋同第三跨。

第五跨：配筋同第三跨。

第六跨：上部通长钢筋同第二跨，左支座处梁底负筋为18Φ25 8/10，右支座梁底负筋为10Φ25，箍筋同集中标注。

第七跨：上部通长钢筋同第一跨，左支座处梁底负筋为10Φ25，右支座梁底负筋为4Φ25，箍筋同第一跨。

② 独立基础。本工程中非筏板区为独立基础，共有六种编号，独立基础带防水板，防水板在人防区厚度为400，配筋为双层双向Φ16@200；非人防区厚度为300mm，配筋为双层双向Φ12@200。前五种为单柱锥形截面独立基础，平法施工图中采用列表标注（结合截面示意图），独基尺寸及配筋如表3.18所示；独立基础截面示意图如图3.30所示，均为对中布置，基础底板布筋方式为长短交错布置。第六种为双柱截面锥形基础，平法施工图中采用截面注写方式（类似于传统的正投影表示法），如图3.31所示，基础底板配筋为双向配置，两向配筋均为Φ14@110，基础顶板配筋同防水板。

表3.18　独基尺寸及配筋表

剖面号	B_1	B_2	B	A_1	A_2	A	h_1	h_2	h	主筋1（*Y*向）	主筋（*X*向）	备注
JC-1	2600	2600	5200	2600	2600	5200	450	450	900	Φ16@125	Φ16@125	
JC-2	2150	2150	4300	2150	2150	4300	450	450	900	Φ16@125	Φ16@125	
JC-3	2250	2250	4500	2250	2250	4500	450	450	900	Φ16@125	Φ16@125	
JC-4	2000	2000	4000	2000	2000	4000	450	450	900	Φ16@125	Φ16@125	
JC-5	1700	1700	3400	1700	1700	3400	450	450	900	Φ16@125	Φ16@125	

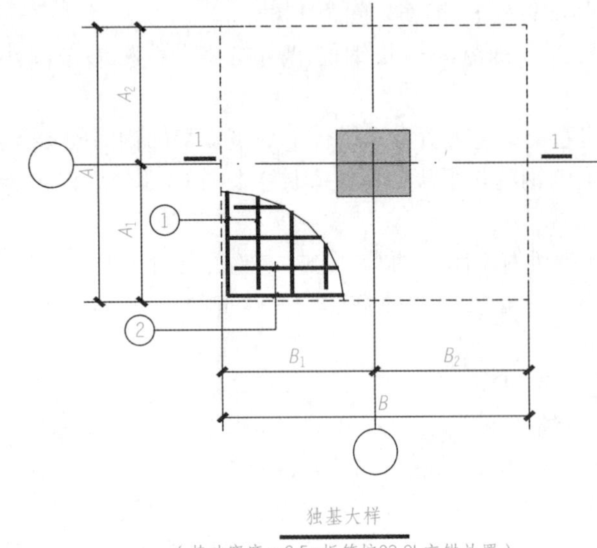

独基大样

（基基宽度≥2.5m板筋按03.9L交错放置）
（布置独基时以框柱的形心为准）

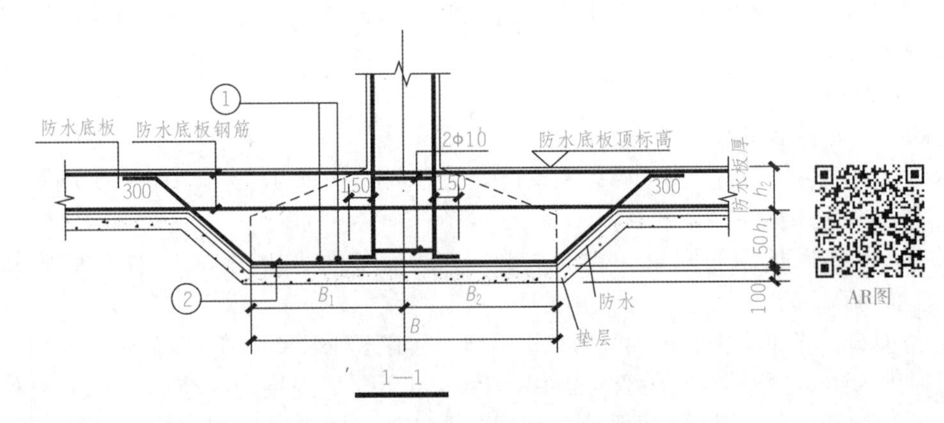

图 3.30　独立基础截面示意图

③ 详图。基础用平面整体表示法表示结构图时，除了必要的设计详图，还包括由《22G101-3 图集》提供标准图确定钢筋的构造要求。对应于本工程，筏板边缘封边构造、电梯基坑和集水坑钢筋构造、基础梁柱包角的钢筋构造、后浇带构造等详图已经给出，直接查阅图样即可。图 3.32（a）所示为基础梁柱包角的钢筋构造，图 3.32（b）为基础底板后浇带的构造详图。

基础施工时，阅读平法施工图还需要辅以独立基础底板钢筋构造［图 3.32（c）］、基础梁钢筋构造［图 3.32（d）］、基础梁侧面钢筋构造［图 3.32（e）］、筏基底板的钢筋构造［图 3.32（f）、（g）］等标准构造详图，以明确钢筋的构造做法（包括钢筋的锚固、连接要求等）。本工程结构设计总说明明确规定：基础（梁、板）纵向钢筋采用焊接，接头上部铁设在支座 1/4 处，下部铁设在跨中 1/3 处。以西塔楼下筏基底板纵筋连接为例做说明：施工时，若西塔楼下筏基底板纵筋在轴线⑤～⑥之间的板跨连接［此处板净跨为 l_n＝8400－600＝7800（mm）］，上排下层纵筋应该伸出⑤或⑥轴线上基础梁边 1950mm 处焊接，下排上层纵筋应该伸出⑤或⑥轴线上基础梁边 2600mm 处焊接（还需满足，同一连接区段的接头纵筋面积百分率不宜超过 50%），如图 3.32（f）所示。

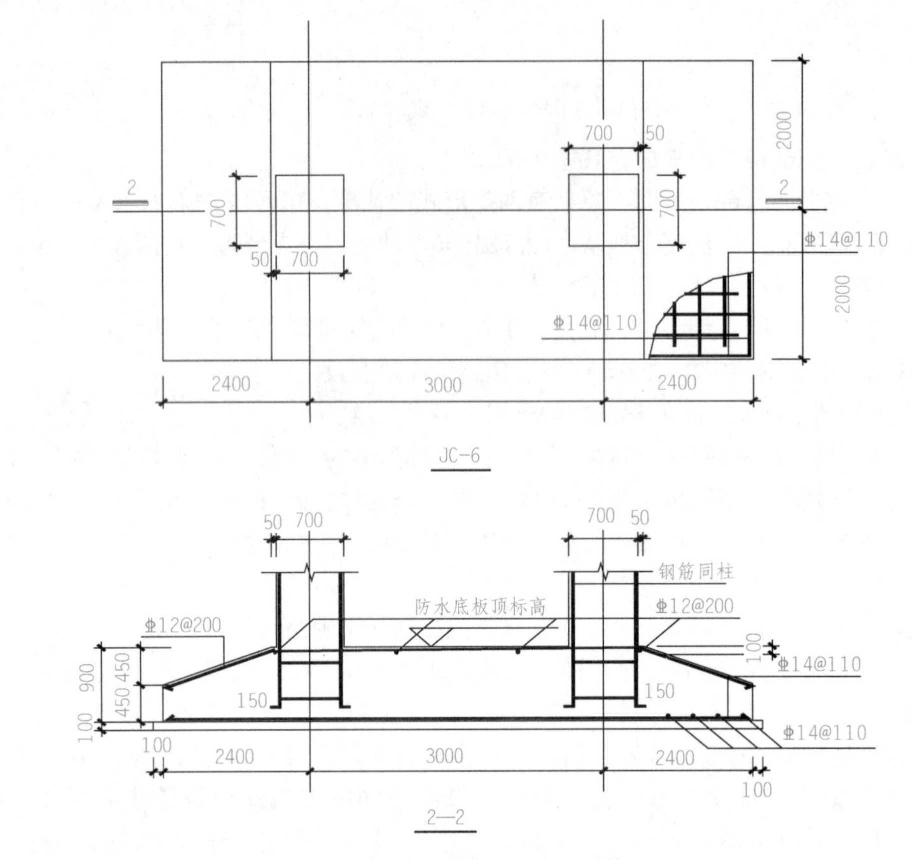

图 3.31　双柱基础截面标注

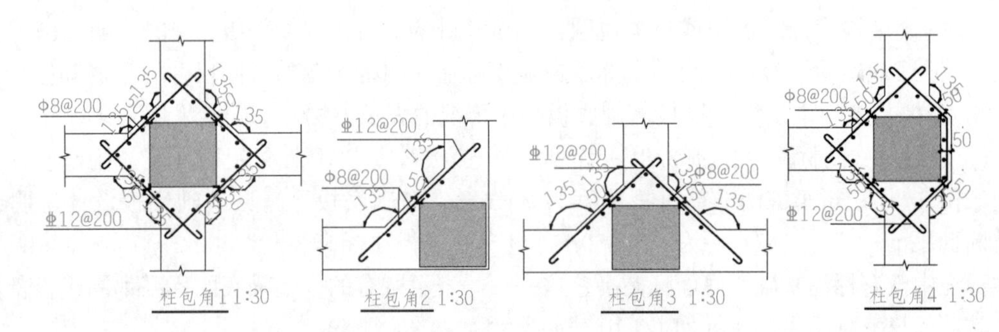

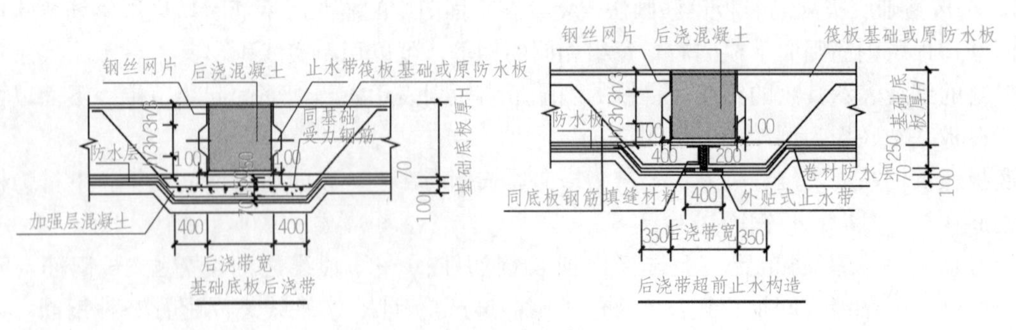

图 3.32　基础标准构造详图

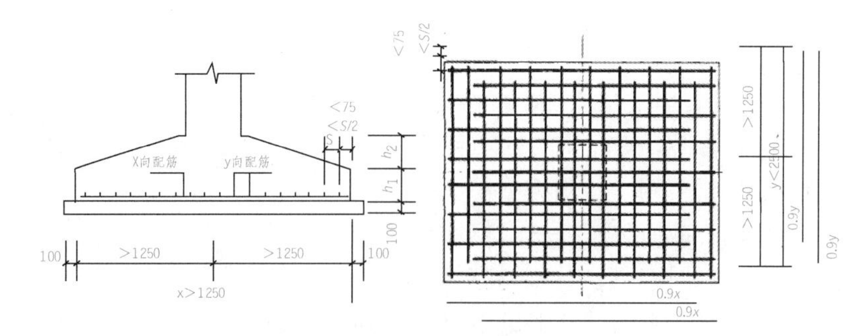

(c) 独立基础底板配筋长度减短10%的构造

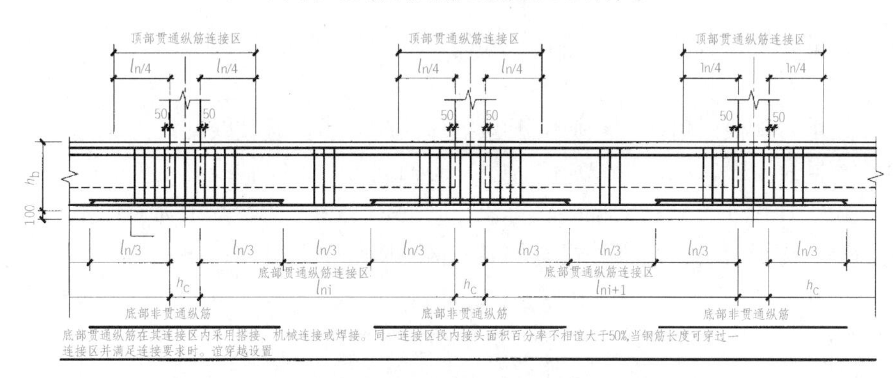

(d) 基础梁纵向钢筋与箍筋标准构造

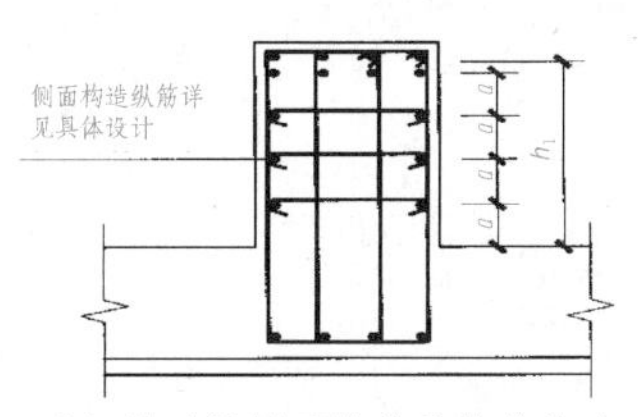

(e) 基础梁侧面纵筋及拉筋构造

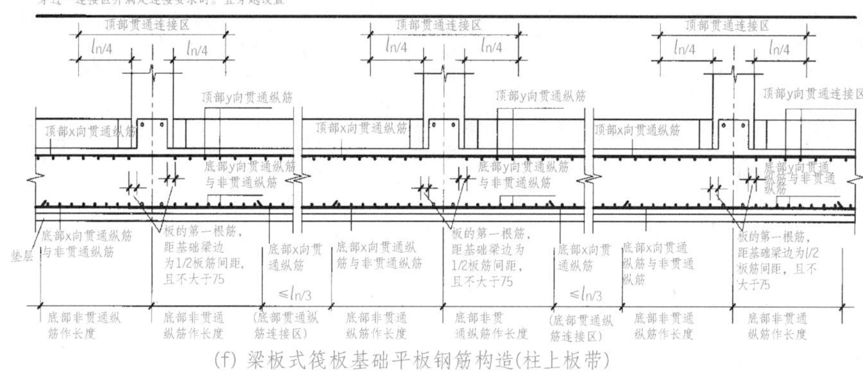

(f) 梁板式筏板基础平板钢筋构造(柱上板带)

图 3.32　基础标准构造详图（续）

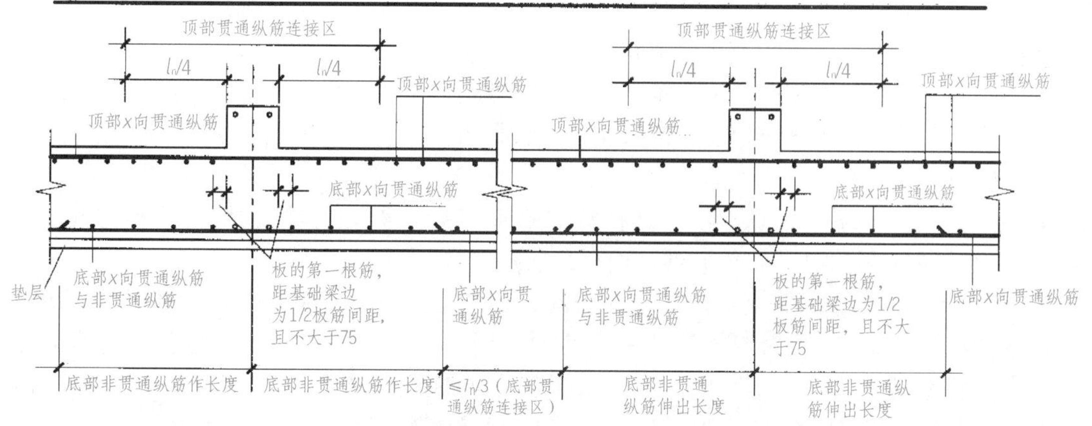

(g) 梁板式筏板基础平板钢筋构造（跨中板带）

图 3.32　基础标准构造详图（续）

3.2.3　柱平法施工图的识读

柱平法施工图是在柱平面布置图上采用截面注写方式或列表注写方式，只表示柱的截面尺寸和配筋等具体情况的平面图。它主要表达了柱的代号、平面位置、截面尺寸、与轴线的几何关系和配筋等具体情况。

1. 图示方法

柱平法施工图在柱平面布置图上采用列表注写或截面注写方式表达。

（1）列表注写方式

列表注写方式就是在柱平面布置图上，分别在同一编号的柱中选择一个截面标注几何参数代号，然后在柱表中注写柱号、柱段起止标高、几何尺寸与配筋的具体数值，并配以各种柱截面形状及箍筋类型图的方式，来表达柱平法施工图。

1）柱编号。柱编号由类型代号和序号组成，如表 3.19 所示。

表 3.19　柱的编号

柱类型	代号	序号
框架柱	KZ	××
框支柱	KZZ	××
芯柱	XZ	××

2）各段柱的起止标高标注。自柱根部往上以变截面位置或截面未变但配筋改变处为界分段注写。框架柱和框支柱的根部标高是指基础顶面标高；芯柱的根部标高是指根据结构实际需要而定的起始位置标高；梁上柱的根部标高是指梁顶面标高；剪力墙的根部标高分两种，当柱纵筋锚固在墙顶部时，其根部标高为墙顶面标高；当柱与剪力墙重叠一层时，其根部标高为墙顶面往下一层的结构层楼面标高。

3）几何尺寸标注。标明柱截面尺寸 $b \times h$（圆柱用直径数字前加 d 表示），以及柱截面与轴线的关系。当柱的总高、分段截面尺寸和配筋均对应相同，仅仅截面与轴线的关系不同时，仍可将其编为同一柱号，另在图中注明截面与轴线的关系即可。

4）柱纵筋标注。当柱纵筋直径相同，各边根数也相同时，将柱纵筋注写在“全部纵筋”一栏中，除此之外，柱纵筋分角筋、截面 b 边中部筋和 h 边中部筋三项分别注写（对称配筋的矩形截面柱，可仅注写一侧中部筋）。

5）箍筋类型号和箍筋肢数标注。选择对应的箍筋类型号（在此之前要对绘制的箍筋分类图编号），在类型号后续注写箍筋肢数（注写在括号内）。

6）柱箍筋标注。包括钢筋级别、直径与间距。当箍筋分为加密区和非加密区时，用斜线“/”区分柱端箍筋加密区与柱身非加密区长度范围内箍筋的不同间距。当箍筋沿柱高全高为一种间距时，则不使用“/”。当框架节点核心区内箍筋与柱箍筋设置不同时，在括号内注明核心区箍筋直径及间距。当圆柱采用螺旋箍筋时，需在箍筋前加“L”。

例如，φ 8@100 表示沿柱全高范围内箍筋为 HPB300 钢筋，直径为 8mm，间距为 100mm。

φ 8@100/200 表示柱箍筋为 HPB300 钢筋，直径为 8mm，加密区间距为 100mm，非加密区间距为 200mm。

φ 8@100/200（φ 10@100）表示柱中箍筋为 HPB300 钢筋，直径为 8mm，加密区间距为 100mm，非加密区间距为 200mm；框架节点核心区箍筋为 HPB300 钢筋，直径为 10mm，间距为 100mm。

L φ 8@100 表示柱箍筋为 HPB300 钢筋，螺旋箍筋，直径为 8mm，加密区间距为 100mm，非加密区间距为 200mm。

箍筋类型图及箍筋复合的具体方式，须画在柱表的上部或图中的适当位置，并在其上标注与柱表中相对应的截面尺寸且编上类型号。

（2）截面注写方式

柱截面注写方式是在柱平面布置图的柱截面上分别在同一编号的柱中选择一个截面，直接在该截面上注写截面尺寸和配筋的具体数值。具体做法如下：

对所有柱编号，从相同编号的柱中选择一个截面，按另一种比例原位放大绘制柱截面配筋图，并在配筋图上依次注明编号、截面尺寸 $b \times h$、角筋或全部纵筋（当纵筋采用一种直径且能够图示清楚时）及箍筋的具体数值。当纵筋采用两种直径时，须再注写截面各边中部筋的具体数值；对称配筋的矩形截面柱，可只在一侧注写中部筋。箍筋注写方式与梁箍筋注写方式相同。

2. 识读方法及应了解的信息

1）查看图名、比例。

2）校核轴线编号及其间距尺寸，必须与建筑平面图、基础平面图保持一致。

3）与建筑图配合，明确各柱的编号、数量及位置。

4）阅读结构设计总说明或有关说明，明确柱的混凝土强度等级。

5）根据各柱的编号，查阅图中截面标注或柱表，明确柱的标高、截面尺寸和配筋情况。

6）根据抗震等级、设计要求和标准构造详图，确定纵向钢筋和箍筋的构造要求，如纵向钢筋连接的方式、位置和搭接长度、弯折要求、柱头锚固要求、箍筋加密区的范围。

3. 识图示例

以图 3.33 为例，本工程中部裙房柱平法施工图采用了列表标注方式，为施工方便，图中标注了柱的实际定位尺寸（图集中要求可只注写柱的尺寸代码）。从图中可以了解如下内容。

1）图 3.33 为中部柱定位图，比例为 1∶100。

2）校核轴线编号及其间距尺寸，与建筑平面图保持一致。

3）共有 4 种编号的柱，均为框架柱，其平面布置如下。

KZ2—1：数量为 14 根，边柱，分别位于Ⓓ、Ⓖ轴线与⑪、⑫、⑬、⑭、⑮、⑯、⑰轴线交汇处。

KZ2—2：数量为 14 根，中柱，分别位于Ⓔ、Ⓕ轴线与⑪、⑫、⑬、⑭、⑮、⑯、⑰轴线交汇处。

KZ2—3：数量为 4 根，角柱，分别位于Ⓓ、Ⓖ轴线与⑩、⑱轴线交汇处。

KZ2—4：数量为 4 根，边柱，分别位于Ⓔ、Ⓕ轴线与⑩、⑱轴线交汇处。

4）阅读结构设计说明可知柱的混凝土等级：一层以上为 C30，其余为 C40。

5）柱的标高、截面尺寸、配筋等情况如表 3.20 所示。

表 3.20　柱表

标号	标高	$b \times h$（圆柱直径 D）	b_1	b_2	h_1	h_2	全部纵筋	角筋	b 边一侧中部筋	h 边一侧中部筋	箍筋类型号	箍筋间距	备注
KZ-1	基础顶～－0.050	800×800	400	400	400	400	16Φ25	4Φ25	3Φ25	3Φ25	1(5×5)	Φ10@100/200	
	－0.050～0.050	800×800	400	400	400	400		4Φ22	2Φ22＋2Φ20	3Φ22	2(6×5)	Φ10@100/200	
	5.050～9.550	800×800	400	400	400	400		4Φ25	6Φ25	3Φ25	3(6×5)	Φ10@100/200	
	9.550 以上	800×800	400	400	400	400		4Φ25	6Φ25	3Φ22	3(6×5)	Φ8@100/200	
KZ-2	基础顶～－0.050	700×700	350	350	200	500	16Φ25	4Φ25	3Φ25	3Φ25	1(5×5)	Φ10@100/200	
	－0.050～0.050	700×700	350	350	200	500		4Φ25	1Φ25＋2Φ20	1Φ25＋2Φ20	1(5×5)	Φ10@100/200	
	5.050～9.550	700×700	350	350	200	500	16Φ22	4Φ22	3Φ22	3Φ22	1(5×5)	Φ10@100/200	
KZ-3	基础顶～－0.050	800×800	400	400	400	400	16Φ25	4Φ25	3Φ25	3Φ25	1(5×5)	Φ10@100	
	－0.050～0.050	800×800	400	400	400	400		4Φ22	2Φ22＋2Φ20	3Φ22	2(6×5)	Φ10@100	
	5.050～9.550	800×800	400	400	400	400	16Φ25	4Φ25	3Φ25	3Φ25	1(5×5)	Φ10@100	
	9.550 以上	800×800	400	400	400	400	16L25	4Φ25	3Φ25	3Φ25	1(5×5)	Φ8@100	
KZ-4	基础顶～－0.050	700×700	350	350	200	500		4Φ25	4Φ25	3Φ25	2(6×5)	Φ10@100	
	－0.050～0.050	700×700	350	350	200	500		4Φ25	3Φ22	3Φ22	1(5×5)	Φ10@100	
	5.050～9.550	700×700	350	350	200	500		4Φ25	1Φ25＋3Φ22	3Φ22	2(6×5)	Φ10@100	
	9.550 以上	700×700	350	350	200	500		4Φ25	3Φ22	3Φ25	1(5×5)	Φ8@100	

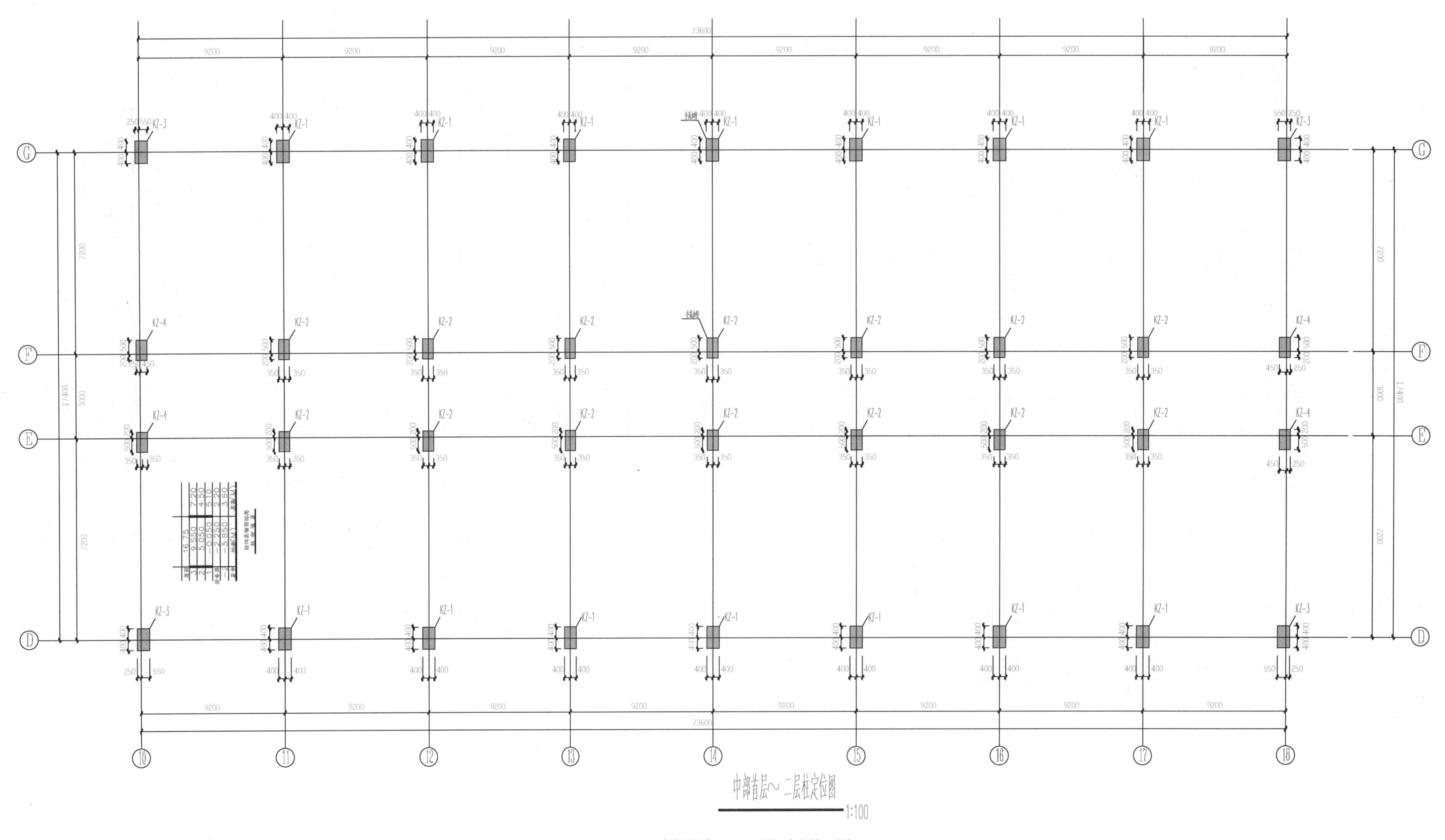

图3.33　中部裙房1～2层柱平法施工图

以 KZ－2 为例做如下说明：

标高：该柱分三段，各段柱的起始标高分别为－5.850～－0.05、－0.05～5.050、5.050～9.550，顶层无 KZ－2。

柱截面尺寸：700mm×700mm。

柱与轴线关系：沿横向轴线对称布置，向下偏移 E 轴线 150mm、向上偏移 F 轴线。

纵筋配置：第一段配置纵筋 16 ⌀ 25，沿柱截面四边均匀布置；第二段配置 4 ⌀ 25 角部纵筋，柱截面四边中部均配置（1 ⌀ 25＋2 ⌀ 20）的纵筋；第三段配置纵筋 16 ⌀ 22，沿柱截面四边均匀布置。

箍筋：三段箍筋配置相同，均为第一种类型的箍筋（箍筋类型如表 3.21 所示），箍筋直径为 10mm，HRB400 级，加密区间距为 100mm，非加密区间距为 200mm。

表 3.21　箍筋类型表

截面类型			
编号	截面类型一	截面类型二	截面类型三
箍筋配置	(5×5)	(6×5)	(6×5)

注意：本图为中部裙房 1～2 层柱定位图，施工时对应于本图只需读取柱表中－0.05～9.550 标高柱段的标注内容。

6）标准构造详图。本工程设防烈度为 8 度，中部裙房为框架结构，地下 2 层，嵌固部位在第一层地下室顶板标高处（－0.050），抗震等级：地下室第二层是三级，地下室第一层及以上为二级。柱施工时，要查阅《混凝土结构施工图平面整体表示方法制图规则和构造详图（现浇混凝土框架、剪力墙、梁、板）》(22G101-1)，后文简称《22G101-1 图集》，其中有抗震要求的柱标准构造详图，以明确柱钢筋的锚固、连接、箍筋加密区长度等构造要求。本工程柱纵筋的连接方式设计说明中明确规定：优先采用机械连接或焊接，施工单位可自行确定选用哪一种连接方法；要注意连接区域与标准详图相对应。

以有抗震要求的地下室柱钢筋标准构造详图为例（图 3.34）。由图可知：柱箍筋加密区范围，柱端一基础顶面上层柱根加密高度为底层净高的 1/3；其他各楼层梁上下取截面长边尺寸、柱所在净高的 1/6 和 500mm 的最大值；刚性地面上、下各 500mm。

3.2.4　剪力墙平法施工图的识读

1. 图示方法

剪力墙平法施工图系在剪力墙平面布置图主采用列表注写方式或截面注写方式表达。

（1）剪力墙构件的编号

剪力墙按剪力墙柱、剪力墙身、剪力墙梁（分别简称墙柱、墙身、墙梁）三类构件分别编号，墙柱、墙梁的编号规则见表 3.22。墙身的编号，由墙身代号、序号及墙身所布置的水平与竖向分布钢筋的排数组成，其形式为 Q××（×排），其中××为序号。

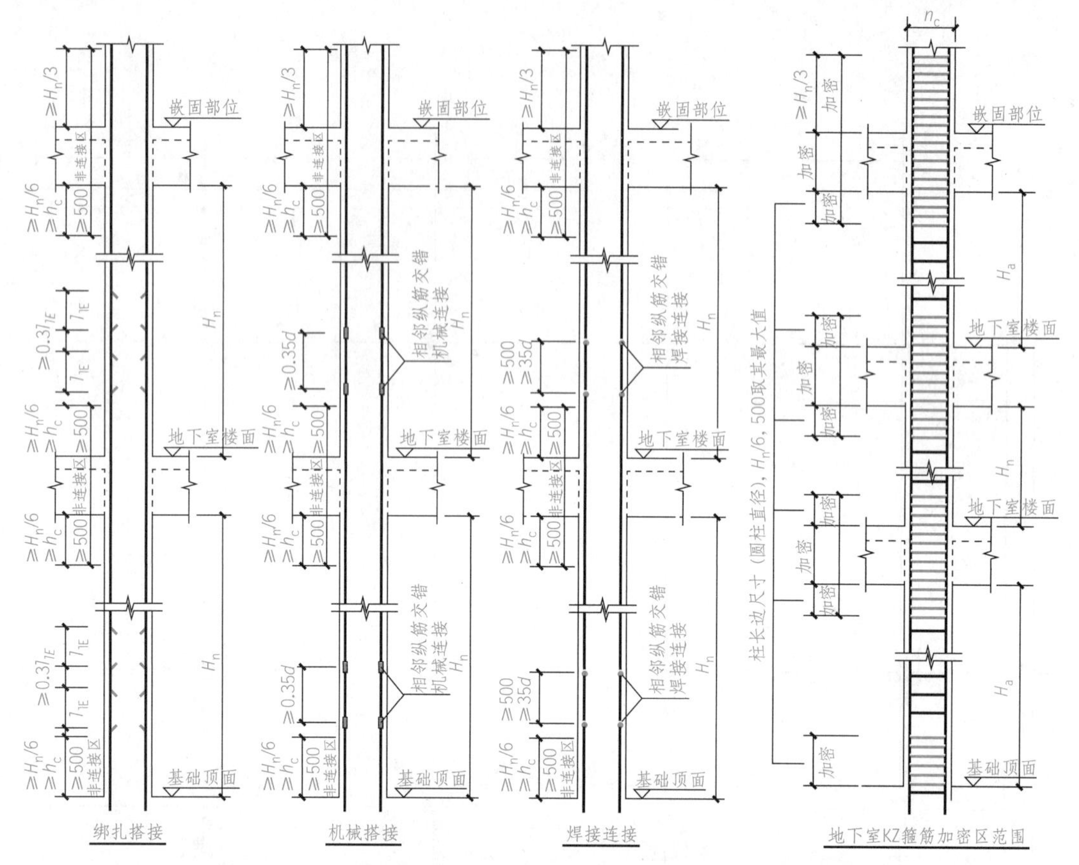

图 3.34　地下室抗震 KZ 的纵向钢筋连接构造及箍筋加密区范围

表 3.22　剪力墙构件编号

构件类型		代号	序号
墙柱	约束边缘构件	YBZ	××
	构造边缘构件	GBZ	××
	非边缘暗柱	AZ	××
	扶壁柱	FBZ	××
墙梁	连梁	LL	××
	连梁（跨交比小于 5）	LLK	××
	连梁（对角暗撑配筋）	LL（JC）	××
	连梁（交叉斜筋配筋）	LL（JG）	××
	连梁（集中对角斜筋配筋）	LL（DX）	××
	暗梁	AL	××
	边框梁	BKL	××

注：1. 约束边缘构件包括约束边缘暗柱、约束边缘端柱、约束边缘翼墙、约束边缘转角墙四种，如图 3.35 所示。构造边缘构件包括构造边缘暗柱、构造边缘端柱、构造边缘翼墙、构造边缘转角墙四种，如图 3.36 所示。
2. 在具体工程中，当某些墙身需要设置暗梁或边框梁时，宜在剪力墙平法施工图中绘制其平面位置并编号，以明确具体位置。

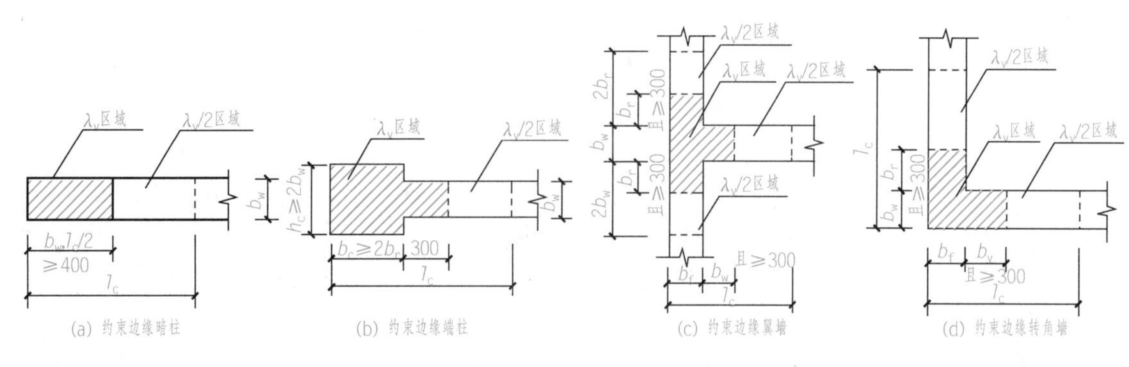

图 3.35　约束边缘构件

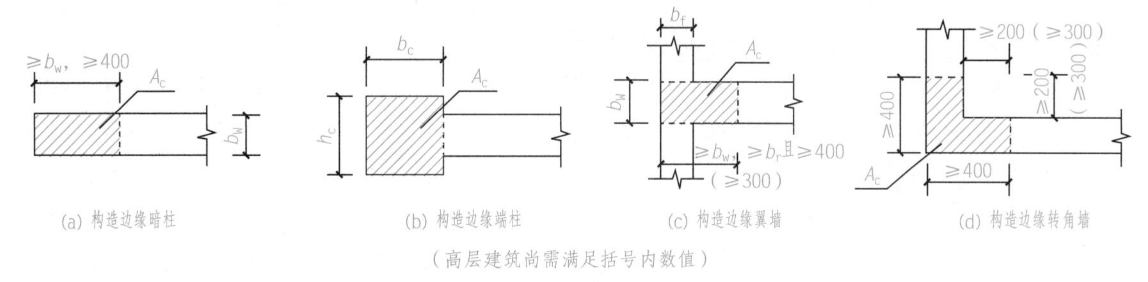

（高层建筑尚需满足括号内数值）

图 3.36　构造边缘构件

（2）剪力墙平法施工图列表注写法

剪力墙平法施工图的列表注写法是指对应于剪力墙平面图上的墙柱、墙身、墙梁的编号，在剪力墙柱表中绘制墙柱截面配筋并注写几何尺寸与配筋具体数值，在剪力墙身表和剪力墙梁表中注写几何尺寸与配筋具体数值，来表达剪力墙平法施工图。

1）剪力墙柱表注写。在剪力墙柱表中所表达的内容及规定如下：

① 注写墙柱编号（表 3.22)。

② 在柱表中绘制该墙柱的截面配筋图，并标注墙柱几何尺寸。

关于墙柱几何尺寸标注要特别注意：约束边缘构件（图 3.35）在柱表中需注明阴影部分的尺寸，在剪力墙平面布置图中应注明约束边缘构件沿墙肢长度 l_c（约束边缘翼墙中沿墙肢长度尺寸为 $2b_f$ 时可不注）；构造边缘构件（图 3.36）需注明阴影部分尺寸；扶壁柱及非边缘暗柱需注明几何尺寸。

③ 注写各段墙柱的起止标高。自墙柱根部往上以变截面位置或截面未改变但配筋改变处为界分段注写。墙柱根部标高一般指基础顶面标高（部分框支剪力墙结构则为框支梁顶面标高)。

④ 注写各段墙柱的纵向钢筋和箍筋。纵向钢筋和箍筋的注写值应与在表中绘制的截面配筋图对应一致。纵向钢筋注总配筋值：墙柱箍筋的注写方式与柱箍筋相同。特别要注意的是：约束边缘构件除注写阴影部位的箍筋外，尚需在剪力墙平面布置图中注写非阴影区内布置的拉筋（或箍筋)。

2）剪力墙身表注写。在剪力墙身表中表达的内容，规定如下：

① 注写墙身编号（含水平与竖向分布钢筋的排数)。

② 注写各段墙身起止标高。自墙身根部往上以变截面位置或截面未变但配筋改变处为界分段注写。墙身根部标高一般指基础顶面标高（部分框支剪力墙结构则为框支梁的顶面标高)。

③ 注写水平分布钢筋、竖向分布钢筋和拉筋的具体数值。

注写数值为一排水平分布钢筋和竖向分布钢筋的规格与间距，具体设置几排已经在墙身编号后面表达。拉筋应注明布置方式为“双向”或“梅花双向”，具体如图 3.37 所示。图 3.37（a）所示为竖向分布钢筋间距，图 3.37（b）所示为水平分布钢筋间距。

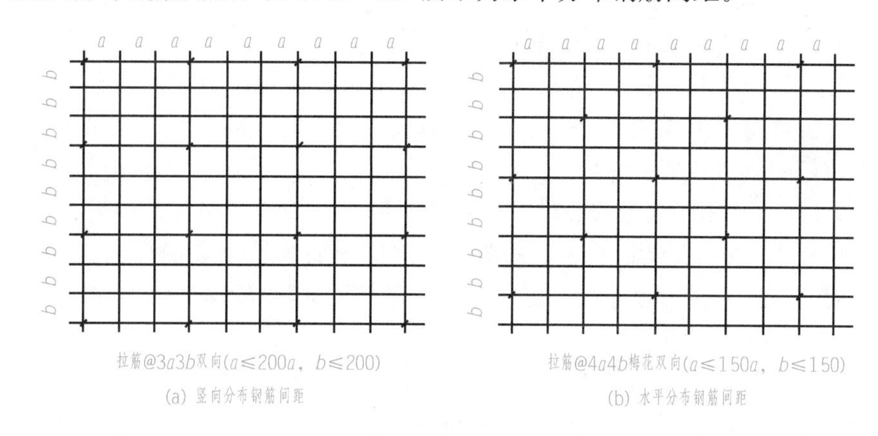

图 3.37　双向拉筋与梅花双向拉筋示意

3）剪力墙梁表注写。

① 注写墙梁编号，如表 3.22 所示。

② 注写墙梁所在楼层号。

③ 注写墙梁顶面标高高差。墙梁顶面标高高差指相对于墙梁所在结构层楼面标高的高差值。高于者为正值，低于者为负值，当无高差时不注。

④ 注写墙梁截面尺寸 $b\times h$，上部纵筋，下部纵筋和箍筋的具体数值。

⑤ 注写连梁暗撑。当连梁设有对角暗撑时［代号为 LL（JC）××］，注写暗撑的截面尺寸（箍筋外皮尺寸）；注写一根暗撑的全部纵筋，并标注“×2”表明有两根暗撑相互交叉；注写暗撑箍筋的具体数值。

⑥ 注写连梁交叉斜筋。当连梁设有交叉斜筋时［代号为 LL（JX）××］，注写连梁一侧对角斜筋的配筋值，并标注“×2”表明对称设置；注写对角斜筋在连梁端部设置的拉筋根数、规格及直径，并标注“×4”表示四个角都设置；注写连梁一侧折线筋配筋值，并标注“×2”表明对称设置。

⑦ 注写连梁对角斜筋。当连梁设有集中对角斜筋时［代号为 LL（DX）××］，注写一条对角线上的对角斜筋，并标注“×2”表明对称设置。特别要注意的是：墙梁侧面纵筋的配置，当墙身水平分布钢筋满足连梁、暗梁及边框梁的梁侧面纵向构造钢筋的要求时，该筋配置同墙身水平分布钢筋，表中不注，施工按标准构造详图的要求即可；当不满足时，应在表中补充注明梁侧面纵筋的具体数值（其在支座内的锚固要求同连梁中受力钢筋)。

（3）剪力墙平法施工图的截面注写方式

截面注写方式指在分标准层绘制的剪力墙平面布置图上，以直接在墙柱、墙身、墙梁上注写截面尺寸和配筋具体数值的方式来表达剪力墙平法施工图。

具体方法：选用适当比例原位放大绘制剪力墙平面布置图，其中对墙柱绘制配筋截面图；对所有墙柱、墙身、墙梁分别按前述规定进行编号，分别在相同编号的墙柱、墙身、墙梁中选择一根墙柱、一道墙身、一根墙梁进行注写，其注写方式按以下规定进行。

1）墙柱的注写。从相同编号的墙柱中选择一个截面，注明几何尺寸，标注全部纵筋及箍筋的具体数值。特别要注意的是：约束边缘构件除需注明阴影部分的具体尺寸外，尚需注明约束边缘构件沿墙肢长度 l_c（约束边缘翼墙中沿墙肢长度尺寸为 $2b_f$ 时可不注）；除注写阴影部位的箍筋外，尚需注写非阴影区内布置的拉筋或箍筋；当仅 l_c 不同时，可编为统一构件，但应单独注明 l_c 的具体尺寸并非阴影区内布置的拉筋或箍筋。

2）墙身的注写。从相同编号的墙身中选择一道墙身，按顺序引注的内容为墙身编号（应包括注写在括号内墙身所配置的水平与竖向分布钢筋的排数）、墙厚尺寸，水平分布钢筋、竖向分布钢筋和拉筋的具体数值。

3）墙梁的注写。从相同编号的墙梁中选择一根墙梁，按顺序引注的内容：①注写墙梁编号、墙梁截面尺寸 $b\times h$、墙梁箍筋、上部纵筋、下部纵筋和墙梁顶面标高高差的具体数值；②当连梁设有对角暗撑时注写角暗撑；③当连梁设有交叉斜筋时需注写交叉斜筋；④当连梁设有集中对角斜筋时需注写对角斜筋。

当墙身水平分布钢筋不能满足连梁、暗梁及边框梁的梁侧面纵向构造钢筋的要求时，应补充注明梁侧面纵筋的具体数值；注写时，以大写字母 N 打头，接续注写直径与间距。其在支座内的锚固要求同连梁中的受力钢筋。

（4）剪力墙洞口的表示方法

无论采用列表注写方式还是截面注写方式，剪力墙上的洞口都可在剪力墙平面布置图上原位表达，具体表示方法为：

1）在剪力墙平面布置图上绘制洞口示意，并标注洞口中心的定位尺寸。

2）洞口中心位置引注内容包括洞口编号、洞口几何尺寸、洞口中心相对标高、洞口每边的补强钢筋四项内容。

① 洞口编号规则：矩形洞口为 JD××（××为序号），圆形洞口为 YD××（××为序号）。

② 洞口几何尺寸标注规则：矩形洞口为宽×高（$b\times h$），圆形洞口为洞口直径 D。

③ 洞口中心相对标高：指相对于结构层楼（地）面标高的洞口中心高度。洞口中心高于楼（地）面时为正值，低于结构层楼（地）面时为负值。

④ 洞口每边的补强钢筋规则。

a. 当矩形洞口的宽、高均不大于 800mm 时，注写洞口每边补强钢筋的具体数值，但当按《22G101-1 图集》的标准构造详图设置补强钢筋时可不标注。当洞口宽度、高度方向补强钢筋不一致时，分别注写洞宽、洞高方向的补强钢筋，用“/”分隔。

例如，JD2　400×300　+3.10　3⏀16，表示 2 号矩形洞口，宽 400mm，高 300mm，洞口至本结构层楼面 3.10m，洞口四边每边补强钢筋为 3⏀16。

又如，JD2　400×300　+3.10，表示 2 号矩形洞口，宽 400mm，高 300mm，洞口至本结构层楼面 3.10m，洞口四边每边补强钢筋按标准构造详图配置。

b. 当矩形洞口的宽度或圆形洞口的直径>800mm 时，在洞口上、下需设置补强暗梁，此时应注写暗梁的纵筋与箍筋的具体数值（标准构造详图中补强暗梁的梁高一律定为 400mm；若梁高不是 400mm，应另行标注）；圆形洞口还应注明环向加强筋的具体数值；当洞口上、下为剪力墙的连梁时此项免标；洞口竖向两侧按边缘构件配筋，也不在此项表达。

例如，JD5　1800×2100　+1.80　6⏀20 Φ8@150，表示 5 号矩形洞口，洞宽 1800mm，洞高 2100mm，洞口中心距本层结构层楼面 1.8m，洞口上、下设补强暗梁，补强暗梁梁高 400mm，暗梁的纵筋为 6⏀20，箍筋为Φ8@150。

又如，YD5　1800　+1.80　6⏀20 Φ8@150　2⏀18，表示 5 号圆形洞口，直径 1800mm，洞口中心距本层结构层楼面 1.8m，洞口上、下设补强暗梁，补强暗梁梁高 400mm，暗梁的纵筋为 6⏀20，箍筋为Φ8@150，环向加强钢筋 2⏀18。

c. 当圆形洞口设置在连梁中部 1/3 范围且圆洞直径不大于 1/3 梁高时，需注写在圆洞上下水平设置的每边补强纵筋与箍筋。

d. 当圆形洞口设置在墙身或暗梁、边框梁位置，且直径 $D\leqslant 300$mm 时，需注写圆洞上下左右四边的补强钢筋数值。

e. 当圆形洞口直径为 300mm$<D\leqslant$800mm 时，其加强钢筋按照圆外切正六边形的边长方向布置，此时，注写六边形中一边的补墙钢筋的具体数值。

例如，YD3　400　+1.00　2Φ14 表示 3 号圆形洞口，直径为 400mm，洞中心距结构层 1m，洞口加强钢筋呈外切正六边形布置，每一边为 2Φ14。

（5）地下室外墙的表示方法

本处所指地下室外墙表示方法仅适用于起挡土作用的地下室外围护墙。地下室外墙中墙柱、连梁及洞口等的表示方法同地上剪力墙。地下室外墙平法注写方式包括集中标注和原位标注两部分内容。

1）地下室外墙的集中标注。地下室外墙集中标注包括墙体编号、厚度、贯通筋、拉筋等内容。

① 墙体编号。地下室外墙由墙身代号、序号、墙身长度（注为××～××轴）组成。表达式为：DWQ××（××～××）。

② 注写地下室外墙厚度 b_w=×××。

③ 注写地下室外墙的外侧、内侧贯通筋和拉筋。

以 OS 代表外墙外侧贯通筋，其中，外侧水平贯通筋以 H 打头注写，外侧竖向贯通筋以 V 打头注写；以 IS 代表外墙内侧贯通筋，其中，内侧水平贯通筋以 H 打头注写，内侧竖向贯通筋以 V 打头注写；以“tb”打头注写拉筋直径、强度等级及间距，并注明“双向”或“梅花双向”。

示例如下：

DWQ2（①～⑥），bw=300

OS：H⏀18@200，V⏀20@200

IS：H⏀16@200，V⏀18@200

tb Φ6@400 双向

表示 2 号外墙，长度范围为①～⑥轴线之间，墙厚为 300；外侧水平贯通筋为⏀18@200，竖向贯通筋为⏀20@200；内侧水平贯通筋为⏀16@200，竖向贯通筋为⏀18@200；双向拉筋为Φ6，水平间距为 400mm，竖向间距为 400mm。

2）地下室外墙的原位标注。地下室外墙的原位标注，主要表示在外墙外侧配置的水平非贯通筋或竖向非贯通筋。

当配置水平非贯通筋时，在地下室墙体平面图上原位标注。在地下室外墙外侧绘制粗实线

段代表水平非贯通筋，在其上注写钢筋编号并以H打头注写钢筋强度等级、直径、分布间距，以及自支座中线向两边跨内的伸出长度值。当自支座中线向两侧对称伸出时，可仅在单侧标注跨内伸出长度，另一侧不注，此种情况下非贯通筋总长度为标注长度的2倍。边支座处非贯通钢筋的伸出长度值从支座外边缘算起。地下室外墙外侧非贯通筋通常采用“隔一布一”方式与集中标注的贯通筋间隔布置，其标注间距应与贯通筋相同，两者组合后的实际分布间距为各自标注间距的1/2。

当在地下室外墙外侧底部、顶部、中层楼板位置配置竖向非贯通筋时，应补充绘制地下室外墙竖向截面轮廓图并在其上原位标注。表示方法为在地下室外墙竖向截面轮廓图外侧绘制粗实线段代表竖向非贯通筋，在其上注写钢筋编号并以V打头注写钢筋强度等级、直径、分布间距，以及向上（下）层的伸出长度值，并在外墙竖向截面图名下注明分布范围（××～××轴）。

地下室外墙外侧水平、竖向非贯通筋配置相同者，可仅选择一处注写，其他可仅注写编号。

当在地下室外墙顶部设置通长加强钢筋时应注明。

特别注意：在抗震设计中，应注明底部加强区在剪力墙平法施工图中的所在部位及其高度范围，以便施工人员明确在该范围内应按照加强部位的构造要求进行施工；当剪力墙中有偏心受拉墙肢时，无论采用何种直径的竖向钢筋，均应采用机械连接或焊接接长，在剪力墙平法施工图中应加以注明。

2. 识读方法及应了解的信息

1）查看图名、比例。

2）校核轴线编号及其间距尺寸，要求必须与建筑图、基础平面图保持一致。

3）与建筑图配合，明确各段剪力墙的暗柱和端柱的编号、数量及位置，墙身的编号和长度，洞口的定位尺寸。

4）阅读结构设计总说明或有关说明，明确剪力墙的混凝土强度等级。

5）所有洞口的上方必须设置连梁，如剪力墙洞口编号，连梁的编号应与剪力墙洞口编号相对应。根据连梁的编号，查阅剪力墙梁表或图中标注，明确连梁的截面尺寸、标高和配筋情况。再根据抗震等级、设计要求和标准构造详图，确定纵向钢筋和箍筋的构造要求，如纵向钢筋伸入墙内的锚固长度、箍筋的位置要求等。

6）根据各段剪力墙端柱、暗柱和小墙肢的编号，查阅剪力墙柱表或图中截面标注等，明确暗柱、端柱和小墙肢的截面尺寸、标高和配筋情况。再根据抗震等级、设计要求和标注构造详图，确定纵向钢筋和箍筋的构造要求，如箍筋加密区的范围、纵向钢筋连接的方式、位置和搭接长度、弯折要求、柱头锚固要求。

7）根据各段剪力墙身的编号，查阅剪力墙身表或图中标注，明确剪力墙身的厚度、标高和配筋情况。再根据抗震等级、设计要求和标准构造详图，确定水平分布筋、竖向分布筋和拉筋的构造要求，如水平钢筋的锚固和搭接长度、弯折要求，竖向钢筋连接的方式、位置和搭接长度、弯折和锚固要求。

需要特别说明的是，不同楼层的剪力墙混凝土强度等级由下向上会有变化，同一楼层柱、墙和梁、板的混凝土可能也有所不同，应格外注意。

3. 识图示例

以图3.38为例。本图中剪力墙与柱是一起表达的，在此只识读剪力墙部分。由图中最右边的楼层标高列表中可见，西塔楼总高67.550m，1～2层为剪力墙底部加强部位，－1～3层为剪力墙约束边缘布置区域，以上楼层则需要在对应部位布置构造边缘构件。阅读本图可以了解以下内容：

1）本图为西塔楼1～2层墙、柱定位图，比例为1：100。

2）校核轴线编号及其间距尺寸，与对应建筑平面图保持一致。

3）由图可知：边缘构件总共有13种编号，全部为约束边缘构件，对于每种编号的边缘构件要清楚其布置数量、位置及与轴线的关系，如YAZ1，总共4个，布置在四个角部；如左下角布置的YAZ1（端柱），向上偏移Ⓓ轴线75mm，向右偏移①轴线75mm；墙身有Q1、Q2两种编号，要清楚其布置数量、位置及与轴线的关系，要注意图中有特别说明——未注明剪力墙均为Q1。

4）阅读结构设计总说明可知，1～2层剪力墙混凝土等级为C40。

5）剪力墙柱表。如表3.23所示，本墙柱表列出了西塔楼从基础顶面～22.450标高的墙柱截面尺寸及配筋情况。在阅读墙柱表时，要对应于平面图所包括的墙柱编号、起止标高来查阅墙柱的截面尺寸及配筋情况。图3.28是指1～2层（起止标高为－0.050～9.550）墙、柱定位图，我们要对应查阅墙柱表中起止标高为－0.050～9.550的墙柱信息。下面以YAZ10（约束边缘翼墙）为例做如下说明：

① 截面尺寸：为1000mm×1200mm×200mm×300mm（截面高度×宽度×腹板厚度×翼板厚度）。

② 配筋情况：24⌀18纵筋，箍筋为加密区⌀10@100，非加密区⌀10@150。

③ 约束边缘构件尺寸（l_c）的标注。要特别注意的是，墙柱表中标注的尺寸是约束边缘构件阴影区的尺寸（即配置箍筋区域），如果约束边缘构件尺寸（l_c）超过了阴影区范围，则需要在平面布置中原位标注l_c的长度，如①、⑨轴线上YAZ2（暗柱）：其阴影区长度为500mm，l_c＝1000mm，在原位标注。

6）剪力墙身。图3.38中剪力墙身有两种编号：Q1和Q2，未注明的墙身为Q1（本图设计说明有明确规定）。图中剪力墙身采用了截面标注方式。

Q1：标注在①轴线墙身上，墙厚为300mm，布置两排钢筋网，水平分布钢筋为⌀10@200，竖向分布钢筋为⌀14@150，拉筋为⌀6@600、梅花形布置（结构设计说明有规定）。

Q2：标注在Ⓕ轴线附近的墙身上，墙厚为200mm，布置两排钢筋网，水平分布钢筋为⌀10@200，竖向分布钢筋为⌀10@200，拉筋为⌀6@600。

7）剪力墙梁。图3.38中未标注连梁，其标注在梁平面图中，与梁一起出图。

8）剪力墙标准构造详图。本工程设防烈度为8度，西塔楼1～2层剪力墙抗震等级一级。剪力墙施工时，要查阅《22G101-1图集》中有抗震要求的剪力墙标准构造详图，以明确墙柱、墙身、墙梁钢筋的锚固、连接、箍筋加密区长度等构造要求。另外，框-剪结构中剪力墙往往布置有边框梁或暗梁，还需查阅图集中有关边框梁和暗梁的构造详图。本工程墙柱纵筋的连接方式设计说明中明确规定优先选用机械连接或焊接，施工时，由施工单位自行确定选用两种连接方法中的一种；墙身分布钢筋连接方式没有明确规定，由施工单位自行确定连接方法；要注意连接区域与标准详图相对应。

施工时，对应于1～2层剪力墙四种约束边缘构件的形式以及边框梁和暗梁的布置位置，需阅读剪力墙标准构造详图（钢筋锚固长度应按有抗震要求取值），如图3.39所示。

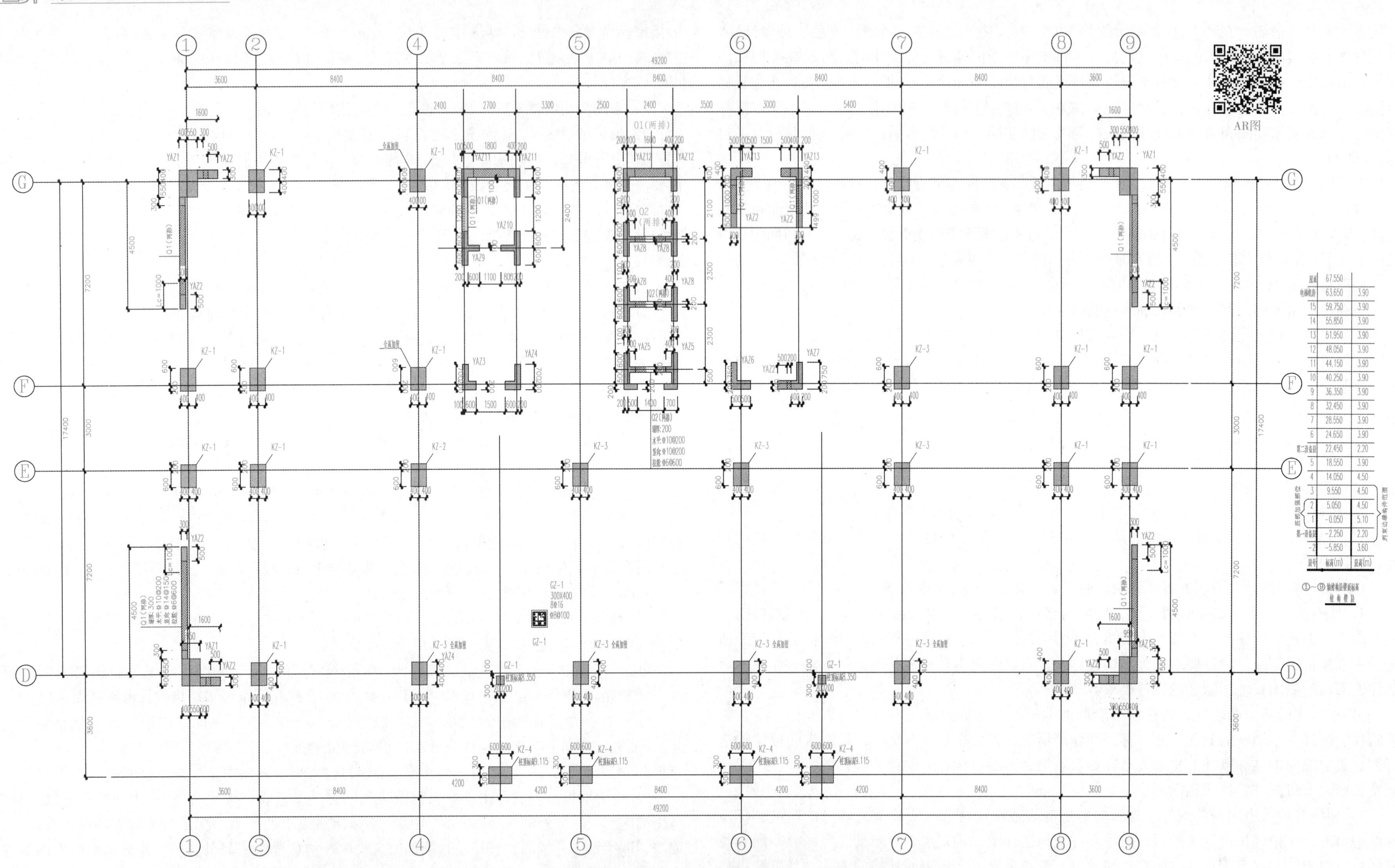

图 3.38　西塔楼 1～2 层墙、柱定位图

（电子资源附录 2，所需结构施工图 8～29，图号 8）

表3.23 剪力墙暗柱表
(电子资源附录2，所需结构图8~29，图号13)

剪力墙暗柱表(一)

截面								
编号	YAZ1	YAZ2	YAZ3	YAZ4	YAZ5	YAZ6	YAZ7	YAZ8
标高	基础顶~-0.050	基础顶~-3.650	基础顶~-0.050	基础顶~-0.050	基础顶~-0.050	基础顶~-0.050	基础顶~-0.050	基础顶~-0.050
纵筋	4Φ25+16Φ25	4Φ25+16Φ25	8Φ18	4Φ25+16Φ25	20Φ18	20Φ18	26Φ18	24Φ18
箍筋	Φ12@100Φ10@100	Φ10@100Φ10@100	Φ10@100(Φ8@150)	Φ10@100Φ10@100	Φ10@100	Φ10@100	Φ10@100(Φ8@150)	Φ10@100

截面							
编号	YAZ9	YAZ10	YAZ11	YAZ12	YAZ13	YAZ14	YAZ15
标高	基础顶~-0.050	基础顶~-0.050	基础顶~-0.050	基础顶~-0.050	基础顶~-0.050	基础顶~-0.050	基础顶~-0.050
纵筋	18Φ18	22Φ18	24Φ18	26Φ18	24Φ18	22Φ18	22Φ18
箍筋	Φ10@100	Φ10@100(Φ8@150)	Φ10@100(Φ8@150)	Φ10@100(Φ8@150)	Φ10@100(Φ8@150)	Φ10@100(Φ8@150)	Φ10@100(Φ8@150)

截面									
编号	YAZ1	YAZ2	YAZ3	YAZ4	YAZ5	YAZ6	YAZ7	YAZ8	YAZ9
标高	-0.050~9.550	-0.050~9.550	-0.050~9.550	-0.050~9.550	-0.050~9.550	-0.050~9.550	-0.050~9.550	-0.050~9.550	-0.050~9.550
纵筋	4Φ25+16Φ25	8Φ18	20Φ18	20Φ18	26Φ18	24Φ18	18Φ18	22Φ18	24Φ18
箍筋	Φ10@100[Φ12@100](Φ10@100)	Φ10@100(Φ8@150)	Φ10@100(Φ8@150)	Φ10@100(Φ8@150)	Φ10@100(Φ8@150)	Φ10@100(Φ8@150)	Φ10@100(Φ8@150)	Φ10@100(Φ8@150)	Φ10@100(Φ8@150)

注：[ ]为矩形框柱箍筋，( )箍筋为底下二层。

剪力墙暗柱表(二)

截面										
编号	YAZ10	YAZ11	YAZ12	YAZ13	GAZ1	GAZ2	GAZ3	GAZ4	GAZ5	GAZ6
标高	-0.050~9.550	-0.050~9.550	-0.050~9.550	-0.050~9.550	9.550~18.550	9.550~18.550	9.550~18.550	9.550~18.550	9.550~18.550	9.550~18.550
纵筋	24Φ18	20L18	18Φ18	14Φ18	4Φ25+16Φ25	8Φ14	18Φ14	20Φ14	26Φ16	24Φ16
箍筋	Φ10@100(Φ8@150)	L10@100(L8@150)	Φ10@100(Φ8@150)	Φ10@100(Φ8@150)	Φ12@100	Φ8@150	Φ8@150	Φ8@150	Φ8@150	Φ8@150

截面							
编号	GAZ7	GAZ8	GAZ9	GAZ10	GAZ11	GAZ12	GAZ13
标高	9.550~18.550	9.550~18.550	9.550~18.550	9.550~18.550	9.550~18.550	9.550~18.550	9.550~18.550
纵筋	18Φ16	22Φ16	24Φ16	24Φ16	20Φ16	18Φ16	12Φ16
箍筋	Φ8@150	Φ8@150	Φ8@150	Φ8@150	Φ8@150	Φ8@150	Φ8@150

剪力墙暗柱表

截面										
编号	GAZ1	GAZ2	GAZ3	GAZ4	GAZ5	GAZ6	GAZ7	GAZ8	GAZ9	GAZ10
标高	18.550~22.450	18.550~22.450	18.550~22.450	18.550~22.450	18.550~22.450	18.550~22.450	18.550~22.450	18.550~22.450	18.550~22.450	18.550~22.450
纵筋	4Φ22+16Φ22	8Φ14	8Φ14	18Φ14	20Φ14	26Φ16	24Φ14	18Φ14	24Φ14	28Φ14
箍筋	Φ12@100	Φ8@150	Φ8@150	Φ8@150	Φ8@150	Φ8@150	Φ8@150	Φ8@150	Φ8@150	Φ8@150

注：[ ]为矩形框柱箍筋，( )箍筋为底下二层。

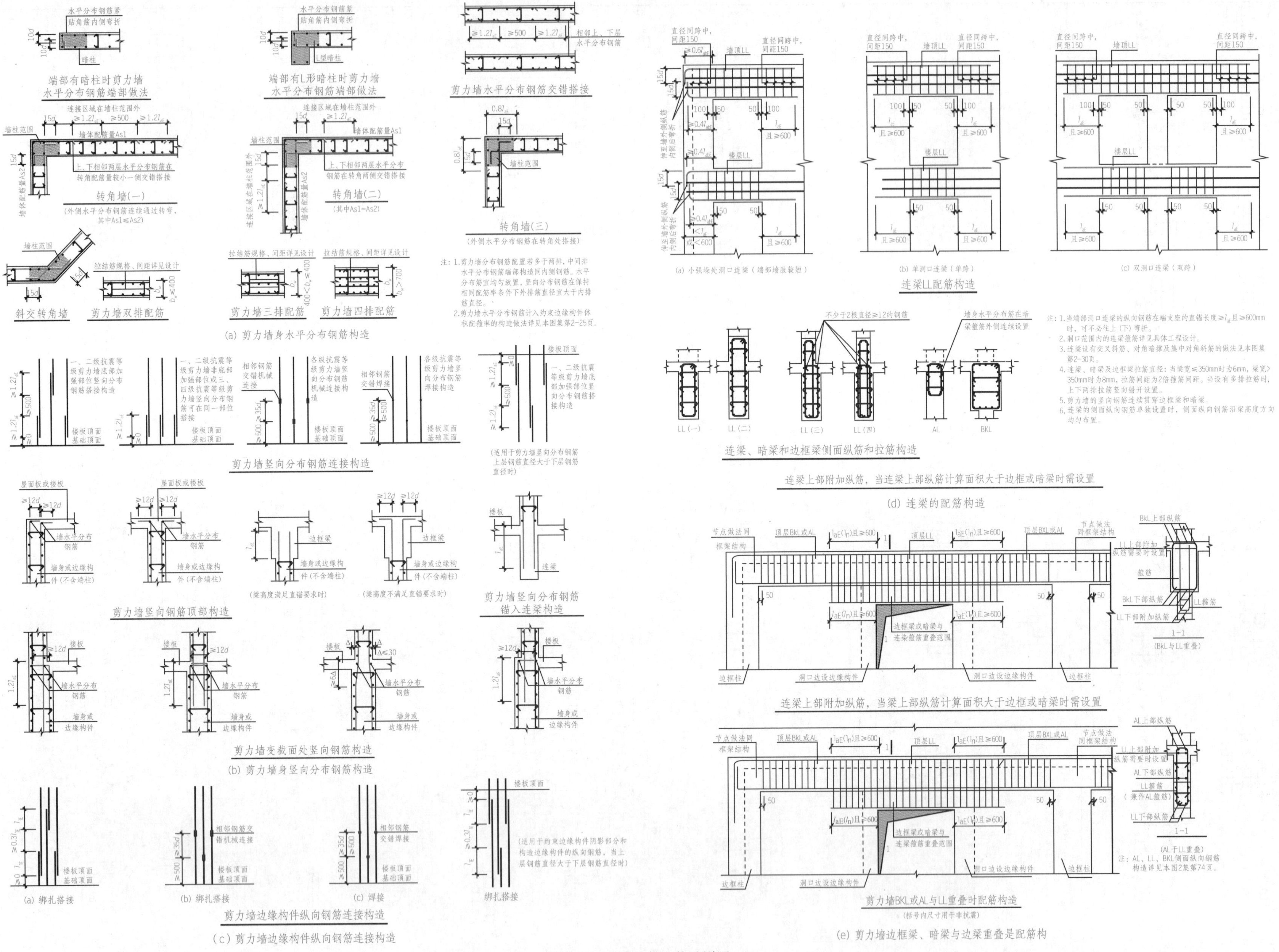

图 3.39　剪力墙标准构造详图

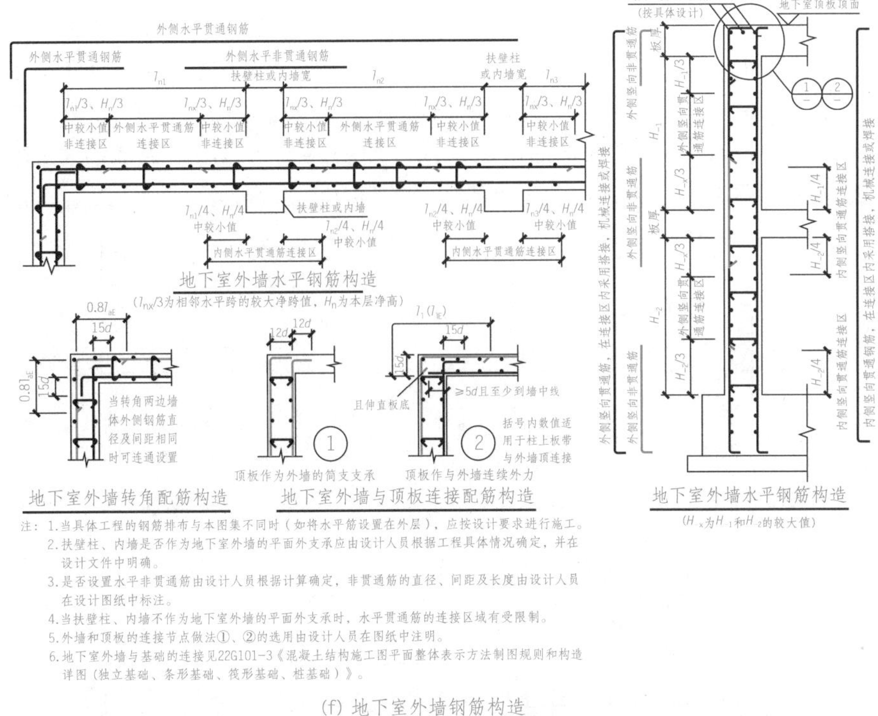

(f) 地下室外墙钢筋构造

图 3.39 剪力墙标准构造详图（续）

3.2.5 梁平法施工图的识读

1. 图示方法

梁平法施工图是指在梁平面布置图上采用平面注写方式或截面注写方式表达。

(1) 梁编号

梁编号和柱相同，采用平法表示梁的施工图时，需要对梁进行分类与编号。梁的编号由梁类型代号、序号、跨数及有无悬挑代号几项组成，如表 3.24 所示。

表 3.24 梁编号

梁类型	代号	序号	跨数及是否带有悬挑	备注
楼层框架梁	KL	××	(××)、(××A) 或 (××B)	(××A) 为一端悬挑，(××B) 为两端悬挑，悬挑不计入跨数。例如，KL7 (5A) 表示 7 号框架梁，5 跨，一端有悬挑
楼层框架扁梁	KBL	××	(××)、(××A) 或 (××B)	
屋面框架梁	WKL	××	(××)、(××A) 或 (××B)	
框支梁	KZL	××	(××)、(××A) 或 (××B)	
非框架梁	L	××	(××)、(××A) 或 (××B)	
悬挑梁	XL	××		
井字梁	JZL	××	(××)、(××A) 或 (××B)	

(2) 平面注写方式

平面注写方式是在梁平面布置图上，分别在不同编号的梁中各挑一根梁，在其上注写截面尺寸和配筋具体数值。平面注写方式包括集中标注与原位标注两部分。集中标注表达梁的通用数值，原位标注表达梁的特殊数值。当集中的某项数值不适用于梁的某部位时，则将该项数原位标注，施工时原位标注取值优先。

1) 集中标注。梁的集中标注内容包括梁编号、梁截面标注、箍筋的标注、梁上部通长钢筋或架立筋标注、梁侧钢筋的标注及梁顶标高高差标注六项。其中前五项为必注内容，梁顶标高高差的标注为选注内容，有高差时，需将其写入括号内，无高差时不注。集中标注的形式如图 3.40 所示。

① 梁编号。梁编号如表 3.24 所示，该项为必注值。

② 梁截面标注规则。当梁为等截面时，用 $b\times h$ 表示。当为竖向加腋梁时用 $b\times h$ GY$c_1\times c_2$ 表示，其中 c_1 为腋长，c_2 为腋高。当为水平加腋梁时，一侧加腋时用 $b\times h$ PY$c_1\times c_2$ 表示，其中 c_1 为腋长，c_2 为腋宽，加腋部位应在平面图中绘制。当有悬挑梁且根部和端部不同时，用斜线分隔根部与端部的高度值，即 $b\times h_1/h_2$，如图 3.41 所示。

③ 箍筋的标注规则。梁箍筋标注内容包括钢筋级别、直径、加密区与非加密区间距及肢数。加密区与非加密区的不同间距及肢数用斜线“/”分隔，肢数写在括号内；当加密区与非加密区的箍筋肢数相同时，则将肢数注写一次；如果无加密区则不需用斜线“/”。

例如，Φ 8@100/200 (4) 表示梁箍筋采用 HPB300 钢筋，直径为 8mm，加密区间距为 100mm，非加密区间距为 200mm，全部为四肢箍。

KL-1 (3) 300×600——梁编号（跨数）截面宽×高。
Φ 8@100/200 (2) ——箍筋直径、加密区间距/非加密区间距（箍筋肢数）。
2 Φ 25 ——通长筋根数、直径。
G2 Φ 12 ——构造钢筋根数、直径。
(−0.05) ——梁顶标高与结构层标高的差值，负号表示低于结构层标高。

图 3.40 梁集中注写的形式

Φ 8@100 (4) /150 (2) 表示梁箍筋采用 HPB300 钢筋，直径为 8mm，加密区间距为 100mm，四肢箍，非加密区间距为 150mm，双肢箍。

当抗震结构中的非框架梁、悬挑梁、井字梁及非抗震结构中的各类梁采用不同的箍筋间距和肢数时，也用斜线“/”将其分隔开表示。注写时，先注写梁支座端部的箍筋，注写内容包括箍筋的箍数、钢筋级别、直径、间距及肢数；在斜线后注写梁跨中部分的箍筋，注写内容包括为箍筋间距及肢数。

例如，13 Φ 8@150/200 (4) 表示梁箍筋采用 HPB300 钢筋，直径为 8mm；梁的两端各有 13 个四肢箍，间距 150mm；梁跨中箍筋的间距为 200mm，四肢箍。

13 Φ 8@150 (4) /150 (2) 表示梁箍筋采用 HPB300 钢筋，直径为 8mm；梁两端各有 13 个Φ 8 的四肢箍，间距 150mm；梁跨中箍筋为双肢箍，间距为 150mm。

④ 梁上部通长钢筋或架立筋标注规则。在梁上部既有通长钢筋又有架立筋时，用“+”号相连标注，并将角部纵筋写在“+”号前面，架立筋写在“+”号后面并加括号。若梁上部仅有架立筋而无通长钢筋，则全部写入括号内。例如，2 Φ 22+ (2 Φ 12) 表示 2 Φ 22 为通长筋，2 Φ 12 为架立筋。

当梁的上部纵向钢筋和下部纵向钢筋均为通长筋，且多数跨配筋相同时，此项可加注下部纵筋的配筋值。其方法是，用分号“;”将上部纵筋和下部纵筋隔开，上部纵筋写在“;”前面。当少数跨不同时，则将该项数值原位标注。图 3.42 表示梁上部为 3 Φ 22 通长筋，梁下部为 4 Φ 25 通长筋。

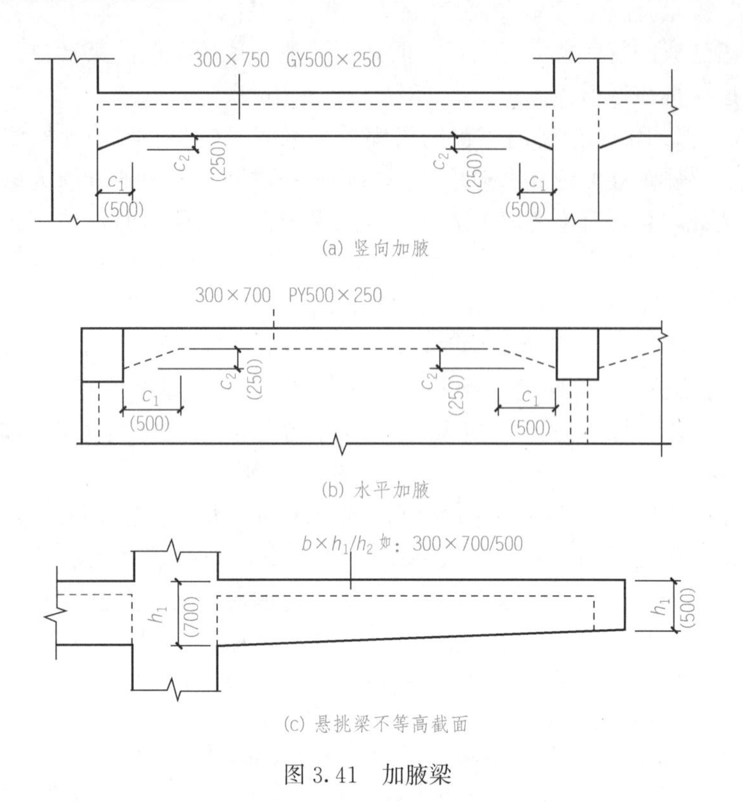

图 3.41 加腋梁

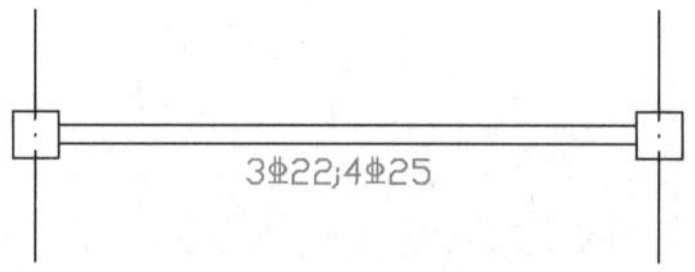

图 3.42 上部、下部纵筋均为通长筋的表示

⑤ 梁侧钢筋的标注规则。梁侧钢筋分为梁侧纵向构造钢筋（即腰筋）和受扭纵筋。构造钢筋用大写字母 G 打头，接着标注梁两侧的总配筋量，且对称配置。例如，G4 Φ 12 表示在梁的两侧各配 2 Φ 12 构造钢筋。受扭纵筋用 N 打头。例如，N6 Φ 18 表示梁的两侧各配置 3 Φ 18 的纵向受扭钢筋。

⑥ 梁顶标高高差的标注规则。梁顶标高高差是指梁顶相对于结构层楼面标高的高差值，对于位于结构夹层的梁则指相对于结构夹层楼面标高的高差。当梁顶与结构层存在高差时，则将高差值标入括号内，梁顶高于结构层时标为正值，反之为负值。该项为选注值，当梁顶与相应的结构层标高一致时，则不标此项。例如，（－0.05）表示梁顶低于结构层 0.05m，（0.05）表示梁顶高于结构层 0.05m。

2）原位标注。

① 梁支座上部纵筋。该部位标注包括梁上部的所有纵筋，即包括通长筋在内。

当梁上部纵筋不止一排时用斜线“/”将各排纵筋从上自下分开，如 6 Φ 25（4/2）表示共有钢筋 6 Φ 25，上一排 4 Φ 25，下一排 2 Φ 25；当同排纵筋有两种直径时，用加号“＋”将两种规格的纵筋相连表示，并将角部钢筋写在“＋”号前面，例如 2 Φ 25＋2 Φ 22 表示共有 4 根钢筋，2 Φ 25 放在角部，2 Φ 22 放在中部；当梁中间支座两边的上部纵筋不同时，须在支座两边分别标注；当梁中间支座两边的上部纵筋相同时，可仅在支座一边标注，另一边可省略标注。

② 梁下部纵向钢筋。当梁下部纵向钢筋多于一排时，用“/”号将各排纵向钢筋自上而下分开，例如梁下部注写为 6 Φ 25（－2）/4 表示梁下部为双排配筋，其中上排 2 Φ 25 不伸入支座，下排 4 Φ 25 全部伸入支座。

当同排纵筋有两种直径时，用“＋”号相连，角筋写在“＋”前面。当梁下部纵向钢筋不全部伸入支座时，将梁支座下部纵筋减少的数量写在括号内，例如梁下部注写为 6 Φ 25（2/4）表示梁下部纵向钢筋为两排，上排为 2 Φ 25，下排为 4 Φ 25，全部钢筋伸入支座。

当梁上部和下部均为通长钢筋，而在集中标注时已经注明，则不需在梁下部重复做原位标注。

当梁设置竖向加腋时，加腋部位下部斜纵筋应在支座下部以大写字母 Y 打头注写在括号内，如图 3.43（a）所示；当设置水平加腋时，水平加腋内上、下部斜纵筋应在加腋支座上部以大写字母 Y 打头注写在括号内，上、下部斜纵筋之间用“/”分隔，如图 3.43（b）所示。

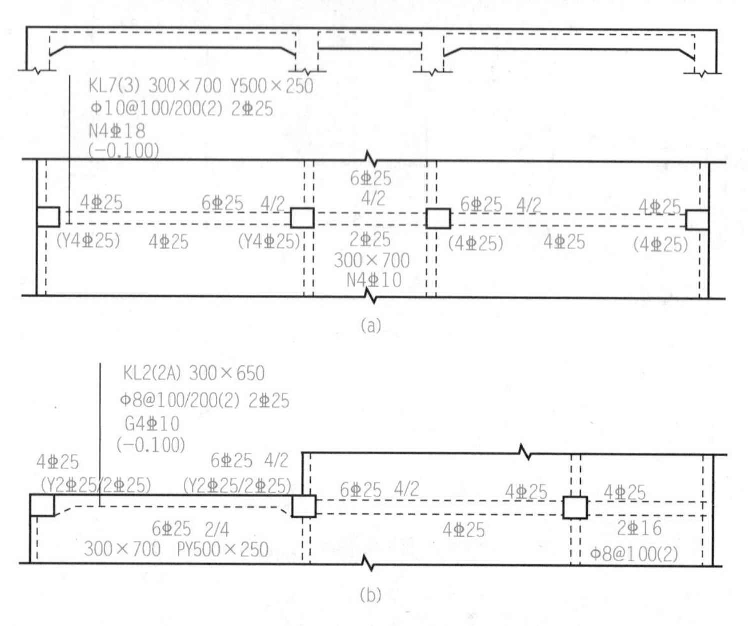

图 3.43 梁设置加腋时平面注写方式示例

③ 附加箍筋或吊筋。附加箍筋和吊筋的标注，将其直接画在平面图的主梁上，用引出线标注总配筋值（附加箍筋的肢数注在括号内），如图 3.44 所示。当多数附加箍筋和吊筋相同时，可在梁平法施工图上统一注明；少数与统一注明值不同时，再原位引注。

④当在梁上集中标注的内容不适用于某跨时，则采用原位标注的方法标注此跨内容，施工时原位标注优先采用。

（3）梁的截面注写方式

梁的截面注写方式是在分标准层绘制的梁平面布置图上，分别在不同编号的梁中各选择一根梁用剖面号引出配筋图，并在剖面上注写截面尺寸和配筋的具体数值的方式。这种表达方式适用于表达异形截面梁的尺寸与配筋，或平面图上梁距较密的情况，如图 3.44 所示。

截面注写方式可以单独使用，也可以与平面注写方式结合使用。当然当梁距较密时也可以将较密的部分按比例放大采用平面注写方式。

2. 识图方法及应了解的信息

1）查看图名、比例。

2）校核轴线编号及其间距尺寸，要求必须与建筑图、剪力墙施工图、柱施工图保持一致。

3）与建筑配合，明确梁的编号、数量和布置。

4）阅读结构设计总说明或有关说明，明确梁的混凝土强度等级及其他要求。

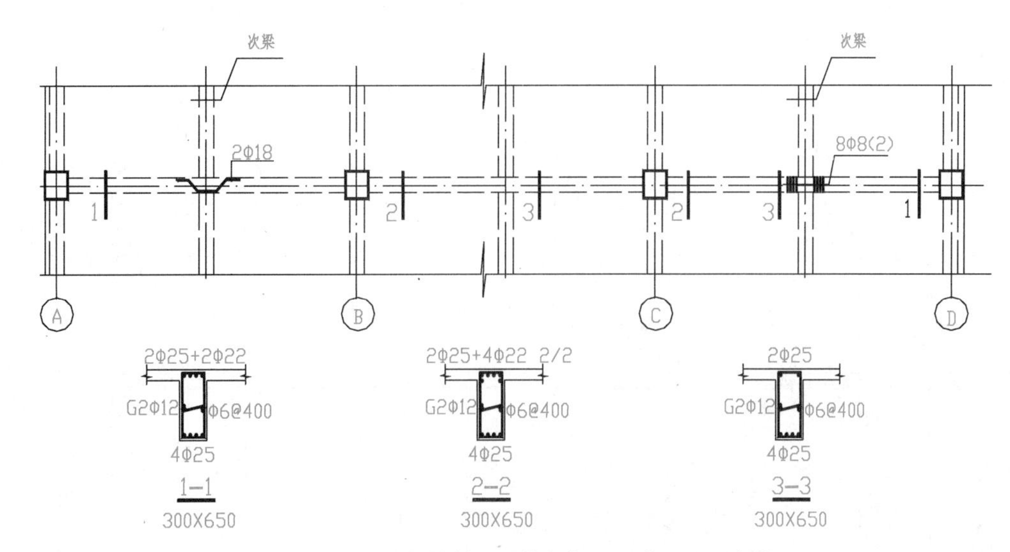

图 3.44 梁附加箍筋和吊筋的标注及截面注写方式

5）根据梁的编号，查阅图中标注或截面标注，明确梁的截面尺寸、配筋和标高。再根据抗震等级、设计要求和标准构造详图确定纵向钢筋、箍筋和吊筋的构造要求，如纵向钢筋的锚固长度、切断位置、弯折要求和连接方式、搭接长度等，箍筋加密区的范围；附加箍筋、吊筋的构造。

3. 识图示例

以图 3.45 为例。识读本图可以了解以下内容：

1）本图为西塔楼 2～3 层梁配筋图，比例为 1∶100。

2）校核轴线编号及其间距尺寸，与对应建筑平面图保持一致。

3）阅读结构设计说明可知，2～3 层梁混凝土等级为 C40；代号“KL”表示框架梁，“L”表示次梁，“LL”表示剪力墙洞口上的连梁。

4）梁的标注内容识读。为了方便阅读，梁一般按从上到下、从左到右的顺序编号。

① 框架梁 KL 标注。图 3.45 中，框架梁有 23 种编号，纵向框架梁 12 种编号：KL1-（7）、KL-1A（3）、KL-2（7A）、KL-3（3A）、KL-4（2）、KL-5（1）、KL-6（3）、KL-7（3）、KL-16（3）、KL-17（3）、KL-18（1）、KL-19（1）。横向框架梁 11 种编号：KL-8（5）、KL-9（3）、KL-9A（1）、KL-10A（1）、KL-10（1）、KL-11（2）、KL-12（1）、KL-13（1）、KL-14（3）、KL-15（3）、KL-17（1）。以位于Ⓕ轴线上的纵向 KL-3（3A）为例说明如下：

a. 集中标注内容。

KL-3（3A）350×600：“3”为框架梁序号；“3A”代表 3 跨且一端有悬挑；“350×600”表示梁宽 350mm，梁高 600mm。

Φ 10@100（4）：表示框梁箍筋直径为 10mm，钢筋级别为 HRB400，箍筋间距 100mm，为四肢箍。

2 Φ 25＋2 Φ 14：表示上部通长钢筋有两种直径（分别为 25mm 和 14mm），钢筋级别均为 HRB400，根数都为 2 根。

G4 Φ 12：侧面构造纵向钢筋 4 根，每侧 2 根，钢筋级别为 HRB400，直径为 12mm。

b. 原位标注内容（以左起为第一跨）。

悬挑端：上部纵筋 4 Φ 25，下部纵筋 4 Φ 20。

第一跨：左支座上部负筋为 7 Φ 25（其中 2 根通长，见集中标注），2 排布置，上排 5 根，下排 2 根；右支座上部负筋同第二跨左支座；底部通长钢筋为 6 Φ 25；箍筋同集中标注。

第二跨：左支座上部负筋为 6 Φ 25，2 排布置，上排 4 根，下排 2 根；右支座上部负筋同本跨左支座；底部通长钢筋为 4 Φ 25；箍筋钢筋级别为 HRB400，直径为 10mm，加密区间距为 100mm、非加密区间距 200mm；次梁两侧各配置三道附加钢筋，其钢筋级别、直径、肢数同主梁箍筋（见图 3.45 设计说明）。

第三跨：左支座上部负筋同第二跨右支座；右支座上部负筋为 4 Φ 25；底部通长钢筋为 5 Φ 25；截面尺寸为 300mm×500mm，箍筋为Φ 25，间距为 10mm（双肢箍）。

② 次梁 L 标注。纵向次梁 5 种编号：L-1（1）、L-2（1）、L-8A（1）、L-9（2）、L-10（1A）。横向 9 种编号：L-3（3）、L-4（1）、L-4A（1）、L-5（1）、L-6（1）、L-7（1）、L-8（1）、L-8A（1）。以位于⑤～⑥轴线×Ⓓ～Ⓔ轴线之间的 L-6（1）为例说明如下：

a. 集中标注内容。

L-6（1）250×500：“6”为次梁序号；“1”代表 1 跨，两端没有悬挑；“250×500”表示梁宽 250mm，梁高 500mm。

Φ 8@200（2）：表示次梁箍筋直径为 8mm，钢筋级别为 HRB400，箍筋间距为 200mm，为双肢箍。

2 Φ 20；6 Φ 22 2/4：“2 Φ 20”表示上部通长钢筋有 2 根，直径为 20mm；“6 Φ 22 2/4”表示下部通长钢筋有 6 根，直径为 22mm，上排 2 根，下排 4 根。

b. 原位标注内容。

2 Φ 20＋2 Φ 16：表示下支座处上部所有钢筋为直径 20mm、16mm 的各 2 根，其中通长筋为 2 Φ 20，需截断的钢筋为 2 Φ 16。

2 Φ 20：表示上支座处上部所有钢筋为 2 根直径为 20mm 的通长钢筋。

③ 连梁。由图 3.45 可见，连梁分布在电梯井墙洞上。其编号有 2 种：LL1 和 LL2。

LL1：截面尺寸为 300mm×500mm；箍筋为Φ 10@100（2）；上部纵筋为 4 Φ 22，下部纵筋为 4 Φ 22。

LL2：截面尺寸为 300mm×500mm；箍筋为Φ 10@100（2）；上部纵筋为 4 Φ 22，下部纵筋为 4 Φ 22

5）详图。本工程设防烈度为 8 度，西塔楼 2～3 层框架梁、连梁抗震等级按一级考虑，次梁按非框架梁施工。梁施工时，框架梁要查阅《22G101-1 图集》中有抗震要求的 KL 标准构造详图［图 3.46（a）］，次梁要查阅图集中非框架梁 L 标准构造详图［图 3.46（b）］，以明确梁钢筋的锚固、连接构造等要求。连梁标准构造详图在剪力墙识读中已经列出，此处不再赘述。梁连接方式在设计总说明中明确规定：优先选用机械连接或焊接，具体施工时，由施工单位自行确定采用哪种连接方法，要注意连接区域与标准详图相对应。以位于Ⓕ轴线上的纵向 KL-3（3A）为例说明如下：

梁纵筋锚固：端部弯锚，纵筋伸至柱外侧纵筋内侧垂直向下（上）延伸长度为≥$15d$＝375mm；中部直锚长度 l_{aE}＝$33d$＝825mm，若柱截面尺寸不够，则采用弯锚（水平段长度不小于 $0.4l_{aE}$且伸过柱中线 $5d$，垂直段长度不小于 $15d$＝375mm，锚固总长≥l_{aE}）。

梁通长钢筋连接：上部通长钢筋伸出柱边不小于 1/3 梁净跨连接，若在第二跨连接（梁净跨为 3900mm），则距柱边跨中 1300mm 处连接；下部通长钢筋在支座处连接。

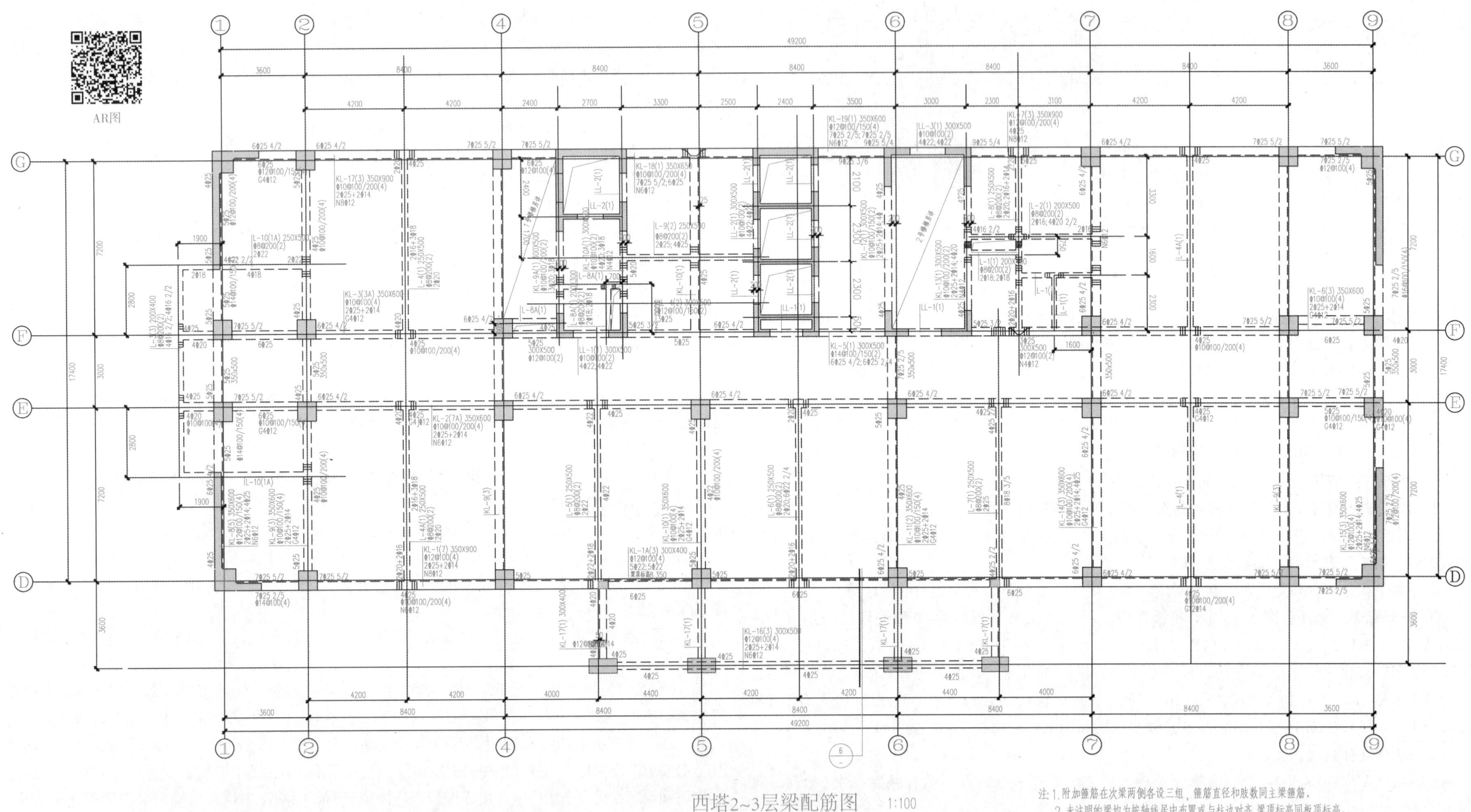

AR图
西塔2~3层梁配筋图 1:100
注: 1. 附加箍筋在次梁两侧各设三组，箍筋直径和肢数同主梁箍筋。
2. 未注明的梁均为按轴线居中布置或与柱边对齐，梁顶标高同板顶标高。
3. 填充墙内构造柱加设详见总说明。

图 3.45 西塔楼 2～3 层梁配筋图

（电子资源附录 2，所需结构图 8～29，图号 16）

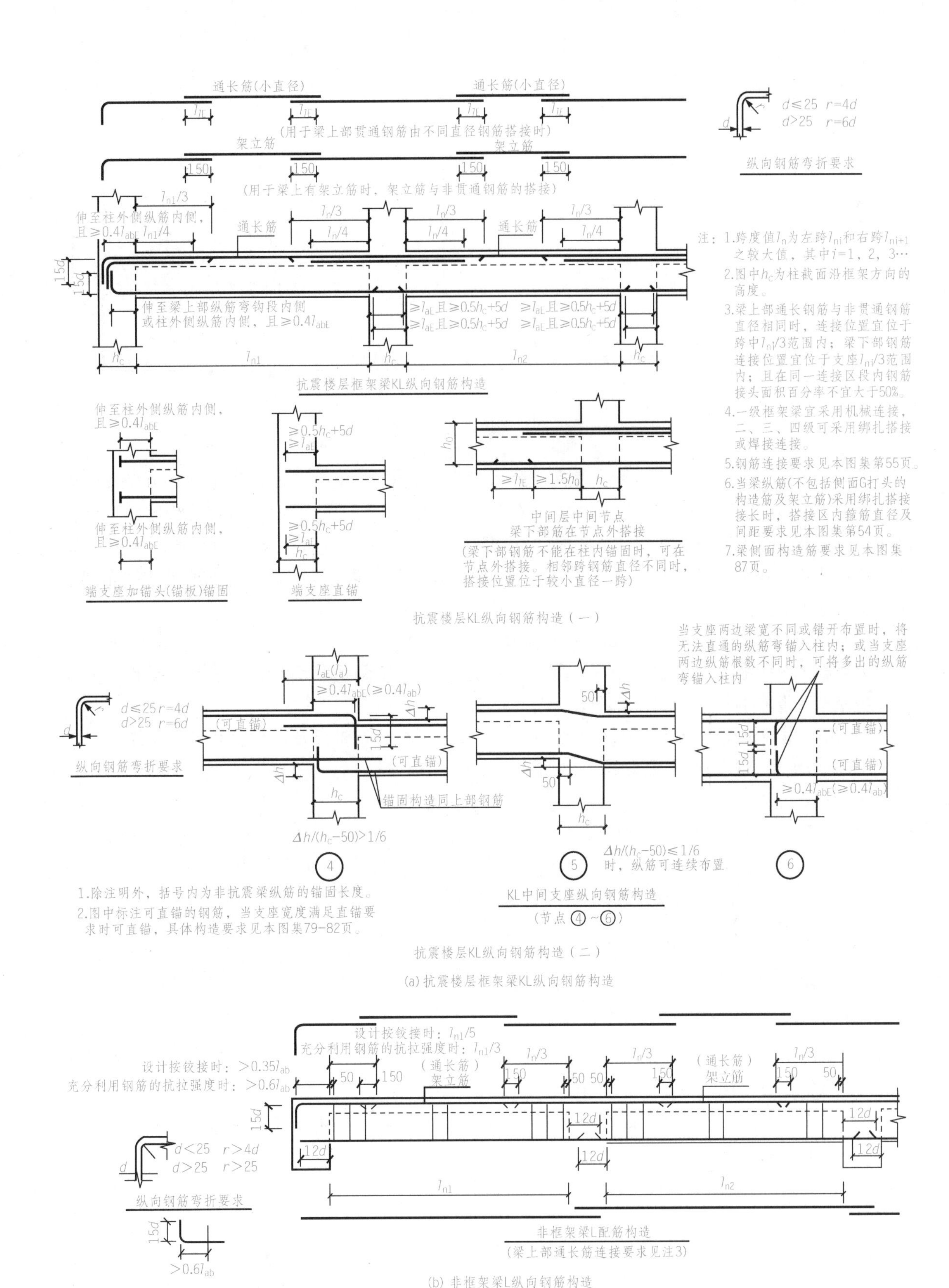

图 3.46 梁标准构造详图

3.2.6 现浇混凝土楼盖平法施工图的识读

1. 图示方法

现浇混凝土楼盖包括有梁楼盖和无梁楼盖。

（1）有梁楼盖

在有梁楼盖平法施工图中，在楼面板和屋面板布置图上，板平面注写主要包括板块集中标注和板支座原位标注。

为方便设计表达和施工识图，规定结构平面的坐标方向为：当两向轴网正交布置时，图面从左至右为 *X* 向，从下至上为 *Y* 向；当轴网转折时，局部坐标方向顺轴网转折角度做相应转折；当轴网向心布置时，切向为 *X* 向，径向为 *Y* 向。

1）板块集中标注。板块集中标注的内容为：板块编号、板厚、贯通纵筋、当板面标高不同时的标高高差。对于普通楼面，两向均以一跨为一板块；对于密肋楼盖，两向主梁（框架梁）均以一跨为一板块（非主梁密肋不计）。所有板块应逐一编号，相同编号的板块可择其一做集中标注，其他仅注写置于圆圈内的板编号，以及当板面标高不同时的标高高差。

① 板块编号。板块编号如表 3.25 所示。

表 3.25 板块编号

板类型	代号	序号
楼面板	LB	××
屋面板	WB	××
延伸悬挑板	YXB	××
悬挑板	XB	××

注：延伸悬挑板的上部受力钢筋应与相邻跨内板的上部纵筋连通配置。

② 板厚注写。板厚注写为 h=×××（为垂直于板面的厚度）；当悬挑板的端部改变截面厚度时，用斜线分隔根部与端部的高度值，注写为 h=×××/×××。

③ 贯通纵筋标注。贯通纵筋按板块的下部和上部分别注写，以 B 代表下部，T 代表上部，B&T 代表下部与上部；*X* 向贯通纵筋以 X 打头，*Y* 向贯通纵筋以 Y 打头，两向贯通纵筋配置相同时以 X&Y 打头。在某些板内配置构造钢筋时（如在悬挑板 XB 的下部），*X* 向构造钢筋以 X_C 打头标注，*Y* 向以 Y_C 打头注写。当贯通钢筋采用两种规格钢筋“隔一布一”方式时，表达为ф××/yy@×××。

④ 板面标高高差标注。板面标高高差是指相对于结构层楼面标高的高差，将其注写在括号内，无高差时不标注。

例如，有一楼面板块注写为

LB5　h=110/70

B：X⏀12@120；Y⏀10@110

表示 5 号楼面板，板厚 110mm，端部厚 70mm，板下部配置贯通纵筋 *X* 向为⏀12@120，*Y* 向为⏀10@110，板上部未配置贯通纵筋。2）板支座原位标注。板支座原位标注的内容为：

板支座上部非贯通纵筋和悬挑板上部受力钢筋。

板支座原位标注的钢筋，应在配置相同跨的第一跨表达（当在梁悬挑部位单独配置时则在原位表达）。在配置相同跨的第一跨（或梁悬挑部位），垂直于板支座（梁或墙）绘制一段适宜长度的中粗实线（当该筋通长设置在悬挑板或短跨板上部时，实线段应画至对边或贯通短跨），以该线段代表支座上部非贯通纵筋，并在线段上方注写钢筋编号（如①、②等）、配筋值、横向连续布置的跨数（注写在括号内，且当为一跨时可不注），以及是否横向布置到梁的悬挑端。

例如，（××）为横向布置的跨数，（××A）为横向布置的跨数及一端的悬挑梁部位，（××B）为横向布置的跨数及两端的悬挑梁部位。

板支座上部非贯通筋自支座中线向跨内的伸出长度注写在线段的下方位置。当中间支座上部非贯通纵筋向支座两侧对称伸出时，可仅在支座一侧线段下方标注伸出长度，另一侧不注，如图 3.47（a）所示；当向支座两侧非对称延伸时，应分别在支座两侧线段下方注写延伸长度，如图 3.47（b）所示；贯通全跨或延伸至悬挑端一侧的长度值不注，只注明非贯通筋另一侧的延伸长度值，如图 3.47（c）所示。

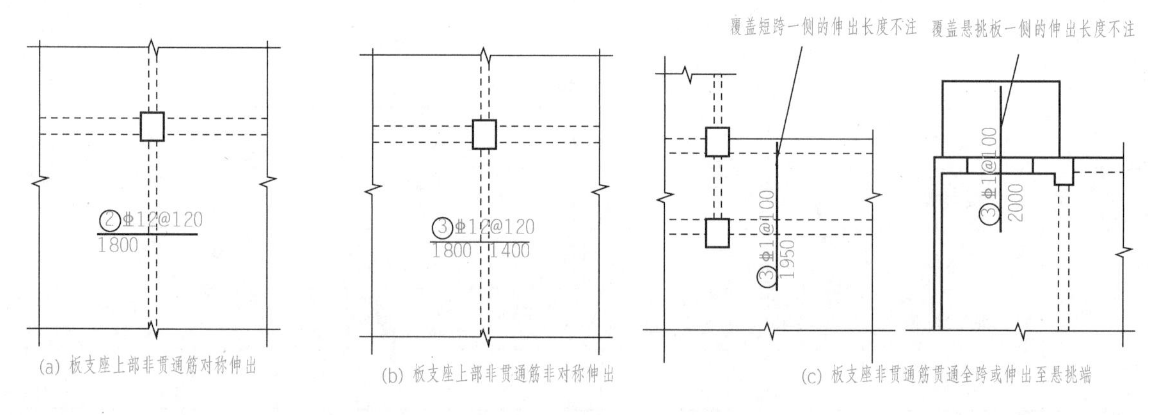

图 3.47 板支座原位标注

当板支座为弧形，支座上部非贯通纵筋呈放射状分布时，图中应注明配筋间距的度量位置并加注“放射分布”四字，必要时应补绘平面配筋图，如图 3.48 所示。

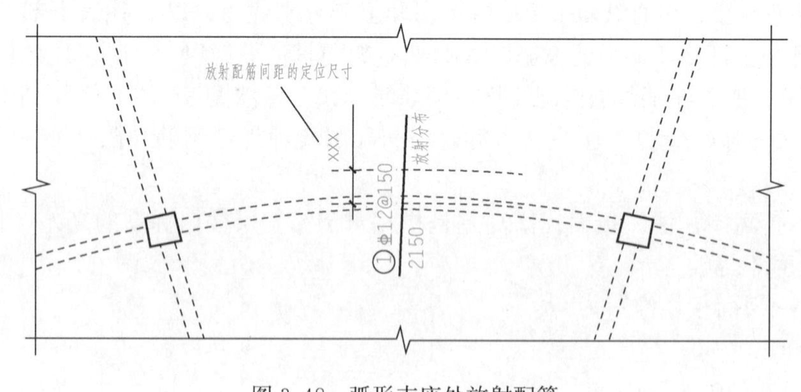

图 3.48 弧形支座处放射配筋

关于悬挑板的注写方式如图 3.49 所示。当悬挑板端部厚度不小于 150mm 时，图中应指定板端部封边构造方式（见《22G101-1 图集》“无支撑板端部封边构造”），当采用 U 形钢筋封边时，还应指定 U 形钢筋的规格、直径。

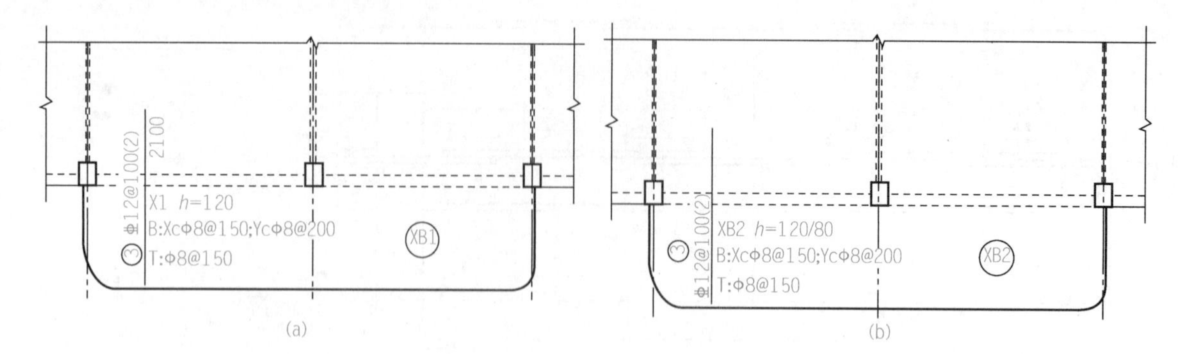

图 3.49 悬挑板非贯通筋

例如，在板平面布置图某部位，横跨支承梁绘制的对称线段上注有⑦12 Φ@100（5A）和 1500，表示支座上部⑦号非贯通纵筋为Φ 12@100，从该跨起沿支承梁连续布置 5 跨加梁一端的悬挑端，该筋自支座中线向两侧跨内的伸出长度均为 1500mm。在同一板平面布置图的另一部位横跨梁支座绘制的对称线段上标注有⑦（2）者，表示该筋同⑦号纵筋，沿支承梁连续布置 2 跨，且无梁悬挑端布置。

（2）无梁楼盖

无梁楼盖平法施工图是在楼面板和屋面板布置图上采用平面注写的表达方式。板平面注写主要包括板带集中标注和板带支座原位标注。

1）板带集中标注。板带集中标注的内容为：板带编号，板带厚及板带宽和贯通纵筋。

① 板带编号。板带编号如表 3.26 所示。

表 3.26 板带编号

板带类型	代号	序号	跨数及有无悬挑
柱上板带	ZSB	××	（××）、（××A）或（××B）
跨中板带	KZB	××	（××）、（××A）或（××B）

注：1. 跨数按柱网轴线计算，两相邻柱轴线之间为一跨；
2.（××A）为一端有悬挑，（××B）为两端有悬挑，悬挑不计入跨数。

② 板带厚注写。板带厚注写形式为 h=×××，板带宽注写形式为 b=×××。当楼盖厚度和板带宽度已在图中注明时，此项可以不注。

③ 贯通纵筋标注。贯通纵筋按板带下部和上部分别注写，以 B 代表下部，T 代表上部，B&T 代表下部和上部。

例如，设有一板带注写为

ZSB2（5A）　h=300　b=3000

B：Φ 16@100；T：Φ 18@200

表示 2 号柱上板带，有 5 跨且一端有悬挑，板带厚 300mm，宽 3000mm；板带配置贯通纵筋下部为Φ 16@100，上部为Φ 18@200。

2）板带支座原位标注。板带支座原位标注的内容为板带支座上部非贯通纵筋。

以一段与板带同向的中粗实线段代表板带支座上部非贯通纵筋；对柱上板带，实线段贯穿柱上区域绘制；对跨中板带，实线段横贯柱网轴线绘制。在线段上注写钢筋编号（如①、②等）、配筋值及在线段的下方注写自支座中线向两侧跨内的伸出长度。

当板带支座非贯通纵筋自支座中线向两侧对称伸出时，其伸出长度可仅在一侧标注，当配置在有悬挑端的边柱上时，该筋伸出到悬挑尽端，图中不注。当支座上部非贯通纵筋呈放射分布时，图中应注明配筋间距的定位位置。不同部位的板带支座上部非贯通纵筋相同者，可仅在一个部位注写，其余则在代表非贯通纵筋的线段上注写编号。

例如，设有平面布置图的某部位，在横跨板带支座绘制的对称线段上注有①⏀ 18@250，在线段一侧的下方注有 1500 表示：支座上部①号非贯通纵筋为⏀ 18@250，自支座中线向两侧跨内的伸出长度均为 1500mm。

3）暗梁的表示方法。暗梁平面注写包括暗梁集中标注和暗梁支座原位标注两部分内容。施工图中在柱轴线处画中粗虚线表示暗梁。

① 暗梁集中标注。暗梁集中标注包括暗梁编号、暗梁截面尺寸（箍筋外皮宽度×板厚）、暗梁箍筋、暗梁上部通长筋或架立筋四部分内容。暗梁编号如表 3.27 所示，其他注写方式同《22G101-1 图集》。

表 3.27　暗梁编号

构件类型	代号	序号	跨数及有无悬挑
暗梁	AL	××	（××）、（××A）或（××B）

注：1. 跨数按柱网轴线计算（两相邻柱轴线之间为一跨）；

2. （××A）为一端有悬挑，（××B）为两端有悬挑，悬挑不计入跨数。

② 暗梁支座原位标注。暗梁支座原位标注包括梁支座上部纵筋、梁下部纵筋。当在暗梁上集中标注的内容不适用于某跨或某悬挑端时，则将其不同数值标注在该跨或该悬挑端，施工时按原位注写取值。注写方式见《22G101-1 图集》。

另外，当设置暗梁时，柱上板带及跨中板带标注方式见《22G101-1 图集》第 6.2、6.3 节。柱上板带标注的配筋仅设置在暗梁之外的柱上板带范围内。暗梁中纵向钢筋连接、锚固及支座上部纵筋的伸出长度等要求同轴线处柱上板带中纵向钢筋。

2. 识图方法及应了解的信息

1）查看图名、比例。

2）首先校核轴线编号及其间距尺寸，要求必须与建筑图、剪力墙施工图、柱施工图、梁施工图保持一致。

3）与建筑图配合，明确板块编号、数量和布置。

4）阅读结构设计总说明或有关说明，明确板混凝土强度等级及其他要求。

5）根据板的编号，查阅图中标注，明确板厚、贯通纵筋、板面标高不同时的标高高差、板支座上部非贯通纵筋和纯悬挑板上部受力钢筋，再根据设计要求和标准构造详图确定纵向钢筋、分布筋构造及末端弯钩。

3. 识图示例

以图 3.50 为例。识读本图可以了解以下内容：

1）本图为西塔楼 2～3 板配筋图，比例为 1∶100。

2）校核轴线编号及其间距尺寸，建筑图、剪力墙施工图、柱施工图、梁施工图保持一致。

3）由图 3.50 可知，板块有三种编号。编号为 LB1 的板块有 17 个，编号为 LB3 的板块有 2 个，其余的为 LB2（未标注的板块为 LB2，本图中的设计说明有明确规定）。要明确各板块的位置，如 2 块 LB3 分别位于：④～⑥×Ⓔ～Ⓕ、⑥～（⑥～⑦之间的次梁）×Ⓓ～Ⓔ之间。

4）阅读结构设计说明可知，2～3 层楼板混凝土等级为 C30。

5）楼板的标注。通过阅读楼板的标注，可了解板的厚度、配筋、标高情况。

① 板块集中标注。

LB1：集中标注在左下角①～②轴线之间；板厚为 110mm；板底部贯通纵筋——X 向为⏀ 10@200，Y 向为⏀ 8@200（X 向为从左至右，Y 向为从下至上，下同）；没有配置上部贯通纵筋。

LB2：集中标注在①～②×Ⓔ～Ⓕ轴线之间板块内；板厚为 100mm；板底部贯通纵筋——X 向为⏀ 8@200，Y 向为⏀ 8@200；没有配置上部贯通纵筋。

LB3：2 块 LB3 均做了集中标注。④～⑥×Ⓔ～Ⓕ之间的板，板厚为 110mm；板底部贯通纵筋——X 向为⏀ 8@200，Y 向为⏀ 10@200；没有配置上部贯通纵筋。⑥～（⑥～⑦之间的次梁）×Ⓓ～Ⓔ之间的板，板厚为 120mm；板底部贯通纵筋——X 向为⏀ 10@200，Y 向为⏀ 8@170；没有配置上部贯通纵筋。

② 板支座原位标注。由图 3.50 可知，总共有 51 种编号的板面上部非通长钢筋，以左下角 LB1 四边支座为例做如下说明：

①轴线上标注有㊾的板顶非通长钢筋⏀ 8@200，从墙中线起伸入板跨中长度为 1100mm；②轴线上标注有⑧的板顶非通长钢筋⏀ 8@200，从梁中线起伸入板跨中长度为 1150mm；Ⓓ轴线上标注有㊽的板顶非通长钢筋⏀ 8@200，从梁中线起伸入板跨中长度为 1050mm；次梁上标注有④的板顶非通长钢筋⏀ 8@200，钢筋从支座两侧对称伸出，从梁中线起伸入板跨中长度均为 800mm。

注意：三种编号的板集中标注都没有高差标注这一项，表示板标高同楼层标高，对应平面上部⑤轴线附近的板块（对应于建筑平面图，此处为卫生间）高差在本图设计说明中做了规定：低于楼层标高 20mm。

6）详图。

① 设计详图。由图中可见，平面图外围边部有 4 个索引详图符号，我们还需要查看与其对应的板边详图构造（图 3.51），要仔细阅读其标高、钢筋配置情况、梁板构件之间的位置关系是否与建筑平面图中做法一致。需要注意的是，6 号详图在对应楼层的梁平法施工图中，需在结施 16 中查阅。

② 标准详图。本图中，楼板为有梁楼盖。楼板施工时，要查阅《22G101-1 图集》中有关有梁楼盖的标准构造详图，以明确楼盖纵向钢筋、分布筋构造及末端弯钩，如图 3.52 所示。

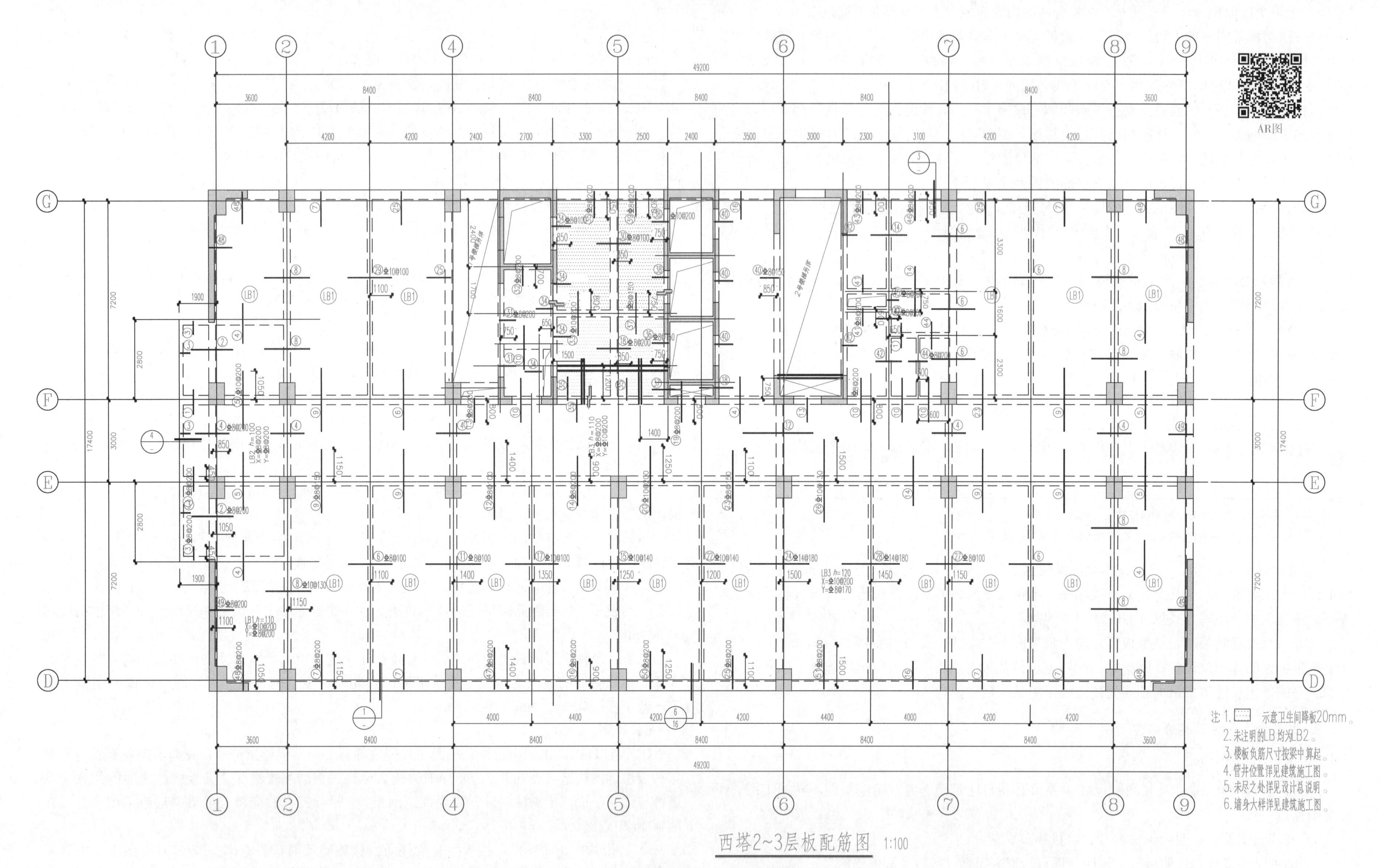

AR图
西塔2~3层板配筋图 1:100
注：1. 示意卫生间降板20mm。
2. 未注明的LB均为LB2。
3. 楼板负筋尺寸按梁中算起。
4. 管井位置详见建筑施工图。
5. 未尽之处详见设计总说明。
6. 墙身大样详见建筑施工图。

图 3.50　西塔楼 2～3 层板配筋图

（电子资源附录 2，所需结构施工图 8～29）

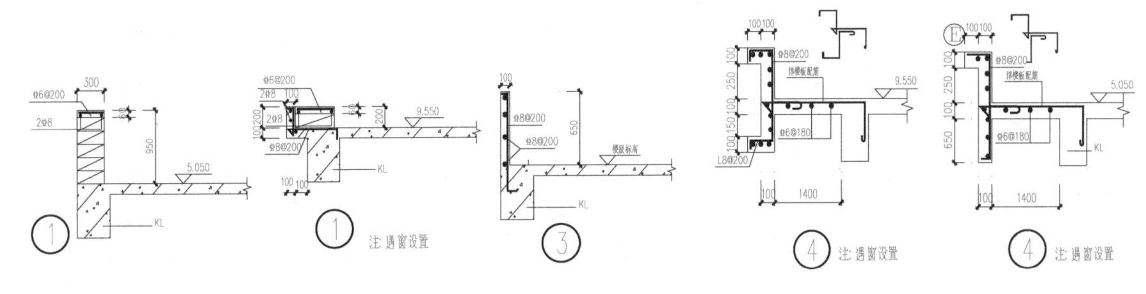

图 3.51　板边缘构造详图

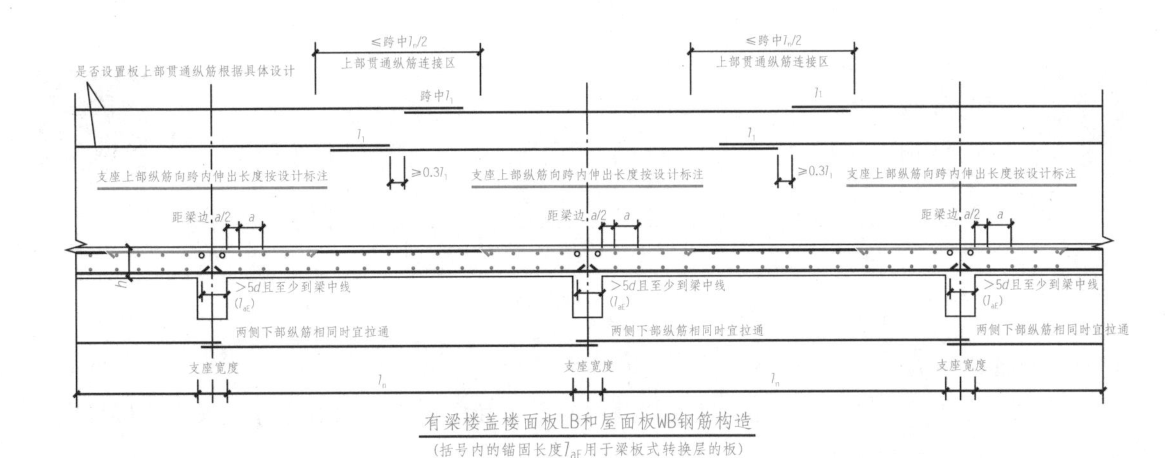

有梁楼盖楼面板LB和屋面板WB钢筋构造

（括号内的锚固长度l_{aE}用于梁板式转换层的板）

注：1.当相邻等跨或不等跨的上部贯通纵筋配置不同时，应将配置较大者越过其标注的跨数终点或起点伸出至相邻跨的跨中连接区域连接。
2.除本图所示搭接连接外，板纵筋可采用机械连接或焊接连接。接头位置：上部钢筋见本所示连接区，下部钢筋宜在距支座1/4净跨内。
3.板贯通纵筋的连接要求见本图集第2-4页，且同一连接区段内钢筋接头百分率不宜大于50%，不等跨板上部贯通纵筋连接构造详见本图集第2-52页。
4.当采用非接触方式的绑扎搭接连接时，要求见本图集第2-53页。
5.板位于同一层面的两向交叉纵筋何向在下何向在上，应按具体设计说明。
6.图中板的中间支座均按梁绘制，当支座为混凝土剪力墙时，其构造相同。
7.图(a)、(b)中纵筋在端支座应伸至梁支座外侧纵筋内侧后弯折15d，当直段长度>l_a时可不弯折。
8.图中“设计按铰接时”“充分利用钢筋的抗拉强度时”由设计指定。
9.梁板式转换层的板中l_{abE}、l_{aE}按抗震等级四级取值，设计也可根据实际工程情况另行指定。

设计按铰接时：≥0.35l_{ab}
充分利用钢筋的抗拉强度时：≥0.6l_{ab}

(a) 普通楼屋面板　　(b) 梁板式转换层的楼面板

板在端部支座的锚固构造（一）

(1) 板端按铰接设计时

(2) 板端上部纵筋按充分利用钢筋的抗拉强度时

(3) 搭接连接

（括号内的数值用于梁板式转换层的板。当板下部纵筋直锚长度不足时，可弯锚，见图1）

(a) 端部支座为剪力墙中间层

(b) 端部支座为剪力墙墙顶

板在端部支座的锚固构造（二）中，纵筋在端支座应伸至墙外侧水平分布钢筋内侧后弯折15d，当平直段长度分别≥l_a或≥l_{aE}时可不弯折。

板在端部支座的锚固构造（二）

图 3.52　楼板标准构造详图

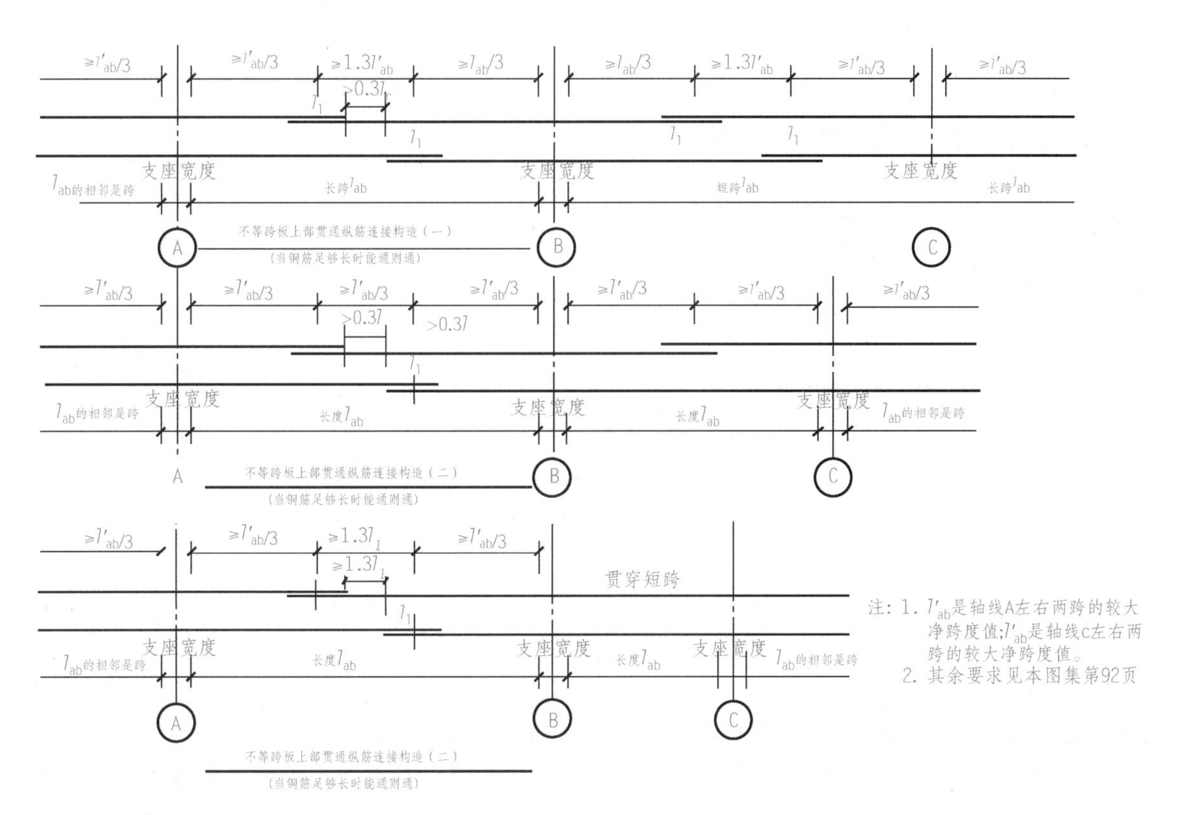

(b) 不等跨有梁楼盖钢筋标准构造详图

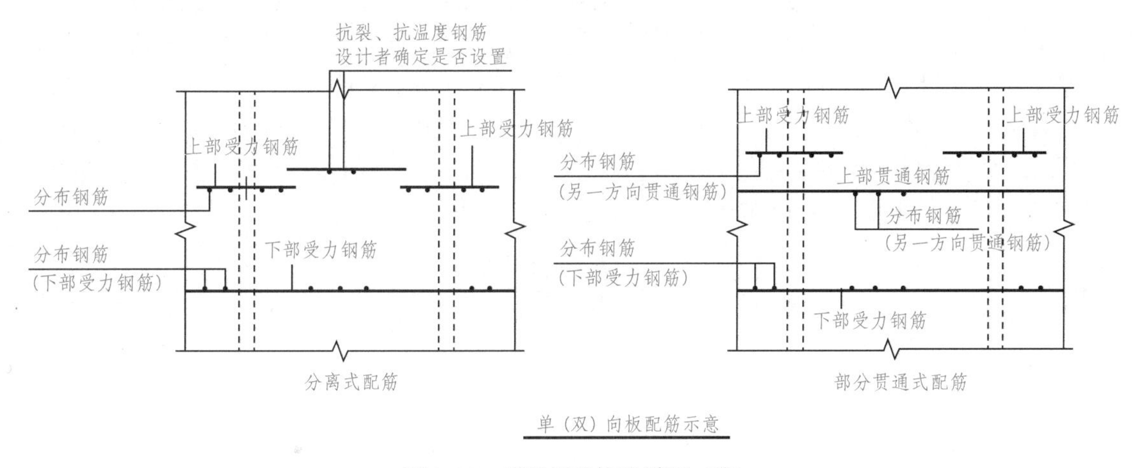

单（双）向板配筋示意

图 3.52　楼板标准构造详图（续）

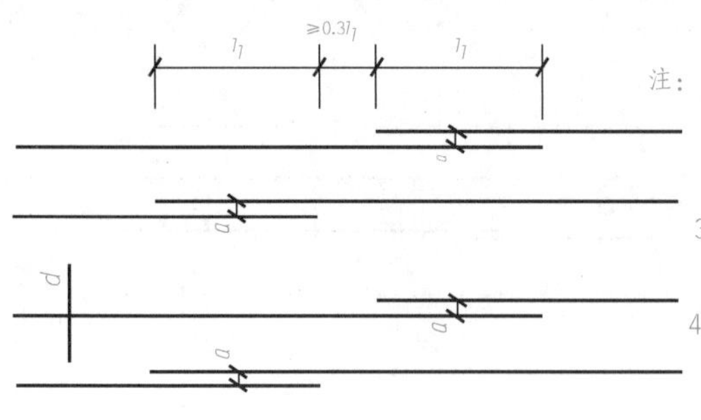

注：1.在搭接范围内，相互搭接的纵筋与横向钢筋的每个交叉点均应进行绑扎。
2.抗裂构造钢筋自身及其与受力主筋搭接长度为150，抗温度筋自身及其与受力主筋搭接长度为l_l。
3.板上下贯通筋可兼作抗裂构造筋和抗温度筋。当下部贯通筋兼作抗温度筋时，其在支座的锚固由设计者确定。
4.分布筋自身及与受力主筋、构造钢筋的搭接长度为150，当分布筋兼作抗温度筋时，其自身及与受力主筋、构造钢筋的搭接长度为l_l，其在支座的锚固按受拉要求考虑。

(30+d≤a<0.2l_l及150的较小值)

纵向钢筋非接触搭接构造

(d) 纵向钢筋非接触搭接标准构造详图

图 3.52 楼板标准构造详图（续）

3.2.7 现浇混凝土板式楼梯平法施工图的识读

1. 图示方法

现浇混凝土板式楼梯由梯板、平台板、梯梁、梯柱等构件组成，以下只介绍梯板平法施工图的表示方法，平台板、梯梁、梯柱的表达方式与前述板、梁、柱相同。按平法设计绘制的施工图由楼梯的平法施工图和标准构造详图两部分组成，现浇混凝土板式楼梯平法施工图有平面注写、剖面注写和列表注写三种表达方式。

（1）梯段的类型

《混凝土结构施工图平面整体表示方法制图规则和构造详图（现浇混凝土板式楼梯）更正说明》(22G101-2)，后文简称《22G101-2 图集》，包含 14 种类型的楼梯，梯板类型代号依次为 AT、BT、CT、DT、ET、FT、GT、ATa、ATb、ATc、BTb、CTa、CTb、DTb，其中 ATa、ATb、ATc、BTb、CTa、CTb、DTb 用于抗震结构，其余用于非抗震结构，具体如表 3.28 所示；楼梯的注写编号由楼梯代号和序号组成，如 AT××。AT、BT、CT 型梯段板的形状及支座位置如图 3.53 所示，其余参见《22G101-2 图集》。

表 3.28 楼梯类型

梯板代号	适用范围		是否参与结构整体抗震计算
	抗震构造措施	适用结构	
AT	无	剪力墙、砌体结构	不参与
BT			
CT	无	剪力墙、砌体结构	不参与
DT			
ET	无	剪力墙、砌体结构	不参与
FT			
GT	无	剪力墙、砌体结构	不参与
ATa	有	框架结构，框剪结构中框架部分	不参与
ATb			不参与
ATc			参与
BTb	有	框架结构，框剪结构中框架部分	不参与
CTa	有	框架结构，框剪结构中框架部分	不参与
CTb			
DTb	有	框架结构，框剪结构中框架部分	不参与

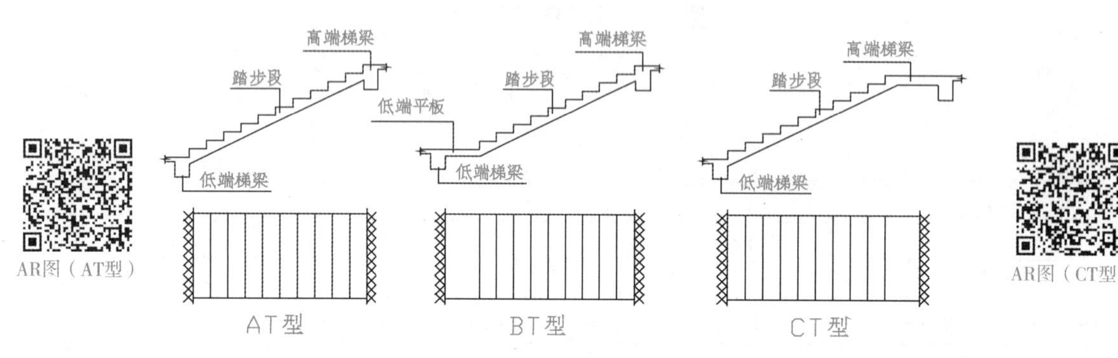

图 3.53 AT、BT、CT 型梯段板的形状及支座位置

（2）平面注写方式

平面注写方式以在楼梯平面布置图上注写截面尺寸和配筋具体数值的方式来表达楼梯施工图，包括集中标注和外围标注。

1）集中标注。集中标注的内容及注写方式如下：

① 梯板类型代号与序号，如 AT××。

② 梯板厚度，注写为 h=×××。当为带平板的梯板，且梯段板厚度与平板厚度不同时，可在梯段板厚度后面括号内以字母 P 打头注写平板厚度。例如，h=100（P=120），表示梯段板厚 100mm，梯板平板段厚 120mm。

③ 踏步段总高度和踏步级数两者间以"/"分隔。

④ 梯板支座上部纵筋和下部纵筋两者间以";"分隔。

⑤ 梯板分布筋以 F 打头注写分布钢筋的具体数值。该项可以在图中统一说明，此处不注。

2）外围标注。楼梯外围标注的内容包括楼梯间的平面尺寸、楼层结构标高、层间结构标高、楼梯的上下方向、梯板的平面几何尺寸，以及平台板、梯梁、梯柱的配筋。

3）楼梯的平面注写示例。AT 型楼梯的平面注写方式如图 3.54 所示。图 3.55 所示为 AT 型楼梯设计示例。

图 3.55 中梯板类型及配筋的完整标注示例如下（AT 型）：

AT3，h=120：表示 3 号 AT 型楼梯，梯板厚 120mm。

1800/12：表示踏步段高度 1800mm，12 步。

Φ 10@200；Φ 12@150：表示上部纵筋为Φ 10@200，下部纵筋为Φ 12@150。

F Φ 8@250：表示梯板分布筋为Φ 8@250（可统一说明）。

特别注意：AT 型楼梯，其平台梁、平台板、梯柱的配筋标注可参考《22G101-1 图集》的标注；其他类型的楼梯平面注写方式同 AT 型楼梯，只需采用相应梯板代号即可；对于 FT 型、

图 3.54　AT 型楼梯的平面注写方式示意

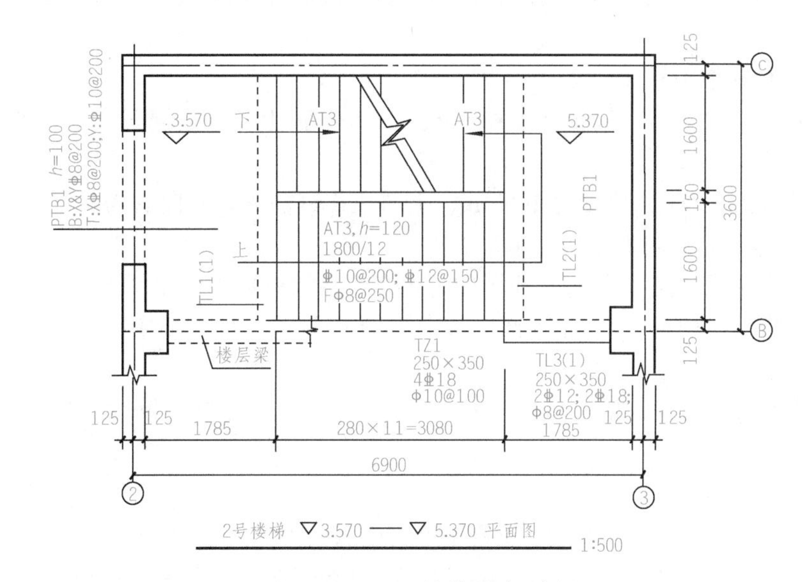

图 3.55　AT 型楼梯设计示例

GT 型楼梯，楼层与层间平板的配筋应原位标注，具体的平面注写方式可参考图集，此处不再赘述。

（3）剖面注写方式

剖面注写方式需在楼梯平法施工图中绘制楼梯平面布置图和剖面图，注写方式分为平面注写和剖面注写两部分。

1）楼梯平面布置图注写内容。楼梯平面布置图注写内容包括楼梯间的平面尺寸、楼层结构标高、层间结构标高、楼梯的上下方向、梯板的平面几何尺寸、梯板类型及编号，以及平台板、梯梁、梯柱的配筋等。

2）楼梯剖面图注写内容。楼梯剖面图注写内容包括梯板集中标注、梯梁梯柱编号、梯板水平及竖向尺寸、楼层结构标高、层间结构标高等。

梯板集中标注内容有四项：

① 梯板类型及编号，如 AT××。

② 梯板厚度，注写形式同平面注写。

③ 梯板配筋，注明梯板上部纵筋和下部纵筋，两者间以“；”分隔。

④ 梯板分布筋，注写方式同平面注写方式。

例如，剖面图中梯板配筋完整的标注示例如下：

AT1，h=120：表示 1 号 AT 型楼梯，梯板厚 120mm。

⏀ 10@200；⏀ 12@150：表示上部纵筋为⏀ 10@200，下部纵筋为⏀ 12@150。

F Φ 8@250：表示梯板分布筋为Φ 8@250（可统一说明）。

（4）列表注写方式

列表注写方式是用列表方式注写梯板截面尺寸、配筋具体数值来表达楼梯施工图的。列表注写方式的具体要求与剖面注写方式相同，只需将梯板配筋改为列表注写即可。梯板列表格式如表 3.29 所示。

表 3.29　梯板几何尺寸和配筋

梯板编号	踏步段总高度/踏步级数	板厚 h	上部纵向钢筋	下部纵向钢筋	分布筋

2. 识图方法及应了解的信息

1）查看图名、比例。

2）首先校核轴线编号及其间距尺寸，要求必须与建筑图、剪力墙施工图、柱施工图、梁施工图保持一致。

3）与建筑图配合，明确楼梯数量及布置。

4）阅读结构设计总说明或有关说明，明确楼梯所用混凝土强度等级。

5）明确楼梯构件编号、数量和布置。

6）根据楼梯每种构件的编号，查阅图中标注，明确楼梯上下方向、楼梯间尺寸、板厚、标高及各种构件的配筋情况。

7）根据设计要求和标准构造详图确定钢筋构造要求。

3. 识图示例

本单元平法施工图的识读主要以××社会主义学院综合楼为例，但其楼梯结构图采用了传统表达方法，故此处选用的楼梯平法施工图并非本工程的楼梯，大家在阅读时要注意。楼梯平法施工图实例如图 3.56 所示，采用了截面注写表达方式，识读本图可以了解如下内容：

1）本图为 4 号楼梯平法施工图，比例为 1∶50。

2）校核轴线编号及其间距尺寸，与建筑图、剪力墙施工图、柱施工图、梁施工图保持一致。

3）查阅建筑平面图可知，本工程布置有 4 个楼梯，本图为 4 号楼楼梯平法施工图。

4）阅读结构设计总说明，楼梯混凝土所用混凝土强度等级为 C25。

5）由楼梯平面图可知：梯梁编号有 1 种，为 TL1；平台板编号有 1 种，为 PTB1；梯板编号有 5 种，分别为 AT1、CT1、CT2、DT1 和 DT2；标高−0.860～−0.030 之间的梯板的编号有 2 种，分别为 AT1、DT2；标高 1.450～2.770 之间的梯板的编号有 3 种，分别为 AT1、CT1 和 DT2，标准层的梯板的编号有 2 种，分别为 AT1 和 CT2。

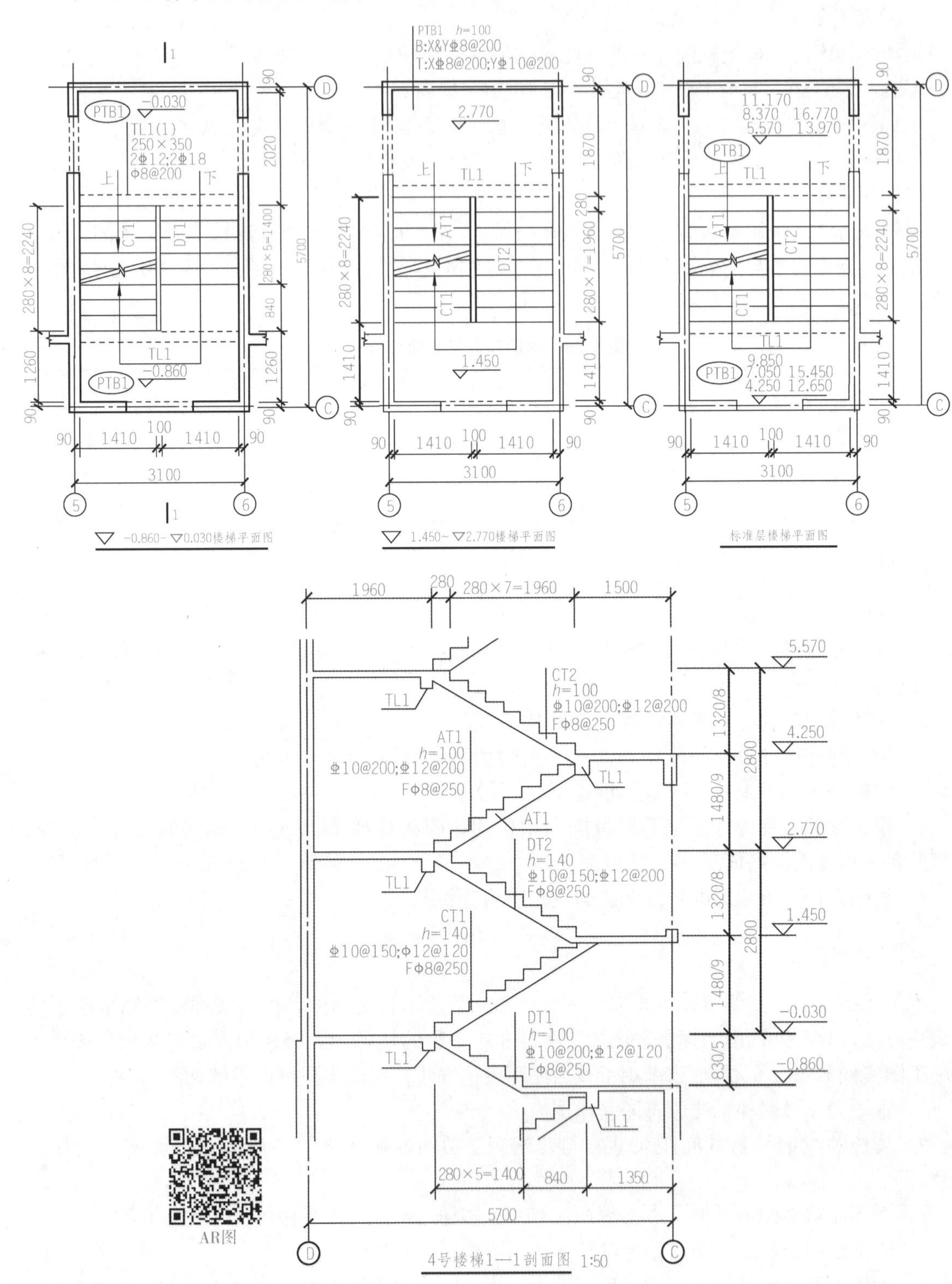

图 3.56　局部示意 4 号楼梯平法施工图

6）楼梯标注内容识读。

① 楼梯平面布置图注写内容。

a. 楼梯间的平面尺寸：楼梯间长 5700mm，宽 3100mm。

b. 标高：楼层结构标高值见平面图下方标题注写；层间结构标高值注写在平台板，要注意的是，标准层楼梯平面布置图可注写多层层间结构标高值。

c. 梯板的平面几何尺寸：由楼梯平面图可见，梯板间距 100mm，梯板宽 1410mm；AT1 梯板踏步数为 8，踏步板长度为 2240mm；CT1 梯板踏步数为 8，踏步板长度为 2240mm，高端平板长度为 1410mm；CT2 梯板踏步数为 7，踏步板长度 1960mm，高端平板长度为 280mm；DT1 梯板踏步数为 4，踏步板长度 1120mm，低端平板长度为 840mm，高端平板长度为 280mm；DT2 梯板踏步数为 7，踏步板长度 1960mm，低端平板长度为 1410mm，高端平板长度为 280mm。

d. 平台板的尺寸。靠近Ⓒ轴线处平台板：标高−0.860 处平台板宽度为 1260mm，其余标高处平台板宽度为 1410mm；靠近Ⓓ轴线处平台板：标高−0.030 处宽度为 2020mm，其余标高处为 1870mm。

e. 梯梁、平台板集中标注内容。

梯梁：编号为 TL1（1）；截面尺寸 250mm×350mm；上部通长钢筋为 2 ⊈ 12，下部通长钢筋为 2 ⊈ 18；箍筋为φ 8@200。

平台板：编号为 PTB1；厚度为 100mm；上部通长钢筋 X、Y 向均为⊈ 8@200；下部通长钢筋 X 向为⊈ 8@200，Y 向为⊈ 10@200。

② 楼梯剖面图注写内容。楼梯剖面图注写内容包括梯板集中标注、梯梁梯柱编号、梯板水平及竖向尺寸、楼层结构标高、层间结构标高等。此处只识读梯板集中标注部分，其余部分前述内容已经表述清楚。

a. 梯板厚度：AT1 板为 100mm，CT1 板为 140mm，CT2 板为 100mm，DT1 板为 100mm，DT2 板为 140mm。

b. 梯板配筋。

AT1 板：上部纵筋为⊈ 10@200，下部纵筋为⊈ 12@200；分布钢筋φ 8@250。

CT1 板：上部纵筋为⊈ 10@150，下部纵筋为⊈ 12@120；分布钢筋φ 8@250。

CT2 板：上部纵筋为⊈ 10@200，下部纵筋为⊈ 12@200；分布钢筋φ 8@250。

DT1 板：上部纵筋为⊈ 10@200，下部纵筋为⊈ 12@200；分布钢筋φ 8@250。

DT2 板：上部纵筋为⊈ 10@150，下部纵筋为⊈ 12@120；分布钢筋φ 8@250。

如果将该楼梯设计示例改为列表注写方法表达，则列表注写内容如表 3.30 所示。

表 3.30　楼梯列表注写

梯板类型编号	踏步高度/踏步级数	板厚 h/mm	上部纵筋	下部纵筋	分布钢筋
AT1	1480/9	100	⊈ 10@200	⊈ 12@200	φ 8@250
CT1	1480/9	140	⊈ 10@150	⊈ 12@120	φ 8@250
CT2	1320/8	100	⊈ 10@200	⊈ 12@200	φ 8@250
DT1	830/5	100	⊈ 10@200	⊈ 12@200	φ 8@250
DT2	1320/8	140	⊈ 10@150	⊈ 12@120	φ 8@250

7）梯板标准详图。在本板式楼梯平法施工图中，涉及 AT、CT、DT 三种类型的梯板，梯板施工时，需要查阅《22G101-2 图集》中有关这三种类型梯板的标准构造详图，以确定纵向钢筋、分布钢筋的构造及末端弯钩的做法，如图 3.57 所示。梯柱、梯梁的标准构造图集可参考《22G101-1 图集》。

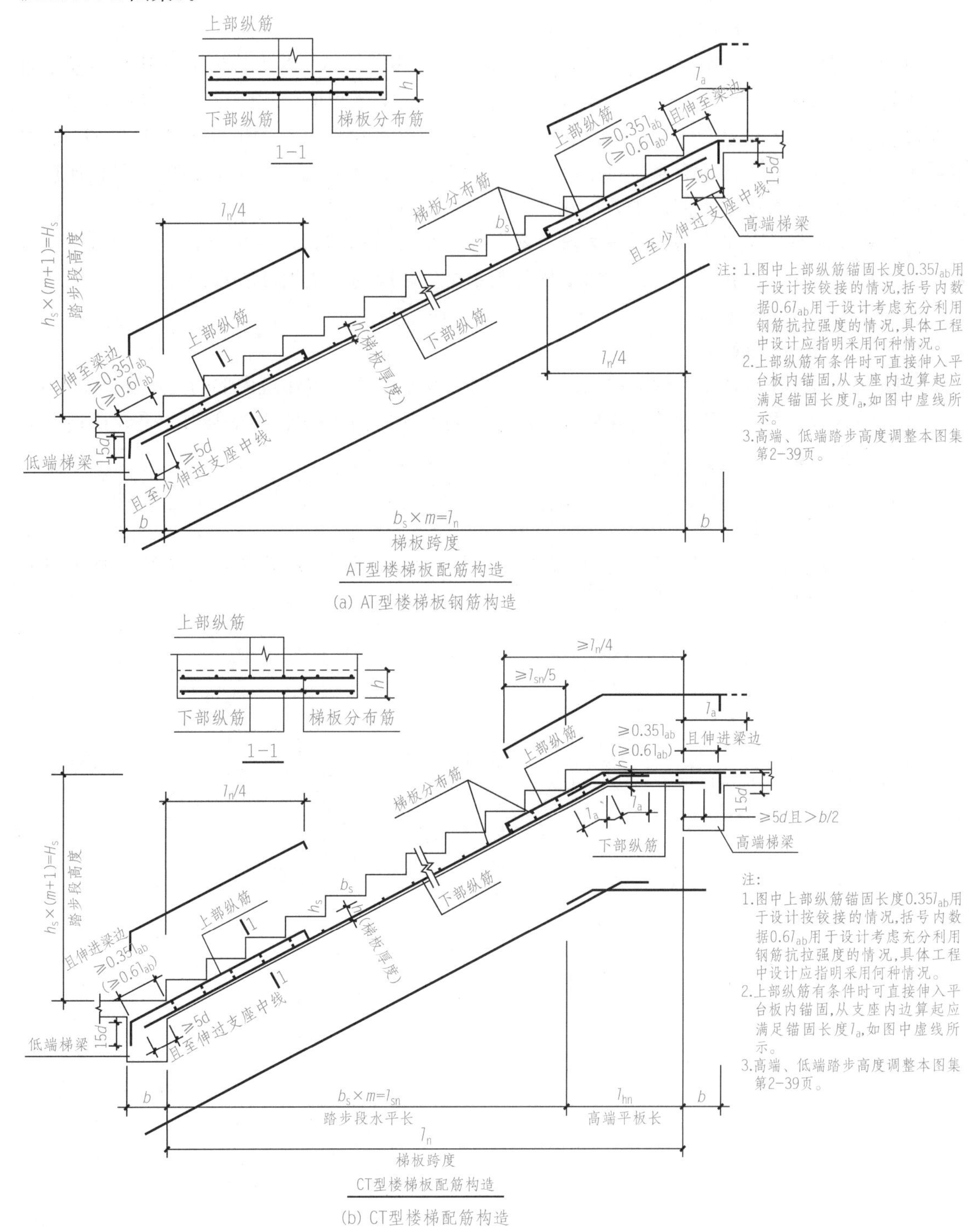

图 3.57　楼梯标准构造详图

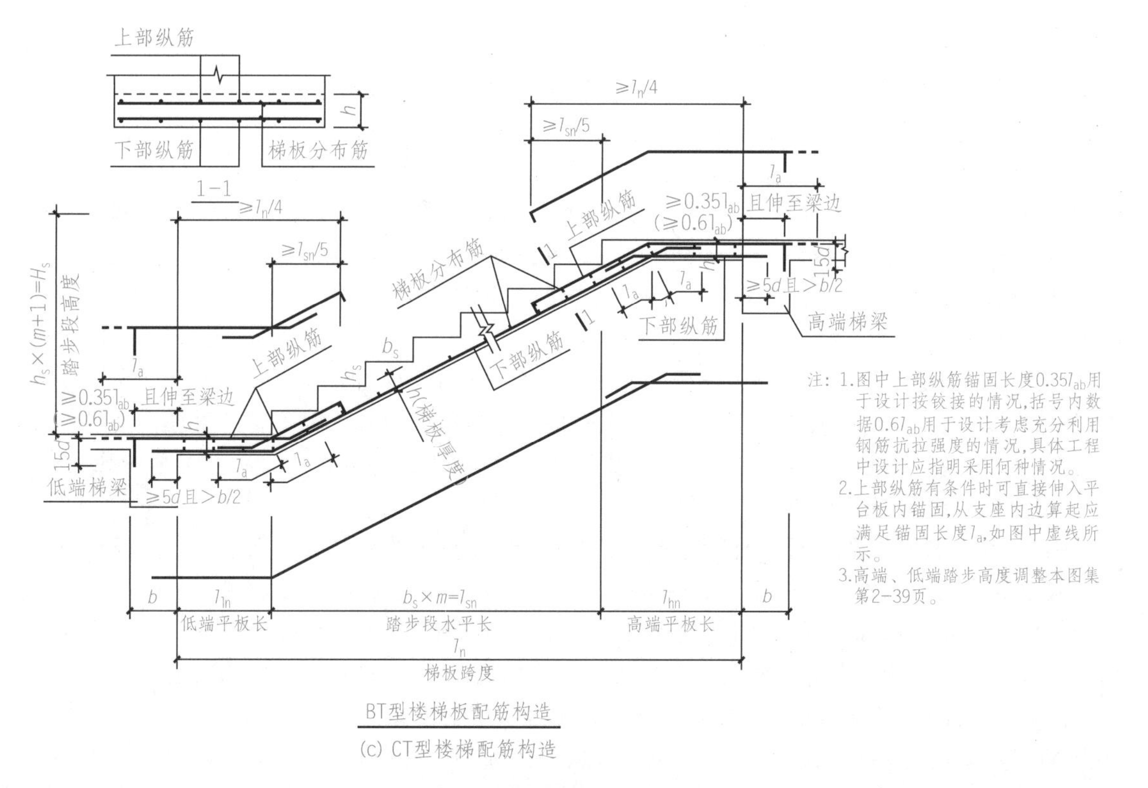

图 3.57　楼梯标准构造详图（续）

任务 3.3　给水排水施工图的识读

给水排水施工图识读的相关知识已在项目 2 中详细介绍，本单元高层框架结构建筑给水排水施工图与项目 2 多层砌体结构建筑给水排水施工图相比较，给水排水系统除生活给水、排水系统外，增加了给水消防系统，同时给水系统在给水方式上采用的是竖向分区，给水消防系统则包括消火栓和自喷两种系统。

下面以××社会主义学院综合楼给水排水施工图为例。

3.3.1　设计说明的识读

通过设计说明（图 3.58）中的工程概况我们大体了解该建筑给水排水系统的情况：生活给水采用竖向分区供水，1、2 层为低区（由市政管网供水），3 层及以上为高区（由水泵房供水）；生活排水系统为污废合流，雨水系统采用外排水；消防系统分室外消火栓、室内消火栓和自动喷水灭火系统。

3.3.2　系统图的识读

阅读完设计说明后，可先看给水排水系统图，便于快速了解该建筑给水排水各系统的总体情况，利于后续平面图的精读。

（1）生活给水系统图

图 3.59 为给水系统图。首先找到该建筑水源在何处，由图可知该建筑生活给水利用了市政

供水，共 2 个给水入口。首先看图样左下角的 1 号给水入口，引入管 DN100 埋地深度－1.4m，分别给 1 号生活水泵房、一二层 JL-1、一二层 JL-1C 和人防水箱供水；1 号生活水泵房连接 DN100 屋顶高位蓄调罐进水管（JL-0 及 JL-JS），通过无负压设备将水输送到屋顶水箱。由水箱分出 2 根出水管（JL-1G′和 JL-CS），其中 JL-1G′供 14 层和 15 层，管径分别为 DN65 和 DN50。JL-CS（转弯后变为 JL-Z）负责建筑 3～13 层的供水，在 13 层 55.4m 处分支出 DN100 横支管并连接 JL-1G（3～13 层局部供水）；在设备层 24.2m 处分支出 DN65 横支管并连接 JL-G1～JL-G11 总计 11 根立管，其中 JL-G1 和 JL-G7 负责 6～12 层局部供水，其余 9 根负责 6～7 层局部供水；在 4 层 18.1m 分支出 DN50 横支管并连接 GL-CF1（4 层局部供水）；JL-Z 最终在 3 层 13.6m 位置转弯为 GL-5C（3 层局部供水）。通过上述粗读，我们了解该建筑给水为分区给水，1～2 层由市政水压直接供水，三层以上由水泵及水箱供水，采用的是上供下给的方式。关于管道直径、阀门、水表等附件位置在此不叙述。另外，位于图样右侧的 2 号给水入口给水系统可参照上述方法识读。

（2）消火栓给水系统

图 3.60 为消火栓系统图。面对复杂的管线，可以从最大管径的管道入手，进而找到消火栓系统的水源。图中左侧建筑标高－2.900m 位置，由 DN150 管道构成环状网，上接 2 个消火栓系统加压泵（此为水源位置）。图纸左侧为 15 层西塔消火栓系统，水源除加压泵外，还有左下角的 3 个水泵接合器；图纸中间为 3 层裙楼消火栓系统；图纸右侧为 10 层东塔消火栓系统。

西塔消火栓系统管径 DN150 的环状横干管位置在建筑标高－2.900m 处，1～13 层消火栓用水由 XL-1～XL-5 五根消防立管提供，14、15 层及屋面消火栓用水由 XL-2、XL-W1、XL-W2 及 XL-0 提供，地下一层消火栓用水则直接由环状横干管分支管提供。需要注意的是，消火栓系统强调供水的稳定可靠，除双引入管外，标高－2.9m 横干管和 55.1m 管道均采用环状布置。

裙楼消火栓系统用水由西塔横干管双引入管引入，在建筑标高－1.00m 处分支为上、下 2 个 DN150 环状横干管网（－1.000m 和－2.900m 位置），建筑标高－1.000m 环状横干管网供裙楼地上 3 层的消火栓用水，建筑标高－2.900m 环状横干管网供裙楼设备层及地下一层的消火栓用水。

东塔消火栓系统可按照上述方法识读。

（3）自动喷淋系统及有压排水系统

图 3.61 为自动喷淋和有压排水系统图。

自动喷淋系统：自动喷淋系统由喷淋加压泵供水，由 DN150 横干管形成环状。在横干管上分支管（建筑标高－5.650m 处）连接 3 根 DN150 立管（ZPL-1、ZPL-2、ZPL-3）。ZPL-1 供西塔 1～3 层喷淋系统用水，ZPL-2 供西塔 4～8 层喷淋系统用水，ZPL-3 供西塔 9～15 层喷淋系统用水。横干管上连接有水泵接合器，分支管末端有试水装置。另外，ZPL-0 立管连接屋顶水箱，提供自喷系统火灾前期 10min 用水。

有压排水系统：对于无法通过重力流排入室外污水管道的建筑内污废水，需要通过有压排水。有压排水系统识读较简单，注意每个压力废水出口对应的建筑内部废水即可。

（4）生活污水排水系统

图 3.62 为排水系统图。

可根据项目 2 污水排水系统方法识读，了解每个污水出口对应建筑内部的污水、立管编号、伸顶通气帽数量、管径、坡度等。需要注意的是，高层建筑污水排水系统采用的是专用通气立管的双立管排水系统，与多层砖混建筑的单立管排水系统不同。

3.3.3 平面图的识读

图 3.63 为地下一层及设备层给排水消防平面图。通过图样，我们可以知道给水系统引入管、水泵房、给水管的位置，排水立管、干管、污水井的位置等信息。

给水排水设计说明

一、设计说明

（一）、工程概述及设计范围

本工程为xx社会主义学院综合楼，位于xx市长风西大街以北，富力现代广场以南，西中环快速路以东。总建筑面积为32365.96m²，结构形式为框架结构。

本工程为高层建筑，地下一层，地上十五层及十层。地下室为设备用房、库房、汽车库等。地上为办公用房建筑高度：67.9m及46.3m；室内外高差：0.300m。

本工程设计范围为室内生活给水系统、生活排水系统、雨水系统、消火栓给水系统、自动喷水灭火系统建筑灭火器的配置。

（二）、设计依据

1. 建设单位提供的本工程有关资料和设计任务书。
2. 建设单位提供的设计要求及给排水市政条件。
3. 建筑和有关工种提供的作业图和有关资料。
4. 现行有关设计规范及规程：

《建筑给水排水设计规范》(GB 50015—2003)
《高层民用建筑设计防火规范》(GB 50016—2014)
《自动喷水灭火系统设计规范》(GB 50084—2001)
《汽车库、修车库、停车场设计防火规范》(GB 50067—2014)
《建筑灭火器配置设计规范》(GB 50140—2005)
《建筑给水排水及采暖工程施工质量验收规范》(GB 50242—2002)
《汽车用建筑设计规范》(JBJ100-2015)

（三）、管道系统设计

1. 生活给水系统

生活给水系统水源为市政给水管网，水质应符合现行国家标准《生活饮用水卫生标准》的要求，市政给水管网水压0.35MPa。

(1) 生活用水量标准：餐饮50L/(人·次)，办公50L/(人·班)，住宿300L/(床·日)。本工程最高日用水量为135m³/d，最大小时用水量为20.3m³/h

(2) 给水系统分区：

给水系统分为两个区，1、2层为低区3层以上为高区，低区给水系统采用枝状管网供水，低区给水系统所需水量，水压由市政给水管网保证，高区水量水压由生活水泵房无负压给水设备保证。

(3) 生活给水系统设计秒流量及设计工作压力：

低区设计秒流量：5.2L/s，设计工作压力：0.30MPa。

高区设计秒流量：9.9L/s，设计工作压力：0.87MPa。

2. 生活污水系统：本工程最高日排水量为121.5m³

(1) 本工程污、废水采用合流制。室内±0.000以上污废水重力自流排入室外污水管，地下室废水采用潜水排污泵提升至室外污水管网。厨房和水在室外设隔油池，经隔油池处理后排入室外污水管网。

3. 雨水系统

屋面雨水采用外排水系统，屋面雨水经雨水斗和雨水管排至室外雨水管道，详见建施工图。

4. 消防给水系统

(1) 消防用水量

室外消火栓系统：30L/s，室内消火栓系统：40L/s；火灾延续时间为3h，室内、外消火栓系统一次灭火用水量为756m³，室内消防用水贮于地下600m³消防水池内。

(2) 室外消火栓给水系统。

室外消火栓给水系统水源为市政给水管网，水量、水压由市政给水管网保证，在红线内设生活、消防合用的室外低压给水环状管网，室外消火栓的间距不应大于120m，保护半径不应大于150m，消火栓距路边不应大于2m，距房屋外墙不宜小于5m。火灾时供城市消防车吸水，向着火点加压供水灭火。室外低压给水管道的水压，当生活和消防用水量达到最大时，不应小于0.1MPa（从室外设计地面算起），室外消火栓距高层建筑外墙距离不宜小于5m，并不宜大于40m，距路边距离不宜大于2m。室外消火栓的设置具体详室外消防管网设计（不在本次设计范围内）。

(3) 室内消火栓给水系统。

a. 系统设计

室内消火栓系统采用临时高压制。消火栓系统专用泵设于地下一层消防水泵房内。

b. 室内设专用消火栓给水管网；消防泵不分区。

室内消火栓给水系统为环状管网，系统静压不小于1.0MPa，消火栓的设置保证同层任何部位有两个消火栓的水枪充实水柱同时到达，室内消火栓箱型号，规格如下：

箱体	型号：SG24B65Z-J 带自救式消防卷盘
	尺寸：1000X700X240
	水枪口径：φ19mm
	衬胶水带长度：25m,DN65
	消防卷盘和指示灯、按钮见05S4第12页

c. 屋顶设有效容积为18m³的消防水箱及增压稳压设施，以保证最不利点处消火栓的充实水柱长度不小于10m。

消火栓系统所需压力为1.04MPa。

d. 室外设三套地下式消防水泵接合器与室内消火栓系统的环状管网连接。地下式消防水泵接合器设置位置与主体建筑距离不小于5m。

e. 为保证消火栓栓口的出水压力不大于0.5MPa，10层以下的消火栓采用减压稳压消火栓，栓后压力为0.45MPa。

f. 消火栓系统控制：

<1>自动控制：平时系统压力由屋顶消防增压稳压装置维持，稳压泵由连接隔膜式气压罐管道上的压力控制器控制，消火栓加压泵由装在水泵出水管上的压力开关控制。当系统压力上升至0.42MPa时，稳压泵停止；系统压力下降至0.36MPa时，稳压泵启动；系统压力继续下降时，水泵房消火栓系统加压泵启动，灭火后手动停泵。

<2>手动控制：火灾时，由消火栓箱按钮启动消火栓加压泵。消火栓泵启动后，水泵运转信号反馈至消防控制中心及消火栓处，消火栓指示灯闪亮。消防控制中心及消防水泵房均可就地启停消火栓加压泵，消防结束后手动停泵。

5. 自动喷水灭火系统

a. 本工程各层按规范设置自动喷水灭火系统，按中危险Ⅱ级考虑，喷水强度为8L/(min·m²)，作用面积为160m²，系统用水量为30L/s。最不利点喷头工作压力为0.1MPa。

b. 系统设计：

自动喷水系统采用临时高压制，系统不分区。自动喷水系统专用泵设于地下一层消防水泵房内。本系统一小时的灭火用水量108m³贮于室外地下消防水池内。屋顶消防水箱可满足最不利点处喷头的最低工作压力0.10MPa和喷水强度。喷淋系统低区所需压力为1.1MPa。

c. 湿式报警阀的设置：

在地下一层设5套湿式报警阀和2套预作用报警阀。屋顶18m³消防水箱出水管与自动喷水泵出水管在报警阀前相连，并成环状管网布置。每套报警阀组，均设有泄水和排污装置，每组报警阀控制喷头数不超过800个，水力警铃设于有人值班的地点附近，与报警阀连接的管道管径为DN20mm，且长度小于20m。

d. 每个防火分区（或每层）均设信号阀与水流指示器，报警阀组控制的最不利点喷头处设末端试水装置，其它防火分区（或楼层）的最不利点喷头处均设DN25的试水阀。

e. 喷头选用：采用玻璃球标准喷头，有吊顶处选用吊顶型；无吊顶处，选用直立型，且喷头溅水盘与顶板的距离100mm。玻璃球闭式喷头公称动作温度为68℃，色标为红色。喷头接管直径为DN15，经大小头与支管相连。

f. 喷头布置：图中所注喷头间距如遇其他工种或装修中需调整时，应满足《自动喷水灭火系统设计规范》GB50084—2001(2005年版)的要求，喷头距灯具和风口距离不得小于0.4m。

g. 室外设两套地下式消防水泵接合器与室内自动喷水灭火系统湿式报警阀前的环状管网连接。

h. 自动喷水灭火系统控制：

<1>自动控制(湿式)：平时系统压力由综合楼屋顶水箱保持，火灾发生时喷头喷水，喷头所在区的水流指示器动作并发出信号至消防控制室，在水力压差作用下打开报警阀，敲响水力警铃，在压力开关动作的同时，自动启动喷水泵向系统供水。自动喷水泵在启动一小时后应自动停泵。消防控制室显示水泵工作状态，并能自动、手动启停水泵。

自动控制(预作用)：平时系统呈干式，火灾发生时由火灾自动探测报警系统自动开启预作用阀使管道充水把原来呈干式的系统迅速转变成湿式系统，闭式喷头开启后，立即喷水灭火。自动喷水泵在启动1h后应自动停泵。消防控制室显示水泵工作状态，并能自动、手动启停水泵。

<2>手动控制：火灾时，泵房内值班人员可手动启动自动喷水泵，1h后手动关闭自动喷水泵。

i. 对消防供水设备的其他控制要求：

消防值班室应能显示水流指示器、压力开关、信号阀、消防泵、稳压泵运行状态（并报警），应能显示消防水池及屋顶消防水箱水位，各台消防泵应能轮值工作；消防泵应定时手动巡检。消防水池内水位达到溢流水位时，应能报警；达到最低水位时，应能报警且自动停泵。

j. 在大于1.2m的通风管道和桥架下方增设喷头。增设喷头的上方有缝隙时应设集热板。喷头向下安装。

6. 移动式灭火器

本工程灭火器配置场所按中危险级考虑，火灾种类为A类，每个设置点设2具MF/ABC3手提式磷酸铵盐干粉灭火器；灭火器的配置位置详各层平面图。变配电室设AS600/10kg气体灭火器。

二、施工说明

（一）、管材

1. 生活给水热水管：

(1) 生活给水、热水采用铝合金衬PE-RT管材(外层为铝合金层，内层为耐热增强聚乙烯PE-RT管材)专用管件热熔连接。铝合金管道须有结构承载作用，管材和管件的承压为1.4MPa。

(2) 生活给水系统必须采用与管材相适应的管件，所涉及的材料必须达到饮用水卫生标准。

2. 排水管道：

(1) 排水系统管材采用抗震柔性接口离心排水铸铁管，安装详《建筑排水用柔性接口铸铁管安装04S409》。承插法兰盘连接。

(2) 地下一层集水坑内与潜污泵连接的压力废水管道采用热浸镀锌钢管，DN<100mm者，丝扣连接，DN?100mm者，法兰连接。管材和接口要求承压1.0MPa。集水坑外的压力废水管、预埋在垫层或底板中的压力废水管采用焊接钢管，焊接。

(3) 水池、水箱溢水、泄水管道均采用热镀锌钢管，丝口连接。溢水管排出口应装设网罩，外用18目不锈钢丝网包扎牢固。

3. 消防给水管道：

(1) 消火栓系统采用焊接钢管，焊接接口，阀门及需拆卸部位采用法兰连接，管材和接口要求承压1.6MPa。

(2) 自动喷水灭火系统采用内外壁热浸镀锌钢管，DN<100mm者丝扣连接，DN≥100mm以上者沟槽连接。建筑外墙以外的埋地管采用内衬水泥砂浆球墨铸铁管（转换接头在室内），承插接口，橡胶圈密封。管材和接口要求承压1.4MPa。

（二）、阀门

1. 生活给水系统：DN≤50mm者，采用与管材相配套的截止阀；DN>50mm者，采用型号为D41X型蝶阀，工作压力1.4MPa。

2. 消火栓系统采用有明显启闭标志的型号为D41X型蝶阀，工作压力1.6MPa。

3. 自动喷水灭火系统报警阀及水流指示器前采用信号蝶阀，其余采用型号为D41X型蝶阀，工作压力1.4MPa，试水装置上采用工作压力1.4MPa的铜截止阀。

4. 消防泵出水管上采用工作压力1.6MPa的蝶阀，水泵吸水管上采用工作压力0.6MPa的闸阀。

5. 压力排水管上的阀门采用铜芯球墨铸铁外壳闸阀，工作压力1.0MPa。

6. 蹲式大便器，小便器，洗手盆应采用感应式延时自闭冲洗阀。

（三）、止回阀

1. 生活、消防进户管上设带关闭弹簧的止回阀，工作压力与同位置的阀门一致。

2. 排水水泵出水管上装设HQ11X-1.0球型止回阀，工作压力与同位置的阀门一致。

（四）、附件

1. 卫生间均采用铝合金防返溢地漏，地漏水封高度不小于50mm，箅子均为镀铬制品，地漏篦子表面低于该处地面5~10mm。构造内无存水弯的卫生器具与生活污水管道或其它可能产生有害气体的排水管道连接时，必须在排水口以下设存水弯。存水弯的水封高度不小于50mm。

2. 地面清扫口采用铜制品，清扫口表面与地面平。

（五）、卫生洁具

1. 卫生洁具选型由甲方自定，洁具给水及排水五金配件应采用与卫生洁具配套的节水型产品。

2. 卫生间不得选用一次冲水量大于6升的坐式大便器。

3. 卫生间大便器及小便器冲洗阀采用自闭式冲洗阀，洗手盆水嘴采用感应式水嘴。

（六）、管道敷设

1. 本工程全部给排水，消防管道均明设，立管设于墙角或管井中，明设的给排水立管距灶边的近距不得小于0.4m。沿墙柱敷设的消防，排水立管除图中注明者外，以最小安装距离敷设，见下图：（特殊墙面做法按完成面考虑）。

80 DN≤50mm 80　　120 50mm<DN≤100mm 120　　150 DN>100mm 150

2. 给水管穿楼板时，应设钢套管。安装在楼板内的套管，其顶部应高出装饰地面20mm；安装在卫生间及厨房内的套管，其顶部高出装饰地面50mm，底部应与楼板底面相平；套管与管道之间缝隙应用阻燃密实材料和防水油膏填实，端面光滑。

3. 排水管穿楼板应预留孔洞，管道安装完后将孔洞严密捣实，立管周围应设高出楼板面设计标高10~20mm的阻水圈。

4. 管道穿钢筋混凝土墙和楼板、梁时，应根据图中所注管道标高、位置配合土建工种预留孔洞或预埋套管；设于柱边、梁边、墙角处的管道除图中注明者外，均应靠梁、靠柱、靠墙角敷设便于装饰，管道穿地下室外墙及水池壁时，应预埋防水套管，其中穿越水池壁的管道预埋柔性防水套管，其余均预埋刚性防水套管（Ⅱ型），防水套管选用与做法详标准图05S2/194.195页。

5. 阀门安装时应将手柄留在易于操作处。暗装在管井、吊顶内的管道，凡设阀门及检查口处均应设检修孔，尺寸不得小于600×600mm。检修孔做法详建施图。

（七）、管道坡度

1. 排水管道塑料排水横支管的标准坡度为0.026，其余除图中注明者外，均按下列坡度安装：

（铸铁管）管径 mm	DN50	DN75	DN100	DN125	DN150
污水、废水管标准坡度	0.035	0.025	0.020	0.015	0.010

2. 给水管、消防给水管均按0.002的坡度坡向立管或泄水装置。且最高点设自动排气阀，最低点设泄水装置。

3. 通气管以0.01的上升坡度坡向通气立管。

（八）、管道支架

1. 管道支架或管卡应固定在楼板上或承重结构上。

2. 钢管水平安装的支、吊架间距不应大于《建筑给水排水及采暖工程施工质量验收规范》GB 50242—2002之表3.3.8的规定。

3. 排水立管检查口距地面或楼板面1.00m。

4. 自动喷水管道的吊架采用防晃吊架，吊架与喷头之间的距离应不小于300mm，距末端喷头距离不大于750mm，吊架应位于相邻喷头间的管段上，当喷头间距不大于3.6m时，可设一个，小于1.8m允许隔段设置。

5. 报警阀安装高度：中心距地面1.2m。消火栓栓口距地面或楼板面1.10m。

（九）、管道连接

1. 污水横管与横管的连接，不得采用正三通和正四通。污水立管偏置时，应采用乙字管或2个45°弯头。污水立管与横管及排出管连接时采用2个45°弯头，且立管底部弯管处应设支墩。

2. 自动喷水系统不同管径的管道连接，应采用异径管，不应采用补心。弯头上不应采用补心。当必须采用补心时，三通上可采用一个，四通上不应超过二个，DN>50mm的管道不宜采用活接头。

3. 管道穿过变形缝处，在缝的两端安装不锈钢波纹管，其工作压力与管道工作压力一致。

4. 排水立管与专用通气立管之间采用H管件连接，H管与通气管的连接点应在卫生器具上边缘以上0.15m。

（十）、管道及设备保温

1. 屋顶水箱间的管道及水箱，楼梯间内的消防管道，地下一层的所有给水管道、消防管道均作防冻保温各层给水及立管，吊顶内的给水管、排水管均做防结露保温。地下车库入口处管道设电伴加热。

2. 保温材料采用离心玻璃棉，防冻管道保温厚度40mm；防结露管道保温厚度10mm，保护层采用玻璃丝布缠绕，保温应在完成试压合格及除锈防腐处理后进行。

（十一）、管道防腐

1. 在涂刷底漆前，应清除表面的灰尘、污垢、锈斑、焊渣等物。涂刷油漆厚度应均匀，不得有脱皮、起泡、流淌和漏涂现象。

2. 管道支架除锈后刷防锈漆两道，灰色调和漆两道。

3. 水箱、水池溢水、泄水管外壁刷蓝色调和漆两道；雨水管外壁刷白色调和漆两道，雨水斗外壁刷沥青漆两道。

4. 消火栓管外壁刷防锈漆两道，再刷红色调和漆两道；自动喷水管外壁刷红色调和漆两道，再刷黄色漆环，间距2m。

5. 压力排水管内外壁先刷防锈漆两道，再刷黑色调和漆两道。

6. 排水铸铁管刷防锈漆两道。

7. 保温管道：进行保温后，外壳再刷防火漆两道。各种管道的色标为：给水管—浅蓝；消火栓管—红色；自动喷水管—红底黄环。

（十二）、设备、管道试压

设备、管道安装完毕后按验收规范对设备、管道系统进行强度严密性试验，以检查管道系统及各连接部件的产品及安装质量，此过程在管道防腐与保温之前进行。

1. 给水管网试验压力低区为0.6MPa，高区为1.3MPa；试压方法应按《建筑给水排水及采暖工程施工质量验收规范》GB 50242—2002 4.2.1条的规定执行。

2. 消火栓给水管道的试验压力为1.6MPa，保持压力两小时无渗漏为合格。

室内消火栓系统安装完毕取屋顶试验消火栓和首层取二处消火栓做试射试验，屋顶试验消火栓出水量不小于5L/s首层两处消火栓试射检验两股充实水柱同时到达本消火栓应到达的最远点的能力。达到设计要求为合格。

3. 自动喷水管网安装完毕后，应对其进行强度试验、严密性试验和冲洗。

(1) 自动喷水管网试验压力低区为1.4MPa；水压强度试验的测试点应设在系统管网的最低点。

对管网注水时，应将管网内的空气排净，并应缓缓升压：达到试验压力后稳压，管网无泄漏、无变形30min且压力降不大于0.05MPa。

(2) 水压严密试验应在水压强度试验和管网冲洗合格后进行。试验压力应为设计工作压力，稳压24h无泄漏。

(3) 系统喷头及阀门附件现场检验应符合《自动喷水灭火系统施工及验收规范》GB 50261—2005第3.2.3、3.2.4条规定。

4. 隐蔽或埋地的排水管道在隐蔽前必须做灌水试验，其灌水高度应不低于底层卫生器具的上边缘或底层地面高度。检验方法：满水15min水面下降后，再灌满观察5min，液面不降，管道及接口无渗漏为合格。

5. 污水立管、横干管，还应按《建筑给水排水及采暖工程施工质量验收规范》GB 50242—2002的要求做通球试验。压力排水管道按排水泵扬程的2倍进行水压试验，保持30min，无渗漏为合格。

6. 水压试验的试验压力表应位于系统或试验部分的最低部位。

7. 管道施工完毕，必须进行水压试验。不合格的应返修或加固，重做实验，直至合格为止。清洗管道用水和试验用水，应将其应引至排水系统，不得任意排放。

8. 钢板水箱满水试验，应按国标02S101《矩形给水箱》中要求进行；钢筋混凝土水池满水试验24h渗漏率应小于1/1000，具体按《给水排水构筑物施工及验收规范》GB 50141—2002中要求进行。

（十三）、管道冲洗

1. 生活给水系统管道在交付使用前必须冲洗及消毒，要求以不小于1.5m/s的流速进行冲洗，并符合《建筑给水排水及采暖工程施工质量验收规范》GB 50242—2002第4.2.3条的规定。并经有关部门取样检验，其水质必须符合现行的生活饮用水卫生标准的要求。

2. 排水管冲洗以管道通畅为合格。

3. 消防给水管道冲洗：室内消火栓给水系统在与室外给水管连接前，必须将室外给水管冲洗干净，其冲洗强度应达到消防时最大设计流量。

4. 室内消火栓系统在交付使用前应将室内管道冲洗干净，其冲洗强度应达到消防时的最大设计流量，冲洗时应将冲洗水排入雨水或排水管道，防止对建筑物等造成水害。

5. 自动喷水管网安装完毕后，应对其进行冲洗。冲洗应在试压合格后分段进行。冲洗顺序应先室外，后室内；先地下，后地上；室内部分的冲洗应按配水干管、配水管、配水支管的顺序进行。管网冲洗宜采用生活用水进行，冲洗前，应对系统的仪表采取保护措施。冲洗直径大于DN100的管道时应对其死角和底进行敲打但不得损害管道。

6. 自动喷水系统喷头应在系统试压冲洗合格后再安装

（十四）、其他

1. 图中所注尺寸除管长、标高以m计外，其余以mm计。本图所注管道标高：给水、消防、压力排水管等压力管指管中心；污水、废水、雨水管等重力流管道和无水流的通气管指管内底。

2. 室内标高均以相对标高±0.000标高计。

3. 水池、水箱的人孔采用加锁井盖。

4. 设计选用的设备、管材均为全新合格产品，购买和安装前应对产品质量进行认真检查，并经监理工程师确认合格后才允许应用于工程中。

5. 水泵、水箱待甲方确定厂家，供货方须与相关设计人员核对后方可使用。

6. 本设计所涉及的管道设备、器材均应按国家有关规定和厂家要求进行安装、调试、定期维护、检修。

7. 除本设计说明外，施工中还应遵守《建筑给水排水及采暖工程施工及质量验收规范》GB 50242—2002及《给水排水构筑物施工及验收规范》GB 50141—2002施工。

8. 未述之处，按照国家现行有关规范、规定执行，其中强制性条文必须严格执行。

9. 此套图与本项目各主管部门审批通过的文件一并生效

XX 建筑设计研究院

合作设计单位 CO-OPERATED WITH

业 主 CLIENT

项目名称 ××社会主义学院综合楼

工程名称 ××社会主义学院综合楼

设计阶段

设计专业

图纸名称 给水排水设计说明

工程编号

分项编号

图 号 01

所 长

项目负责人

审定人

审核人

校对人

设计人

出图日期

图3.58 设计说明

（电子资源附录2，项目3图3.58～图3.63）

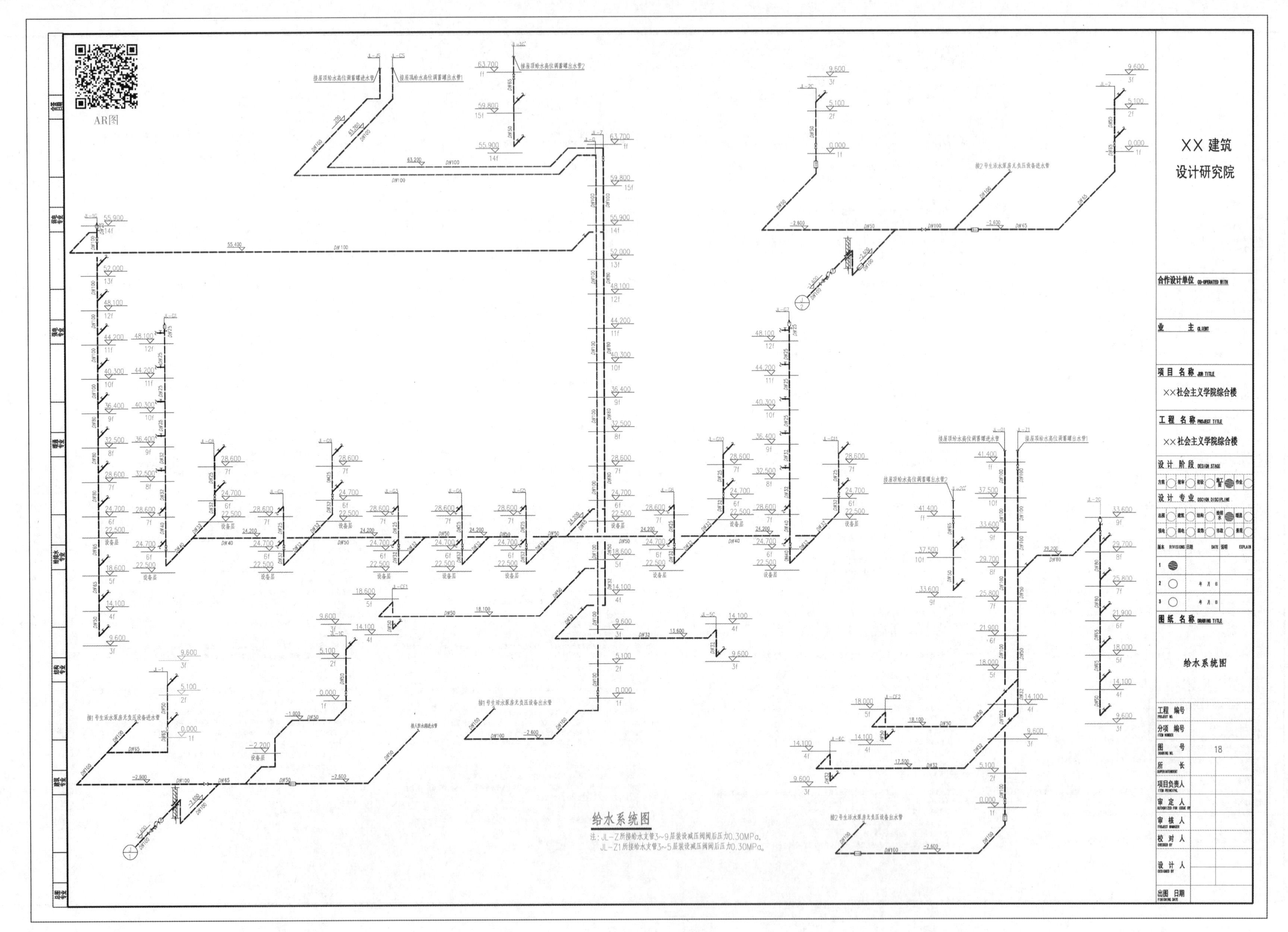

图 3.59　给水系统图

（电子资源附录 2，项目 3，图 3.58～图 3.63）

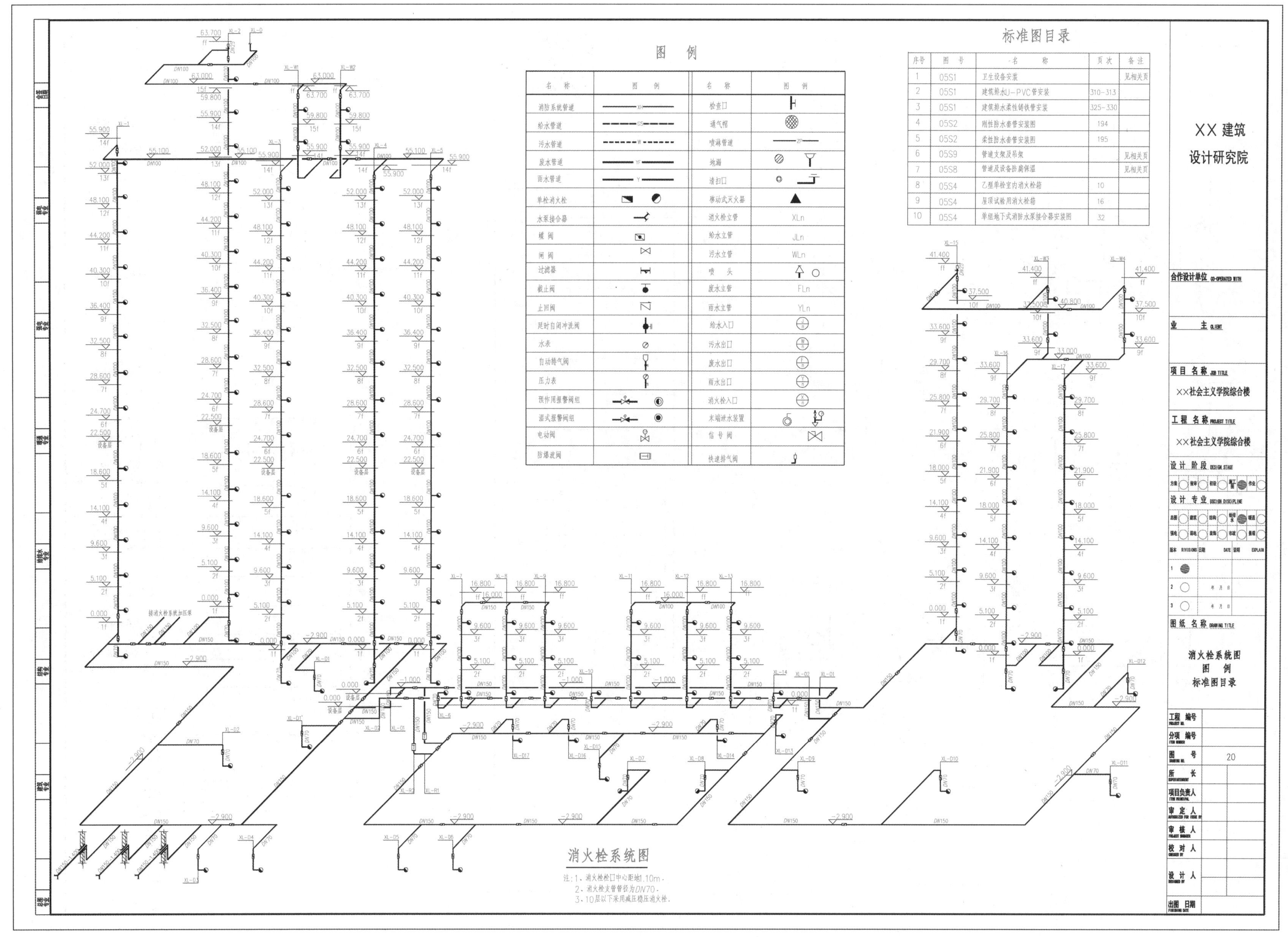

图 3.60　消火栓系统图

（电子资源附录 2，项目 3，图 3.58～图 3.63）

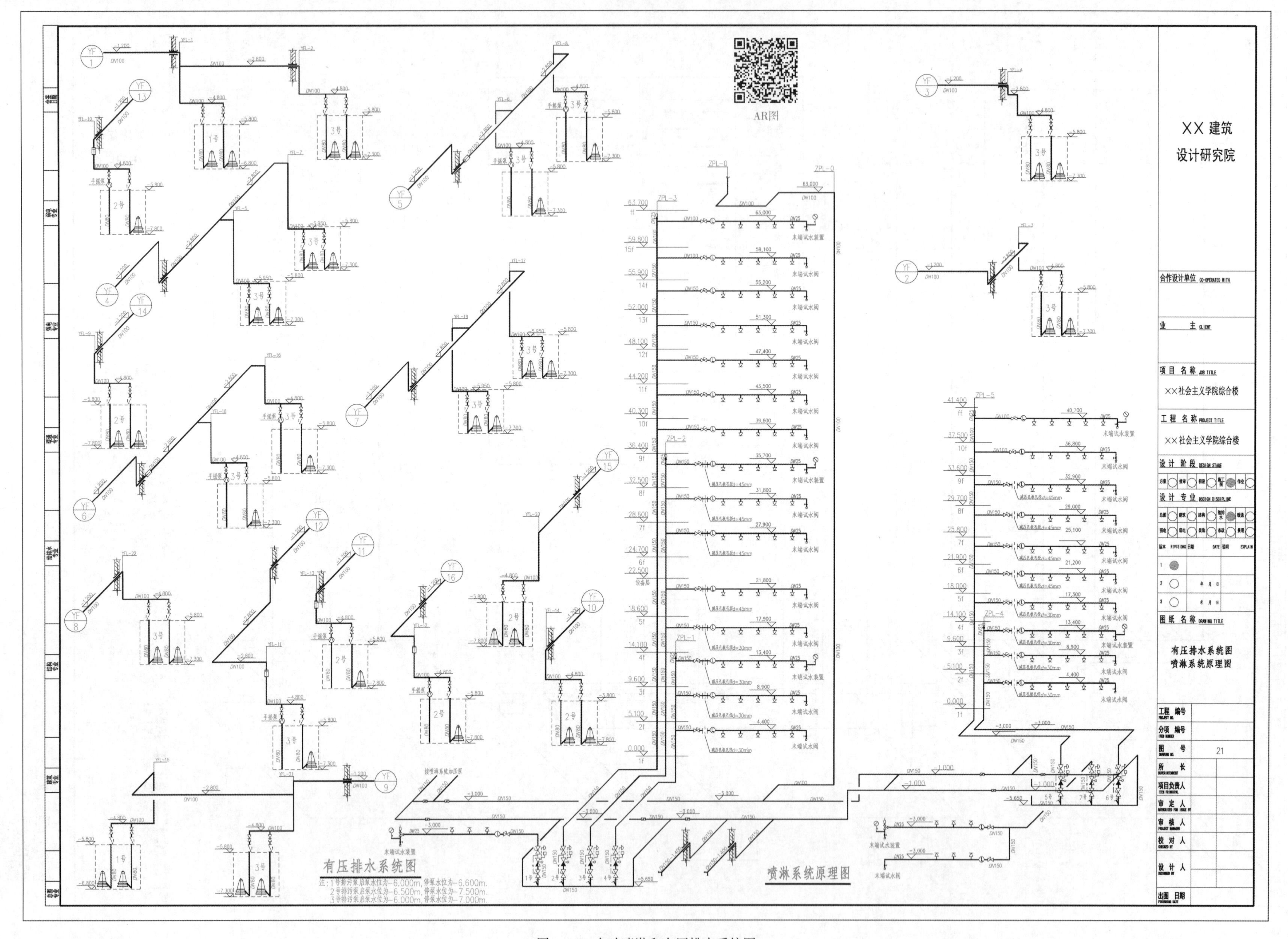

图 3.61　自动喷淋和有压排水系统图

（电子资源附录 2，项目 3，图 3.58～图 3.63）

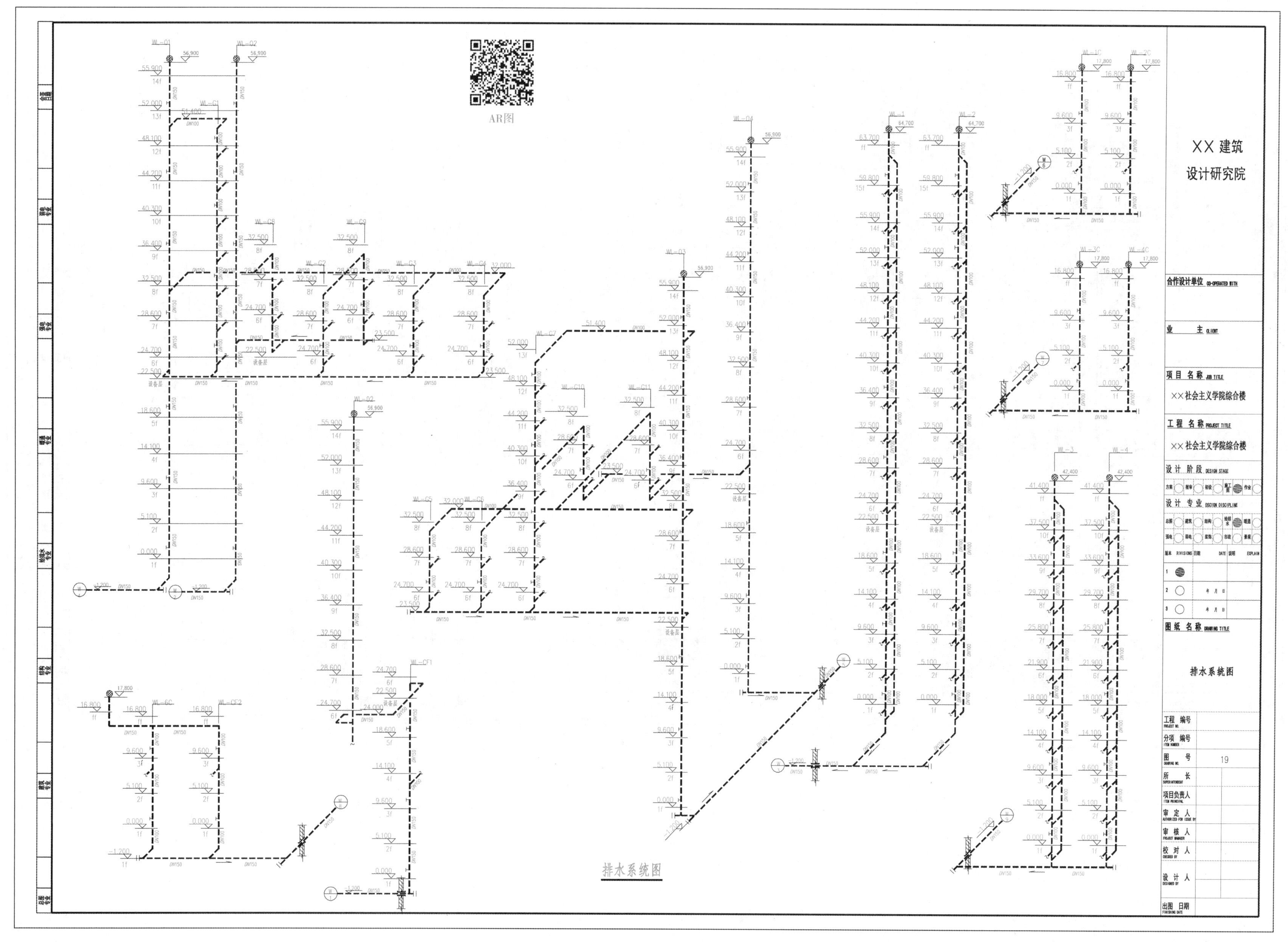

图3.62　排水系统图

（电子资源附录2，项目3，图3.58～图3.63）

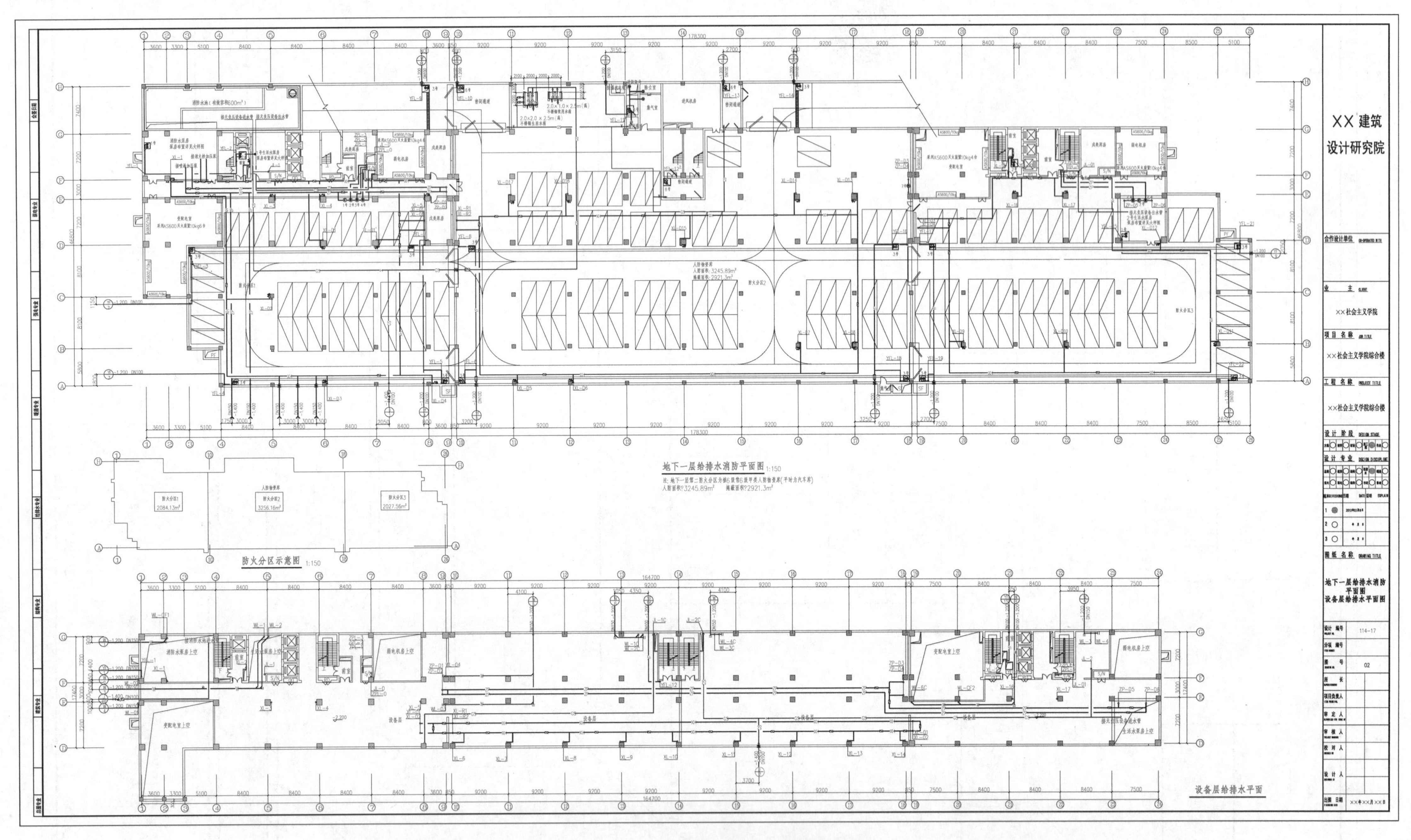

图 3.63　地下一层及设备层给水排水消防平面图

（电子资源附录 2，项目 3，图 3.58～图 3.63）

（1）设备层给水排水消防平面图

生活给水系统：引入管（GS黄色线条）在⑮轴和⑯轴，由室外市政管道通过2号给水入口供水，进入建筑后分别供JL-2C、JL-2和东塔设备层生活水泵房。西塔设备层生活给水只能见生活水泵房及其附近的JL-1。中间裙楼⑬轴、⑭轴交Ⓖ轴有JL-1C，连接该立管的横支管最终汇合至⑧轴交Ⓓ轴一立管。通过设备层生活给水系统的识读，我们解决了东塔水源从何处来到何处去的问题，对于西塔及裙楼水源去向不清楚，可通过地下一层平面图及图号为18号的给水系统图了解。

消防给水系统：⑧轴位置可见XL-01和XL-02两立管，与之连接的是两根粉红色带“XH”字样的消防横干管，并形成环状，该干管在各柱位置分出XL-6～XL-14共9根立管。在Ⓔ和Ⓕ轴交⑨轴可见ZP-D1和ZP-D2两自动喷淋立管，与之连接的是两根粉红色带“ZP”字样的自动喷淋消防系统横干管，并形成环状，在⑱轴分支出ZP-D3和ZP-D4两根自动喷淋立管，在生活水泵房上方分支出ZP-D5和ZP-D6两根自动喷淋立管。另外，在西塔部分柱子旁能看到XL-3和XL-4两根立管，在S/N水暖管道井中可见ZPL-0立管。

生活排水系统：在设备层给水排水平面图中，黄色虚线带“W”字样的为生活污水管道，最终排入室外污水井，以3＃污水井（①轴交Ⓔ、Ⓕ轴中间）为例，该井汇集来自WL-1和WL-2两根立管的污水，结合系统图可知这两根立管主要收集西塔1～15层的污水。另外，设备层给水排水平面图中有部分黄色虚线带“YF”字样，为有压废水管道，主要用于排除地下一层无法通过重力流进入市政污水管道的废水。

（2）地下一层给水排水消防平面图

生活给水系统：在该图样Ⓐ轴交⑦轴附近有1＃生活给水引入管，引入管进建筑后分别为西塔生活水泵房、JL-1和人防水箱供水。

消防给水系统：在图样西塔位置，带“XH”字样紫色实线从2个消防栓加压水泵引出并构成环状，中间分支出各消防立管；带“ZP”字样紫色实线从2个喷淋加压泵引出并最终接入ZP-D1和ZP-D2两立管。在裙楼位置，可见消防环状干管，其消防用水来自XL-R1和XL-R2两根立管。在东塔位置，可见消防环状干管，其消防用水来自XL-03和XL-04两根立管；自动喷淋横干管用于连接ZPL-4、ZPL-5与ZP-D6和ZP-D5，结合设备层给水排水消防平面图，该ZP-D6和ZP-D5的喷淋用水来自ZP-D1和ZP-D2，最终来自喷淋加压泵。另外，建筑外有连接室内消防和自动喷淋管道的水泵接合器，用于火灾时室内水压及水量不足时，室外消防车对建筑内消防管道的加压加水。

生活排水系统：与设备层给水排水消防平面图识读方法相同，在此省略。

其他楼层的给水排水平面图可以简单用以下方法识读：

1）对复杂给水排水消防平面图的识读，从给水、排水、消防等系统分别识读。

2）沿水流方向，给水及消防系统从水源到干管再到立管支管，排水及废水则相反。

3）结合系统图和上、下楼层识读，系统图能简单明了地表述各楼层平面图间的关系，上、下楼层平面图能详细解答管道间相互关系。

任务3.4 电气施工图的识读

设备安装类安全事故案例

——开关运行位修泵，合闸险伤人

事故回顾：一天某厂检修人员检修水源地升压泵。工作人员将泵停止运行，在做停电措施时，因380V手车式开关操作机构卡径，开关未拉“检修”仍在“运行”位。工作人员与工作负责人现场确认后，经商定，挂上“禁止合闸 有人工作”标示牌，开始检修工作。

在检修过程中，运行班长巡视开关室，发现该升压泵开关仍在"运行"位，擅自取下标示牌，试图拉开关至"检修"位。在拉开关时按动了"合闸"按钮，开关合闸，已解体的升压泵启动，4名检修人员急忙躲闪，险造成重大人身伤害。

原因及暴露问题：

（1）运行人员严重违章，未按工作要求将开关拉至“检修”位，开关仍在”运行”位便准许工作；

（2）工作负责人严重违章，明知开关仍在"运行"位，也未做防泵体突然转动措施，同意开工，对工作班成员不负责任；

（3）运行班长严重违章，未履行操作手续，擅自进行电气操作。

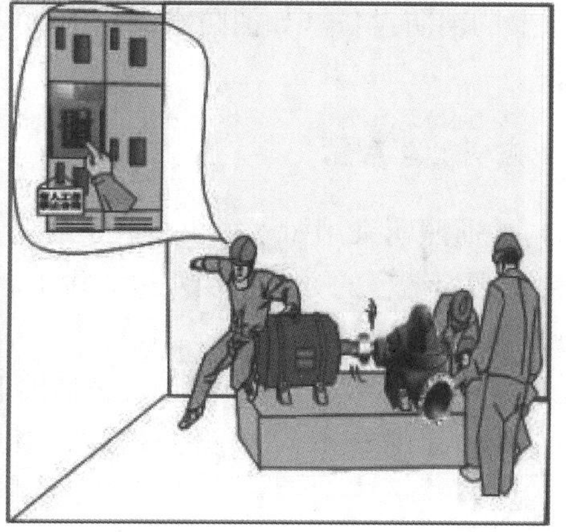

事故图片及示意图

电气施工图识读的相关知识已在项目2中进行了详细介绍，本单元的高层框架结构建筑电气施工图与多层砌体结构建筑相比较，电气系统除照明配电系统外，多了动力配电系统和应急照明配电箱，且动力和应急照明配电系统为一级负荷，采用双电源供电。

下面以××社会主义学院综合楼建筑电气施工图为例进行识读。

3.4.1 设计说明的识读

1. 配电系统负荷分类

通过设计说明我们可知，该建筑配电系统负荷分类如下：

1）一级负荷：消防电梯、消防风机、消防水泵、应急照明等，走道照明、监控系统用电、普通客梯，生活水泵、排污泵。

2）三级负荷：其他电力负荷及普通照明。

2. 供电电源

本工程由市政引来的双重 10kV 高压电源引至楼内变电所，要求双重 10kV 电源相互独立，当一路电源发生故障时，另一路电源不应同时遭受损坏，并能够保证所有重要负荷用电。

3. 动力配电系统

（1）动力配电方式

动力负荷采用放射式供电，对消防电梯、客梯、消防风机、排污泵、生活水泵等采用双电源末端互投（两路电源引自配电室不同的低压母线段），自投方式为双电源自投不自复；其余电力负荷为单回路供电。消防用电设备采用专用的供电回路。

（2）动力控制方式

重要的消防设备（如消防水泵、排烟风机、送风机、正压风机等）的过载保护只报警、不跳闸。

4. 照明配电系统

1）普通照明采用树干式供电，干线为三相四线（五芯电缆）配电；应急照明配电以放射式与树干式相结合的方式采用双电源供电，并且在最末一级配电箱处自动切换，自投方式采用双电源自投自复。

2）照明、插座分别由不同的支路供电，照明为单相三线制，插座为单相三线制。所有插座回路均设剩余电流断路器保护，其剩余电流动作电流为 30mA，剩余电流动作时间为 0.1s。

Ⅰ类灯具需增加一根 PE 线，平面图中不再标注。

5. 应急照明配电系统

1）火灾疏散标志照明，最低照度不应低于 0.5lx；楼梯间照度不应低于 5lx。主要设在疏散走道、公共出口等处，由双电源切换箱供电，灯具采用带蓄电池的 LED 灯具，要求供电时间不小于 30min。疏散指示要求带有音响指示信号。

2）火灾时继续工作的备用照明，要求保持正常照明的照度。主要设在配电室、消防控制室、弱电机房、设备用房及公共照明等，由双电源切换箱供电。

3.4.2 动力配电系统

1. 系统图

图 3.64 为××社会主义学院综合楼 15 层西塔低压配电干线系统图。通过该系统图，能了解西塔中各用电设备名称及所在楼层、负荷等级、回路编号及配电柜编号。以生活水泵为例，该设备位于负一楼，负荷等级为一级，采用 WPM-SHBX 和 WPME-SHBX 两个回路供电，配电柜编号为 AT-SHBX。再看正常照明配电，均为三级负荷，地下 1 层到地上 4 层的照明系统用 WLM1 单回路供电，设置有 9 个配电箱；5～10 层的照明系统用 WLM2 单回路供电，设置有 7 个配电箱；11～15 层的照明系统用 WLM3 单回路供电，设置有 5 个配电箱。

对上述符号简单解释如下：WPM 为动力干线，WLM 为照明干线，WPME 为动力应急干线，AT 为双电源自动切换箱柜，AP 为低压电力配电箱柜，AL 为低压照明配电箱柜，ALE 为应急照明配电箱柜，AC 为控制箱。

图 3.65 为西塔地下一楼生活水泵双电源系统图。结合上述西塔低压配电干线系统图，我们知道该水泵采用 WPM-SHBX 和 WPME-SHBX 两个回路双电源供电，其中 WPM 为 ZR-YJV-0.6/1kV-5×16。该电缆型号各组成部分的含义：ZR——阻燃型，YJV——交联聚氯乙烯绝缘聚氯乙烯护套电力电缆，0.6/1kV——用于额定电压为 600V 或 1000V 的线路供输配电，5×16 表示线芯结构为 5 根 $16mm^2$ 导线。每根 $16mm^2$ 导线有 7 股直径为 1.7mm 的导线。WPME 电缆与 WPM 电缆相同，两根电缆接入装有 300ATS-C3/400/H1 双电源自动转换开关的配电柜后，安装 NDM2 断路器和 AC 无负压控制箱，其连接线为 BV-5×4 SC25（5 根截面积为 $4mm^2$ 的铜芯塑料线，*DN*25 钢套管），然后与 3 台水泵连接（2 用 1 备），连接水泵的电线为 ZR-BV-4×6 SC25 FC（阻燃型 4 根截面积为 $6mm^2$ 的铜芯塑料线，*DN*25 钢套管楼板内安装）。

其他设备可按照上述方法识读。

2. 平面图

图 3.66 为西塔地下一层局部电源干线及动力配电线平面图。强电进线从建筑左侧进入变配电室。变配电室内设置有 AT-01PFPD-X 动力柜，由动力柜分出 WPE1、WPE2、WPE3 三个回路，分别连接 1.1kW、1.1kW 和 2.2kW 三台风机（负责变配电室的排烟）；变配电室在Ⓓ轴附近引出 WPM（E）-XPW1 动力线及动力应急线，连接到 AT-01PW-X1 动力柜，由动力柜分出 WPE1、WPE2、WPE3 三个回路，分别连接 3kW、3kW 和 4kW 三台排污泵（有压废水的排放）；另外，变配电室通过 3 处电缆桥架，分别提供消防水泵房、生活水泵房、空调、弱电机房及地下排污排烟的设备用电。通过电缆桥架的标注，可知道其安装尺寸、位置、高度及电缆线用途。例如，生活水泵房电缆桥架标注为 200×150，敷设在梁下 150mm，WPM（E）-XSHB，表示电缆桥架宽 200mm，高 150mm，安装在梁下 150mm，桥架内 WPM 和 WPE 两根电缆提供生活水泵用电。

阅读其他动力配电平面图时，可以按照动力线走向，结合动力配电系统图阅读。务必弄清动力柜的位置及功能、进入动力柜电缆数量、出动力柜的回路数等信息。

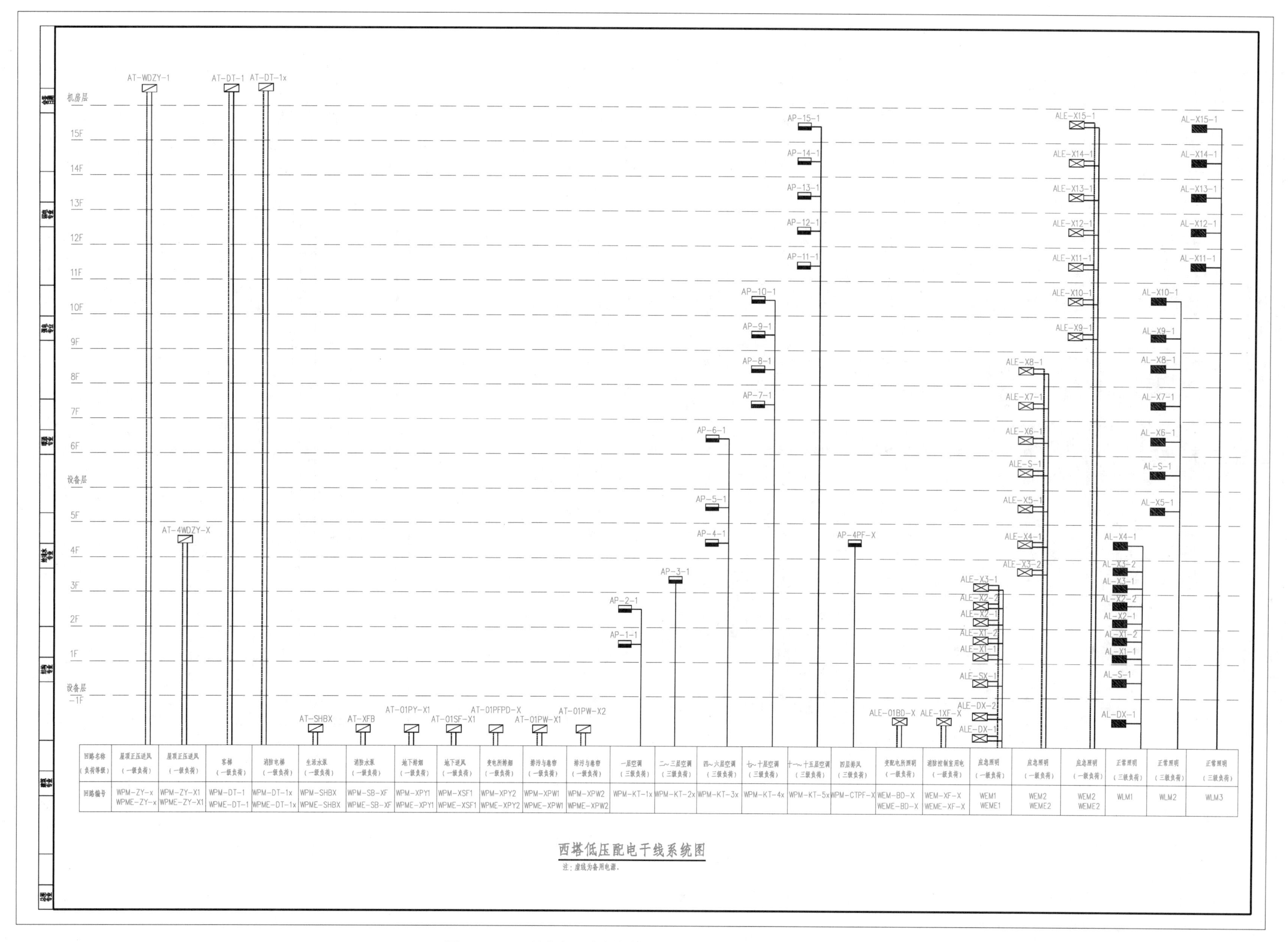

图 3.64　××社会主义学院综合楼 15 层西塔低压配电干线系统图

（电子资源附录 2，项目 3 图 3.64 和图 3.66）

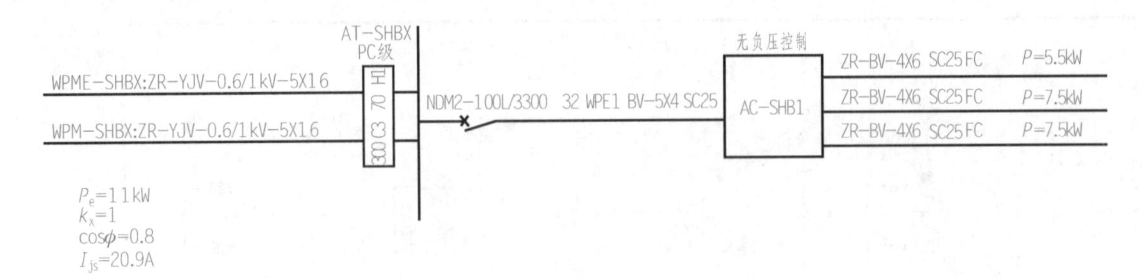

图 3.65　西塔地下一楼生活水泵双电源系统图

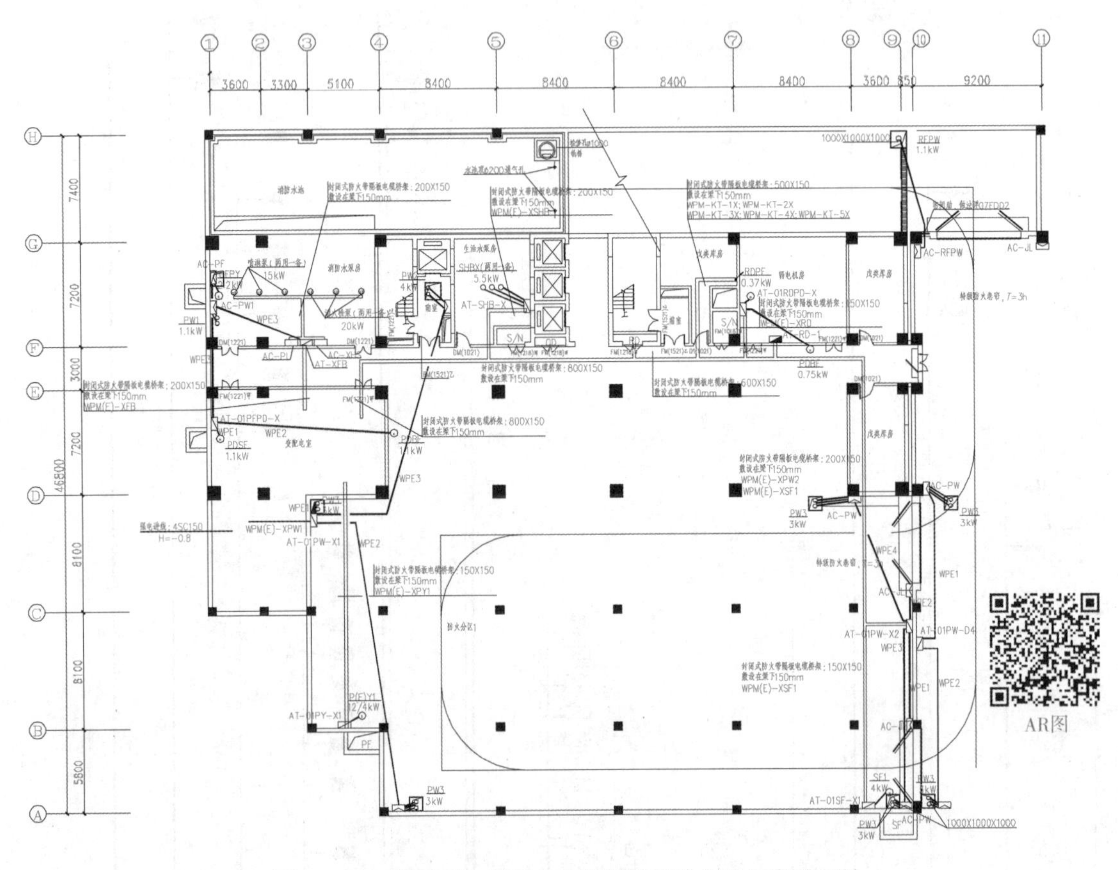

图 3.66　西塔地下一层局部电源干线及动力配电线平面图
（电子资源附录 2，项目 3 图 3.66）

3.4.3　应急照明配电系统

由 3.4.2 节西塔低压配电干线系统图可知，应急照明配电系统属于一级负荷，由 WEM（E）1、WEM（E）2、WEM（E）3 三个回路供应 15 层建筑的应急照明用电。其中，WEM（E）1 负责地下 1 层到地上 3 层，共设置 8 个应急照明配电箱；WEM（E）2 负责 2～8 层，共设置 7 个应急照明配电箱；WEM（E）3 负责 9～15 层，共设置 7 个应急照明配电箱。

1. 系统图

图 3.67 为西塔应急照明低压配电干线 WEM（E）3 系统图。该配电系统由 WEM（E）两根应急照明干线配电，使用的电缆为 NH-A-0.6/1kV-YJV-5×16/5×6，即铜芯交联聚乙烯绝缘聚氯乙烯护套 A 类耐火电力电缆，五芯截面积为 16mm²。采用的配电形式为双回路树干型，以 9 层应急照明配电箱 ALE-X9-1 为例，与照明应急干线连接并装设 NDM2-100L/3300 20 断路器，配电箱的出线与 ALE-X2-1 相同。

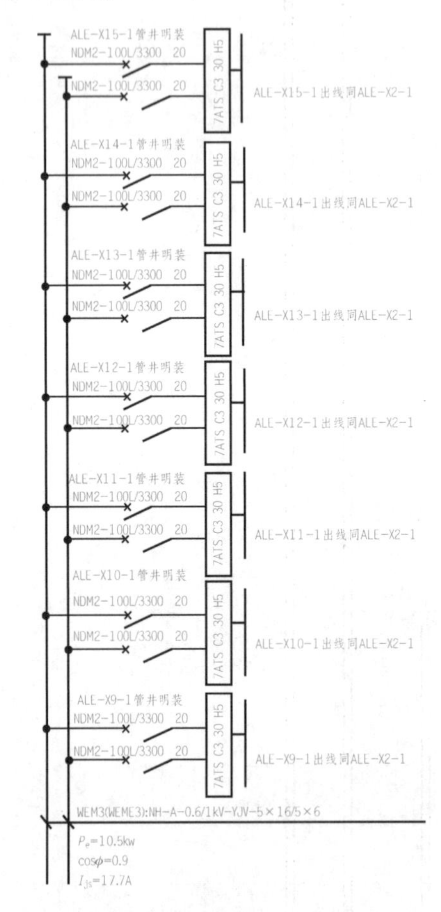

图 3.67　西塔应急照明低压配电干线 WEM（E）3 系统图
（电子资源附录 2，项目 3 图 3.67～图 3.70）

图 3.68 为西塔应急照明低压配电箱 ALE-X2-1 系统图，该配电箱出线为 4 回路。WE1 回路使用相线 L1，通过安全电压型控制分机再分 2 路负责应急照明；WE2 回路使用相线 L2，在断路器后分 2 路负责前室应急照明；WE3 回路使用相线 L3，负责应急照明；最后为备用回路，使用相线 L1。图中的线缆符号等在此不再说明。

图 3.69 为西塔应急照明低压配电箱 ALE-X1-1 系统图，该配电箱出线为 15 回路，可按照上述方法识读。

2. 平面图

图 3.70 为西塔首层应急照明平面图。应急照明低压配电箱 ALE-X1-1 的位置在电缆井中，共分出 13 个回路，结合图 3.69 所示的应急照明低压配电箱 ALE-X1-1 系统图获得这些回路的作用和位置。另外，在施工图中若正常照明和应急照明同时出现在一幅图上，一般实线表示正常照明，虚线表示应急照明。

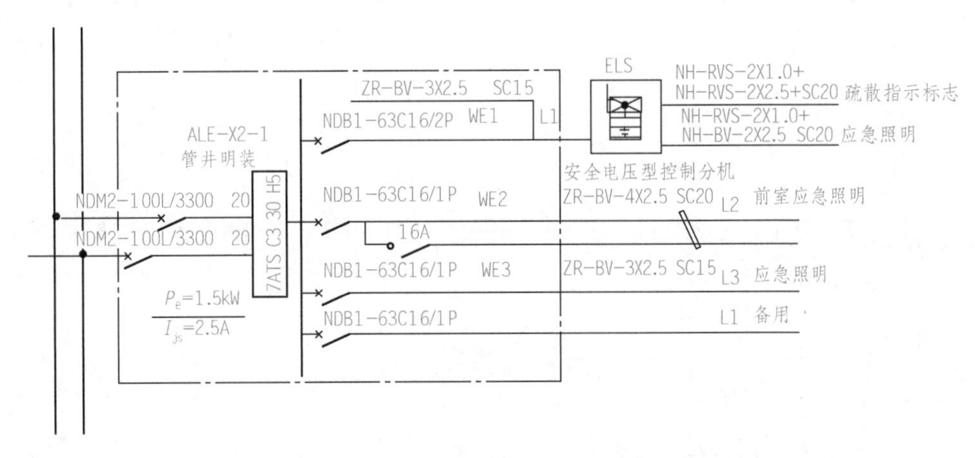

图 3.68　西塔应急照明低压配电箱 ALE-X2-1 系统图

（电子资源附录 2，项目 3 图 3.67～图 3.70）

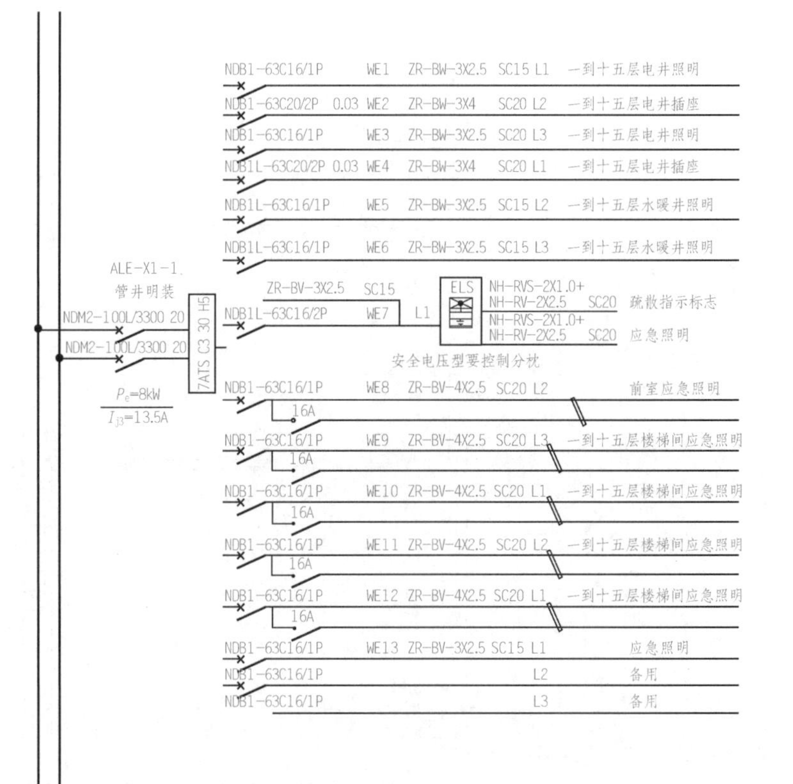

图 3.69　西塔应急照明低压配电箱 ALE-X1-1 系统图

（电子资源附录 2，项目 3 图 3.67～图 3.70）

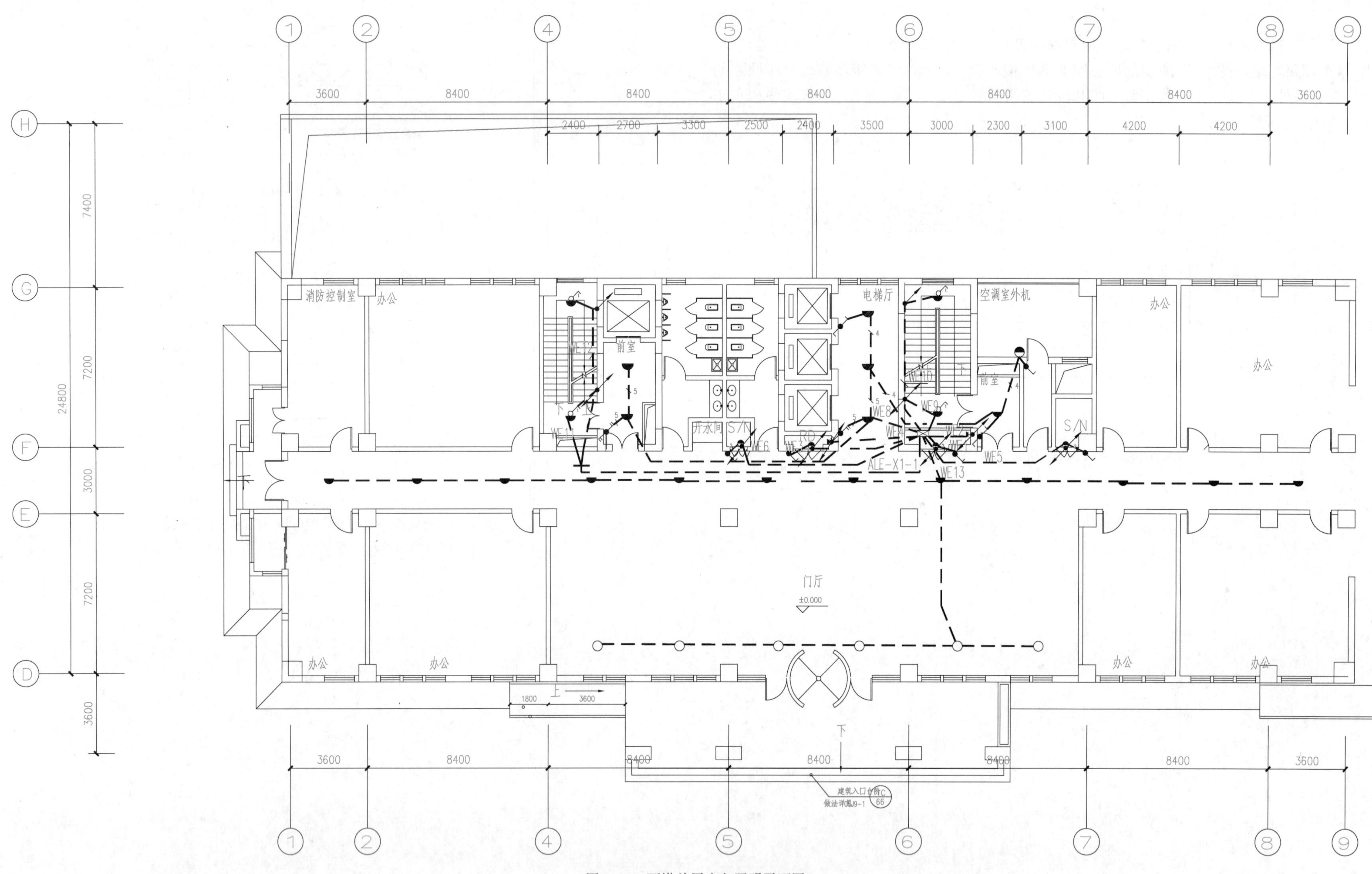

图 3.70　西塔首层应急照明平面图

（电子资源附录 2，项目 3 图 3.67～图 3.70）

任务3.5　空调工程施工图的识读

设备安装类安全事故案例

——起吊口未设围栏，员工不慎坠落

事故回顾：一天，某厂在机组保护和DCS改造工作结束后，剩余电缆已从工作现场运回检修楼，电缆需经检修楼地面上一个起吊口吊入地下室。在起吊作业过程中，突然一工作人员从距起吊口3.4m的仓库中疾速走出，坠入未设临时围栏的起吊口（落差4m），抢救无效死亡。

原因及暴露问题：

（1）距离仓库门口3.4m的起吊口打开后，未设临时围栏；

（2）现场人员未起到看护作用。

事故图片及示意图

空调工程施工图一般由两大部分组成，即文字部分和图纸部分。文字部分包括图纸目录、设计施工说明、设备及主要材料表。图纸部分包括基本图和详图。基本图包括空调系统的平面图、剖面图、轴测图、原理图等。详图包括系统中某局部或部件的放大图、加工图、施工图等。如果详图中采用了标准图或其他工程图纸，那么在图纸目录中必须附有说明。

3.5.1　设计说明的识读

通过识读设计说明，了解以下信息：

1）建筑物概况，如建筑物的面积、高度及使用功能等。

2）设计标准，如室外气象参数，夏季和冬季的温度、湿度，风速，各空调房间（客房、办公室、餐厅、商场等）夏季和冬季的设计温度、湿度、新风量要求和噪声标准等。

3）空调系统，如整幢建筑物的空调方式和建筑物内各空调房间所采用的空调设备。

4）空调系统设备安装要求，如风机盘管、柜式空调器及通风机等提出的具体安装要求。

5）空调系统一般技术要求，如风管使用的材料、保温和安装的要求。

6）空调水系统，如空调水系统的形式、所采用的管材及保温措施，系统试压和排污情况。

7）空调冷冻机房所采用的冷冻机、冷冻水泵及冷却水泵的安装要求。

8）质量验收标准和规范等。

3.5.2　空调原理图的识读

空调原理图表明整个系统的原理与流程。下面以××社会主义学院综合楼的空调系统施工图为例进行识读。通过设计说明可知，该建筑空调采用的是VRV空调系统，该系统由室外机、室内机和冷媒配管三部分组成。一台室外机通过冷媒配管连接到多台室内机，根据室内机微机板反馈的信号，控制其向室内机输送的制冷剂流量和状态，从而实现不同空间的冷热输出要求。

在本综合楼空调施工图中，室外机放置于每层室外平台，裙楼部分⑩～⑱轴部分室外机放置于裙楼顶部。图3.71为该综合楼首层㉒号室外机空调冷媒系统原理图，由㉒号室外机引出冷媒管，安装位置为贴梁安装，“G：38.1”表示气管管径为38.1mm，“L：19.1”表示液管管径为19.1mm。㉒号室外机连接有多台室内机。需要注意的是，用CAD或天正暖通等软件制图时，多VRV空调多联机系统只画冷媒管和冷凝水管，其中冷媒管分气管和液管，只用一根线表示。

3.5.3　空调平面图的识读

空调平面图表示各层、各空调房间的空调系统的风道及设备平面布置情况。

1. 图示方法

空调平面图应按本层平顶以下俯视绘出，应绘出建筑轮廓线，标出定位轴线编号、房间名称，以及与空调系统有关的门、窗、梁、柱、平台等建筑构配件。平面图中的冷媒管道以单线绘制，且冷媒的气液管常合并为一根单线表示。平面图中的风管宜用双线绘制，以便增加直观感。风管的法兰盘可用单线绘制。平面图、剖面图中的各设备、部件等宜标注编号。空调系统如需编号，用系统名称的汉语拼音字头加阿拉伯数字进行编号。

2. 识图方法及应了解的信息

空调平面图的识图方法可以先分系统，如一般有空调冷媒系统、空调冷凝水系统、空调风系统等。就单个系统而言，一般按照管线中的流体走向识图，如VRV空调系统，按室外机→冷媒管道→室内机的顺序识图。

通过识读空调平面图，应掌握的主要信息及注意事项如下：

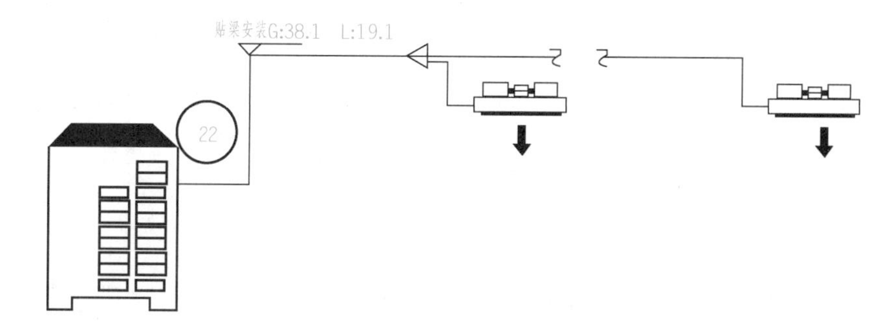

图3.71　22号室外机空调冷媒系统原理图

1）查明系统的编号与数量。

2）查明末端装置的种类、型号规格与平面布置位置。

3）查明水系统水管、风系统风管等的平面布置，以及与建筑物墙面的距离。

4）查明风管的材料、形状及规格尺寸。

5）查明空调器、通风机、消声器等设备的平面布置及型号规格。

6）查明冷水或空气-水的半集中空调系统中膨胀水箱、集气罐的位置、型号及其配管平面布置尺寸。

3. 识图示例

图3.72（详见插页7）（对应CAD图纸见电子资源附录二，项目3，图3.72～图3.74）为××社会主义学院综合楼西塔首层空调冷媒系统平面图，该空调冷媒系统平面图包括两个系统：空调冷媒系统和空调冷凝水系统。在左侧可知该空调系统编号KT-1，其设备有⑱⑲两台空调室外机，①为新风机组，④⑤⑥⑦为型号不同的空调室内机，这些设备的具体型号可通过施工图中的设备清单表3.31获得。

表3.31　KT-1系统设备清单表

编号	设备名称	型号规格	数量	性能参数	备注
KT-1　一层空调系统					
1	新风机组	FMQ40PFY1L20	4	制冷量45.0kW，制热量27.8kW，功率1.5kW，新风量4000m³/h，P=300Pa	一层新风系统
2	消声静压箱	1200x1000x500（H）	4		
3	电动多叶调节阀	1250x320	4		与新风机组联动
4	空调室内机	FXDHP40QPVC	25	制冷量4.0kW，制热量4.5kW，功率62W，P=30Pa，风量504m³/h	
5	空调室内机	FXDHP25QPVC	1	制冷量2.5kW，制热量2.8kW，功率62W，P=30Pa，风量390m³/h	
6	空调室内机	FXDHP22QPVC	1	制冷量2.2kW，制热量2.5kW，功率62W，P=30Pa，风量390m³/h	
7	空调室内机	FXFP125LVC	3	制冷量12.5kW，制热量14.0kW，功率120W，风量1500m³/h	
8	空调室内机	FXFP71LVC	18	制冷量7.1kW，制热量8.0kW，功率56W，风量816m³/h	
9	空调室内机	FXFP45LVC	6	制冷量4.5kW，制热量5.0kW，功率56W，风量678m³/h	
10	空调室内机	FXFP90LVC	6	制冷量9.0kW，制热量10.0kW，功率120W，风量1128m³/h	
11	70℃防火调节阀	1000x250	4		常开，70℃熔断，输出电信号

续表

编号	设备名称	型号规格	数量	性能参数	备注
12	多叶调节阀	200x200	15		
13	多叶调节阀	250x200	6		
14	多叶调节阀	400x200	6		
15	多叶调节阀	500x200	8		
16	单层百叶送风口	500x300	22		
17	散流器	250x250	3		自带调节阀
18	空调室外机	RHXYQ38PAY1	1	制冷量106.5kW，制热量119.0kW，功率30.55kW	
19	空调室外机	RHXYQ14PAY1	1	制冷量28.0kW，制热量31.5kW，功率7.42kW	
20	空调室外机	RHXYQ24PAY1	2	制冷量68kW，制热量76.5kW，功率19.82kW	至于四层裙房顶
21	空调室外机	RHXYQ8PAY1	6	制冷量22.4kW，制热量25.0kW，功率5.36kW	至于四层裙房顶
22	空调室外机	RHXYQ46PAY1	1	制冷量130.00kW，制热量145.0kW，功率37.1kW	

空调冷媒系统：室外机安装在该楼层楼梯外墙右侧的室外平台上，与⑱号室外机连接的室内机有①号新风机组，门厅左侧2台⑦号室内机，电梯厅、消防办公室、左侧3间办公室共计7台④号室内机，前室一台⑤号室内机，厕所2台⑥号室内机。室外机和室内机均采用铜管冷媒管连接，气、液冷媒管的管径均在图样中标注，如⑱号室外机连接的冷媒管气管直径为38.1mm，液管管径为19.1mm，安装位置为贴梁安装。与⑲号室外机连接的室内机有门厅右侧1台⑦号室内机，右侧4间办公室共计6台④号室内机。与⑲号室外机连接的冷媒管气管直径为22.2mm，液管管径为9.5mm，安装位置为贴梁安装。另外，冷凝管中三角符号表示空调气液分歧管，起支管合流的作用。

空调冷凝水系统：由于室内机在工作过程中，空气中的水蒸气遇冷会成为冷凝水，如不进行集中收集会影响室内环境卫生。西塔首层空调冷媒系统平面图中，带“N”字虚线为空调冷凝水管，与①号新风机组及各空调室内机连接。以施工图左侧①号新风机组为例，其冷凝水进入DN32管道，坡度0.005，最终排入水暖管道井中的NL0立管。门厅右侧1台⑦号室内机及右侧4间办公室共计6台④号室内机的冷凝水排至右侧S/N管道井中的NL1立管。

图3.73（详见插页8）（对应CAD图纸见电子资源附录二，项目3，图3.72～图3.74）为××社会主义学院综合楼西塔首层空调风系统平面图，施工图右侧为进风口，设备沿着气流方

向依次为③电动多叶调节阀（1250×320）→新风机组→②消声静压箱→⑪70℃防火调节阀→主风管（1000×250、800×200、630×200、500×200、400×200、320×200、250×200）。主风管设置在走廊上方，风管管顶标高 H+4200mm。主风管与走廊两侧房间的支管连接，支管末端为⑯单层百叶送风口。另外，前室和楼梯间通过安装电动多叶送风口进行通风，厕所通过Φ 150mm 防雨百叶风口通风。

首层裙楼和东塔的空调系统的信息可以通过本书附带附录 2××社会主义学院综合楼工程暖施 11、暖施 12 的识读获得。

3.5.4 空调系统图的识读

1. 图示方法

空调系统图是施工图的重要组成部分，可以形象地表达出空调系统在空间的前后、左右、上下的走向，以突出系统的立体感。为使图样简洁，系统图中的风管宜按比例以单线绘制。对系统的主要设备、部件应注明编号，对各设备、部件、管道及配件要表示出它们的完整内容。系统图宜注明管径、标高，其标注方法与平面图、剖面图一致。图中的土建标高线，除注明标高外，还应加文字说明。

2. 识图方法及应了解的信息

空调系统图的识读应先区分该系统图的类别（冷媒系统、风系统等），再按照管线中流体走向识图。

通过识读，应了解系统编号，系统中设备、配件的型号、尺寸、定位尺寸、数量以及连接各设备之间的管道在空间的曲折、交叉、走向和尺寸、定位尺寸等。

3. 识图示例

本建筑空调施工图系统图只有空调冷凝水系统图，图 3.74 为空调冷凝排水系统图，与建筑给水排水施工图的排水系统图大同小异。该冷凝水排水系统分三个部分，西塔 15 层由 NL0-1 立管排水，东塔 10 层由 NL2-3 立管排水，裙楼 4 层由 NL4-5 立管排水。

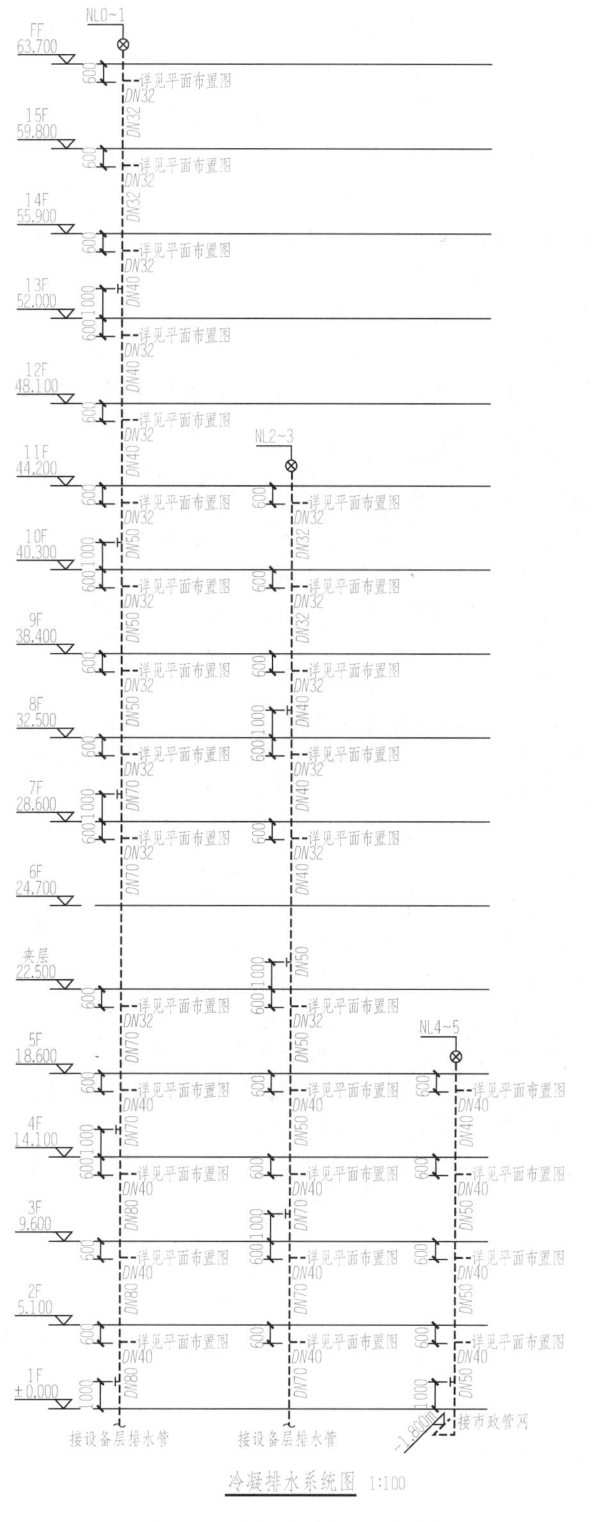

图 3.74 空调冷凝排水系统图

（电子资源附录 2，项目 3，图 7.72～图 3.74）

任务 3.6 钢筋混凝土结构房屋施工图综合识读

施工图综合识读的方法见 2.6 节。

建议在教师引导下，学生 4～6 人一组，完整识读附录 2××社会主义学院综合楼工程施工图（对应 CAD 图纸见电子资源附录 2）。

识图引导问题：

1）该工程有哪几种施工图？各工种施工图分别有多少张？
2）该建筑多少层？各层层高是多少？总高度多少？
3）该建筑各层建筑面积多少？总建筑面积是多少？
4）剖面图的剖切位置在哪里？剖切方向？为什么选择在这个地方剖切？
5）首层室内地面标高与室外地面标高相差多少？楼梯间地面标高与室外地面标高相差多少？各层楼地面标高是多少？首层室内地面的绝对标高是多少？
6）建筑入口朝向？楼门门洞高度是多少？
7）该建筑有多少部电梯？布置在哪些位置？
8）该建筑有几部楼梯？作用是什么？楼梯形式是什么？
9）各层楼梯平台标高是多少？各跑有几个踏步？踏步尺寸是多少？
10）各房间的开间、进深尺寸是多少？总长、总宽分别是多少？
11）各楼层的净高是多少？
12）结构施工图中该建筑物的耐久年限为多少年？
13）抗震设防烈度为多少？抗震等级为几级？
14）本工程所用钢筋、混凝土品种和强度等级各是什么？
15）柱的平面位置、尺寸、配筋情况。
16）剪力墙的平面位置、尺寸、配筋情况。
17）梁的平面位置、尺寸、配筋情况。
18）板的平面位置、尺寸、配筋情况。
19）基础形式是什么？基础底部标高是多少？
20）各楼层结构标高是多少？与建筑标高相差多少？
21）给水引入管和污水排出管的平面位置、走向、定位尺寸。
22）给水引入管和污水排出管与室外给水排水管网的连接形式、管径及坡度。
23）卫生器具、用水设备和升压设备的类型、数量、安装位置及定位尺寸。
24）给水引入管上阀门的型号及距建筑物的距离。
25）给水排水干管、立管、支管的平面位置与走向、管径尺寸。管道是明装还是暗装？
26）消火栓的布置、口径大小及消防箱的形式与位置。
27）水表的型号、数量及安装位置。
28）清通设备的类型、布置位置。
29）排水管道走向、管路分支情况、存水弯形式、通气系统形式。
30）排水管道的材料、管径、各管道标高、各横管坡度。
31）配电系统采用几级负荷配电？从何处引入？引入分几个回路？
32）各房间的灯具数量、类型、安装方式、安装高度。
33）每盏灯的灯泡数为多少？每个灯泡的功率为多少？
34）各条线路导线的根数和走向。
35）防雷接地装置所采用设备和材料的型号、规格、安装敷设方法。
36）空调水系统水管、风系统风管等的平面布置。
37）空调器、通风机、消声器等设备的平面布置及型号规格。

任务 3.7 钢筋混凝土结构房屋施工图识读拓展

混凝土结构事故案例（二）

事故概述： 事故发生在位于大连金石滩的沈阳音乐学院大连校区工地，时间在 2006 年 19 日 21 时 40 分左右，发生事故的是五层高的建筑，该建筑楼顶面积近 200m2，原计划在当年 9 月份竣工，施工人员正在进行混凝土二次浇灌时，突然整体塌落，坍塌部分是该楼直达顶部的天井部分。在天井的底部，起支撑作用的铁管支架散落在一层，大部分已严重变形，掉落的混凝土则已凝固。这次事故造成 6 人遇难，18 人受伤。

事故原因分析： 经过调查，该工地管理混乱，部分项目经理、施工安全员没有经过系统培训，无证上岗；脚手架的搭接与施工方案不符，且脚手架的厚度不符合要求；施工手续不齐备，且在第一次浇灌混凝土没达到强度的情况下，就开始进行二次浇灌。有关方面曾两次对其进行查封，但该工地仍不接受教育，最终酿成惨剧。死亡的 6 名民工中，有 3 人是事发当天上午刚从劳务市场招入的，未经过上岗培训。

沈阳音乐学院大连校区工地天井坍塌现场示意图

本节介绍桩基础施工图的识读。

混凝土桩按照制作和施工方式的不同，可分为预制桩和灌注桩两大类。预制桩有预制钢筋混凝土方桩、预制预应力混凝土管桩等，目前常用的预应力高强混凝土（PHC）管桩已有国家和地方的标准图集，如《预应力混凝土管桩》（10G409）和《先张法预应力高强混凝土管桩》（闽 07G119）等。灌注桩则有钻孔灌注桩、冲孔灌注桩、沉管灌注桩和挖孔灌注桩等。桩基础施工图包括桩基础设计说明、桩基础平面布置图和详图等。

3.7.1 桩基础设计说明

桩基础设计说明的主要内容包括：

1）设计依据（如勘察报告、设计规定等）。
2）采用的桩型及桩长（暂定桩长）。

3）单桩承载力。

4）桩顶标高及桩尖持力层及桩尖进入持力层的深度。

5）材料要求，包括桩身及承台的混凝土强度等级。

6）施工方式。

7）沉桩的施工要求及注意事项、试桩要求和桩的检测要求。

8）其他必要的说明等。

3.7.2　桩基础平面布置图

桩基础平面布置图包括桩位布置图和承台布置图，并附有桩身剖面图。桩身剖面图套用标准图的应查明图名、图集和版本。

1. 桩位布置图

桩位布置图是用一个贴近桩顶的假想水平面剖切基础，移去上面部分而成的水平投影图。剖切到的桩和承台的轮廓线用中实线绘制。

主要内容包括：

1）图名和比例。桩位布置图的比例应与建筑平面图相同，常用比例为1：100和1：200。

2）定位轴线及其编号、间距尺寸。

3）承台的平面位置及其代号和编号（CT-X）。

4）桩的平面位置。桩平面布置图应反映出桩中心与轴线的关系。对于长度要求不同的桩应区别绘制。

5）桩顶标高。通用的桩顶标高可以在说明或标注中给出。

识图步骤：

1）查看图名、比例。

2）校核轴线编号及其间距尺寸，要求必须与建筑图保持一致。

3）阅读说明，明确桩的施工方法，校核施工方法、单桩承载力设计值等与地质条件是否相符。

4）配合桩身剖面图和说明，分清不同长度或桩顶标高桩的种类，明确每种桩的桩顶标高、分布位置和数量。

5）根据桩身剖面图和说明，明确每种桩的直径、长度、配筋情况。

6）根据说明，明确桩的材料、构造要求。

7）明确试桩的数量和锚桩的配筋等要求，以便施工前和设计单位共同确定试桩和锚桩的位置，并拟定为缩短工期而提早试桩的措施。

2. 承台平面布置图

承台平面布置图是用一个略高于承台顶面的假想水平面剖切基础，移去上面部分而形成的水平投影图。剖切到墙、柱轮廓线用中实线绘制，可见的承台底面轮廓线用细实线绘制，重叠部分的承台底面轮廓线用细虚线绘制，其他细部轮廓线省略不画。

主要内容包括：

1）图名和比例。承台平面布置图和比例应与建筑平面图相同。

2）定位轴线及其编号、间距尺寸。

3）承台的平面位置。承台的平面位置应反映出墙和柱及承台底面的形状、尺寸及与轴线的直线关系。

4）承台联系梁的布置与代号。

5）承台的编号、条形承台和承台梁的剖切位置和编号。

识读步骤：

1）查看图名、比例。

2）校核承台平面布置图轴线编号及其间距尺寸，要求必须与建筑图、桩平面布置图保持一致。

3）查阅承台平面布置图，确定承台的形式、编号及其数量，并对照轴线编号，确定各承台的位置。

4）参照说明、承台详图和承台表等，确定各承台、条形承台或承台梁的断面形状、尺寸、标高、材料和配筋。

5）确定柱、剪力墙的平面尺寸、与轴线的几何关系。

对施工人员来说，在进行某一部分施工时，希望用到的施工图越少越好。但对设计人员来说，在施工图整体表达完整的前提下，为了简洁，有时单张施工图样的个别内容省略不表示，如下面承台平面图实例中的垫层的混凝土强度等级以及柱、墙与轴线的几何关系。这时，施工人员需自己查阅有关施工图样，以正确理解设计内容，如从结构总说明中得知垫层的混凝土强度等级，查阅柱、剪力墙的施工图，了解柱、剪力墙与轴线的几何关系，以便正确插筋。

3. 桩身剖面图

桩身剖面图为通过桩中心的竖起剖面图。剖切到的桩轮廓线、承台边线用中实线绘制，钢筋用粗实线绘制。由于桩向较长，下部素混凝土部分以折断线断开省略绘制。

桩身剖面图的内容包括：

1）图名。

2）桩的直径、长度、桩顶嵌入承台内的长度。

3）桩中主筋的根数、级别、直径、在桩中的长度、伸入承台内的锚固长度。

4）螺旋筋或箍筋的级别、直径、间距。

5）加劲箍的间距、级别和直径。

6）桩身断面图的剖切位置。

在桩身剖面图的旁边附有桩身断面图，在其中进一步说明：桩径，主筋和数量、级别、直径和分布位置，螺旋筋或箍筋的级别、直径、间距。

3.7.3　桩基础详图

桩基础详图包括承台详图、桩与承台的连接构造详图等。

承台详图是用来反映承台或承台梁的断面形式、尺寸、位置和配筋情况的图样。主要内容包括：

1）图名和比例。

2）承台或承台梁的断面形式、尺寸、标高和配筋情况。

3）承台表。

4）垫层的厚度、材料和强度等级。

承台详图识读步骤：

1）查看图名、比例。

2）校核承台平面布置图轴线编号及其间距尺寸，要求必须与建筑图、桩平面布置图保持一致。

3）查阅承台平面布置图，确定承台的形式、编号及其数量，并对照轴线编号，确定各承台的位置。

4）参照说明、承台详图和承台表等，确定各承台、条形承台或承台梁的断面形状、尺寸、标高、材料和配筋。

5）确定柱、剪力墙的平面尺寸、与轴线的几何关系。

6）垫层的厚度、材料及强度等级。

3.7.4　桩基施工图示例

图3.75和图3.76为某桩基施工图示例。

冲孔灌注桩设计说明及详图

一、设计依据

1.《建筑地基基础设计规范》(GB 50007—2011)。
2.《××省建筑地基基础设计规范》(DB22-45—2004)。
3.《建筑桩基技术规范》(JGJ 94—2008)。
4.××省工程勘察院勘察××年××月提供的《××锦城V组团1、2、3号楼岩土工程勘察报告》进行基础设计。

二、一般说明

1.本工程±0.000相当于绝对标高（黄海）。
2.选取中风化花岗岩($Є4Є_3$)层为桩端持力层，岩石饱和单轴抗压强度标准值为。
3.本工程单桩竖向承载力特征值及桩身配筋详表一，桩基设计等级为乙级。
4.桩顶标高详基础平面布置图，桩端全截面嵌入持力层深度不得少于500mm且不小于0.4d；桩身保护层厚度：50。
5.检查成孔质量合格后应尽快灌注混凝土。直径大于1m或单桩混凝土量超过25m³的桩，每根桩桩身混凝土应留有1组试件；直径不大于1m的桩或单桩混凝土量不超过25m³的桩，每个灌注台班不得少于1组；每组试件应留3件。
6.在正式施工前，宜进行试成孔。
7.灌注桩施工现场所有设备、设施、安全装置、工具配件以及个人劳保用品必须经常检查，确保完好和使用安全。
8.桩基承台的配筋详承台配筋表。

三、材料

1.冲孔灌注桩桩身混凝土强度等级为C25，桩超灌厚度均不小于1.0m，以保证设计桩顶标高处为新鲜混凝土；
2.承台混凝土强度等级为C30；
3.粗骨料可选用卵石或碎石，其粒径不得大于钢筋间最小净距的1/3。
4.钢筋：Φ表示HPB300钢筋，Φ表示HRB335钢筋，Φ表示HRB400钢筋。

四、施工要求

1.除能自行造浆的黏性土层外，均应制备泥浆。泥浆制备应选用高塑性黏土或膨润土。泥浆应根据施工机械、工艺及穿越土层情况进行配合比设计。
2.泥浆护壁应符合下列规定：
1) 施工期间护筒内的泥浆面应高出地下水位1.0m以上，在受水位涨落影响时，泥浆面应高出最高水位1.5m以上；
2) 在清孔过程中，应不断置换泥浆，直至灌注水下混凝土；
3) 灌注混凝土前，孔底500mm以内的泥浆相对密度应小于1.25；含砂率不得大于8%；黏度不得大于28s；
4) 在容易产生泥浆渗漏的土层中应采取维持孔壁稳定的措施。
3.在钻头锥顶和提升钢丝绳之间应设置保证钻头自动转向的装置。
4.泥浆护壁成孔时，宜采用孔口护筒，护筒设置应符合下列规定：
1) 护筒埋设应准确、稳定，护筒中心与桩位中心的偏差不得大于50mm；
2) 护筒可用4~8mm厚钢板制作，其内径应大于钻头直径100mm，上部宜开设1~2个溢浆孔；
3) 护筒的埋设深度：在黏性土中不宜小于1.0m；砂土中不宜小于1.5m。护筒下端外侧应采用黏土填实；其高度尚应满足孔内泥浆面高度的要求；
4) 受水位涨落影响或水下施工的钻孔灌注桩，护筒应加高加深，必要时应打入不透水层。
5.冲孔桩孔口护筒，其内径应大于钻头直径200mm。
6.冲击成孔质量控制应符合下列规定：
1) 开孔时，应低锤密击，当表土为淤泥、细砂等软弱土层时，可加黏土块夹小片石反复冲击造壁，孔内泥浆面应保持稳定；
2) 在各种不同的土层、岩层中成孔时，可按照下表的操作要点进行；
3) 进入基岩后，应采用大冲程、低频率冲击，当发现成孔偏移时，应回填片石至偏孔上方300~500mm处，然后重新冲孔；冲孔；
4) 当遇到孤石时，可预爆或采用高低冲程交替冲击，将大孤石击碎或挤入孔壁；
5) 应采取有效的技术措施防止扰动孔壁、塌孔、扩孔、卡钻和掉钻及泥浆流失等事故；
6) 每钻进4~5m应验孔一次，在更换钻头前或容易缩孔处，均应验孔；
7) 进入基岩后，非桩端持力层每钻进300~500mm和桩端持力层每钻进100~300m时，应清孔取样一次，并应做记录。

项目	操作要点
在护筒刃脚以下2m范围内	小冲程1m左右，泥浆相对密度1.2~1.5，软弱土层投入黏土块夹小片石
黏性土层	中、小冲程1~2m，泵入清水或稀泥浆，经常清除钻头上的泥块
粉砂或中粗砂层	中冲程2~3m，泥浆相对密度1.2~1.5，投入黏土块，勤冲、勤掏渣
砂卵石层	中、高冲程3~4m，泥浆相对密度1.3左右，勤掏渣
软弱土层或塌孔回填重钻	小冲程反复冲击，加黏土块夹小片石，泥浆相对密度1.3~1.5

注：1、土层不好时提高泥浆相对密度或加黏土块；
2、防黏钻可投入碎砖石。

7.排渣可采用泥浆循环或抽渣筒等方法，当采用抽渣筒排渣时，应及时补给泥浆。
8.冲孔中遇到斜孔、弯孔、梅花孔、塌孔及护筒周围冒浆、失稳等情况时，应停止施工，采取措施后方可继续施工。
9.大直径桩孔可分级成孔，第一级成孔直径应为设计桩径的0.6~0.8倍。
10.清孔宜按下列规定进行：
1) 不易塌孔的桩孔，可采用空气吸泥清孔；
2) 稳定性差的孔壁应采用泥浆循环或抽渣筒排渣，清孔后灌注混凝土之前的泥浆指标应按本图第四.1条执行；
3) 清孔时，孔内泥浆面应符合本规范第四.2条的规定；
4) 灌注混凝土前，孔底沉渣厚度不应大于50mm。

五、施工允许误差

1.桩孔成孔施工的允许偏差：桩径偏差±50mm，垂直度偏差1%；桩位偏差100mm。
2.钢筋笼制作的允许偏差：主筋间距±10mm；箍筋间距或螺旋筋螺距±20mm；钢筋笼直径±10mm；钢筋笼长度±100mm。
3.钢筋笼主筋的保护层厚度允许偏差不大于±10mm。
注：允许偏差的负值是指个别断面或个别情况。

六、水下混凝土的灌注

1.钢筋笼吊装完毕后，应安置导管或气泵管二次清孔，并应进行孔位、孔径、垂直度、孔深、沉渣厚度等检验，合格后应立即灌注混凝土。
2.水下灌注的混凝土应符合下列规定：
1) 水下灌注混凝土必须具备良好的和易性，配合比应通过试验确定；坍落度宜为180~220mm；水泥用量不应少于360kg/m³（当掺入粉煤灰时水泥用量可不受此限）；
2) 水下灌注混凝土的含砂率宜为40%~50%，并宜选用中粗砂；粗骨料的最大粒径应小于40mm，且粒径不得大于钢筋间最小净距的1/3；
3) 水下灌注混凝土宜掺外加剂。
3.导管的构造和使用应符合下列规定：
1) 导管壁厚不宜小于3mm，直径宜为200~250mm，直径制作偏差不应超过2mm，导管的分节长度可视工艺要求确定，底管长度不宜小于4m，接头宜采用双螺纹方扣快速接头；
2) 导管使用前应试拼装、试压，试水压力可取为0.6~1.0MPa；
3) 每次灌注后应对导管内外进行清洗。
4.使用的隔水栓应有良好的隔水性能，并应保证顺利排出；隔水栓宜采用球胆或与桩身混凝土强度等级相同的细石混凝土制作。
5.灌注水下混凝土的质量控制应满足下列要求：
1) 开始灌注混凝土时，导管底部至孔底的距离宜为300~500mm；
2) 应有足够的混凝土储备量，导管一次埋入混凝土灌注面以下不应少于0.8m；
3) 导管埋入混凝土深度宜为2~6m。严禁将导管提出混凝土灌注面，并应控制提拔导管速度，应有专人测量导管埋深及管内外混凝土灌注面的高差，填写水下混凝土灌注记录；
4) 灌注水下混凝土必须连续施工，每根桩的灌注时间应按初盘混凝土的初凝时间控制，对灌注过程中的故障应记录备案；
5) 应控制最后一次灌注量，超灌高度不小于1.0m，凿除泛浆后必须保证暴露的桩顶混凝土强度达到设计等级。

七、桩基工程质量检查和验收

1.桩基工程应进行桩位、桩长、桩径、桩身质量和单桩承载力的检验。
2.桩基工程的检验按时间顺序可分为三个阶段：施工前检验、施工检验和施工后检验。
3.对砂、石子、水泥、钢材等桩体原材料质量的检验项目和方法应符合国家现行有关标准的规定。

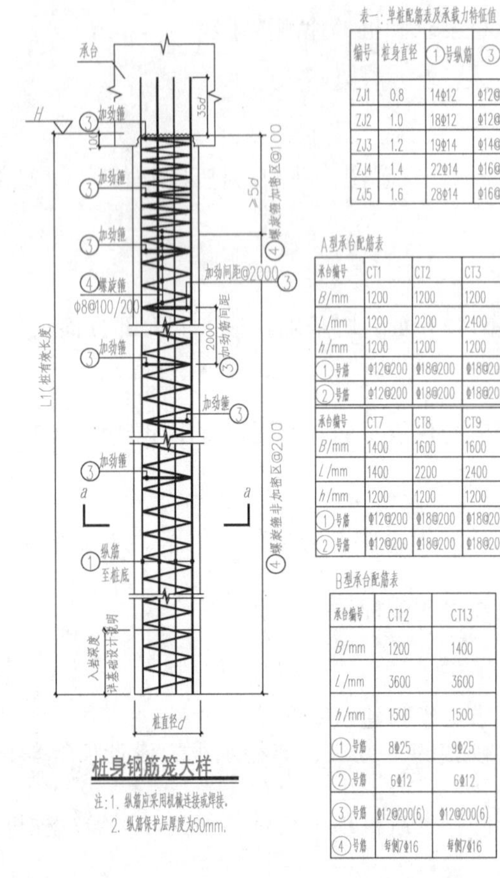

表一：单桩配筋表及承载力特征值

编号	桩身直径	①号纵筋	③号箍	单桩承载力/kN
ZJ1	0.8	14Φ12	Φ12@2000	2000
ZJ2	1.0	18Φ12	Φ12@2000	3100
ZJ3	1.2	19Φ14	Φ14@2000	4500
ZJ4	1.4	22Φ14	Φ16@2000	6100
ZJ5	1.6	28Φ14	Φ16@2000	8000

A型承台配筋表

承台编号	CT1	CT2	CT3	CT4	CT5	CT6
B/mm	1200	1200	1200	1200	1400	1400
L/mm	1200	1200	2400	2000	1800	2200
h/mm	1200	1200	1200	1200	1200	1200
①号	Φ12@200	Φ18@200	Φ18@200	Φ18@200	Φ18@200	Φ18@200
②号	Φ12@200	Φ18@200	Φ18@200	Φ18@200	Φ18@200	Φ18@200

承台编号	CT7	CT8	CT9	CT10
B/mm	1400	1600	1600	1600
L/mm	1400	2200	2400	3200
h/mm	1200	1200	1200	1200
①号	Φ12@200	Φ18@200	Φ18@200	Φ18@150
②号	Φ12@200	Φ18@200	Φ18@200	Φ18@150

B型承台配筋表

承台编号	CT12	CT13
B/mm	1200	1400
L/mm	3600	3600
h/mm	1500	1500
①号	8Φ25	9Φ25
②号	6Φ12	6Φ12
③号	Φ12@200(6)	Φ12@200(6)
④号	每侧7Φ16	每侧7Φ16

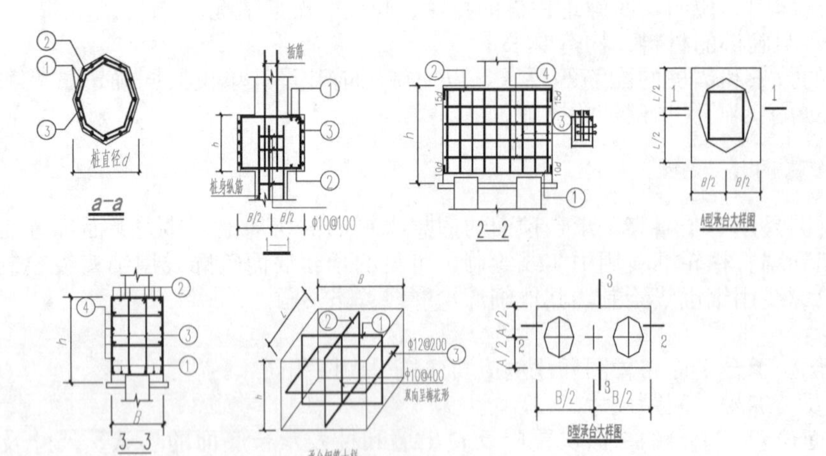

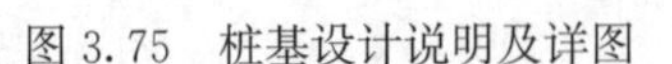
图 3.75　桩基设计说明及详图

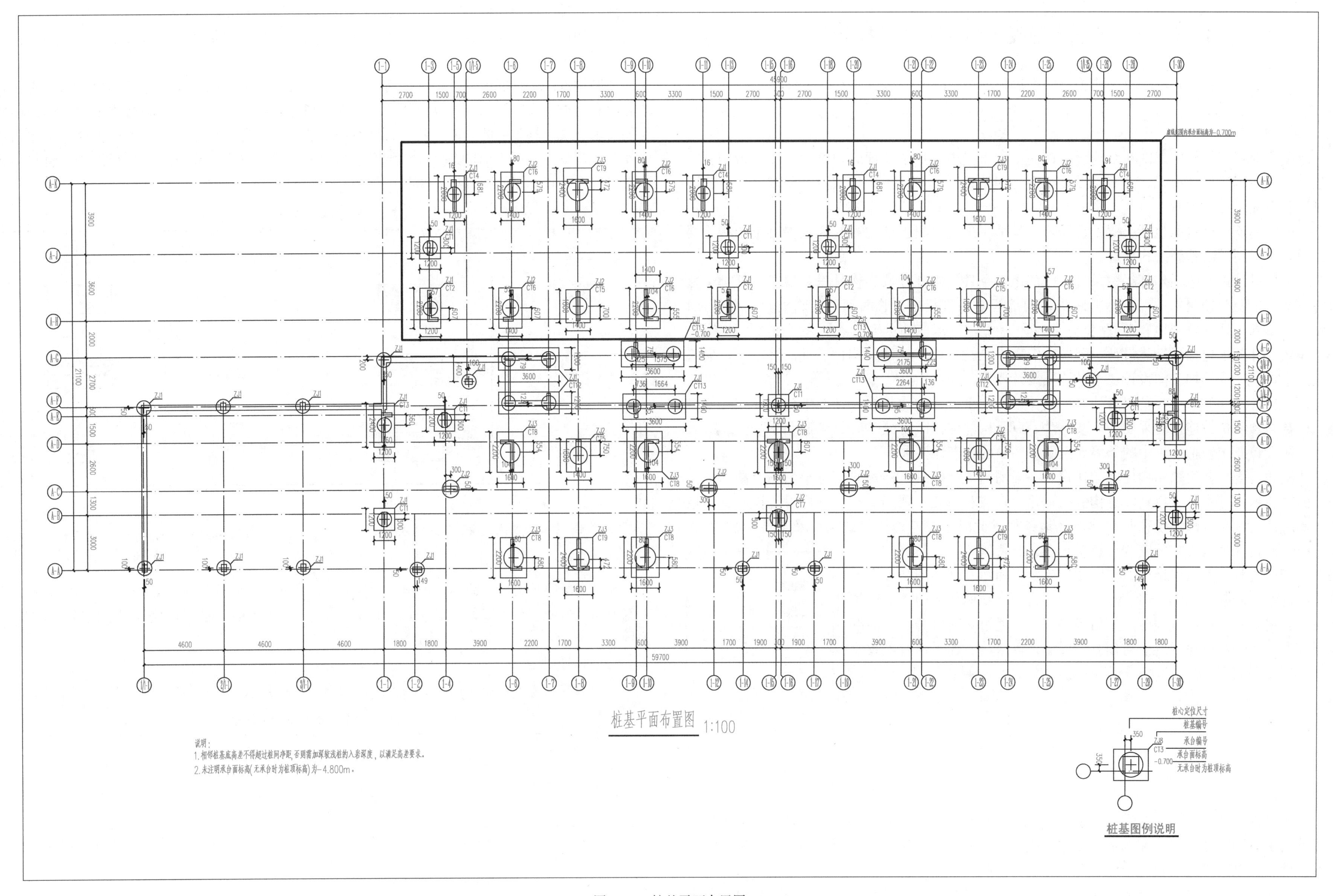

桩基平面布置图 1:100
说明：
1.相邻桩基底高差不得超过桩间净距，否则需加深较浅桩的入岩深度，以满足高差要求。
2.未注明承台面标高(无承台时为桩顶标高)为-4.800m。
桩基图例说明
桩心定位尺寸
桩基编号
承台编号
承台面标高
无承台时为桩顶标高

图 3.76　桩基平面布置图

任务 3.8　装配式混凝土结构施工图的识读

本书主要介绍装配式混凝土结构施工图识读与现浇混凝土结构施工图识读的差异。

3.8.1　建筑施工图识读

装配式混凝土结构施工图在结构设计说明工程概况中增加了装配式建筑设计专项说明，主要包括装配式建筑设计概况、总平面设计说明、建筑设计要求、预制构件设计要求、一体化装修设计和节能设计要求等。

装配式建筑设计概况包括必要的说明，工程采用现浇混凝土结构和装配式混凝土结构的楼层位置以及采用了哪些装配式构件。

总平面设计说明包括外部运输条件、内部运输条件、构件存放和构件吊装要求。外部运输条件一般应说明距预制构件厂的运输距离；内部运输条件指施工临时通道能否满足构件运输；构件存放要求包括存放场地和存放要求；构件吊装要求一般应初步确定塔吊选型和塔吊位置。

建筑设计要求包括标准化设计、装配式混凝土结构预制率、建筑构件、部品装配率、建筑集成技术设计，构件加工图设计要求及协同设计要求。

预制构件设计要求主要是指各构件的具体设计要求。一体化装修设计要求包括建筑装修材料、设备与预制构件连接时采用的安装方法，以及构配件、饰面材料及建筑部品的选用要求。

节能设计要求包括构件中的外墙保温及外门窗的气密性要求等。

装配式混凝土剪力墙结构住宅的建筑总平面图与现浇混凝土结构建筑总平面图绘制基本相同。但在规划设计中，要特别注意构件的运输、存放和吊装。现场要有适合构件运输的交通条件；要有适合预制构件现场临时存放的场地条件（此时主要考虑塔吊的选型及悬臂半径）；还要考虑预制构件吊装设施的安全、经济和合理布置。

装配式混凝土剪力墙结构住宅的楼层建筑平面图、剖面图与现浇混凝土结构的绘制基本相同。但装配式混凝土剪力墙结构住宅的楼层建筑平面图需将内外墙板的现浇混凝土与预制混凝土通过图例区分，剖面图也需要通过图例将现浇混凝土与预制混凝土加以区分。如采用装配式女儿墙，屋顶平面图需用图例区分预制女儿墙和后浇混凝土，如图 3.77 所示。

图例
现浇钢筋混凝土
预制夹心外墙板
预制内墙板
轻质隔墙
轻质砌块

图 3.77　屋顶平面图图例

3.8.2　结构施工图识读

1. 结构设计总说明

装配式混凝土剪力墙结构设计总说明在主要结构材料里面增加了吊钩、吊环、受力预埋件的锚筋要求，同时增加了装配式结构专项说明。装配式结构专项说明包括总则、预制构件的生产与检验、预制构件的运输与堆放、现场施工和验收。

总则包括装配式结构图纸使用说明、配套的标准图集、材料要求、预制构件深化设计要求等，其中材料要求包括预制构件用混凝土、钢筋、钢材和连接材料，以及预制构件连接部位的座浆材料、预制混凝土夹芯保温外墙板采用的拉结件等。

预制构件的生产与检验包括预制构件的模具尺寸偏差要求与检验方法，粗糙面粗糙度要求、预制构件的允许尺寸偏差，钢筋套筒灌浆连接的检验、预制构件外观要求、结构性能检验要求等。

预制构件的运输要求包括运输车辆要求、构件装车要求；堆放要求包括场地要求，靠放时的方向和叠放的支垫要求与层数限制。现场施工和检验要求包括构件进场检查要求、预制构件安装要求与现场施工中的允许误差，以及附着式塔吊水平支撑和外用电梯水平支撑与主体结构的连接要求等。装配式结构部分应按混凝土结构子分部工程进行验收，并需提供相关材料。装配式结构专项说明里的图例如表 3.32。

表 3.32　结构施工图图例

名称	图例	名称	图例
预制钢筋混凝土		后浇段、边缘构件	
保温层		夹芯保温外墙	
现浇钢筋混凝土		预制外墙模板	

2. 预制混凝土剪力墙施工图识读

（1）施工图表示方法

预制混凝土剪力墙（简称“预制剪力墙”）平面布置图应按标准层绘制，绘制内容包括预制剪力墙、现浇混凝土墙体、后浇段，以及现浇梁、楼面梁、水平后浇带或圈梁等，并进行编号。

（2）编号规定

①预制混凝土剪力墙。预制混凝土剪力墙编号由墙板代号、序号组成，如表 3.33 所示。

表 3.33　预制混凝土剪力墙编号

预制墙板类型	代号	序号
预制外墙	YWQ	××
预制内墙	YNQ	××

注：1. 在编号中，如若干预制剪力墙的模板、配筋、各类预埋件完全一致，仅墙厚与轴线的关系不同，也可将其编为同一预制剪力墙编号，但应在图中注明与轴线的几何关系。
2. 序号可为数字，或数字加字母。

图 3.78 中 YWQ1 表示 1 号预制外墙，C～D/2 轴上的 YNQ1L 表示镜像构件左侧（Left）的 1 号预制内墙，C～D/3 轴上的 YNQ1a 表示该工程有一块预制混凝土内墙板与已编号的 YNQ1 除线盒位置外，其他参数均相同，为方便起见，将该预制内墙板序号编为 1a。

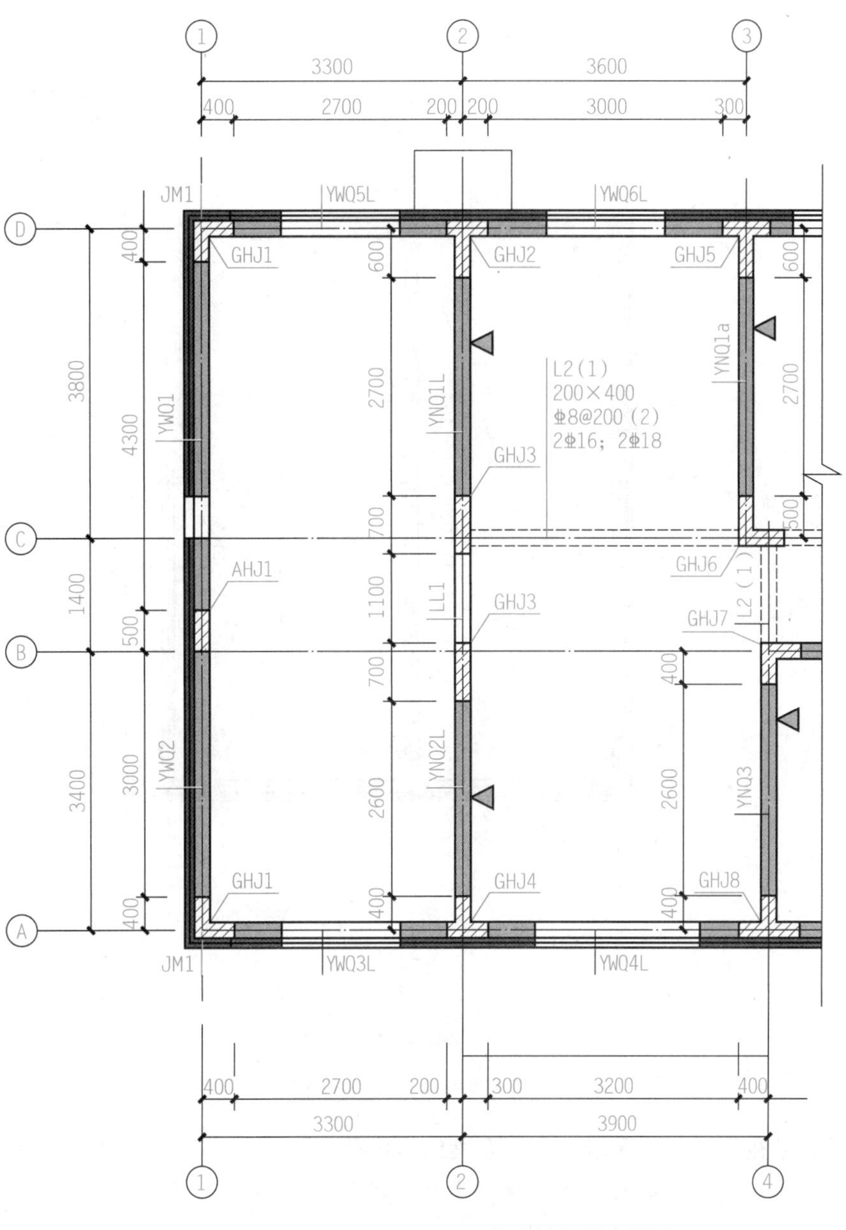

图3.78 剪力墙平面布置图示例

②后浇段。后浇段编号由后浇段类型代号和序号组成，如表3.34所示。

表3.34 后浇段编号

后浇段类型	代号	序号
结束边缘构件后浇段	YHJ	××
构造边缘构件后浇段	GHJ	××
非边缘构件后浇段	AHJ	××

图3.79中AHJ1表示1号非边缘构件后浇段，GHJ1表示1号构造边缘构件后浇段。

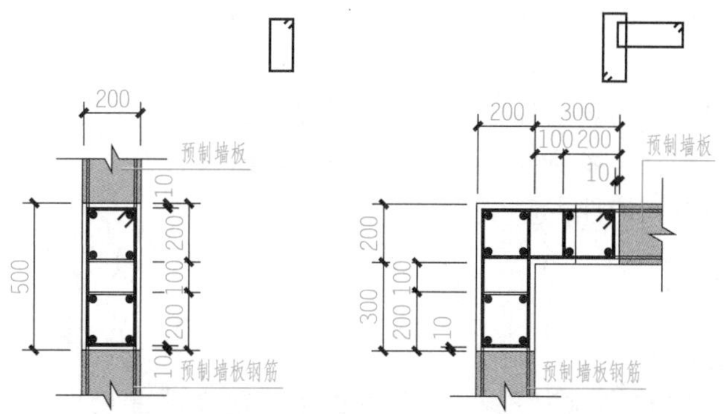

图3.79 后浇段示例

③预制混凝土叠合梁。预制混凝土叠合梁编号由代号、序号组成，如表3.35所示。

表3.35 预制混凝土叠合梁编号

名称	代号	序号
预制叠合梁	DL	××
预制叠合连梁	DDL	××

例如，DL1表示1号预制叠合梁，DLL2表示2号预制叠合连梁。

④预制外墙模板。预制外墙模板编号由类型代号和序号组成，如表3.36所示。

表3.36 预制外墙模板编号

名称	代号	序号
预制外墙模板	JM	××

注：序号可为数字，或数字加字母。

如图3.78中JM1表示1号预制外墙模板。

(3) 构件表达

①预制墙板。预制墙板的表达内容包括：墙板编号；各段墙板位置信息，包括所在轴号和所在楼层号；管线预埋位置信息；构件重量、构件数量；构件详图页码。

如墙板编号YWQ5L表示镜像构件左侧（Left）的5号预制外墙；WQC1－3328－1514表示预制内叶墙板类型为一个窗洞高窗台外墙，标志宽度3300mm，层高2800mm，窗宽1500mm，窗高1400mm。

②后浇段。后浇段的表达内容包括：编号与截面配筋图，并标注后浇段几何尺寸；起止标高；纵向钢筋和箍筋；预制墙板外露钢筋尺寸及保护层厚度。

如在图3.79中AHJ1的表达内容如下：

AHJ1表示编号为1号非边缘构件后浇段；

后浇段几何尺寸为200mm×500mm；

起止标高为8.300m～58.800m；

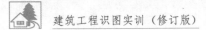

纵向钢筋共有 8 根直径为 8mm 的 HRB400 级钢筋；

箍筋是直径为 8mm，间距为 200mm 的 HRB400 级钢筋；

保护层厚度为 10mm。

③剪力墙梁。剪力墙梁的表达同现浇剪力墙混凝土结构。

④预制外墙模板。预制外墙模板一般采用预制外墙模板表表达，主要内容包括：编号，所在层号，所在轴号，厚度，构件重量，数量，构件详图页码等。

3. 叠合楼盖施工图识读

（1）施工图表示方法

叠合楼盖施工图主要包括预制底板平面布置图、现浇层配筋图、水平后浇带或圈梁布置图。

底板平面布置图应绘出预制底板、预制板接缝的水平投影以及定位尺寸，并标注预制底板编号，当预制板面标高不同时，在预制板编号下标注标高高差，下降为负（—）。

现浇层平面图应绘出板面钢筋，并标注叠合板编号、注明板厚。当板面标高不同时，还应在板编号的斜线下（整块叠合板）或预制底板上（个别预制底板部位）标注标高高差。

水平后浇带或圈梁平面布置图应通过图例表达不同编号的水平后浇带或圈梁，在平面上标注分布位置和编号。

（2）编号规定

①叠合板。所有叠合板板块应逐一编号，相同编号的板块可选择其一做集中标注，其他仅注写置于圆圈内的板编号，当板面标高不同时，在板编号的斜线下标注标高高差，下降为负（—）。叠合板编号如表 3.37 所示。

表 3.37　叠合板编号

叠合板类型	代号	序号
叠合楼面板	DLB	××
叠合层面板	DWB	××
叠合悬挑板	DXB	××

注：序号可为数字，或数字加字母。

②叠合板底板接缝。叠合楼盖预制底板接缝需要在平面上标注其编号、尺寸和位置，并需给出接缝的详图。叠合板底板接缝编号如表 3.38 所示。

表 3.38　叠合板底板接缝编号

名称	代号	序号
叠合楼底板接缝	JF	×
叠合楼底板密拼接缝	MF	—

如图 3.80 中 JFI 表示 1 号叠合板底板接缝。

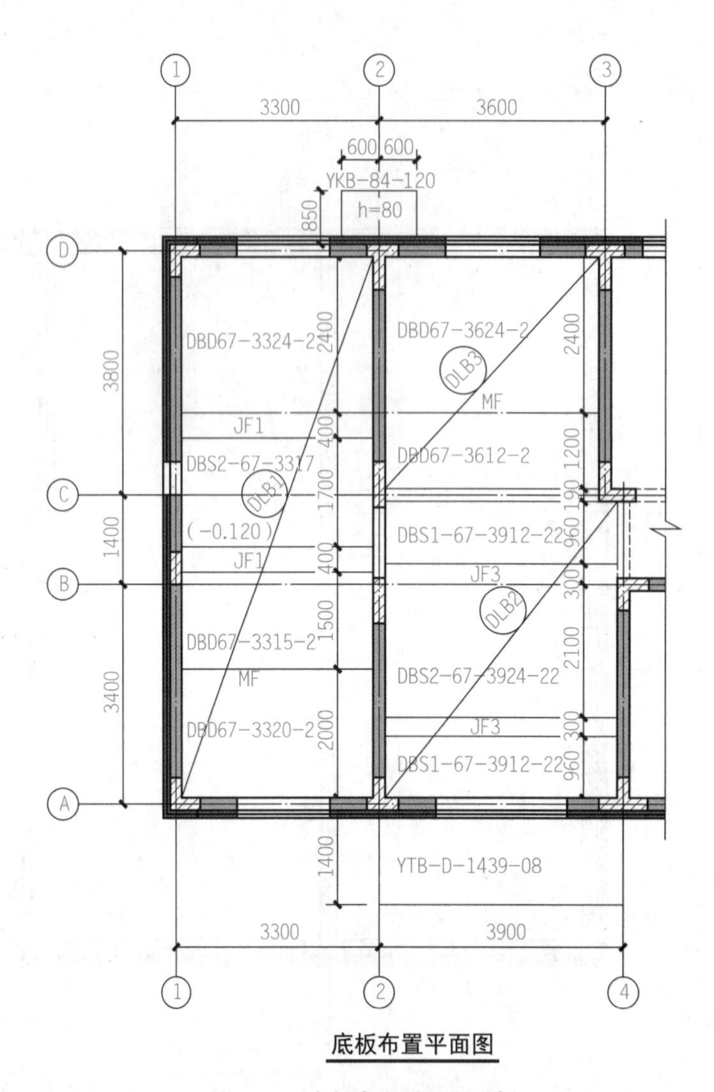

图 3.80　底板布置平面图示例

③水平后浇带或圈梁。水平后浇带或圈梁编号由代号和序号组成，还需在平面上标注水平后浇带或圈梁的分布位置。水平后浇带或圈梁编号如表 3.39 所示。

表 3.39　水平后浇带或圈梁编号

类型	代号	序号
水平后浇带	SHJD	××
圈梁	QL	××

（3）构件表达

①预制底板。预制底板平面布置图中需要标注叠合板编号、板块内的预制底板编号及其与叠合板编号的对应关系、所在楼层、构件重量和数量、构件详图页码（自行构件设计为图号）、构件设计补充内容（线盒、留洞位置等）。

②叠合楼盖底板接缝。叠合楼盖预制底板接缝需要在平面上标注其编号、尺寸和位置，并需给出接缝的详图或标准图集所在页码。

③水平后浇带或圈梁。水平后浇带或圈梁的分布位置需在平面上标注。构件大样需绘制详图或列表表达。水平后浇带表的内容包括平面中的编号、所在平面位置、所在楼层及配筋。

如图 3.81 中水平后浇带表第一行的表达内容如下：

SHJD1 表示 1 号水平后浇带；

平面所在位置为外墙；

所在楼层号为 3～21；

纵筋为 2 根直径为 14mm 的 HRB400 级钢筋，箍筋为直径为 8mm，间距为 250mm 的 HRB400 级钢筋，拉筋为 1 根直径为 8mm 的一级钢筋。

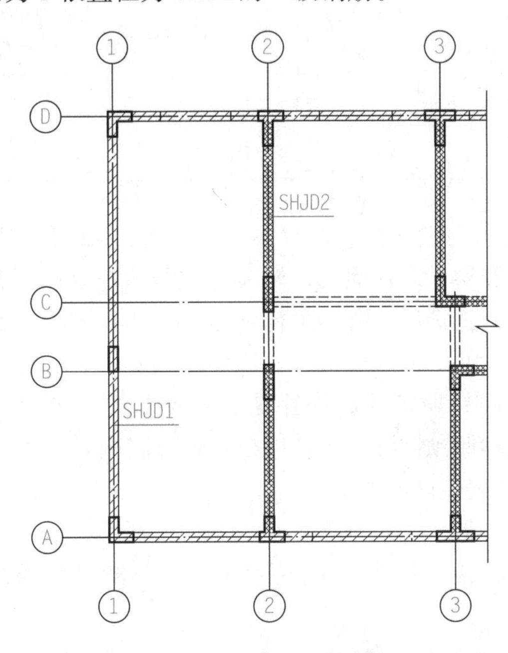

注：▨ 表示外墙部分水平现浇带，编号为SHJD1；

▩ 表示内墙部分水平现浇带，编号为SHJD2。

水平后浇带表

平面中编号	平面所在位置	所在楼层	配筋	箍筋/拉筋
SHJD1	外墙	3～21	2⏀14	1ϕ8
SHJD2	内墙	3～21	2⏀12	1ϕ8

图 3.81 水平后浇带

4. 预制钢筋混凝土板式楼梯施工图识读

(1) 施工图表示方法

预制楼梯施工图包括按标准层绘制的平面布置图、剖面图、预制梯段板的连接节点、预制楼梯构件表等内容。

(2) 编号规定

①预制楼梯板。预制楼梯编号规则如表 3.40 所示。

表 3.40 预制楼梯编号

预制楼梯类型	编号
双跑楼梯	ST-××-×× 预制钢筋混凝土双跑楼梯 层高（dm） 楼梯间净宽（dm）
剪刀楼梯	JT-××-×× 预制钢筋混凝土剪刀楼梯 层高（dm） 楼梯间净宽（dm）

如图 3.82 所示，ST－28－24 表示预制钢筋混凝土板式楼梯为双跑楼梯，层高为 2800mm，楼梯间净宽为 2400mm。

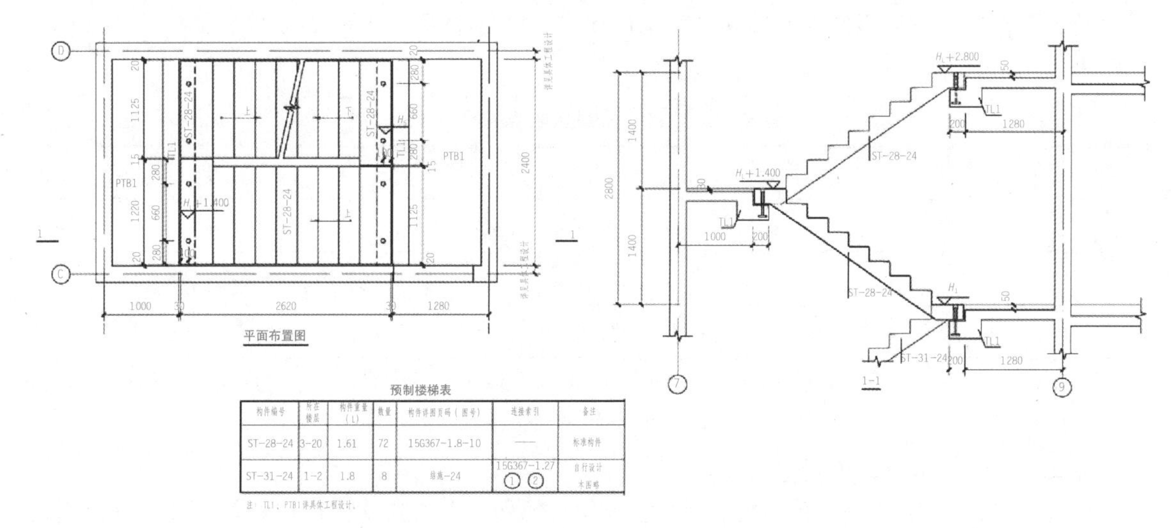

图 3.82 预制钢筋混凝土板式楼梯示例

②预制隔墙板。预制隔墙板编号由预制隔墙板代号、序号组成，预制隔墙板编号如表 3.41 所示。

表 3.41 预制隔墙板编号

预制隔墙板类型	代号	序号
预制隔墙板	GQ	××

如 GQ3 表示 3 号预制隔墙。

(3) 构件表达

①预制楼梯。预制楼梯的表达内容包括：构件编号；所在层号；构件重量；构件数量；构

件详图页码；连接索引；备注中可标明该预制构件是"标准构件"或"自行设计"。

如图 3.82 中，预制楼梯表第一行的表达内容如下：

ST－28－24 表示预制钢筋混凝土板式楼梯为双跑楼梯，层高为 2800mm，楼梯间净宽为 2400mm；

所在楼层号为 3～20；

重量为 1.61t，数量为 72 个；

构件详图见 15G367－1 的 8～10 页；

该预制构件是标准构件。

②预制隔墙板。剪刀楼梯需设置隔墙板，隔墙板暂无国家标准图集，需绘制详图，详图包括模板图、配筋图和连接详图。

5. 预制钢筋混凝土阳台板、空调板及女儿墙施工图识读

(1) 施工图表示方法

预制阳台板、空调板及女儿墙施工图应包括按标准层绘制的平面布置图、构件选用表。平面布置图中需要标注预制构件编号、定位尺寸及连接做法。

(2) 编号规定

预制阳台板、空调板及女儿墙编号由构件代号、序号组成，如表 3.42 所示。

表 3.42 预制阳台板、空调板及女儿墙编号

表 3.41 预制隔墙板编号

预制构件类型	代号	序号
阳台板	YYTB	××
空调板	YKTB	××
女儿墙	YNEQ	××

注：在女儿墙编号中，如若干女儿墙的厚度尺寸和配筋均相同，仅墙厚与轴线的关系不同，也可将其编为同一墙身号，但应在中注明与轴线的几何关系。序号可为数字或数字加字母。

如 YKTB2 表示 2 号预制空调板。

如 YYTB3a 表示某工程有一块预制阳台板与已编号的 YYB3 除洞口位置外，其他参数均相同，为方便起见，将该预制阳台板序号编为 3a。

如 YNEQ5 表示 5 号预制女儿墙。

(3) 构件表达

①预制钢筋混凝土阳台板、空调板。

预制钢筋混凝土阳台板、空调板的表达内容包括：预制构件编号；选用标准图集的构件编号，自行设计构件可不写；板厚（mm），叠合式还需注写预制底板厚度：表示方法为×××（××），如 130（60）表示叠合板厚为 130，底板厚度为 60；构件重量；构件数量；所在层号；构件详图页码：选用标准图集构件需注写所在图集号和相应页码，自行设计构件需注写施工图图号；备注中可标明该预制构件是"标准构件"或"自行设计"。

如表 3.43 中，预制阳台板、空调板表第一行的表达内容如下：

YYB1 表示 1 号预制阳台板；

YTB－D－1224－4 表示预制叠合板式阳台，阳台板相对剪力墙外墙表面挑出长度为 1200mm，预制阳台板宽度对应房间开间的轴线尺寸为 2400mm，阳台封边高 400mm。

叠合板总厚度 h 为 130mm，预制底板厚度为 60mm；

重量为 0.97t，数量为 51 个；

所在楼层号为 4～20；

构件详图见 15G368－1；

该预制构件是标准构件。

表 3.43 预制阳台板、空调板表

平面图中编号	选用构件	板厚 h（mm）	构件重量（t）	数量	所在层号	构件详图页码（图号）	备注
YYB1	YTB－D－1224－4	130（60）	0.97	51	4～20	15G368－1	标准构件
YKB1	—	90	1.59	17	4～20	结施－38	自行设计

②预制女儿墙。预制女儿墙的表达内容包括：平面图中的编号；选用标准图集的构件编号，自行设计构件可不写；所在层号和轴线号，轴号标注方法与外墙板相同；内叶墙厚；构件重量；构件数量；构件详图页码：选用标准图集构件需注写所在图集号和相应页码，自行设计构件需注写施工图图号；如果女儿墙内叶墙板与标准图集中的一致，外叶墙板有区别，可对外叶墙板调整后选用；备注中还可标明该预制构件是"标准构件""调整选用"或"自行设计"。超过层高一半的预制女儿墙可参照预制混凝土外墙板表示方法执行。

如在表 3.44 中，第二行的表达内容如下：

YNEQ5 表示 5 号预制女儿墙；

NEQ－J1－3914 表示该预制女儿墙是夹芯保温式女儿墙（直板），预制女儿墙长度为 3900mm，高度为 1400mm；

外叶墙板调整参数 a 为 190mm，b 为 230mm；

所在层号为屋面 1；

所在轴号为 2～3/C；

内叶墙墙厚为 160mm；

重量为 2.90t，数量为 1 个；

构件详图见 15G368－1 的 D04 页和 D05 页。

表 3.43 预制女儿墙表

平面图中编号	选用构件	外叶墙板调整	所在层号	所在轴号	墙厚（内叶墙）	构件重量（t）	数量	构件详图页码（图号）
YNEQ2	NEQ－J2－3614	—	屋面 1	①～②/Ⓑ	160	2.44	1	15G368－1D08～D11
YNEQ5	NEQ－J1－3914	a=190 b=230	屋面 1	②～③/Ⓒ	160	2.90	1	15G368－1D04，D05
YNEQ6	—	—	屋面 1	③～⑤Ⓓ	160	3.70	1	结施－74 本图集略

练习题

1. 本项目中，工程的功能分布是怎么划分的？
2. 本项目中，工程装修材料的燃烧性能分级是怎么划分的？
3. 本项目中，工程的防火分区是怎么划分的？各防火分区的面积是多少？各防火分区采取了什么分隔措施？
4. 本项目中，工程设置人防地下室是什么类别？面积多大？
5. 本项目中，工程抗震设防烈度为几度？抗震等级为几级？
6. 本项目中，工程的钢筋连接接头的注意事项包括哪些内容？
7. 本项目中，工程的地基处理包括哪些内容？
8. 本项目中，工程给排水有多少个系统？试找出这些系统进入建筑的位置。
9. 本项目中，工程的自动喷淋喷系统布置在哪些位置，是否满足消防要求。
10. 找出本项目工程消防系统水泵结合器的位置，并画出平面图和系统图的表达方式。
11. 西塔低压配电干线系统有多少个回路？各自的负荷等级是多少？
12. 试读懂图3.69西塔应急照明低压配电箱ALE—X1—1系统图。
13. 本项目中，工程的防雷位置是怎么布置的？采取了什么防雷措施？
14. 本项目中，工程的空调管道有哪些？请在平面图中找出。
15. 桩基础承台平面布置图主要包含哪些内容？
16. 桩基础详图主要包含哪些内容？
17. 装配式混凝土建筑设计专项说明主要包括哪些内容？
18. 与现浇混凝土结构建筑总平面图相比较，装配式混凝土结构的建筑总平面图在在规划设计中有需注意哪些？
19. 请简述预制混凝土叠合梁的图示方法。
20. 在叠合楼盖施工图中，预制底板平面布置图需要标注哪些内容？

项目4 钢结构房屋施工图的识读

教学目标

【项目教学目标】

通过教学，使学生能够识读钢结构房屋建筑施工图和结构施工图。

【教学实施建议】

1. 本项目以一套轻型钢结构单层厂房施工图为载体进行钢结构房屋施工图识读训练。

2. 采用项目教学法，4～6人一组，在教师指导下进行。

3. 由简单到复杂，循序渐进地开展训练，即钢结构图形表示方法→焊缝及螺栓的表示方法→钢结构节点详图的识读→较简单的钢结构房屋整套图样识读，使学生掌握识图的方法和技巧。

4. 用真实的工程施工图样作为评价载体，根据学生读图速度、对图样内容领会的准确度、对图样的认知程度和综合对应程度进行评价。

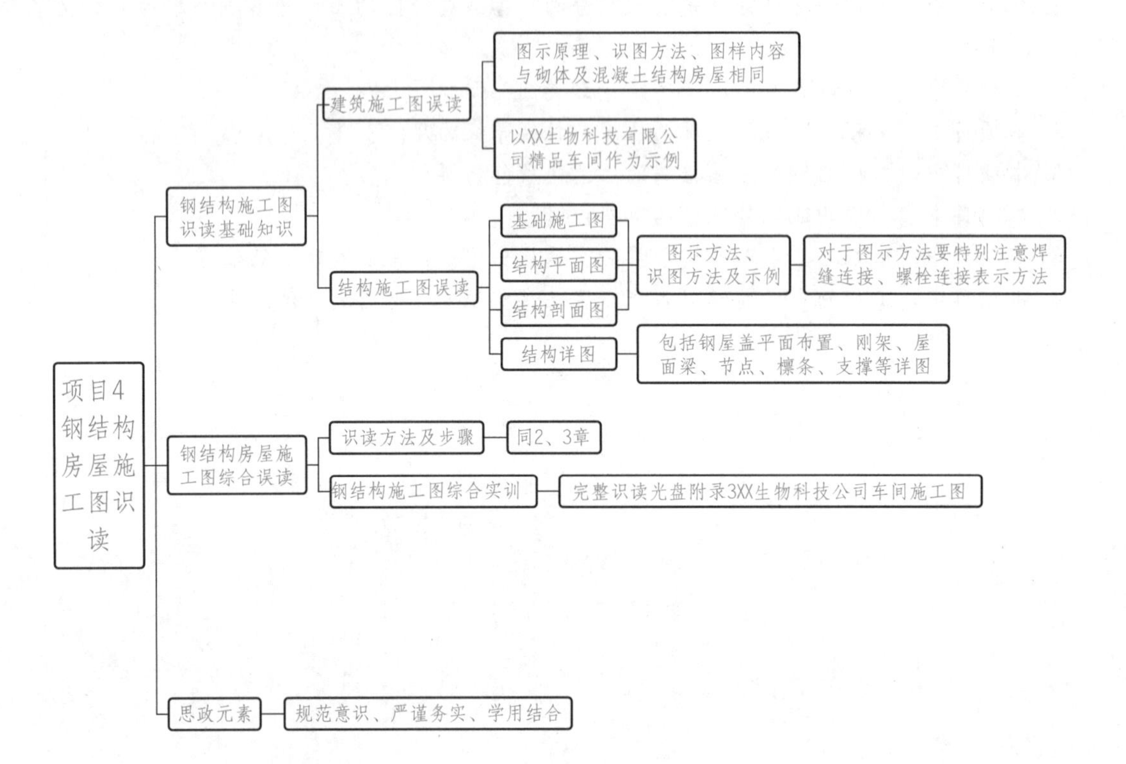

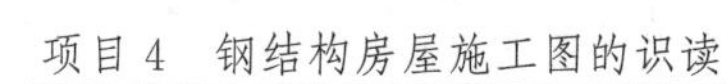

任务 4.1　建筑施工图的识读

单层厂房钢结构一般由屋盖体系、框架体系、吊车梁体系、支撑体系和墙体系等组成，如图 4.1 所示。

单层厂房的基本承重结构通常采用框架或排架结构体系。

横向柱子与基础刚接，柱顶与钢屋架或钢屋面梁刚接或铰接，形成横向的承重体系，称为横向框（排）架（图 4.2）。主要是承受屋架传来的荷载、维护结构的荷载和房屋横向的作用力，如作用在纵墙上的风荷载、横向地震作用等。

纵向的一列柱子与基础刚接，柱顶通过刚接的混凝土梁或钢梁连接，形成纵向的承重体系，称为纵向框架（图 4.3）。主要是承受山墙传递来的风荷载及纵向的地震作用等。

钢结构房屋的建筑施工图，其图示原理、图样内容和读图方法都与砌体结构、混凝土结构房屋的相同。图 4.4 为××生物科技有限公司 2#、3#精品车间Ⓔ—Ⓐ立面图。由图可知，该山墙下部为砖墙，上部为白色夹芯板；山墙上设有爬梯。其他建筑施工图的识读与 2.1 节、3.1 节相同，不再赘述。

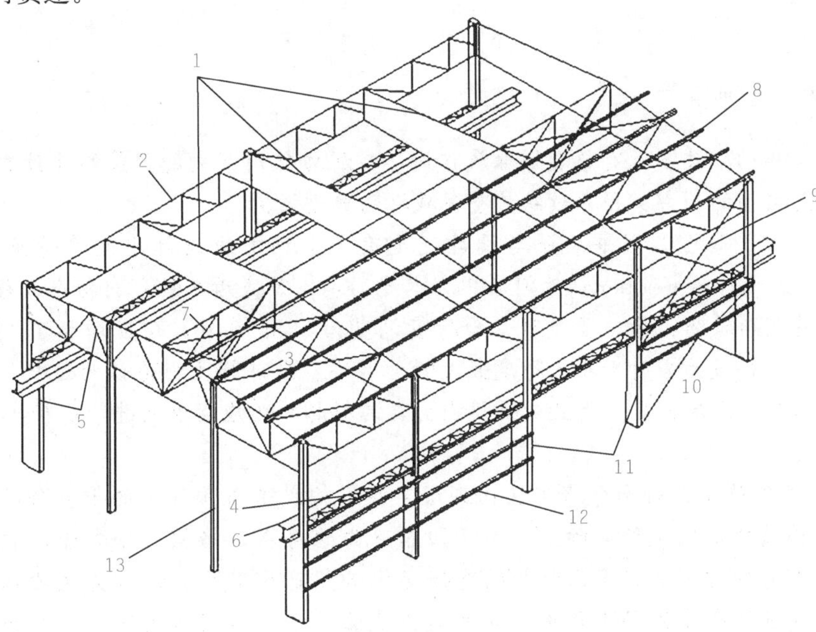

图 4.1　单层厂房的结构组成

1—屋架；2—托架；3—上弦横向支撑；4—制动桁架；5—横向平面框架；6—吊车梁；7—竖向支撑；8—檩条；9、10—柱间支撑；11—框架柱；12—墙架梁；13—山墙墙架柱

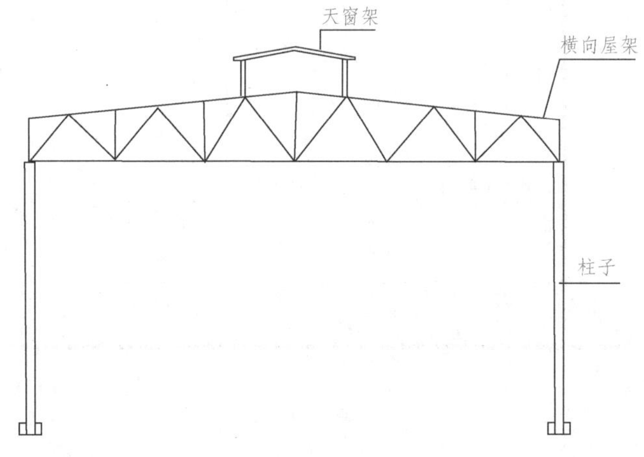

图 4.2　横向框（排）架

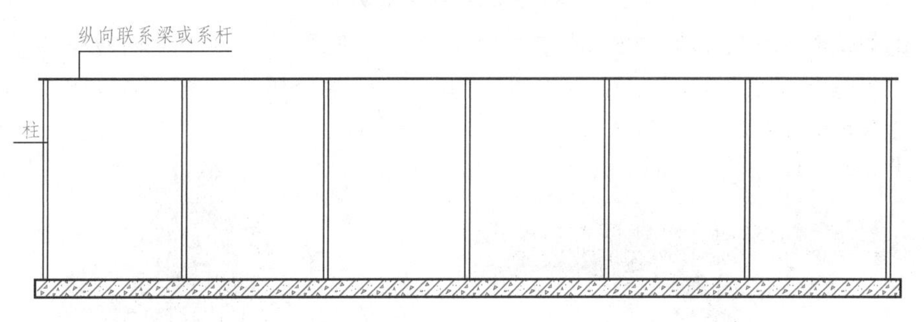

图 4.3　纵向框架

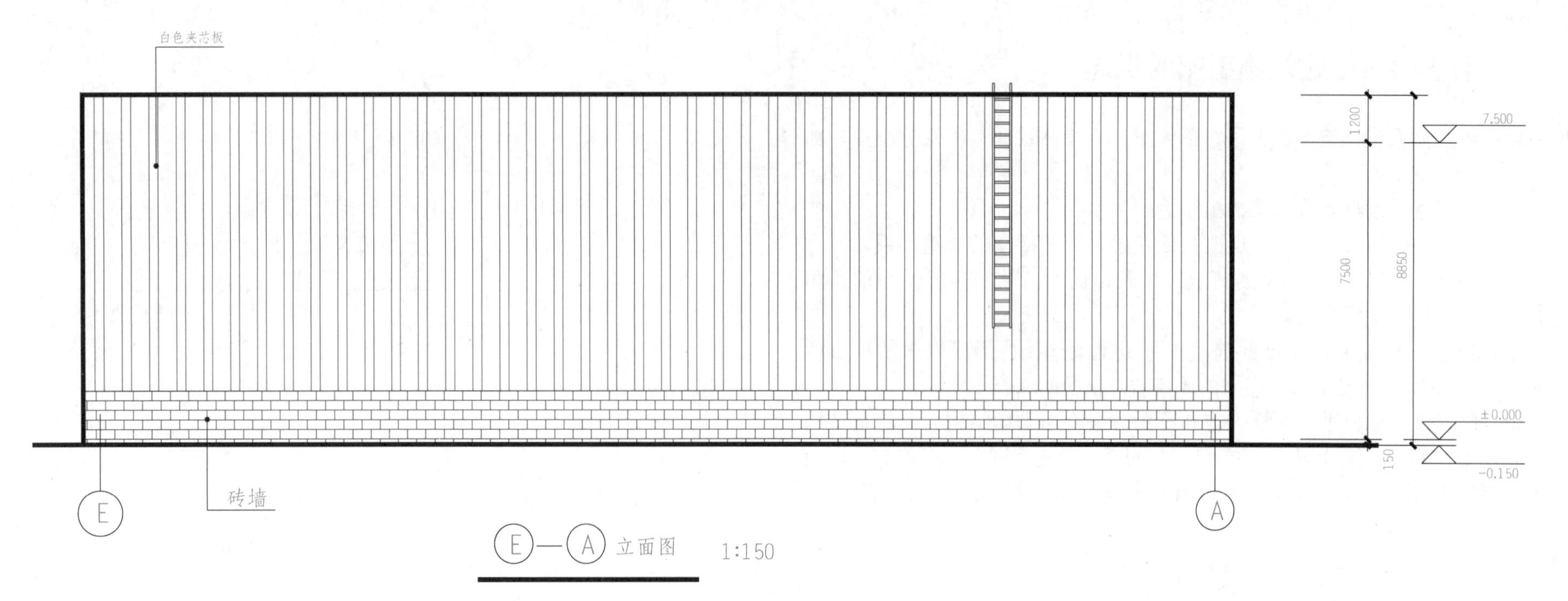

图 4.4 ××生物科技有限公司 2#、3#精品车间Ⓔ—Ⓐ立面图

任务 4.2 结构施工图的识读

砌体结构事故案例

事故概况：加拿大跨越魁北克河三跨伸臂桥［下图（a）所示］两边跨各长 152.4m，中间跨长 548.64m。1907 年 8 月 29 日，该桥梁垮塌［下图（b）所示］，9000t 重的钢桥坠入河中，死亡 75 人。

(a)

(b)

魁北克钢桥

（a）远景图；（b）垮塌图

事故原因：（1）钢桥格构式下弦压杆的角钢缀条过于柔弱（其总面积仅为弦杆截面面积的 1.1%），这样柔弱的受压承载力远小于它实际所承受的压力，缀条在压力作用下失去稳定性，导致承载能力丧失，未能起到缀条将分肢连接成可靠整体的作用，未被可靠连接的分肢不能有效发挥承载作用，在压力作用下失稳，最终导致整个结构破坏。这是典型的局部失稳导致结构整体破坏的典型案例。

（2）这次严重的工程事故还与设计变更有关。钢桥原设计中间跨跨度为 487.68m，但后来设计师 Cooper 认为河床中部水流湍急，若将两支墩分别向岸边移动，修建桥墩的费用会节省很多，于是将主跨跨度调整为 548.64m，跨度增加了 12.5%。这一变更使该桥成为当时世界上跨度最大的伸臂桥。设计师主观地认为这样做（指中间跨加大跨度）没有问题，因此对桥梁内力及其引起的效应改变未进行重新计算。

教训：

1）本案例使工程师和学者们认识到缀条在格构式受压构件中的重要作用。虽然缀条是起构造作用的，但实际上，由于初始弯曲的存在，格构式轴心受压构件在长度方向是有弯矩作用的，而沿杆长的弯矩变化必然产生剪力，该剪力主要由缀条承受，因此受压缀条受到轴力作用。如果缀条截面过小，承载能力不足，就会导致事故的发生。通过这个案例，可以使我们充分认识到格构式构件中作为连接件的缀条的重要性，对相关公式和规范中的相关构造条文生起重视之心，因为繁冗、枯燥的构造条款多来自血淋淋的工程事故的教训，如果早日有了这些条文规范，可能不会带来这些人员伤亡。

2）跨度调整之后，按梁结构对这一结构进行近似分析，可以发现实际上这一变动会使各构件的内力增加到原来的 27%，位移增加到原来的 160%，这样的增大比例，必须重新进行计算，重新设计构件，才能安全地承担相应荷载，完成预定功能。

4.2.1　基础施工图的识读

1. 图示方法

钢结构单层厂房常用的基础形式有独立基础、柱下条形基础和筏形基础。独立基础的常见形式如图 4.5 所示。当结构处于地基条件较差情况时，为提高建筑物的整体性，以免各柱子之间产生不均匀沉降，常将柱下基础沿纵横方向连接起来，做成条形基础，如图 4.6 所示。

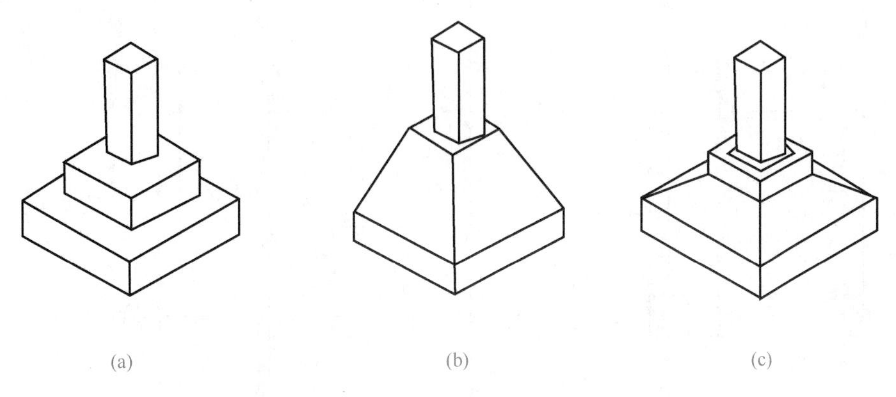

图 4.5　独立基础的常见形式

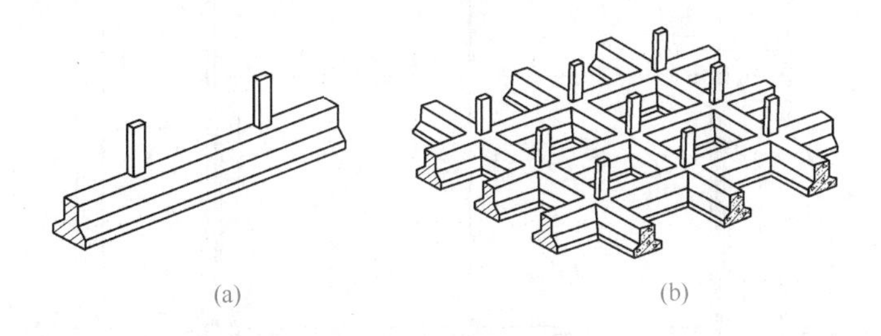

图 4.6　条形基础

钢结构房屋基础施工图的图示方法与砌体结构、钢筋混凝土结构相同：独立基础用细实线表示独立基础的外轮廓线（即垫层边线），用粗实线绘制钢筋混凝土柱的形状断面；条形基础用细实线表示基坑的水平投影，粗实线表示基础墙的投影，大放脚则省略。

2. 识图方法及应了解的信息

1）了解图名、比例及总长、总宽尺寸，了解图中代号的含义。

2）了解定位轴线的编号及其间距。

3）了解各种标高。

4）了解厂房的构造及配件类型、数量及其位置。

5）了解其他细部（如砖墙压顶与钢柱和砖墙连接等）的配置和位置情况。

3. 识图示例

以图 4.7 所示的××生物科技有限公司 2#、3#精品车间基础施工图为例。

1）了解图名、比例及总长、总宽尺寸，了解图中代号的含义。

图名：基础施工图，比例为 1∶100。建筑总长为 61.33m，总宽为 31.13m。

2）了解定位轴线的编号及其间距。

横向定位轴线：①～⑨，相邻横向定位轴线的间距是 7.5m。纵向定位轴线：Ⓐ～Ⓔ，相邻纵向定位轴线的间距是 7.3m 和 7.5m。

3）了解各种标高。

基础底面的标高均为－1.600m，基础顶面的标高均为－0.050m，室内地面标高±0.000。

4）了解厂房的构造及配件类型、数量及其位置。

该厂房钢柱下基础采用的是钢筋混凝土独立基础，如 J-1、J-2 等，其构造做法是，混凝土强度等级为 C25，钢筋采用 HRB335 级，钢筋混凝土保护层厚度为 40mm。

该厂房墙下采用 C15 毛石混凝土条形基础，设置了地圈梁，其尺寸为 240mm×180mm，钢筋采用 HRB335 级，钢筋混凝土保护层厚度为 25mm。

5）了解其他细部（如砖墙压顶与钢柱和砖墙连接等）的配置和位置情况。

砖墙采用 M10 的实心页岩砖，M5 砂浆砌筑，其防潮层以下为水泥砂浆，防潮层以上为混合砂浆。墙顶设 60mm 厚的压顶，压顶混凝土强度等级为 C20，其余详见砖墙压顶大样图。墙体为自承重墙，沿外围布置，起围护作用。

各柱基、墙基大样图描述了各基础平面、立面的细部尺寸及标高，柱基中钢筋的配量及布置，由轴线至基础边缘的尺寸为施工放线提供依据。

钢柱翼缘与砌体拉接详见钢柱和砖墙连接大样图。

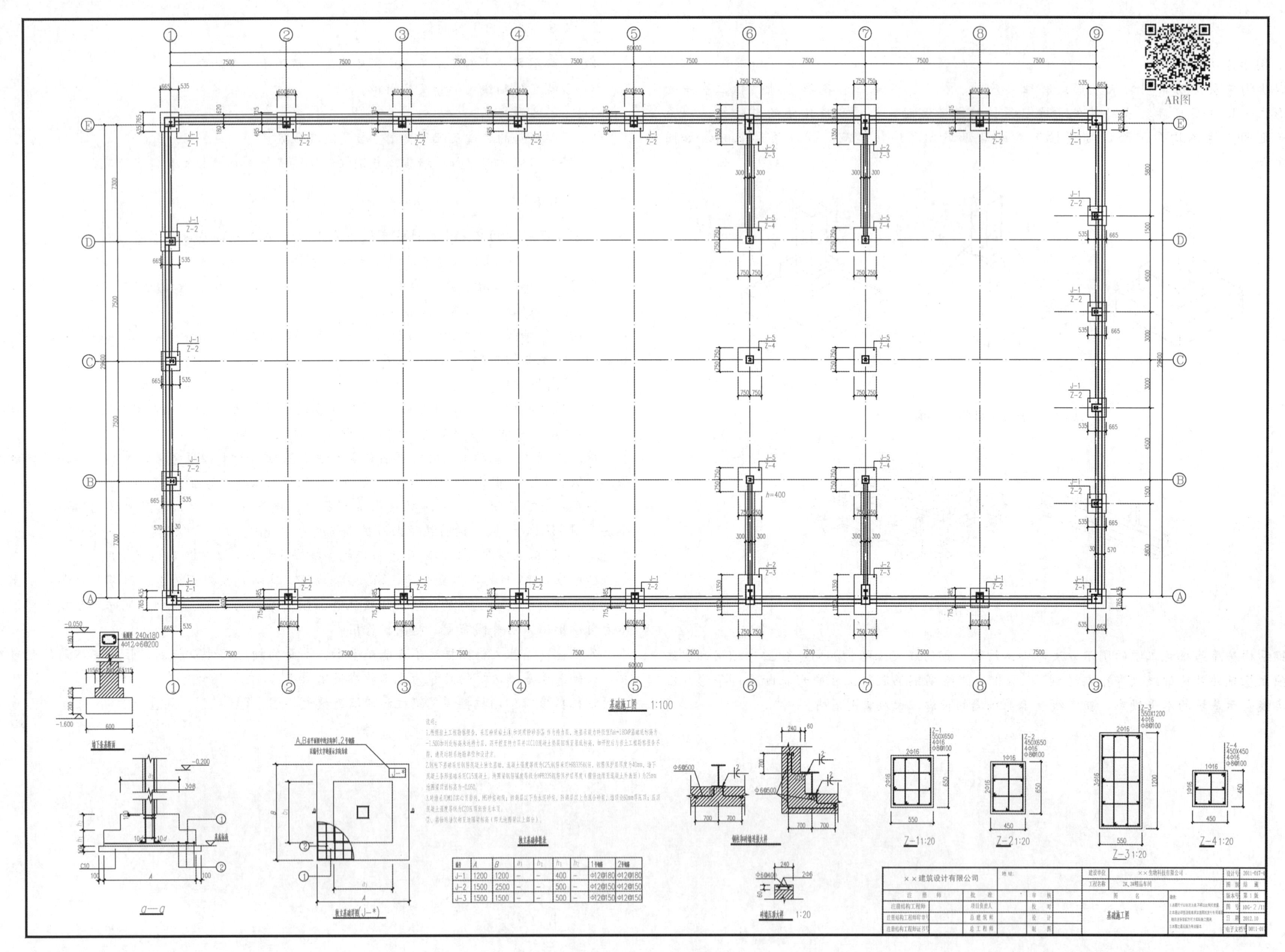

图 4.7　2＃、3＃精品车间基础施工图

4.2.2 结构平面图的识读

1. 图示方法

与砌体结构、钢筋混凝土结构相同，钢结构的结构平面图是假想用一水平剖切平面将房屋沿楼板上皮水平剖切开来，对剖切平面以下部分所作的水平投影图。

结构平面图所用图线与砌体结构、钢筋混凝土结构相同。

结构平面图中对接焊缝符号如图 4.8 所示，角焊缝符号如图 4.9 所示。

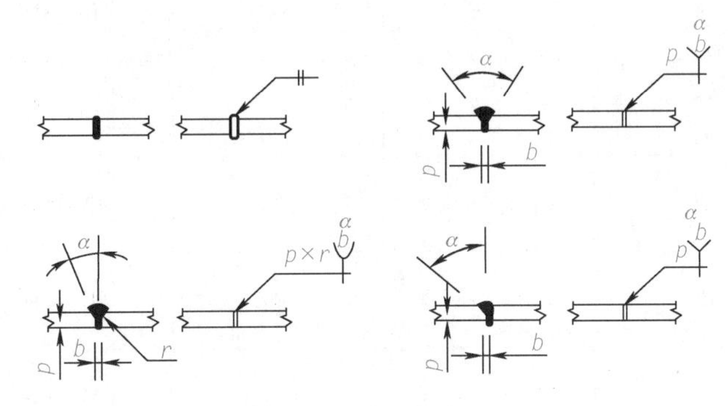

图 4.8 对接焊缝符号

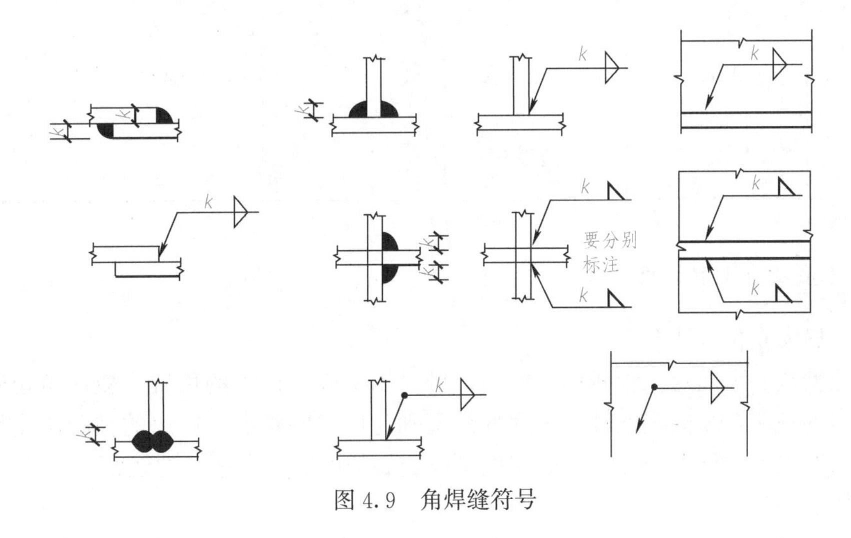

图 4.9 角焊缝符号

结构平面图中焊缝的标注方法如下：

1）当焊缝分布不规则时，在标注焊缝符号的同时，宜在焊缝处加中粗实线（表示可见焊缝）或加细栅线（表示不可见焊缝），如图 4.10 所示。

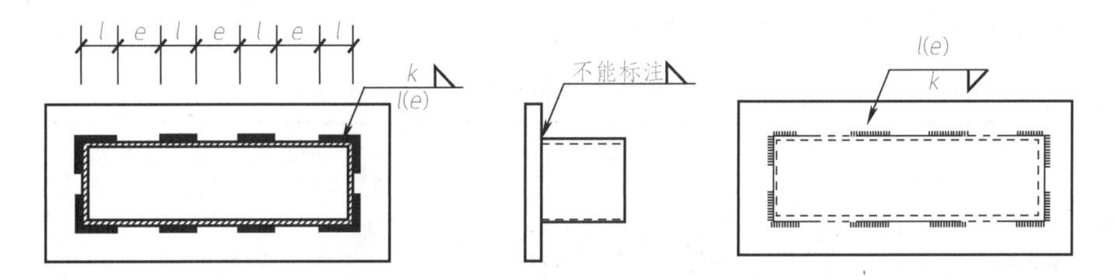

图 4.10 不规则焊缝的标注

2）在同一张图上，当焊缝的形式、断面尺寸和辅助要求均相同时，可只选择一处标注焊缝的符号和尺寸，并加注相同焊缝符号，相同焊缝符号为 3/4 圆弧，绘在引出线的转折处［图 4.11（a）］。同一张图上当有数种相同的焊缝时，可将焊缝分类编号标注。在同一类焊缝中，可选择一处标注焊缝符号和尺寸。分类编号采用大写的拉丁字母［图 4.11（b）］。

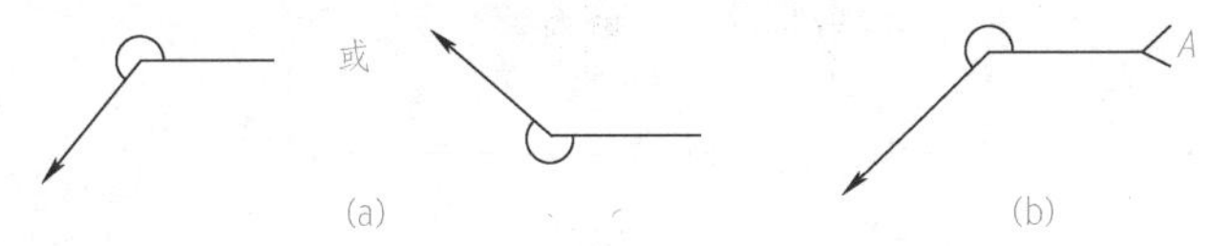

图 4.11 相同焊缝符号

3）需要在现场进行焊接的焊缝表示方法如图 4.12 所示。

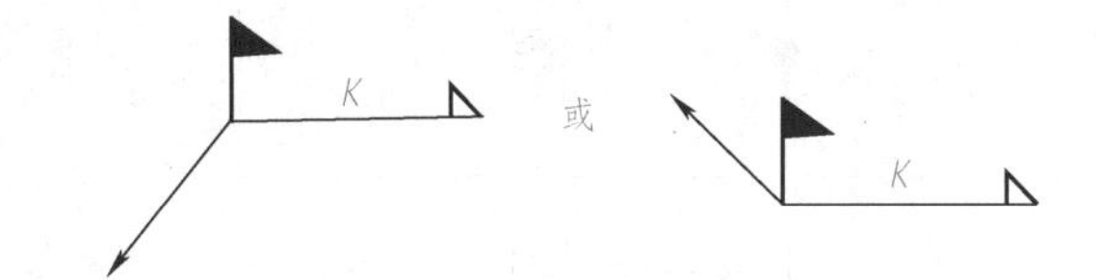

图 4.12 现场焊缝的标注

4）较长的角焊缝，可直接在角焊缝旁标注焊缝尺寸 k（图 4.13）。

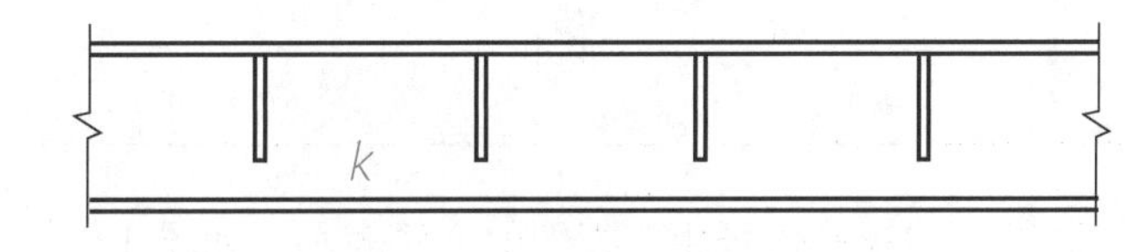

图 4.13 较长角焊缝的标注

5）局部焊缝的标注方法如图 4.14 所示。

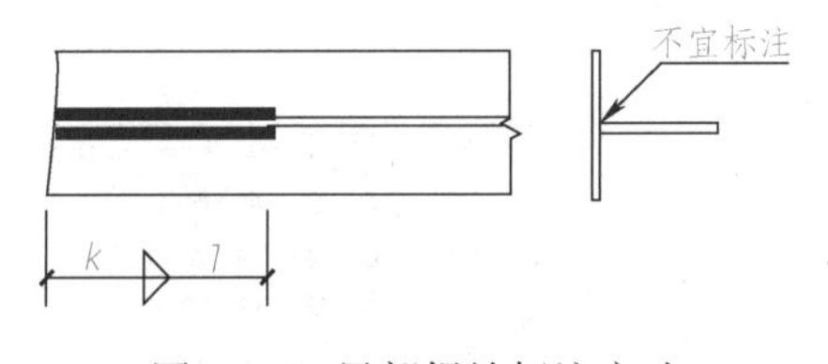

图 4.14 局部焊缝标注方法

结构平面图中螺栓的代号如表 4.1 所示。

表 4.1　螺栓代号

序号	名称	图例	说明
1	永久螺栓		1. 细“+”线表示定位线 2. M 表示螺栓型号 3. ϕ 表示螺栓孔直径 4. d 表示膨胀螺栓、电焊铆钉直径 5. 采用引出线标注螺栓时，横线上标注螺栓规格，横线下标注螺栓孔直径
2	高强螺栓		
3	安装螺栓		
4	胀锚螺栓		
5	圆形螺栓孔		
6	长圆形螺栓孔		
7	电焊铆钉		

螺栓连接的标注方法是采用螺栓代号用三视图的方法表示，如图 4.15 所示。

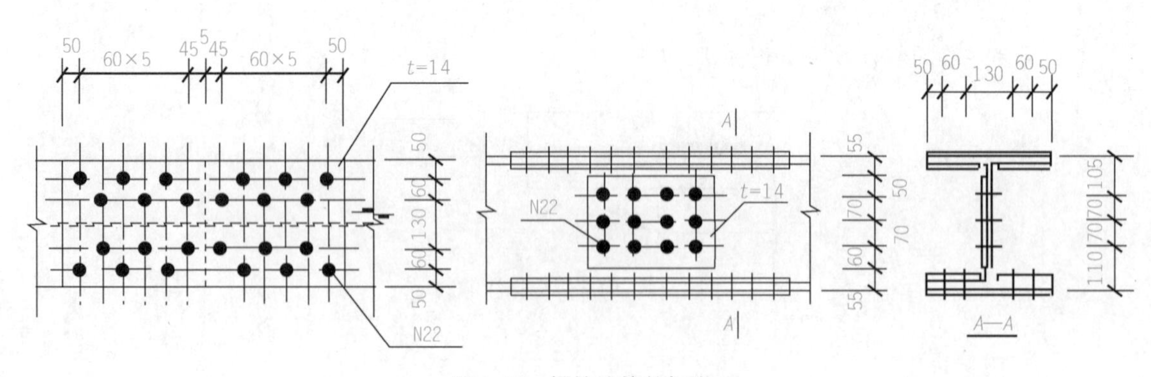

图 4.15　螺栓连接的标注

钢结构施工图中构件代号较多，其中不少属于习惯用法，常用的代号如表 4.2 所示。

表 4.2　钢结构施工图中的常用代号

名称	代号	名称	代号	名称	代号
钢架	GJ	次梁	CL	墙梁	QL
檩条	LT	柱间支撑	ZC	斜拉条	XT
水平支撑	SC	系杆	XG	门边柱	MZ
钢梁	GL	托梁	TL	门上梁	ML
隅撑	YC	檐沟（天沟）	GTG	刚性檩条	GLT
撑杆	CG	钢架柱	GJZ	刚性系杆	GXG
桁架	HJ	钢架梁	GJL	压型金属板	YXB
屋脊檩条	WLT	山墙柱	SQZ	刚性系杆	GXG
复合板	FHB	压型金属板	YXB	山墙柱	SQZ
刚性檩条	GLT	屋脊檩条	WLT		

2. 识图方法及应了解的信息

（1）纵、横向定位轴线

横向定位轴线和纵向定位轴线构成柱网，可以用来确定柱子的位置，横向定位轴线之间的距离确定厂房的柱距，纵向定位轴线之间的距离确定厂房的跨度。厂房的柱距决定屋架的间距和屋面板、吊车梁等构件的长度，车间跨度则决定屋架的跨度和吊车的轨距。

（2）墙体、门窗布置

在平面图中需表明墙体、门窗的位置、型号和数量。门窗的表示方法和民用建筑相同，在表示门窗的图例旁边注写代号，门的代号是 M，窗的代号是 C，在代号后注写数字表示门窗的不同型号。单层工业厂房的墙体一般为自承重墙，主要起围护作用，一般沿四周布置。

（3）吊车设置

单层工业厂房平面图应表明吊车的起重量及吊车轮距，这是它与民用建筑的重要区别。例如，图 4.16 所示的××生物科技有限公司 2#、3#精品车间锚栓布置图。

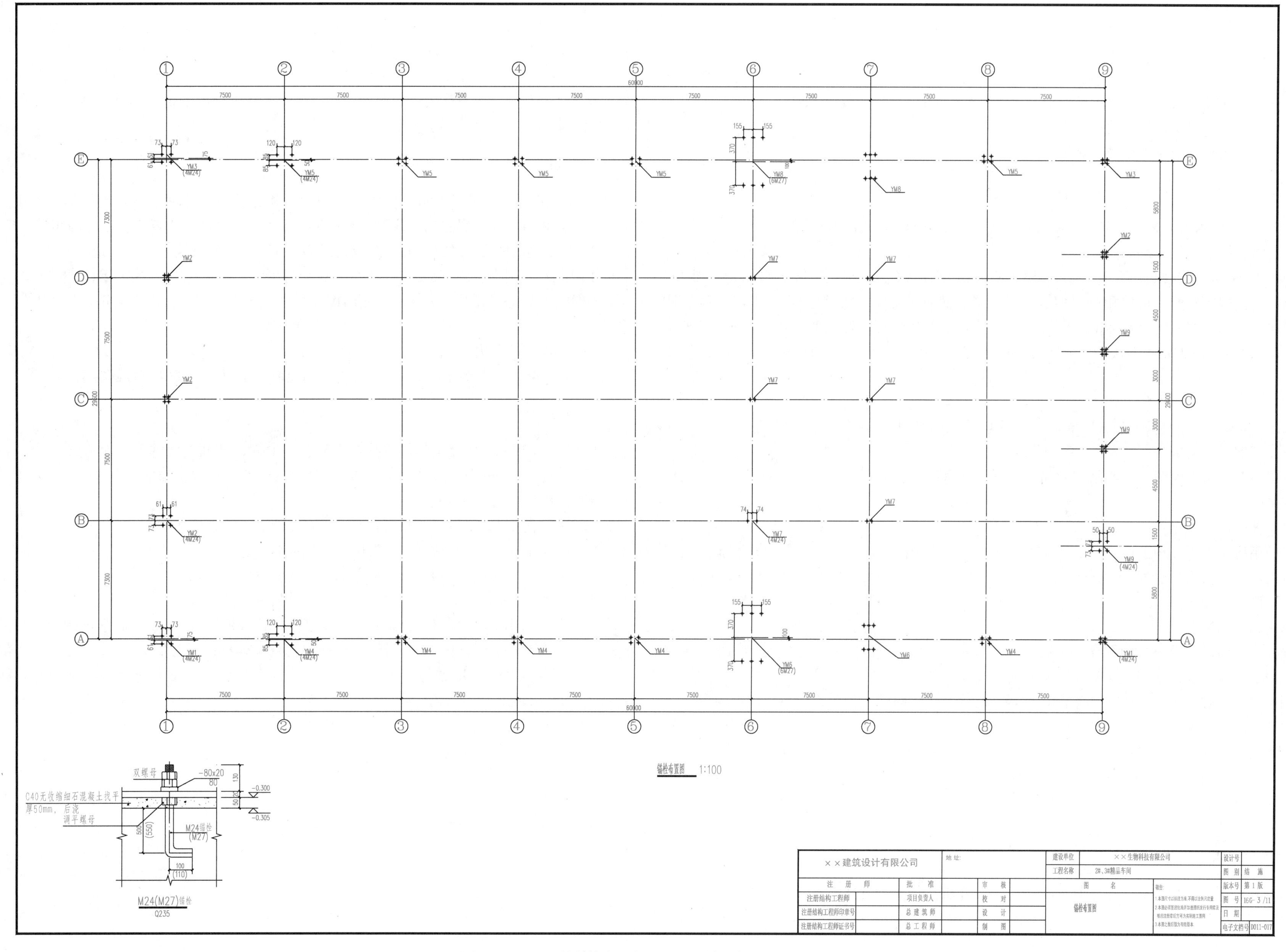

图 4.16　××生物科技有限公司 2#、3#精品车间锚栓布置图

（4）辅助用房的布置

辅助用房是为了实现工业厂房的功能而布置的，布置较简单。

（5）尺寸

通常沿厂房长、宽两个方向分别标注三道尺寸：第一道是门窗宽度及墙段尺寸，联系尺寸、变形缝尺寸等；第二道是定位轴线间的尺寸；第三道是厂房的总长和总宽。

（6）指北针、剖切符号、索引符号

它们的用途与民用建筑相同，这里不再讲解。

3. 识图示例

以图 4.16 所示的××生物科技有限公司 2#、3#精品车间锚栓布置图为例。

（1）纵、横向定位轴线

图 4.16 中横向定位轴线：①～⑨，相邻横向定位轴线的间距是 7.5m。纵向定位轴线：Ⓐ～Ⓔ，它们构成柱网，可以用来确定柱子的位置。横向定位轴线之间的距离确定厂房的柱距，纵向定位轴线之间的距离确定厂房的跨度。厂房的柱距决定屋架的间距和屋面板、吊车梁等构件的长度，车间跨度则决定屋架的跨度和吊车的轨距。本厂房的柱距为 7.5m，跨度为 60m。

（2）了解厂房平面形状、朝向

如图 4.16 所示，根据工艺布置要求，本厂房平面布置较规则，车间坐北朝南。

（3）了解吊车设置

单层工业厂房平面图应表明吊车的起重量及吊车轮距，这是单层工业厂房平面图与民用建筑的重要区别之一。

（4）辅助用房的布置

辅助用房是为了实现工业厂房的功能而布置的，布置较简单，如本厂房结合建筑施工图就可以看出，①～⑥为生产车间；⑥～⑦为辅助用房，如会议室、工具间、杂物间、卫生间等；⑦～⑨为产品展厅车间。

（5）锚栓的布置

锚栓埋设前一定要与基础图样仔细核对，柱脚采用调平螺母的方案进行安装和调平。基础混凝土浇筑之前，锚栓丝扣应涂油脂，并用油布包好。

钢柱底与基础顶预留 50mm 的空隙，待钢柱及其上部结构安装校正完毕后，用 C40 的无收缩细石混凝土浇灌密实。

YM1 表示地脚螺栓 1 号，4M24 表示有 4 个公称直径为 24mm 的螺栓，另外还用到了公称直径为 27mm 的螺栓。其余同理。

4.2.3 结构剖面图的识读

1. 图示方法

结构剖面图是假想用一铅垂剖切面将房屋剖切开后移去靠近观察者的部分，做出的剩下部分的投影图。

剖面图用以表示房屋内部的结构或构造方式，如屋面（楼、地面）形式、分层情况、材料、做法、高度尺寸及各部位的联系等。它与平、立面图互相配合用于计算工程量，指导各层楼板和屋面施工、门窗安装和内部装修等。

剖面图的数量是根据房屋的复杂情况和施工实际需要决定的；剖切面的位置，要选择在房屋内部构造比较复杂、有代表性的部位，如门窗洞口和楼梯间等位置，并应通过门窗洞口。剖面图的图名符号应与底层平面图上的剖切符号相对应。

2. 识图方法及应了解的信息

1）结合平面图阅读，对应剖面图与平面图的相互关系，建立起建筑内部的空间概念，表明厂房内部的柱、吊车梁断面及屋架、天窗架、屋面板以及墙、门窗等构配件的相互关系。

2）根据剖面图尺寸及标高，了解建筑层高、总高、层数及房屋室内外地面高差。

3）了解各部位的竖向尺寸和主要部位的标高尺寸，如墙体、梁等承重构件的竖向定位关系，轴线是否偏心。尤其是屋架下弦底面标高及吊车轨顶标高，它们是轻钢结构工业厂房的重要尺寸。

4）了解建筑屋面的构造及屋面坡度的形成。

5）结合建筑设计说明或材料做法表，查阅地面、墙面、天窗等的装修做法。

3. 识图示例

以图 4.17 所示的××生物科技有限公司 2#、3#精品车间剖面施工图为例。

1）该图为 29.6m 跨的双坡门式刚架，采用 Q345 级钢材焊接而成，翼缘与腹板的连接采用 10.9 级高强度螺栓，厂房标高 8.55m。

2）屋面采用屋架承重，屋面板直接支承在屋架上，为无檩体系。

3）厂房端部设有抗风柱，以协助山墙抵抗风荷载。

4）在厂房中部设有柱间支撑，以增加厂房的整体刚度。

5）厂房屋顶采用双坡做法，屋面排水设计，另见详图。

6）材料使用情况。柱脚锚栓采用 Q235 锚栓，其余螺栓为 10.9 级高强度螺栓。型钢采用 Q345 级钢材。1—1 剖面和 2—2 剖面表示钢柱与钢梁连接的螺栓布置及施工图，3—3 剖面和 4—4 剖面表示屋脊附近钢梁的拼接施工图，5—5 剖面和 6—6 剖面表示钢梁与独立柱连接的螺栓布置及施工图。

4.2.4 结构详图的识读

钢结构施工图的详图很多，如屋盖平面布置图、刚架详图、屋面梁详图、安装节点图、吊车梁详图、檩条详图、支撑详图等。一般采用正投影原理绘制，其图示和识读方法与砌体结构、钢筋混凝土结构相同。为简化起见，在钢屋盖平面布置图中，一般用粗实线代表屋架和上弦支撑表示，主要表示其平面位置和平面形状。在粗实线旁标注屋架和上弦支撑的代号，并标注详图索引号。一般还在支撑部分增设剖面，以表示垂直支撑的位置和形状。图 4.18 所示为钢屋盖平面布置图，图 4.19 所示为××生物科技有限公司 2#、3#精品车间详图。

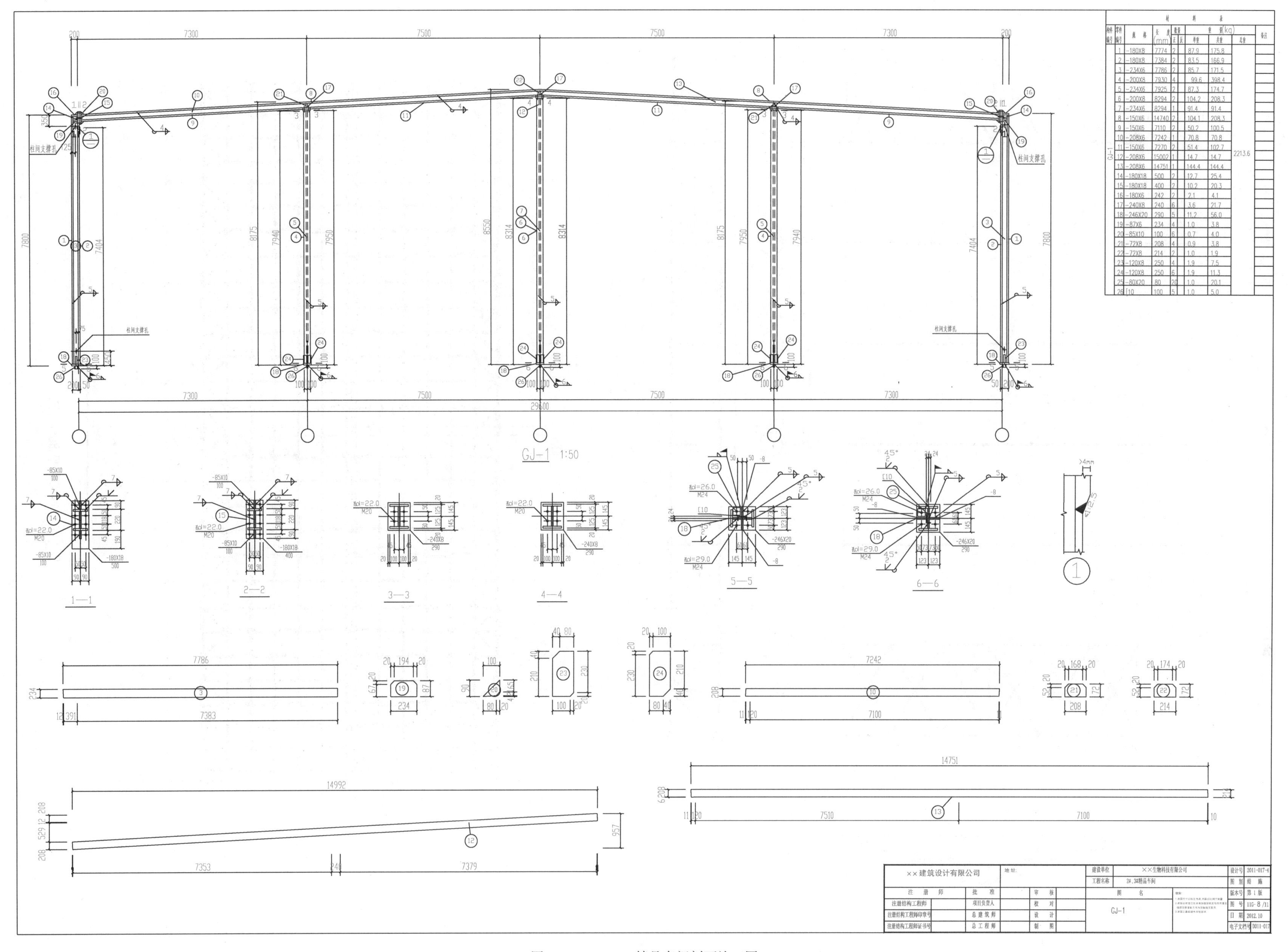

材　料　表

构件编号	零件编号	规　格	长　度(mm)	数量 正	数量 反	重量(kg) 单重	重量(kg) 共重	重量(kg) 总重	备注
GJ-1	1	-180X8	7774	2		87.9	175.8	2213.6	
	2	-180X8	7384	2		83.5	166.9		
	3	-234X6	7786	2		85.7	171.5		
	4	-200X8	7930	4		99.6	398.4		
	5	-234X6	7925	2		87.3	174.7		
	6	-200X8	8294	2		104.2	208.3		
	7	-234X6	8294	1		91.4	91.4		
	8	-150X6	14740	2		104.1	208.3		
	9	-150X6	7110	2		50.2	100.5		
	10	-208X6	7242	1		70.8	70.8		
	11	-150X6	7270	2		51.4	102.7		
	12	-208X6	15002	1		14.7	14.7		
	13	-208X6	14751	1		144.4	144.4		
	14	-180X18	500	2		12.7	25.4		
	15	-180X18	400	2		10.2	20.3		
	16	-180X6	242	2		2.1	4.1		
	17	-240X8	240	6		3.6	21.7		
	18	-246X20	290	5		11.2	56.0		
	19	-87X6	234	4		1.0	3.8		
	20	-85X10	100	6		0.7	4.0		
	21	-72X8	208	4		0.9	3.8		
	22	-72X8	214	2		1.0	1.9		
	23	-120X8	250	4		1.9	7.5		
	24	-120X8	250	6		1.9	11.3		
	25	-80X20	80	20		1.0	20.1		
	26	[10	100	5		1.0	5.0		

图 4.17　2#、3#精品车间剖面施工图

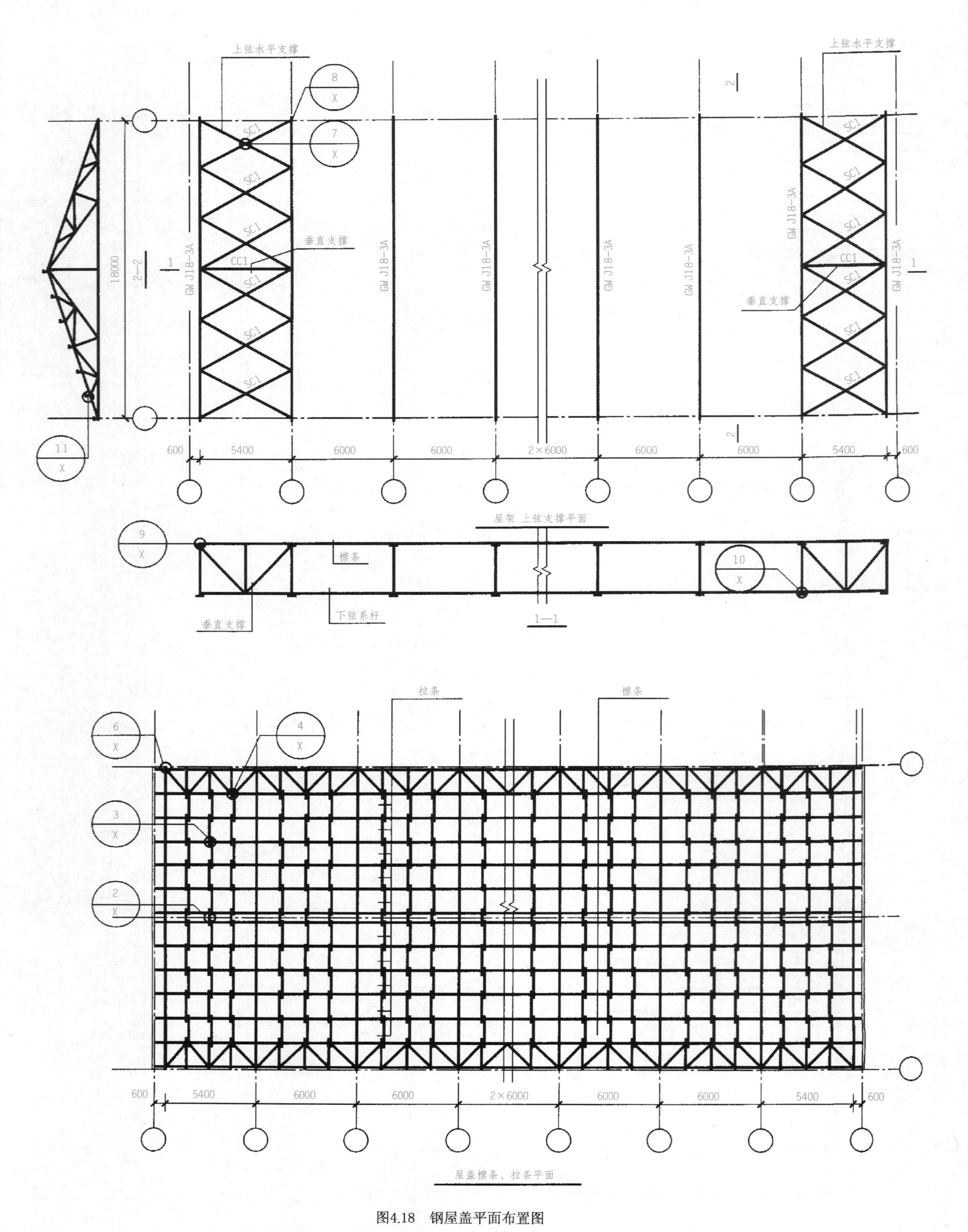

图4.18 钢屋盖平面布置图

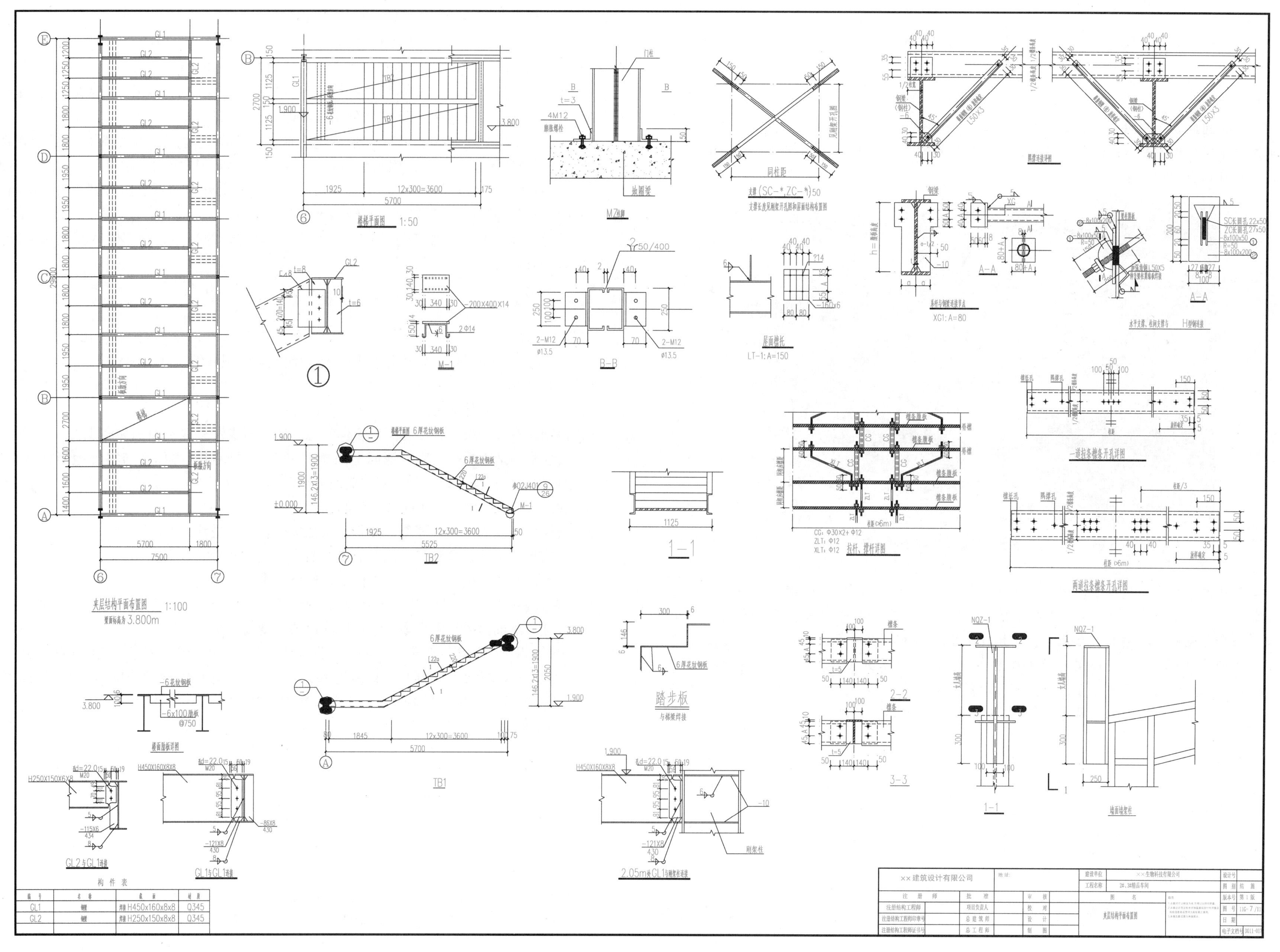

图 4.19　2#、3#精品车间详图

任务 4.3　钢结构房屋施工图综合识读

♨钢结构事故案例（二）♨

事故回顾：1990 年 2 月，辽宁省某重型机械厂计量楼增层会议室 14.4m 跨的轻钢梭形屋架腹杆平面外出现半波屈曲，致使屋盖迅速塌落，造成 42 人死亡、179 人受伤（当时正有 305 人在开会）。

轻钢梭形屋架支撑的屋盖发生倒塌示意图

事故原因：该轻钢梭形屋架适用于屋面荷载较小的情况，因为轻钢结构要求"轻对轻"（即荷载轻、自重轻），但是由于设计人员对此原则未能掌握，误用了重型屋盖，使钢屋架腹杆受到的实际力要大于按轻型屋盖确定的构件承载能力，而且还错用了计算长度系数，导致受压腹杆的平面外实际计算长度系数 $\lambda_y > 300$，如此纤细的受压腹杆不仅在稳定承载力上无法满足实际承载需要，而且从构造上也已经远远超过规范限值（受压构件长细比容许值为 150，受拉杆为 300）。

教训：

1）我们应该充分认识不同的钢屋架应采用哪种钢屋盖（重型屋盖还是轻型屋盖）。

2）对受压腹杆的计算长度不得马虎，必须正确理解规范中对此类构件的有关规定，并严格执行，必要时可进行高等分析或者采用试验验证。

4.3.1　钢结构施工图综合识读的方法及步骤

钢结构施工图综合识读的方法及步骤与 2.6 节、3.6 节相同，这里不再赘述。识图时应注意以下几个问题：

1）施工图是根据投影原理绘制的，用图样表明房屋建筑的设计及构造做法。要看懂施工图，应掌握投影原理并熟悉房屋建筑的基本构造。

2）钢结构施工图采用了一些图例符号、代号以及必要的文字说明，共同把设计内容表现在图纸上。因此要看懂施工图，还必须记住常用的图例符号和代号。

3）读图应从粗到细，从大到小。先大概看一遍，了解工程的概貌；再细看。细看时应先看总说明和基本图样，然后再深入看构件图和详图。

4）一套施工图是由各工种的许多张图纸组成的，各图纸之间是互相配合、紧密联系的。图样的绘制大致按照施工过程中不同的工种、工序分成一定的层次和部位进行，因此要有联系地、综合地看图。看图方法：从上往下看、从左往右看、由外向内看、由大到小看、由粗到细看，图样与说明对照看，建筑施工图与结构施工图结合看。

5）结合实际看图。根据实践、认识、再实践、再认识的规律，看图时联系实践，就能比较快地掌握图样的内容。

4.3.2　钢结构施工图综合识读训练

建议在教师引导下，学生 4～6 人一组，完整识读附录 3××生物科技公司 2#、3#车间施工图（对应 CAD 图纸见电子资源附录 3），包括建筑施工图和结构施工图。

识图引导问题：

1）该工程有哪几种施工图？各工种施工图分别有多少张？

2）该建筑有多少层？各层层高为多少？总高度为多少？总建筑面积为多少？

3）首层室内地面标高与室外地面标高相差多少？楼梯间地面标高与室外地面标高相差多少？各层楼地面标高是多少？首层室内地面的绝对标高是多少？

4）建筑入口朝向哪里？车间大门门洞高度是多少？

5）夹层各房间的开间、进深、楼面标高是多少？用途是什么？

6）楼梯形式是什么？各跑有几个踏步？踏步尺寸是多少？

7）楼梯间开间、进深为多少？楼梯平台标高是多少？

8）哪些墙属于山墙？哪些墙属于纵墙、内纵墙？

9）该建筑物的耐久年限为多少年？抗震设防烈度为多少？

10）本工程所用钢筋、混凝土、砖、砂浆的品种和强度等级各是什么？用于哪些地方？

11）基础形式是什么？基础底部标高是多少？垫层厚度是多少？垫层混凝土强度等级是多少？

12）夹层楼面结构标高是多少？与建筑标高相差多少？

13）吊车梁的位置是什么？

14）刚架的位置是什么？

15）各构件之间怎么连接？

练习题

1. 钢结构房屋施工图主要包含哪些内容？
2. 列举在钢结构施工图读图过程中经常用到的一些规范和标准。
3. 简述钢结构施工图中建筑标高与结构标高的区别是什么？
4. 什么是钢结构的稳定性？在钢结构施工图中体现在哪些措施中？

钢筋翻样

教学目标

【项目教学目标】

通过教学，使学生能够进行钢筋翻样操作。

【教学实施建议】

1. 以项目3中××社会主义学院综合楼工程施工图为例进行教学。

2. 采用项目教学法，4～6人一组，在教师指导下进行。

3. 用真实的工程施工图样作为评价载体，根据翻样速度、准确度进行评价。

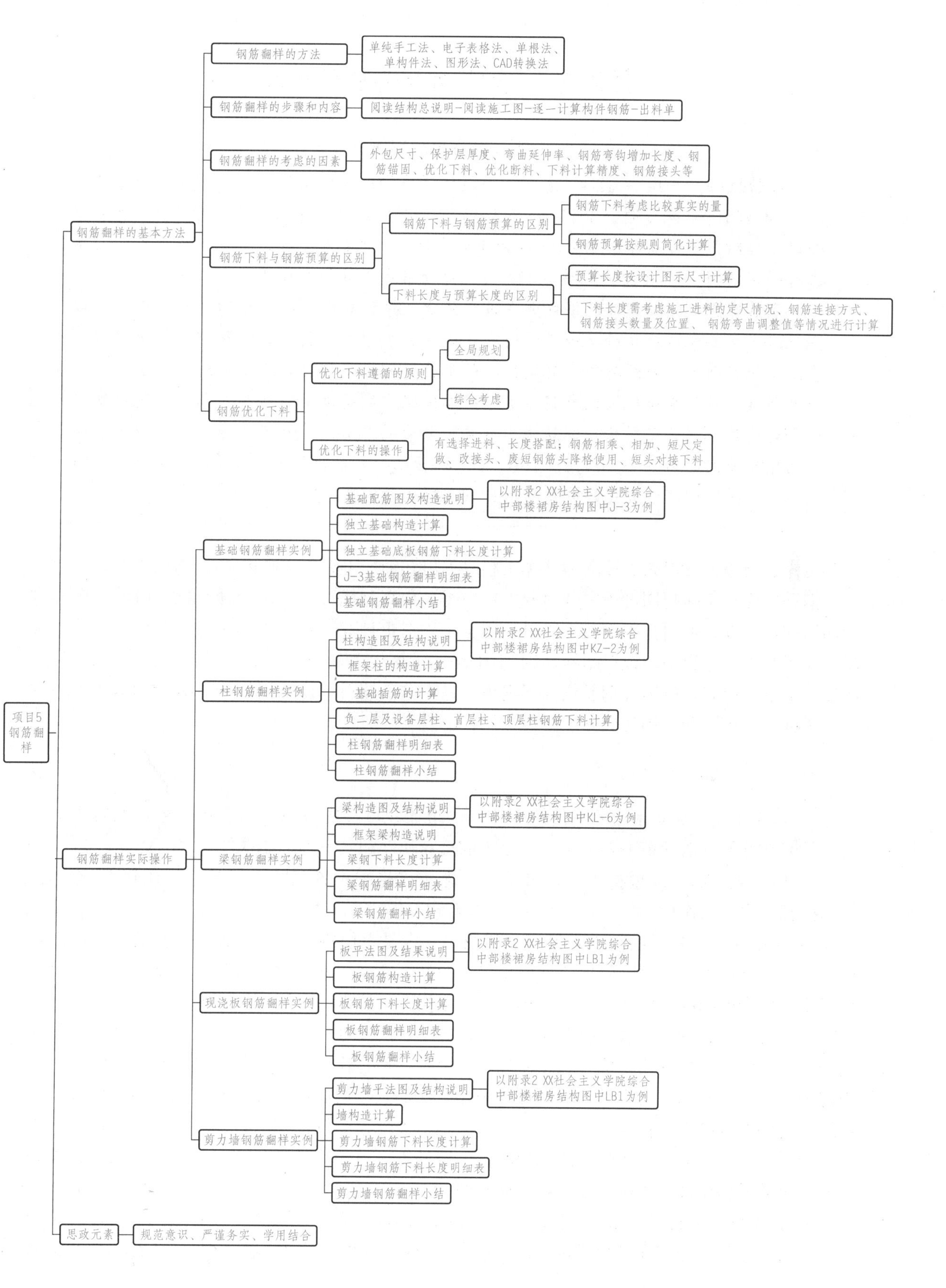

任务 5.1　钢筋翻样的基本方法

钢筋翻样事故案例

事故回顾：2014 年 12 月 29 日，海淀区清华附中在建体育馆发生坍塌，事故共造成 10 人死亡、4 人受伤。2015 年 11 月 27 日，北京建工一建工程建设有限公司和创分公司清华附中项目商务经理等 15 人因重大责任事故罪被公诉至海淀法院。法院对此案进行一审宣判，15 名被告人被分别判处 3 年至 6 年不等的有期徒刑。

事故原因：经相关部门事故调查报告显示，导致本次事故发生的主要原因是未按照施工方案要求堆放物料，施工时违反《钢筋施工方案》规定，将整捆钢筋直接堆放在上层钢筋网上，导致马凳立筋失稳，产生过大的水平位移，进而引起立筋上、下焊接处断裂，致使基础底板钢筋整体坍塌；未按照方案要求制作和布置马凳，现场制作的马凳所用钢筋的直径从《钢筋施工方案》要求的 32mm 减小至 25mm 或 28mm；现场马凳布置间距为 0．9m 至 2．1m，与《钢筋施工方案》要求的 1m 严重不符，且布置不均、平均间距过大；马凳立筋上、下端焊接欠饱满。

翻样是指施工技术人员按图样计算工料时列出详细加工清单并画出加工简图的过程。

钢筋翻样在实际应用过程中分为两类，一类是预算翻样，是指在设计与预算阶段对图样进行钢筋翻样，以计算图样中钢筋工程量，用于工程造价计算及招、投标工作；第二类是施工翻样，是指在施工过程中，根据图样详细列示钢筋混凝土结构中钢筋构件的规格、形状、尺寸、数量、重量等内容，以形成钢筋构件下料单，是钢筋工按料单进行钢筋构件制作和绑扎安装的有效依据。本单元介绍钢筋的施工翻样。

5.1.1　钢筋翻样的方法

1）纯手工法。这是最原始的传统方法，也是比较可靠的方法，现在仍是人们最常用的方法。任何软件的灵活性都不如手工，但手工的运算速度和效率远不如软件。

2）电子表格法。以模拟手工的方法，在电子表格中设置一些计算公式，让软件去汇总，可以减轻一部分工作量。

3）单根法。这是钢筋软件最基本、最简单，也是万能输入的一种方法，有的软件已能让用户自定义钢筋形状，可以处理任意形状钢筋的计算，这种方法很好地弥补了电子表格中钢筋形状不好处理的问题，但其效率仍然较低，智能化、自动化程度低。

4）单构件法（或称参数法）。这种方法比起单根法又进化了一步，也是目前仍然在大量使用的一种方法。这种模式简单直观，通过软件内置各种有代表性标准的典型性构件图库，一并内置相应的计算规则。用户可以输入各种构件截面信息、钢筋信息和一些公共信息，软件自动计算出构件的各种钢筋长度和数量。但其弱点是适应性差，软件中内置的图库总是有限的，也无法穷举日益复杂的工程实际，遇到与软件中构件不一致的构件，软件往往无能为力，特别是一些复杂的异形构件，用构件法是难以处理的。

5）图形法（或称建模法）。这是一种钢筋翻样的高级方法，也是比较有效的方法，与结构设计的模式类似，即首先设置建筑的楼层信息、与钢筋有关的各种参数信息、各种构件的钢筋计算规则、构造规则以及钢筋的接头类型等一系列参数；然后根据图样建立轴网，布置构件，输入构件的几何属性和钢筋属性，软件自动考虑构件之间的关联扣减，进行整体计算。这种方法智能化程度高，由于软件能自动读取构件的相关信息，所以构件参数输入少。同时对各种形状复杂的建筑也能处理。但其操作方法复杂，特别是建模，使一些计算机水平低的人望而生畏。

6）CAD 转化法。目前为止这是效率最高的钢筋翻样技术，就是利用设计院的 CAD 电子文件进行导入和转化，从而变为钢筋软件中的模型，让软件自动计算。这种方法可以省去用户建模的步骤，大大提高了钢筋计算的时间，但这种方法有两个前提，一是要有 CAD 电子文档，二是软件的识别率和转化率高，两者缺一不可。当前识别率不能达到理想的全识别技术，这是困扰钢筋软件研发人员的一大问题。

实际工程中，以上方法往往需要结合使用，没有哪种方法可以解决钢筋翻样的所有问题。

5.1.2　钢筋翻样的步骤和内容

1）阅读结构总说明。结构总说明中含有丰富的与钢筋翻样相关的信息，必须仔细分析。

① 确定工程的抗震等级。抗震等级不同，构件节点的锚固设置也往往不同，直接影响钢筋长度。

② 确定工程设计遵循的标准、规范、规程和标准图。工程设计遵循的标准、规范、规程和标准图也是钢筋翻样必须遵循的。如果设计遵循平法标准，那么平法图集也是正式的设计文件。有的设计不一定按照平法标准图集，钢筋翻样时就不必生搬硬套平法图集。

③ 确定混凝土强度等级。构件之间的钢筋锚固值应按钢筋锚固区所在构件的混凝土强度等级来确定，同时钢筋保护层的厚度也和混凝土强度等级有关。

④ 有些结构说明中有详细的钢筋构造做法，如与平法构造不一致时应按结构设计说明，但结构设计不能超越国家强制性规范。

⑤ 结构总说明中有零星构件的做法，如后浇带、洞口加筋、边角部加筋、构造柱、圈梁、墙拉结筋等做法，应仔细阅读。

2）阅读施工图。通过建筑立面图知道其总高度和楼层高度信息，通过结构目录了解结构的标准层与非标准层的划分，这样容易形成建筑的整体概念。

3）逐一计算构件钢筋。可以按施工次序、按楼层计算、按构件计算，也可以先计算标准层，后计算基础和其他非标准层等，没有统一规定。如果是施工下料，最好能按施工步骤，不要太超前，因为设计总是在不断地修改变更中。

4）出料单，如果是电算则打印清单。不论是钢筋下料还是钢筋预算，钢筋清单中一定要有钢筋简图和计算简图，钢筋下料还可能需要钢筋排列图、下料组合表等。应考虑施工偏差对钢筋安装的影响，留有一定的余地。但应符合施工质量验收规范精确度的要求，不能越过允许误差值这一底线。钢筋的排列图对于钢筋施工也是至关重要的，特别是对于现场操作人员具有直接指导作用，可降低钢筋施工管理成本。

5.1.3　钢筋翻样需考虑的因素

钢筋施工翻样最终要进行钢筋的下料。钢筋下料是根据施工图，计算构件内每种钢筋的长度、根数和重量并绘制钢筋图形和钢筋排列图，填写钢筋配料单，送加工厂或钢筋加工厂进行

加工的过程。钢筋下料需要计算钢筋的下料长度，钢筋下料长度计算需要考虑的因素很多，因为每根钢筋都是至关重要的，都对结构安全、施工质量、材料用量产生不可忽视的影响。钢筋翻样要考虑的因素主要有：

1）外包尺寸。结构施工图中所标注的钢筋尺寸一律是钢筋外包尺寸，即钢筋外边缘之间的长度。如图5.1所示，外包尺寸$=L_1+L_2+L_3$。

2）保护层厚度。钢筋外边缘至混凝土表面的距离称为钢筋的混凝土保护层厚度，如图5.1所示。

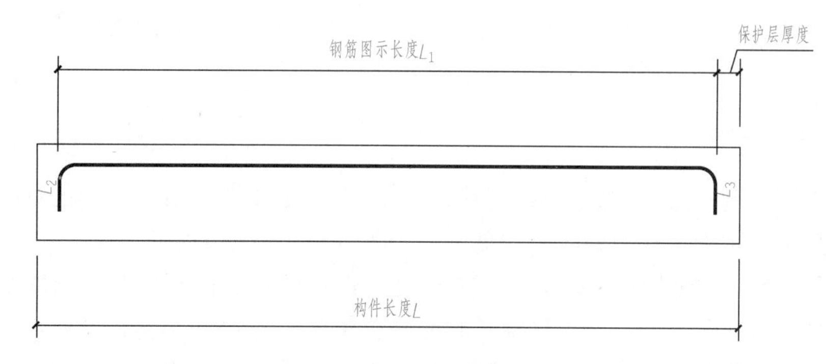

图5.1 构件钢筋简图

3）弯曲延伸率。钢筋弯曲调整值是钢筋外皮延伸的值，钢筋下料必须考虑钢筋的弯曲延伸率。钢筋弯曲后，弯曲处内皮收缩、外皮延伸、轴线长度不变，弯曲处形成圆弧，如图5.2所示。而结构图中标注的又为外包尺寸，按图5.1所示，外包尺寸$=L_1+L_2+L_3$。如果按照此尺寸对定尺钢筋进行截取，必然导致钢筋的浪费。所以在下料过程中应考虑弯曲调整值，否则加工后钢筋超出图示尺寸。

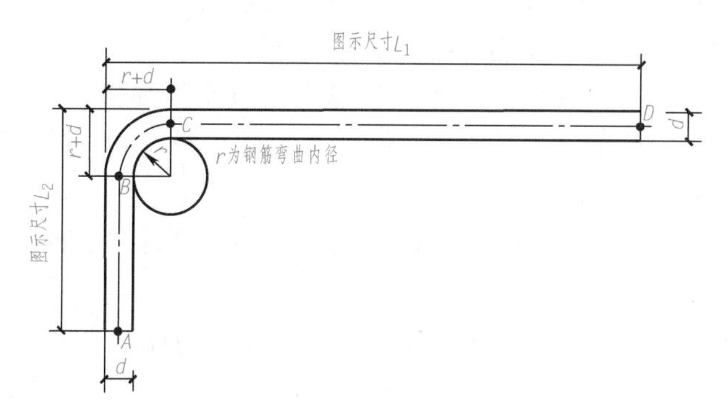

图5.2 钢筋弯折处详图

钢筋调整值=钢筋弯曲范围内钢筋外皮尺寸之和－钢筋弯曲范围内钢筋中心线圆弧周长

这个差值就是钢筋弯曲调整值，是钢筋下料必须考虑扣除的值。常见的钢筋弯曲处的调整值如表5.1所示。

表5.1 钢筋弯曲调整值

弯曲角度	弯曲调整值	弯曲角度	弯曲调整值
45°	$0.5d_0$	90°	$2.0d_0$
60°	$0.85d_0$	135°	$2.5d_0$

注：d_0为钢筋弯曲内直径。

4）钢筋弯钩增加长度。根据规范要求，受拉的HPB300级钢筋末端应做180°弯钩，其弯钩的内直径不少于2.5倍钢筋直径，弯钩平直段长度不小于3倍钢筋直径。计算下料长度时应考虑弯钩的增加长度，每个弯钩的增加长度为$6.25d_0$（推导过程略），如图5.3所示。

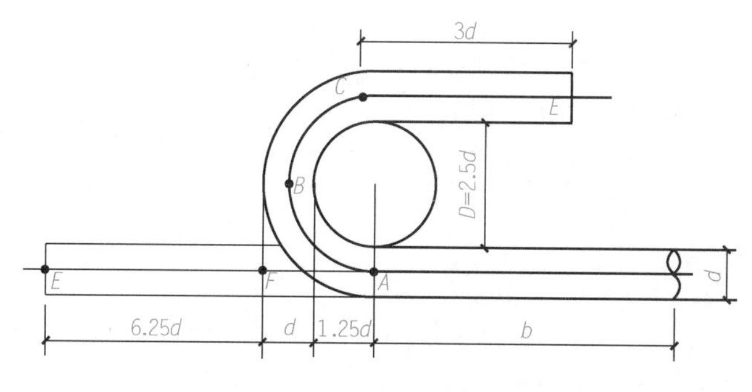

图5.3 180°弯钩示意图

在抗震设计中，箍筋及拉筋必须设置弯折135°弯钩，平直段长度取10倍钢筋直径和75mm中的较大值，弯曲内直径为2.5倍的钢筋直径。如图5.4所示，如平直段按$10d_0$计算，则一个弯钩增加值为$11.9d_0$；如平直段按75mm计算，则一个弯钩增加值为$1.9d_0+75$mm。箍筋直径为Φ8以上时应按照平直段为$10d_0$计算，即一个弯钩增加值为$11.9d_0$。

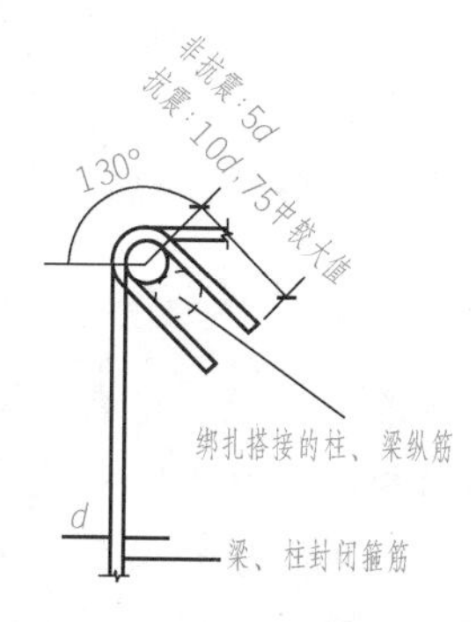

图5.4 135°弯钩增加长度

5）钢筋的锚固。钢筋的锚固长度一般指梁、板、柱等构件的受力钢筋伸入支座或基础中的总长度，包括直线及弯折部分。如果没有足够的锚固长度，钢筋受力就不能有效传递给锚固体。钢筋锚固长度取决于构件类型、工程抗震等级、钢筋强度及混凝土抗拉强度等。锚固长度在结构施工图上一般不标注出来，但是在钢筋施工时必须按照规范或图集设置，所以在钢筋下料时应将锚固长度予以考虑。

6）优化下料。下料需要考虑在规范允许的钢筋断点范围内达到一个钢筋长度最优组合的形式，尽量达到与钢筋的定尺长度的模数相吻合。如钢筋定尺长度为9m，那么钢筋配料时尽量配成3m、4.5m、6m、9m、13.5m、18m、22.5m长度，这样可以最大程度地减少废料。不论是柱、梁还是板都有个搭接区域，如非加密区是它的连接区域，梁在跨中的1/3范围是上部纵筋的搭接区域，只要在这区域内，钢筋接头位置应根据钢筋的定尺长度进行调整。

7）优化断料。料单出来以后，现场截料时优化、减少短料和废料。根据统筹法和智能筛选优化技术，对料单中的钢筋进行全面整合，把废料降低到最低。钢筋切断应根据钢筋号、直径、长度和数量，长短搭配，先断数量多的后断数量少的，先断长料后断短料，尽量减少和缩短钢筋短头，以节约钢材。

8）下料计算精度。钢筋下料对计算精度要求较高，钢筋的长短根数和形状都要做到绝对正确无误，否则将影响施工工期和质量，浪费人工和材料。预算一般可以容忍一定的误差，这个地方多算了，另一个地方少算，可以相互抵消，但是下料却不行，尺寸不对会导致无法安装上去，极有可能造成返工和钢筋的浪费。

9）钢筋接头。除小规格盘圆钢筋可以按需切断外，直条钢筋必然面临连接的问题。直条钢筋定尺长度一般为9～12m，根据钢筋翻样表下料一定会有加工余料连接利用问题，同时在绑扎钢筋时由于钢筋吊装、搬运、场地、工艺等条件局限也一定存在钢筋的搭接问题。钢筋的连接方式有焊接连接、机械连接、绑扎搭接。接头不宜位于构件最大弯矩处，需要按规范和图集确定钢筋的连接位置。另外在下料长度计算时，对于绑扎搭接还应考虑搭接长度的计算。

10）现场因素。由于施工现场的情况比较复杂，下料需要考虑施工进度和施工流水段，考虑施工流水段之间的插筋和搭接，还需根据现场情况进行钢筋的代换和配置。

5.1.4 钢筋下料与钢筋预算的区别

1. 钢筋下料与钢筋预算的区别

1）钢筋预算侧重于经济，要求钢筋数量的精确性和合规性；钢筋下料偏重于技术，强调钢筋布置的规范性、可操作性和工艺的先进性。

2）钢筋下料涵盖优化断料、钢筋加工、安装绑扎，钢筋预算侧重于钢筋预算结算、钢筋计划、原材进料、原材追溯等。

简而言之，钢筋下料是考虑施工工艺和施工实际的比较真实的量；钢筋预算是按一定的计算规则进行简化计算，只求数量精确。

2. 下料长度与预算长度的区别

钢筋计算长度也有预算长度与下料长度之分，预算长度指按照定额计算规则或者清单计算规则计算的钢筋长度，而下料长度指考虑了钢筋下料时各种影响因素的施工备料配制的计算尺寸。两者既有联系又有区别。预算长度和下料长度都说的是同一构件的同一钢筋实体，下料长度可由预算长度调整计算而来。其主要区别有以下两个方面：

1）从内涵上说，预算长度按设计图示尺寸计算，它包括设计已规定的搭接长度，对设计未规定的搭接长度不计算（设计未规定的搭接长度考虑在定额损耗量或者综合单价里）；而下料长度则是根据施工进料的定尺情况、实际钢筋的连接方式，并按照施工规范对钢筋接头数量、位置等具体规定考虑全部搭接在内的计算长度。例如，柱、墙竖向构件基础插筋、上下层间钢筋的搭接等均视为设计规定的搭接，要计算在工程量内。对钢筋定尺相对构件布筋长度较短而产生的钢筋搭接属于设计未规定的搭接，清单工程量里不计算。像50m长的筏形基础，一根钢筋中间需要多少搭接接头，预算长度一般不予考虑，但是施工下料却要根据构件钢筋受力情况统一考虑。

2）从精度上讲，预算长度按图示尺寸计算，即构件几何尺寸、钢筋保护层厚度，并不考虑图示外包尺寸与实际尺寸之间的钢筋弯曲调整值；而下料长度对这些都要考虑。例如，梁的矩形箍筋，预算长度不考虑那三个90°直弯在制作过程中产生的弯曲延伸率，下料长度则都要考虑。再有梁箍筋的保护层，要考虑多条梁交叉处的箍筋高度，要能调整钢筋下料的施工误差，满足施工要求。

5.1.5 钢筋优化下料

1. 优化下料应遵循的原则

钢筋优化下料主要是为了节约钢筋，有时也能节约人工和机械。钢筋优化下料对钢筋预算没有影响，但在施工下料中是至关重要的，也是钢筋翻样技术高低和责任心强弱的一种表现。优化下料应遵循的原则如下：

1）全局规划。施工下料不拘泥于规范和平法所规定的长度，可以在满足规范的基础上进行长度调整，还需进行全局性规划，如柱下料不仅仅是考虑一个楼层的高度，还要考虑三个楼层甚至更多的楼层。

2）综合考虑。所谓综合考虑就是根据现场进料的定尺长度、实际施工的部位，先下长料后下短料，先下数量多的钢筋后下数量少的钢筋，为了使钢筋有更高的利用率，有时不要一次性下完某种钢筋，应与其他钢筋配置。

2. 优化下料的操作

钢筋优化下料关键是精打细算，做到钢筋废料最小化，那么如何进行钢筋优化下料呢？以下是在实践中总结出来的优化下料经验，具有一定的可操作性和实用性。

1）有选择进料。一般来讲，钢筋的进料长度越长越好，这样不仅在下料时少出短料，减少废短头，降低了焊接量，而且在连续接长时能减少接头。但也并非越长越好，有时短料也有用武之地。在实际工程中，需要的钢筋长度多种多样、千差万别，要求用较短的定尺钢筋下料后短头最少或为零，这样也能节约人工机械和材料，所以应在购买或领取钢筋时，针对下料单及工地实际情况，对钢筋的长度进行选择。

若料长 9.9m，显然，进 10m 长钢筋废短头最少。

料长 2.23m，2.23×4＝8.92（m），2.23×5＝11.15（m），显然，应进 9m 长钢筋。其具体做法是，以每根钢筋为 9/4＝2.25（m），断料时直接下 2.25m 即可。

某工程层高为 3.3m。柱主筋Φ 14，柱筋下料长度考虑搭接长度为 3.3＋0.686＝3.986（m），而 3.986×3＝11.958（m），应进 12m 长钢筋。

某工程层高为 4.4m。柱主筋Φ 22，柱纵筋采用电渣压力焊接头，不考虑渣焊烧蚀损耗，柱主筋长度等同于层高，柱主筋长度为 4.4m。可下料 4.5m，上一层柱主筋下料时可减少 0.1m，选择 9m 定尺钢筋，废料为 0。

主次梁的焊接接头不允许超过 50%，因此，梁主筋的起头除进 12m 钢筋以外，还应进一半 9m 或 10m 长的钢筋。

2）长短合理搭配。在钢筋加工制作过程中，同一种钢筋往往有多种下料尺寸，不能按下料单中的先后顺序下料，而应先截长料，所余钢筋有时与其他编号钢筋长度接近，可利用之，反之就会浪费钢筋。这是钢筋下料时节省钢筋的一项原则。

例如，某框架梁需用以下负弯矩筋，现场有 9m 长Φ 25 钢筋。

①号筋 4.2m。

②号筋 4.7m。

如果按下料单下料的顺序分别下料，在截①号筋时 9－4.2×2＝0.6（m），短头出现；如果先截②号筋，剩余 4.3m 钢筋用来断用①号筋 4.2m 料，只有 0.1m 短头出现。在钢筋下料时对短料的用途要做到心中有数。例如，住宅楼的预制过梁、梁垫铁、马凳、烟道、管道侧面的附加筋、次梁端头的负弯矩筋、楼梯等，这些零星构件可以利用废料来加工。

3）钢筋相乘下料。如标准层主梁需用箍筋 3000 个，单个箍筋料长 1.9m。在调直机被普遍使用之前，盘条的调直加工一般是用卷扬机调直，用钢筋剪刀截取箍筋时往往会出现大量的短

头。先计算1.9×5=9.5（m），调直后的钢筋上截取600根9.5m长直条，然后再截取1.9m箍筋料，不会有废料出现。

4）钢筋相加下料。以下两种长度的Φ22钢筋，其数量相近。现场有9m长钢筋。

① Φ22，3.9m。

② Φ22，4.9m。

$$3.9+4.9=8.8(m)$$

在1根9m长钢筋上可截取①3.9m和②4.9m长钢筋各一根，只有0.2m短头，这样可减少短钢筋头和焊接。如果不是同时截取而是分别截取两种钢筋则会造成很大的浪费。

5）钢筋混合下料。有以下两种长度的Φ20负弯距筋，现场有定尺长度12m的钢筋。

① Φ20，3.8m。

② Φ20，4.2m。

不要单独下料，可进行优化组合。

$$3.8\times2+4.2=11.8\ (m)$$

在一根12m长钢筋上截取2根3.8m长钢筋和一根4.2m长钢筋为最佳下料方案。

在钢筋下料时，为了减少钢筋短头，需要经常采用相加法和混合法下料。这两种方法尤其适用于有多个下料尺寸的较粗钢筋的下料，是框架结构中经常采用的下料方法。

6）钢筋代用下料。若某框架梁中端支座负弯矩钢筋下料长度为4.55m，现场有9m长整尺钢筋。不能太机械死板，而应灵活机动。从9m长整尺钢筋上截取4.5m长钢筋，废料为0。但钢筋长度比需用长度短了50mm，应验算一下，在支座内水平投影长度是否不小于$0.4l_{aE}$和是否伸至主锚区内弯折。节约钢筋的前提是要保证质量而不是偷工减料。

7）短尺定做钢筋下料。有的钢筋经销处能进长短不齐但质量合格的钢筋，长度大多在7m以下，可以根据需要截取各种长度的短料，价格也不贵。进这种钢筋短料，不仅无短头，而且省去了机械切断费用，所以当工程中需要钢筋短料时，可以根据下料单提前呈报、定做。

8）改接头形式钢筋下料。梁上部纵筋接长常常采用绑扎搭接，如果采用焊接方法接长，既节省了绑扎长度的钢筋，也节省了绑扎区需要加密的箍筋。梁下部纵筋也不要全部在支座处锚固，能通则通，一能减少钢筋用量，二是减轻节点处钢筋的拥挤，保证混凝土对钢筋的全握裹，并能方便混凝土的浇捣。

9）废短钢筋头降格使用下料。若某框架梁端头需用Φ20负弯矩筋，料长1.88m，现场有Φ22长2m左右的短钢筋头，可以截取1.88m长Φ22短钢筋头代替Φ20钢筋使用。如果钢筋根数不变，会增大构件配筋率，征得设计同意后，可进行钢筋等面积代换。

10）短头对接下料。工地上往往堆放着一些暂时不用的短头钢筋，有时经焊接后能做短料，但这些短头钢筋长短不齐，如果将每种钢筋进行对比，速度太慢。现介绍一个便捷的比对方法。先在地上画出两道平行的所需钢筋短料的尺寸线，然后把钢筋短头在地上对齐后，分别沿两道尺寸线平行摆放，如果钢筋两个端头和重叠量等于或略大于焊接预留量，可把这两根钢筋拿出进行焊接，之后截成所需的短料。这种方法不仅快捷，而且废短头钢筋很少，但不能作为受力钢筋使用。

钢筋优化下料需要钢筋加工班长与钢筋翻样人员互相配合和分工，对下料单要有统筹全局的认识和理解，对余料大致用于什么构件要做到心中有数。一般在下料单中除重要之处予以注明焊点位置和连接排列方式外，其余的均交由加工人员自行组合。翻样人员的精力应在对图样、规范的理解、准确计算下料、施工流水段的衔接以及宏观指导钢筋班组，提供最佳优化方案等上面。而钢筋加工班长则具体负责实施，应具有在细节上的主观能动性和因地制宜的创造性。

任务5.2　钢筋翻样实际操作

5.2.1　基础钢筋翻样实例

1. 基础钢筋图和说明

以项目3××社会主义学院综合楼基础平面布置图中J-3型独立基础为例，如图5.5所示。独立基础尺寸以及配筋见表5.2。求独立基础J-3中各种钢筋下料长度。由结构说明以及施工图可见：

1）基础混凝土强度等级为C35。

2）基础混凝土类型为P6抗渗混凝土。

3）本工程中J-3型独立基础共14个。

4）底板配筋为双向配置、两向配筋均为Φ14@130。

5）基础底板A=2500mm，B=2500mm。

表5.2　独基尺寸及配筋表

剖面号	B_1	B_2	B	A_1	A_2	A	h_1	h_2	h	主筋（Y向）	主筋（X向）	备注
JC-1	2600	2600	5200	2600	2600	5200	450	450	900	Φ16@125	Φ16@125	
JC-2	2150	2150	4300	2150	2150	4300	450	450	900	Φ14@150	Φ14@150	
JC-3	2250	2250	4500	2250	2250	4500	450	450	900	Φ14@130	Φ14@130	
JC-4	2000	2000	4000	2000	2000	4000	450	450	900	Φ14@170	Φ14@170	
JC-5	1700	1700	3400	1700	1700	3400	450	450	900	Φ14@170	Φ14@170	

2. 独立基础构造计算

根据《混凝土结构施工图平面整体表示方法制图规则和构造详图（独立基础、条形基础、筏形基础及桩基承台）》（22G101-3后文简称《22G101-3图集》），独立基础底板配筋长度的规定如图5.6所示。

$$独立基础纵向钢筋根数=\frac{[底板边长-2\times\min(75,s/2)]}{s+1}$$

独立基础底板外侧钢筋长度=底板边长−2×保护层

独立基础底板中间钢筋长度=0.9×底板边长

式中，s为独立基础底板受力钢筋间距。

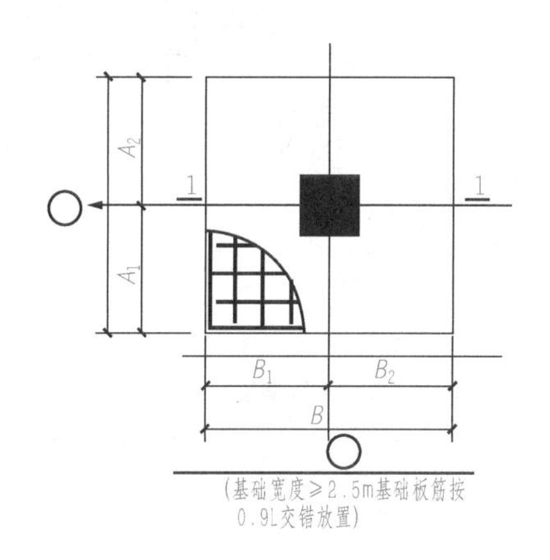

图5.5　独立基础示意图

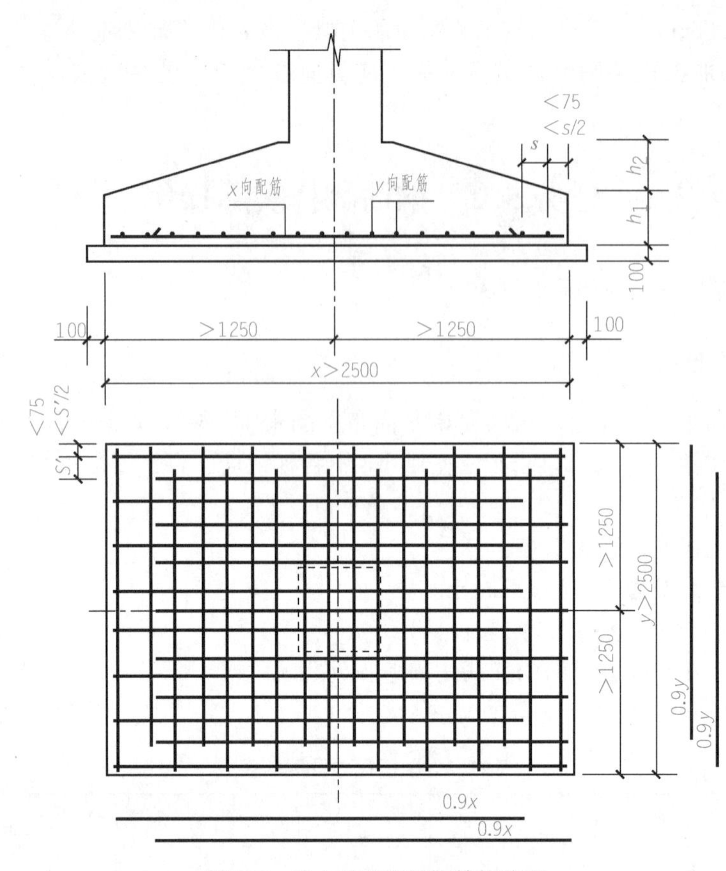

图 5.6 独立基础底板配筋构造图

3. 独立基础底板钢筋下料长度计算

对于初学者可采用钢筋示意图，如图 5.7 所示，并对钢筋进行编号。①号筋为基础底板外侧钢筋，②号筋为基础底板中间钢筋。

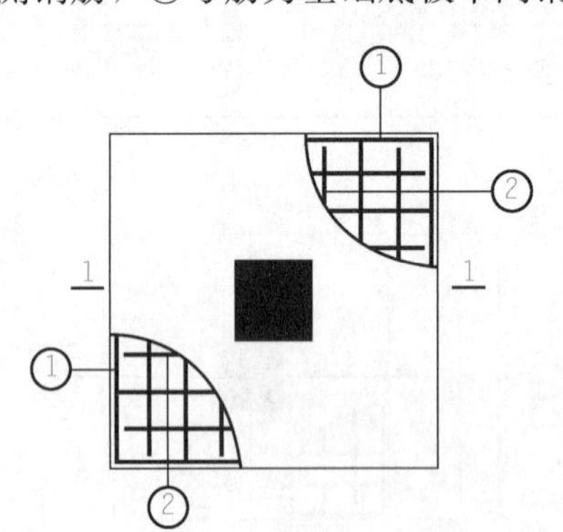

图 5.7 基础钢筋示意图

计算钢筋下料长度时，应根据单根钢筋翻样图尺寸计算，并考虑各项调整值。

①号筋（Φ 14@130）

钢筋根数＝4 根

钢筋长度＝底板边长－2×保护层

＝2500－2×40

＝2420(mm)

注：基础底面钢筋的保护层厚度，有混凝土垫层时应从垫层顶面算起，且不应小于 40mm。

②号筋（Φ 14@130）

单侧钢筋根数＝[底板边长－2×min(75，s/2)]/s＋1

＝[2500－2×min(75，130/2)]/130＋1

＝19.2≈20(根)

为保证结构的安全可靠性，钢筋根数的计算只入不舍：

钢筋总根数＝(20－2)×2＝36(根)

钢筋长度＝0.9×底板边长＝0.9×2500＝2250(mm)

4. J-3 独立基础钢筋翻样明细

编制独立基础钢筋翻样明细表，如表 5.3 所示。

表 5.3 独立基础钢筋翻样明细表

序号	规格	简图	单长/mm	总根数/根	总长/m	总重/kg
1	Φ 14	2400	2420	56	135.52	163.8
2	Φ 14	250	2178	504	1097.71	1326.4

5. 基础钢筋翻样小结

1）现场钢筋翻样经常是等基坑挖好去实际丈量后下料，而不是根据图样计算。这有两个原因：一是基坑挖得不准，钢筋算得再准也无济于事；二是有些钢筋翻样人员不具备精确计算基坑的专业素质，特别是对于一些复杂的基坑更是无从下手。

2）不同的结构方案有不同的基础类型，不同的基础类型有不同的基础构件。例如，高层建筑以基础筏板、桩承台、基础梁等为多，多层钢筋混凝土结构以桩承台、基础梁为多，砖混结构以条形基础为多，厂房结构以独立基础为多。不同的基础构件其受力原理和钢筋构造有所不同。同样是基础内梁，又分基础梁、条基梁、基础连梁、地框梁等不同类型，所以对于不同的基础类型，钢筋翻样的实际操作也不同，但是计算原理是一样的。

5.2.2 柱钢筋翻样实例

1. 柱结构图和结构说明

以××社会主义学院综合楼中部裙房结构图中⑪～⑰轴线交Ⓔ Ⓕ轴线 KZ-2 型框架柱为例，如图 5.8 所示，共有 14 个柱且均为中柱，求 KZ-2 钢筋下料长度。

由结构说明以及施工图可见：

1）框架抗震等级为二级。

2）混凝土强度等级一层以上为 C30，一层以下为 C40。

3）地上部分环境类别为一类，地下部分环境类别为二 b 类。所以柱钢筋混凝土保护层厚度地上部分为 20mm，地下部分为 35mm；基础保护层为 40mm。

4）基础底标高－5.85－0.9＝－6.75（m），基础梁高度为 500mm，标高为－5.9m。

5）钢筋优先采用机械连接或者焊接，所以柱纵筋按采用电渣压力焊连接。

6）本例中所选柱类型为中柱，顶节点构造按《22G101-1 图集》中Ⓑ节点，如图 5.9 所示。

7）有地下室的框架柱嵌固部位一般取地下室顶部，所以本例中－0.05m 处为柱嵌固部位。

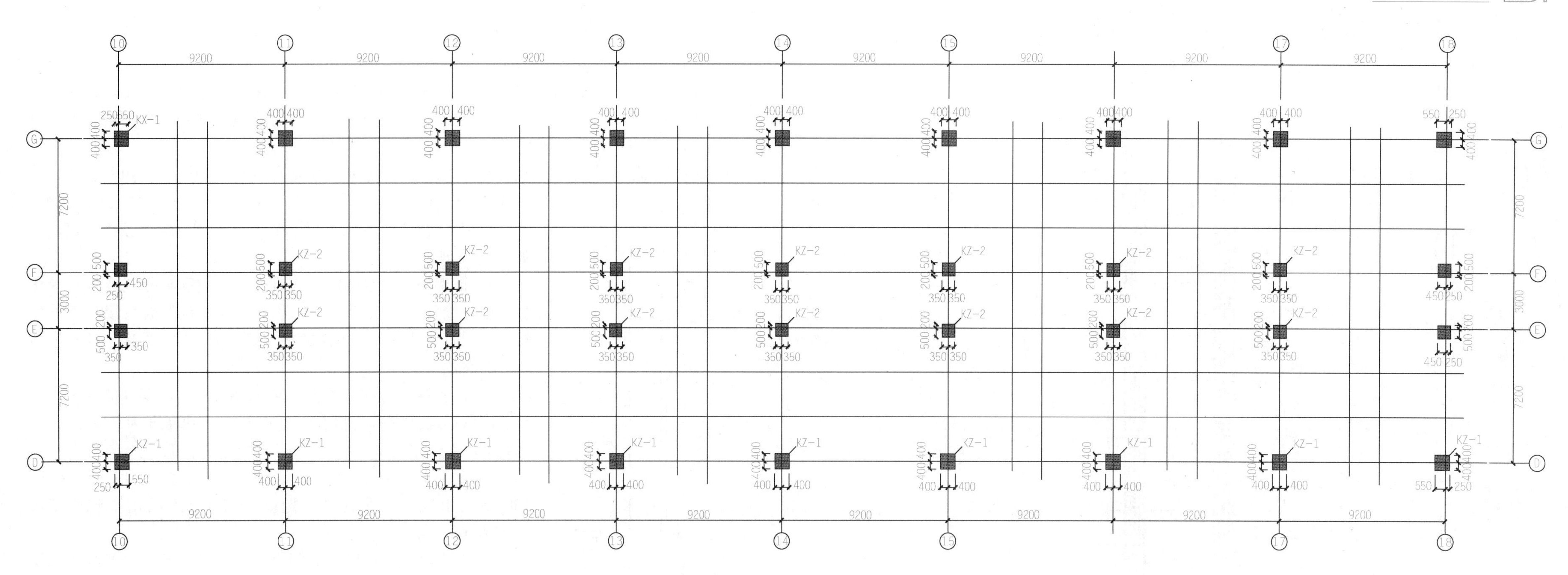

图 5.8　中部裙房柱平法施工图

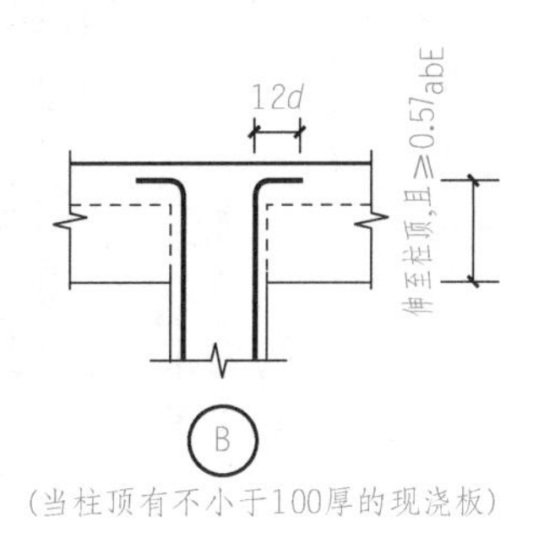

图 5.9　中柱柱顶纵筋构造图

8）结构层高如表 5.4 所示。

表 5.4　结构层标高

层号	结构层标高/m	层高/m
屋面	16.75	
3 层	9.550	7.20
2 层	5.050	4.50

续表

层号	结构层标高/m	层高/m
1 层	−0.050	5.10
设备层	−2.250	2.20
−2 层	−5.850	3.6
基础层	−6.750（底标高）	0.9（基础高）

9）柱配筋表如表 5.5 所示。

表 5.5　柱配筋表

柱号	标高	$b\times h$ /(mm×mm)	b_1/mm	b_2/mm	h_1/mm	h_2/mm	全部纵筋	角筋	b 边一侧中部筋	h 边一侧中部筋	箍筋类型号	箍筋间距
KZ-2	基顶～−0.050	700×700	350	350	200	500	16 Φ 25	4 Φ 25	3 Φ 25	3 Φ 25	1（5×5）	Φ 10@100/200
	−0.05～5.050	700×700	350	350	200	500		4 Φ 25	1 Φ 25+2 Φ 20	1 Φ 25+2 Φ 20	1（5×5）	Φ 10@100/200
	5.050～9.550	700×700	350	350	200	500	16 Φ 22	4 Φ 22	3 Φ 22	3 Φ 22	1（5×5）	Φ 10@100/200

为使初学者对梁有全面清晰的了解，详图绘制柱配筋图（图5.10）、柱剖面图（图5.11）及柱箍筋详图（图5.12），深入剖析柱钢筋计算原理。

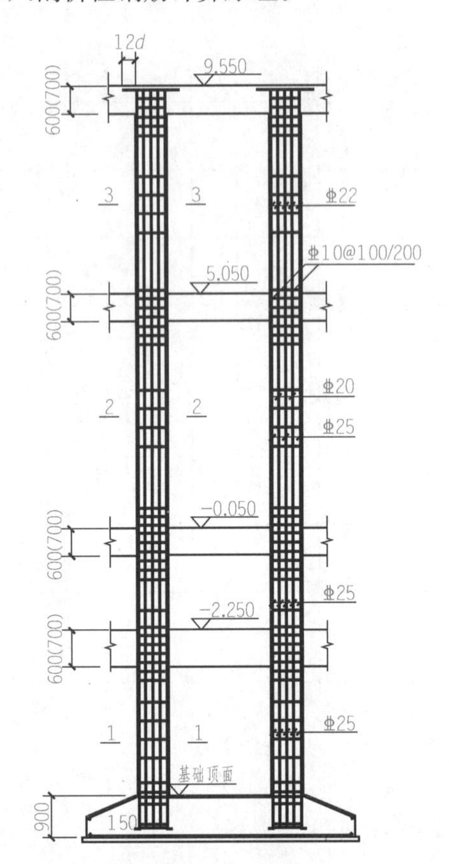

图5.10　KZ-2柱配筋示意图（括号内为垂直侧梁高度）

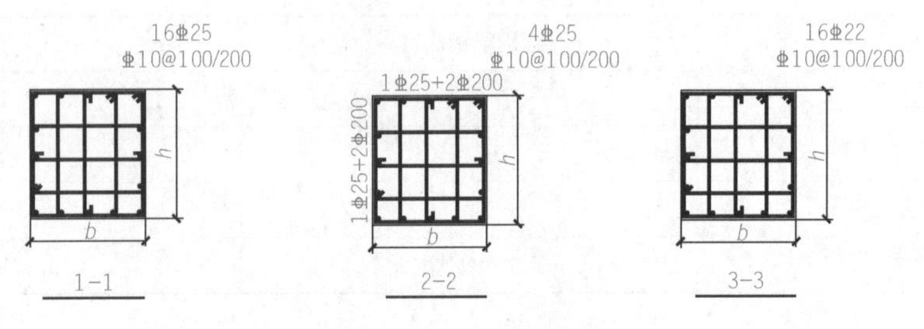

图5.11　KZ-2柱剖面图

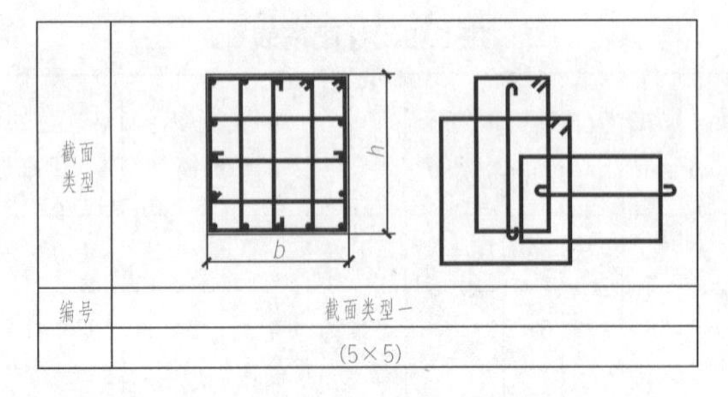

图5.12　KZ-2柱箍筋配筋图

2. 框架柱构造计算

1）没有地下室的框架柱有一个嵌固部位，即基础梁顶面。有地下室的框架柱嵌固部位一般取地下室顶部。嵌固部位上方 $1/3H_n$ 柱净高为非连接区，其余非连接区域在框架梁上下取值范围为 max（$1/6H_n$，500，h_c）。其中，H_n 为柱净高，h_c 为柱长边尺寸，如图5.13所示。

2）非嵌固部位柱纵筋伸出楼面的长度不管钢筋规格种类的多少，按50%取两种长度，一种为 max（$1/6H_n$，500，h_c）；另一种为 max（$1/6H_n$，500，h_c）$+35d$。两种钢筋的错开距离为 $35d$，d 为较大钢筋的直径，如图5.13所示。

3）框架柱钢筋翻样的计算难点是在主筋根数以及直径变化后保证柱接头50%交错，所以产生钢筋连接的高位接头和低位接头，同时箍筋的尺寸也会随之发生变化。计算约定：柱左上角钢筋为高位接头。

4）柱基础插筋弯折长度根据《22G101-3图集》的要求，弯折长度依据柱插筋垂直段长度。本例中基础高度为900mm，基础底板保护层厚度为40mm，垂直段长度为 $900-40=860$（mm）$>l_{aE}$（834mm）时，弯折长度不少于 $6d$ 且不少于150mm，如图5.14所示。本例设计图样已经给出基础插筋弯折150mm。

5）柱在基础支座内箍筋间距≤500mm，且不少于两道矩形封闭箍筋（非复合箍筋），即本例中基础高度才900mm，所以取2道，内箍不计算，如图5.14所示。

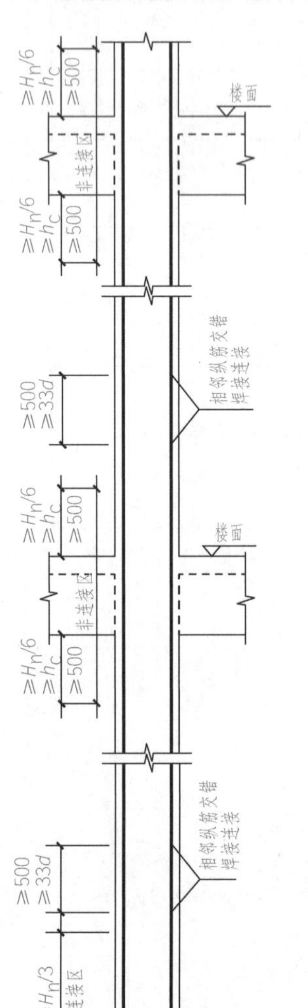

图5.13　框架柱焊接连接构造图

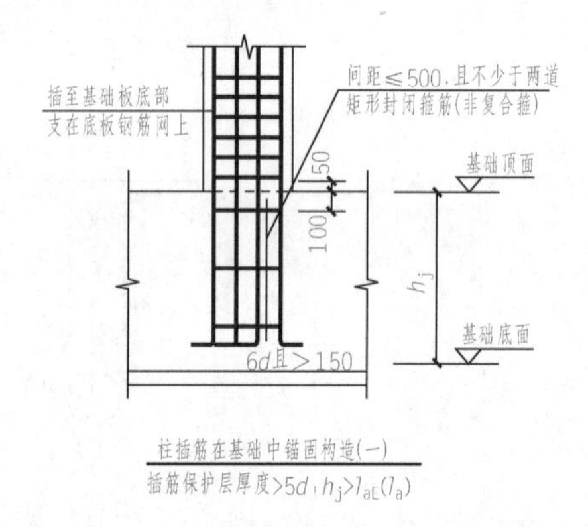

图5.14　柱插筋在基础中的锚固

6）柱根箍筋加密区在嵌固部位以上高度不小于柱净高 $H_n/3$，其余加密区高度不小于 max（$1/6H_n$，500，h_c），框架柱梁节点内箍筋同柱加密区，如图5.15所示。

7）顶层柱节点采用《22G101-1图集》中B节点构造。这种节点的优越性是不言而喻的，除方便柱钢筋的加工和绑扎外，质量容易控制，改善节点区内钢筋过分拥挤的现象，方便混凝土浇捣。但是当框架柱为边柱或者角柱时，顶层柱节点采用相应构造措施。

8）纵筋和箍筋长度均指外包尺寸。

3. 基础插筋下料计算

基础部分柱钢筋翻样图（图5.16）和基础上部钢筋连接构造图（图5.17）。

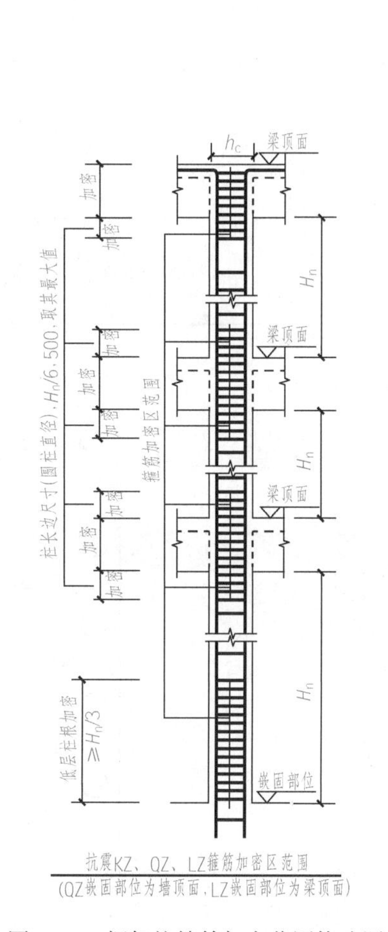

图5.15　框架柱箍筋加密范围构造图

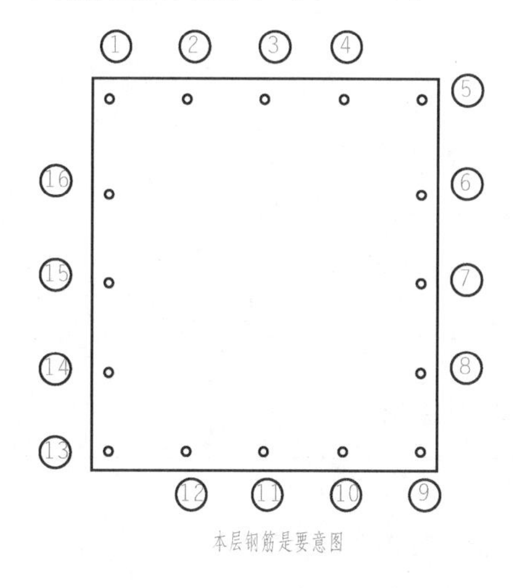

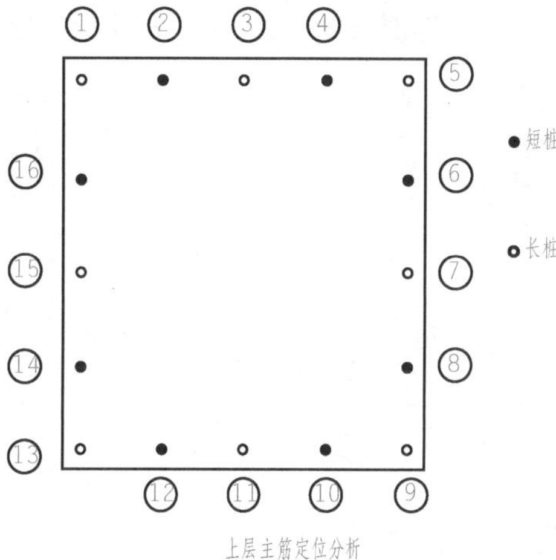

图5.16　基础层KZ-2钢筋翻样图

1）纵筋长桩。①号筋，下料长度＝max(1/6H_n,500,h_c)＋基础高度－保护层厚度＋弯折长度－弯曲调整值＋max(500,35d)＝max[(3600－800)/6,500,700]＋900－40＋150－2×25＋875＝2535(mm)。

图5.17　地下室抗震KZ-2纵筋构造图

其中，③、⑤、⑦、⑨、⑪、⑬、⑮号筋同①号筋。

2）纵筋短桩。②号筋，下料长度＝max(1/6H_n,500,h_c)＋基础高度－保护层厚度＋弯折长度－弯曲调整值＝max[(3600－800)/6,500,700]＋900－40＋150－2×25＝1660(mm)。

其中，④、⑥、⑧、⑩、⑫、⑭、⑯号筋同②号筋。

3）外箍筋。下料长度＝箍筋外周长＋2×箍筋弯钩长度－3×弯曲调整值＝(700－35×2)×4＋2×11.9×10－3×2×10＝2698(mm)。

基础层箍筋根数＝基础支座内箍筋数量＝2根。

4）基础层柱钢筋翻样表如表5.6所示。

表5.6　基础层柱钢筋翻样表

序号	规格	简图	单长/mm	总根数/根	总长/m	总重/kg
1	⌀25	2435 / 150	2535	112	283.92	1093.9
2	⌀25	1560 / 150	1660	112	185.92	716.3
3	⌀10	630 × 630	2698	28	75.54	46.6

4. 负二层及设备层柱钢筋下料计算

设备层净高＝2200－600(700)＝1600(1500)(mm)。设备层上、下两个非连接区段＝2×max(1/6H_n,500,h_c)＝2×700＝1400(mm)，剩余可连接区段高度为200（300）mm，小于钢筋交错布置的高度max（500，35d），即875mm。所以设备层与负二层柱纵筋贯通且伸出首层框架梁，如图5.18所示。负二层及设备层KZ-2钢筋翻样图如图5.19所示。

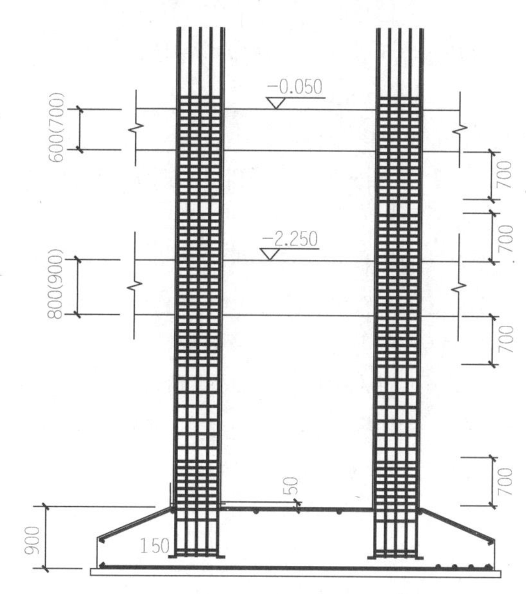

图5.18　负二层及设备层KZ-2钢筋图

1）负二层及设备层柱纵向钢筋。由于－0.05处是柱的嵌固部位，在柱钢筋至少伸出首层高度为H_n/3。所以在首层的非连接区段高度＝H_n/3＝[5100－600(700)]/3＝1500(1467)(mm)，为便于下料和施工，统一取1500mm。

①号筋，下料长度＝上层露出长度(非连接区段和错开距离)＋层高－基础层露出长度(非连接区段和错开距离)＝1500＋875＋3600＋2200－700－875＝6600(mm)。

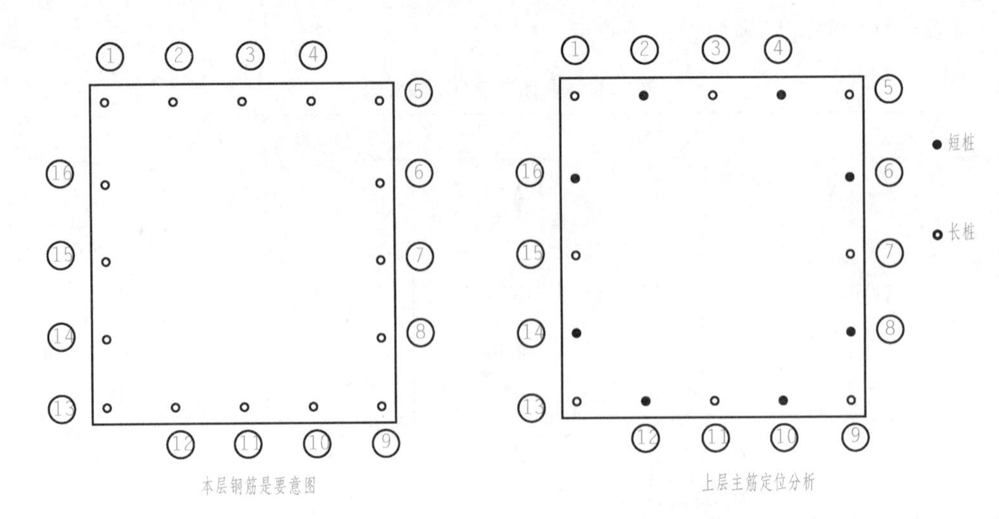

图 5.19　负二层及设备层 KZ-2 钢筋翻样图

其中，③、⑤、⑦、⑨、⑪、⑬、⑮号筋同①号筋。

②号筋，下料长度＝上层露出长度(首层非连接区段)＋层高－基础层露出长度(非连接区段)＝1500＋3600＋2200－700＝6600(mm)。

其中，④、⑥、⑧、⑩、⑫、⑭、⑯号筋同②号筋。

综上，即便在首层伸出长度不同，但是考虑基础层错开距离的因素，本层纵向钢筋长度相同。

2）外箍筋。下料长度＝箍筋外周长＋2×箍筋弯钩长度－3×弯曲调整值＝(700－35×2)×4＋2×11.9×10－3×2×10＝2698(mm)。

箍筋加密区在框架梁上下 max（$1/6H_n$，500，h_c），即 700 范围内，除此之外在梁柱节点范围内箍筋也加密。根据《11G101-3 图集》，基础上方第一根箍筋自基础顶面 50mm 处布置。本例中加密区范围如图 5.18 所示。

本层箍筋根数＝加密区高度/加密间距＋1＋非加密区高度/非加密区间距－1＝(700－50)/100＋1＋(700＋900＋700)/100＋1＋(700＋700)/100＋1＋(3600－700－900－700)/200－1＋(2200－700－700－700)/200－1＝52(根)。

3）内矩形箍筋。下料长度＝箍筋外周长＋2×箍筋弯钩长度－3×弯曲调整值＝[2×(柱宽－2×保护层厚度－2×箍筋直径－主筋直径)/4＋主筋直径＋箍筋直径×2]×2＋2×(柱宽－2×保护层厚度)＋2×箍筋弯钩长度－3×弯曲调整值＝[2×(700－2×35－2×10－25)/4＋25＋10×2]×2＋2×(700－2×35)＋2×11.9×10－3×2×10＝2113(mm)。

内矩形箍根数＝52×2＝104（根）。

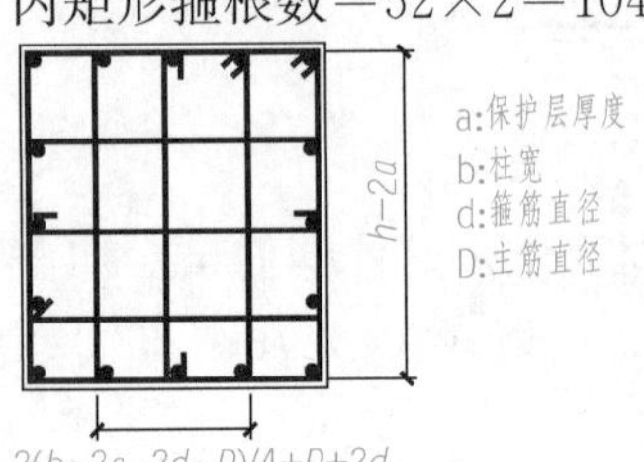

图 5.20　内置矩形箍计算简图

其中内矩形箍计算简图如图 5.20 所示。

4）内一肢箍筋。下料长度＝箍筋直段长＋2×箍筋弯钩长度＝700－2×35＋2×11.9×10＝868（mm）。

内一肢箍根数＝52×2＝104（根）。

本层柱钢筋翻样明细见表 5.6。

5）负二层及设备层柱钢筋翻样表。负二层及设备层柱钢筋翻样表如表 5.7 所示。

表 5.7　负二层及设备层柱钢筋翻样表

序号	规格	简图	单长/mm	总根数/根	总长/m	总重/kg
1	⌀25	6600	6600	224	1478.40	5696.3
2	⌀10	630 × 630	2698	728	1964.14	1211.9
3	⌀10	337.5 × 630	2113	1456	3076.53	1898.2
4	⌀10	630	868	1456	1263.81	779.8

5. 首层柱钢筋下料计算

首层柱钢筋图如图 5.21 所示，首层柱钢筋翻样图如图 5.22 所示。

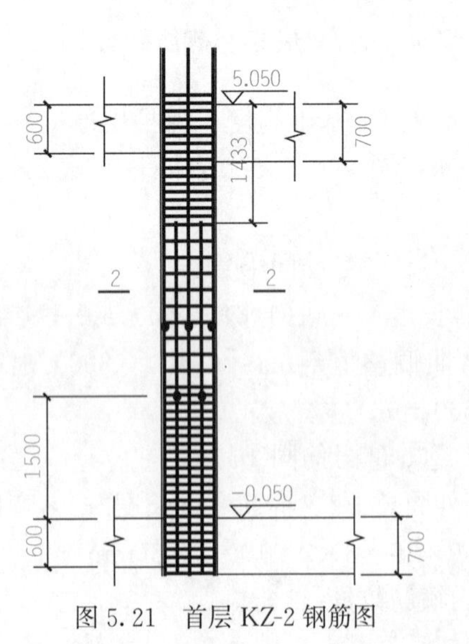

图 5.21　首层 KZ-2 钢筋图

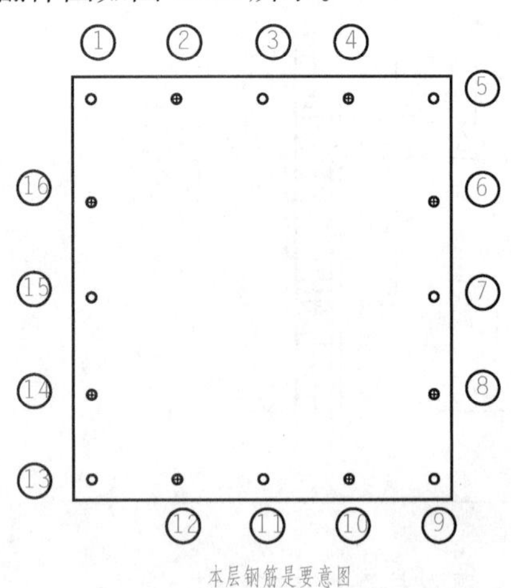

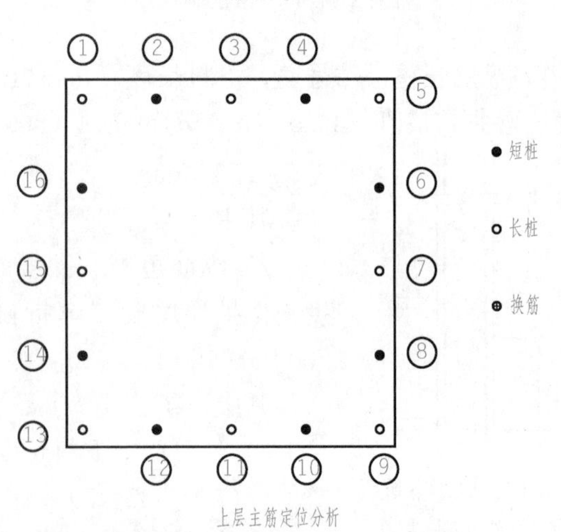

图 5.22　首层 KZ-2 钢筋翻样图

1）首层柱纵向钢筋。纵筋长桩。①号筋，由于本层纵筋直径25mm到二层纵筋直径变为22mm，所以本层Φ 25纵筋要伸至5.050框架梁以上max（$1/6H_n$，500，h_c）处，所以在二层的非连接区段高度＝max($1/6H_n$,500,h_c)＝max[(4500－600)/6,500,700]或max[(4500－700)/6,500,700]＝700(mm)，如图5.23所示。

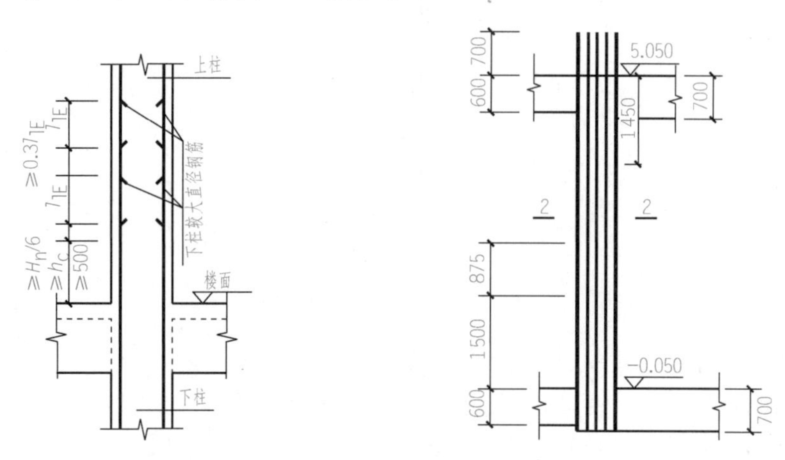

图5.23　下柱纵筋较上柱大时连接构造图

下料长度＝上层露出长度（非连接区段）＋本层高－本层露出长度（非连接区段和错开距离）＝700＋5100－1500－875＝3425（mm）。

其中，③、⑤、⑦、⑨、⑪、⑬、⑮号筋同①号筋。

纵筋短桩。②号筋，由于本层纵筋直径20mm到二层纵筋直径变为22mm，所以上层Φ 22纵筋要伸至5.050框架梁以下max（$1/6H_n$，500，h_c）处，所以在本层5.050框架梁以下的非连接区段高度＝max($1/6H_n$,500,h_c)＝max[(5100－600)/6,500,700]或max[(5100－700)/6,500,700]＝750(733)(mm)，但是由于梁底标高不同，所以自梁顶5.050标高开始向下分别是750＋600(733＋700)即1350（1433）mm。为便于下料和施工，统一取梁顶5.050标高开始向下1450mm，如图5.24所示。

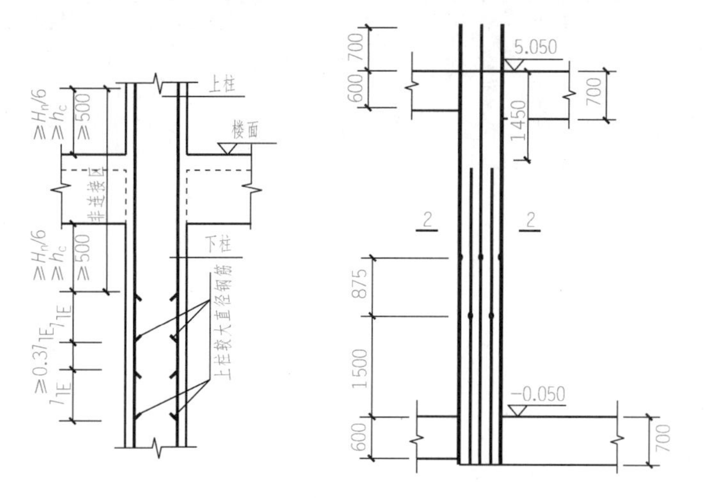

图5.24　上柱纵筋较下柱大时连接构造图

下料长度＝本层高－上下非连接区段长度＝5100－1500－1450＝2150（mm）。

其中，④、⑥、⑧、⑩、⑫、⑭、⑯号筋同②号筋。

2）外箍筋。下料长度＝箍筋外周长＋2×箍筋弯钩长度－3×弯曲调整值＝(700－20×2)×4＋2×11.9×10－3×2×10＝2818(mm)。

上箍筋加密区高度为max（$1/6H_n$，500，h_c），即750（733）mm，除此之外在梁柱节点范围内箍筋也加密，加上梁高分别是1350（1433）mm，取1433mm。下箍筋加密区高度为$1/3H_n$，即1500（1467）mm，取1500mm。本例中加密区范围如图5.21所示。

本层箍筋根数＝加密区高度/加密间距＋1＋非加密区高度/非加密区间距－1＝1433/100＋1＋1500/100＋1＋(5100－1433－1500)/200－1＝42(根)。

3）内矩形箍筋。下料长度＝箍筋外周长＋2×箍筋弯钩长度－3×弯曲调整值＝[2×(柱宽－2×保护层厚度－2×箍筋直径－主筋直径)/4＋主筋直径＋箍筋直径×2]×2＋2×(柱宽－2×保护层厚度)＋2×箍筋弯钩长度－3×弯曲调整值＝[2×(700－2×20－2×10－25)/4＋20＋10×2]×2＋2×(700－2×20)＋2×11.9×10－3×2×10＝2193(mm)。

内矩形箍根数＝42×2＝84（根）。

4）内一肢箍筋。下料长度＝箍筋直段长＋2×箍筋弯钩长度＝700－2×20＋2×11.9×10＝898（mm）。

内一肢箍根数＝42×2＝84（根）。

5）本层柱钢筋翻样表。本层柱钢筋翻样明细如表5.8所示。

表5.8　首层柱钢筋翻样表

序号	规格	简图	单长/mm	总根数/根	总长/m	总重/kg
1	Φ 25	3425	3425	224	767.20	2956.0
2	Φ 20	2150	2150	224	481.60	1187.6
3	Φ 10	660 660	2818	588	1657.00	1022.4
4	Φ 10	347 660	2103	1176	2473.13	1525.9
5	Φ 10	660	898	1176	1056.00	651.6

6. 顶层柱钢筋下料计算

顶层柱钢筋图如图 5.25 所示，顶层柱钢筋翻样图如图 5.26 所示。

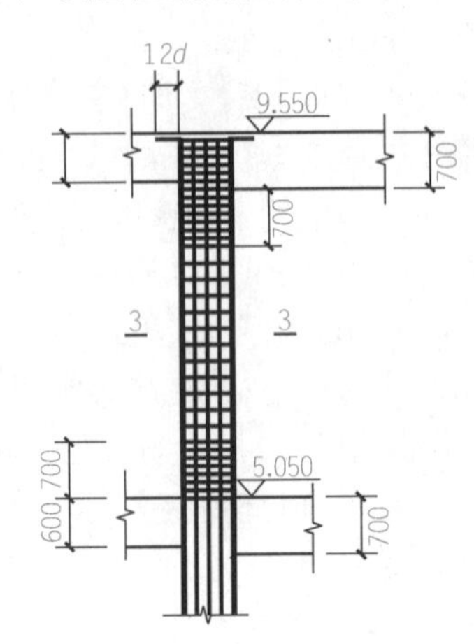

图 5.25　顶层 KZ-2 钢筋图

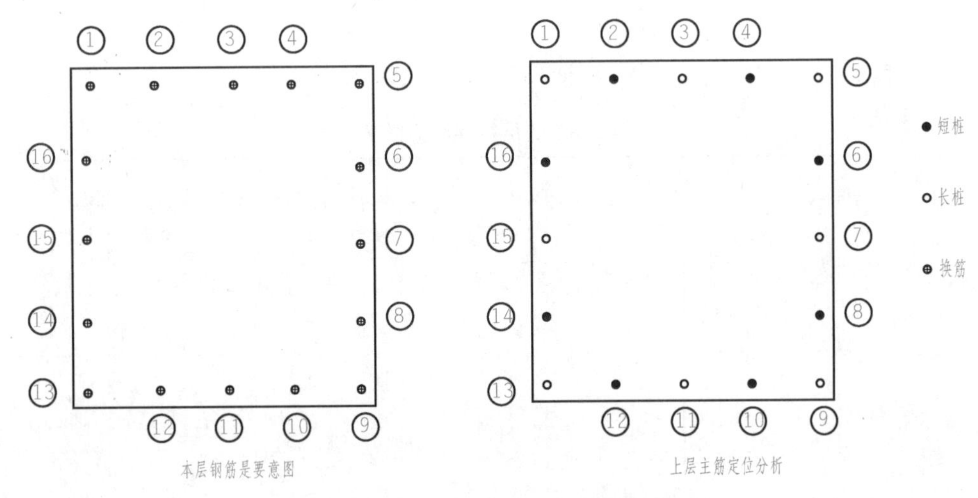

图 5.26　顶层 KZ-2 框架柱钢筋翻样图

1）顶层柱纵向钢筋。顶层柱纵筋如图 5.27 所示。

纵筋长桩。①号筋，下料长度=本层高－上层露出长度(非连接区段)－柱保护层+12d－2d=4500－700－20+12×22－2×22=4000(mm)。

其中，③、⑤、⑦、⑨、⑪、⑬、⑮号筋同①号筋。

纵筋短桩。②号筋，下料长度=本层高+下层本层露出长度(上下非连接区段)－柱保护层+12d－2d=4500+1450－20+12×22－2×22=6150(mm)。

其中，④、⑥、⑧、⑩、⑫、⑭、⑯号筋同②号筋。

2）外箍筋。下料长度=箍筋外周长+2×箍筋弯钩长度－3×弯曲调整值=(700－20×2)×4+2×11.9×10－3×2×10=2818(mm)。

上、下箍筋加密区高度 max（1/6H_n，500，h_c），即 700mm，除此之外在梁柱节点范围内

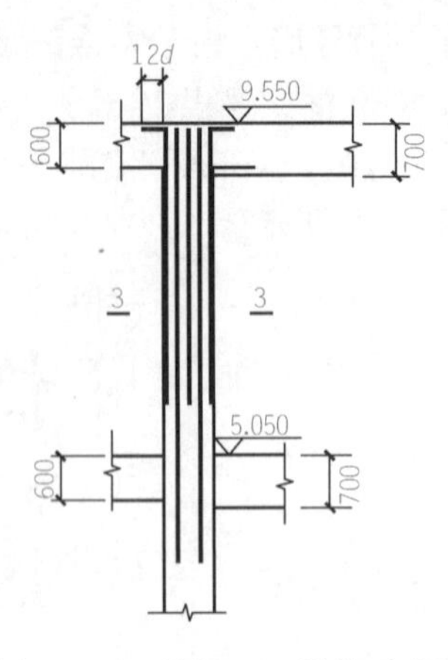

图 5.27　顶层 KZ-2 纵筋示意图

箍筋也加密。本例中加密区范围如图 5.25 所示。

本层箍筋根数=加密区高度/加密间距+1+非加密区高度/非加密区间距－1=700/100+1+(700+700－20)/100+1+(4500－700－700－700)/200－1=34(根)。

3）内矩形箍筋。下料长度=箍筋外周长+2×箍筋弯钩长度－3×弯曲调整值=[2×(柱宽－2×保护层厚度－2×箍筋直径－主筋直径)/4+主筋直径+箍筋直径×2]×2+2×(柱宽－2×保护层厚度)+2×箍筋弯钩长度－3×弯曲调整值=[2×(700－2×20－2×10－22)/4+22+10×2]×2+2×(700－2×20)+2×11.9×10－3×2×10=2200(mm)。

内矩形箍根数=34×2=68（根）。

4）内一肢箍筋。下料长度=箍筋直段长+2×箍筋弯钩长度=700－2×20+2×11.9×10=898（mm）。

内一肢箍根数=34×2=68（根）。

5）本层柱钢筋翻样表。本层柱钢筋翻样明细如表 5.9 所示。

表 5.9　顶层柱钢筋翻样表

序号	规格	简图	单长/mm	总根数/根	总长/m	总重/kg
1	Φ 22	4000	4000	224	896.00	2673.7
2	Φ 20	6150	6150	224	1377.60	4110.8
3	Φ 10	600 660	2818	476	1341.47	827.6

续表

序号	规格	简图	单长/mm	总根数/根	总长/m	总重/kg
4	Φ10	351 660	2200	952	2094.40	1292.2
5	Φ10	660	898	952	854.96	527.5

7. 柱钢筋翻样小结

柱钢筋翻样难点主要在于柱截面和柱纵筋直径及柱纵筋根数发生变化。不管发生了什么变化，柱纵筋必须满足50%间隔交错，此时应根据实际情况调整柱纵筋的长度。在进行钢筋施工翻样时，不必拘泥于规范和平法中纵筋露出长度，并且规范中给出的是最小值，可以大于但不必等于，柱除了上、下非连接区外的部位都可以连接。在实际施工中，每一层柱纵筋断点位置有两种，可以50%交叉，便于钢筋翻样、下料、绑扎，有很强的可操作性，看上去也整齐美观。不过对整个工程要有宏观把握和整体性规划，对整个工程进行柱筋排列。尽可能地既满足规范要求，又能节约钢筋，柱纵筋要按照钢筋定尺长度模数进行优化配料，如定尺长度为9m，那么柱纵筋宜选择3m、4m、4.5m、5m、6m等。如果按理论算法可能有4断点，反而在施工时造成无序和混乱。钢筋计算软件的算法几乎都是按规范中规定的理论算法，而施工单位往往根据施工习惯进行计算，在钢筋结算计量过程中为此争论不休。其实是都没有错，总量也不会相差很大，关键是计算主体的立场不同，角度不同，所以算法不同。施工时如果按理论算法就不免犯教条主义的错误，所以要做变通，审价人员如果不按照规范标准计算，结果就缺乏依据。

柱纵筋采用电渣压力焊时，须考虑电渣熔化造成柱纵筋损耗和由于柱纵筋头不平整而切割导致的柱纵筋缩短等因素，电渣熔化造成柱纵筋损耗是一种定量的必要损耗，一次焊接成功损耗钢筋 ld（d 表示钢筋直径），如不能一次性焊接成功，将造成偶然性额外损耗，虽然这种损耗是微量的，但如果是高层或超高层，累积损耗很大。

顶层柱封头也是个难点，结构施工到顶层，柱纵筋肯定是高高低低，特别是高层建筑，这是由于累积误差和意外截断等因素所造成的。通常顶层柱纵筋下料时有两种方法：一种方法是根据顶层柱纵筋露出的不同长度配置相应长度的柱纵筋，然后对号入座。这种方法的优点是不浪费钢筋，但钢筋翻样烦琐，必须到施工现场实测每个柱纵筋的露出长度，钢筋种类多，施工人员难免会拿错钢筋，质量难以控制。另一种方法在顶层采用绑扎接头（顶层柱纵筋竖向长度也可简化为两种），表面上也可掩盖柱纵筋露出部分参差不齐之弊，接头不能满足搭接长度处用施焊来弥补，接头超长部分就浪费了。这种方法省人工，易操作，缺点仍然是浪费钢筋。

5.2.3　梁钢筋翻样实例

1. 梁平法图和结构说明

以××社会主义学院综合楼中部裙房结构图第二层框架梁KL-6为例，如图5.28所示，共1根，求KL-6钢筋下料长度。

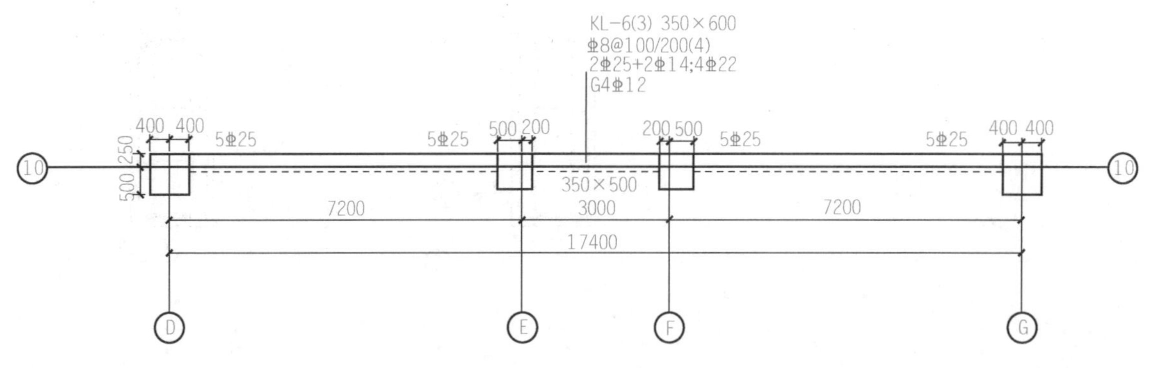

图5.28　中部第二层KL-6平法表示图

由结构说明以及施工图可见：

1）框架抗震等级为二级。

2）混凝土强度等级为C30。

3）地上部分环境类别为一类。所以梁钢筋混凝土保护层厚度为20mm，柱钢筋混凝土保护层厚度地上部分为20mm。

为使初学者对梁有全面清晰的了解，深入剖析梁钢筋计算原理，现用传统的剖面详图绘制梁钢筋简图和框架梁钢筋剖面图，并将各种钢筋进行编号（图5.29和图5.30）。对照KL-6框架梁尺寸与构造要求，绘制钢筋翻样图（图5.31）。

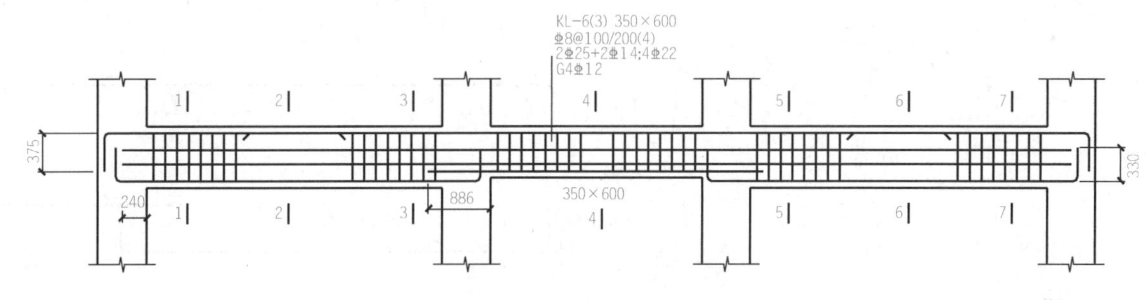

图5.29　KL-6配筋简图

2. 梁构造说明

1）框架梁纵向受力钢筋Φ25的锚固长度为 $l_{aE}=1.15\times35\times25=1006$（mm）>柱宽800mm，故需弯折锚固，弯折长度 $15\times25=375$（mm）；框架梁纵向受力钢筋Φ14的锚固长度为 $l_{aE}=1.15\times35\times14=563$（mm）<柱宽减保护层即 $800-35=765$（mm），且大于 $0.5h_c+5d=470$（mm），故可以直锚；侧面构造筋Φ12的锚固长度为 $15d=15\times12=180$（mm），采用直锚形式，梁底部纵向钢筋Φ22的锚固长度为 $l_{aE}=1.15\times35\times22=886$（mm）>柱宽800mm，所以需要弯折锚固，弯折长度为 $15\times22=330$（mm），如图5.32所示。

2）梁每跨截面高度不同，梁底部纵筋连续布置还是分别锚固，应按图5.32所示。本例中 $\Delta h=600-500=100$（mm），所以 $\Delta h/(h_c-50)=100/550>1/6$。所以按照④号节点设置，直锚长度 $l_{aE}=1.15\times35\times22=886$（mm）。

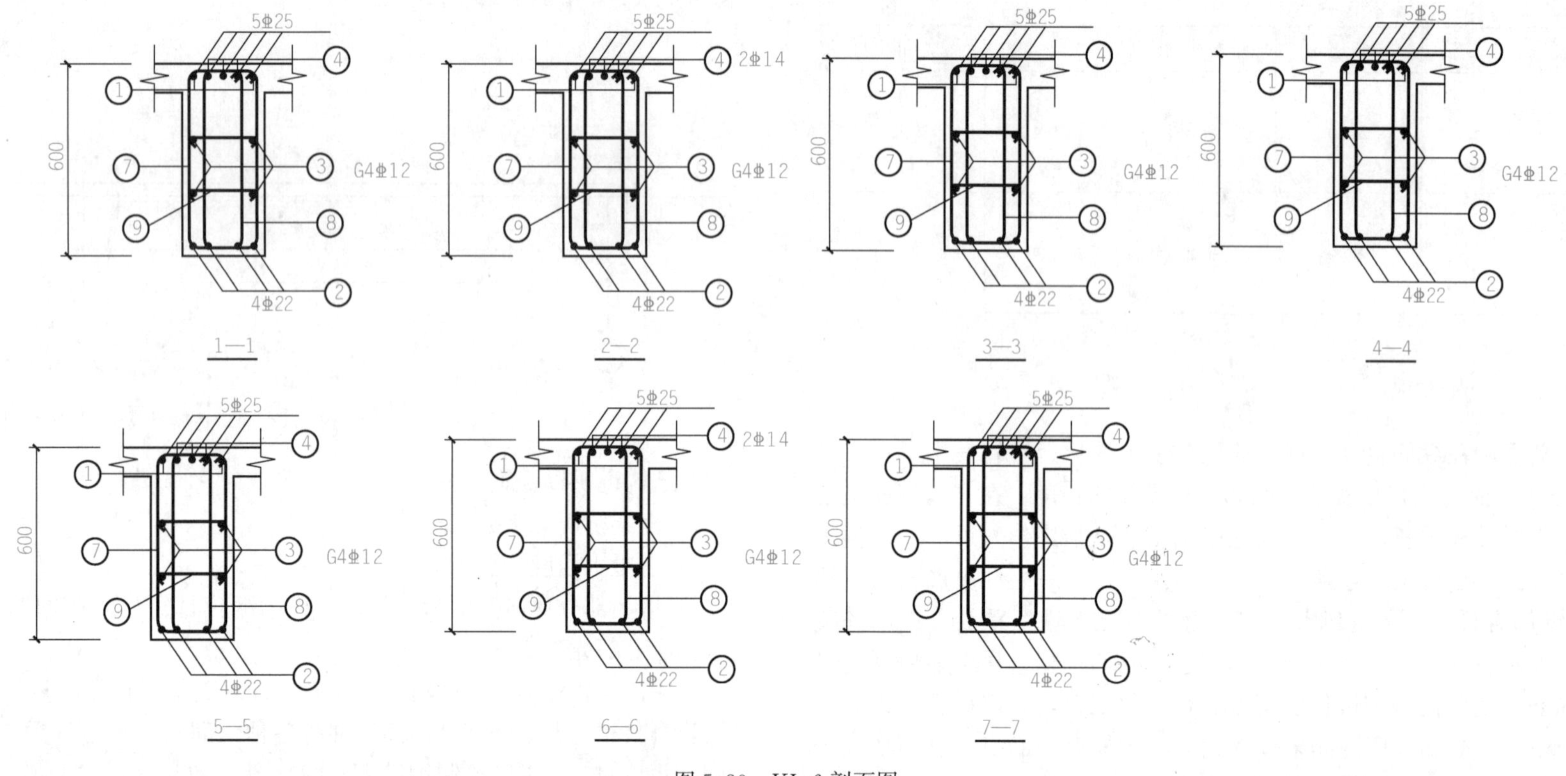

图 5.30　KL-6 剖面图

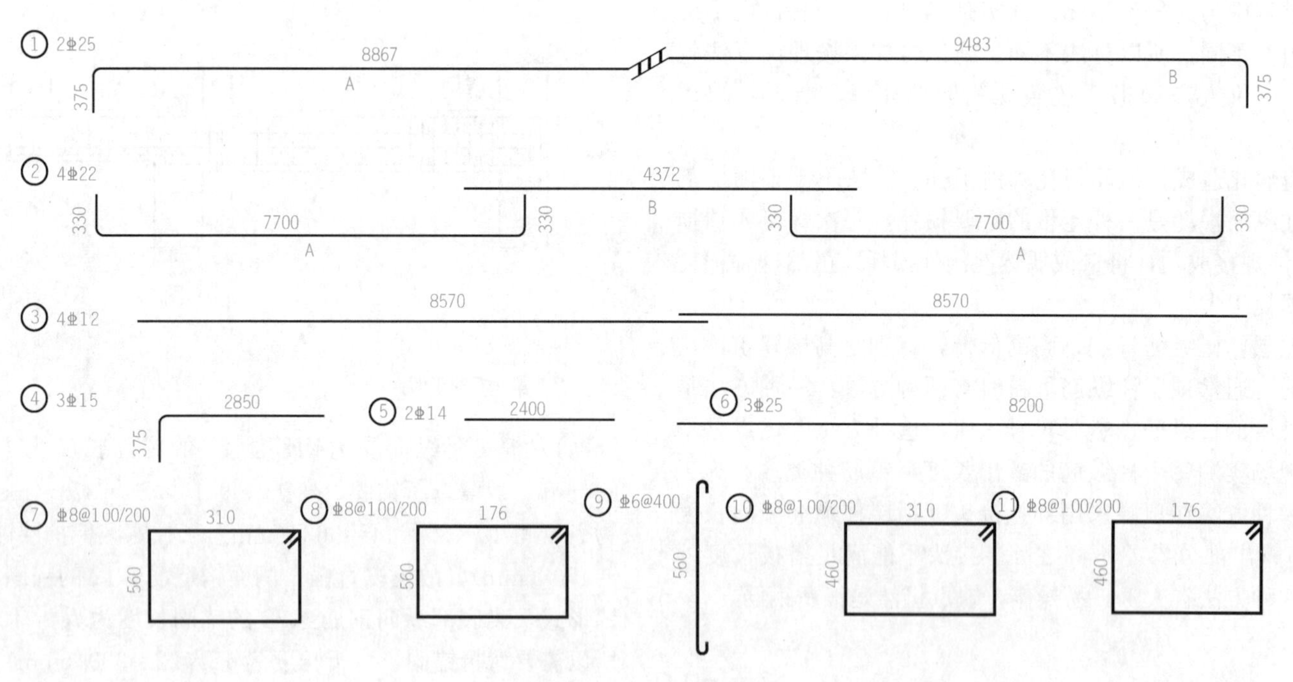

图 5.31　KL-6 钢筋翻样图

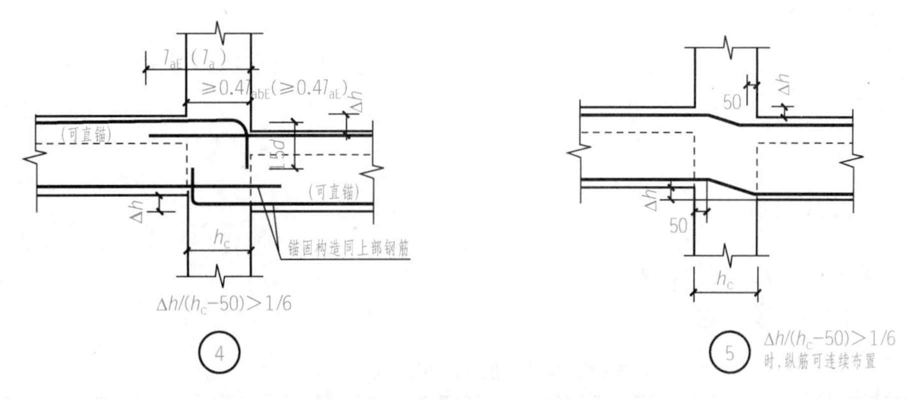

图 5.32 KZ 中间支座纵向钢筋构造

3）梁纵筋连接采用单面焊，单面焊焊接长度为 10d。上部纵向钢筋连接在跨中 1/3 处，下部纵向钢筋连接在支座处。

4）梁侧面根据梁构造钢筋需设置两道拉筋，当梁宽≤350mm 时，拉筋直径为 6mm，间距为非加密区箍筋间距的 2 倍。本例中梁宽为 350mm，所以拉筋按照Φ 6@400 设置。

5）梁纵向受力筋距离两侧柱端不能单纯以柱侧保护层 20mm 预留，还要考虑施工时柱的纵向受力筋对梁纵筋的影响，同时还应考虑垂直方向梁的交叉空间，一般按照 50mm 预留。

3. 梁钢筋下料长度计算

计算钢筋下料长度时，应根据单根钢筋翻样图尺寸进行计算，并考虑各项调整值。

①号筋为上部贯通钢筋（2 Φ 25），由于梁总长为 18200mm，如施工条件好，可以采用电焊通长布置，这里考虑断开后单面焊接。上部纵筋接头在跨中 1/3 范围内且焊接接头错开 max（35d，500），即 875mm，本例错开 867mm，基本满足连接的要求，如图 5.33 所示，则

A 钢筋下料长度＝800＋6300＋700＋867＋375－50－2×25＋10×25(焊接接头)＝9192(mm)

B 钢筋下料长度＝800＋6300＋700＋2600－867＋375－50－2×25＝9808（mm）

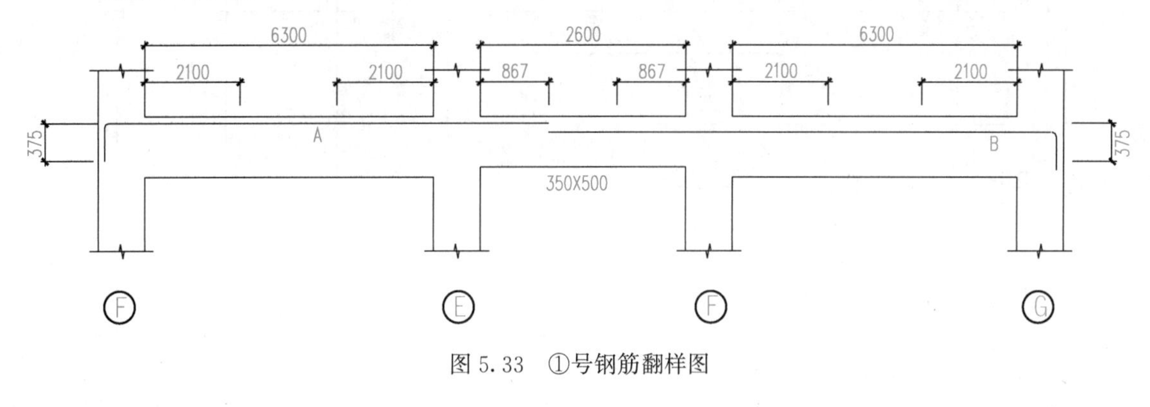

图 5.33 ①号钢筋翻样图

②号筋为下部贯通钢筋（4 Φ 22），由于梁高不同，根据之前的分析，所以在中间支座分开锚固，如图 5.34 所示，则

A 钢筋下料长度＝800＋6300＋700＋330×2－50×2－2×2×22＝8272（mm）

B 钢筋下料长度＝2600＋886×2＝4372（mm）

③号筋为中部构造钢筋（4 Φ 12），根据图集和规范要求，构造钢筋满足搭接和锚固长度

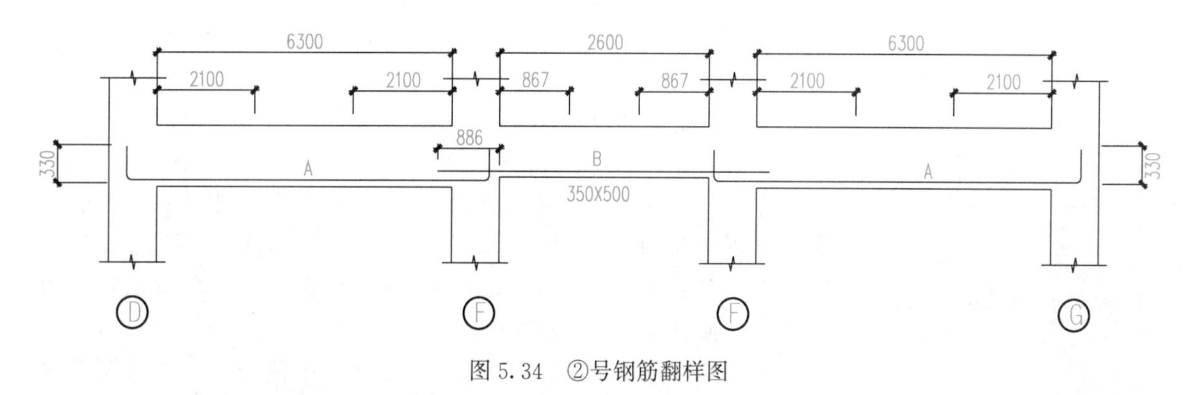

图 5.34 ②号钢筋翻样图

15d，即 180mm，本例考虑中间跨进行搭接，如图 5.35 所示，则

钢筋下料长度＝180＋6300＋700＋1390＝8570（mm）

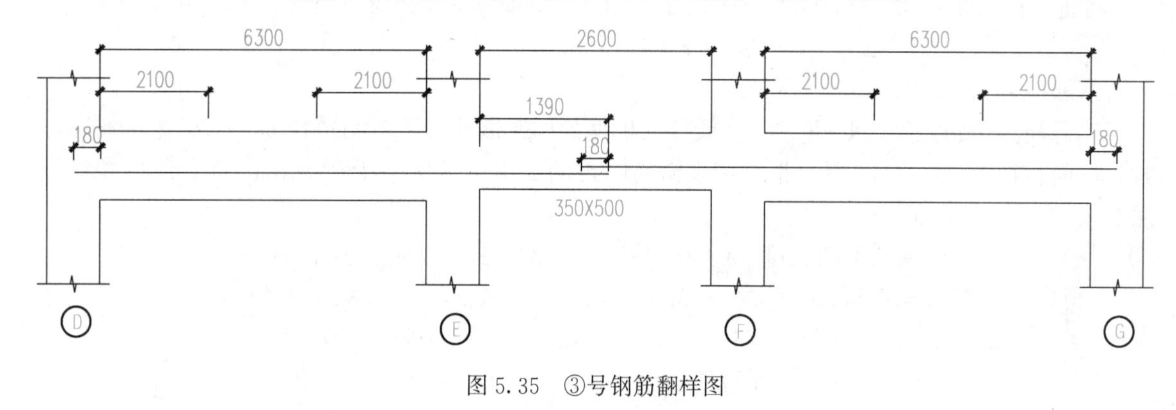

图 5.35 ③号钢筋翻样图

④号筋为边跨支座负筋（3 Φ 25），边跨支座锚固如①号钢筋，支座伸出长度为梁净跨度的 1/3，即 2100mm，如图 5.36 所示，则

钢筋下料长度＝2100＋800＋375－50－2×25＝3175（mm）

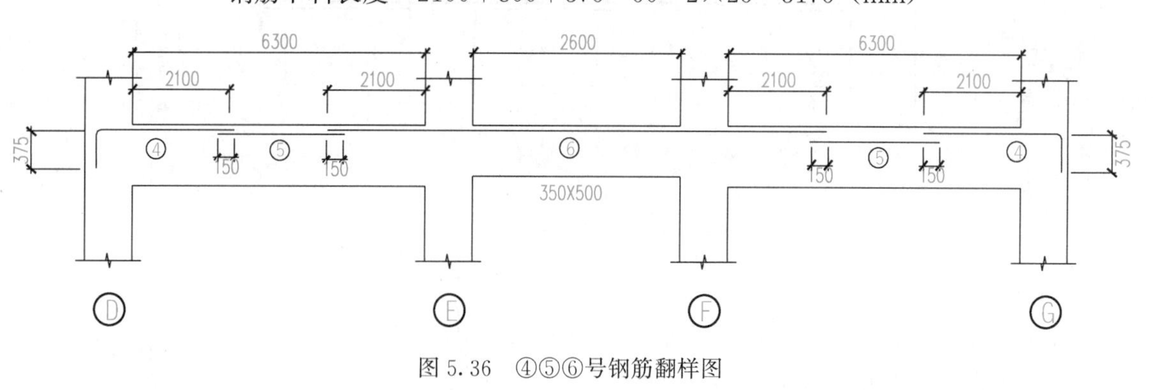

图 5.36 ④⑤⑥号钢筋翻样图

⑤号筋为架立钢筋（2 Φ 14），根据图集要求，架立钢筋同支座负筋每段搭接 150mm，如图 5.36 所示，则

钢筋下料长度＝2100＋150×2＝2400（mm）

⑥号筋为跨中支座负筋（3 Φ 25），根据图集要求，伸出两边跨长度分别是梁净跨的 1/3，即 2100mm，如图 5.36 所示，则

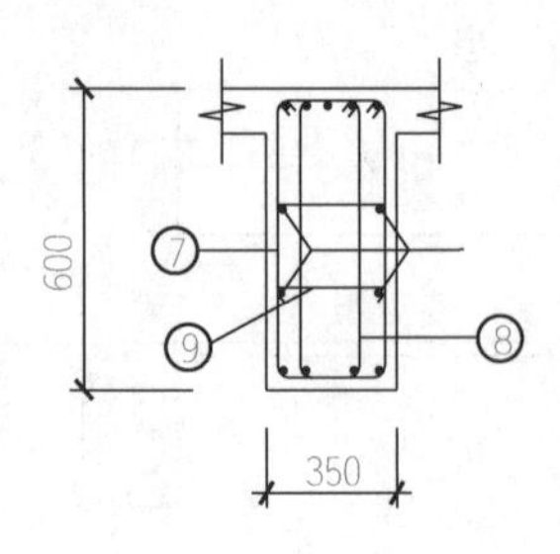

图 5.37　边跨 KL-6 箍筋示意图

钢筋下料长度＝2600＋700×2＋2100×2＝8200（mm）

⑦号筋为边跨外箍筋（Φ 8@100/200），如图 5.37 所示，则

钢筋下料长度＝(600－20×2)×2＋(350－20×2)×2＋2×11.9×8－3×2×8＝1882(mm)

箍筋根数应考虑加密区与非加密区的设置，根据平法图集要求，抗震 KL 加密区设置如图 5.38 所示。边跨加密区宽度为 max（1.5h_b，500），即 900mm。第一根箍筋距离柱边 50mm 开始布置，则箍筋根数＝(900－50)/100＋1＋(900－50)/100＋1＋(6300－900×2)/200－1＝41(根)。考虑另一侧边跨，则箍筋根数为 82 根。

⑧号筋为边跨内箍筋（Φ 8@100/200），如图 5.37 所示，则

钢筋下料长度＝(600－20×2)×2＋[2×(350－20×2－8×2－25)/4＋25＋8×2]×2＋2×11.9×8－3×2×8＝1613(mm)

箍筋根数为 82 根。

⑨号筋为边跨拉筋（Φ6@400），梁侧面根据梁构造钢筋需设置两道拉筋，当梁宽≤350mm 时，拉筋直径为 6mm，间距为非加密区箍筋间距的 2 倍。本例中梁宽为 350mm，所以拉筋按照Φ 6@400 设置，如图 5.38 所示，则

钢筋下料长度＝(350－20×2)＋2×11.9×6＝453(mm)

单排箍筋根数＝(6300－50×2)/400＋1＋(2600－50×2)/400＋1＋(6300－50×2)/400＋1＝41(根)

总拉筋根数＝41×2＝82（根）

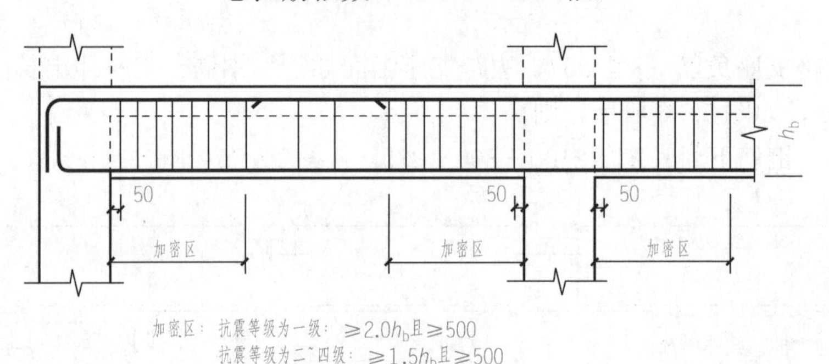

图 5.38　箍筋加密区构造图

⑩号筋为中跨外箍筋（Φ 8@100/200），如图 5.39 所示，则

钢筋下料长度＝(500－20×2)×2＋(350－20×2)×2＋2×11.9×8－3×2×8＝1682(mm)

中跨加密区宽度为 max（1.5h_b，500），即 750mm。第一根箍筋距离柱边 50mm 开始布置，则

箍筋根数＝(750－50)/100＋1＋(750－50)/100＋1＋(2600－750×2)/200－1＝21(根)

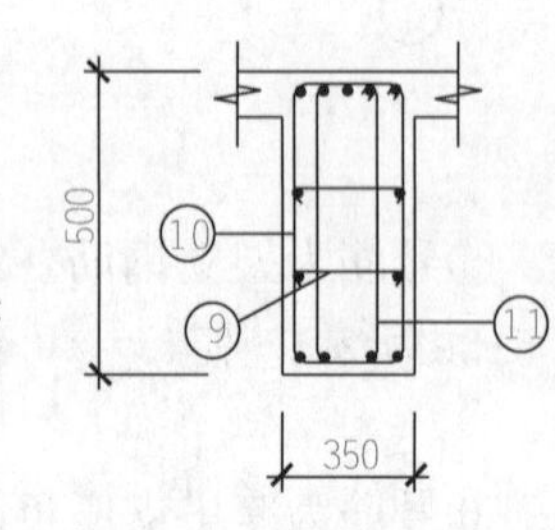

图 5.39　中跨 KL-6 箍筋示意图

⑪号筋为中跨内箍筋（Φ 8@100/200），如图 5.39 所示，则

钢筋下料长度＝(500－20×2)×2＋[2×(350－20×2－8×2－25)/4＋25＋8×2]×2＋2×11.9×8－3×2×8＝1413(mm)

箍筋根数为 21 根。

4. 梁钢筋翻样明细表

梁钢筋翻样明细如表 5.10 所示。

构件名称 KL-6，共 1 根。

表 5.10　二层 KL-6 钢筋翻样表

序号	规格	简图	单长/mm	总根数/根	总长/m	总重/kg
①A	Φ 25	375　8867　A	9192	2	18.38	70.8
①B	Φ 25	9483　B　375	9808	2	19.62	75.6
②A	Φ 22	330　7700　A　330	8272	8	66.18	197.5
②B	Φ 22	4372　B	4372	4	17.49	52.2
③	Φ 12	8570	8570	8	68.56	60.9
④	Φ 25	375　2850	3175	6	19.05	73.4
⑤	Φ 14	2400	2400	4	9.60	11.6
⑥	Φ 25	8200	8200	3	24.6	94.8
⑦	Φ 8	310　560	1882	82	154.32	61.0
⑧	Φ 8	176　560	1613	82	132.27	52.2

续表

序号	规格	简图	单长/mm	总根数/根	总长/m	总重/kg
⑨	Φ 6	560	453	82	37.15	8.2
⑩	Φ 8	176 460	1682	21	35.32	14.0
⑪	Φ 8	310 460	1413	21	29.67	11.7

5. 梁钢筋翻样小结

1）梁上部通长筋在梁跨中 $l_n/3$ 范围内连接。在此范围内相邻纵筋连接接头相互错开，接头面积百分率不应大于 50%。

2）梁下部纵筋一般可在支座内连接或锚固，锚固形式有直锚、弯锚等形式，应根据具体设计构造采用相应的锚固形式。梁抗震设计应避开梁箍筋加密区。在此范围内相邻纵筋连接接头相互错开，接头面积百分率不应大于 50%。

3）框架梁支座负筋第一排伸直 $l_n/3$ 范围，第二排伸直 $l_n/4$，支座负筋与架立钢筋搭接长度为 150mm。

4）构造钢筋搭接或者锚固的长度为 $15d$，且设置在梁的中间部位，直接决定拉筋的根数。

5）箍筋的下料要根据梁截面的尺寸和箍筋的类型综合考虑，尤其是内箍筋的下料计算应仔细，避免出现不必要的错误。

6）拉筋的设置往往跟梁宽有关，拉筋的间距往往跟箍筋非加密区间距有关。

7）梁纵筋多排时，有时要用夹铁固定，以保证上、下排纵筋的净距。夹铁直径不小于 25mm 且不小于梁纵筋直径，间距不大于 2000mm，夹铁长度为梁宽减保护层，夹铁与马凳都属于措施用钢筋。

5.2.4　现浇板钢筋计算实例

1. 板平法图和结构说明

以××社会主义学院综合楼中中部裙房结构图第二层Ⓓ轴线与Ⓔ轴线交⑩轴线和⑪轴线间 LB1 为例，如图 5.40 和图 5.41 所示，求钢筋下料长度。

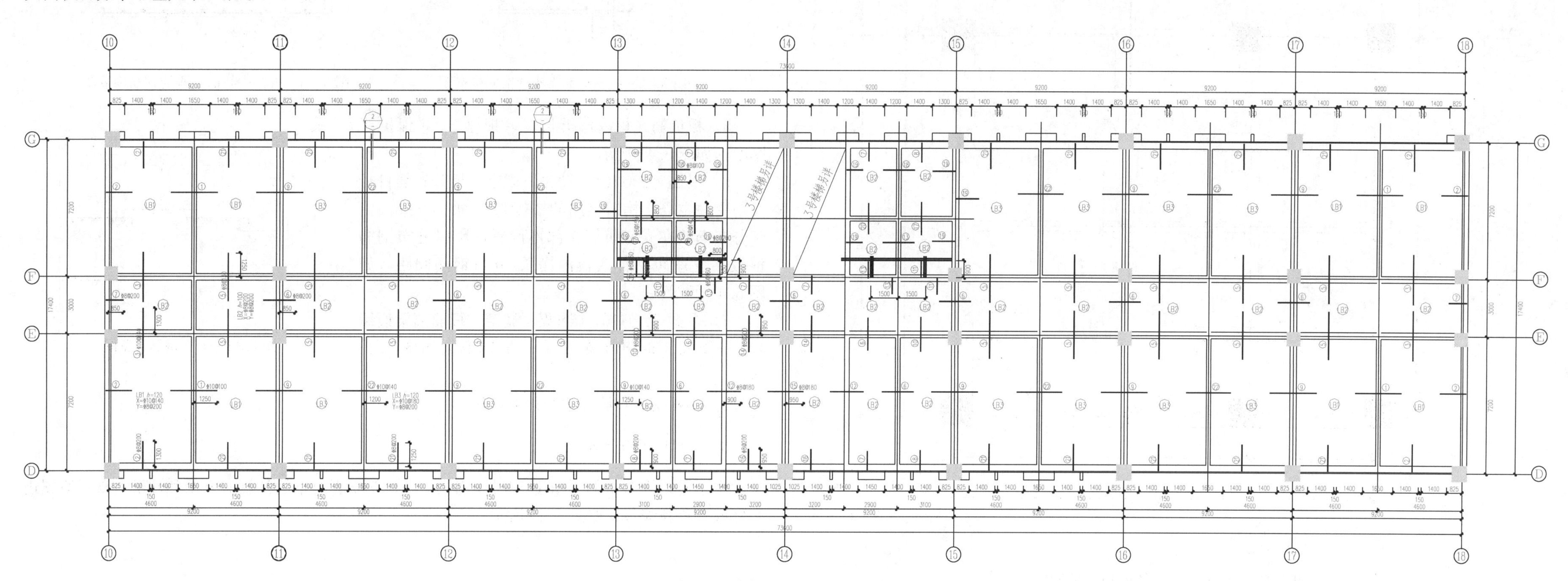

图 5.40　中部裙房二层楼板配筋图

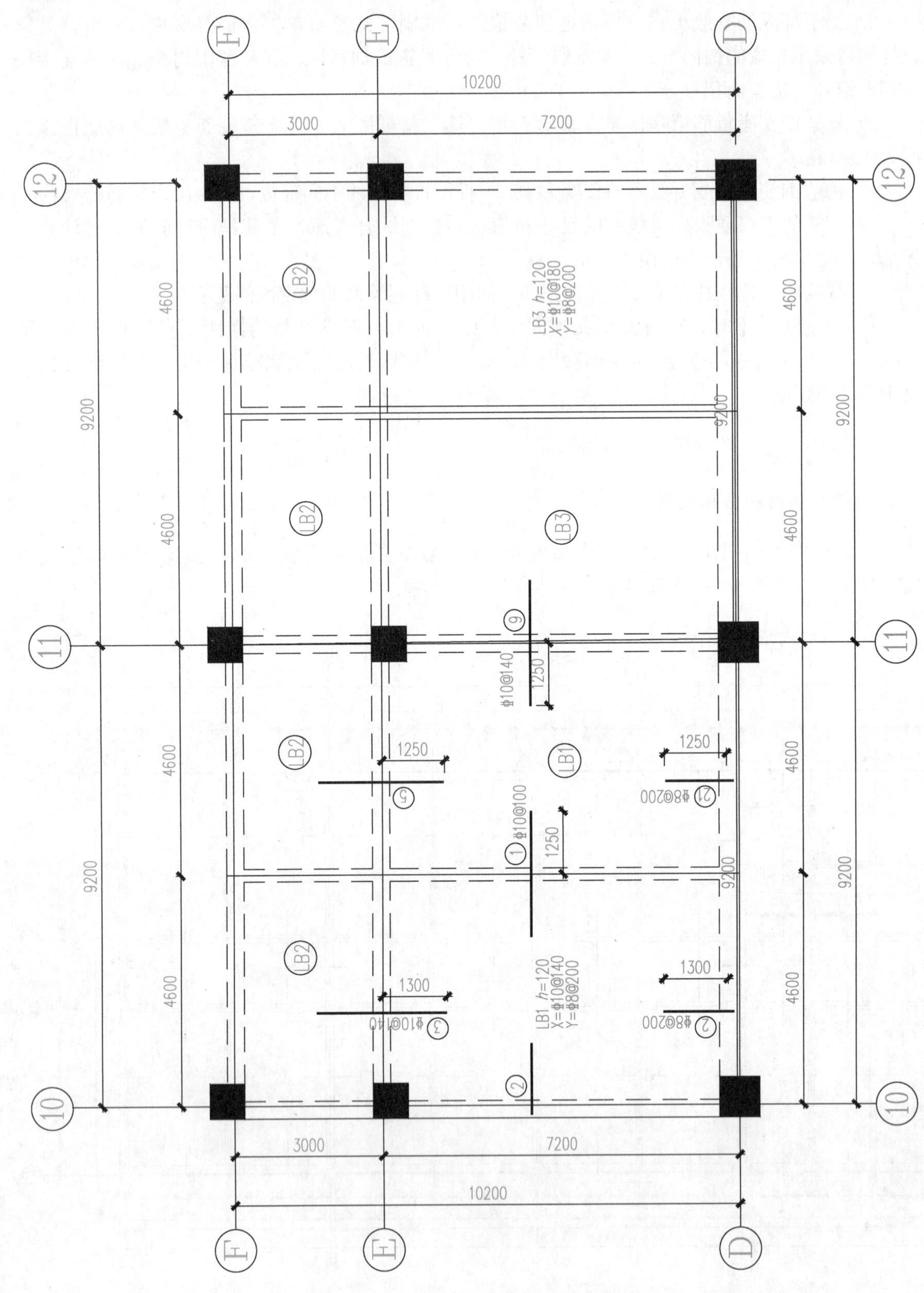

图 5.41　中部裙房二层楼板 LB1 配筋图

由结构说明及施工图可见：

1）混凝土强度等级 C30。

2）混凝土环境类别为一类，板保护层厚度为 15mm。

3）分布钢筋图样未予说明，经咨询设计单位后明确为Φ 8@200。

4）未配置抗温度钢筋。

5）板厚为 120mm。

2. 板钢筋构造计算

1）楼板一般不参与抗震。

2）板底筋伸入端部支座内长度为 $5d$，且至少伸到梁中线，如图 5.42 所示。当板内温度、收缩应力较大时，伸入支座内的长度应适当增加。

3）板上部支座负筋在端部支座锚固如图 5.42 所示。本例按照充分利用钢筋的抗拉强度计算。

4）板下部钢筋在中间支座处锚固时应至梁边 $5d$，且至少伸到梁中线，如图 5.43 所示。

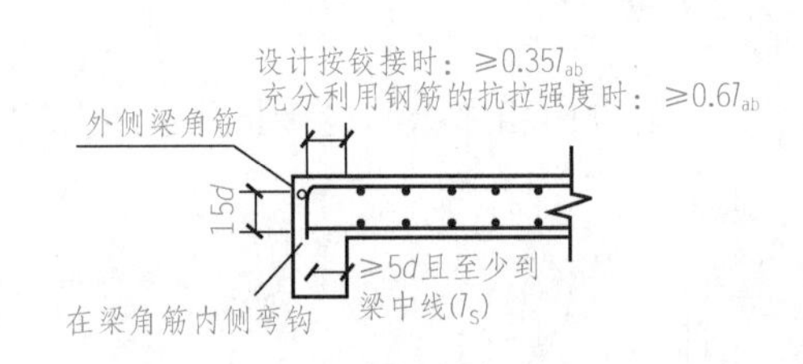

图 5.42　板在端部支座的锚固构造图

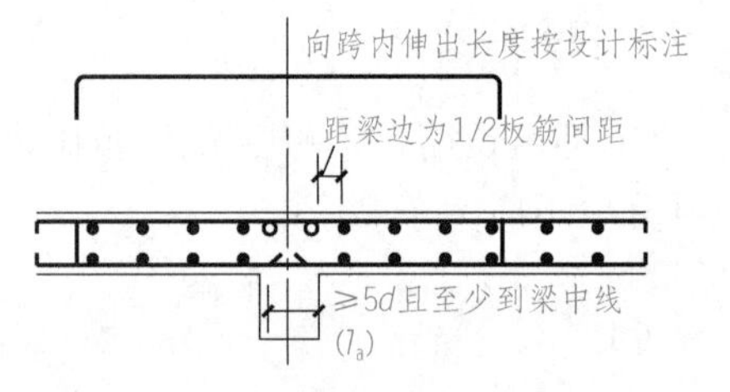

图 5.43　板在中间部支座的钢筋构造图

5）板负筋在板内弯折长度＝板厚－2×保护层厚度，如图 5.43 所示。

6）根据《22G101-1 图集》规定，板分布筋自身及与受力主筋、构造钢筋的搭接长度为 150mm。由于分布钢筋在支座负筋端部不设置，所以分布钢筋根数＝支座负筋伸入板内净长/分布钢筋间距，如图 5.44 所示。

7）根据《22G101-1 图集》规定，板筋离梁边缘 1/2 板筋间距时开始布置第一根钢筋，如图 5.43 所示。

8）楼板支座负筋尺寸按梁中算起。

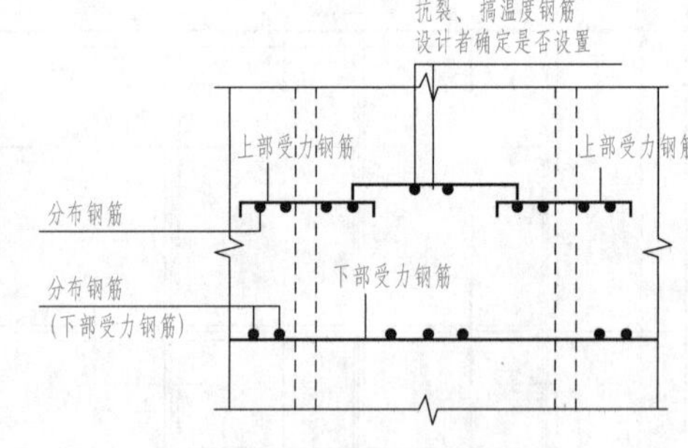

图 5.44　分布钢筋布置图

3. 板钢筋下料计算

由于原结构图 5.41 中钢筋编号不连续，考虑初学者对钢筋计算的方便和理解，现对原图进行修改并重新编号，如图 5.45 所示。

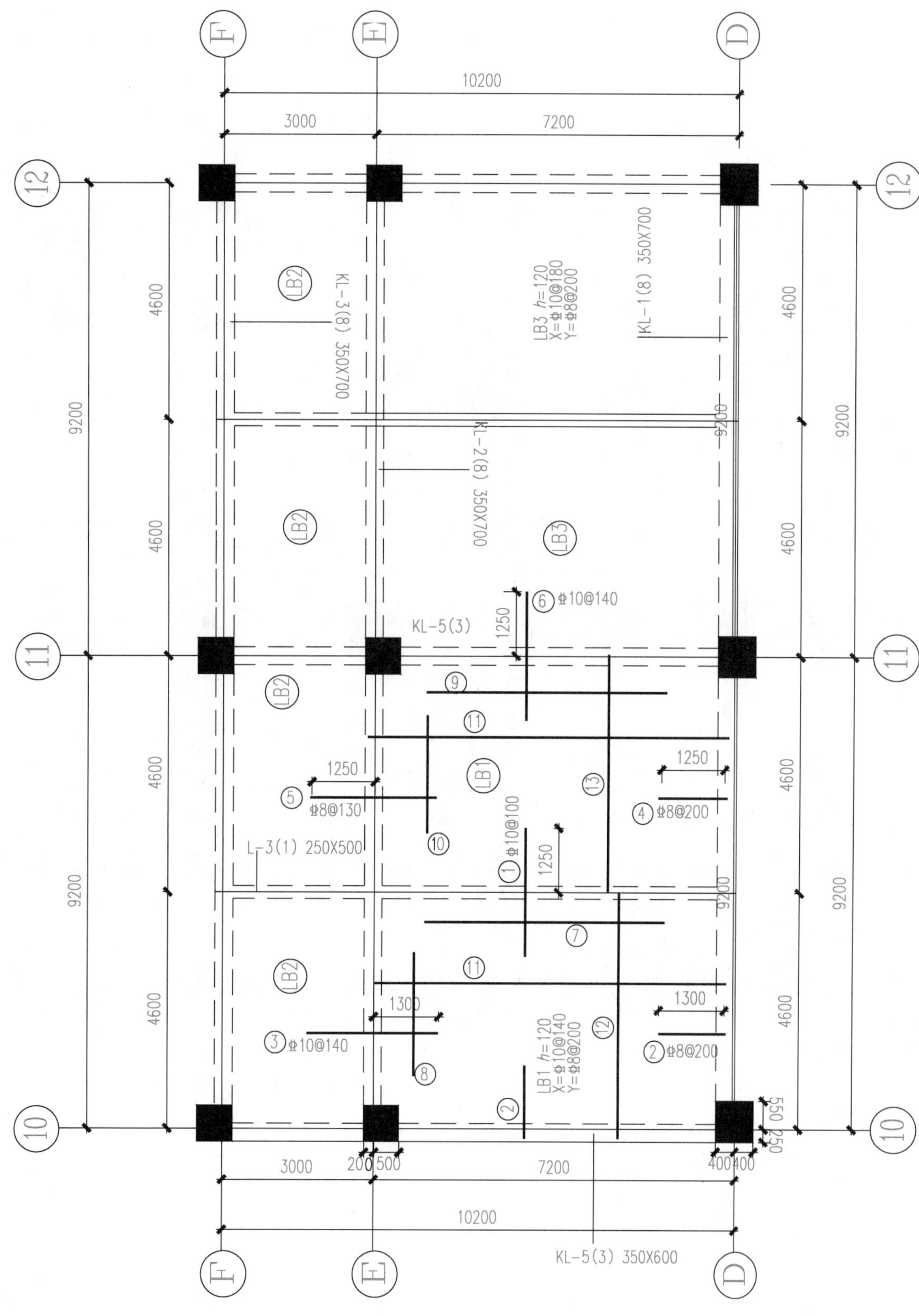

图5.45　中部裙房二层楼板LB1钢筋编号图

①号筋（Φ 10@100）为支座负筋。

下料长度＝1250×2＋(120－2×15)×2－2×2×10＝2640(mm)

钢筋根数为(*y*方向净长－2×板筋间距/2)/间距＋1＝(7200－400＋200－350－2×50)/100＋1
＝67(根)

②号筋（Φ 8@200）为支座负筋。

下料长度＝悬出支座净长＋弯折长度＋锚固长度＝(1300－350/2)＋(120－2×15)
＋0.6×35×8＋15×8－2×2×8＝1471(mm)

钢筋根数＝(*y*方向净长－2×板筋间距/2)/间距＋1＋(*x*方向净长－2×板筋间距/2)/间距＋1
＝(7200－400＋200－350－2×100)/200＋1＋(4600＋250－350－250/2－2
×100)/200＋1＝34＋22＝56(根)

③号筋（Φ 10@140）为支座负筋。

下料长度＝1300×2＋2×(120－2×15)－2×2×10＝2740(mm)

钢筋根数＝(*x*方向净长－2×板筋间距/2)/间距＋1
＝(4600＋250－350－250/2－2×70)/140＋1＝32(根)

④号筋（Φ 8@200）为支座负筋。

下料长度＝悬出支座净长＋弯折长度＋锚固长度
＝(1250－350/2)＋(120－2×15)＋0.6×35×8＋15×8－2×2×8＝1421(mm)

钢筋根数＝(*x*方向净长－2×板筋间距/2)/间距＋1
＝(4600－350/2－250/2－2×100)/200＋1＝22(根)

⑤号筋（Φ 8@130）为支座负筋。

下料长度＝1250×2＋2×(120－2×15)－2×2×8＝2648(mm)

钢筋根数＝(*x*方向净长－2×板筋间距/2)/间距＋1
＝(4600－350/2－250/2－2×65)/130＋1＝34(根)

⑥号筋（Φ 10@140）为支座负筋。

下料长度＝1250×2＋2×(120－2×15)－2×2×10＝2640(mm)

钢筋根数＝(*y*方向净长－2×板筋间距/2)/间距＋1
＝(7200－400＋200－350－2×70)/140＋1＝48(根)

⑦号筋（Φ 8@200）为分布钢筋，与②和③分别搭接150mm。

下料长度＝7200＋200－350/2－400＋350/2－1300－1300＋150＋150＝4700(mm)

钢筋根数＝①号筋伸入板内净长/间距＋②号筋伸入板内净长/间距
＝(1250－250/2)/200＋(1300－350/2)/200＝6＋6＝12(根)

⑧号筋（Φ 8@200）为分布钢筋，与①和②分别搭接150mm。

下料长度＝4600＋250－350/2－1250－1300＋150×2＝2425(mm)

钢筋根数＝③号筋伸入板内净长/间距＋②号筋伸入板内净长/间距
＝2×(1300－350/2)/200＝2×6＝12(根)

⑨号筋（Φ 8@200）为分布钢筋，与①和⑥分别搭接150mm。

下料长度＝7200＋200－350/2－400＋350/2－1250－1250＋150＋150＝4800(mm)

钢筋根数＝①号筋伸入板内净长/间距＋⑥号筋伸入板内净长/间距
＝(1250－250/2)/200＋(1250－350/2)/200＝6＋6＝12(根)

⑩号筋（Φ8@200）为分布钢筋，与①和⑥分别搭接150mm。

下料长度=4600−1250−1250+150×2=2400(mm)

钢筋根数=④号筋伸入板内净长/间距+⑤号筋伸入板内净长/间距

=2×(1250−350/2)/200=2×6=12(根)

⑪号筋（Φ8@200）为 y 方向底板纵向钢筋，分别在两端支座锚固。

下料长度=板净长+左锚固+右锚固=7200+200−350−400+2×max(5×8,350/2)

=7000(mm)

钢筋根数=(x 方向净长−2×板筋间距/2)/间距+1

=(4600+250−350−250/2−2×100)/200+1+(4600−350/2−250/2−2×100)/200+1

=22+22=44(根)

⑫号筋（Φ10@140）为 x 方向底板纵向钢筋，分别在两端支座锚固。

下料长度=板净长+左锚固+右锚固

=4600+250−350−250/2+max(5×10,350/2)+max(5×10,250/2)=4675(mm)

钢筋根数=(y 方向净长−2×板筋间距/2)/间距+1

=(7200−400+200−350−2×70)/140+1=48(根)

⑬号筋（Φ10@140）为 x 方向底板纵向钢筋，分别在两端支座锚固。

下料长度=板净长+左锚固+右锚固

=4600−350/2−250/2+max(5×10,350/2)+max(5×10,250/2)=4600(mm)

钢筋根数（同⑫号筋）=48（根）

4. 板钢筋明细表

LB1板钢筋翻样表如表5.11所示。

表5.11 LB1板钢筋翻样表

序号	规格	简图	单长/mm	总根数/根	总长/m	总重/kg
①	Φ10	90 2500 90	2640	67	176.88	109.1
②	Φ8	120 1293 90	1471	56	82.38	32.5
③	Φ10	90 2600 90	2740	32	87.68	54.1
④	Φ8	120 1243 90	1421	22	31.26	12.3
⑤	Φ8	90 2500 90	2648	34	90.03	35.6

续表

序号	规格	简图	单长/mm	总根数/根	总长/m	总重/kg
⑥	Φ10	90 2500 90	2640	48	126.72	78.2
⑦	Φ8	4700	4700	12	56.40	22.3
⑧	Φ8	2425	2425	12	29.10	11.5
⑨	Φ8	4800	4800	12	56.70	22.8
⑩	Φ8	2400	2400	12	28.80	11.4
⑪	Φ8	7000	7000	44	308	121.7
⑫	Φ10	4675	4675	48	224.4	138.5
⑬	Φ10	4600	4600	48	220.8	136.2

5. 板钢筋翻样小结

1）板上部通长筋在板跨中 $l_n/3$ 范围内连接。在此范围内相邻纵筋连接接头相互错开，接头面积百分率不应大于50%。当不同直径的钢筋绑扎搭接时，搭接长度按较小直径计算。

2）板钢筋在计算时重新编号，既避免重复计算，又不能遗漏。

3）板上、下贯通钢筋在支座锚固时应注意锚固形式的不同，另外在下料时要清楚设计是按铰接还是充分利用钢筋的抗拉强度。

4）分布钢筋与受力钢筋搭接长度为150mm。

5.2.5 剪力墙钢筋翻样实例

1. 剪力墙结构图和结构说明

以××社会主义学院综合楼西塔楼结构图第三层Ⓖ轴线交⑤轴线和⑥轴线间Q1为例，如图5.46和图5.47所示，求钢筋下料长度。

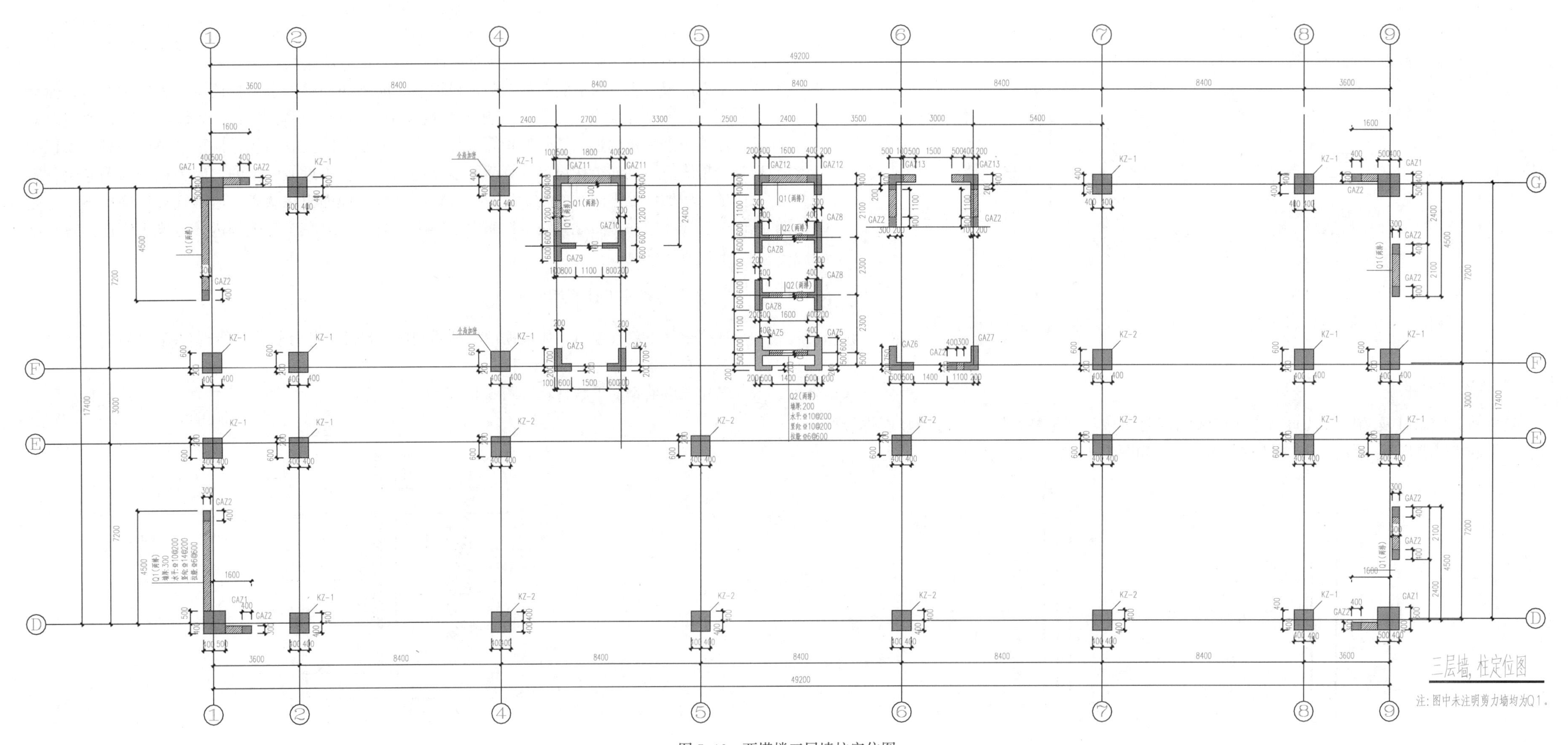

图5.46 西塔楼三层墙柱定位图
（电子资源附录2，结构施工图8～29，图号9）

由结构说明及施工图可见：

1）剪力墙抗震等级为一级。

2）混凝土环境类别为一类，剪力墙保护层厚度为 15mm。

3）墙采用焊接连接。

4）剪力墙两侧为构造边缘构件 GAZ12。

5）结构层标高及立面图如图 5.48 所示。

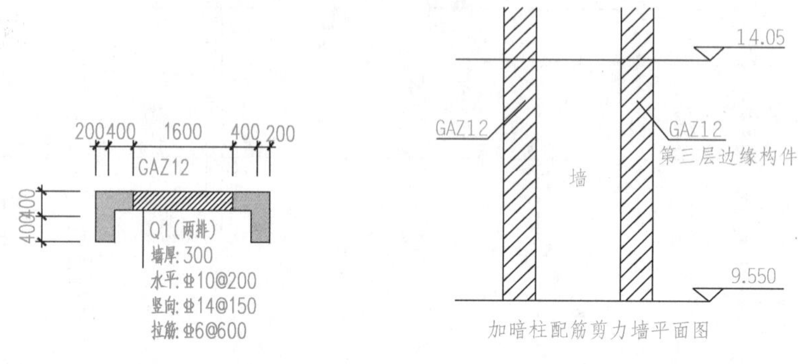

图 5.47　西塔楼三层 Q1 详图　　图 5.48　西塔楼三层 Q1 剪力墙立面图

2. 墙构造计算

1）剪力墙暗柱及端柱内纵向钢筋连接和锚固要求应与框架柱相同，剪力墙竖筋焊接两接头 50%交错，错开距离为 max（35d，500）mm，如图 5.49 和图 5.50 所示。

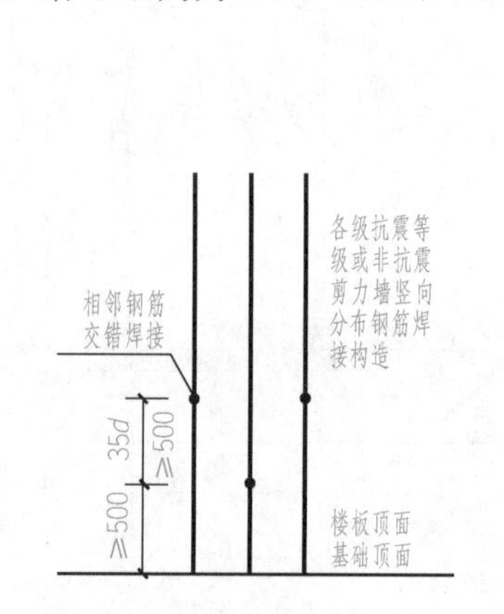

图 5.49　剪力墙墙身竖向钢筋连接示意图

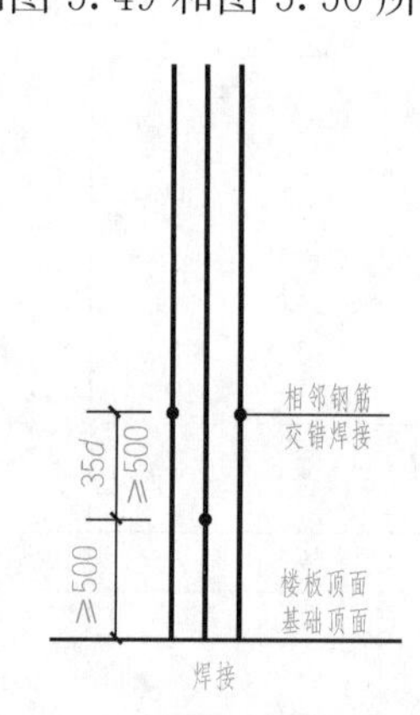

图 5.50　剪力墙构造边缘构件竖向钢筋连接示意图

2）剪力墙钢筋翻样的计算要点是实际施工操作工艺与《11G101-1 图集》剪力墙标准构造之间有时并不一致。如墙的拉筋间距并不与连梁的拉筋相同，如果施工次序错乱颠倒也会增加施工难度。再如实际施工时剪力墙水平筋在转角处往往直接弯折，规范和平法图集往往要求剪力墙水平筋在转角处连续通过，钢筋翻样和施工处理有麻烦，这里采用传统施工。

3）剪力墙水平筋位于暗柱竖向钢筋的外侧，伸直暗柱端部弯折 10d，如图 5.51 所示。

4）剪力墙内拉筋根数的算法是难点，第一种算法是，墙净面积/(间距×间距)；第二种算法是，[(墙净长－拉筋横向间距)/拉筋横向间距＋1]×[(墙净高－拉筋纵向间距)/拉筋纵向间距＋1]。关键是确定拉筋放置的起始位置是从墙四周边缘第一根开始布置，还是离开墙边一个拉筋间距或是半个拉筋间距？如果是从墙四周第一根布置，拉筋数量算法：[(墙净长－墙竖向间距)/拉筋横向间距＋1]×[(墙净高－墙水平间距)/拉筋纵向间距＋1]。这两种算法都是近似的简化算法，实际上墙水平筋离楼面是半个水平筋间距，墙竖向钢筋离暗柱半个竖向钢筋间距。另一种算法是根据墙内水平筋的根数求出拉筋竖向的个数，根据墙竖向钢筋的根数求出拉筋水平方向的个数，然后两者相乘。这种算法比较烦琐，实际钢筋现场加工时也不可能逐个点个数，一般是利用废短料，加工一个大概的量。不管哪种算法都要涉及钢筋是向上取整还是向下取整的问题，所以很难有个精确值。犹如结构设计计算简图是经过适当简化和近似假定的，因为过于精确导致计算工作量的增加及处理问题的复杂化，绝对精确只是一种理想化状态，追求绝对精确也不一定是最优的选择。第一种简化算法虽然略大于实际需要量，但在合理范围内，也能为钢筋预算、结算、审计所接受。

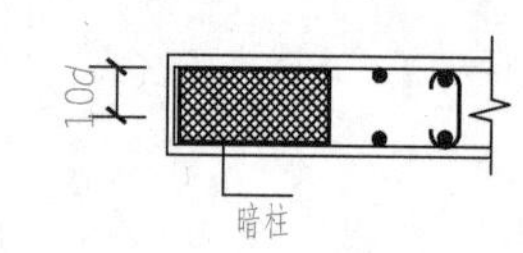

图 5.51　剪力墙端部是暗柱时的做法

3. 剪力墙钢筋下料长度计算

计算钢筋下料长度时，应根据单根钢筋翻样图尺寸进行计算，并考虑各项调整值。

三层 Q1 墙钢筋翻样步骤如下：

（1）三层墙钢筋下料计算（图 5.52）

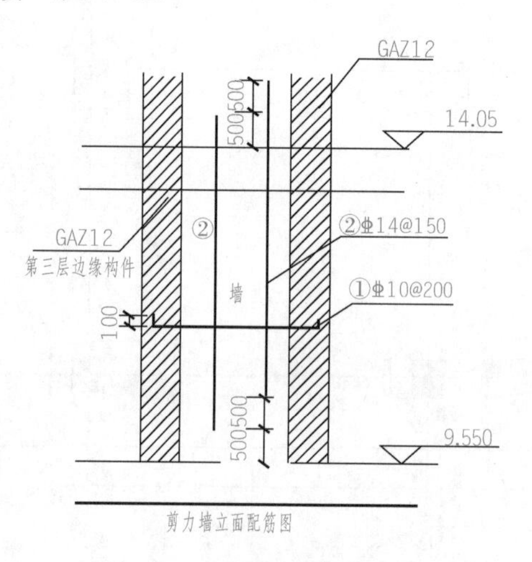

图 5.52　三层剪力墙配筋图

①号筋为墙外侧水平筋。

下料长度＝墙水平总长－2×端头保护层＋2×15d－弯曲调整值

＝2800－2×15＋2×10×10－2×2×10＝2930(mm)

单排水平筋根数＝(楼层净高－0.5 倍间距)/间距＋1

＝(14050－9550－600－100)/100＋1＝39(根)

水平筋总根数＝39×2＝78（根）

②号筋为墙外侧竖向分布筋。

下料长度＝层高＋上层露出长度－下层露出长度＝14050－9550＋500－500＝4500（mm）

单排竖向筋根数=(墙净宽−间距)/间距+1=(1600−150)/150+1=11(根)

竖向筋总根数=11×2=22（根）

③号筋为拉筋。

下料长度=墙宽−2×保护层+2×11.9d=300−2×15+2×11.9×6=413（mm）

拉筋根数=墙净面积/(间距×间距)=(14050−9550−600)×1600/(600×600)=18(根)

Q1 钢筋翻样表如表5.12所示。

表5.12　Q1 钢筋翻样表

序号	规格	简图	单长/mm	总根数/根	总长/m	总重/kg
①	⌀10	2770；100；100	2930	78	228.54	141.0
②	⌀14	4500	4500	22	99.00	119.6
③	⌀6	270	413	18	7.43	1.6

(2) 墙柱钢筋下料长度计算

墙柱箍筋的保护层厚度按15mm计算，暗柱GAZ12配筋如图5.53所示。

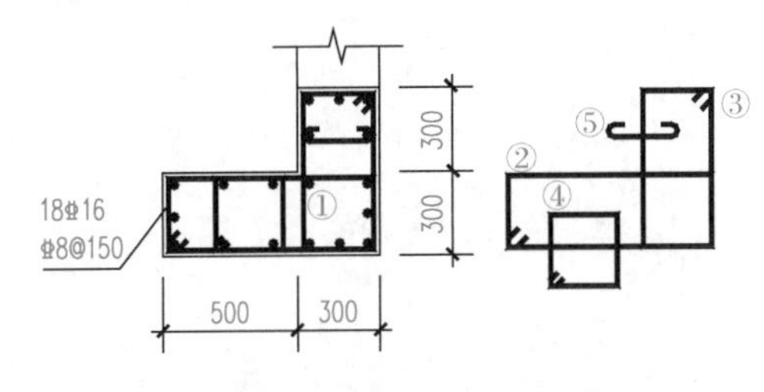

图5.53　暗柱GAZ12配筋

①号筋为暗柱纵筋。虽然在施工时，暗柱纵筋连接位置要错开max（35d，500），即560mm，然而纵筋的长度不变。

下料长度=层高+上层伸出高度−下层伸出高度

=14050−9550+500−500=4500(mm)

单根柱纵筋根数为18根。

总根数为36根。

②号筋为暗柱箍筋。

下料长度=2×(800−2×15+300−2×15)+2×11.9×8−3×2×8=2222(mm)

单根柱箍筋根数=(14050−9550−600−50)/150+1=27(根)

总根数为54根。

③号筋为暗柱箍筋。

下料长度=2×(600−2×15+300−2×15)+2×11.9×8−3×2×8=1822(mm)

单根柱箍筋根数=(14050−9550−600−50)/150+1=27(根)

总根数为54根。

④号筋为柱箍筋。

下料长度=2×(300−2×15+300−2×15)+2×11.9×8−3×2×8=1222(mm)

单根柱箍筋根数=(14050−9550−600−50)/150+1=27(根)

总根数为54根。

⑤号筋为拉筋。

下料长度为=300−2×15+2×11.9×8=460(mm)

单根柱箍筋根数=(14050−9550−600−50)/150+1=27(根)

总根数为54根。

GAZ12 钢筋翻样表如表5.13所示。

表5.13　GAZ12 钢筋翻样表

序号	规格	简图	单长/mm	总根数/根	总长/m	总重/kg
①	⌀16	4500	4500	36	165.6	261.4
②	⌀8	770；270	2222	54	119.99	47.4
③	⌀8	570；270	1822	54	98.39	38.9
④	⌀8	270；270	1222	54	65.99	26.1
⑤	⌀8	270	460	54	24.84	9.8

4. 剪力墙钢筋翻样小结

1) 剪力墙结构计算包括墙身、墙柱、墙梁。

2) 墙柱虽然也称柱，但它是剪力墙边缘竖向加强部位，不能脱离剪力墙而独立存在，与框架柱和异形柱是完全不同的概念，其受力、构造和算法与框架柱有所区别，它不存在上下加密概念。端柱与小墙肢的算法同框架柱，约束边缘构件和构造边缘构件的竖向钢筋构造算法同剪力墙墙身。墙柱竖向纵筋绑扎连接时，接头区域（包括接头之间的500mm）箍筋加密，加密间距为min（5d，100），当墙柱内有几种纵筋时，d取最大纵筋直径。

3）墙梁包括连梁、暗梁和边框梁，因为构件形状同梁，所以也称梁，但梁是受弯构件，暗梁和边框梁不是受弯构件，它们是剪力墙在楼层位置的水平加强带，与梁是完全不同的概念，其受力、构造和算法与梁有所不同。连梁虽然也受弯，但它的主要作用是消耗地震能量和协同两片墙共同抵抗地震作用。本例中没有墙梁，在实际下料中遇到时，应根据图样和图集分别计算。

4）墙遇洞口处应截断，墙分布筋在洞口边弯折，在配置墙钢筋时应仔细查找各种洞口标高和尺寸，有些设计未注明，应查阅相关专业图样。绑扎后开洞不仅是钢筋的浪费，而且造成墙分布筋在洞口边缘弯折的缺失。

5）剪力墙墙柱、墙身和墙梁之间存在关联性，计算时应考虑相互之间的扣减。如墙竖向分布筋从边缘构件开始50mm或1/2墙竖向间距；而墙水平分布筋应伸至墙边缘构件外侧。墙水平分布筋在连梁、暗梁位置连续通过。当暗梁或连梁的侧面纵筋与墙水平分布筋不同时，暗梁和连梁的侧面钢筋与墙水平分布筋不重复布置，两者取大值。边框梁应连续穿过连梁，暗梁如与连梁标高相同、纵筋直径相同，可拉通。当暗梁与连梁截面高度不同、标高不同、纵筋直径不同时，暗梁锚入连梁内。

6）墙身拉筋有矩形布置和梅花形布置，后者钢筋用量约为前者的2倍。如果有约束边缘构件，墙身拉筋应扣除约束边缘扩展部位的面积。约束边缘构件扩展部位的纵筋为剪力墙墙身竖向分布筋，间距为扩展部位拉筋的竖向间距，扩展部位拉筋的水平间距一般为墙水平分布筋间距。暗梁、连梁和边框梁的拉筋应单独计算。

练习题

1. 对表5－2中××社会主义学院综合楼基础平面布置图中J－5型独立基础进行钢筋翻样。

2. 对附录2××社会主义学院综合楼六层柱定位图中Ⓓ轴线交⑦轴线间KZ－3框架柱进行钢筋翻样。

3. 对附录2××社会主义学院综合楼中西塔四层梁配筋图中Ⓓ轴线KL－1框架梁进行钢筋翻样。

4. 对际录2××社会主义学院综合楼中西塔四～五层板配筋图中Ⓓ轴线与Ⓔ轴线交④轴线和⑤轴线间LB3进行钢筋翻样。

附录1　××住宅楼工程施工图(对应CAD图纸见电子资源附录1)

建筑设计说明

一、工程概况

1. 项目位置：XX住宅小区地块位于XX市晋源区，XX路以南，XX路以西，XX街以北，XX路以东。
2. 建筑性质：本工程为住宅楼，地下一层，地上六层带阁楼。
3. 功能分布：地下一层为架空层戊类库房，地上1～6层为住宅。
4. 主要技术参数：
   (1)设计使用年限：3类(50年)。　　(2)耐火等级：二级。
   (3)抗震设防烈度：8度。
   (4)气候分区：寒冷地区(A区)。
   (5)建筑高度：18.97m。
   (6)室内外高差：0.620m，±0.000相当于绝对标高772.200。
   (7)结构体系：砖混结构

5. 面积指标：
总建筑面积：2504.37m²。

首层建筑面积	标准层建筑面积	六层建筑面积	总建筑面积
(m²)	(m²)	(m²)	(m²)
424.17	416.04/F	416.04	2504.37

户型	套型	套内使用面积	建筑面积	阳台面积(50%)	总建筑面积	套数
B	三室两厅一卫	71.91m²	94.12m²	5.37m²	99.49m²	2
B1	三室两厅一卫	71.91m²	94.12m²	3.42m²	97.55m²	8
B2	三室两厅一卫	71.91m²	94.12m²	3.42m²	97.54m²	2
C	两室两厅一卫	59.68m²	78.11m²	5.37m²	83.48m²	1
C1	两室两厅一卫	59.68m²	78.11m²	3.42m²	81.54m²	4
C2	两室两厅一卫	59.68m²	78.11m²	3.42m²	81.53m²	1
E	三室两厅两卫	103.53m²	135.51m²	6.37m²	141.88m²	1
E1	三室两厅两卫	103.53m²	135.51m²	4.07m²	139.58m²	4
E2	三室两厅两卫	103.53m²	135.51m²	4.07m²	139.58m²	1

二、设计依据

1. 本工程系根据上级机关批准的设计文号进行设计
2. 本工程系根据建设单位审查并通过的建设方案进行设计
3. 本工程系根据建设单位与我单位签定的设计合同进行设计
4. 《民用建筑设计通则》(GB 50352-2005)
5. 《住宅设计规范》(GB 50096-2001)
6. 《住宅建筑规范》(GB 50368-2005)
7. 《建筑设计防火规范》(GB 50016-2014)
8. 《民用建筑热工设计规范》(GB 50176-2016)
9. 《民用建筑节能设计标准》(JGJ 26-2010)
10. 《屋面工程技术规范》(GB 50345-2012)
11. 《地下工程防水技术规范》(GB 50108-2008)
12. 《城市道路和建筑物无障碍设计规范》(GB 50763-2012)
13. 《民用建筑工程室内环境污染控制规范》(GB 50325-2010)
14. 《建筑内部装修设计防火规范》GB 50222-95(2001年修订版)
15. 《05系列建筑标准设计图集》DBJT04-19-2005
16. 甲方提供的岩土工程勘察报告
17. 国家有关政策、法令和现行设计规范标准及省、市有关部门的规定
18. 公安部、住房和城乡建设部 公通字[2011]65号

三、建筑工程设计要点

1. 尺寸标注
本工程标注尺寸除特别注明外，标高及总平面图以米为单位，其余均以毫米为单位。
图中所示标高：楼地面标高为完成面，屋面层为结构标高。
墙体厚度及门窗洞口尺寸均为结构尺寸，不含面层。
平面图各层平面尺寸可互相补充，相关位置尺寸可互相参照，轴线位置未注明处按层中考虑。
本设计平面，剖面图中涂灰及阴影部分均表示混凝土。

2. 设计范围
建筑，结构，给排水，采暖，强弱电，消防。
综合管网，道路，绿化设计不在本工程范围内。
本设计内部只做初步装修，内部精装修由专业装修单位另行设计。

3. 墙体
(1) 墙体的基础部分详见结施图。
(2) 凡厚度240及以上的墙体均用蒸压灰砂砖墙砌筑，外墙用370厚，120厚隔墙采用轻质混凝土空心条板砌筑。
隔墙均砌至楼板底板，洞口设置过梁，具体位置及做法详见结施总说明。
所有墙体施工时各专业应密切配合并严格执行产品的施工要点及构造节点要求，套外墙或楼梯间墙面开关，均预留套管。
外墙门窗等金属构件应与结构主体钢筋可靠连接。
(3) 有关墙体构造节点及施工要求严格按照国家有关规定执行。
(4) 所有墙身在不同材料相接处，铺设钢丝网，保证平整牢固，不得有脱落松动现象。
(5) 内隔墙内嵌入的设备等洞透墙体时，应在背面钉钢丝网，面积大于口500，抹灰补平后，再作内装修。
(6) 墙体砌筑应配合相关各专业，结构图纸和说明书，同时还应与设备电气等各分项工程密切配合，正确无遗漏，按设计规定留出洞口，管槽，沟槽和设置的各种埋件，如果有影响到砌体承重能力的情况，应及时与设计人研究处理。

四、屋面工程

(1) 本工程主体屋面为坡屋面。
(2) 雨水口及雨水管在施工中应采取妥善措施加以保护，严禁杂物落入雨水管内，各屋面防水层应从檐水集中部位最低标高处顺序向上进行，接缝应顺水流方向并有流主导风向，不得有积水渗漏现象。
(3) 雨水管材住宅采用内外透钢锌管道。
(4) 瓦材与屋面基层的固定加强措施参见05J5-2坡屋面5.4.1.5。

五、防水工程

(1) 屋面防水
a.屋面防水等级为Ⅱ级，防水层合理使用年限为15年，主要采用一层400g/m²聚乙烯丙纶复合防水卷材一道柔性防水，具体做法详见工程设计。
b.屋面防水施工应执行《屋面工程技术规范》(GB 50345-2012)。
(2) 地下室防水
a.地下室防水等级为三级，采用，具体做法详见工程设计，400g/m² 聚乙烯丙纶复合防水卷材一道
b.地下防水执行《地下工程防水技术规范》(GB 50108-2008)和地方的有关规程及规定
(3) 卫生间楼地面及内隔墙下部做200高等墙厚C20防水混凝土翻墙，具体做法详见工程设计。
(4) 所有穿过楼板的立管带预留防水套管，并高出楼地面50mm，套管与立管之间填塞不保密封材料。
地下所有的设备，电气等各种管道穿墙时，应做防水套管并对照各专业图纸留洞，以免影响地下室防水
(5) 所有防水材料均需具备合格的出厂检验证明
(6) 施工时应预先熟悉厂家关于产品性能及施工方法的说明和要求
(7) 地下室外保护墙采用120mm厚灰砂砖或50mm厚聚苯板
(8) 防水混凝土的施工缝，穿墙管道预留洞，转角，坑槽，后浇带和变形缝等地下工程薄弱部位建筑构造做法应按《地下防水工程质量验收规范》(GB 50108-2008)处理

六、建筑消防设计

1. 本工程建筑地上6层，地下1层，建筑高度为18.97m。
2. 防火疏散
(1). 本建筑每个单元设一部疏散楼梯，从首层直通至六层，疏散楼梯在首层直接对外。
(2). 地下室与地上层共用的楼梯间在首层与地下的出入口处设置耐火极限不低于2h的隔墙和乙级防火门隔开，并设有明显标志。
3. 建筑防火构造及设置
(1) 除特殊注明外，防火墙和所有内隔墙均应做至板(梁)底，并采用防火密封材料堵塞严密，其隔声性能应符合有关隔声标准的规定。
设备管井应在管线安装完毕后于每层楼板处后浇钢筋混凝土板做分隔(该处楼板应预留连结钢筋，板厚及配筋同相邻楼板)。
(2) 设备管道穿越防火分区时使用防火密封材料填塞严实。防火材料不得含卤素，石棉等有害物质，且其使用寿命不应低于25年，并具有相应的测试报告。
(3) 防火门开向疏散方向，并在关闭后能从任何一侧手动开启。双扇和多扇防火门，还应具有按顺序关闭的功能。常开的防火门，当发生火灾时，应具有自行关闭和信号反馈的功能。
(4) 楼梯间，公共走道，顶棚内装修材料防火分级均为A级。
(5) 各部位的燃烧性能及耐火极限均应达到防火规范的要求。
(6) 本工程须经消防部门审查合格后方可进行施工。

七、建筑节能

1. 本工程节能设计依据《严寒和寒冷地区居住建筑节能设计标准》(JGJ 26-2010)
2. 楼梯间及地下室不采暖
3. 体形系数为0.21
4. 设计窗墙面积比

窗墙面积比	南	北	东	西
细则限值	0.5	0.3	0.35	0.35
设计值	0.43	0.25	0.18	0.34

5. 采用的节能设计方法为 居住建筑节能设计登记表"，经过节能计算后各部位的传热系数均小于规范限值
6. 建筑各部分围护结构的做法如下：

围护结构部位		主要保温做法	保温材料干密度 Kg/m³	设计传热系数K W/(M.K)	标准传热系数限值K W/(M.K)	备注
屋顶		120mm厚岩棉板	80	0.41	0.45	A级不燃材料
外墙	外保温	60mm厚岩棉板	80	0.54	0.6	A级不燃材料
不采暖楼梯间及套外公共空间隔墙		10mm 岩棉板		1.43	1.50	A级不燃材料
户门		双层3厚胶合板木门夹20mm厚岩棉板	80	1.712	2.0	
接触室外空气楼板		60mm厚岩棉板	80	0.648	0.65	
外窗		Low-E中空玻璃(离线)，(12mm空气间层，辐射率≤0.25) 窗框采用塑料窗		1.90	2.0	气密性等级：≤1.5m³/(m.h) (不应小于4级)

7. 门，窗框与墙体之间的缝隙，应采用高效保温材料填堵，不得采用普通水泥砂浆补缝。
8. 门，窗框四周与抹灰之间的缝隙，应采用保温材料和嵌缝密封膏密封，避免不同材料界面开裂，影响门窗的热工性能。
9. 本建筑围护结构节能设计达到了节约65%标准。

八、建筑构造

1. 楼，地面
(1) 地面楼面原则按照本工程材料做法表施工。住宅部分土建施工单位不做面层，待二次装修时再做，但须保证清洁，接缝均匀。在靠墙地漏处不得用砂浆代替半块砖材做填补。铺设完毕1～2天用水泥浆填缝，在湿润条件下养护七天再施工，其他部分均按表施工。住宅楼面垫层选用轻集料垫层或陶粒混凝土垫层。垫层施工时要按照设备专业管线铺设图纸预留地面沟槽，待管线安装完成后填实。
(2) 地砖等块材面层经挑选后，颜色规格应一致，有缺陷的应予剔除，粘结用的砂浆应符合设计配比，地砖应选用防滑产品，颜色应经设计人认可。铺设前基层应清理干净，保持湿润，地砖应用水湿浸，还应预先试铺使排列适当，满足标高，坡度等要求。铺设要求砂浆饱满结合紧密平整。
(3) 铺设前均应按实际尺寸预先放线，带坡的楼地面，要特别注意按设计的地漏或排水沟做泛水坡度。
(4) 各楼面垫层施工前应核对电气设计图纸，保证各种地插座，线槽及管线埋设无误。
(5) 施工完毕的所有面层均应注意保护，不使之污损

XX建筑设计研究院

合作设计单位 CO-OPERATED WITH	
业主 CLIENT	XX有限公司
项目名称 JOB TITLE	XX小区
工程名称 PROJECT TITLE	X号住宅楼
设计阶段 DESIGN STAGE	
设计专业 DESIGN DISCIPLINE	
1	X年X月X日
2	年 月 日
3	年 月 日
图纸名称 DRAWING TITLE	建筑设计说明一
工程编号 PROJECT NO.	124-20
分项编号 ITEM NUMBER	19
图号 DRAWING NO.	1
所长	XXX
项目负责人	XXX
审定人	
审核人	XXX
校对人 CHECKED BY	XXX
设计人 DESIGNED BY	XXX XXX
出图日期	X年X月X日

建筑设计说明

(6) 卫生间的楼，地面应做坡度坡向地漏并放水验坡.

(7) 管道井，电缆井在每层楼板处采用不低于楼板耐火极限的不燃材料层层封堵.

(8) 卫生间比厅房建筑完成面低 20，阳台比厅房建筑完成面低 20.

2. 门窗:

(1) 所有外门窗均采用Low−E中空玻璃(离线)，(12mm空气间层，辐射率≤0.25)，窗框采用塑料窗. 门窗物理性能应符合国家有关政策，法令和现行设计规范，标准及省，市有关部门的规定及设计要求，并附有质量检测报告. 门窗产品应有出厂合格证. 门窗各项物理性能指标见下表?

项目	检测方法	物理性能指标
抗风压性	GB/T7106−2008	不应小于3000Pa(不应小于4级)
气密性	GB/T7106−2008	不应大于$1.5m^3/(m.h)$(不低于4级)
水密性	GB/T7106−2008	未渗漏压力不应小于150Pa(不应小于2级)
隔声性	GB/T8485−2008	计权隔声量R_w不应小于30dB
保温性	GB/T8484−2008	外窗 $K=1.90W/(m^2.K)$

(2) 门窗玻璃的选用应遵照《建筑玻璃应用技术规程》(JGJ 113−2015)第 7.1.1条的有关规定和<建筑安全玻璃管理规定>(发改运行[2003]2116号)及地方主管部门的有关规定. 开启扇满足防撞要求. 外窗配纱扇，开启方式见门窗大样，门窗构造做法及质量保证由厂家负责. 从可踏面算起，所有窗台高度低于0.9m的外窗(平窗，飘窗，转角窗)玻璃均为夹层安全玻璃(夹层安全玻璃及配件的安装与固定必须满足安全防护强度的要求，否则应沿窗设置不低于0.9m的护窗栏杆，栏杆的垂直栏杆间净距不得大于110). 当每块玻璃面积大于$1.5m^2$时，均采用钢化安全玻璃. 应选用钢化安全玻璃的部位有: 建筑入口玻璃门，阳台玻璃门等.

(3) 外窗配纱扇，开启方式见门窗大样，门窗构造做法及质量保证由厂家负责.

(4) 门窗立面均表示洞口尺寸，门窗加工尺寸要按照装修面厚度由承包商予以调整. 门窗立樘: 外门窗立樘详墙身节点图，内门窗立樘除图中另有注明者外立樘居墙中. 管道坚井门立樘与开启方向墙面平齐，设门槛高200.

(5) 门窗类型

乙级防火门	普通门	推拉门	门连窗	普通窗
FM1乙	M1	TLM1	MLC1	C1

(6) 门窗标注: 除特别注明外，其余相同类型的门窗编号均见单元平面门窗编号.

3. 装修工程

(1) 本工程外装修立面饰面材料使用部位除参见立面图外，还应参照墙身详图中的有关标注. 施工图中所注材料及色彩为控制性设计，为确保立面外观质量，对其材料质感及色彩的最后确定，须经设计，建设单位共同认定后，方可施工. 各部分室内装修详见 "工程做法表".

(2) 本工程属于《民用建筑工程室内环境污染控制规范》(GB 50235−2012)规定的一类民用建筑工程.

(3) 室内装修及装修材料的选用应严格执行《建筑内部装修设计防火规范》(GB 50222−95C2011年修定版)，《民用建筑工程室内环境污染控制规范》(GB 50235−2012)及《住宅建筑规范》(GB 50096−2001).

a. 建筑内部各部位装修材料燃烧性能等级

部位	顶棚	墙面	地面	隔断	固定家具	装饰织物	其他
燃烧性能等级	B_1	B_1	B_2	B_2	B_2	B_2	B_2

b. 本工程所使用的无机非金属建筑主体材料放射性指标限量

测定项目	限量
内照射指数 I_{Ra}	≤1.0
外照射指数 I_γ	≤1.0

无机非金属装修材料放射性指标限量

测定项目	限量	
	A	B
内照射指数 IRa	≤1.0	≤1.3
外照射指数 Iγ	≤1.3	≤1.9

c. 住宅室内空气污染物限值

污染物名称	活度，浓度限值
氡	$\le 200Bq/m^3$
游离甲醛	$\le 0.08mg/m^3$
苯	$\le 0.09mg/m^3$
氨	$\le 0.2mg/m^3$
总挥发性有机化合物(TVOC)	$\le 0.5mg/m^3$

(4) 施工完毕的所有面层，均应注意保护，不使之污损.

(5) 墙面工程有关抹灰，刷浆，饰面等项的要求详国家标准《建筑装饰装修工程质量验收规范》(GB 50210−2013).

(6) 墙面工程施工前，应将门窗框，各种管道及支架，栏杆扶手等安装好，检查所需要的木砖，螺栓，预埋件等有无遗漏，并将墙上的孔洞堵塞严密.

(7) 本工程吊顶部分留待装修设计时另定.

(8) 楼地面构造交接处和地坪高度变化，除图中另有注明者外位于齐平门扇开启面处.

(9) 粉刷工程应在各种管道，门，窗，框，楼梯栏杆及予埋件施工后进行.

(10) 内外装修选用的各项材料其材质，规格，颜色等，均由施工单位提供样板，经建设和设计单位确认后进行封样，并据此进行验收.

(11) 不锈钢信报箱每户一个，集中设置于每个单元入口处.

4. 油漆工程

(1) 木扶手油漆选用浅黄色调和漆.

(2) 所有露明的铁件均应刷防锈漆一道，罩面调和漆三道，非露明的铁件均应刷防锈漆两道.

(3) 油漆表面要求颜色一致，无刷纹，返锈，漏刷，透底，流坠等现象，对周围不得有污染.

5. 细则

(1) 凡设有地漏房间，图中未注明坡度者，均在地漏周围1m范围内做1^2%坡度坡向地漏.

(2) 工程室内墙面，柱面和门洞口的阳角抹1:2水泥砂浆做护角，其高度不应低于2m，每侧宽度不应小于50mm.

(3) 厨房及卫生间排气道选用晋05J904《住宅烟气集中排放系统》(DBJT04−18−2005).

(4) 楼梯及所有护栏的垂直栏杆间的杆件净距不得大于110mm. 栏杆水平段高度从可登踏部位(低于或等于0.45m)算起不得小于1.05m.

(5) 凡予埋铁件，木件均须做防锈，防腐处理(非沥青类)，未注明构造做法的，按当地常规作法施工.

(6) 凡属隐蔽工程其隔墙必须待管道施工完毕及验收合格后再施工.

九. 人防设计

1. 该项目的配套人防专项工程统一集中设置.
2. 整个项目的配套人防专项工程具体详见该项目后续工程中的专项设计.

十. 其它

1. 本工程施工前施工单位技术人员必须对各专业图纸认真综合审查，并于技术交底会审前提出问题，不得仅凭单一专业施工图施工.
2. 本工程应取得相关部门认可后方可施工.
3. 本工程装修时应保证消防对材料，开窗面积等要求.
4. 本工程所使用的材料均应符合国家相关标准的要求，否则禁止使用.
5. 为保证本工程整体效果所选用的材料应按做法及说明选用，改变时应由设计人认可.
6. 本工程设计条件以出图前甲方提供的相关条件为准.
7. 本工程施工及验收均应严格执行国家现行的建筑安装工程及施工验收规范并按相关规定执行.
8. 本工程须规划报建批准后方可实施.
9. 本工程设计图纸未进行施工图及消防审查或审查不合格不得施工.

门窗表

类别	名称编号	洞口尺寸(宽X高)	采用标准图 图集代号	采用标准图 门窗代号	材质	数量	开启方式
防火门	FM(0920)乙	900x2000	05J4−2	参MFM05−0920	钢质复合门(乙级防火门)	2	平开
门	M(0821)	800x2100	05J4−1	1PM−0821	木门	30	平开
	M(0921)	900x1800	05J4−1	参1PM−0921	木门	70	平开
	M(1021)	1000x2100	05J4−1	1PM−1021	木门	24	平开
	M(0618)	600x1800	05J4−1	参1PM−0821	木门	24	平开
	DYM(1221)	1200x2100	05J4−1	1PM−1221	木门	2	平开
推拉门	TLM(1724)	1700x2400	05J4−1	2TM−1724	全玻门	6	推拉
	TLM(1521)	1500x1600	05J4−1	参2TM−1521	全玻门	6	推拉
	TLM(1821)	1800x2100	05J4−1	2TM−1821	全玻门	24	推拉
	TLM(1824)	1800x2400	05J4−1	2TM−1824	全玻门	18	推拉
窗	C(1514)	1500x1400	05J4−1	1TC−1514	Low−E中空玻璃(离线)，(12mm空气间层，辐射率≤0.25)窗框采用塑料窗	24	平开
	C(1814)	1800x1400	05J4−1	1TC−1814		30	平开
	C(0914)	900x1400	05J4−1	1TC−0914		6	平开
	C(2218)	2200x1800	05J4−1	参3NPC−1815		3	平开
	C(1214)	1200x1400	05J4−1	3NPC−1214		22	平开
飘窗	PC(1518)	1500x1800	见大样			18	平开
	PC(2118)	2100x1800	见大样			12	平开

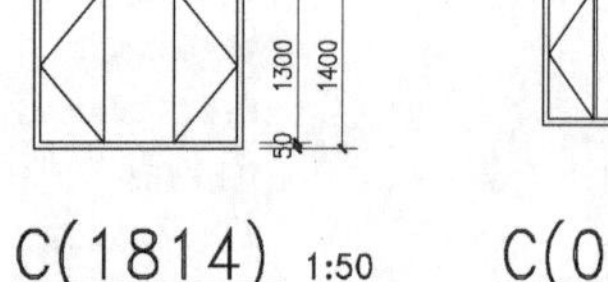

C(1814) 1:50

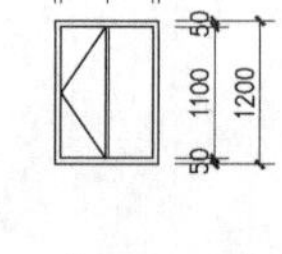
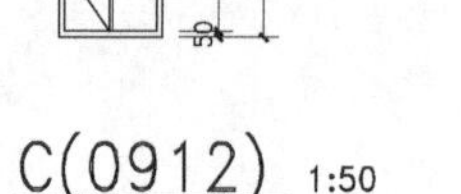

C(0912) 1:50

C(1214) 1:50

PC大样图 1:50

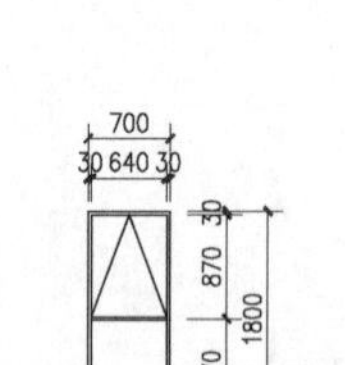

C(0718) 1:50

XX 建筑设计研究院

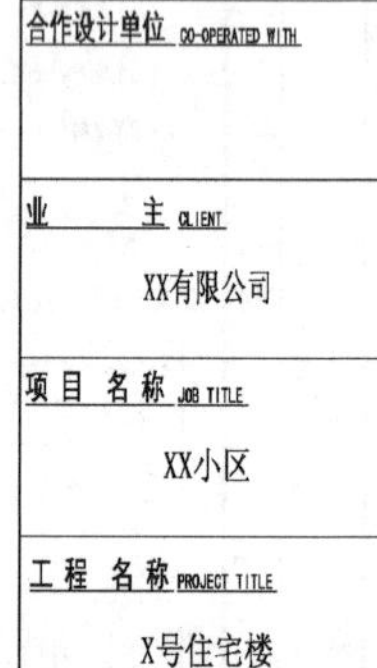

合作设计单位 CO-OPERATED WITH

业　主 CLIENT　XX有限公司

项目名称 JOB TITLE　XX小区

工程名称 PROJECT TITLE　X号住宅楼

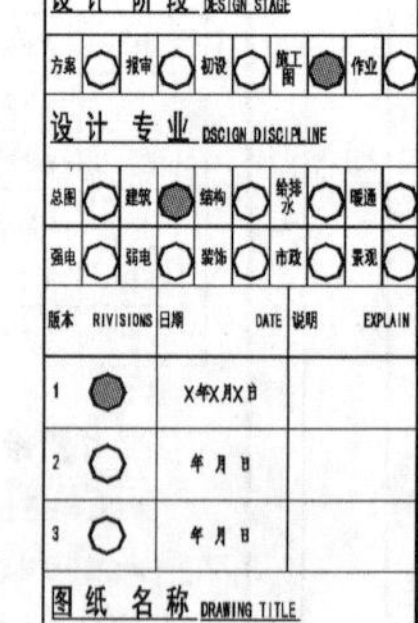

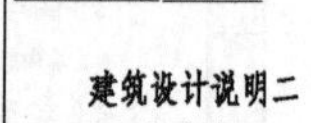

图纸名称 DRAWING TITLE

建筑设计说明二
门窗表

工程编号 PROJECT NO.	124−20
分项编号 ITEM NUMBER	19
图号 DRAWING NO.	2
所长 SUPERINTENDENT	XXX
项目负责人 ITEM PRINCIPAL	XXX
审定人 AUTHORIZED FOR ISSUE BY	
审核人 PROJECT MANAGER	XXX
校对人 CHECKED BY	XXX
设计人 DESIGNED BY	XXX XXX
出图日期 FINISHING DATE	X年X月X日

工程做法

名称	厚度	做法	备注
屋面1 不上人屋面	120	1. 块瓦屋面 2. 1:3 水泥砂浆(配 ø6 500X500钢筋网), 卧瓦层 最薄处20mm厚 3. 20mm厚1:3水泥砂浆找平 4. 120mm厚岩棉板 5. 400g/m²聚乙烯丙纶变分子复合防水卷材一道 6. 20mm厚1:3水泥砂浆, 砂浆中掺聚丙烯 0.80kg/m³找平 7. 钢筋混凝土屋面板	用于坡屋面 K=0.41 W/(M.K)²
屋面2 卷材防水屋面 (不上人有保温)	110	1. 防水层: 两层4mm厚SBS改性沥青防水卷材(聚酯胎)柔性防水, 基层处理剂 2. 找平层: 20mm厚1:3水泥砂浆, 砂浆中掺锦纶-6纤维0.75~0.90kg/m³ 3. 保温层: 120mm厚岩棉板 4. 找坡层: 1:8水泥膨胀珍珠岩找2%坡, 最薄处20厚 5. 结构层: 钢筋混凝土屋面板	用于平屋面 传热系数为: K=0.41 W/(M.K)²
屋面3 种植屋面 (无保温层)	200	1. 种植层: 种植介质(70%泥土,30%膨胀蛭石) 2. 隔离层: 干铺无纺聚酯纤维布一层. 3. 蓄水层: 聚氯乙烯泡沫塑料板一层 4. 排水层: 粒径20~30mm卵石(排水孔内侧周围堆积卵石, 其高度超过雨水孔. 5. 防水层: 400g/m²聚乙烯丙纶变分子复合防水卷材一道 6. 找平层: 1:3水泥砂浆, 砂浆中掺聚丙烯 锦纶-6纤维0.75~0.90kg/m³ 7. 找坡层: 1:8水泥膨胀珍珠岩找2%坡 8. 结构层: 钢筋混凝土屋面板	用于阳台屋面
地下室墙身防水	72	1. 370 砖墙体(外墙) 2. 20mm厚1:2.5水泥砂浆找平层 3. 刷基层处理剂一遍 4. 400g/m²聚乙烯丙纶变分子复合防水卷材一道 5. 50mm厚聚苯乙烯泡沫塑料板保护层 (用聚醋酸乙烯胶粘剂粘贴) 6. 3:7灰土分层夯实	地下室外墙
地下室底板防水	172	1. 底板以上做法见"地面" 2. 钢筋混凝土结构自防水(底板) 3. 50mm厚C20细石混凝土保护层 4. 点粘 305号石油沥青油毡一层 5. 400g/m²聚乙烯丙纶变分子复合防水卷材一道 6. 刷基层处理剂一遍 7. 20mm 厚1:2 水泥砂浆找平 8. 100mm厚 C15混凝土 9. 素土夯实	地下室地面
地面1 水泥砂浆地面	50	1. 20mm厚1:2水泥砂浆抹面压光 2. 素水泥浆结合层一遍 3. 30mm厚C20细石混凝土垫层	用于地下一层
楼面1 复合木地板楼面	80	1. 8mm厚高级实木企口地板, 用螺钉或气枪钉固定 2. 2mm厚聚乙烯泡沫塑料垫 3. 建筑胶水泥腻子刮平 4. 50mm厚C15细石混凝土 5. 20mm厚1:3水泥砂浆找平 6. 钢筋混凝土楼板	用于卧室, 书房

名称	厚度	做法	备注
楼面2 陶瓷地砖防水楼面	90	1. 5mm厚地砖铺实拍平, 水泥浆擦缝(或用1:1水泥砂浆填缝) 2. 20mm厚1:4干硬性水泥砂浆 3. 1.5mm厚聚氨酯防水涂料, 面撒黄砂, 四周沿墙上翻1800高 4. 刷基层处理剂一遍 5. 15mm厚1:2水泥砂浆找平 6. 50mm厚C15细石混凝土找坡不小于0.5%, 最薄处不小于60mm厚 7. 30mm厚岩棉板(仅在一层使用) 8. 现浇钢筋混凝土楼板	用于卫生间, 服务阳台楼面完成面比其它楼面低 20 卫生间较普通结构板降板50
楼面3 陶瓷地砖楼面	80	1. 10mm厚地砖铺实拍平, 水泥浆擦缝 2. 20mm厚1:4干硬性水泥砂浆 3. 50mm厚C15细石混凝土 4. 钢筋混凝土结构底板	厨房
楼面4 陶瓷地砖楼面	30	1. 10mm厚地砖铺实拍平, 水泥浆擦缝 2. 20mm厚1:4干硬性水泥砂浆 3. 素水泥浆结合层一遍 4. 钢筋混凝土楼板	用于楼梯间
外墙1 涂料外墙面	85	1. 370墙体(外墙). 2. 刷基层处理剂一遍 3. 60mm厚岩棉板. 4. 20mm厚胶粉聚苯颗粒保温浆料找平层 5. 3~5mm厚聚合物抗裂砂浆(压入耐碱玻纤网格布一层) 6. 弹性底涂, 柔性腻子 6. 刷涂料	用于住宅外墙面 外墙传热系数为: 0.54W/(M.K)²
外墙 2 刷涂料墙面(混凝土墙)		1. 刷外墙涂料 2. 基层用EC聚合物砂浆修补平整	阳台, 挑檐
内墙 1 粉刷石膏砂浆墙面 (混凝土墙)	20	1. 刷粉刷石膏素浆一遍 2. 18mm厚1:2粉刷石膏砂浆, 分两次抹灰 3. 2mm厚粉刷石膏浆压光	除库房, 卫生间及楼梯间外的所有房间. 做到基层, 其余用户自理
内墙 2 水泥砂浆墙面 (混凝土墙)	20	1. 刷建筑胶素水泥浆一遍, 配合比为建筑胶 : 水=1:4 2. 15mm厚2:1:8水泥石灰砂浆, 分两次抹灰 3. 5mm厚1:2水泥砂浆	库房
内墙3	20	1. 5mm厚1:2粉刷石膏砂浆 2. 10mm厚岩棉板 3. 5mm厚粉刷石膏浆压光	用于住宅楼梯及公共部分内隔墙房间一侧 传热系数为: K=1.43 W/(M.K)²
内墙 4 釉面砖墙面	24	1. 刷建筑胶素水泥浆一遍, 配合比为建筑胶 : 水=1:4 2. 15mm厚2:1:8水泥石灰砂浆, 分两次抹灰 3. 4mm厚1:1水泥砂浆加水20%建筑胶镶贴 4. 5mm厚釉面砖, 白水泥浆擦缝	厨房, 卫生间 做到基层, 其余用户自理
顶棚1 粉刷石膏砂浆顶棚	12	1. 钢筋混凝土板底面清理干净 2. 10mm厚1:1粉刷石膏砂浆 3. 2mm厚粉刷石膏浆 4. 饰面喷刷涂料用户自理	用于住宅卫生间外所有房间
顶棚2 岩棉板保温顶棚	80	1. 配套胶粘剂粘贴60mm厚岩棉板 2. 钢筋混凝土板底面清理干净	用于地下一层 干密度: 80kg/m³

名称	厚度	做法	备注
吊顶1		用户自理	用于住宅卫生间
油漆1 调和漆 (木材面)		1. 木基层清理, 除污, 打磨等. 2. 刮腻子, 磨光. 3. 底油一遍. 4. 调和漆两遍.	
油漆2 调和漆 (金属面)		1. 清理金属面除锈. 2. 防锈漆或红丹一遍. 3. 刮腻子, 磨光. 4. 调和漆两遍.	
涂料1 合成树脂乳液 内墙涂料		1. 清理抹灰基层. 2. 满刮腻子一遍. 3. 刷底漆一遍. 4. 乳胶漆两遍.	
散水1 混凝土散水	200	1. 50mm厚C15混凝土, 向外坡4%, 撒1:1水泥砂子压实赶光. 2. 150mm厚3:7灰土. 3. 素土夯实.	宽:1000
台阶1 铺地砖台阶		1. 10mm厚地砖面层, 水泥细砂浆勾缝 2. 5mm厚1:1水泥细砂浆结合层 3. 20mm厚1:3干硬性水泥砂浆结合层, 向外坡1% 4. 素水泥浆一道 5. 60mm厚C15混凝土(厚度不包括踏步三角部分) 6. 150mm厚3:7灰土垫层 7. 素土夯实	用于住宅入口

XX 建筑
设计研究院

合作设计单位 CO-OPERATED WITH

业主 CLIENT
XX有限公司

项目名称 JOB TITLE
XX小区

工程名称 PROJECT TITLE
X号住宅楼

设计阶段 DESIGN STAGE

设计专业 DESIGN DISCIPLINE

版本 REVISIONS	日期 DATE	说明 EXPLAIN
1	X年X月X日	
2	年 月 日	
3	年 月 日	

图纸名称 DRAWING TITLE
工程做法

工程编号	124-20
分项编号	19
图号	3
所长	XXX
项目负责人	XXX
审定人	
审核人	XXX
校对人	XXX
设计人	XXX XXX
出图日期	X年X月X日

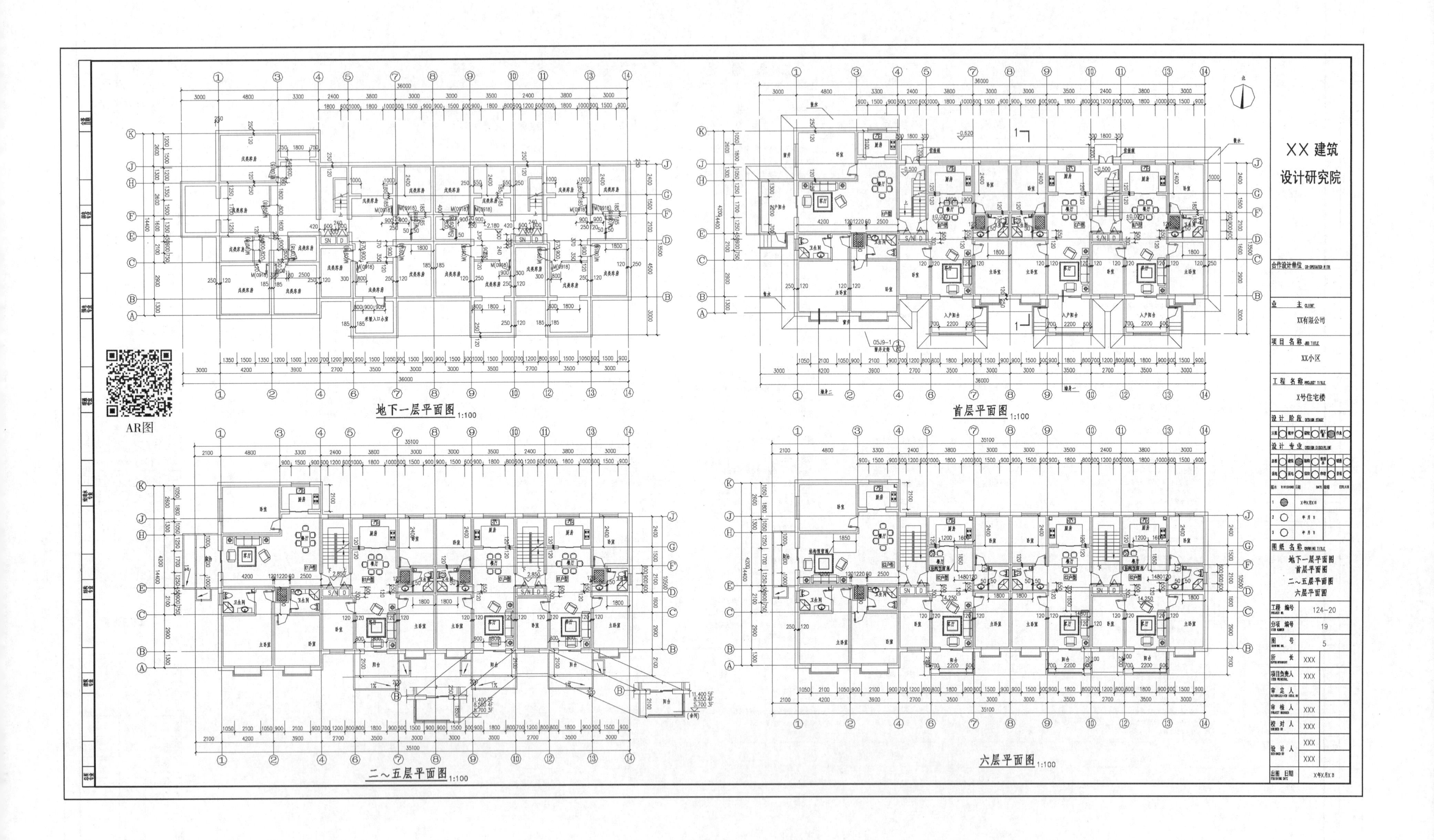

地下一层平面图 1:100
首层平面图 1:100
二～五层平面图 1:100
六层平面图 1:100
AR图
XX 建筑
设计研究院
合作设计单位
业 主
XX有限公司
项目名称
XX小区
工程名称
X号住宅楼
设计阶段
设计专业
图纸名称
地下一层平面图
首层平面图
二～五层平面图
六层平面图
工程编号 124-20
分项编号 19
图 号 5
所 长 XXX
项目负责人 XXX
审定人
审核人 XXX
校对人 XXX
设计人 XXX
XXX
出图日期 X年X月X日

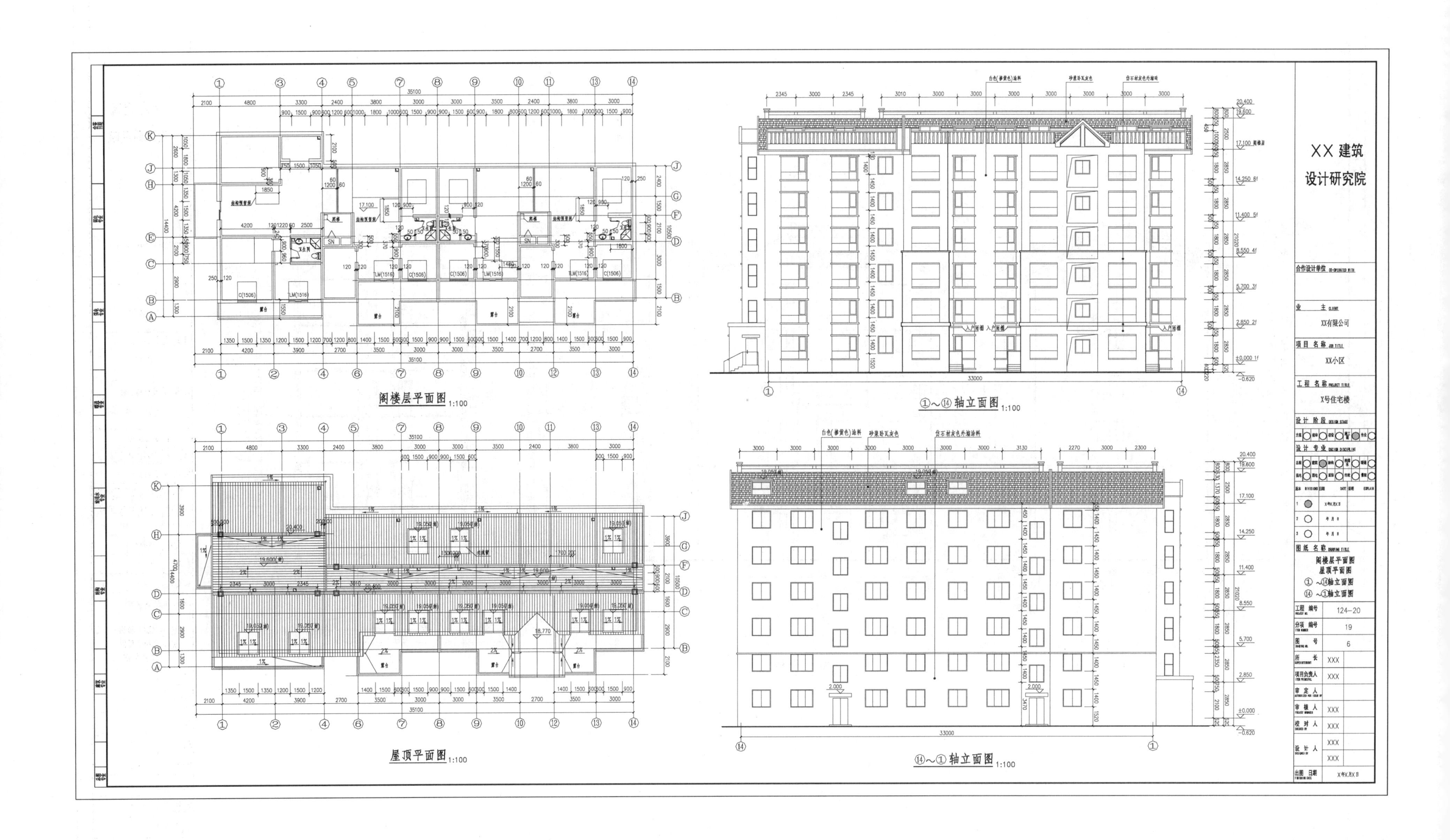

阁楼层平面图 1:100
屋顶平面图 1:100
①～⑭轴立面图 1:100
⑭～①轴立面图 1:100
XX建筑
设计研究院
合作设计单位
业 主
XX有限公司
项目名称
XX小区
工程名称
X号住宅楼
设计阶段
设计专业
图纸名称
阁楼层平面图
屋顶平面图
①～⑭轴立面图
⑭～①轴立面图
工程编号
124-20
分项编号
19
图 号
6
所 长
XXX
项目负责人
XXX
审定人
审核人
XXX
校对人
XXX
设计人
XXX
XXX
出图日期
X年X月X日

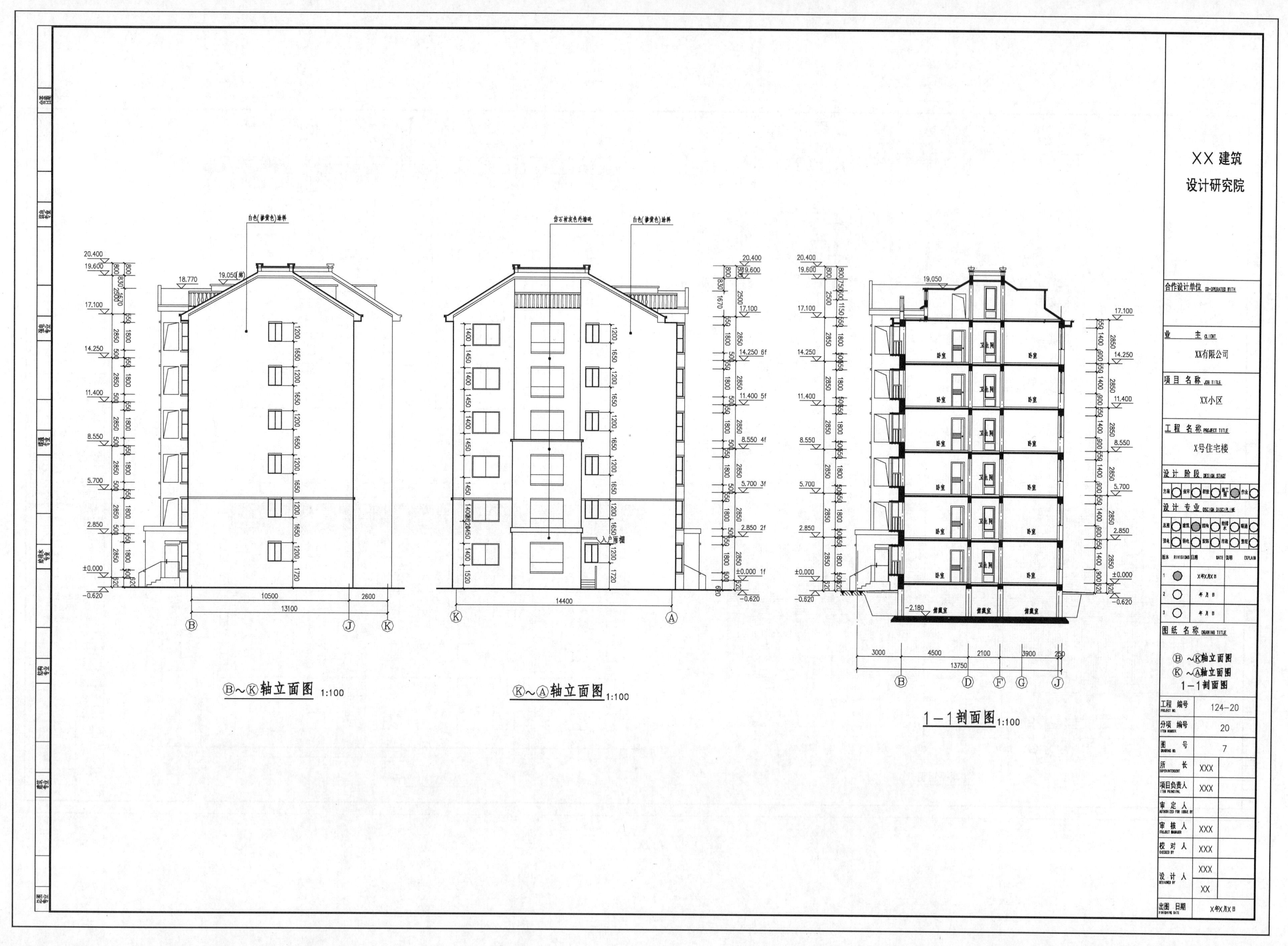
XX 建筑
设计研究院
白色(掺黄色)涂料
仿石材灰色外墙砖
B～K轴立面图 1:100
K～A轴立面图 1:100
1—1剖面图 1:100
合作设计单位 CO-OPERATED WITH
业主 CLIENT
XX有限公司
项目名称 JOB TITLE
XX小区
工程名称 PROJECT TITLE
X号住宅楼
设计阶段 DESIGN STAGE
设计专业 DESIGN DISCIPLINE
图纸名称 DRAWING TITLE
B～K轴立面图
K～A轴立面图
1—1剖面图
工程编号 124-20
分项编号 20
图号 7
所长 XXX
项目负责人 XXX
审定人
审核人 XXX
校对人 XXX
设计人 XXX
XX
出图日期 X年X月X日

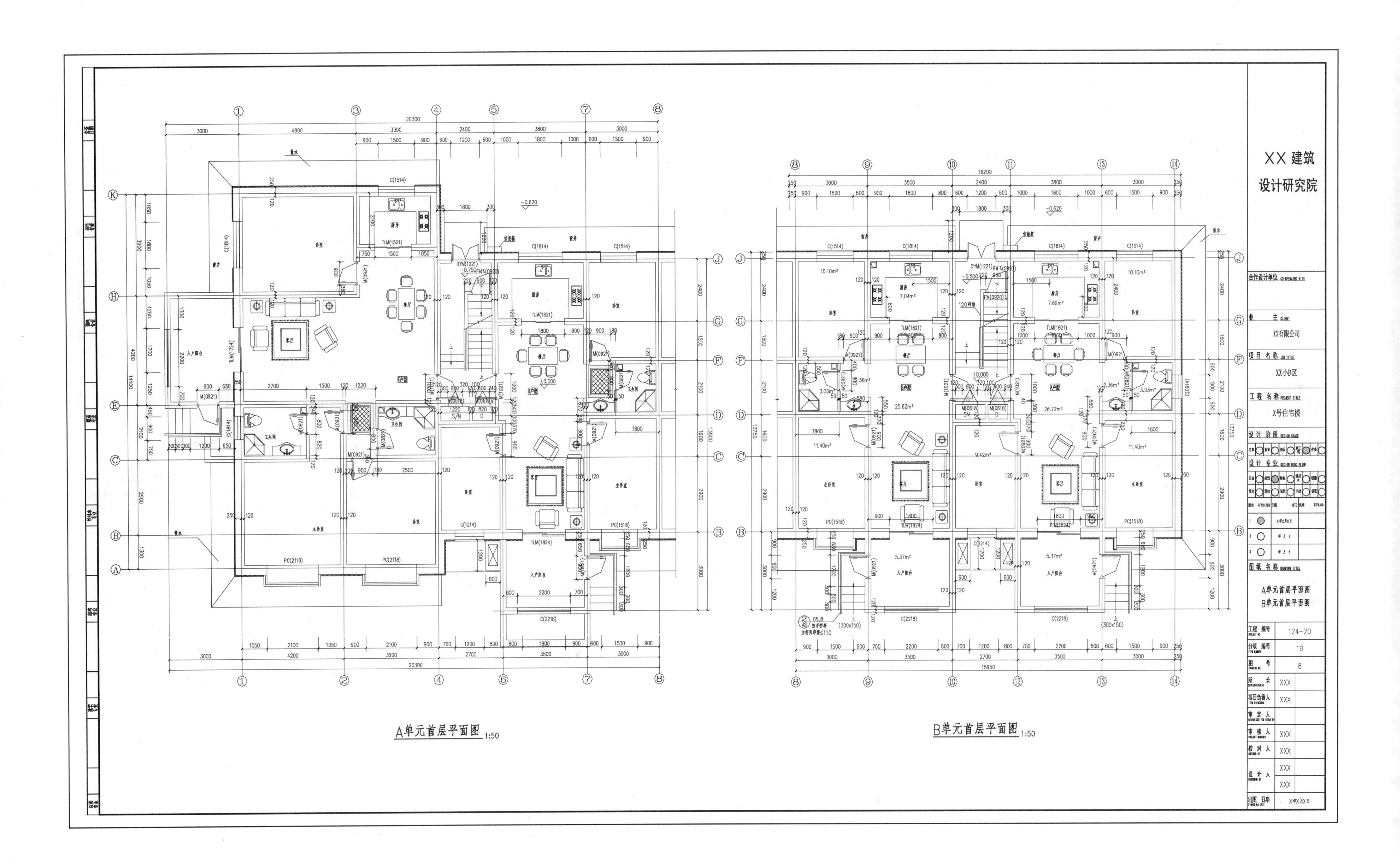
XX 建筑
设计研究院
合作设计单位
业 主
XX有限公司
项目名称
XX小B区
工程名称
X号住宅楼
设计阶段
设计专业
图纸名称
A单元首层平面图
B单元首层平面图
工程编号 124-20
分项编号 19
图 号 8
所 长 XXX
项目负责人 XXX
审定人
审核人 XXX
校对人 XXX
设计人 XXX
XXX
出图日期 X年X月X日
A单元首层平面图 1:50
B单元首层平面图 1:50

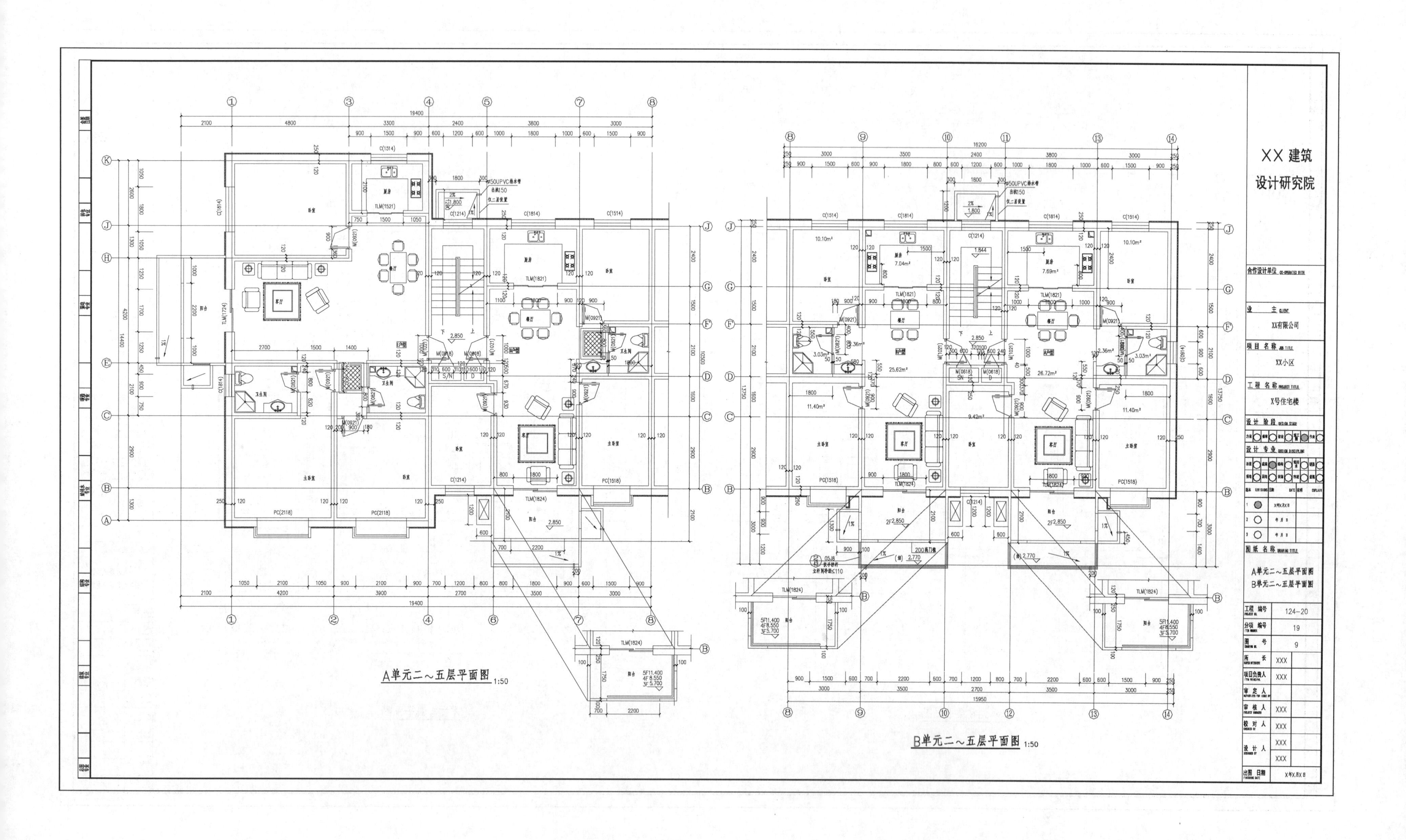

XX 建筑
设计研究院
合作设计单位
业 主
XX有限公司
项目名称
XX小区
工程名称
X号住宅楼
设计阶段
设计专业
图纸名称
A单元二～五层平面图
B单元二～五层平面图
工程编号 124-20
分项编号 19
图 号 9
所 长 XXX
项目负责人 XXX
审定人
审核人 XXX
校对人 XXX
设计人 XXX
XXX
出图日期 X年X月X日
A单元二～五层平面图 1:50
B单元二～五层平面图 1:50

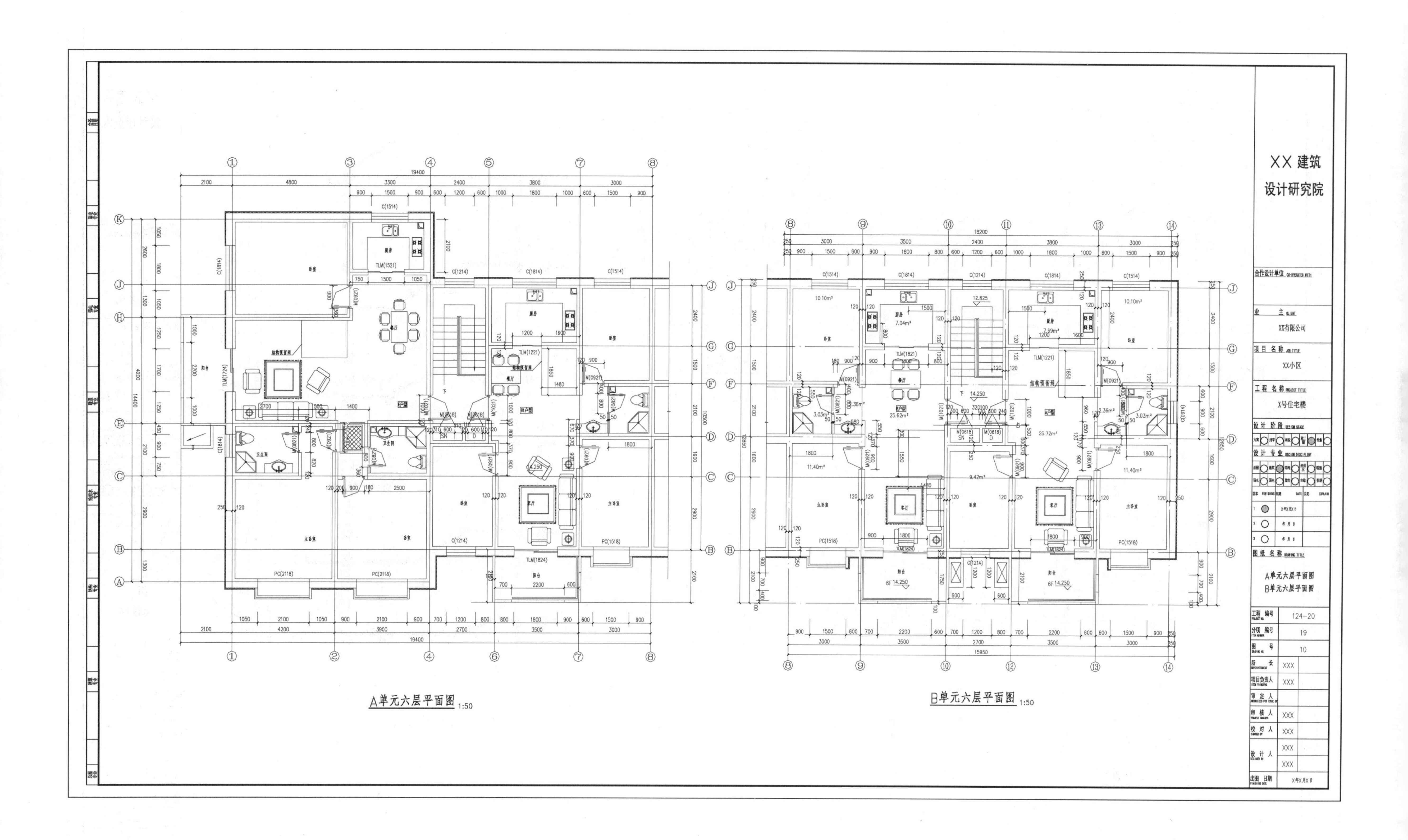
XX 建筑
设计研究院
XX有限公司
XX小区
X号住宅楼
A单元六层平面图
B单元六层平面图
124-20
19
10
A单元六层平面图 1:50
B单元六层平面图 1:50

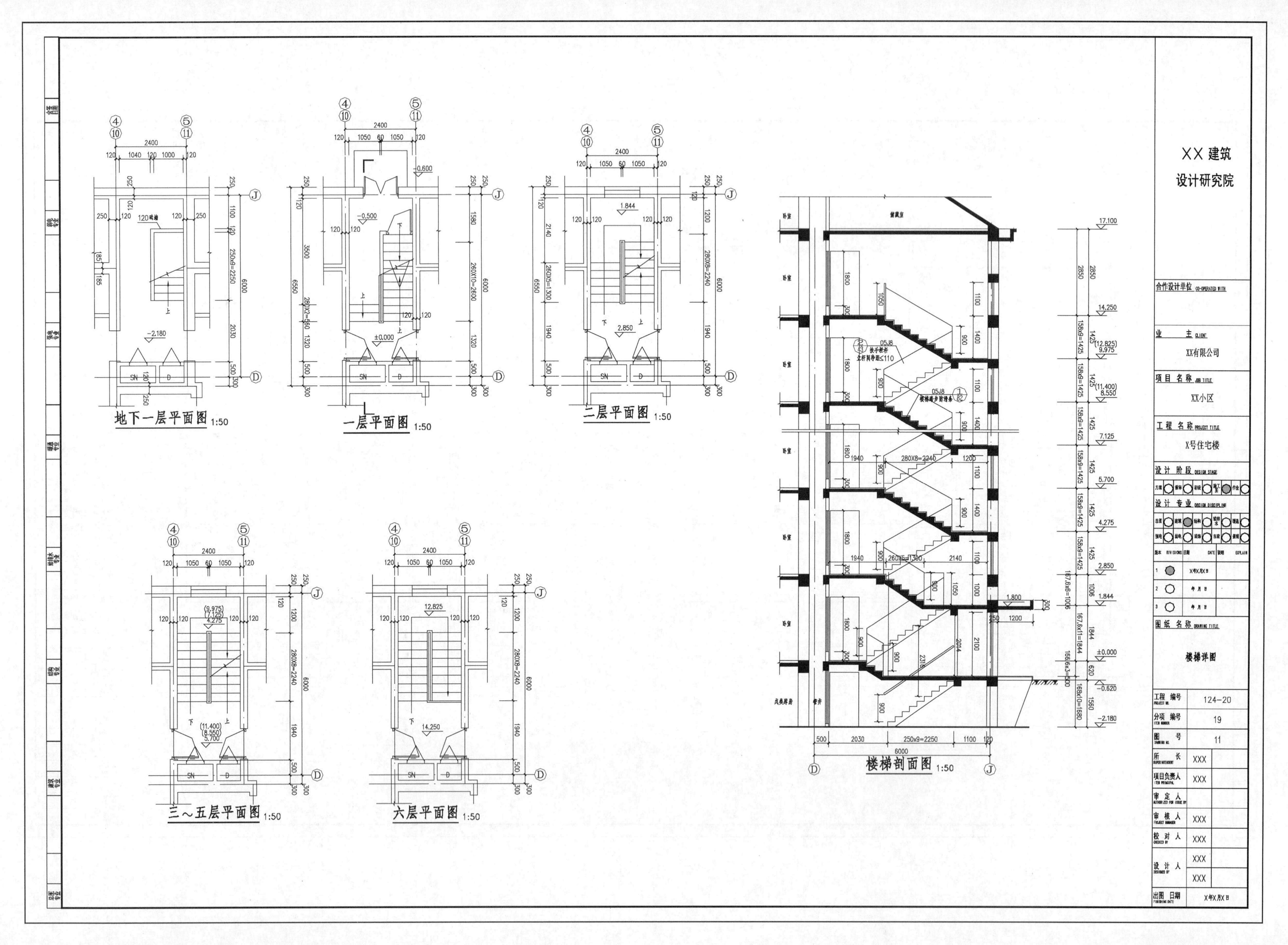
地下一层平面图 1:50
一层平面图 1:50
二层平面图 1:50
三～五层平面图 1:50
六层平面图 1:50
楼梯剖面图 1:50
XX 建筑
设计研究院
合作设计单位 CO-OPERATED WITH
业　主 CLIENT
XX有限公司
项目名称 JOB TITLE
XX小区
工程名称 PROJECT TITLE
X号住宅楼
设计阶段 DESIGN STAGE
设计专业 DESIGN DISCIPLINE
图纸名称 DRAWING TITLE
楼梯详图
工程编号 124-20
分项编号 19
图号 11
所长 XXX
项目负责人 XXX
审定人
审核人 XXX
校对人 XXX
设计人 XXX
XXX
出图日期 X年X月X日

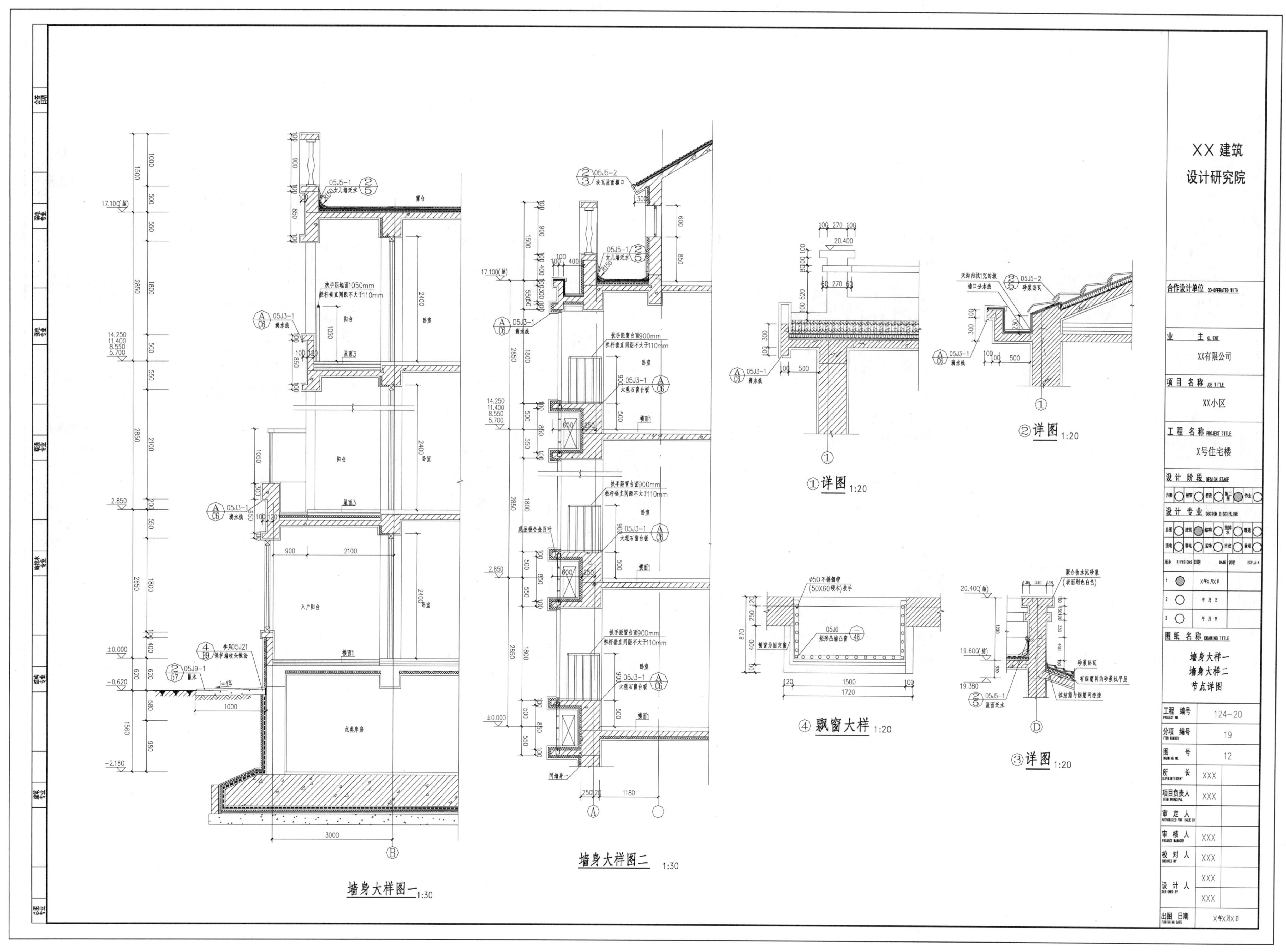
XX 建筑
设计研究院
合作单位
业 主
XX有限公司
项目 名称
XX小区
工程 名称
X号住宅楼
图纸 名称
墙身大样一
墙身大样二
节点详图
工程 编号
124-20
分项 编号
19
图 号
12
出图 日期
墙身大样图一 1:30
墙身大样图二 1:30
①详图 1:20
②详图 1:20
③详图 1:20
④飘窗大样 1:20

结构设计总说明

一、工程概况

1. 工程名称: XX住宅小区XX号楼.
2. 建设地点: XX市XX区, XX路以南, X路以西, X街以北, X路以东.
3. 工程概况:

单体概况	建筑物层数		室内外高差	长度	高度	建筑面积	结构形式	基础形式	人防等级
	地下	地上	m	m	m	m^2			
19号住宅楼	1	6	0.620	63.90	18.97	5143.67	砖混	平板式筏基	无

二、建筑结构的设计标准及抗震设计参数:

1. 建筑结构的安全等级: 本工程主楼安全等级均为二级, 结构重要性系数为1.0.
2. 设计使用年限: 50年
3. 基础设计等级: 丙级
4. 抗震设防分类标准: 丙类.
5. 场地地震基本烈度: 8度 , 设计基本地震加速度值为0.20g, 设计地震分组为第一组
6. 建筑场地类别为Ⅲ类.
7. 耐火等级: 二级
8. 地下室防水等级: 二级.

三、自然条件

1. 基本风压: $W_o=0.4kN/m^2$　　地面粗糙度类别: C类
2. 基本雪压: $S_o=0.35kN/m^2$
3. 场地标准冻深: 0.8m.

四、设计采用的活荷载标准值

民用建筑活荷载:

部位	活荷载(kN/m^2)	部位	活荷载(kN/m^2)
浴室 厕所 盥洗室	2.0	卧室	2.0
走廊 门厅 楼梯 景观平台	3.5	餐厅	2.0
栏杆水平荷载	0.50KN/m	厨房	2.0
屋面板, 挑檐, 雨蓬施工或检修集中荷载	1.0KN	不上人屋面	0.5
室外地面堆载	10.0	阳台	2.5

注: 在施工及使用过程中, 不得超过上述荷载值

五、本工程结构分析所采用的计算软件

1. 上部结构

(1) "结构平面CAD软件PMCAD"—中国建筑科学研究院PKPMCAD工程部编制(2010年版)

(2) "多层及高层建筑结构空间有限元分析及设计软件SATWE网络版"—中国建筑科学研究院PKPMCA工程部编制(2010年版)

2. 基础计算

"弹性地基与筏板, 桩基与桩筏, 独基与条基JCCAD"—中国建筑科学研究院PKPMCAD工程部编制 (2010年版)

六、设计依据

1. 所用规范 规程 标准

《建筑结构制图标准》(GB/T 50105-2010)
《建筑结构可靠度设计统一标准》(GB 50068-2001)
《建筑抗震设防分类标准》(GB 50223-2008)
《建筑抗震设计规范》(GB 50011-2010)
《建筑结构荷载规范》(GB 50009-2012)
《混凝土结构设计规范》(GB 50010-2010)
《建筑地基基础设计规范》(GB 50007-2011)
《建筑地基处理技术规范》(JGJ 79-2012)
《地下工程防水技术规范》(GB 50108-2008)
《建筑变形测量规程》(JGJ8-2016)
《砌体结构设计规范》(GB 50003-2011)

2. 标准图集

《混凝土结构施工图平面整体表示方法制图规则和构造详图》
16G101-1　16G101-2

2. 标准图集

《混凝土结构施工图平面整体表示方法制图规则和构造详图》(16G101-1　16G101-2)
《建筑物抗震构造详图》(11G329-1.2)
《钢筋混凝土过梁》(13G322-1~4)
《混凝土结构剪力墙边缘构件和框架柱构造钢筋选用》(14G330-1.2)
《混凝土结构施工钢筋排布规则与构造详图》(12G901~5)

3. 其它

《全国民用建筑工程设计技术措施》(2009)

七、工程地质条件

1 名称: 《××住宅楼岩土工程勘察报告》
由××岩土工程科技有限公司提供.

2 场地地形 地貌概述: 本工程高程介于769.22~769.70m

地层岩性表:

编号	土层岩性	土层状态	层厚(m)	层底标高(m)	承载力特征值 f(kPa)
1	填土	湿, 混杂砖	0.4~0.9	768.60~769.29	(持力层)
2	粉土	中等压缩性	2.9~4.7	764.85~766.02	100
3	粉质粘土	中等~高压缩性	0.9~4.2	761.63~764.82	110
4	粉土	中等压缩性	2.7~8.9	757.11~760.99	130
4-1	粉细砂	稍密状态	0.6~5.0	未揭穿	140
5	粉质粘土	中等压缩性		未揭穿	150

3. 地下水

(1) 地下水类型: 主要为微承压水.
(2) 地下水埋深和标高: 勘察期间, 地下水埋深1.40~2.65m.(相应绝对高程为767.04~768.22m).
(3) 防水设防水位: 绝对高程767.80m(丰水期).
(4) 抗浮设防水位: 绝对高程767.80m(丰水期).

4. 腐蚀性评价

(1) 地下水水质: 在长期浸水条件下, 场地地下水对混凝土结构具中等腐蚀性;
在干湿交替条件下对混凝土结构及钢筋混凝土结构中的钢筋具有中等腐蚀性.
(2) 拟建场地地基土对混凝土结构有弱腐蚀性, 对钢筋混凝土结构中钢筋不具腐蚀性.

5. 场地稳定性 适宜性及均匀性评价

(1) 根据地质勘察报告, 本场地可视为稳定场地, 对拟建建筑物是适宜的.
(2) 建筑物基础持力层为第一层, 结合地基主要受力层分布特征及物理力学指标的变异性综合分析判定, 本场地天然地基视为不均匀地基.

6. 特殊土

(1) 液化土: 拟建场地中等液化.
(2) 湿陷土: 拟建场地不考虑湿陷问题.

八、地基基础

1. 地基处理方案及基础设计: 具体详见地基处理及基础平面图.

2. 基坑支护

基坑开挖时, 应根据勘察报告提供的参数进行放坡或支护. 非自然放坡开挖时, 基坑护壁应做专门设计, 以确保道路 市政管线和现有管线及现有建筑物的安全和施工的顺利进行. 支护 帷幕及降水应由有相应设计和施工资质的单位承担.

3. 基坑开挖及回填

(1) 开挖: 开挖基槽时, 不应扰动土的原状结构 . 机械挖土时应按有关规范要求进行, 坑底应保留200mm厚的土层用人工开挖. 如经扰动, 应挖除扰动部分, 根据土的压缩性选用级配砂石进行回填处理, 用级配砂石压实系数应大于0.95. 土方开挖完成后应立即对基坑进行封闭, 防止水浸和暴露, 并应及时进行地下结构施工. 基坑土方开挖应严格按设计要求进行, 不得超挖. 基坑周边超载, 不得超过设计荷载限制条件. 基槽开挖至设计标高后应进行基槽检验. 以天然土层为基础持力层的浅基础或换土地基基槽检验可采用钎探, 梅花布点, 间距1.5m, 探深3m. 当持力层下埋藏有下卧砂层而承压水头高于基底时, 则不宜进行钎探, 以免造成涌砂. 当施工揭露的岩土条件与勘察报告和设计文件不一致或遇到异常情况时, 应会同勘察 施工 设计 建设 监理单位共同协商, 结合地质条件提出处理意见.

(2) 回填: 基础地下室施工完毕后, 应及时进行基坑回填工作. 回填基坑时, 应先清除基坑中的杂物, 并应在相对的两侧或四周同时回填. 夯填应采取薄层轻夯技术, 以免使地下室外墙受到损害, 每层厚度不大于250, 压实系数不得小于0.94.

4. 沉降变形及基础回弹观测:

(1) 沉降观测等级为二级.
(2) 本工程主楼须进行施工期间及使用期间的沉降观测, 沉降观测水准基点详见结施-3, 未尽事宜应严格按《建筑变形测量规程》(JGJ8-2016)执行,
(3) 沉降观测点的施测精度: 测量仪器采用铟钢尺, 沉降观测应由有相应资质的单位承担. 工程施工及使用期间观察次数及间隔: 工程施工阶段应专人定期观测, 基础施工进行沉降观测, 每施工二至四层做一次沉降观测, 施工完毕后一年内每隔三至六个月观测一次, 以后每隔六个月至十二个月观测一次, 直至沉降稳定为止, 各观测日期数据应记录并绘成图表存档, 如发现异常情况应通知有关单位.
(4) 变形要求: 基础最终沉降量不得大于200mm, 建筑的整体倾斜不大于0.0025.

5. 地下室外墙水平施工缝处理.

地下室底板与隔墙及周边外墙应一次整体浇筑至底板面300mm以上. 周边外墙壁按下图所示设置水平施工缝, 水平施工缝间混凝土应一次浇筑完毕, 不得在墙内留任何竖向施工缝(施工后浇带除外). 墙体上有预留洞时, 施工缝距离洞边缘不应小于300mm.

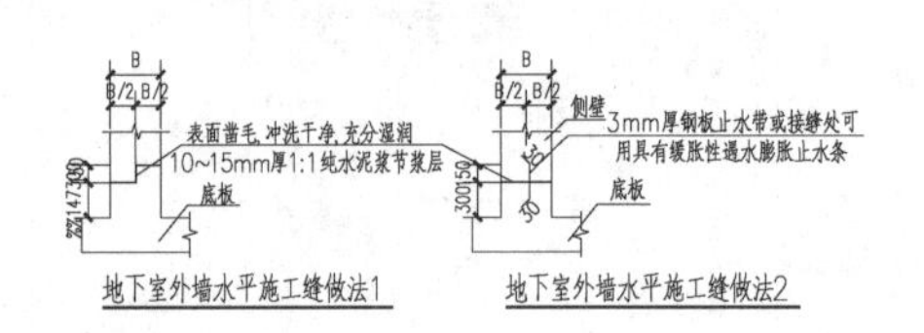

地下室外墙水平施工缝做法1　　地下室外墙水平施工缝做法2

6. 管道穿墙处理: 管道穿地下室外墙时, 均应预埋套管或钢板, 穿墙单根给排水管除图中注明外, 按给排水施工图柔性防水套管安装图执行, 群管穿墙及电缆管穿墙除图中注明外按下图施工.

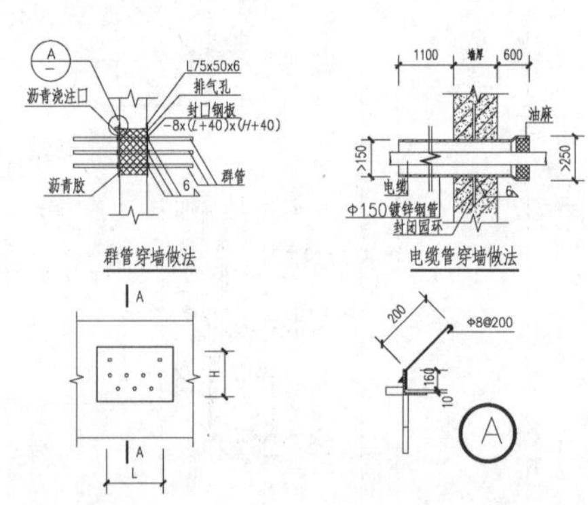

群管穿墙做法　　电缆管穿墙做法

7. 预留钢筋的保护(如后浇带部位 柱内预留拉接筋 梁板预留筋等), 地下水位以下用低强度等级混凝土保护, 地下水位以上的钢筋表面刷加有防锈剂的高强度等级水泥砂浆保护.

九、结构材料

Ⅰ 混凝土部分

1. 混凝土强度等级

±0.000及其以下基础梁 板 柱为C30. 其他梁 板 柱 构造柱 过梁均为C25. 基处素混凝土垫层C15.

2. 墙体材料

名称	烧结多孔砖	水泥砂浆	混合砂浆	
强度等级	MU10	地下:M10	地上1~3层:M10	地上4层以上:M7.5

3. 混凝土结构耐久性要求.

a. 本工程地上部分混凝土结构的环境类别为一类.
b. 厕所及厨房等地上潮湿环境 地下室内部为二a类.
c. 本工程地下外围与土壤接触部分及挑檐 雨蓬 阳台等外露构件环境类别为二b类.

4. 混凝土外掺剂要求.

外掺剂的质量及应用技术应符合国家有关规范要求, 外掺剂的品种和掺量应经试验确定.

Ⅱ 钢筋与钢材部分.

1. 钢筋: Φ—Ⅰ级钢(HPB300) Φ—Ⅱ级钢(HRB335) Φ—Ⅲ级钢(HRB400).

钢筋强度等级及要求:

(1) 钢筋的强度标准值应具有不小于95%的保证率.
(2) 抗震等级为一 二 三级的框架(墙肢长度≤3倍墙厚)和斜撑构件(含梯段),
其纵向受力钢筋采用普通钢筋时, 尚应满足如下要求:
a. 纵向受力钢筋的抗拉强度实测值与屈服强度实测值的比值不应小于1.25,
b. 钢筋的屈服强度实测值与屈服强度标准值的比值不应大于1.3.
c. 钢筋在最大拉力下的总伸长率实测值不应小于9%.

2. 钢结构的钢材应符合下列规定:

钢材的屈服强度实测值与抗拉强度实测值的比值不应大于0.85.
钢材应有明显的屈服台阶, 且伸长率不应小于20%.
钢材应有良好的焊接性和合格的冲击韧性.

3. 型钢及钢板: Q235或Q345, 详具体施工图.

吊钩 吊环均采用HPB300级钢筋, 不得采用冷加工钢筋.

4. 焊条: Φ级钢焊接采用 E43型焊条, Φ级钢焊接采用 E50型焊条, Φ级钢焊接采用 E55 型焊条.

5. 在施工中, 当需要以强度等级较高的钢筋替代原设计中的纵向受力钢筋时, 应按照钢筋受拉承载力设计值相等的原则换算, 并应满足最小配筋率要求.(需征得设计单位同意)

XX 建筑设计研究院

合作设计单位 CO-OPERATED WITH

业主 CLIENT: XX房地产开发有限公司

项目名称 JOB TITLE: XX小区

工程名称 PROJECT TITLE: XX住宅楼

设计阶段 DESIGN STAGE: 方案 报审 初设 施工图 作业

设计专业 DSCIGN DISCIPLINE: 总图 建筑 结构 给排水 暖通 强电 弱电 装饰 市政 景观

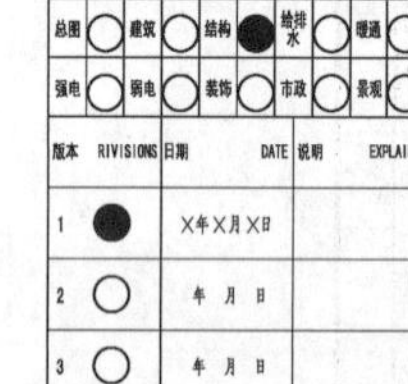

版本 RIVISIONS	日期 DATE	说明 EXPLAIN
1	X年X月X日	
2	年 月 日	
3	年 月 日	

图纸名称 DRAWING TITLE: 结构设计总说明(一)

设计编号 PROJECT NO.	124-20
分项编号 ITEM NUMBER	19
图号 DRAWING NO.	结施1
所长 SUPERINTENDENT	
项目负责人 ITEM PRINCIPAL	
审定人 AUTHORIZED FOR ISSUE BY	
审核人 PROJECT MANAGER	
校对人 CHECKED BY	
设计人 DESIGNED BY	
出图日期 FINISHING DATE	X年X月X日

结构设计总说明

十、结构构造

I.混凝土保护层厚度(mm)

(1)最外层钢筋的砼净保护层厚度不应小于钢筋的公称直径,且应符合规范下表规定

环境类别	板 墙 壳	梁 柱 杆
一	15	20
二a	20	25
二b	25	35
三a	30	40
三b	40	50

注: (1)受力钢筋的保护层厚度不应小于钢筋的公称直径.
(2)基础梁板及±0.00以下下迎水面的.
(3)当梁 柱 墙中纵向受力钢筋的混凝土保护层厚度大于50mm时, 宜对保护层采取有效的防裂措施. 当配置防裂 防剥落钢筋网片时,网片钢筋的保护层厚度不应小于25mm.

II.纵向受拉钢筋的最小锚固长度La 详见16G101-1第53页,
纵向受拉钢筋的抗震锚固长度LaE详见16G101-1第53页.
a. 当钢筋直径d>25mm时,其锚固长度应乘以修正系数 1.1
b. 在任何情况下,纵向受拉钢筋的最小锚固长度应 ≥250mm
c. 纵向受拉钢筋的最小搭接长度Ll(非抗震时),LlE(抗震时)详见图集11G101-1第55页.
d. 纵向受压钢筋的最小搭接长度不应小于纵向受拉钢筋搭接长度 0.7倍, 且在任何情况应≥200mm.

h 35 室外地面 背水面 50 基础

墙柱地下保护层加厚图

III.钢筋连接接头

(1)接头形式:
a. 钢筋连接优先采用机械连接或焊接,接头位置见《16G101-1》
b. 挡土墙的水平和竖向钢筋采用机械连接或焊接,焊缝为单面焊,焊缝长度不小于10d.
c. 剪力墙墙板纵向钢筋优先采用机械连接或焊接,当采用绑扎接头时,搭接长度见《11G101-1》.

(2)接头位置:
a. 粗细钢筋搭接时,按粗钢筋截面积计算接头面积百分率,按细钢筋直径计算搭接长度.
b. 框架柱受力钢筋 剪力墙竖向及水平分布钢筋接头等构造要求 详见图集11G101-1.
c. 剪力墙暗柱及端柱内纵向钢筋连接和锚固要求应与框架柱相同.
d. 梁主筋连接位置: 下部钢筋在支座处连接,上部钢筋在跨中1/3 范围内连接.
e. 基础(梁,板)纵向钢筋采用焊接,接头上铁设在支座1/4处,下铁设在跨中.
f. 现浇钢筋混凝土楼板板底钢筋不得在跨中搭接,应在支座处搭接,板顶,钢筋为通长钢筋时不得在支座处搭接,应在跨中1/3范围内搭接.
g. 挡土墙内皮水平和竖向钢筋接头位置设在支座处,挡土墙外皮水平和竖向钢筋接头设在跨中.

IV 现浇梁 板 柱 墙部分

1. 双向板的钢筋放置: 短跨方向下部筋放置在长跨方向下部筋之下,短跨方向上部筋放置在长跨方向上部筋之上.
2. 板上孔洞应预留,一般结构平面图中只表示出洞口尺寸>300mm的孔洞,施工时各工种必须根据各专业图纸配合土建预留全部孔洞,不得后凿.当孔洞尺寸≤300mm时,洞边不再另加钢筋,板内外钢筋由洞边绕过,不得截断.当洞口尺寸>300mm时,应设洞边加筋,按平面图示出的要求施工,当平面图未交代时,两侧加筋面积不小于被截断钢筋面积的一半,且按下图要求.加筋的长度为单向板受力方向或双向板的两个方向沿跨度通长,并锚入支座≥5d,且应伸入到支座中心线.单向板非受力方向的洞口加筋长度为洞口宽加两侧各40d,且应放置在受力钢筋之上.

单向板洞边加筋做法	双向板洞边加筋做法

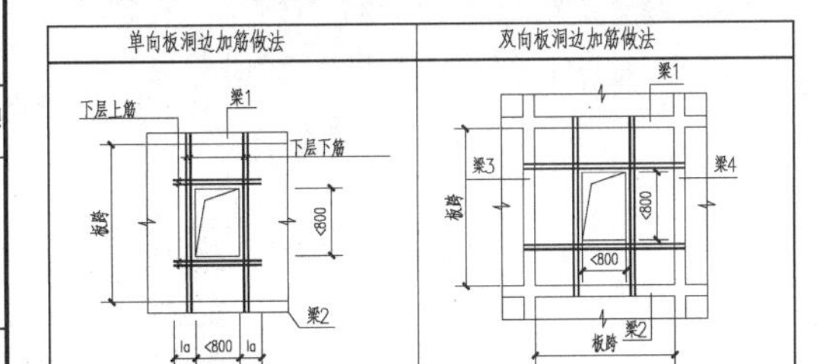

3. 现浇钢筋混凝土楼板或屋面板伸进纵 横墙内的长度均不应小于120mm.
4. 楼板上后砌隔墙的位置应严格遵守建筑施工图,不可随意改动,对墙下无梁的轻质隔墙(每延米荷载<7KN),应按建筑施工图所示位置在墙下板底增设加强筋(图纸中另有要求者除外),
当板跨L≤1500时: 2Φ14; 当板跨1500<L<2500mm时: 3Φ14;
板跨>2500mm时应设梁或通过计算确定.
5. 图中后浇板,钢筋 不切断,待设备管道安装完毕后,浇筑高一级微膨胀无收缩混凝土.
6. 板内埋设管线时,管外径不得大于板厚的1/3,所铺设管线应放在板底钢筋之上,板上部钢筋之下,且管线的混凝土保护层应不小于30mm,交叉管线应妥善处理.

7. 主 次梁相交时,次梁上下钢筋 分别放于主梁上下钢筋的上面.主梁内在次梁作用处,箍筋应贯通布置;凡未注明箍筋或吊筋者,均在次梁两侧各增设3组箍筋,直径同主梁箍筋(相同梁截面相交各自分别设附加箍筋),间距50mm;次梁同截面相交时,在次梁两侧各增设2组箍筋;吊筋具体设置详见梁详图.

La 次梁钢筋 15d 主梁钢筋

相同截面梁相交处纵筋做法

8. 在梁跨范围内预留不大于Φ150 的套管时,在详图中未说明做法时,套管位置应在梁跨1/3 范围 梁高中部1/3处,且套管上下有效高度不小于梁高的1/3,并不小于200.
9. 当框架梁 板 柱的混凝土强度等级不同时,其接头处按混凝土等级较高的一级施工.在混凝土初凝前即浇筑梁板混凝土,并加强混凝土的振捣和养护.
10. 梁穿管时梁孔加筋详下图.
11. 梁一端与柱 墙平行相连时,此端纵筋及箍筋加密按框架梁端要求设置.
12. 梁一端与墙垂直相连时,在此端墙内设置暗柱(暗柱截面高度为二倍墙厚).
13. 框架梁柱纵筋,不应与预埋件等焊接.
14. 柱.跨度不小于6m大梁的支撑构件应采用组合砌体等加强措施,并满足承载力要求.

每侧放8Φ12 $L=d+2La$ 梁 上排受力钢筋 100

梁孔加固配筋
(洞口直径小于 100)

十一、承重砖墙

1. 有关抗震构造详见16G329-2有关节点大样.
2. 当梁跨度大于4.8m时,应在支承处砌体上设置混凝土或钢筋混凝土垫块.
3. 楼梯间尚应符合下列要求:
a. 顶层楼梯间墙体应沿墙高每隔500mm设2Φ6通长钢筋和Φ4分布短钢筋平面内点焊组成的拉结网片或Φ4点焊网片; 7~9度时其他各层楼梯间墙体应在休息平台或楼层半高处设置60mm厚 纵向钢筋不应少于2Φ10的钢筋混凝土带或配筋砖带,配筋砖带不少于3皮,每皮的配筋不少于2Φ6,砂浆强度等级不应低于M7.5且不低于同层墙体的砂浆强度等级.
b. 500mm设2Φ6水平钢筋和Φ4分布短筋平面内点焊组成的拉结网片或Φ4点焊网片.
4. 檐口瓦应与屋面构件锚固.硬山搁檩时,顶层内纵墙顶宜增砌支撑山墙的踏步式墙垛,并设置构造柱.
5. 房屋底层和顶层的窗台标高处,宜设置沿纵横墙通长的水平现浇混凝土带; 其截面高度不小于60mm,宽度不小于墙厚,纵向钢筋不少于2Φ10,横向分布筋的直径不小于Φ6且其间距不大于200mm.
6. 长度为2米,外伸1米,顶层墙体有门窗洞口时,在过梁上的水平灰缝内设置3道2Φ6纵筋,并应伸入过梁两端墙内不小于600mm.

十二、构造柱 圈梁 过梁部分

1. 构造柱布置原则:(以图中布置为准)
构造柱与墙连接处应砌成马牙槎,沿墙高每隔500mm设2Φ6水平钢筋和Φ4分布短筋平面内点焊组成的拉结网片或Φ4点焊钢筋网片,每边伸入墙内不宜小于1m.6 7度时底部1/3楼层,8度时底部1/2楼层,9度时全部楼层,上述拉结钢筋网片应沿墙体水平通长设置.
构造柱做法参照06SG614-1
2. 当填充墙高度超过40m,应在墙体半高或门窗洞口上皮设置与柱连接且沿墙全长贯通的钢筋混凝土.
3. 长度不应小于其中到中垂直间距的2倍,且不得小于1m;(06SG614-1).
4. 砌体门窗洞口应设置钢筋混凝土过梁(见下表); 当洞口上方有承重梁通过,且该梁底标高与门窗洞顶距离过近,放不下过梁时,可直接在梁下挂板,见下图.未注明的部分可根据建施图纸的洞口尺寸按<BG322-1~4钢筋混凝土过梁>选用,均为矩形截面,荷载等级为二级,支承长度为250mm,过梁宽同墙宽.当洞口紧贴柱或钢筋混凝土墙时,过梁改为现浇,施工主体结构时按相应的梁配筋,在柱(墙)内预留插筋,现浇过梁截面 配筋可按下表形式给出.

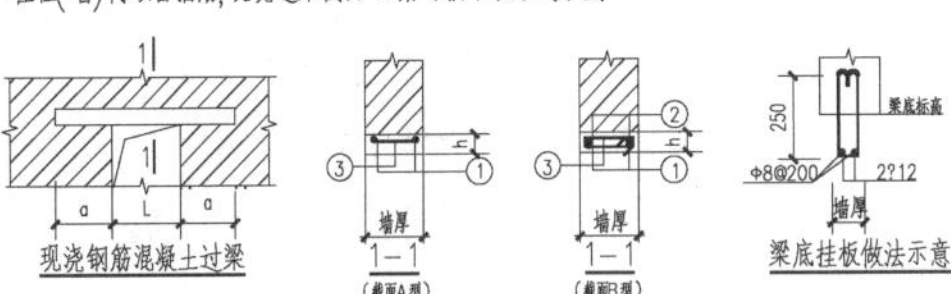

注: 现浇过梁的长度=门 窗的洞口宽度B+2X250.
a. 当过梁一端与砼柱或砼墙相交无法设砖砌体支座时,过梁主筋应在相应位置预留插筋,长度满足钢筋搭接及锚固长度要求.
b. 轻质板材隔墙过梁由供货商自理.

十三、其它要求:

1. 梁或板跨度大于或等于4m 时,模板按跨度的0.3%起拱; 悬臂梁按悬臂长度的0.4%起拱,起拱高度不小于20mm.
2. 施工悬挑构件时,应有可靠措施确保负筋位置的准确,待强度达到 100%方可拆模
3. 阳台 挑檐负筋如无法伸入屋内现浇板时,钢筋应锚入其下梁内,且应满足锚固长度要求.
4. 所有外露的钢筋混凝土构件如女儿墙 挑檐板 雨罩板以及各种装饰构件,当长度较长时,均应沿纵向每隔12m留一道温度缝,缝宽为 20mm, 拆模后用柔性防水材料填充.如下图.

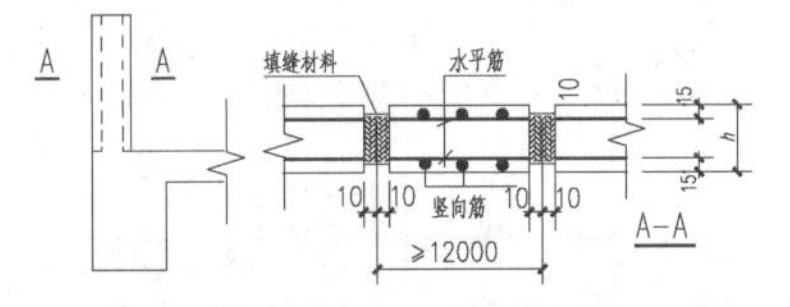

5. 本施工图应与建筑及设备专业图纸配合施工, 未注明的楼板留洞 通风孔位置及尺寸详建筑,施工时按平面图示位置及大小预留,未注明设备专业预留孔洞详设备专业图纸.楼梯 栏杆泛水等建筑用的预埋件,在建筑图中表示,其位置及详图均以建筑图为准.所有预埋件预埋套管 预留孔洞等均应与有关专业核对无误后预先设置,不得事后剔凿.
6. 钢筋混凝土结构防雷要求:
所有钢筋混凝土结构的防雷措施 位置均应按电气专业要求,土建配合施工,在电气专业指定的柱上(详见具体设计)做防雷接地电阻测定点,具体做法参见电气图纸.
7. 现浇梁 板 柱 墙均应及时有效养护.地下室混凝土浇筑后要特别加强养护,混凝土浇灌后1~7天内加强浇水养护,7~14天内仍须湿养护.墙体浇筑完后,应从顶部给水管喷淋,墙体带模养护不少于7天,拆模后继续养护至少14天.地下室周围地坑应及时回填.
8. 混凝土施工缝应留置在结构受力较小且便于施工的位置.施工缝处的界面和钢筋的处理应按照施工规范的要求执行.
9. 电梯井应与定货样本核对无误后,方可施工.
10. 设备基础见设备定货图.
11. 凡外露钢铁件必须在除锈后涂防腐漆,面漆两道,并经常注意维护.
12. 二次装修不得在主体结构上凿洞,开槽及吊挂,架设设备,大型广告牌,铁塔等,如必须进行需对建筑物先做技术鉴定,根据技术鉴定结果作出设计,进行施工.
13. 填方整平区,室外填土,以及房心回填土应在地下工程完成后及时进行.(室外填土与建筑周边应均匀回填)
14. 施工中途,因故停工,应做好已完成工程的防护.越冬 度夏设法遮蔽,避免地基冻涨,水侵曝晒 冷冻,致使砌体和混凝土开裂及钢筋锈蚀.
15. 浇筑基础底板混凝土时,必须连续浇灌,不得留施工缝,并应采取有效措施降低水化热和降低混凝土的内外温差,以保证大体积混凝土不裂缝.

十四、备注:

1. 本工程《结构设计总说明》适用于本工程的结构设计施工图,与结构施工图互为补充,施工图已有说明的以施工图为准,无说明者均以本说明为准, 并应同时遵守现行国家施工及验收规范的有关规定.
2. 本工程施工前,应由设计单位根据工程的特点进行技术交底.施工单位应全面熟悉图纸内容,在设计单位进行技术交底后方可施工.若遇图面不明,应与设计单位取得联系,共同研究解决,不得擅自处理.
3. 图中标高以米为单位,其余尺寸以毫米为单位.
4. 在使用期间,对建筑物和管道应经常进行维护和检修并作记录,并应确保所有防水措施发挥有效作用 防止建筑物和管道的地基浸水湿陷.
5. 勘察报告需经图审单位审查合格后交设计单位复核.
6. 本工程施工图与经政府相关部门审批一致的文件同时生效.
7. 本套图须经施工图审查通过后方可施工.
8. 除按本说明要求外,尚应遵守各有关施工和验收规程的规定.
9. 未经技术鉴定或设计许可不得改变结构的用途或使用环境.

构件编号:

钢筋混凝土构件	KL—框架梁	LL—连梁	L—次梁	XL—悬挑梁	QL—圈梁
	TZ—楼梯柱	TB—楼梯板	TL—楼梯梁	LB—楼板	GZ—构造柱

北

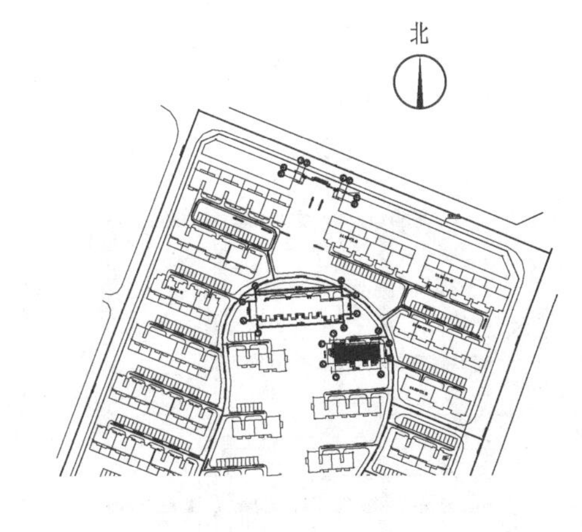

19号楼平面定位示意图

XX 建筑设计研究院

合作设计单位 CO-OPERATED WITH

业 主 CLIENT
XX房地产开发有限公司

项目名称 JOB TITLE
XX小区

工程名称 PROJECT TITLE
XX住宅楼

设计阶段 DESIGN STAGE

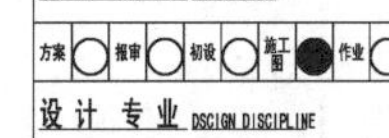

设计专业 DSCIGN DISCIPLINE
总图 建筑 结构 给排水 暖通
强电 弱电 装饰 市政 景观

版本 RIVISIONS	日期 DATE	说明 EXPLAIN
1 ●	X年X月X日	
2 ○	年 月 日	
3 ○	年 月 日	

图纸名称 DRAWING TITLE
结构设计总说明(二)

设计编号 PROJECT NO.	124-20
分项编号 ITEM NUMBER	19
图号 DRAWING NO.	结施2
所长 SUPERINTENDENT	
项目负责人 ITEM PRINCIPAL	
审定人 AUTHORIZED FOR ISSUE BY	
审核人 PROJECT MANAGER	
校对人 CHECKED BY	
设计人 DESIGNED BY	
出图日期 FINISHING DATE	X年X月X日

年 月 日 会签日期 弱电专业 强电专业 暖通专业 给排水专业 结构专业 建筑专业 总图专业

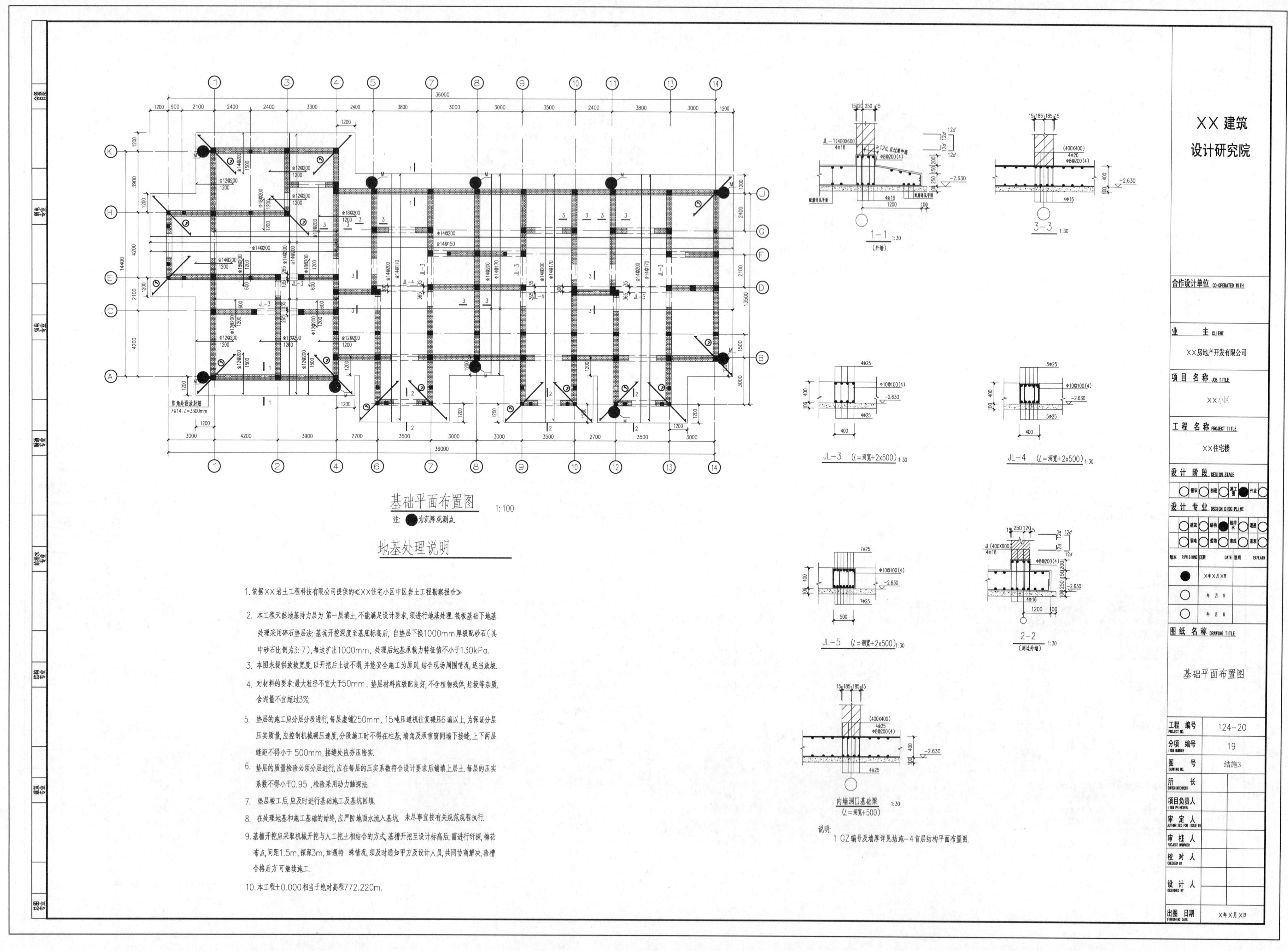
基础平面布置图 1:100
注：●为沉降观测点
地基处理说明
1. 依据XX岩土工程科技有限公司提供的《XX住宅小区中区岩土工程勘察报告》
2. 本工程天然地基持力层为 第一层填土，不能满足设计要求，须进行地基处理. 筏板基础下地基处理采用碎石垫层法：基坑开挖深度至基底标高后，自垫层下换1000mm厚级配砂石（其中砂石比例为3:7），每边扩出1000mm，处理后地基承载力特征值不小于130kPa.
3. 本图未提供放坡宽度，以开挖后土坡不塌，并能安全施工为原则，结合现场周围情况，适当放坡.
4. 对材料的要求：最大粒径不宜大于50mm，垫层材料应级配良好，不含植物残体，垃圾等杂质，含泥量不宜超过3%;
5. 垫层的施工应分层分段进行，每层虚铺250mm，15吨压道机往复碾压6遍以上，为保证分层压实质量，应控制机械碾压速度，分段施工时不得在柱基，墙角及承重窗间墙下接缝，上下两层缝距不得小于 500mm，接缝处应夯压密实.
6. 垫层的质量检验必须分层进行，应在每层的压实系数符合设计要求后铺填上层土. 每层的压实系数不得小于0.95，检验采用动力触探法.
7. 垫层竣工后，应及时进行基础施工及基坑回填.
8. 在处理地基和施工基础的始终，应严防地面水流入基坑. 未尽事宜按有关规范规程执行.
9. 基槽开挖应采取机械开挖与人工挖土相结合的方式，基槽开挖至设计标高后，需进行钎探，梅花布点，间距1.5m，探深3m，如遇特 殊情况，须及时通知甲方及设计人员，共同协商解决，验槽合格后方可继续施工.
10. 本工程±0.000相当于绝对高程772.220m.
1-1 1:30 (外墙)
3-3 1:30
JL-3 (L=洞宽+2x500) 1:30
JL-4 (L=洞宽+2x500) 1:30
JL-5 (L=洞宽+2x500) 1:30
2-2 1:30 (周边外墙)
内墙洞口基础梁 (L=洞宽+500) 1:30
说明：
1 GZ编号及墙厚详见结施-4首层结构平面布置图.
XX 建筑
设计研究院
合作设计单位 CO-OPERATED WITH
业 主 CLIENT
XX房地产开发有限公司
项目名称 JOB TITLE
XX小区
工程名称 PROJECT TITLE
XX住宅楼
设计阶段 DESIGN STAGE
设计专业 DESIGN DISCIPLINE
图纸名称 DRAWING TITLE
基础平面布置图
工程编号 124-20
分项编号 19
图号 结施3
所长
项目负责人
审定人
审核人
校对人
设计人
出图日期 X年X月X日

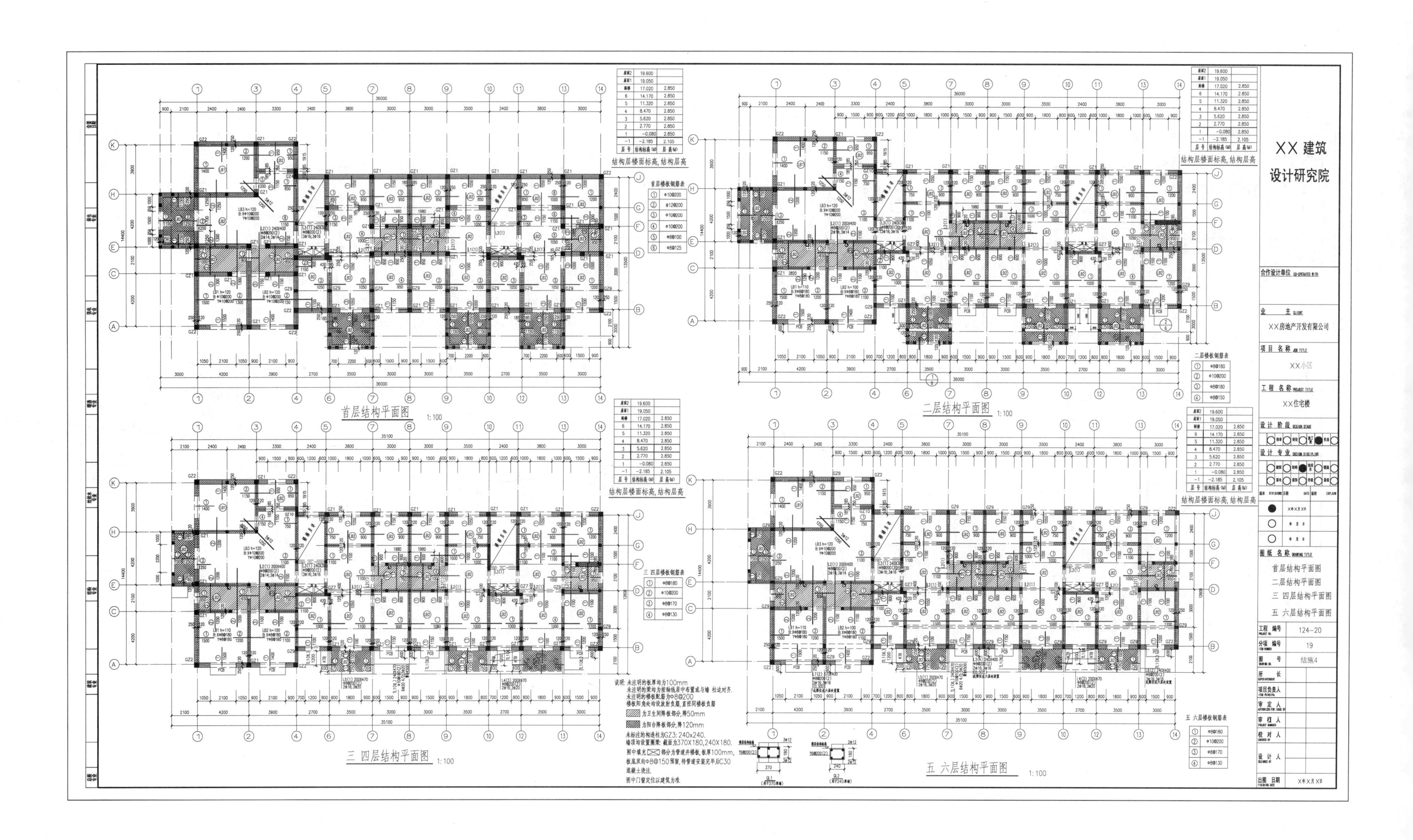
首层结构平面图 1:100
二层结构平面图 1:100
三 四层结构平面图 1:100
五 六层结构平面图 1:100
结构层楼面标高，结构层高
说明: 未注明的板厚均为100mm
未注明的梁均为按轴线居中布置或与墙 柱边对齐.
未注明的楼板配筋为Φ8@200
楼板阳角处均设放射负筋，直径同楼板负筋
为卫生间降板部分，降50mm
为阳台降板部分，降120mm
未标注的构造柱为GZ3: 240x240.
墙顶均设置圈梁: 截面为370X180,240X180.
图中填充部分为管道井楼板，板厚100mm，
板底双向Φ8@150预留，待管道安装完毕后C30
混凝土浇注.
图中门窗定位以建筑为准.
XX 建筑
设计研究院
合作设计单位
业 主
XX房地产开发有限公司
项目名称
XX小区
工程名称
XX住宅楼
设计阶段
设计专业
图纸名称
首层结构平面图
二层结构平面图
三 四层结构平面图
五 六层结构平面图
工程 编号 124-20
分项 编号 19
图 号 结施4
所 长
项目负责人
审 定 人
审 核 人
校 对 人
设 计 人
出图 日期 X年X月X日

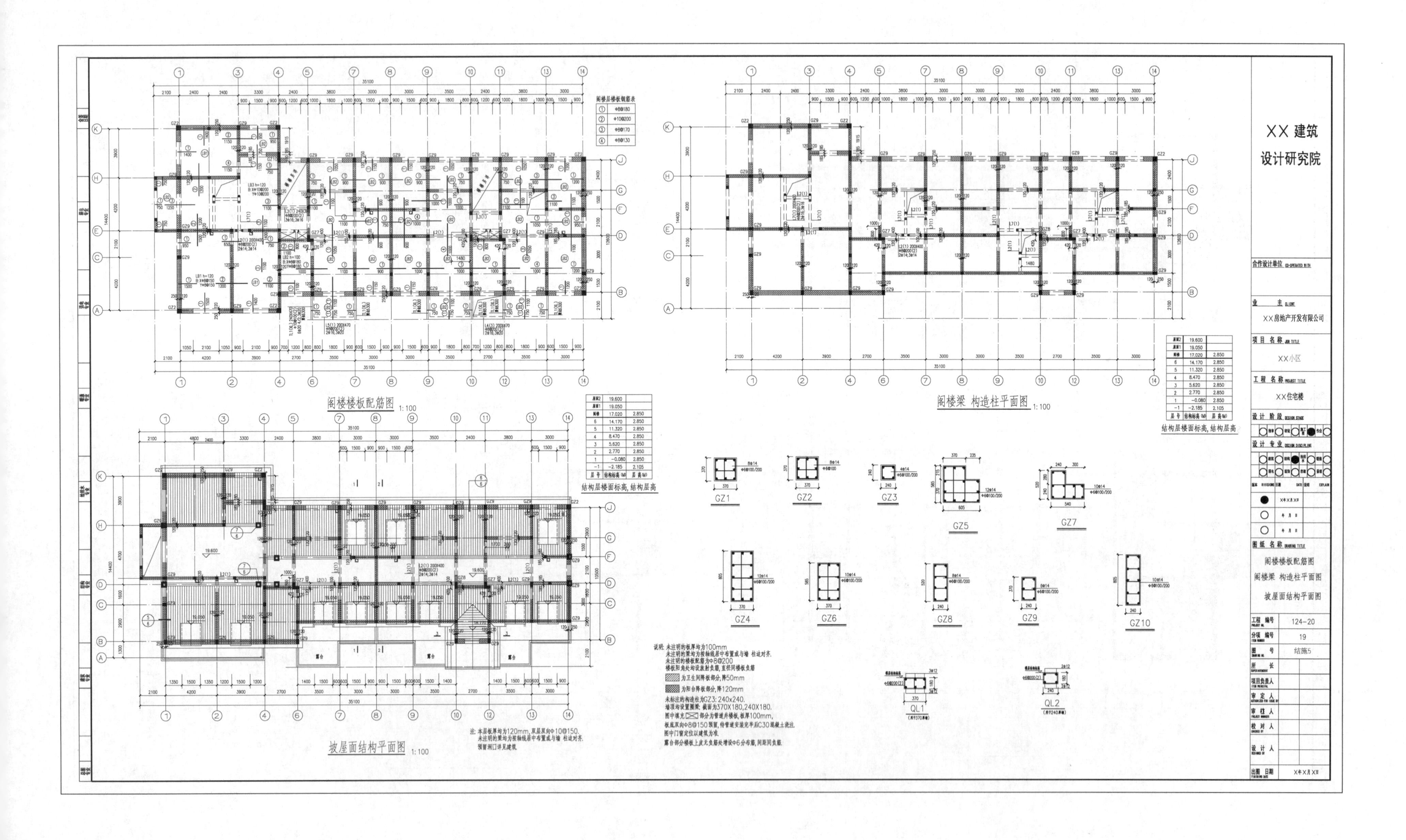
阁楼楼板配筋图 1:100
阁楼梁 构造柱平面图 1:100
坡屋面结构平面图 1:100
结构层楼面标高，结构层高
GZ1
GZ2
GZ3
GZ4
GZ5
GZ6
GZ7
GZ8
GZ9
GZ10
QL1
QL2
说明：未注明的板厚均为100mm
未注明的梁均为按轴线居中布置或与墙 柱边对齐.
未注明的楼板配筋为Φ8@200
楼板阳角处均设放射负筋，直径同楼板负筋
为卫生间降板部分，降50mm
为阳台降板部分，降120mm
未标注的构造柱为GZ3: 240x240.
墙顶均设置圈梁 截面为370X180,240X180.
图中填充 部分为管道井楼板，板厚100mm，
板底双向Φ8@150预留，待管道安装完毕后C30混凝土浇注.
图中门窗定位以建筑为准.
露台部分楼板上皮无负筋处增设Φ6分布筋，间距同负筋.
注：本层板厚均为120mm，双层双向Φ10@150.
未注明的梁均为按轴线居中布置或与墙 柱边对齐.
预留洞口详见建筑.
XX 建筑
设计研究院
合作设计单位 CO-OPERATED WITH
业 主 CLIENT
XX房地产开发有限公司
项目名称 JOB TITLE
XX小区
工程名称 PROJECT TITLE
XX住宅楼
设计阶段 DESIGN STAGE
设计专业 DESIGN DISCIPLINE
图纸名称 DRAWING TITLE
阁楼楼板配筋图
阁楼梁 构造柱平面图
坡屋面结构平面图
工程编号 124-20
分项编号 19
图号 结施5
所长
项目负责人
审定人
审核人
校对人
设计人
出图日期 X年X月X日

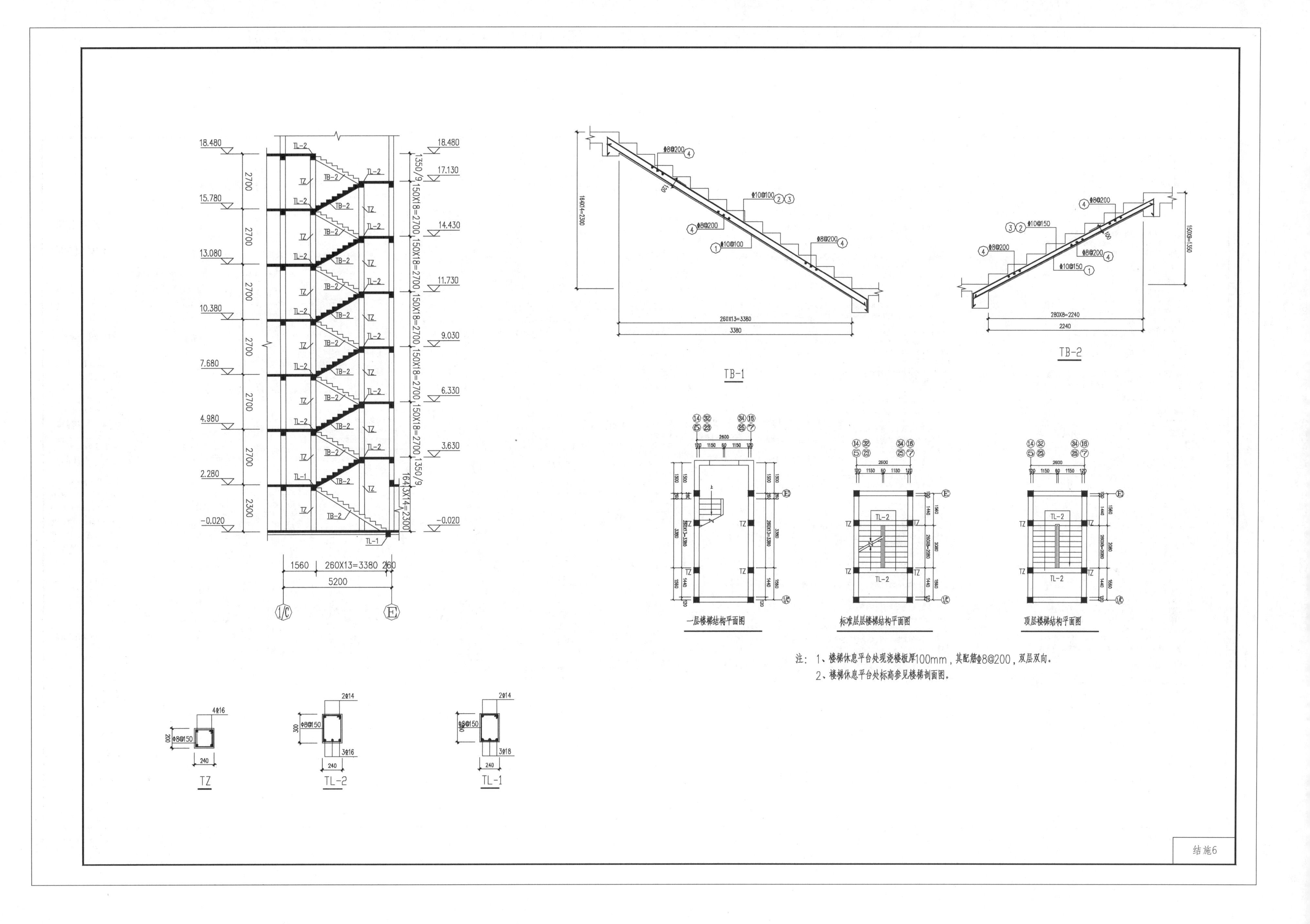
TB-1
TB-2
一层楼梯结构平面图
标准层层楼梯结构平面图
顶层楼梯结构平面图
TZ
TL-2
TL-1
注：1、楼梯休息平台处现浇楼板厚100mm，其配筋φ8@200，双层双向。
2、楼梯休息平台处标高参见楼梯剖面图。
结施6

附录2 ××社会主义学院综合楼工程施工图(对应CAD图纸见电子资源2)

建筑设计说明(图号4~图号6见插一~插三)

一、工程概况

1.位置及规模:

本工程为xx社会主义学院综合楼,位于xx市长风西大街以北,富力现代广场以南,西中环快速路以东。总建筑面积为31929.3m²,其中地上24561.45m²,地下7367.85m²。

2.功能分布:

本工程为一类高层建筑,地下一层,地上十五层及十层。

地上为集办公、教室、住宿、餐饮等功能为一体的综合楼,地下室为设备用房、库房、汽车库及平战结合人防工程等。

3.主要技术参数:

1) 设计使用年限:3类(50年)

2) 耐火等级:地上一级,地下一级

3) 抗震设防烈度:八度

4) 建筑高度:67.9m

5) 室内外高差:0.600m,±0.000相当于绝对标高:792.00

6) 地下停车数:204辆

7) 结构形式:框架结构

层数	-1F	1F	2~3F
面积(m²)	7367.85	3030.69	3038.8
防火分区	3	2	2

层数(东塔楼)	4F	5~8F	9~10F	出屋面
面积(m²)	773.2	746.2/F	473.2/F	438.48
防火分区	1	1	1	

层数(西塔楼)	4F	5~12F	13F	14~15F	出屋面
面积(m²)	936.4	935.8/F	910	471.38/F	438.48
防火分区	1	1	1	1	

二、设计依据

1. 根据上级单位的批文设计本工程图纸
2. 根据建设单位的委托要求设计并经建设单位同意的本工程建筑方案设计图
3. 《民用建筑设计通则》(GB50352-2005)
4. 《高层民用建筑设计防火规范》(GB50016-2014)
5. 《汽车库、修车库、停车场设计防火规范》(GB50067-2014)
6. 《汽车库建筑设计规范》(JGJ100-2015)
7. 《人民防空地下室设计规范》(GB50038-2005)
8. 《人民防空工程设计防火规范》(GB50098-2009)
9. 《防空地下室建筑设计》(FJ01~03)(2007年合订本)
10. 《饮食建筑设计规范》(JGJ64-89)
11. 《办公建筑设计规范》(JGJ67-2006)
12. 《公共建筑节能设计标准》(GB50189-2015)
13. 《公共建筑节能设计标准》((DBJ04-241-2006)
14. 《屋面工程技术规范》(GB50345-2012)
15. 《地下工程防水技术规范》(GB50108-2008)
16. 《建筑内部装修设计防火规范》GB 50222-1995(含1999、2001年局部修订版)
17. 《民用建筑工程室内环境污染控制规范》(GB50325-2010)
18. 《城市道路和建筑物无障碍设计规范》(JGJ50-2001.J114-2001)
19. 甲方提供的岩土工程勘察报告
20. XX省工程建设标准设计《05系列建筑标准设计图集》(DBJT04-19-2005)
21. 国家有关政策、法令和现行设计规范、标准及省、市有关部门的规定

三、建筑工程设计要点

1. 尺寸标注

本工程标注尺寸除特别注明外,标高均以米为单位,其余均以毫米为单位;

图中所示标高:楼地面标高为完成面,屋面层为结构标高;

墙体厚度为结构尺寸,不含面层;门窗洞口尺寸为建筑尺寸;

平面图各层平面尺寸可互相补充,相关位置尺寸可互相参照,轴线位置未注明处按居中考虑;

本设计图平、剖面中涂灰部分均表示混凝土。

2. 设计范围

建筑、结构、给排水、空调、通风、强弱电、消防。

室外竖向、管网、道路、景观绿化设计不在本工程委托范围内。

3. 墙体材料及厚度

1) 本工程墙体材料:

地下室外墙为钢筋混凝土墙,地下室内墙填充材料为非粘土烧结砖;

地上填充墙为加气混凝土砌块墙,墙体厚度见平面。100mm厚为GRC轻质隔墙板。

2) 有关墙体构造节点及施工要求严格按照国家有关规定执行。

4. 屋面及地下防水设计

1) 屋面防水

a.屋面防水等级为Ⅱ级,采用两道1.5mm厚PET自粘橡胶高分子防水卷材(参考地标晋09J111图集做法)。

b.屋面防水施工应执行《屋面工程技术规范》(GB50345-2012)。

2) 地下室防水

a.地下室防水等级为一级,采用砼墙自防水与两道1.5mm厚PET自粘橡胶高分子防水卷材(参考地标晋09J111图集做法)。混凝土的抗渗等级为P6。

b.地下防水执行《地下工程防水技术规范》(GB50108-2008)。

c.卫生间填充墙及内隔墙下部做200高等墙厚C20防水混凝土倒墙,具体做法详见工程设计。

5. 外墙装修设计

立面饰面材料使用部位除参见立面图外,还应参照墙身详图中的有关标注。施工图中所注材料及色彩为控制性设计,为确保立面外观质量,对其材料质感及色彩的最后确定,须经设计、建设单位共同认定后,方可施工。

6. 室内装修:

各部分室内装修详见"工程做法表"。

室内装修及建筑材料的选用应严格执行《建筑内部装修设计防火规范》(GB50222-1995)及《民用建筑工程室内环境污染控制规范》(GB50325-2010)。

四、建筑消防设计

1.本工程建筑为一类高层耐火等级为地上一级,地下一级。

2.防火分区及疏散设计:

1) 总图消防车道

建筑物南侧、西侧、东侧为规划路,作为消防通道满足消防要求。

2) 地下一层为地下车库战时为人防物资库,建筑面积为7367.85m²,分为四个防火分区,面积分别为2084.13m²、3256.16m²、2027.56m²、388.21m²,设有火灾报警及自动喷洒系统,每个防火分区有一个直通室外的疏散楼梯和一个连通门。汽车库防火分区面积不大于4000m²,每个防火分区均有直通室外的出入口。

一~三层每层建筑面积分别为3030.69m²,3038.8m²,3038.8m²,每层为两个防火分区建筑面积不大于2000m²

东塔楼四~八层每层建筑面积为746.2m²,九~十层每层建筑面积为473.2m²每层为一个防火分区建筑面积不大于2000m²

西塔楼四~十三层每层建筑面积为935.8m²,十四~十五层每层建筑面积为471.38m²每层为一个防火分区建筑面积不大于2000m²,设有火灾报警及自动喷洒系统。

3) 满足各防火分区最大控制面积、最小疏散距离及疏散宽度的要求。

4) 地下室与地上层共用的楼梯间在首层与地下的出入口处设置耐火极限不低于2h的隔墙和乙级的防火门隔开,并设有明显标志。

5) 消防电梯

a.东、西塔楼分别设有一部消防电梯。

b.消防电梯与防烟楼梯间共用一个前室,面积>10m²。合用前室均采用机械加压送风系统。

c.消防电梯前室做漫坡,消防电梯停站数为东塔11站;西塔16站从首层运行至顶层不超过60秒,其底坑旁设有>2m³的集水井并设排水泵。

6) 在首层设有消防控制室。

7) 防火分隔及分隔措施,防火分区间采用实体墙或特级防火卷帘作防火分隔,耐火极限应达到3h,采用包括背火面温升作耐火极限判定条件的防火卷帘。

8) 防火门,防火门应向疏散方向开启,并在关闭后能从任何一侧手动开启,双扇和多扇防火门应具有按顺序关闭的功能。

9) 本工程须经消防部门审查后方可进行施工。

3.建筑防火构造及设置:

1) 除特殊注明外,所有内隔墙均做至板(梁)底,并堵塞严密;电缆井、设备管井(送风排风道除外)应在管线安装完毕后于每层楼板处后浇钢筋混凝土板做分隔(该处楼板应预留连结钢筋,板厚及配筋同相邻楼板),管井门为丙级防火门。电缆井与管道井,正压送风道内墙面随砌随抹平。

2) 各部位的燃烧性能及耐火极限均应达到防火规范的要求。

3) 外墙防火:本工程采用的外墙保温材料燃烧性能为A级,满足公安部、住房和城乡建设部联合发布的《民用建筑外保温系统及外墙装饰防火暂行规定》的要求。

五、建筑节能

1.本工程节能设计依据《公共建筑节能设计标准》(GB50189-2015)/(DBJ04-241-2006)

2.根据计算结果,本工程诺房部分体形系数S=0.149。

3.设计窗墙面积比:

窗墙面积比	南	北	西	东
细则限值	0.7	0.7	0.7	0.7
设计值	0.636	0.379	0.244	0.244

4、由于各朝向窗墙比及体形系数均未超过细则限值,所以计算采用 建筑热工性能判断表法。

5、经计算,建筑各部分围护结构的做法及传热系数为[W/(m².K)]:

建筑节能设计指标表

部位		传热系数限值 W/(m².k)	选用作法传热系数 W/(m².k)	说明
屋顶		0.55	0.548	75厚岩棉板保温层
外墙		0.60	0.515	50厚岩棉板保温层
外窗窗墙比	0.5<0.636(南向)≤0.7	2.0	1.9	Low-E无色中空玻璃(在线),(12mm空气间层,辐射率?0.25)反射颜色为无色 窗框采用塑钢
	0.3<0.379(北向)≤0.4	3.0	2.112	Low-E无色中空玻璃(在线),(9mm空气间层,辐射率0.25)反射颜色为无色 窗框采用塑钢
	0.2<0.244(东向)≤0.3	3.5	2.112	
	0.2<0.244(西向)≤0.3	3.0	2.112	
不采暖地下室顶板(按保温楼面做法)		1.50	1.45	20厚岩棉板保温层
体形系数S		S=0.149		

6.屋面外墙变形缝缝口用岩棉板封闭密实,其深度不小于300mm。

7.门、窗框与墙体之间的缝隙,应采用高效保温材料填堵,不得采用普通水泥砂浆补缝。

8.门、窗框四周与抹灰之间的缝隙,应采用保温材料和嵌缝密封膏密封,避免不同材料界面开裂,影响门窗的热工性能。

9.本建筑围护结构节能设计达到了节约50%标准。

六、无障碍设计

本建筑为综合业务楼,设计中考虑了无障碍设计:

1.一层入口设置无障碍升降平台;

2.部分电梯为无障碍电梯,设置要求见电梯说明;

3.首层设有残疾人专用厕位;

4.建筑主入口广场结合室外设计铺设盲道及轮椅停车位;

5.建筑入口:一层设无障碍坡道,坡度为1:12,选用不锈钢扶手,扶手设上下两层,上层高850mm,下层高650mm;

6.办公外门、卫生间门设横执把手,并设护门板。

七、车库设计

1.地下汽车库采用平层停车方式,共停车204辆,属于Ⅱ类汽车库,耐火等级为一级,设有自动喷淋及火灾报警系统。汽车疏散出口两个,采用单车道。人员安全疏散出口六个。

2.汽车库地面按1%的坡度找坡坡向排水沟,由排水沟汇入集水坑。

八、人防设计

1.本工程配套人防建设集中设置在地下车库防火分区2内。

2.本工程根据平战结合的要求设置核6级常6级甲类人防物资库地下室。

3.首层面积为3030.69m²。

4.共需建设人防面积为3030.69m²。

5.本工程设计的人防建筑面积为3245.89m²。为一个防护单元,建筑面积为3245.89m²,掩蔽面积为2921.3m²;两个抗爆单元,面积分别为1795.38m²、1450.51m²

人防功能位置一览表

栋号	地下层数	战时用途	抗力等级	防化级别	平时用途
地下车库	-1F	物资库	核6/常6	丙级	汽车库

6.下列各项应在工程施工、安装时一次完成:

1) 现浇的钢筋混凝土和混凝土结构、构件;

2) 战时使用的及平战两用的出入口、连通口的防护密闭门、密闭门;

3) 战时使用的及平战两用的通风口防护设施;

4) 战时使用的给水引入管、排水出户管和防爆波地漏。

7.对防护单元隔墙上开设的平时通行口以及平时通风管穿墙孔,应在15天转换时限内完成。

8.专供平时使用的出入口,应在3天转换时限内完成。

9.防空地下室的顶板采用防水砼防水措施。

10.防空地下室的顶板不抹灰,在染毒区一侧墙面用水泥砂浆抹光。密闭通道、防毒通道、洗消间、简易洗消间、滤毒室、扩散室等战时易染毒的房间、通道,其墙面、顶面、地面均应平整光洁,易于清洗。

11.本工程须经人防部门审查合格后方可进行施工。

九、建筑构造

1. 门窗

1) 本工程外围护门窗其气密性等级应按照国家标准《建筑外门窗气密、水密、抗风压性能分级隔声性能、保温性能及检测方法》(GB/T7106-2008)选用,其等级不应低于6级水平。

2) 外窗无特别注明处均为居中立樘安装。

3) 透明幕墙的气密性能不应低于《建筑幕墙物理性能分级》(GB/T 21086-2007)中规定的Ⅲ级。

2. 护角

工程室内墙面、柱面和门洞口的阳角抹1:2水泥砂浆做护角,其高度不应低于2m,每侧宽度不应小于50mm。

3. 安全防护

1) 所有低窗台的安全防护栏杆的抗冲击强度均应满足规范要求。

2) 凡予埋铁件、木件均须做防锈、防腐处理(非沥青类),未注明构造做法的,按当地常规作法施工。

十、留孔留洞

1.由于本建筑主体为框架结构,故施工前应对应各专业图纸,将各种管线留孔留洞仔细核对无误后方可施工。

2.排烟防火及新风窗井出室外地面及屋面的留孔留洞详见各专业。

十一、建筑环保设计

《民用建筑工程室内环境污染控制规范》(GB50325-2001)

1.本工程建筑材料及装修材料的有毒物质含量、环保要求与无机非金属建筑主体材料的放射性指标限量应符合以下规定:

室内空气污染物限值

污染物名称	活度、浓度限值
氡	≤200Bq/m³
游离甲醛	≤0.08mg/m³
苯	≤0.09mg/m³
氨	≤0.2mg/m³
总挥发性有机化合物(TVOC)	≤0.5mg/m³

无机非金属建筑主体材料放射性指标限量

测定项目	限量
内照射指数IRa	≤1.0
外照射指数Iγ	≤1.0

无机非金属装修材料放射性指标限量

测定项目	限量 A	限量 B
内照射指数IRa	≤1.0	≤1.3
外照射指数Iγ	≤1.3	≤1.9

内照射指数IRa

2.装修材料必须符合高层民用建筑的防火要求。(GB50222-95(2001年版))

部位	顶棚	墙面	地面	隔断	固定家具	装饰织物	其他
燃烧性能等级	A	B1	B1	B1	B2	B2	B2

十二、其它

1.本工程施工前施工单位技术人员必须对各专业图纸认真综合审查,并于技术交底会前提出问题,不得仅凭单一专业施工图施工。

2.本工程应取得相关部门认可后方可施工。

3.本工程使用的材料均应符合国家相关标准的要求,不得禁止使用。

4.为保证本工程整体效果,所选用的材料应按做法及说明选用,改变时应由设计人认可。

5.本工程设计条件以业主图签字方提供的相关条件为准。

6.本工程设计图纸未经消防审查前不得施工。

7.本工程设计图纸未尽事宜,均应严格按照国家相关法律、法规、规范要求进行施工建设。

内装修部位分配表

层次	房间名称	楼地面	踢脚	内墙	墙裙	顶棚
	楼梯间	楼面4	踢脚3	内墙3		顶棚1
-1F	卫生间有地漏房间比其他房间低20mm,0.5%坡向地漏					
设备层	前室及电梯厅	楼面1	踢脚3	内墙2		顶棚2
	汽车库	地面1	踢脚1	内墙3		顶棚1
	水泵房	地面1	踢脚1	内墙3		顶棚1
	戊类库房	地面1	踢脚1	内墙3		顶棚1
	变配电房、柴油发电机房	地面1	踢脚1	内墙3		顶棚1
	戊类库房	地面1	踢脚1	内墙3		顶棚1
1F	门厅	楼面1	踢脚2	内墙1		顶棚2
	前室及电梯厅	楼面2	踢脚2		墙裙1	顶棚2
2~4F	前室及公共走道	楼面4	踢脚3	内墙2		顶棚2
5~15F	卫生间	楼面3			墙裙2	顶棚3
	办公空间	楼面2	踢脚3	内墙3		顶棚4
出屋面	电梯机房及走道	楼面5	踢脚1	内墙3		顶棚1
	水箱间	楼面6	踢脚1	内墙3		顶棚1

XX 建筑设计研究院

合作设计单位

业主

项目名称 xx社会主义学院综合楼

工程名称 xx社会主义学院综合楼

设计阶段

设计专业

图纸名称 建筑设计说明

工程编号

分项编号

图号 1

所长

项目负责人

审定人

审核人

校对人

设计人

出图日期

工程做法

编号	名称	厚度/mm	做法	备注
地下室墙身防水（一级防水）	结构自防水和PET自粘橡胶高分子防水卷材	70	1. 钢筋混凝土结构自防水； 2. 20mm厚1:2水泥砂浆找平； 3. 刷基层处理剂一遍； 4. 两道1.5mm厚PET自粘橡胶高分子防水卷材； 5. 30mm厚聚苯乙烯泡沫塑料板保护层（聚醋酸乙烯胶粘剂粘贴）； 6. 3:7灰土回填，分层夯实	钢筋混凝土抗渗等级为P6
地下室底板防水（一级防水）	结构自防水和PET自粘橡胶高分子防水卷材	170	1. 底板以上做法按地面1 2. 钢筋混凝土结构自防水 3. 50mm厚C20细石混凝土保护层 4. 点粘350号石油沥青油毡一层 5. 两道1.5mm厚PET自粘橡胶高分子防水卷材 6. 刷基层处理剂一遍 7. 20mm厚1:2水泥砂浆找平 8. 100mm厚C15混凝土	钢筋混凝土抗渗等级为P6
屋 面1	（防水等级为II级） （平屋面）		1. 保护层：25mm厚1:4干硬性水泥砂浆，面上撒素水泥，上铺8~10mm厚地砖，铺平拍实，缝宽5~8，1:1水泥砂浆填缝 2. 垫层：40mm厚C20细石混凝土，内配ø4@150X150钢筋网片 3. 隔离层：干铺无纺聚酯纤维布一层 4. 防水层：两道1.5mm厚PET自粘橡胶高分子防水卷材 5. 找平层：20mm厚1:3水泥砂浆，砂浆中掺聚丙烯或锦纶–6纤维0.75~0.90kg/m^3 6. 保温层：50mm厚岩棉板保温 7. 找坡层：1:8水泥膨胀珍珠岩找2%坡，最薄处20mm厚 8. 结构层：钢筋混凝土屋面板	用于大屋面 传热系数为0.515
屋 面2	（防水等级为II级） （坡屋面）		1. 瓦 材：块瓦（深灰色）。 2. 卧瓦层：最薄处20mm厚1:3水泥砂浆（配Φ6Ȅa 500X500钢筋网片）。 3. 找平层：20mm厚1:3水泥砂浆。 4. 防水层：1.5mm厚聚氨酯防水涂料 5. 找平层：15mm厚1:3水泥砂浆，砂浆中掺聚丙烯或锦纶–6纤维0.75–0.90Kg/m^3 6. 结构层：钢筋混凝土屋面板。	用于住宅部分坡屋顶
屋 面3	卷材防水屋面		1. 保护层：涂料或粒料 2. 防水层：一道1.5mm厚PET自粘橡胶高分子防水卷材 3. 找平层：20mm厚1:3水泥砂浆，砂浆中掺聚丙烯或锦纶–6纤维0.75~0.90kg/m^3 4. 保温层：75mm厚岩棉板保温 5. 找坡层：1:8水泥膨胀珍珠岩找2%坡，最薄处20mm厚 6. 结构层：钢筋混凝土屋面板	用于出屋面楼梯间、电梯机房及屋顶水箱间屋面
外墙面1	机械固定单面钢丝网片岩棉板保温外墙面（涂料）	68	1. 50mm厚岩棉板用聚合砂浆粘贴 2. 镀锌钢丝网用镀锌钢丝及射钉与墙体固定 3. 20mm厚胶粉聚苯颗粒保温浆料找平层 4. 5mm厚聚合物抗裂砂浆罩面（压入耐碱涂塑玻纤网格布一层） 5. 涂料饰面	颜色见立面 用于出屋面楼梯间、电梯机房及屋顶水箱间墙面 岩棉干密度80~120kg/m^3 传热系数为0.515
外墙面2	玻璃幕墙墙面（金属龙骨）	68	1. 50mm厚岩棉板用聚合砂浆粘贴 2. 镀锌钢丝网用镀锌钢丝及射钉与墙体固定 3. 20mm厚胶粉聚苯颗粒保温浆料找平层 4. 5mm厚聚合物抗裂砂浆罩面（压入耐碱涂塑玻纤网格布一层） 5. 基层整修平整 6. 玻璃幕墙构造做法由装修公司确定	位置色彩详立面 岩棉干密度80~120kg/m^3 传热系数为0.515
墙 裙1	挂贴花岗石板墙裙		1. 稀水泥浆擦缝 2. 穿18号铜丝将20mm厚石板材（四角带ø5钻孔）与钢筋网绑牢 3. 30mm厚1:2.5水泥砂浆分层灌缝，每次灌入高度≤200 4. 焊接ø6双向钢筋网（双向钢筋间距按板材尺寸） 5. 射钉YD62S8（ø3.7x 长62）射入砼墙深度30毫米（射钉双向间距按板材尺寸）	板材尺寸见二次装修 高度为吊顶上100mm 用于电梯厅及消防电梯前室
墙 裙2	釉面砖墙裙（加气混凝土墙）	25	1. 刷建筑胶素水泥浆一遍，配合比为建筑胶：水=1:4 2. 17mm厚2:1:8水泥石灰砂浆，分两次抹灰 3. 4mm厚1:1水泥砂浆加水重20%的建筑胶镶贴 4. 4mm厚釉面砖，白水泥浆擦缝	用于卫生间，高度到顶 高度为吊顶上100mm
内墙面1	石质板材墙面（花岗石）	55	1. 30mm厚1:2.5水泥砂浆、分层灌浆 2. 25mm厚花岗石板（背面用双股16号铜丝绑扎与墙面固定）水泥浆擦缝	用于门厅
内墙面2	粘贴纤瓷板墙面	22	1. 12mm厚1:3水泥砂浆 2. 6mm厚1:2水泥砂浆 3. 4mm厚纤瓷板，用配套胶粘剂粘贴	用于除一层之外的电梯厅
内墙面3	水泥砂浆墙面	18	1. 喷白色乳胶漆涂料二道 2. 5mm厚1:2.5水泥砂浆抹面，压实赶光 3. 13mm厚1:1:6水泥石灰砂浆 4. 刷混凝土界面处理剂一道	用于楼梯间
内墙面4	纸筋（麻刀）灰墙面	18	1. 喷白色乳胶漆涂料二道 2. 2mm厚纸筋（麻刀）灰抹面 3. 10mm厚1:3石灰膏砂浆 4. 6mm厚1:3:9水泥石灰膏砂浆打底划出纹理 5. 刷混凝土界面处理剂一道	详内装修部位分配表
踢 脚1	水泥砂浆踢脚	25	1. 15mm厚1:3水泥砂浆 2. 10mm厚1:2水泥砂浆抹面压光	用于地下一层，高150mm

编号	名称	厚度	做法	备注
踢 脚2	花岗石踢脚	30	1. 15mm厚1:3水泥砂浆 2. 5mm厚1:1水泥砂浆加水重20%建筑胶镶贴 3. 10mm厚花岗石板，水泥浆擦缝	用于门厅、一层电梯厅，高150mm
踢 脚3	面砖踢脚	30	1. 17mm厚1:3水泥砂浆 2. 3mm厚1:1水泥砂浆加水重20%的建筑胶镶贴 3. 10mm厚面砖，水泥浆擦缝	详内装修部位分配表
地 面1	特殊骨料耐磨地面	50	1. 2mm厚特殊耐磨骨料，混凝土即将初凝时均匀撒布 2. 48mm厚C15混凝土	用于地下室车库和坡道
楼 面1	花岗石楼面	50	1. 20mm厚花岗石板铺实拍平，素水泥浆擦缝 2. 30mm厚1:4干硬性水泥砂浆 3. 素水泥浆结合层一遍 4. 钢筋混凝土楼板	用于一层电梯厅、公共走道
楼 面2	陶瓷地砖楼面	50	1. 10mm厚地砖铺实拍平，水泥浆擦缝 2. 20mm厚1:4干硬性水泥砂浆 3. 20mm厚1:3水泥砂浆找平层 4. 钢筋混凝土楼板	用于地上除卫生间外所有房间
楼 面3	陶瓷地砖防水楼面	90	1. 5mm厚地砖铺实拍平，水泥浆擦缝（或用1:1水泥砂浆填缝） 2. 20mm厚1:4干硬性水泥砂浆 3. 1.5mm厚SPU超强弹性防水涂料，面撒黄砂，四周沿墙上翻150高 4. 刷基层处理剂一遍 5. 15mm厚1:2水泥砂浆找平 6. 50mm厚C15细石混凝土找坡不小于0.5%，最薄处不小于30mm厚 7. 现浇钢筋混凝土楼板	用于卫生间楼面 楼面完成面比其它楼面低20
楼 面4	水泥砂浆楼面	30	1. 10mm厚1:2水泥砂浆罩面，压实赶光 2. 20mm厚1:3水泥砂浆打底 3. 素水泥浆结合层一遍 4. 钢筋混凝土楼板	用于楼梯间
楼 面5	细石混凝土楼面	50	1. 50mm厚C20细石混凝土随打随抹光 2. 素水泥浆结合层一遍 3. 钢筋混凝土楼板	用于电梯机房
楼 面6	细石混凝土防水楼面	50	1. 30mm厚C20细石混凝土随打随抹光 2. 1.5mm厚SPU超强弹性防水涂料，面撒黄砂，四周沿墙上翻150高 3. 刷基层处理剂一遍 4. 20mm厚1:2水泥砂浆找平，四周抹小八字角 5. 钢筋混凝土楼板	用于屋顶水箱间、空调室外机位
顶 棚1	板底喷涂顶棚		1. 喷白色乳胶漆涂料 2. 板底腻子刮平	详内装修部位分配表
顶 棚2	混合砂浆顶棚	12	1. 钢筋混凝土板底面清理干净 2. 7mm厚1:1:4水泥石灰砂浆 3. 5mm厚1:0.5:3水泥石灰砂浆 4. 饰面喷刷涂料	详内装修部位分配表
顶 棚3	PVC板条顶棚		1. PVC成品板 2. 铝合金横撑⊥25x22x1.3中距同板宽 3. 铝合金中龙骨⊥32x22x1.2中距同板宽（边龙骨L35x11x0.75） 4. 大龙骨[60x30x1.5（吊点附吊挂）中距<1200 5. ø8螺栓吊挂、双向吊点（中距900） 6. 钢筋混凝土板内预留ø6铁环，双向中距900	用于卫生间
顶 棚4	双面石膏板顶棚		1. 刷白色乳胶漆 2. 棚面刮腻子找平 3. 刷专用防潮涂料一道 4. 9mm厚穿孔石膏吸音板，自攻沉头螺丝拧牢，孔眼用腻子填平 5. 轻钢横撑龙骨U19x50x0.5中距等于板材宽度 6. 轻钢中龙骨U19x50x0.5中距等于板材宽度 7. 轻钢大龙骨[45x15x1.2（吊点附吊挂），中距<1200，ø8螺栓吊挂、双向吊点（中距900） 8. 钢筋混凝土板内预留ø6铁环，双向中距900	详内装修部位分配表
顶 棚4	岩棉板保温顶棚		1. 配套胶粘剂粘贴20mm厚岩棉板 2. 钢筋混凝土板底面清理干净	用于不采暖地下室顶板
散 水1	混凝土散水	210	1. 60mm厚C15混凝土，面上加5mm厚1:1水泥砂浆随打随抹光 2. 150mm厚3:7灰土 3. 素土夯实，向外坡4%	散水宽1200mm
油 漆1	调和漆（木材面）		1. 木基层清理、除污、打磨等 2. 刮腻子、磨光 3. 底油一遍 4. 调和漆两遍	褐色
油 漆2	调和漆（金属面）		1. 清理金属面除锈 2. 防锈漆或红丹一遍 3. 刮腻子、磨光 4. 调和漆两遍	褐色
台 阶1	花岗岩台阶		1. 20mm厚亚光防滑花岗岩板面层，稀水泥浆擦缝 2. 撒素水泥面（洒适量清水） 3. 30mm厚1:3干硬性水泥砂浆结合层，向外坡1% 4. 素水泥浆一道 5. 100mm厚C15混凝土内配ø6双向中距200 6. 150mm厚3:7灰土垫层 7. 素土夯实	用于办公主入口
台 阶2	铺地砖台阶		1. 10mm厚地砖面层，水泥细砂浆勾缝 2. 5mm厚1:1水泥细砂浆结合层 3. 20mm厚1:3干硬性水泥砂浆结合层，向外坡1% 4. 素水泥浆一道 5. 60mm厚C15混凝土（厚度不包括踏步三角部分） 6. 150mm厚3:7灰土垫层 7. 素土夯实	用于其它辅助入口
坡 道1	花岗石坡道	430	1. 40mm厚花岗石板，表面剁平或机刨 2. 30mm厚1:4干硬性水泥砂浆 3. 素水泥浆结合层一遍 4. 60mm厚C15混凝土 5. 300mm厚3:7灰土 6. 素土夯实	用于入口处坡道
坡 道2	混凝土坡道	50	1. 50mm厚C25细石混凝土面层，随打随抹(毛面) 2. 素水泥浆结合层一道 3. 100mm厚C20混凝土内配ø8双向钢筋@150按纵横<4m设置分格缝，缝中钢筋断开，缝宽20，与主体结构留缝30，缝内用接缝密封材料填实密封	用于汽车坡道

XX 建筑
设计研究院

合作设计单位 CO-OPERATED WITH

业 主 CLIENT

项目 名称 JOB TITLE
xx社会主义学院综合楼

工程 名称 PROJECT TITLE
xx社会主义学院综合楼

设计 阶段 DESIGN STAGE
方案 报审 初设 施工图 作业

设计 专业 DSCIGN DISCIPLINE
总图 建筑 结构 给排水 暖通
强电 弱电 装饰 市政 景观

版本 RIVISIONS	日期 DATE	说明 EXPLAIN
1		
2	年 月 日	
3	年 月 日	

图纸 名称 DRAWING TITLE
工程做法

工程 编号 PROJECT NO.	
分项 编号 ITEM NUMBER	
图 号 DRAWING NO.	2
所 长 SUPERINTENDENT	
项目负责人 ITEM PRINCIPAL	
审 定 人 AUTHORIZED FOR ISSUE BY	
审 核 人 PROJECT MANAGER	
校 对 人 CHECKED BY	
设 计 人 DESIGNED BY	
出图 日期 FINISHING DATE	

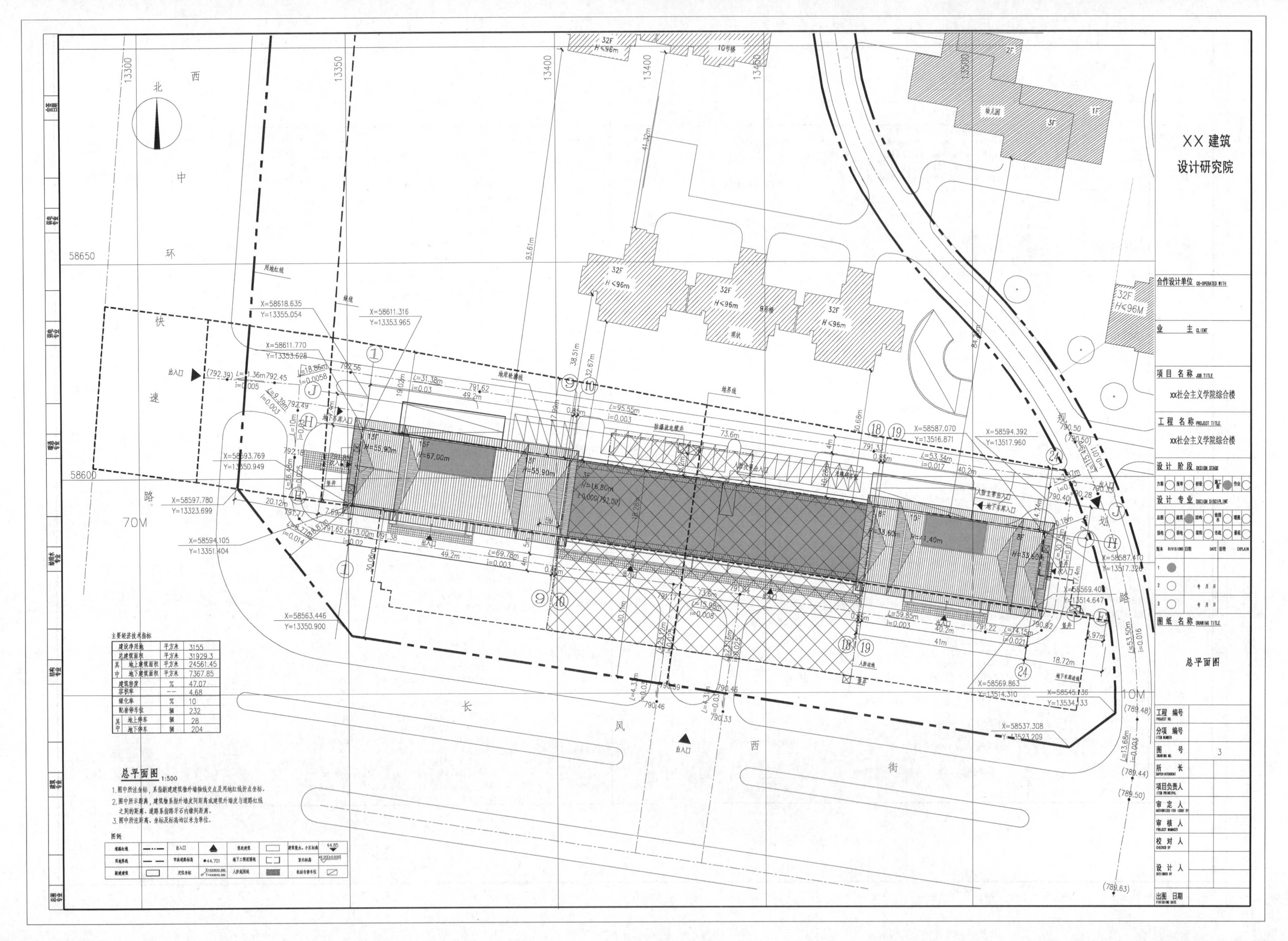

主要经济技术指标		单位	数值
建设净用地		平方米	3155
总建筑面积		平方米	31929.3
其中	地上建筑面积	平方米	24561.45
	地下建筑面积	平方米	7367.85
建筑密度		%	47.07
容积率		--	4.68
绿化率		%	10
配套停车位		辆	232
其中	地上停车	辆	28
	地下停车	辆	204

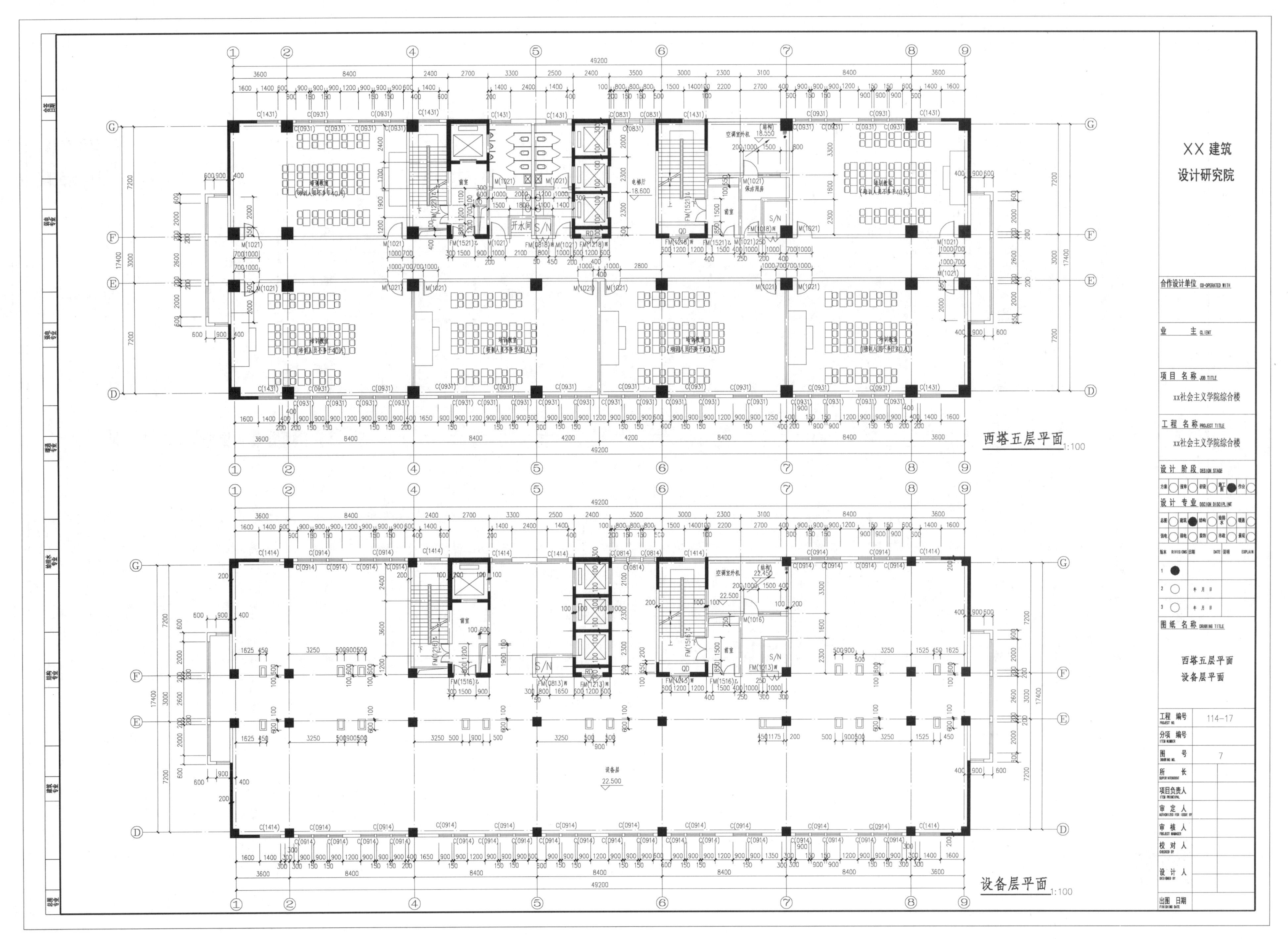

XX 建筑
设计研究院
合作设计单位 CO-OPERATED WITH
业 主 CLIENT
项目 名称 JOB TITLE
xx社会主义学院综合楼
工程 名称 PROJECT TITLE
xx社会主义学院综合楼
设计 阶段 DESIGN STAGE
设计 专业 DESIGN DISCIPLINE
图纸 名称 DRAWING TITLE
西塔五层平面
设备层平面
工程 编号
114-17
分项 编号
图 号
7
所 长
项目负责人
审 定 人
审 核 人
校 对 人
设 计 人
出图 日期
西塔五层平面 1:100
设备层平面 1:100
49200
17400
电梯厅
18.600
开水间
设备层
22.500

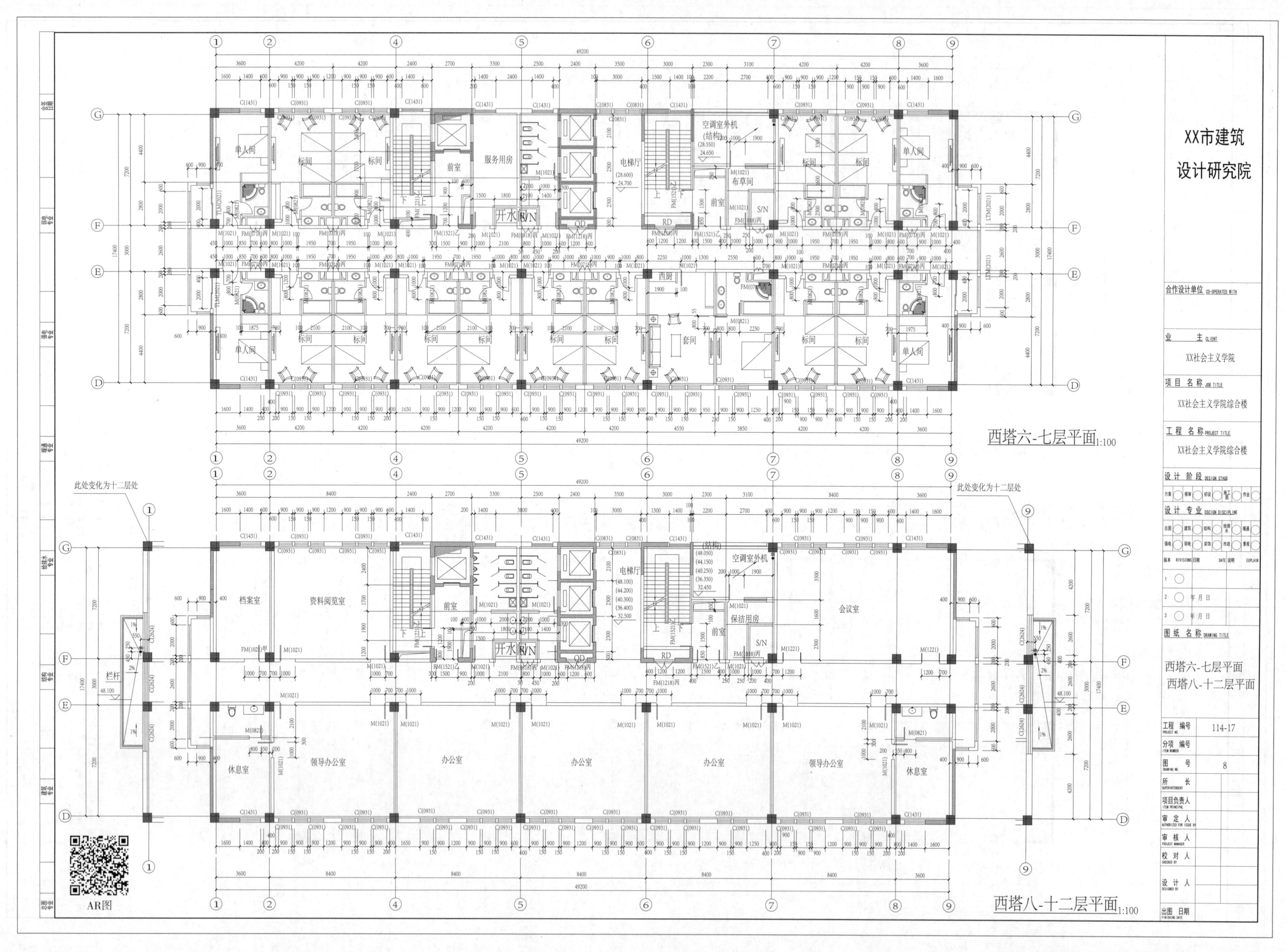

XX市建筑
设计研究院
合作设计单位 CO-OPERATED WITH
业 主 CLIENT
XX社会主义学院
项目名称 JOB TITLE
XX社会主义学院综合楼
工程名称 PROJECT TITLE
XX社会主义学院综合楼
设计阶段 DESIGN STAGE
设计专业 DESIGN DISCIPLINE
版本 REVISIONS 日期 DATE 说明 EXPLAIN
图纸名称 DRAWING TITLE
西塔六-七层平面
西塔八-十二层平面
工程编号 PROJECT NO. 114-17
分项编号 ITEM NUMBER
图号 DRAWING NO. 8
所长 SUPERINTENDENT
项目负责人 ITEM PRINCIPAL
审定人
审核人 PROJECT MANAGER
校对人 CHECKED BY
设计人 DESIGNED BY
出图日期 FINISHING DATE
西塔六-七层平面1:100
西塔八-十二层平面1:100
此处变化为十二层处
单人间
标间
前室
服务用房
电梯厅
空调室外机
布草间
套间
西厨
开水间
档案室
资料阅览室
会议室
保洁用房
休息室
领导办公室
办公室
栏杆
49200
17400
AR图

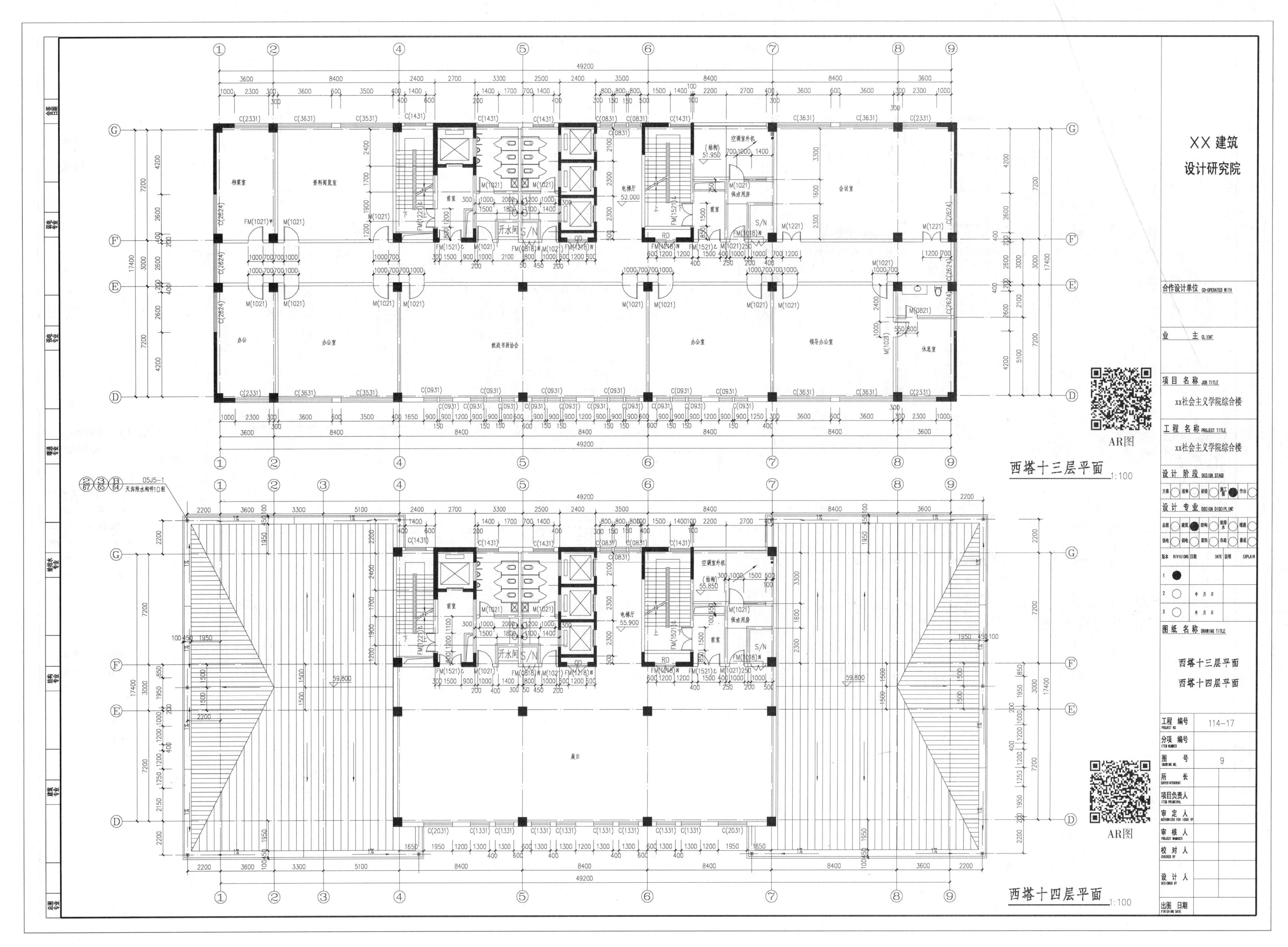

XX 建筑
设计研究院
西塔十三层平面 1:100
西塔十四层平面 1:100
AR图
合作设计单位
业 主
项目名称
xx社会主义学院综合楼
工程名称
xx社会主义学院综合楼
设计阶段
设计专业
图纸名称
西塔十三层平面
西塔十四层平面
工程编号 114-17
分项编号
图号 9
所长
项目负责人
审定人
审核人
校对人
设计人
出图日期
档案室
资料阅览室
会议室
办公
办公室
统战书画协会
领导办公室
休息室
电梯厅
前室
开水间
保洁用房
空调室外机
展示

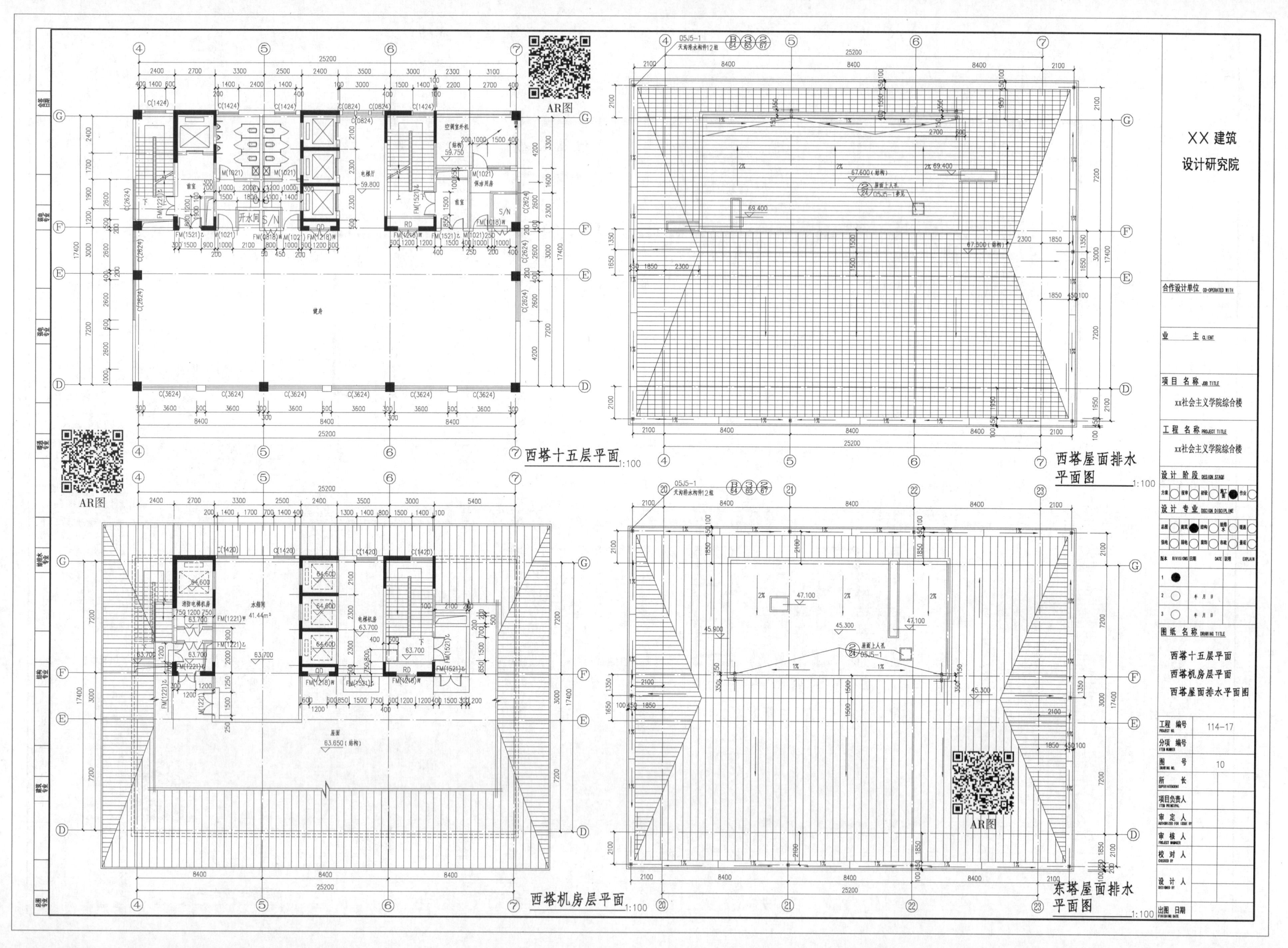

西塔十五层平面 1:100
西塔屋面排水平面图 1:100
西塔机房层平面 1:100
东塔屋面排水平面图 1:100
AR图
XX 建筑设计研究院
合作设计单位 CO-OPERATED WITH
业 主 CLIENT
项目名称 JOB TITLE
xx社会主义学院综合楼
工程名称 PROJECT TITLE
xx社会主义学院综合楼
设计阶段 DESIGN STAGE
设计专业 DESIGN DISCIPLINE
图纸名称 DRAWING TITLE
西塔十五层平面
西塔机房层平面
西塔屋面排水平面图
工程编号 114-17
分项编号
图号 10
所长
项目负责人
审定人
审核人
校对人
设计人
出图日期

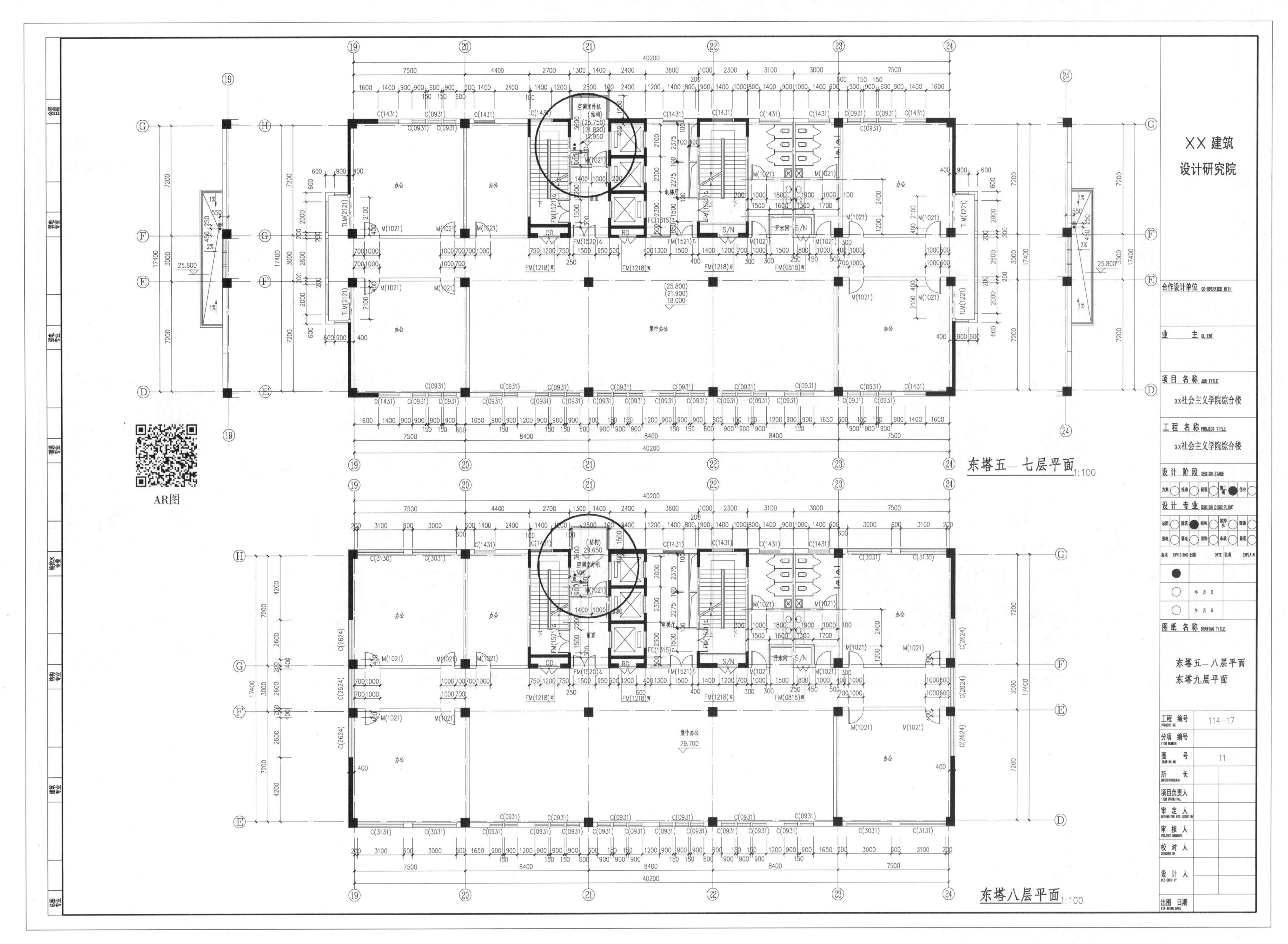

XX 建筑
设计研究院
合作设计单位 CO-OPERATED WITH
业 主 CLIENT
项目名称 JOB TITLE
xx社会主义学院综合楼
工程名称 PROJECT TITLE
xx社会主义学院综合楼
设计阶段 DESIGN STAGE
设计专业 DESIGN DISCIPLINE
图纸名称 DRAWING TITLE
东塔五—八层平面
东塔九层平面
工程编号
114-17
分项编号
图号
11
所长
项目负责人
审定人
审核人
校对人
设计人
出图日期
东塔五—七层平面 1:100
东塔八层平面 1:100
AR图
办公
集中办公
电梯厅
空调室外机

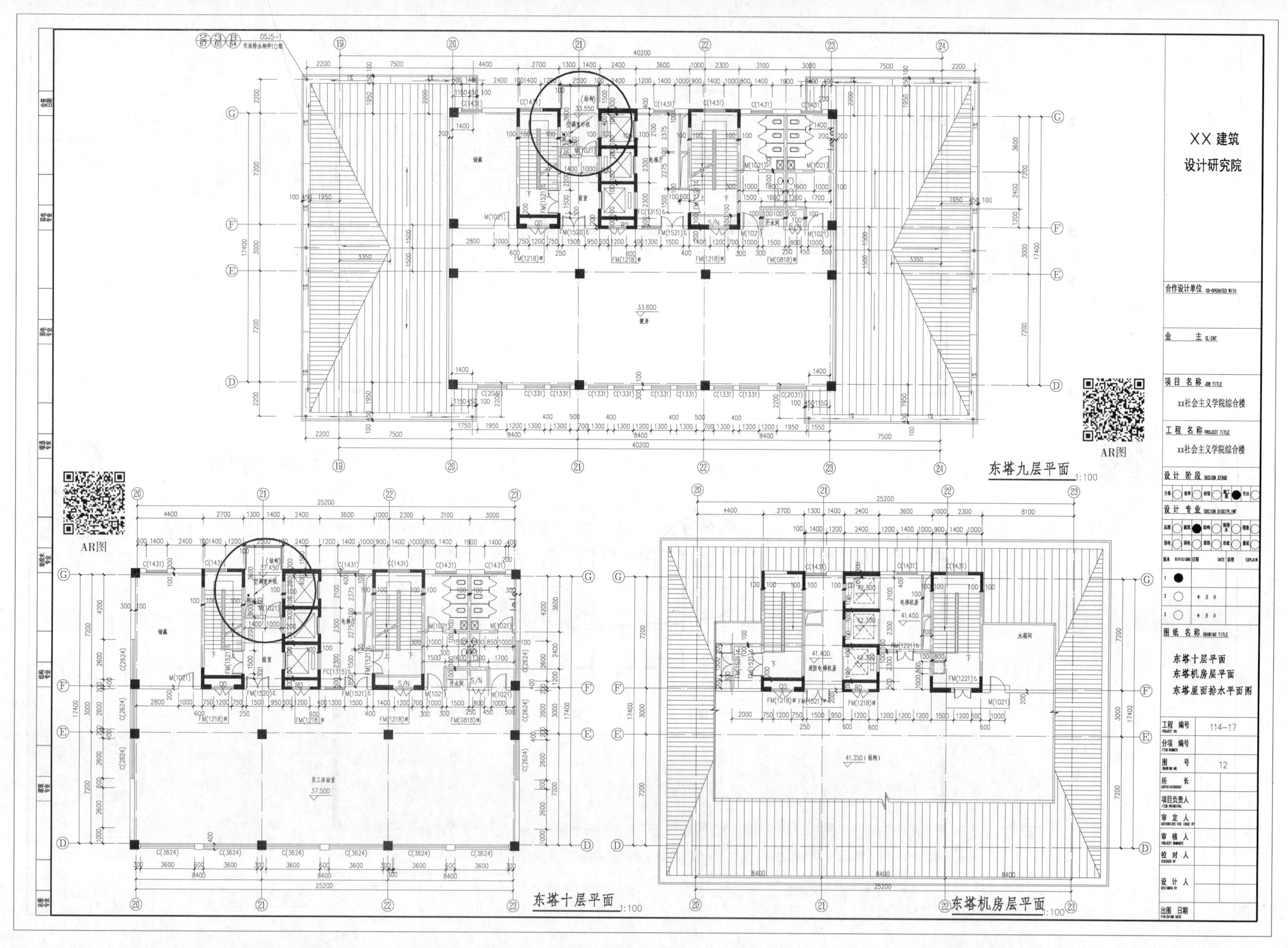
XX 建筑
设计研究院
东塔九层平面 1:100
东塔十层平面 1:100
东塔机房层平面 1:100
AR图
AR图
合作设计单位
业 主
项目名称
xx社会主义学院综合楼
工程名称
xx社会主义学院综合楼
设计阶段
设计专业
图纸名称
东塔十层平面
东塔机房层平面
东塔屋面排水平面图
工程编号 114-17
分项编号
图号 12
所长
项目负责人
审定人
审核人
校对人
设计人
出图日期

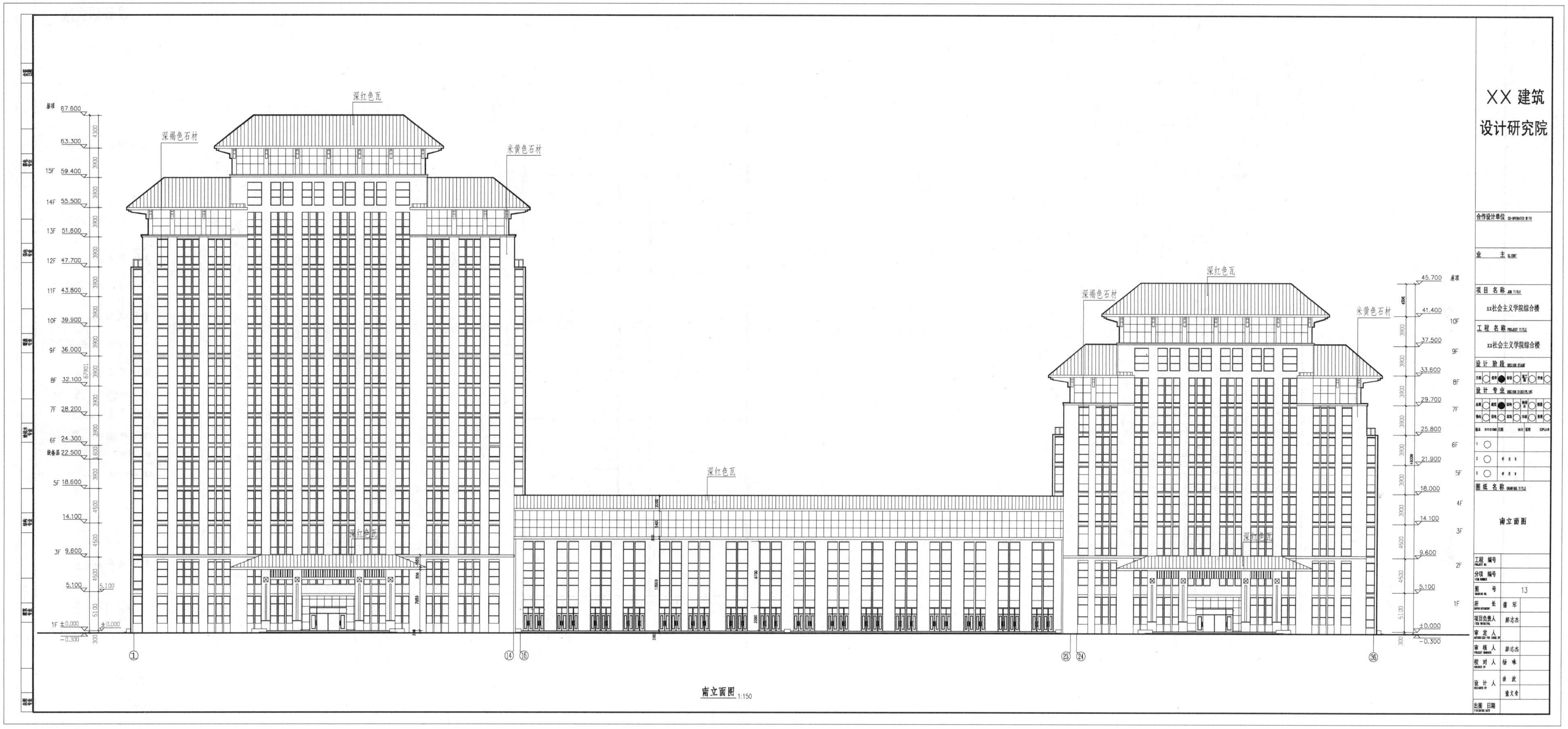

深红色瓦
深褐色石材
米黄色石材
南立面图 1:150
XX 建筑
设计研究院
合作设计单位
业　　主
项目 名称
xx社会主义学院综合楼
工程 名称
xx社会主义学院综合楼
设计 阶段
设计 专业
图纸 名称
南立面图
工程 编号
分项 编号
图　号 13
所　长
项目负责人 郝志杰
审 定 人
审 核 人 郝志杰
校 对 人 杨 琳
设 计 人 曲 波
董文奇
出图 日期

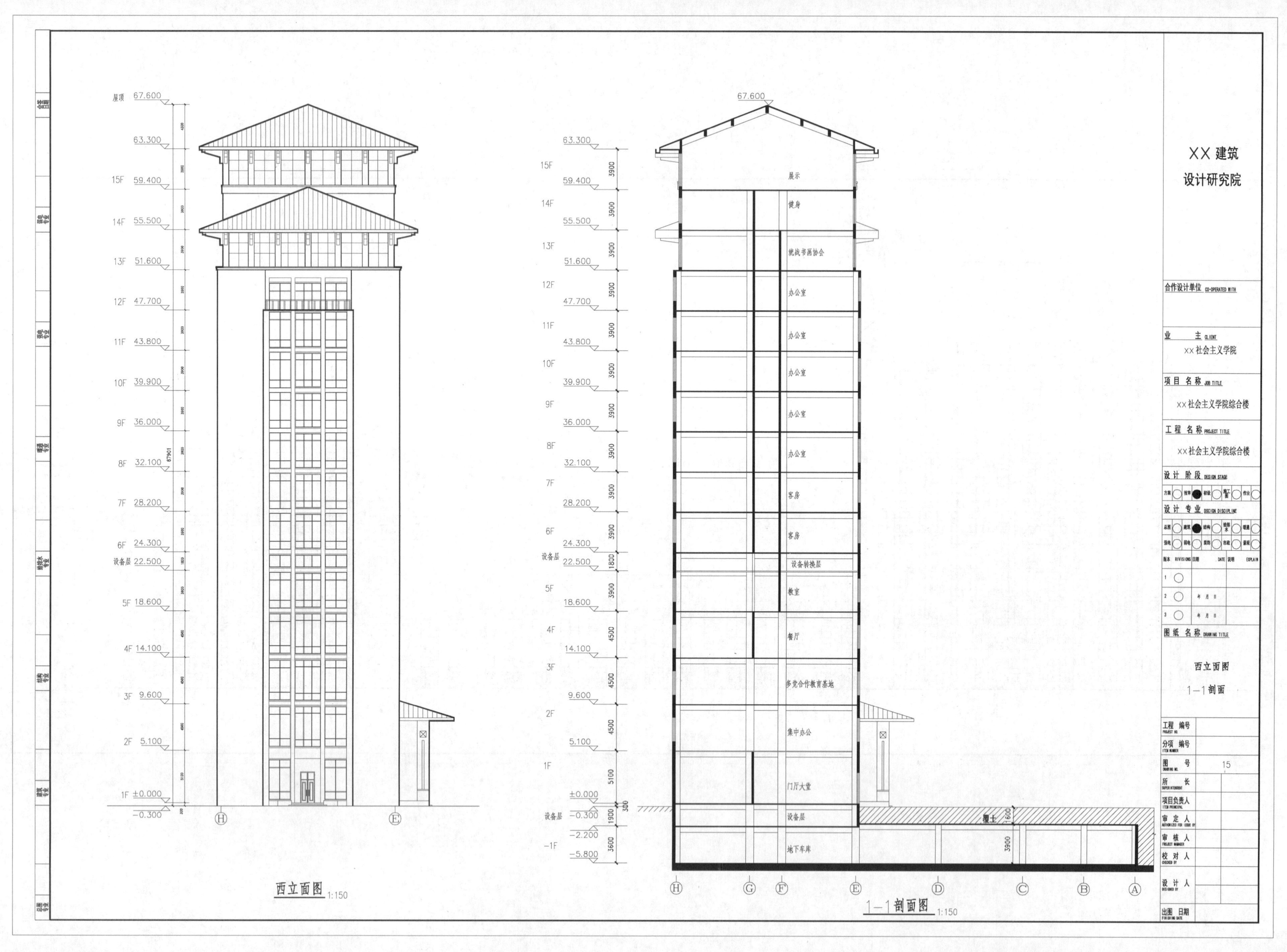
XX 建筑
设计研究院
业 主
XX社会主义学院
项目名称
XX社会主义学院综合楼
工程名称
XX社会主义学院综合楼
图纸名称
西立面图
1—1剖面
西立面图 1:150
1—1剖面图 1:150

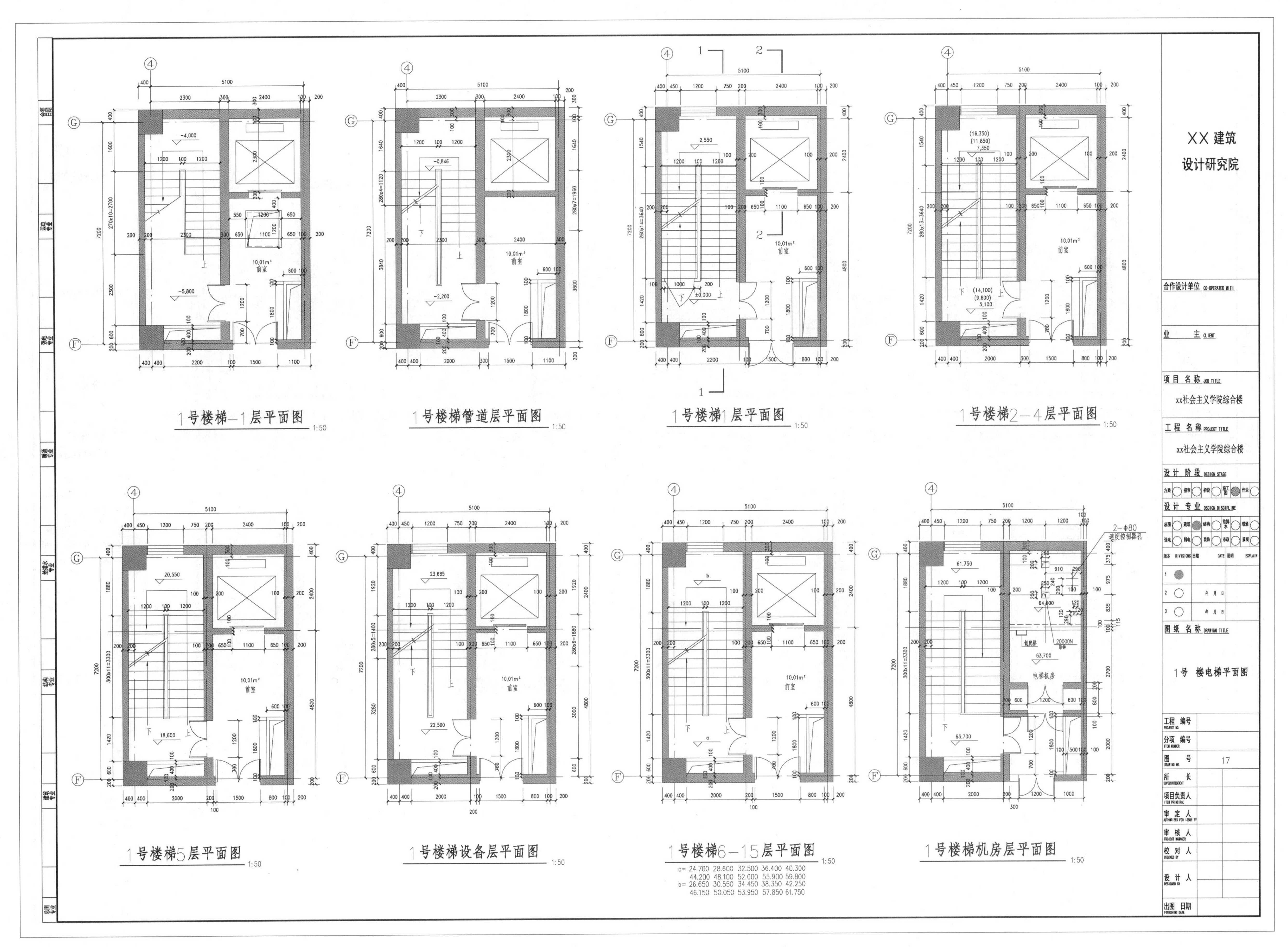

1号楼梯–1层平面图 1:50
1号楼梯管道层平面图 1:50
1号楼梯1层平面图 1:50
1号楼梯2–4层平面图 1:50
1号楼梯5层平面图 1:50
1号楼梯设备层平面图 1:50
1号楼梯6–15层平面图 1:50
a= 24.700 28.600 32.500 36.400 40.300
44.200 48.100 52.000 55.900 59.800
b= 26.650 30.550 34.450 38.350 42.250
46.150 50.050 53.950 57.850 61.750
1号楼梯机房层平面图 1:50
前室
电梯机房
XX 建筑
设计研究院
合作设计单位 CO-OPERATED WITH
业 主 CLIENT
项目名称 JOB TITLE
xx社会主义学院综合楼
工程名称 PROJECT TITLE
xx社会主义学院综合楼
设计阶段 DESIGN STAGE
设计专业 DESIGN DISCIPLINE
图纸名称 DRAWING TITLE
1号 楼电梯平面图
工程编号
分项编号
图号
17
所长
项目负责人
审定人
审核人
校对人
设计人
出图日期

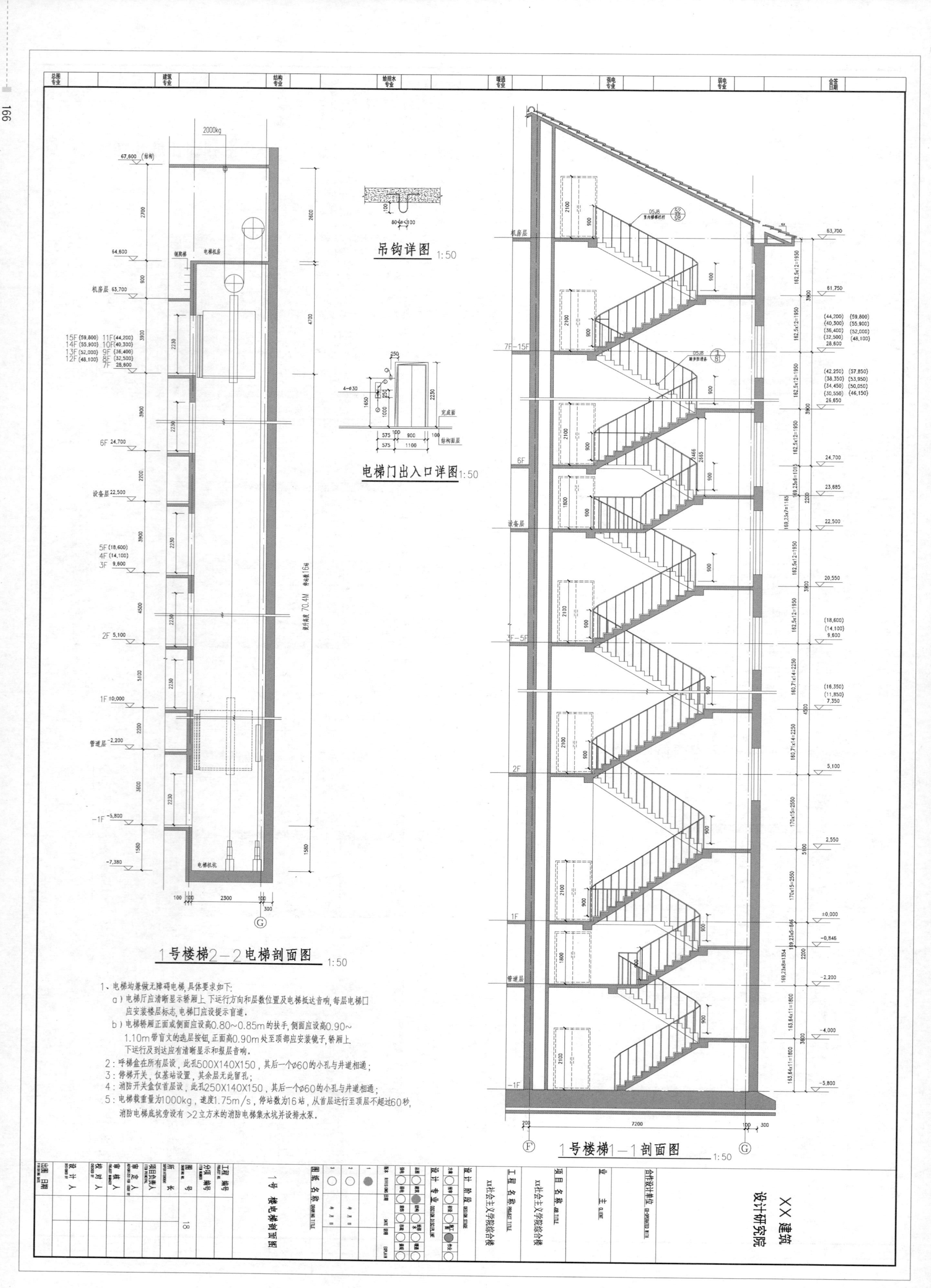

1号楼梯1—1剖面图 1:50
1号楼梯2—2电梯剖面图 1:50
吊钩详图 1:50
电梯门出入口详图 1:50
1、电梯均兼做无障碍电梯,具体要求如下:
a)电梯厅应清晰显示轿厢上、下运行方向和层数位置及电梯抵达音响,每层电梯口应安装楼层标志,电梯口应设提示盲道。
b)电梯轿厢正面或侧面应设高0.80~0.85m的扶手,侧面应设高0.90~1.10m带盲文的选层按钮,正面高0.90m处至顶部应安装镜子,轿厢上下运行及到达应有清晰显示和报层音响。
2:呼梯盒在所有层设,此孔500X140X150,其后一个ø60的小孔与井道相通;
3:停梯开关,仅基站设置,其余层无此留孔;
4:消防开关盒仅首层设,此孔250X140X150,其后一个ø60的小孔与井道相通;
5:电梯载重量为1000kg,速度1.75m/s,停站数为16站,从首层运行至顶层不超过60秒,消防电梯底坑旁设有>2立方米的消防电梯集水坑并设排水泵。
XX 建筑
设计研究院
合作设计单位 CO-OPERATED WITH
业 主 CLIENT
项目 名称 JOB TITLE
xx社会主义学院综合楼
工程 名称 PROJECT TITLE
xx社会主义学院综合楼
设计 阶段 DESIGN STAGE
设计 专业 DESIGN DISCIPLINE
图纸 名称 DRAWING TITLE
1号 楼电梯剖面图
工程 编号
分项 编号
图 号 18
所 长
项目负责人
审 定 人
审 核 人
校 对 人
设 计 人
出图 日期

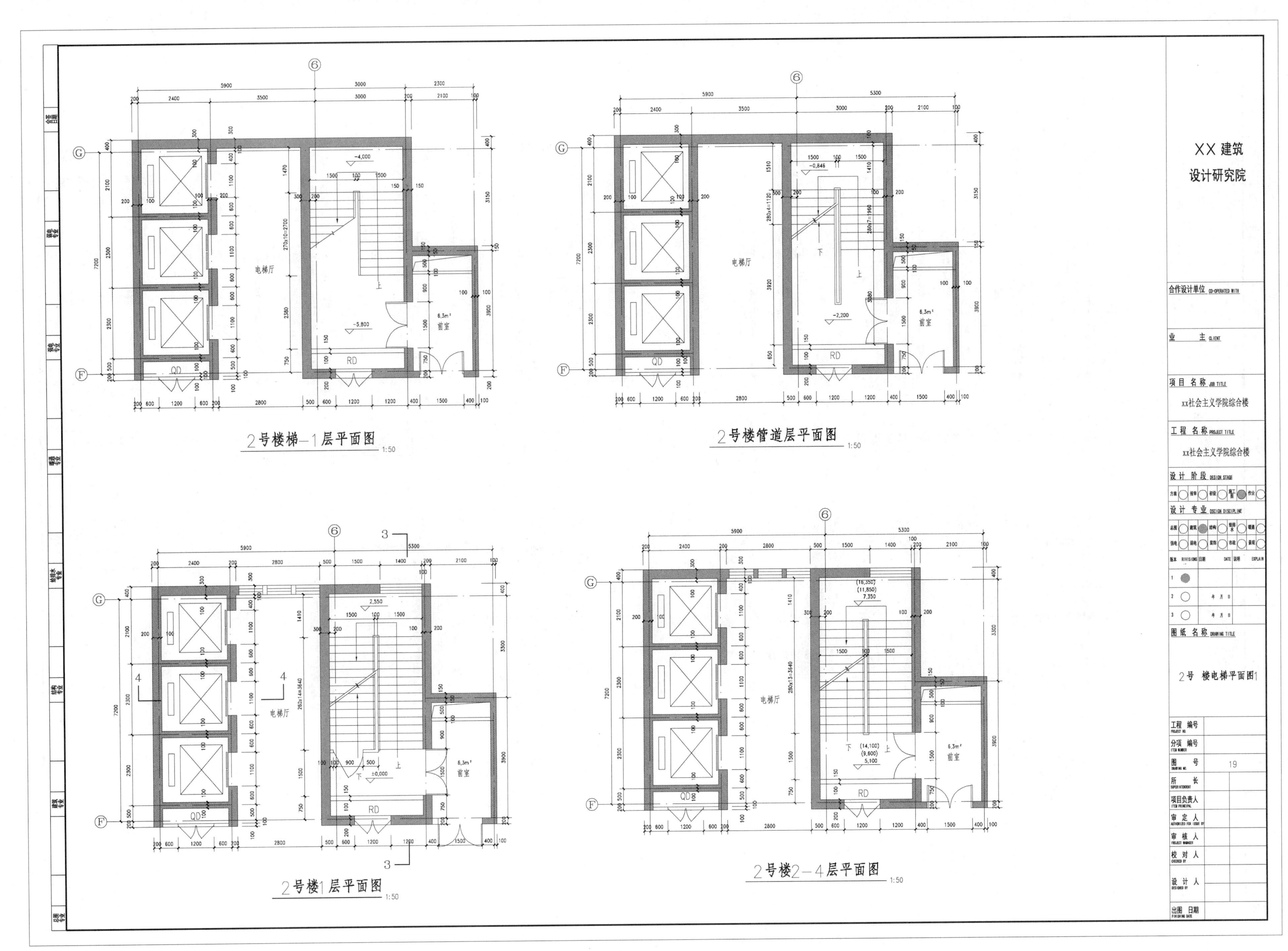
2号楼梯-1层平面图 1:50
2号楼管道层平面图 1:50
2号楼1层平面图 1:50
2号楼2-4层平面图 1:50
电梯厅
前室
XX 建筑
设计研究院
合作设计单位 CO-OPERATED WITH
业 主 CLIENT
项目 名称 JOB TITLE
xx社会主义学院综合楼
工程 名称 PROJECT TITLE
xx社会主义学院综合楼
设计 阶段 DESIGN STAGE
设计 专业 DESIGN DISCIPLINE
图纸 名称 DRAWING TITLE
2号 楼电梯平面图1
工程 编号
分项 编号
图 号
19
所 长
项目负责人
审 定 人
审 核 人
校 对 人
设 计 人
出图 日期

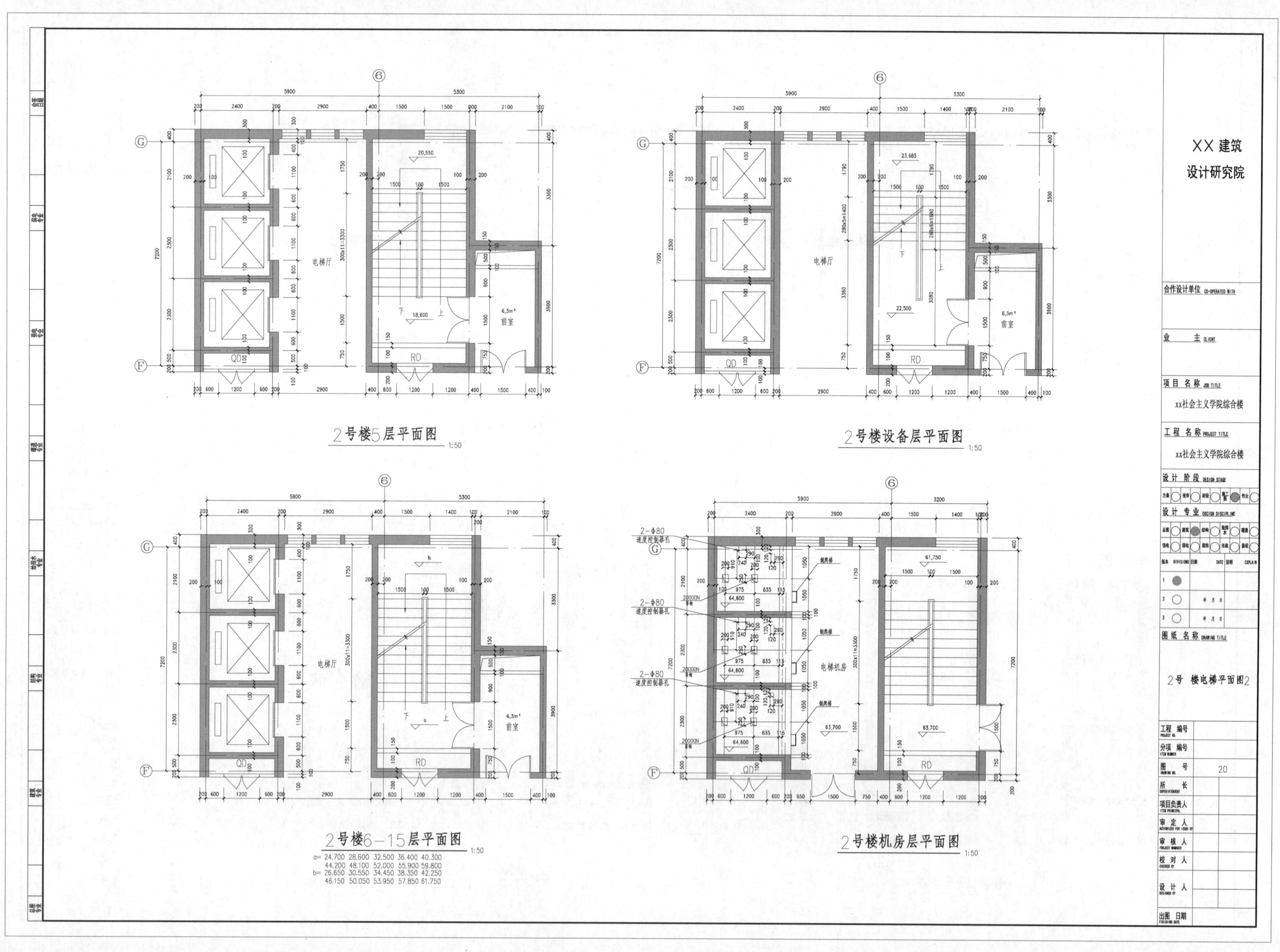
XX 建筑
设计研究院
合作设计单位 CO-OPERATED WITH
业 主 CLIENT
项目名称 JOB TITLE
xx社会主义学院综合楼
工程名称 PROJECT TITLE
xx社会主义学院综合楼
设计阶段 DESIGN STAGE
设计专业 DESIGN DISCIPLINE
图纸名称 DRAWING TITLE
2号 楼电梯平面图2
工程编号
分项编号
图 号
20
所 长
项目负责人
审定人
审核人
校对人
设计人
出图日期
2号楼5层平面图 1:50
2号楼设备层平面图 1:50
2号楼6-15层平面图 1:50
a= 24.700 28.600 32.500 36.400 40.300
44.200 48.100 52.000 55.900 59.800
b= 26.650 30.550 34.450 38.350 42.250
46.150 50.050 53.950 57.850 61.750
2号楼机房层平面图 1:50
电梯厅
前室
电梯机房
2-Φ80
速度控制器孔

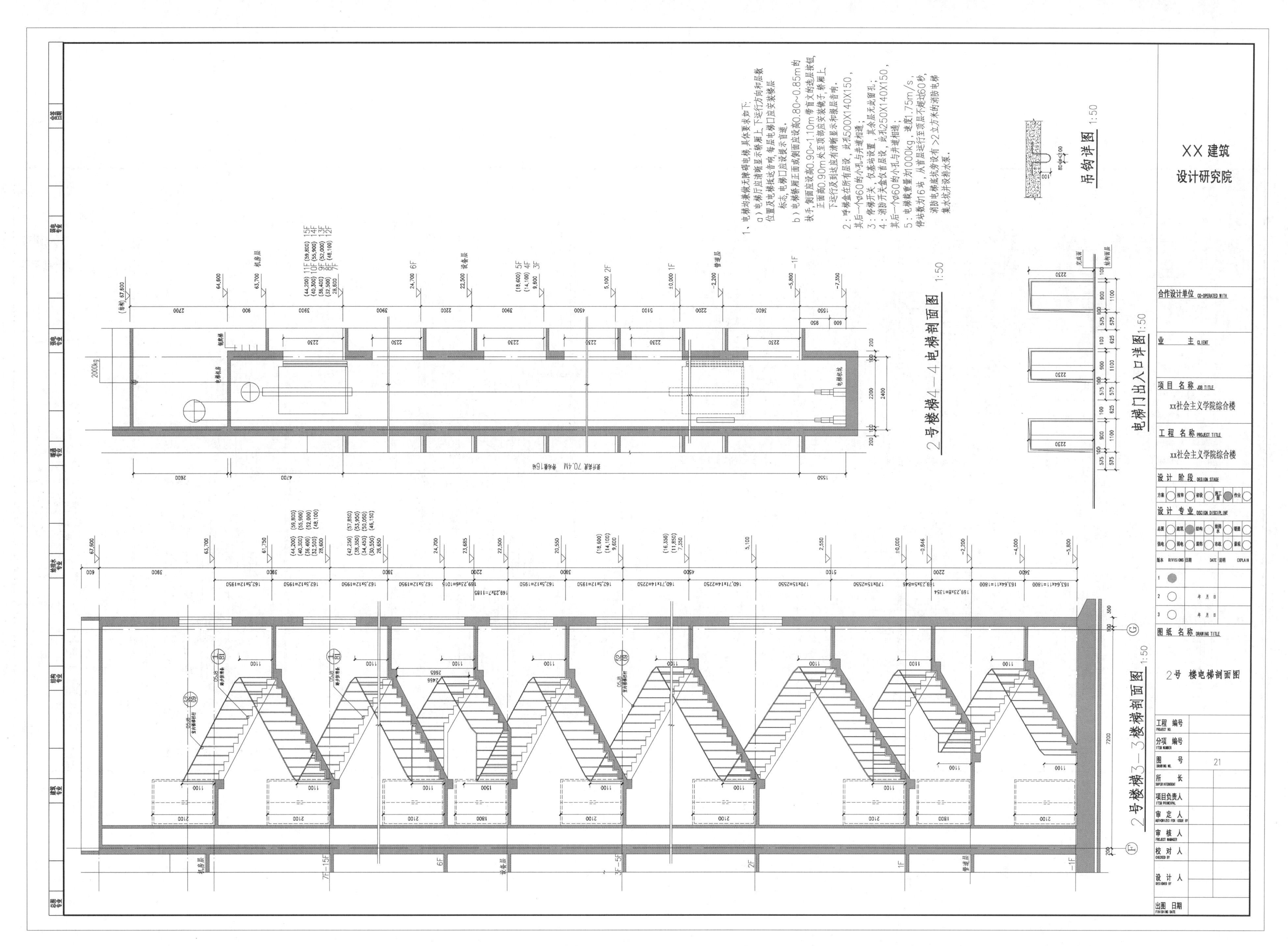
XX 建筑
设计研究院
合作设计单位
业 主
项目名称
xx社会主义学院综合楼
工程名称
xx社会主义学院综合楼
设计阶段
设计专业
图纸名称
2号 楼电梯剖面图
工程编号
分项编号
图 号
21
所 长
项目负责人
审 定 人
审 核 人
校 对 人
设 计 人
出图日期

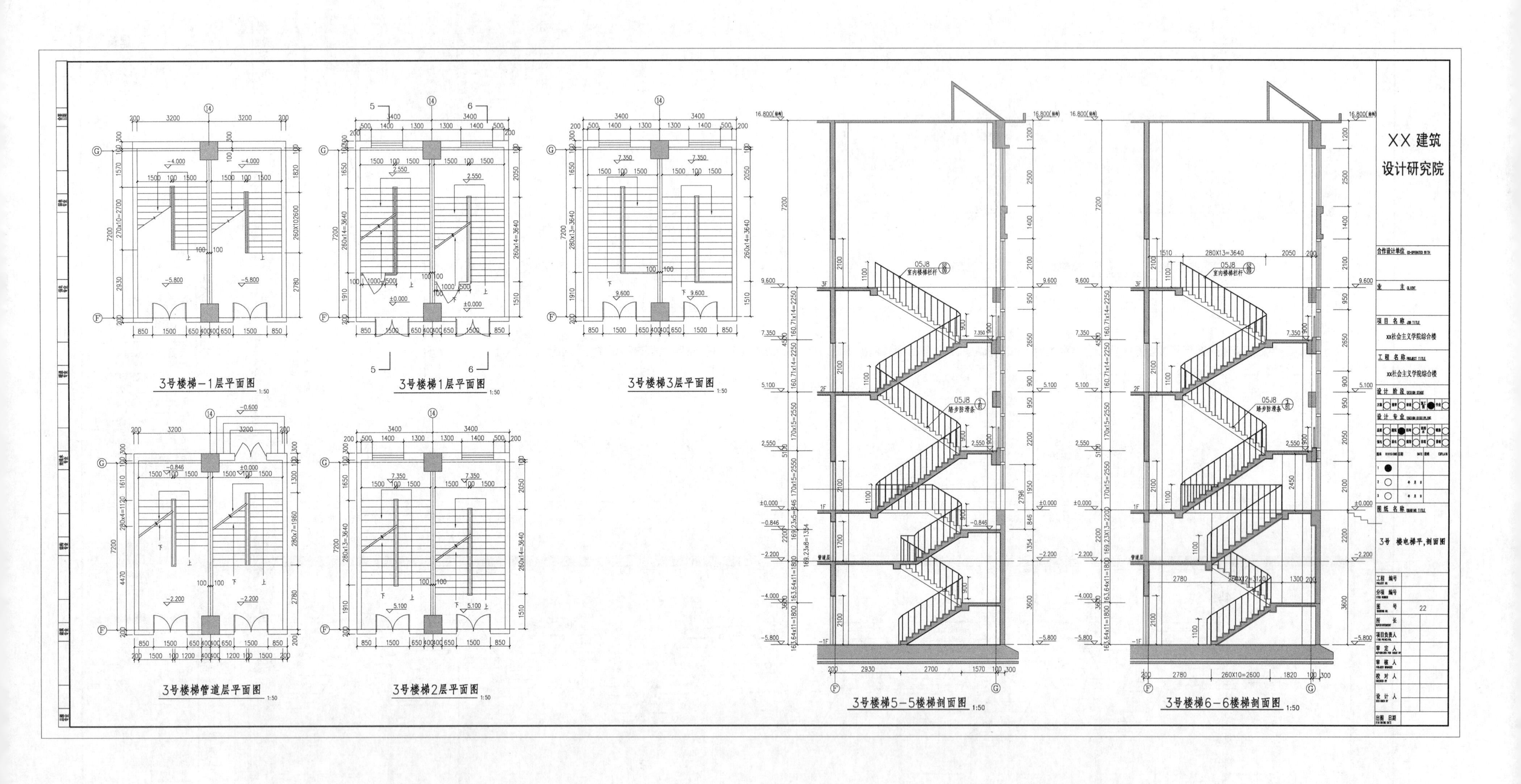
XX 建筑
设计研究院
3号楼梯-1层平面图 1:50
3号楼梯1层平面图 1:50
3号楼梯3层平面图 1:50
3号楼梯管道层平面图 1:50
3号楼梯2层平面图 1:50
3号楼梯5-5楼梯剖面图 1:50
3号楼梯6-6楼梯剖面图 1:50
室内楼梯栏杆
踏步防滑条
05J8
合作设计单位
业 主
项目名称
xx社会主义学院综合楼
工程名称
xx社会主义学院综合楼
设计阶段
设计专业
图纸名称
3号 楼电梯平,剖面图
工程编号
分项编号
图 号
22
所 长
项目负责人
审 定 人
审 核 人
校 对 人
设 计 人
出图日期

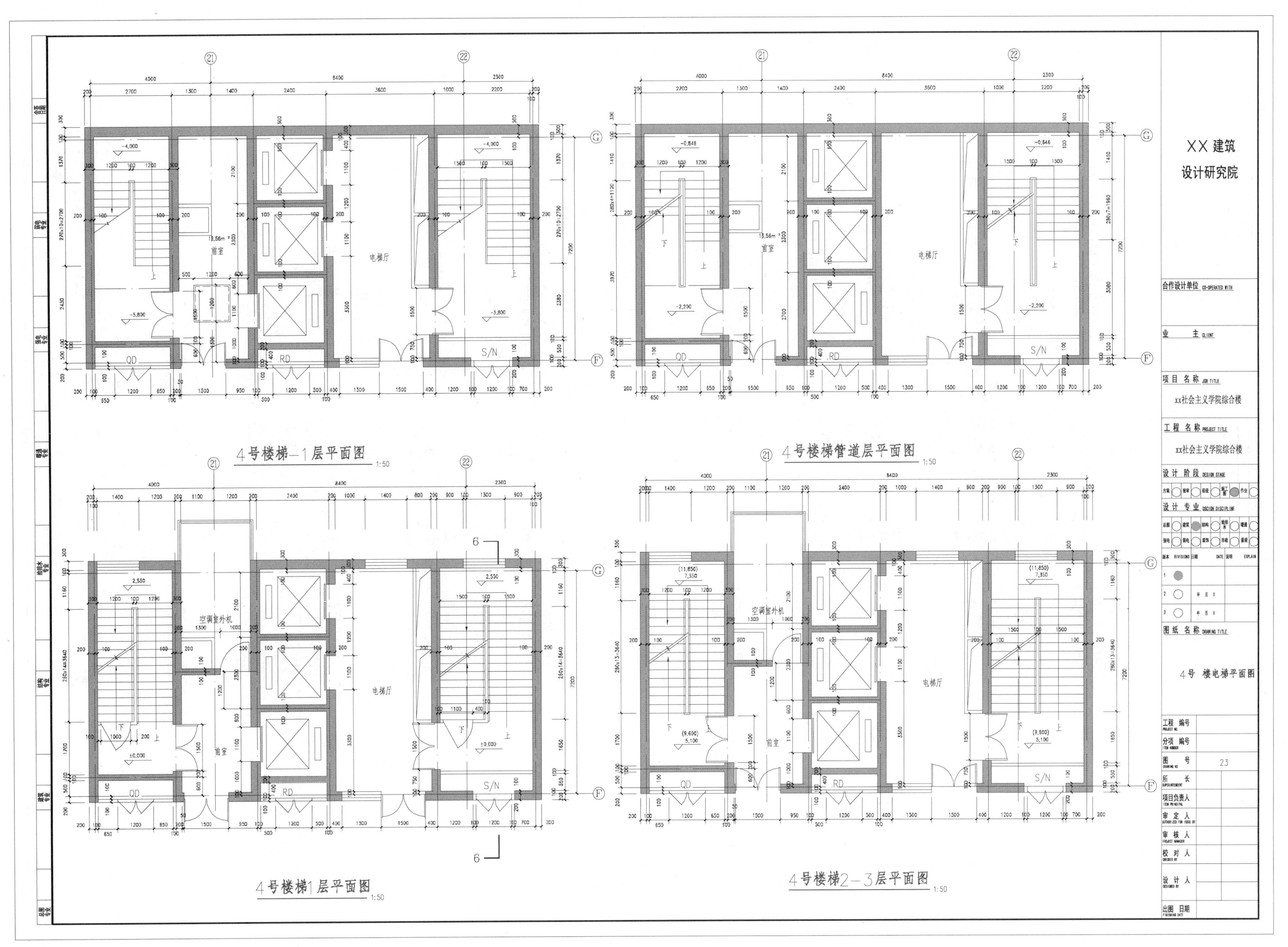
XX建筑
设计研究院
合作设计单位
业 主
项目名称
xx社会主义学院综合楼
工程名称
xx社会主义学院综合楼
设计阶段
设计专业
图纸名称
4号 楼电梯平面图
工程编号
分项编号
图号
23
所长
项目负责人
审定人
审核人
校对人
设计人
出图日期
4号楼梯-1层平面图 1:50
4号楼梯管道层平面图 1:50
4号楼梯1层平面图 1:50
4号楼梯2-3层平面图 1:50
电梯厅
前室
空调室外机
QD
RD
S/N

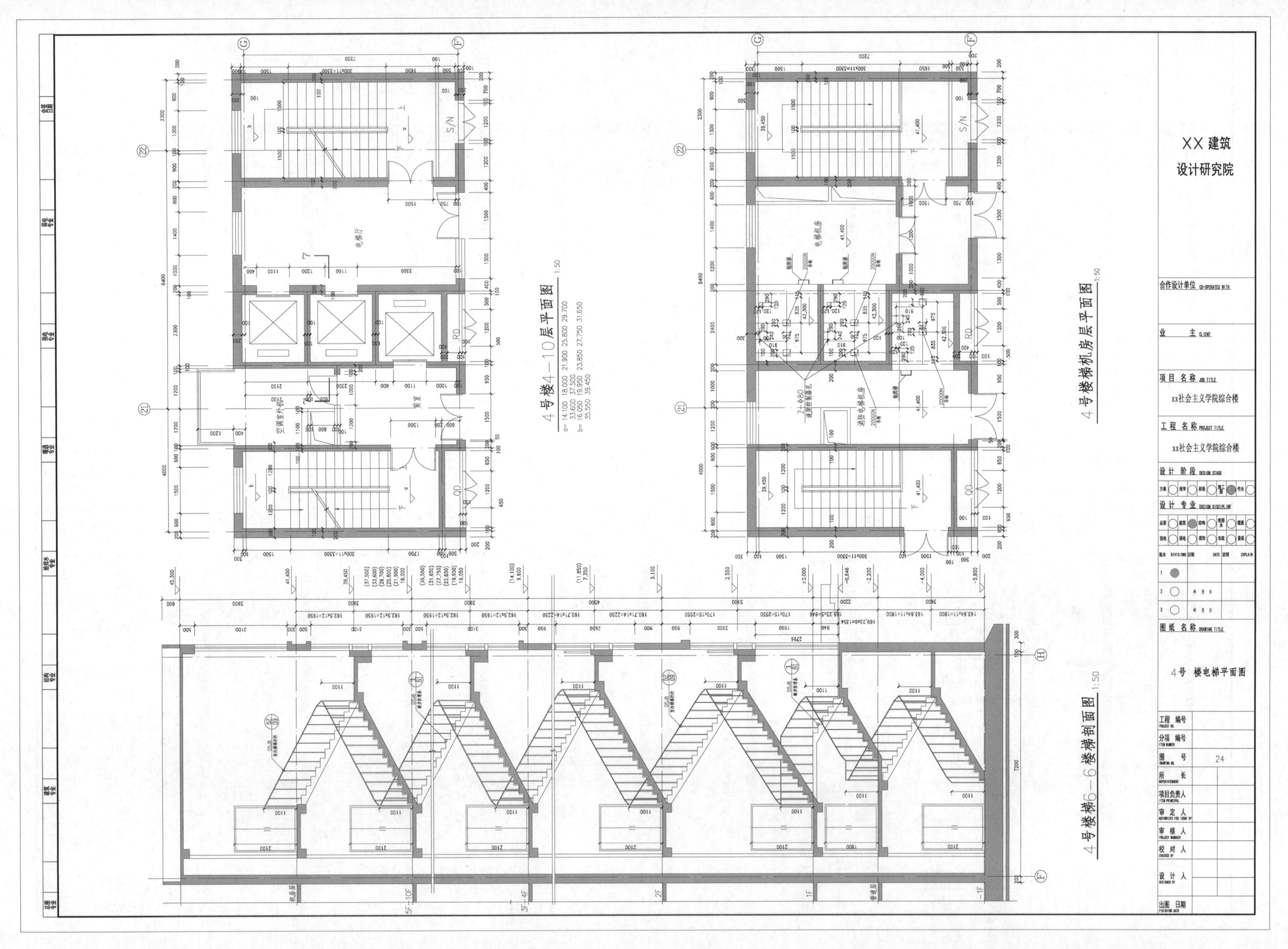

XX 建筑
设计研究院
合作设计单位 CO-OPERATED WITH
业 主 CLIENT
项目名称 JOB TITLE
xx社会主义学院综合楼
工程名称 PROJECT TITLE
xx社会主义学院综合楼
设计阶段 DESIGN STAGE
设计专业 DESIGN DISCIPLINE
图纸名称 DRAWING TITLE
4号 楼电梯平面图
工程编号
分项编号
图号
24
所长
项目负责人
审定人
审核人
校对人
设计人
出图日期
4号楼4－10层平面图 1:50
4号楼梯机房层平面图 1:50
4号楼梯6－6楼梯剖面图 1:50
电梯厅
电梯机房
空调室外机

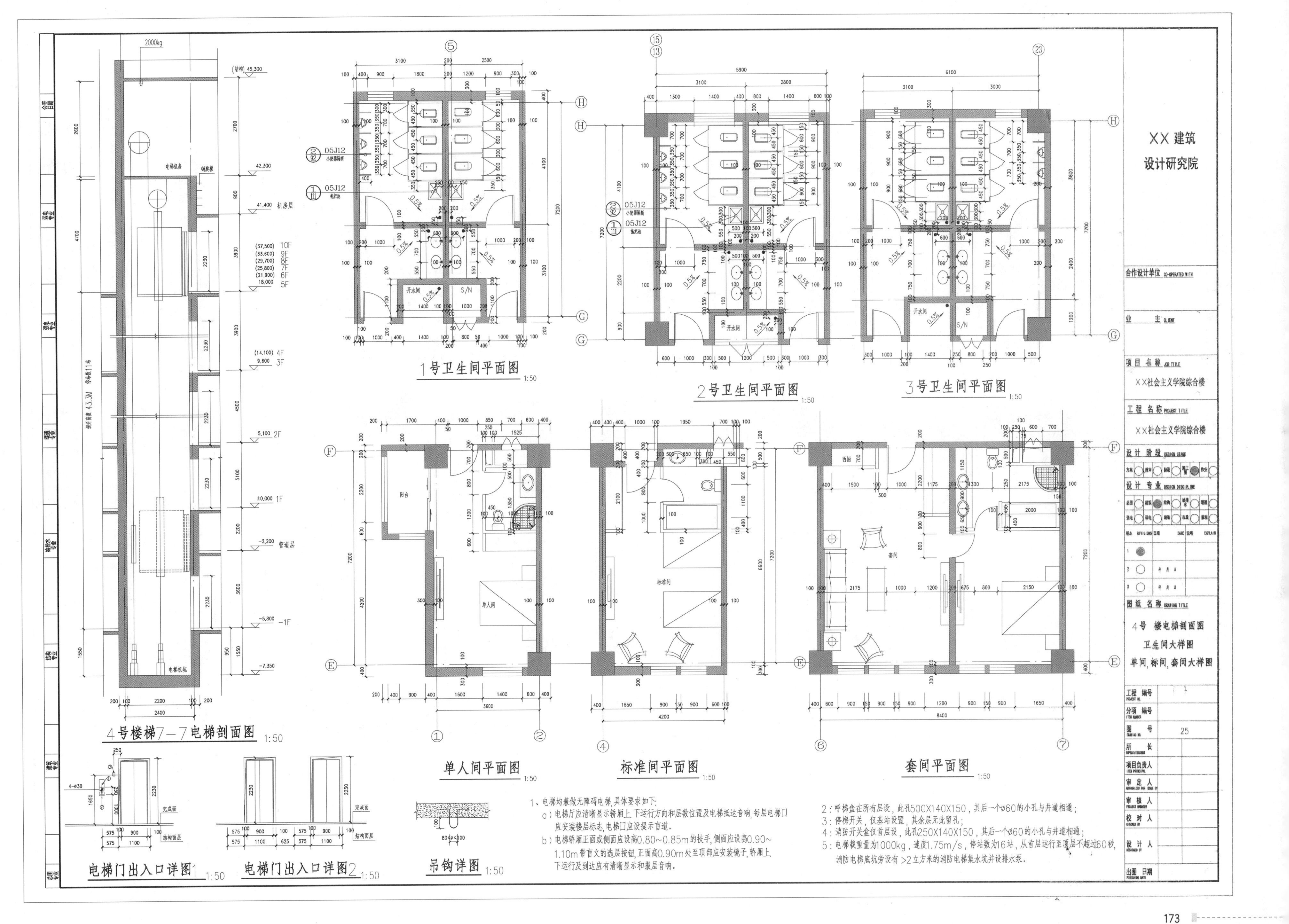
4号楼梯7-7电梯剖面图 1:50
1号卫生间平面图 1:50
2号卫生间平面图 1:50
3号卫生间平面图 1:50
单人间平面图 1:50
标准间平面图 1:50
套间平面图 1:50
电梯门出入口详图1 1:50
电梯门出入口详图2 1:50
吊钩详图 1:50
1、电梯均兼做无障碍电梯，具体要求如下:
a）电梯厅应清晰显示轿厢上下运行方向和层数位置及电梯抵达音响，每层电梯口应安装楼层标志，电梯口应设提示盲道。
b）电梯轿厢正面或侧面应设高0.80~0.85m的扶手，侧面应设高0.90~1.10m带盲文的选层按钮，正面高0.90m处至顶部应安装镜子，轿厢上下运行及到达应有清晰显示和报层音响。
2：呼梯盒在所有层设，此孔500X140X150，其后一个ø60的小孔与井道相通；
3：停梯开关，仅基站设置，其余层无此留孔；
4：消防开关盒仅首层设，此孔250X140X150，其后一个ø60的小孔与井道相通；
5：电梯载重量为1000kg，速度1.75m/s，停站数为16站，从首层运行至顶层不超过60秒，消防电梯底坑旁设有>2立方米的消防电梯集水坑并设排水泵。
XX建筑
设计研究院
合作设计单位 CO-OPERATED WITH
业 主 CLIENT
项目名称 JOB TITLE
XX社会主义学院综合楼
工程名称 PROJECT TITLE
XX社会主义学院综合楼
设计阶段 DESIGN STAGE
设计专业 DESIGN DISCIPLINE
图纸名称 DRAWING TITLE
4号 楼电梯剖面图
卫生间大样图
单间，标间，套间大样图
工程编号 PROJECT NO.
分项编号 ITEM NUMBER
图号 DRAWING NO. 25
所长 SUPERINTENDENT
项目负责人 ITEM PRINCIPAL
审定人 AUTHORIZED FOR ISSUE BY
审核人 PROJECT MANAGER
校对人 CHECKED BY
设计人 DESIGNED BY
出图日期 FINISHING DATE

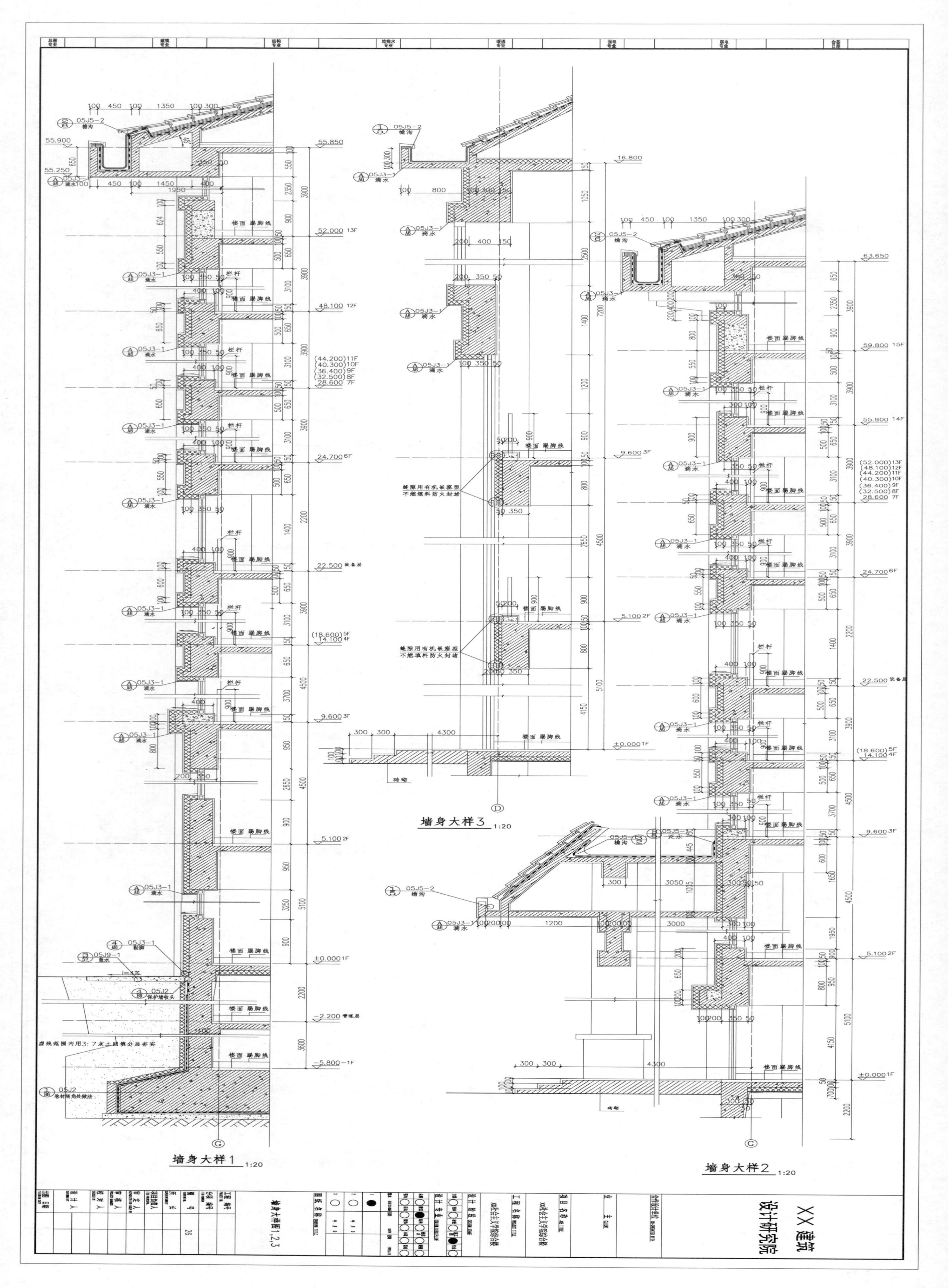
墙身大样1 1:20
墙身大样2 1:20
墙身大样3 1:20
XX 建筑
设计研究院
XX社会主义学院综合楼
墙身大样图1,2,3

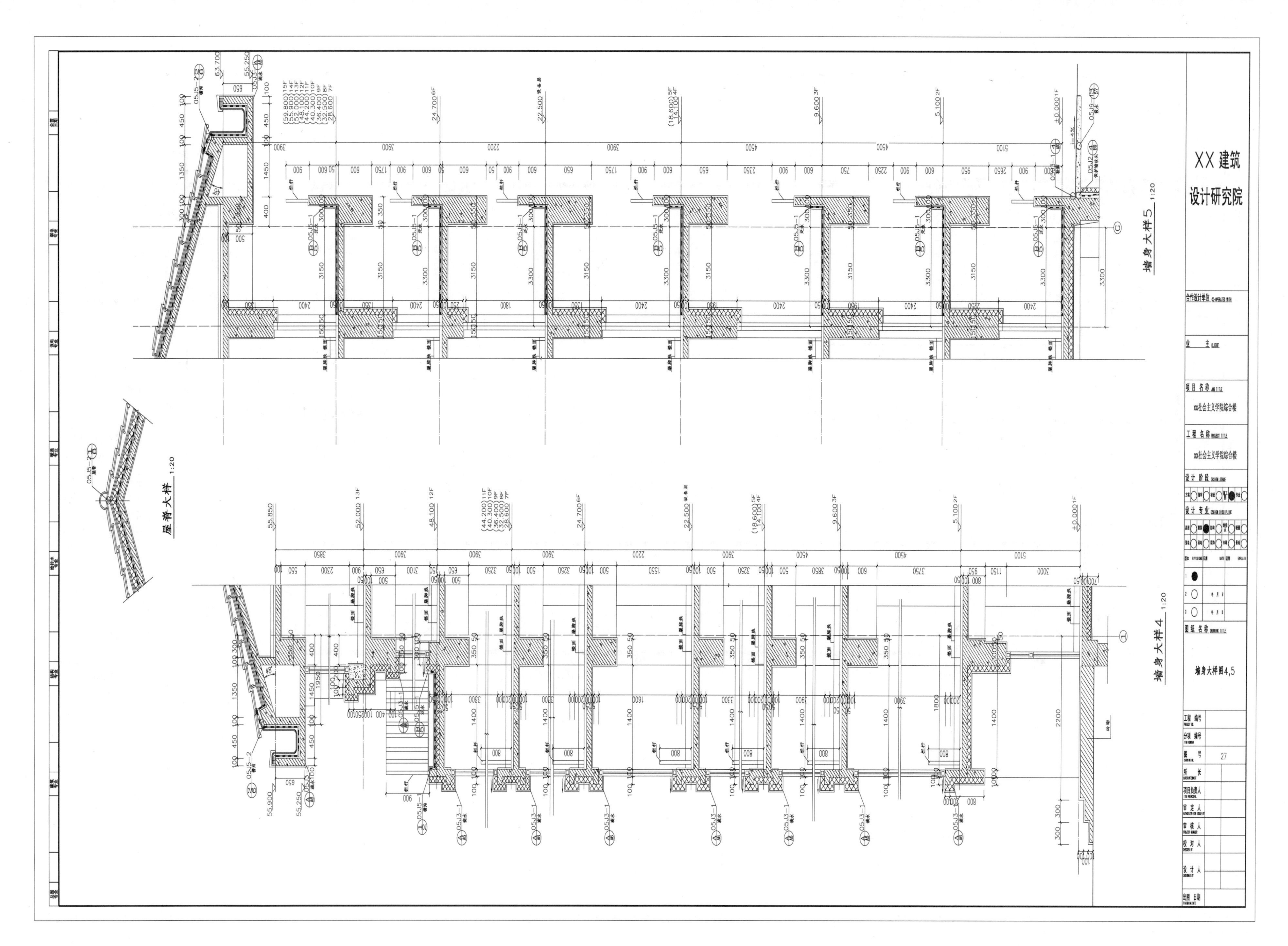

XX 建筑
设计研究院
墙身大样5 1:20
屋脊大样 1:20
墙身大样4 1:20
合作设计单位
业 主
项目名称
XX社会主义学院综合楼
工程名称
XX社会主义学院综合楼
设计阶段
设计专业
图纸名称
墙身大样图4,5
工程编号
分项编号
图 号
27
所 长
项目负责人
审定人
审核人
校对人
设计人
出图日期

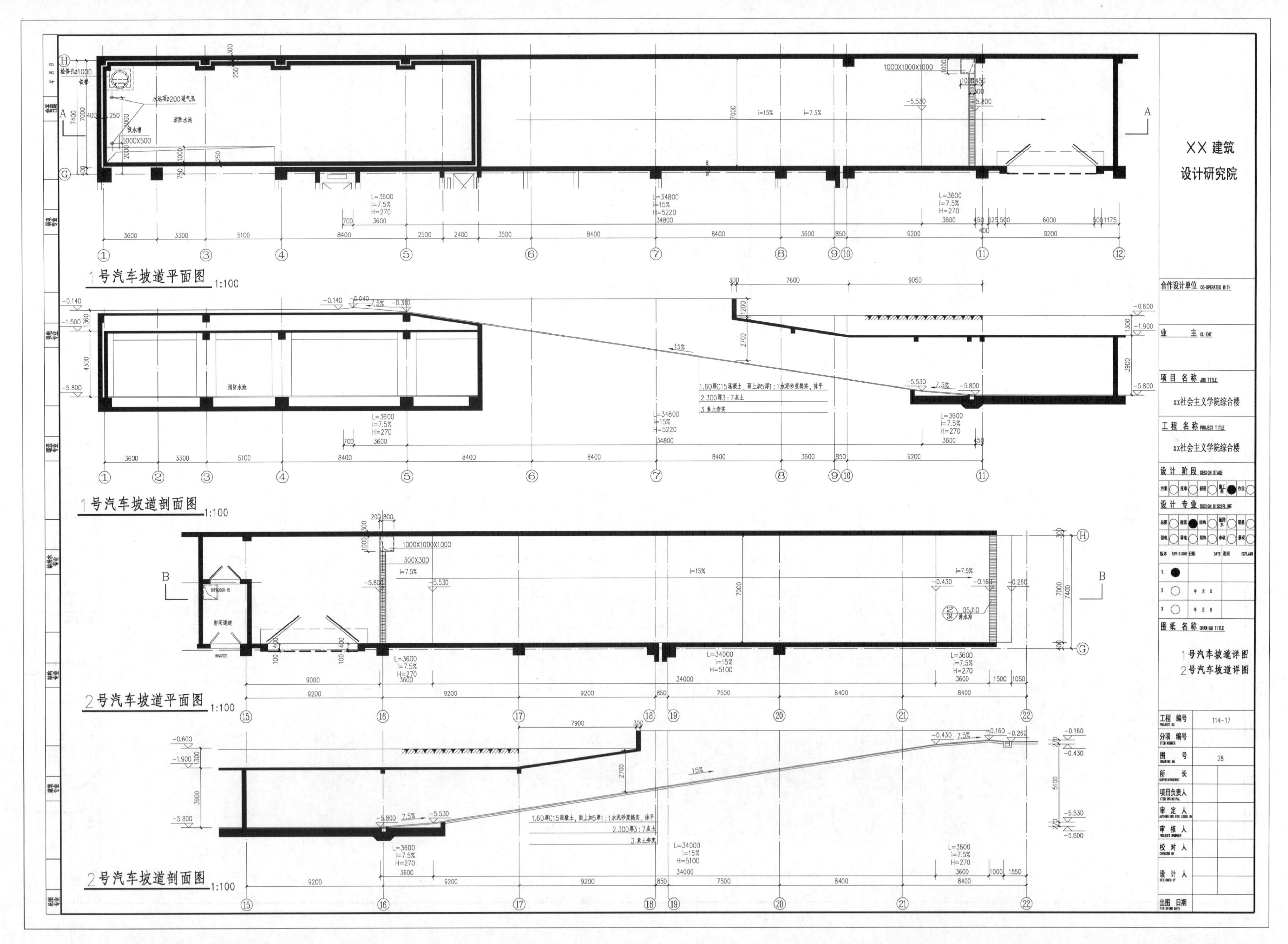

1号汽车坡道平面图 1:100
1号汽车坡道剖面图 1:100
2号汽车坡道平面图 1:100
2号汽车坡道剖面图 1:100
XX 建筑
设计研究院
合作设计单位
业 主
项目名称
xx社会主义学院综合楼
工程名称
xx社会主义学院综合楼
设计阶段
设计专业
图纸名称
1号汽车坡道详图
2号汽车坡道详图
工程编号 114-17
分项编号
图号 28
所长
项目负责人
审定人
审核人
校对人
设计人
出图日期

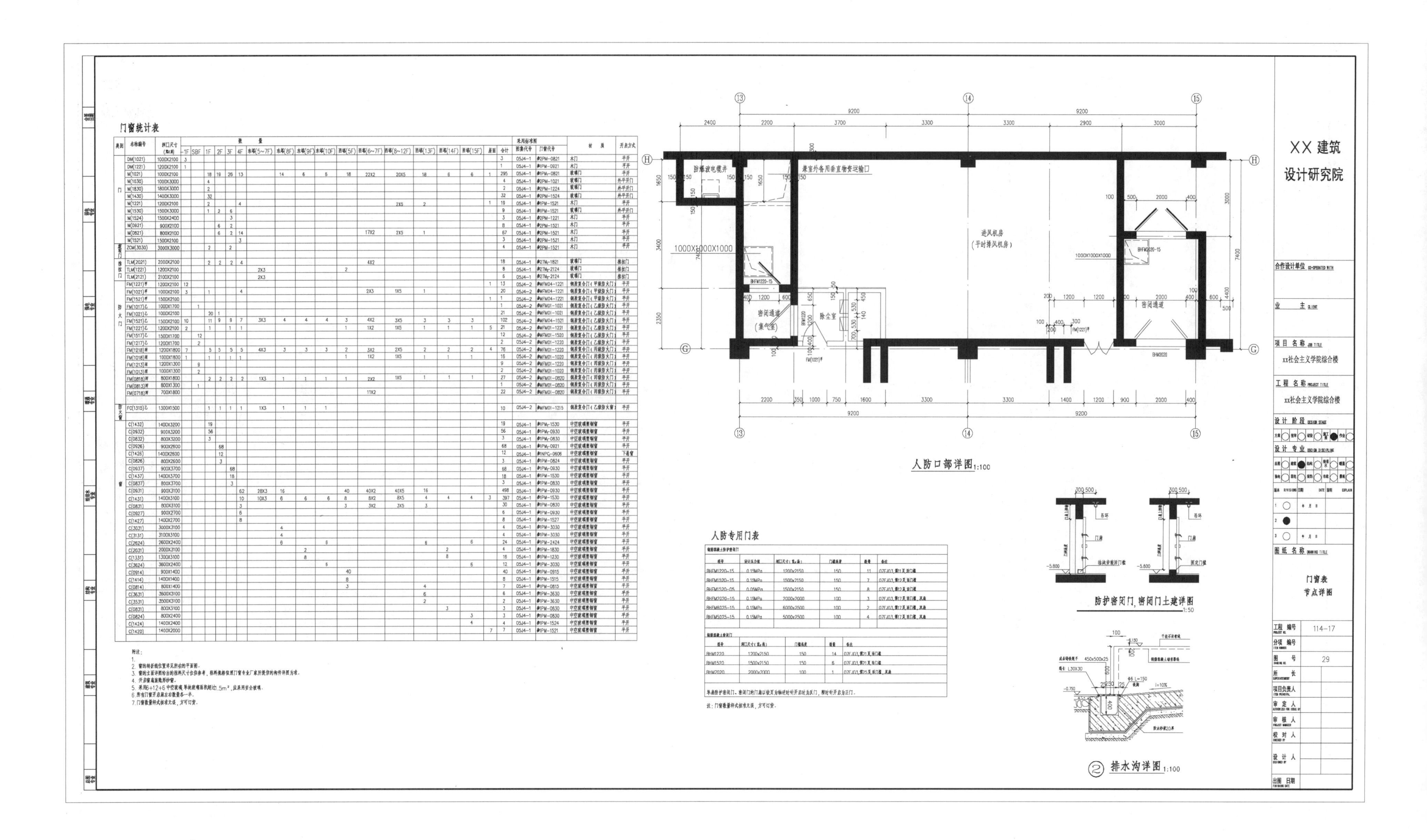
门窗统计表
人防口部详图 1:100
人防专用门表
防护密闭门、密闭门土建详图 1:50
② 排水沟详图 1:100
进风机房
（平时排风机房）
密闭通道
除尘室
防爆波电缆井
XX 建筑
设计研究院
xx社会主义学院综合楼
门窗表
节点详图
114-17
29

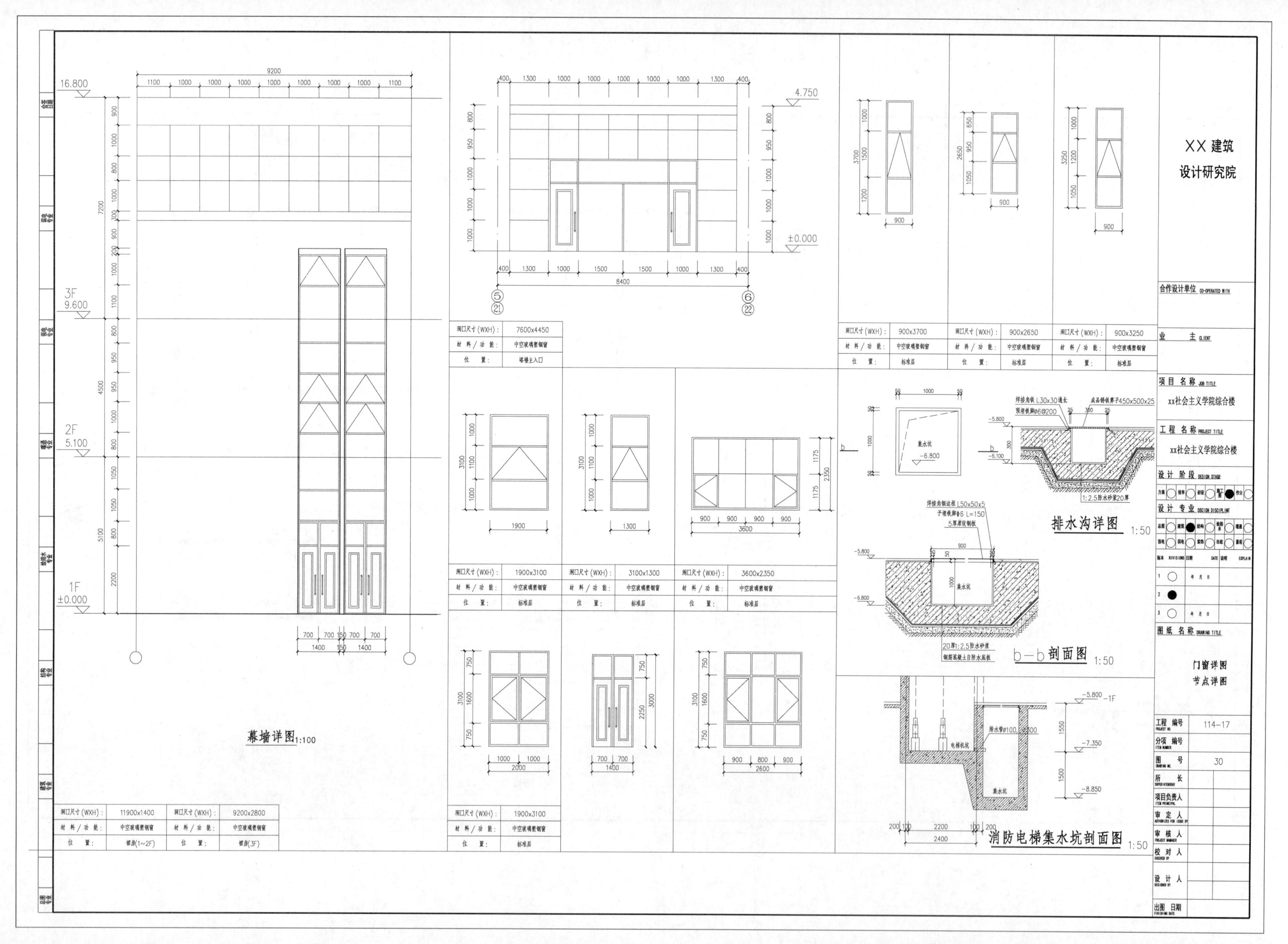
幕墙详图1:100
洞口尺寸(WXH)： 11900x1400
材料/功能： 中空玻璃塑钢窗
位置： 楼梯(1~2F)
洞口尺寸(WXH)： 9200x2800
材料/功能： 中空玻璃塑钢窗
位置： 楼梯(3F)
洞口尺寸(WXH)： 7600x4450
材料/功能： 中空玻璃塑钢窗
位置： 楼梯主入口
洞口尺寸(WXH)： 900x3700
洞口尺寸(WXH)： 900x2650
洞口尺寸(WXH)： 900x3250
洞口尺寸(WXH)： 1900x3100
洞口尺寸(WXH)： 3100x1300
洞口尺寸(WXH)： 3600x2350
标准层
排水沟详图 1:50
b—b剖面图 1:50
消防电梯集水坑剖面图 1:50
集水坑
电梯机坑
XX 建筑
设计研究院
合作设计单位
业主
项目名称 xx社会主义学院综合楼
工程名称 xx社会主义学院综合楼
设计阶段
设计专业
图纸名称
门窗详图
节点详图
工程编号 114-17
分项编号
图号 30
所长
项目负责人
审定人
审核人
校对人
设计人
出图日期

结构设计总说明（图号4~图号6见插页四~插页六）(一)

一、工程概况

1. 工程名称：XX社会主义学院综合楼
2. 建设地点：XX市XX大街以北，富丽现代广场以南，西中环快速路以东。
本工程为高层建筑，地下二层，地上十层。
3. 工程概况：

项目名称	建筑物层数 地上	建筑物层数 地下	长度(m)	宽度(m)	高度(m)	结构形式（抗震等级）框架	结构形式（抗震等级）剪力墙	基础类型	人防情况	变形缝	后浇带
主楼	15	2	49.20	17.40	50.05	一级	一级	梁板式基础	无	无	一道
主楼周边二跨范围地下车库框架抗震等级同主楼，其余部位为三级											

4. 本工程相对标高±0.000相当于绝对高程792.000m.

二、建筑结构的设计标准及抗震设计参数：

1. 建筑结构的安全等级：本工程主楼安全等级均为二级，结构重要性系数为1.0。
2. 设计使用年限：50年
3. 基础设计等级：乙级
4. 抗震设防分类标准：标准设防类（丙类）。
5. 场地地震基本烈度：8度，设计基本地震加速度值为0.2g，设计地震分组为第一组
地震作用：8度；抗震措施：8度
6. 建筑场地类别为：Ⅲ类.
7. 耐火等级：地上二级，地下一级
8. 地下室防水等级：一级。
9. 砌体质量控制等级：B级

三、自然条件

1. 基本风压：Wo=0.40kN/m²（西塔为0.45kN/m²）；地面粗糙度类别：C类
2. 基本雪压：So=0.35kN/m²
3. 场地标准冻深：0.8m。

四、设计采用的活荷载标准值

民用建筑活荷载：

部位	活荷载(kN/m²)	部位	活荷载(kN/m²)
不上人屋面	0.5	餐厅	2.5
上人屋面	2.0	餐厅的厨房	4.0
客车停车库	2.5	有蹲厕的公共卫生间（包括填料、隔墙）	8.0
办公室	2.0	楼梯（当人流可能密集时）	3.5
门厅、走廊	3.5	电梯机房、空调机房	7.0
档案室	5.0	水泵房、变配电室	10.0
客房	2.0	汽车坡道	4.0
健身房	4.0	消防通道	20.0
报告厅	3.0	室外地面（车库顶板）	20KN/m²
施工和检修集中荷载	1.0(KN)	首层活荷载	5.0KN/m²
水箱一个	30吨	栏杆水平推力	1.0(KN/m)

注：在施工及使用过程中，不得超过上述荷载值。

五、本工程结构分析所采用的计算软件

1. 上部结构
（1）"结构平面CAD软件PMCAD"－中国建筑科学研究院PKPMCAD工程部编制（2010年03月版）
（2）"多层及高层建筑结构空间有限元分析及设计软件SATWE网络版"
－中国建筑科学研究院PKPMCA工程部编制（2010年03月版）
2. 基础计算
"弹性地基与筏板，桩基与桩筏，独基与条基JCCAD"
－中国建筑科学研究院PKPMCAD工程部编制（2010年03月版）

六、设计依据

1. 所用规范、规程、标准
《建筑结构制图标准》(GB/T50105-2010)
《建筑结构可靠度设计统一标准》(GB50068-2001)
《建筑抗震设防分类标准》(GB50223-2008)
《建筑抗震设计规范》(GB50011-2010)
《建筑结构荷载规范》(GB50009-2012)
《混凝土结构设计规范》(GB50010-2010)
《高层建筑混凝土结构技术规程》(JGJ3-2010)
《建筑地基基础设计规范》(GB50007-2011)
《建筑桩基技术规范》(JGJ94-2008)
《建筑基桩检测技术规范》(JGJ106-2014)
《人民防空地下室设计规范》(GB 50038-2005)
《建筑变形测量规程》(JGJ8-2016)
《砌体结构设计规范》(GB 50003-2011)
《工业建筑防腐蚀设计规范》(GB50046-2008)
《地下工程防水技术规范》(GB50108-2008)
2. 标准图集
《混凝土结构施工图平面整体表示方法制图规则和构造详图》
(16G101-1、16G101-2、16G101-4、)
《建筑物抗震构造详图》(11G329-1、2)
《钢筋砼过梁》(13G322-1~4)
《混凝土结构剪力墙边缘构件和框架柱构造钢筋选用》(14G330-1、2)
《防空地下室建筑设计》(FJ01~03 (2007年版))
《防空地下室结构设计》(FG01~05 (2007年版))
《防空地下室施工图设计深度要求及图样》(08FJ06)
《混凝土结构施工钢筋排布规则与构造详图》(12G901-2、4、5)
3. 其它
《全国民用建筑工程设计技术措施》(2009)

七、工程地质条件

1 名称
《XX社会主义学院综合楼工程岩土工程勘察报告（详勘）
由XX工程有限公司二零一二年四月提供。
2 场地地形、地貌概述
本工程高程介于790.43~793.25m
地貌单元属于XX西山冲洪积倾斜平原。地层岩性表：

层号	岩性	平均厚度(m)	ES0.1~0.2 (MPa)	ES0.2~0.3 (MPa)	fka (kPa)	qsi (kPa)	qp (kPa)
1	填土	1.50~3.60					
2	粉土	3.30~6.20	5.19	8.19	100	26	
3	中粗砂	0.50~3.40			120	30	
4	粉土	3.80~9.50	7.09	10.78	140	35	
5	粉质粘土	1.20~8.00	7.29	11.14	150	40	500
5-1	中砂	0.40~1.90			180	55	
6	粉土	5.90~7.50	7.35	11.37	180	30	650
7	粉土	11.60~13.50	10.16	15.16	200		
8	粉质粘土	未穿透	6.57	10.45	260		

3. 地下水
（1）地下水类型：主要为潜水。
（2）地下水埋深和标高：勘察期间，地下水埋深6.30~7.40m。
（相应绝对高程为784.09~786.00m）。
（3）防水设防水位。
（4）抗浮设防水位。
4. 腐蚀性评价
（1）地下水水质：在长期浸水条件下，场地地下水对混凝土结构具微腐蚀性；
在干湿交替条件下对混凝土结构及钢筋混凝土结构中的钢筋具有微腐蚀性。
（2）拟建场地地基土对混凝土结构有弱腐蚀性，对钢筋混凝土结构中钢筋具微腐蚀性。
5. 场地稳定性、适宜性及均匀性评价
（1）根据地质勘察报告，本场地为较稳定场地，对拟建建筑物是适宜的。
（2）建筑物基础持力层为第三层中粗砂层，结合地基主要受力层分布特征及物理力学指标的变异性综合分析判定，本场地天然地基视为不均匀地基。
6. 特殊土
（1）液化土：拟建场地具有轻微液化
（2）湿陷土：拟建场地为非湿陷性场地。

八、地基基础

1. 地基处理方案及基础设计
具体详见地基处理及基础平面图。
2. 基坑支护
基坑开挖时，应根据勘察报告提供的参数进行放坡或支护。非自然放坡开挖时，基坑护壁应做专门设计，以确保道路、市政管线和现有管线及现有建筑物的安全和施工的顺利进行。支护、帷幕及降水应由有相应设计和施工资质的单位承担。
3. 基坑开挖及回填
（1）开挖：开挖基槽时，不应扰动土的原状结构．机械挖土时应按有关规范要求进行，坑底应保留200mm厚的土层用人工开挖。如经扰动，应挖除扰动部分，根据土的压缩性选用级配砂石进行回填处理，用级配砂石压实系数应大于0.95。土方开挖完成后应立即对基坑进行封闭，防止水浸和暴露，并应及时进行地下结构施工。基坑土方开挖应严格按设计要求进行，不得超挖。基坑周边超载，不得超过设计荷载限制条件。基槽开挖至设计标高后应进行基槽检验。以天然土层为基础持力层的浅基础或换土地基基槽检验可采用钎探，梅花布点，间距1.5m，探深3m。当持力层下埋藏有下卧砂层而承压水头高于基底时，则不宜进行钎探，以免造成涌砂。当施工揭露的岩土条件与勘察报告和设计文件不一致或遇到异常情况时，应会同勘察、施工、设计、建设、监理单位共同协商，结合地质条件提出处理意见。
（2）回填：基础地下室施工完毕后，应及时进行基坑回填工作。回填基坑时，应先清除基坑中的杂物，并应在相对的两侧或四周同时回填。夯填应采取薄层轻夯技术，以免使地下室外墙受到损害，每层厚度不大于250，压实系数不得小于0.94。
4. 沉降变形及基础回弹观测
（1）沉降观测等级为二级。
（2）本工程主楼须进行施工期间及使用期间的沉降观测，沉降观测水准基点详见结施-04
未尽事宜应严格按《建筑变形测量规程》(JGJ8-2016)执行，
（3）沉降观测点的施测精度：测量仪器采用铟钢尺，沉降观测应由有相应资质的单位承担。工程施工及使用期间观察次数及间隔：工程施工阶段应专人定期观测，基础施工进行沉降观测，每施工二至四层做一次沉降观测，施工完毕后一年内每隔三至六个月观测一次，以后每隔六个月至十二个月观测一次，直至沉降稳定为止，各观测日期数据应记录并绘成图表存档，如发现异常情况应通知有关单位。
（4）变形要求：基础最终沉降量不得大于200mm，建筑的整体倾斜不大于0.0025。
5. 后浇带设置及施工注意事项
（1）基础长度超过40m时，设置后浇带。
（2）后浇带设置从底至顶，带宽800~1000mm，在柱距中部1/3范围内设置，
位置详见结施-04。
（3）后浇带处钢筋贯通，当后浇带浇是为减少混凝土施工过程的温度应力时，后浇带的保留时间不少于两个月，当后浇带是为调整结构不均匀沉降而设置时，后浇带中的混凝土应在两侧结构单元沉降基本稳定后再浇注。浇筑前将表面清理干净，后浇带采用比相应结构部位高一级的微膨胀混凝土浇筑。施工期间后浇带两侧构件应妥善支撑，以确保构件和结构整体在施工阶段的承载能力和稳定性。
（4）后浇带如需超前止水时，后浇带部位混凝土应局部加厚，并增设外贴式或中埋式止水带。
（5）后浇带作法详见下图：

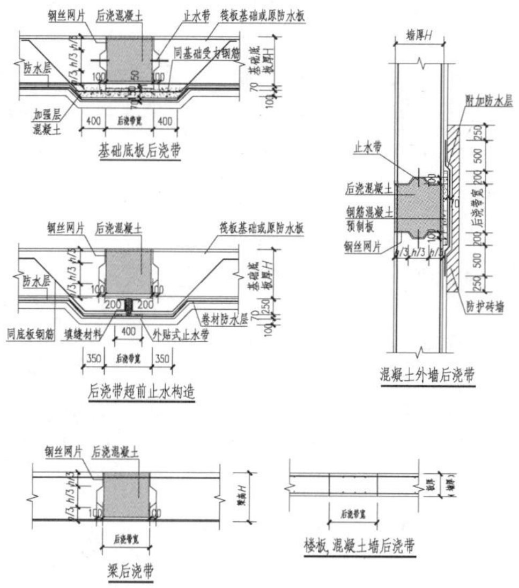

基础底板后浇带
混凝土外墙后浇带
后浇带超前止水构造
梁后浇带
楼板,混凝土墙后浇带

6. 地下室外墙水平施工缝处理
地下室底板与隔墙及周边外墙应一次整体浇筑至底板面300mm以上。周边外墙壁按下图所示设置水平施工缝，水平施工缝间混凝土应一次浇筑完毕，不得在墙内留任何竖向施工缝（施工后浇带除外）。墙体上有预留洞时，施工缝距离洞边缘不应小于300mm。

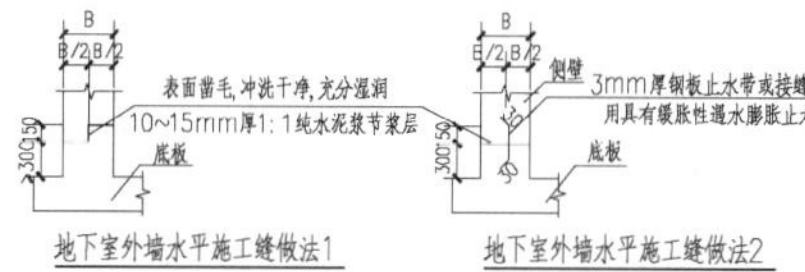

地下室外墙水平施工缝做法1
地下室外墙水平施工缝做法2

7. 管道穿墙处理：管道穿地下室外墙时，均应预埋套管或钢板，穿墙单根给排水管除图中注明外，按给排水施工图柔性防水套管安装图执行；群管穿墙及电缆管穿墙除图中注明外按下图施工。

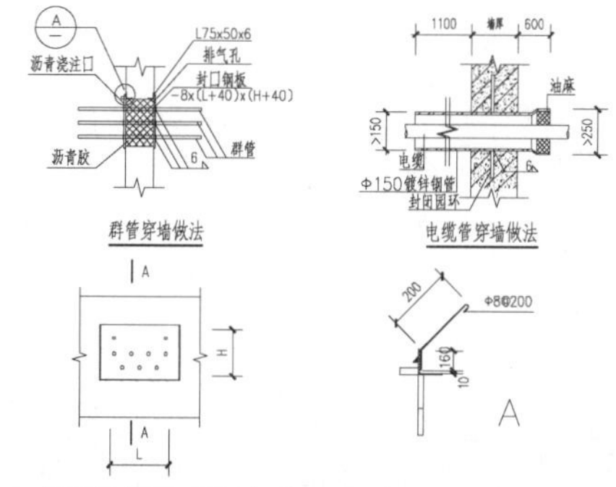

群管穿墙做法
电缆管穿墙做法
A

8. 预留钢筋的保护（如后浇带部位、柱内预留拉接筋、梁板预留筋等），地下水位以下用低强度等级混凝土保护，地下水位以上的钢筋表面刷加有防锈剂的高强度等级水泥砂浆保护。

九、结构材料

Ⅰ、混凝土部分

1. 混凝土强度等级

项目名称	构件部位		混凝土强度等级	备注
	基础、地下室外墙		C35	P6抗渗混凝土
主楼	框架柱、剪力墙	-2~7层	C40	
		8层	C35	
		9层以上	C30	
裙楼、车库	框架柱、剪力墙		C40	无上部结构的地下室顶板、
	框架梁、楼板、楼梯		C30	人防顶板砼抗渗等级为P6
	圈梁、过梁、构造柱		C25	外露阳台、挑檐采用C30

施工配合比应通过试验确定，抗渗等级应比设计要求提高一级

2. 混凝土结构耐久性要求
a. 本工程地上部分混凝土结构的环境类别为一类。
b. 厕所及厨房等地上潮湿环境、地下室内部为二a类。
c. 本工程地下外围与土壤接触部分及挑檐、雨蓬、阳台等外露构件环境类别为二b类。
d. 环境类别及混凝土耐久性要求

环境类别		最大水胶比	最小水泥用量Kg/m³	最低混凝土	最大氯离子含量%	最大碱含量Kg/m³	部位
一		0.60	225	C20	0.30	—	地面以上
二	a	0.55	250	C25	0.20	3.0	卫生间等潮湿部位
	b	0.50	275	C30	0.15	3.0	地面以下;阳台、挑檐

3. 混凝土外掺剂要求：外掺剂的质量及应用技术应符合国家有关规范要求，外掺剂的品种和掺量应经试验确定。

Ⅱ、钢筋与钢材部分

1. 钢筋：Φ-Ⅰ级钢(HPB300)、Φ-Ⅱ级钢(HRB335)、Φ-Ⅲ级钢(HRB400)
钢筋强度等级及要求：
（1）钢筋的强度标准值应具有不小于95%的保证率。
（2）抗震等级为一、二、三级的框架（墙肢长度≤3倍墙厚）和斜撑构件（含梯段），
其纵向受力钢筋采用普通钢筋时，尚应满足如下要求：
a. 纵向受力钢筋的抗拉强度实测值与屈服强度实测值的比值不应小于1.25，
b. 钢筋的屈服强度实测值与屈服强度标准值的比值不应大于1.3。
c. 钢筋在最大拉力下的总伸长率实测值不应小于9%.
2. 钢结构的钢材应符合下列规定：
钢材的屈服强度实测值与抗拉强度实测值的比值不应大于0.85。
钢材应有明显的屈服台阶，且伸长率不应小于20%。
钢材应有良好的焊接性和合格的冲击韧性。
3. 型钢及钢板：Q235或Q345，详具体施工图。
吊钩、吊环均采用HPB300级钢筋，不得采用冷加工钢筋。
4. 焊条：Φ级钢焊接采用E43型焊条，Φ级钢焊接采用E50型焊条，Φ级钢焊接采用E55型焊条。
5. 在施工中，当需要以强度等级较高的钢筋替代原设计中的纵向受力钢筋时，应按照钢筋受拉承载力设计值相等的原则换算，并应满足最小配筋率要求。（需征得设计单位同意）

XX建筑设计研究院
合作设计单位 CO-OPERATED WITH
业主 CLIENT：XX社会主义学院
项目名称 JOB TITLE：XX社会主义学院综合楼
工程名称 PROJECT TITLE：XX社会主义学院综合楼
设计阶段 DESIGN STAGE：方案 报审 初设 施工图 作业
设计专业 DSCIGN DISCIPLINE：总图 建筑 结构 给排水 暖通 强电 弱电 装饰 市政 景观

版本 RIVISIONS	日期 DATE	说明 EXPLAIN
1	年 月 日	
2	年 月 日	
3	年 月 日	

图纸名称 DRAWING TITLE：结构设计总说明(一)
工程编号 PROJECT NO.：114-17
分项编号 ITEM NUMBER
图号 DRAWING NO.：01
所长 SUPERINTENDENT
项目负责人 ITEM PRINCIPAL
审定人 AUTHORIZED FOR ISSUE BY
审核人 PROJECT MANAGER
校对人 CHECKED BY
设计人 DESIGNED BY
出图日期 FINISHING DATE：X年X月X日

年 月 日 会签日期 弱电专业 强电专业 暖通专业 给排水专业 结构专业 建筑专业 总图专业

结构设计总说明（二）

十、结构构造：

I.混凝土保护层厚度（mm）

（1）最外层钢筋的砼净保护层厚度不应小于钢筋的公称直径，且应符合规范下表规定

环境类别	板、墙、壳	梁、柱、杆
一	15	20
二a	20	25
二b	25	35
三a	30	40
三b	40	50

注：

（1）受力钢筋的保护层厚度不应小于钢筋的公称直径

（2）基础梁板及±0.00以下下迎水面的钢筋保护层厚度应采用50mm。

（3）当梁、柱、墙中纵向受力钢筋的混凝土保护层厚度大于50mm时，宜对保护层采取有效的防裂措施。当配置防裂、防剥落钢筋网片时，网片钢筋的保护层厚度不应小于25mm。

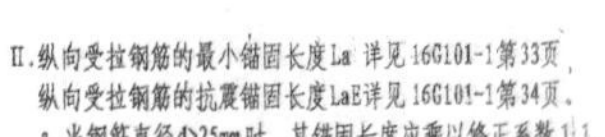

墙柱地下保护层加厚图

II.纵向受拉钢筋的最小锚固长度La 详见16G101-1第33页，纵向受拉钢筋的抗震锚固长度LaE详见16G101-1第34页。

a. 当钢筋直径d>25mm时，其锚固长度应乘以修正系数1.1。

b. 在任何情况下，纵向受拉钢筋的最小锚固长度应≥250mm。

c. 纵向受拉钢筋的最小搭接长度Ll（非抗震时）、LlE（抗震时）详见图集16G101-1第34页。

d. 纵向受压钢筋的最小搭接长度不应小于纵向受拉钢筋搭接长度0.7倍，且在任何情况应≥200mm

III.钢筋连接接头

（1）接头形式：

a、钢筋连接优先采用机械连接或焊接，接头位置见《16G101-1》

b、挡土墙的水平和竖向钢筋采用机械连接或焊接，焊缝为单面焊，焊缝长度不小于10d。

c、剪力墙墙板纵向钢筋优先采用机械连接或焊接，当采用绑扎接头时，搭接长度见《16G101-1》

（2）接头位置：

a. 粗细钢筋搭接时，按粗钢筋截面积计算接头面积百分率，按细钢筋直径计算搭接长度。

b. 框架柱受力钢筋、剪力墙竖向及水平分布钢筋接头等构造要求详见图集11G101-1。

c. 剪力墙暗柱及端柱内纵向钢筋连接和锚固要求应与框架柱相同。

d. 梁主筋连接位置：下部钢筋在支座处连接，上部钢筋在跨中1/3范围内连接。

e. 基础（梁，板）纵向钢筋采用焊接，接头上铁设在支座1/4处，下铁设在跨中。

f. 现浇钢筋混凝土楼板板底钢筋不得在跨中搭接，应在支座处搭接，板顶钢筋为通长钢筋时不得在支座处搭接，应在跨中1/3范围内搭接。

g. 挡土墙内皮水平和竖向钢筋接头位置设在支座处，挡土墙外皮水平和竖向钢筋接头设在跨中。

IV、现浇梁、板、柱、墙部分

1. 双向板的钢筋放置：短跨方向下部筋放置在长跨方向下部筋之下，短跨方向上部筋放置在长跨方向上部筋之上。

2. 板上孔洞应预留，一般结构平面图中只表示出洞口尺寸>300mm的孔洞，施工时各工种必须根据各专业图纸配合土建预留全部孔洞，不得后凿。当孔洞尺寸≤300mm时，洞边不再另加钢筋，板内外钢筋由洞边绕过，不得截断。当洞口尺寸>300mm时，应设洞边加筋，按平面图示出的要求施工，当平面图未交代时，两侧加筋面积不小于被截断钢筋面积的一半，且按下图要求。加筋的长度为单向板受力方向或双向板的两个方向沿跨度通长，并锚入支座≥5d，且应伸入到支座中心线。单向板非受力方向的洞口加筋长度为洞口宽加两侧各40d，且应放置在受力钢筋之上。

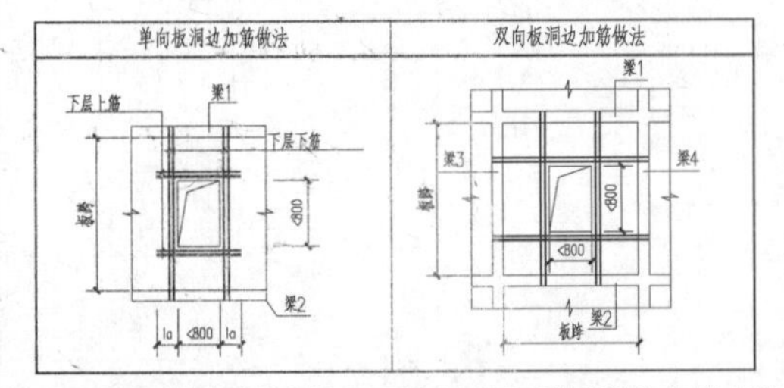

3. 楼板上后砌隔墙的位置应严格遵守建筑施工图，不可随意砌，对墙下无梁的轻质隔墙（每延米荷载<7KN），应按建筑施工图所示位置在墙下板底增设加强筋（图纸中另有要求者除外），当板跨L≤1500时：2Φ14；当板跨1500<L<2500mm时：3Φ14；板跨>2500mm时应按实际受力计算确定。

4. 图中后浇板，钢筋不切断，待设备管道安装完毕后，浇筑高一级微膨胀无收缩混凝土。

5. 板内埋设管线时，管外径不得大于板厚的1/3，所铺设管线应放在板底钢筋之上，板上部钢筋之下，且管线的混凝土保护层应不小于30mm，交叉管线应妥善处理。

6. 主、次梁相交时，次梁上下钢筋分别放于主梁上下钢筋的上面。主梁内在次梁作用处，箍筋应贯通布置；凡未注明箍筋或吊筋者，均在次梁两侧各增设3组箍筋，直径同主梁箍筋（相同梁截面相交各自分别设附加箍筋），间距50mm；次梁同截面相交时，在次梁两侧各增设2组箍筋；吊筋具体设置详见梁详图。

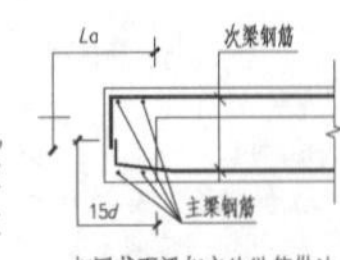

相同截面梁相交处纵筋做法

7. 在梁跨范围内预留不大于Φ150 的套管时，在详图中未说明做法时，套管位置应在梁跨1/3 范围、梁高中部1/3处，且套管上下有效高度不小于梁高的1/3，并不小于200。

8. 当框架梁、板、柱的混凝土强度等级不同时，其接头处按混凝土等级较高的一级施工。在混凝土初凝前即浇筑梁板混凝土，并加强混凝土的振捣和养护。

9. 梁穿管时梁孔加筋详下图。

10. 梁一端与柱、墙平行相连时，此端纵筋及箍筋加密按框架梁端要求设置。

每侧放8Φ12 L=d+2La

上排受力钢筋

梁

100

梁孔加固配筋（洞口直径小于100）

11. 梁一端与墙垂直相连时，在此端墙内设置暗柱（暗柱截面高度为二倍墙厚）。

12. 框架梁柱纵筋，不应与预埋件等焊接。

13. 墙体水平分布筋应作为连梁腰筋在连梁范围内拉通连续配置，当连梁高度大于700mm时，其两侧沿梁高范围设置的纵向构造钢筋（腰筋）直径不应小于10mm，间距不应大于200mm。对跨高比不大于2.5的连梁，梁两侧的纵向构造钢筋（腰筋）的面积配筋率不应小于0.3%。墙上孔洞必须预留，不得后凿。图中未注明洞边加筋者，按下述要求：如洞口尺寸≤200mm时，

14. 洞边不再设附加筋，墙内钢筋由洞边绕过，不得截断，当洞口尺寸>200mm时设置洞口加筋，作法如下：

洞口边长 \ 墙体厚度	200	250	300	400~500
200<D<400	2Φ16	3Φ16	3Φ18	5Φ16
400≤D<600	2Φ18	3Φ18	3Φ20	5Φ18
600≤D≤800	2Φ20	3Φ20	3Φ22	5Φ20
注：洞口加筋其截面积不得小于被洞口截断之钢筋面积				

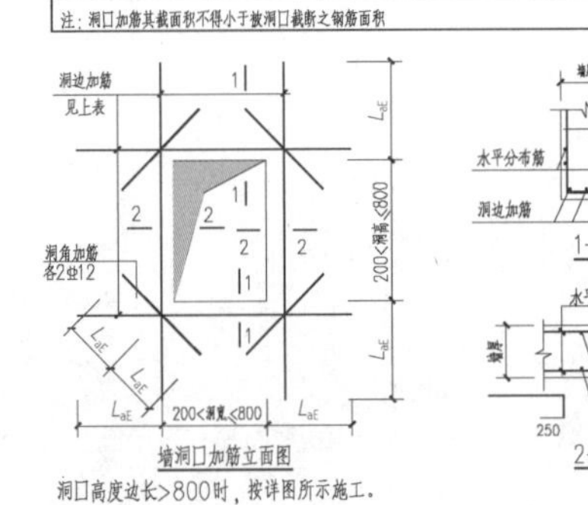

墙洞口加筋立面图

墙厚

竖向分布筋

水平分布筋

洞边加筋

1—1

水平分布筋

洞边加筋

竖向分布筋

2—2

洞口高度边长>800时，按详图所示施工。

15. 框架—剪力墙结构中凡是剪力墙设边框梁时，在结构楼层标高的剪力墙内都应按照下图设置暗梁，暗梁遇到连梁时，主筋相互搭接45d。

楼层结构标高

	B_w≤250	250<B_w≤400	B_w>400
L_H	500	700	900
①	3Φ18	4Φ20	4Φ22
②	3Φ18	4Φ20	4Φ22
③	Φ8@200	Φ8@200	Φ10@200(4)

十一、非承重结构构件

I、砌体填充墙部分

1. ±0.000以上砌体填充墙采用M5 混合砂浆砌筑，不小于A3.0加气混凝土砌块，容重不得超过7.5kN/m³。

2. ±0.000以下采用非粘土实心砌体Mu7.5，用水泥砂浆M5砌筑。

3. 填充墙应在主体结构施工完毕后，由上而下逐层砌筑，防止下层梁承受上层梁以上的荷载，填充墙平面位置以建筑图为准。

4. 填充墙砌至梁板附近时，应待砌体沉实后，用斜砌法将下部砌体与上部梁板间用砌块逐块敲紧填实，不许出现空隙。

5. 填充墙应沿框架柱全高每隔500mm~600mm设备2Φ6拉筋，拉筋伸入墙内的长度，6、7度时宜沿墙全长贯通，8、9度时应全长贯通。

6. 楼梯间和人流通道的填充墙，尚应采用钢丝网砂浆面层加强。

II、构造柱、圈梁、过梁部分

1. 墙长大于5m时，墙顶与梁宜有拉结；墙长超过8m或层高2倍时，宜设置钢筋混凝土构造柱；墙高超过4m时，墙体半高宜设置与柱连接且沿墙全长贯通的钢筋混凝土水平系梁。

2. 构造柱布置原则：（以图中布置为准）

根据建筑平面图上外围护墙、填充墙或女儿墙的位置，在墙体的转角、纵横墙交接处及自由端、洞口宽度大于2m的洞口两侧，沿墙长每小于4m（内隔墙遇门窗洞口可适当调整）设置钢筋混凝土构造柱。柱截面：墙厚X250，纵筋4Φ12箍筋Φ6@200。在主体结构中应在构造柱的柱底部和柱顶位置处，均应在主体结构中预埋与构造柱同等数量的短筋，埋入与伸出长度为500mm，以便与构造柱竖筋搭接。构造柱做法参照12G614-1。

3. 当填充墙体的高度超过4.0m，应在墙体半高或门窗洞口上皮设置与柱连接且沿墙全长贯通的钢筋砼水平圈梁一道，与圈梁相接的主体结构应预埋短筋，做法同构造柱。圈梁宽度同墙厚，高度为150mm，纵筋为上、下各2Φ12箍筋为Φ6@200，圈梁做法参照12G614-1。

4. 砌体填充墙门窗洞口应设置钢筋混凝土过梁（见下表）；当洞口上方有承重梁通过，且该梁底标高与门窗洞顶距离过近，放不下过梁时，可直接在梁下挂板，见下图。未注明的部分可根据建施图纸的洞口尺寸按《BG322钢筋混凝土过梁》选用，均为矩形截面，荷载等级为一级，支承长度为250mm，过梁宽同墙宽，当洞口紧贴柱或钢筋混凝土墙时，过梁改为现浇。施工主体结构时按相应的梁配筋，在柱（墙）内预留插筋，现浇过梁截面、配筋可按下表形式给出。

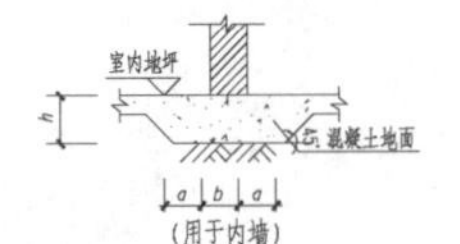
现浇钢筋混凝土过梁

1—1（截面A型）

1—1（截面B型）

梁底挂板做法示意

截面形式	门窗洞宽	h	a	①	②	③
A	<1000	120	240	2Φ10		Φ8@150
A	1000≤L≤1500	120	240	3Φ10		Φ8@150
B	1500<L<1800	150	240	2Φ12	2Φ8	Φ8@150
B	1800≤L<2400	180	240	3Φ12	2Φ8	Φ8@150
B	2400≤L<3000	240	350	3Φ14	2Φ10	Φ8@150
B	3000≤L<5000	400	350	3Φ20	2Φ14	Φ10@150

注：现浇过梁的长度=门、窗的洞口宽度B+2X250。

a. 当过梁一端与砼柱或砼墙相交无法设砖砌体支座时，过梁主筋应在相应位置预留插筋，长度满足钢筋搭接及锚固长度要求。

b. 轻质板材隔墙过梁由供货商自理。

5. 当首层填充内墙下无基础梁或结构梁板时，墙下应做基础，基础作法详见图示

室内地坪

h

C15 混凝土地面

a b a

（用于内墙）

十二、其它要求：

1. 梁或板跨度大于或等于4m 时，模板按跨度的0.3%起拱；悬臂梁按悬臂长度的0.4%起拱，起拱高度不小于20mm。

2. 施工悬挑构件时，应有可靠措施确保负筋位置的准确，待强度达到100% 后方可拆模。

3. 阳台、挑檐负筋如无法伸入屋内现浇板时，钢筋应锚入其下梁内，且应满足锚固长度要求。

4. 所有外露的钢筋混凝土构件如女儿墙、挑檐板、雨罩板以及各种装饰构件，当长度较长时，均应沿纵向每隔12m 留一道温度缝，缝宽为 20mm ，拆模后用柔性防水材料填充。如下图。

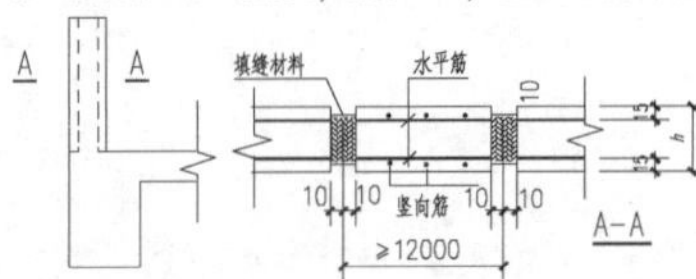

5. 本施工图应与建筑及设备专业图纸配合施工，未注明的楼板留洞、通风孔位置及尺寸详建筑，施工时按平面图示位置及大小预留，未注明设备专业预留孔洞详设备专业图纸。楼梯、栏杆、泛水等建筑用的预埋件，在建筑图中表示，其位置及详图均以建筑图为准。所有预埋件、预埋套管、预留孔洞等均应与有关专业核对无误后预先设置，不得事后剔凿。

6. 钢筋混凝土结构防雷要求：
所有钢筋混凝土结构的防雷措施、位置均应按电气专业要求，土建配合施工，在电气专业指定的柱上（详见具体设计）做防雷接地电阻测定点，具体做法参见电气图纸。

7. 现浇梁、板、柱、墙均应及时有效养护。地下室混凝土浇筑后要特别加强养护，混凝土浇灌后1~7天内加强浇水养护，7~14天内仍须湿养护。墙体浇筑完后，应从顶部给水管喷淋，墙体带模养护不少于7天，拆模后继续养护至少14天。地下室周围地坑应及时回填。

8. 混凝土施工缝应留置在结构受力较小且便于施工的位置。施工缝处的界面和钢筋的处理应按照施工规范的要求执行。

9. 电梯井应与定货样本核对无误后，方可施工。

10. 设备基础见设备定货图。

11. 凡外露钢铁件必须在除锈后涂防腐漆，面漆两道，并经常注意维护。

12. 地下室的抗浮：应在第x层楼板施工完及回填土工程完成后，方可停止基坑降水，特别在暴雨期间应加强水位的监控，以避免地下室上浮。

13. 二次装修不得在主体结构上凿洞，开槽及吊挂，架设设备，大型广告牌，铁塔等，如必须进行需对建筑物先做技术鉴定，根据技术鉴定结果作出设计，进行施工。

14. 填方整平区，室外填土，以及房心回填土应在地下工程完成后及时进行。（室外填土与建筑周边应均匀回填）

15. 施工中途，因故停工，应做好已完成工程的防护。越冬、度夏设法遮蔽，避免地基冻涨，水侵、曝晒、冷冻，致使砌体和混凝土开裂及钢筋锈蚀。

16. 浇筑基础底板混凝土时，必须连续浇灌，不得留施工缝，并应采取有效措施降低水化热和降低混凝土的内外温差，以保证大体积混凝土不裂缝。

十三、备注：

1. 本工程《结构设计总说明》适用于本工程的结构设计施工图，与结构施工图互为补充，施工图已有说明的以施工图为准，无说明者均以本说明为准，并应同时遵守现行国家施工及验收规范的有关规定。

2. 本工程施工前，应由设计单位根据工程的特点进行技术交底。施工单位应全面熟悉图纸内容，在设计单位进行技术交底后方可施工。若遇图面不明，应与设计单位取得联系，共同研究解决，不得擅自处理。

3. 图中标高以米为单位，其余尺寸以毫米为单位。

4. 在使用期间，对建筑物和管道应经常进行维护和检修并作记录，并应确保所有防水措施发挥有效作用 防止建筑物和管道的地基浸水湿陷。

5. 勘察报告需经图审单位审查合格后交设计单位复核。

6. 本工程施工图与经政府相关部门审批一致的文件同时生效。

7. 本套图须经施工图审查通过后方可施工。

8. 除按本说明要求外，尚应遵守各有关施工和验收规程的规定。

9. 未经技术鉴定或设计许可不得改变结构的用途或使用环境。

构件编号：

钢筋混凝土构件	KL—框架梁	LL—连梁	L—次梁	XL—悬挑梁	WKL—屋框梁
	YAZ—约束暗柱	GAZ—构造暗柱			
	TZ—楼梯柱	TB—楼梯板	TL—楼梯梁	LB—楼板	GZ—构造柱
	KZ—框架柱	Q—剪力墙	QL—圈梁		

XX 建筑
设计研究院

合作设计单位 CO-OPERATED WITH

业 主 CLIENT

XX社会主义学院

项目名称 JOB TITLE

XX社会主义学院综合楼

工程名称 PROJECT TITLE

XX社会主义学院综合楼

设计阶段 DESIGN STAGE

设计专业 DESIGN DISCIPLINE

图纸名称 DRAWING TITLE

结构设计总说明（二）

工程编号 114-17

分项编号

图号 02

所长

项目负责人

审定人

审核人

校对人

设计人

出图日期 X年X月X日

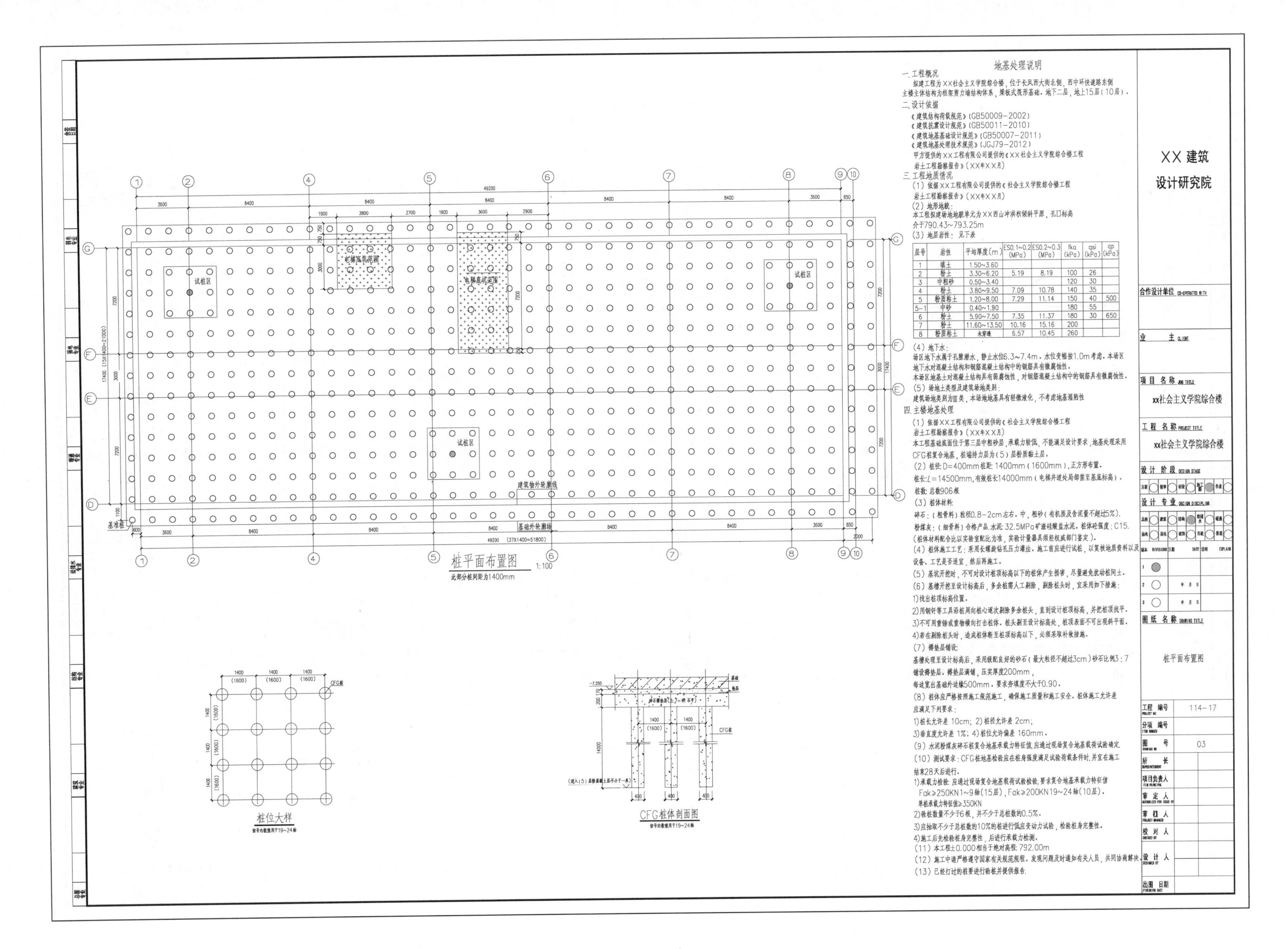
地基处理说明
一.工程概况
拟建工程为XX社会主义学院综合楼，位于长风西大街北侧，西中环快速路东侧
主楼主体结构为框架剪力墙结构体系，梁板式筏形基础。地下二层，地上15层(10层)。
二.设计依据
《建筑结构荷载规范》(GB50009-2002)
《建筑抗震设计规范》(GB50011-2010)
《建筑地基基础设计规范》(GB50007-2011)
《建筑地基处理技术规范》(JGJ79-2012)
甲方提供的XX工程有限公司提供的《XX社会主义学院综合楼工程岩土工程勘察报告》(XX年XX月)
三.工程地质情况
(1)依据XX工程有限公司提供的《社会主义学院综合楼工程岩土工程勘察报告》(XX年XX月)
(2)地形地貌：
本工程拟建场地地貌单元为XX西山冲洪积倾斜平原，孔口标高介于790.43~793.25m
(3)地层岩性：见下表

层号	岩性	平均厚度(m)	ES0.1~0.2 (MPa)	ES0.2~0.3 (MPa)	fka (kPa)	qsi (kPa)	qp (kPa)
1	填土	1.50~3.60					
2	粉土	3.30~6.20	5.19	8.19	100	26	
3	中粗砂	0.50~3.40			120	30	
4	粉土	3.80~9.50	7.09	10.78	140	35	
5	粉质粘土	1.20~8.00	7.29	11.14	150	40	500
5-1	中砂	0.40~1.90			180	55	
6	粉土	5.90~7.50	7.35	11.37	180	30	650
7	粉土	11.60~13.50	10.16	15.16	200		
8	粉质粘土	未穿透	6.57	10.45	260		

(4)地下水：
场区地下水属于孔隙潜水，静止水位6.3~7.4m。水位变幅按1.0m考虑。本场区地下水对混凝土结构和钢筋混凝土结构中的钢筋具有微腐蚀性。
本场区地基土对混凝土结构具有弱腐蚀性，对钢筋混凝土结构中的钢筋具有微腐蚀性。
(5)场地土类型及建筑场地类别：
建筑场地类别为Ⅲ类，本场地地基具有轻微液化，不考虑地基湿陷性
四.主楼地基处理
(1)依据XX工程有限公司提供的《社会主义学院综合楼工程岩土工程勘察报告》(XX年XX月)
本工程基础底面位于第三层中粗砂层，承载力较低，不能满足设计要求，地基处理采用CFG桩复合地基，桩端持力层为(5)层粉质黏土层。
(2)桩径:D=400mm 桩距:1400mm(1600mm)，正方形布置。
桩长:L=14500mm，有效桩长14000mm(电梯井道处局部凿至基底标高)。
桩数:总数906根
(3)桩体材料:
碎石：(粗骨料)粒径0.8-2cm左右。中，粗砂(有机质及含泥量不超过5%)。
粉煤灰：(细骨料)合格产品.水泥:32.5MPa矿渣硅酸盐水泥。桩体砼强度：C15.
(桩体材料配合比以实验室配比为准，实验计量器具须经权威部门鉴定)。
(4)桩体施工工艺：采用长螺旋钻孔压力灌法。施工前应进行试桩，以复核地质资料以及设备、工艺是否适宜，然后再施工。
(5)基坑开挖时，不可对设计桩顶标高以下的桩体产生损害，尽量避免扰动桩间土。
(6)基槽开挖至设计标高后，多余桩需人工剔除，剔除桩头时，宜采用如下措施：
1)找出桩顶标高位置。
2)用钢钎等工具沿桩周向桩心逐次剔除多余桩头，直到设计桩顶标高，并把桩顶找平。
3)不可用重锤或重物横向打击桩体。桩头剔至设计标高处，桩顶表面不可出现斜平面。
4)若在剔除桩头时，造成桩体断至桩顶标高以下，必须采取补救措施。
(7)褥垫层铺设:
基槽处理至设计标高后，采用级配良好的砂石(最大粒径不超过3cm)砂石比例3：7铺设褥垫层。褥垫层满铺，压实厚度200mm，
每边宽出基础外边缘500mm。要求夯填度不大于0.90。
(8)桩体应严格按照施工规范施工，确保施工质量和施工安全。桩体施工允许差应满足下列要求：
1)桩长允许差 10cm; 2)桩径允许差 2cm;
3)垂直度允许差 1%; 4)桩位允许偏差 160mm。
(9)水泥粉煤灰碎石桩复合地基承载力特征值,应通过现场复合地基载荷试验确定
(10)测试要求：CFG桩地基检验应在桩身强度满足试验荷载条件时,并宜在施工结束28天后进行。
1)承载力检验:应通过现场复合地基载荷试验检验,要求复合地基承载力特征值 Fak≥250KN 1~9轴(15层)，Fak≥200KN 19~24轴(10层)。
单桩承载力特征值≥350KN
2)验桩数量不少于6根，并不少于总桩数的0.5%。
3)应抽取不少于总桩数的10%的桩进行低应变动力试验，检验桩身完整性。
4)施工后先检验桩身完整性，后进行承载力检测。
(11)本工程±0.000相当于绝对高程:792.00m
(12)施工中请严格遵守国家有关规范规程。发现问题及时通知有关人员，共同协商解决。
(13)已经打过的桩要进行验桩并提供报告.
XX 建筑
设计研究院
合作设计单位
业主
项目名称
xx社会主义学院综合楼
工程名称
xx社会主义学院综合楼
设计阶段
设计专业
图纸名称
桩平面布置图
工程编号 114-17
分项编号
图号 03
所长
项目负责人
审定人
审核人
校对人
设计人
出图日期
试桩区
电梯底坑范围
建筑物外轮廓线
基础外轮廓线
基准桩
49200
17400
桩平面布置图 1:100
此部分桩间距为1400mm
桩位大样
CFG桩体剖面图

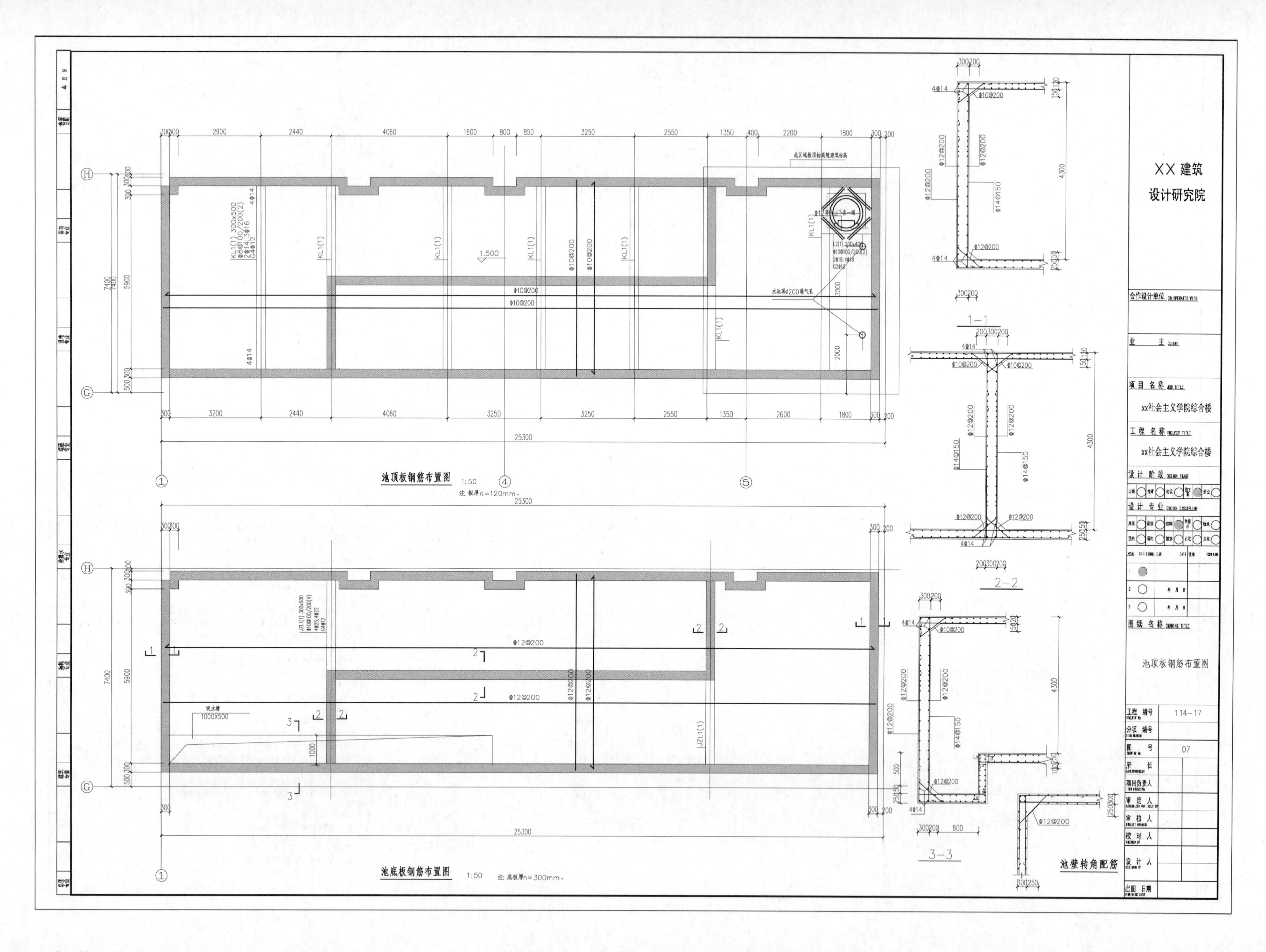
XX 建筑
设计研究院
合作设计单位
业 主
项目名称
xx社会主义学院综合楼
工程名称
xx社会主义学院综合楼
设计阶段
设计专业
图纸名称
池顶板钢筋布置图
工程编号
114-17
分项编号
图 号
07
池顶板钢筋布置图
1:50
注：板厚h=120mm。
池底板钢筋布置图
1:50
注：底板厚h=300mm。
池壁转角配筋
1—1
2—2
3—3
25300

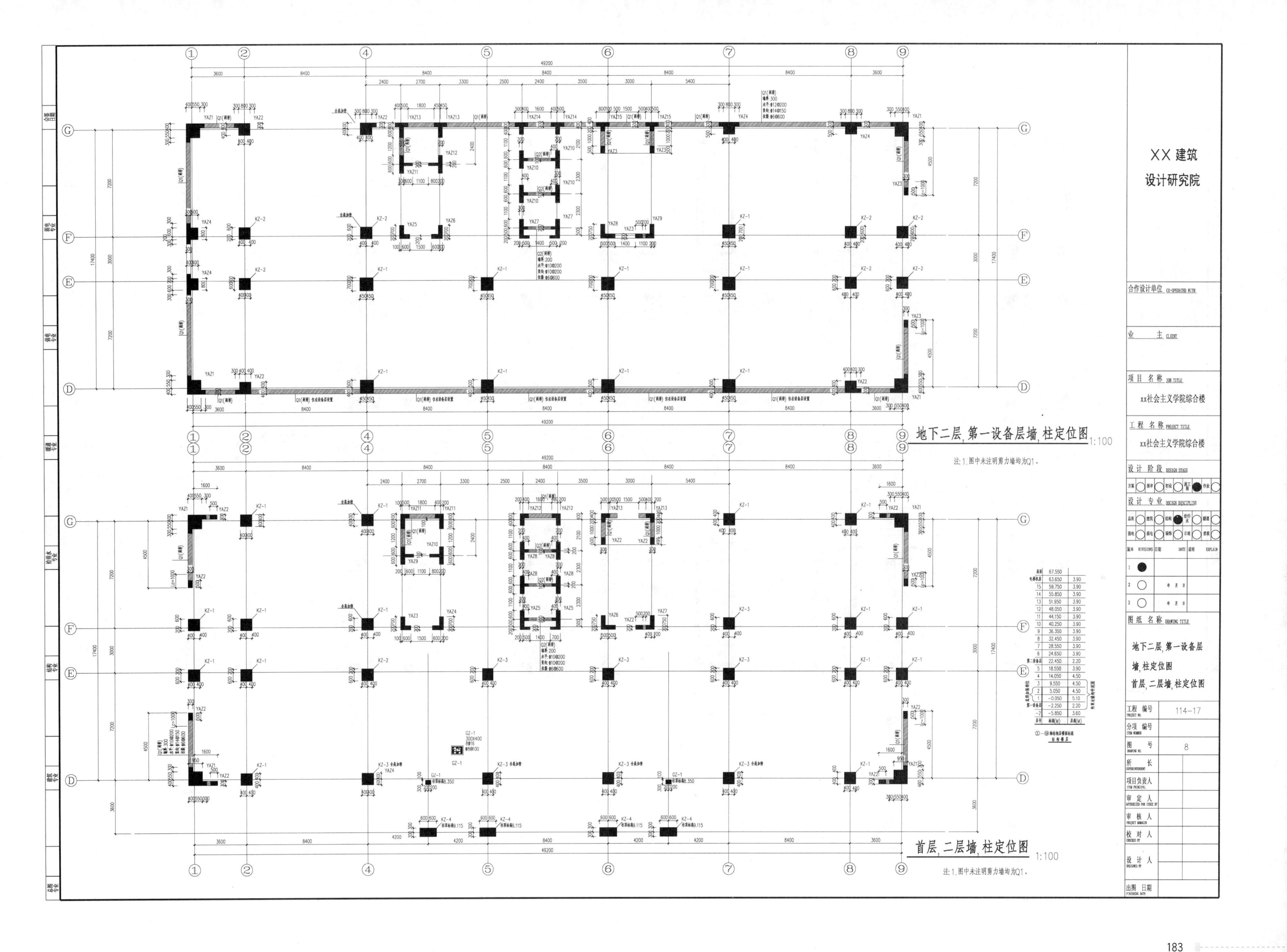
XX 建筑
设计研究院
合作设计单位 CO-OPERATED WITH
业 主 CLIENT
项 目 名 称 JOB TITLE
xx社会主义学院综合楼
工 程 名 称 PROJECT TITLE
xx社会主义学院综合楼
设 计 阶 段 DESIGN STAGE
设 计 专 业 DESIGN DISCIPLINE
图 纸 名 称 DRAWING TITLE
地下二层，第一设备层墙，柱定位图
首层，二层墙，柱定位图
工程 编号
114-17
分项 编号
图 号
8
所 长
项目负责人
审 定 人
审 核 人
校 对 人
设 计 人
出图 日期
地下二层，第一设备层墙，柱定位图 1:100
注：1.图中未注明剪力墙均为Q1。
首层，二层墙，柱定位图 1:100
注：1.图中未注明剪力墙均为Q1。

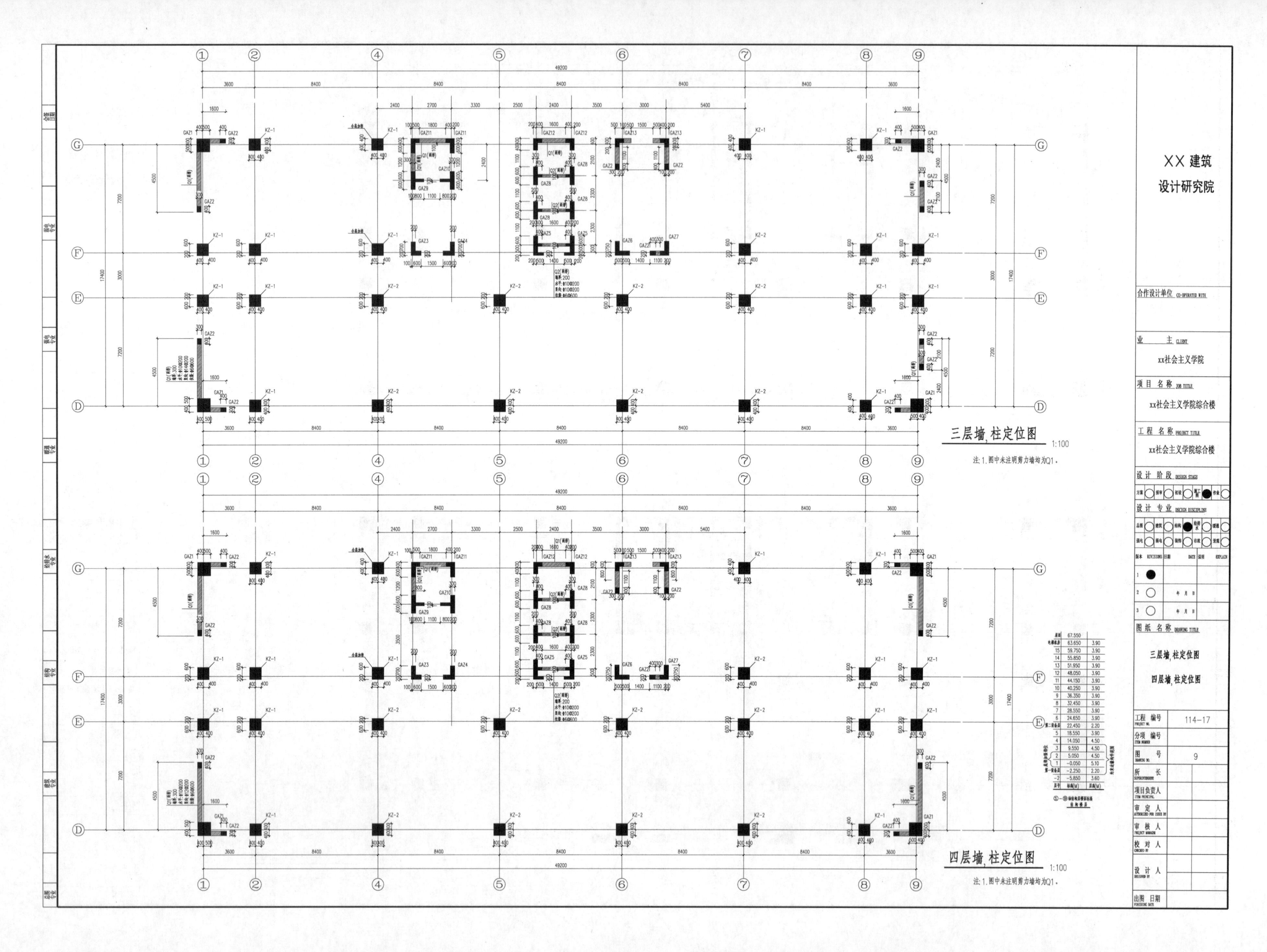
三层墙、柱定位图 1:100
注：1. 图中未注明剪力墙均为Q1。
四层墙、柱定位图 1:100
注：1. 图中未注明剪力墙均为Q1。
XX 建筑
设计研究院
合作设计单位
业 主
xx社会主义学院
项目名称
xx社会主义学院综合楼
工程名称
xx社会主义学院综合楼
设计阶段
设计专业
图纸名称
三层墙、柱定位图
四层墙、柱定位图
工程编号 114-17
图号 9

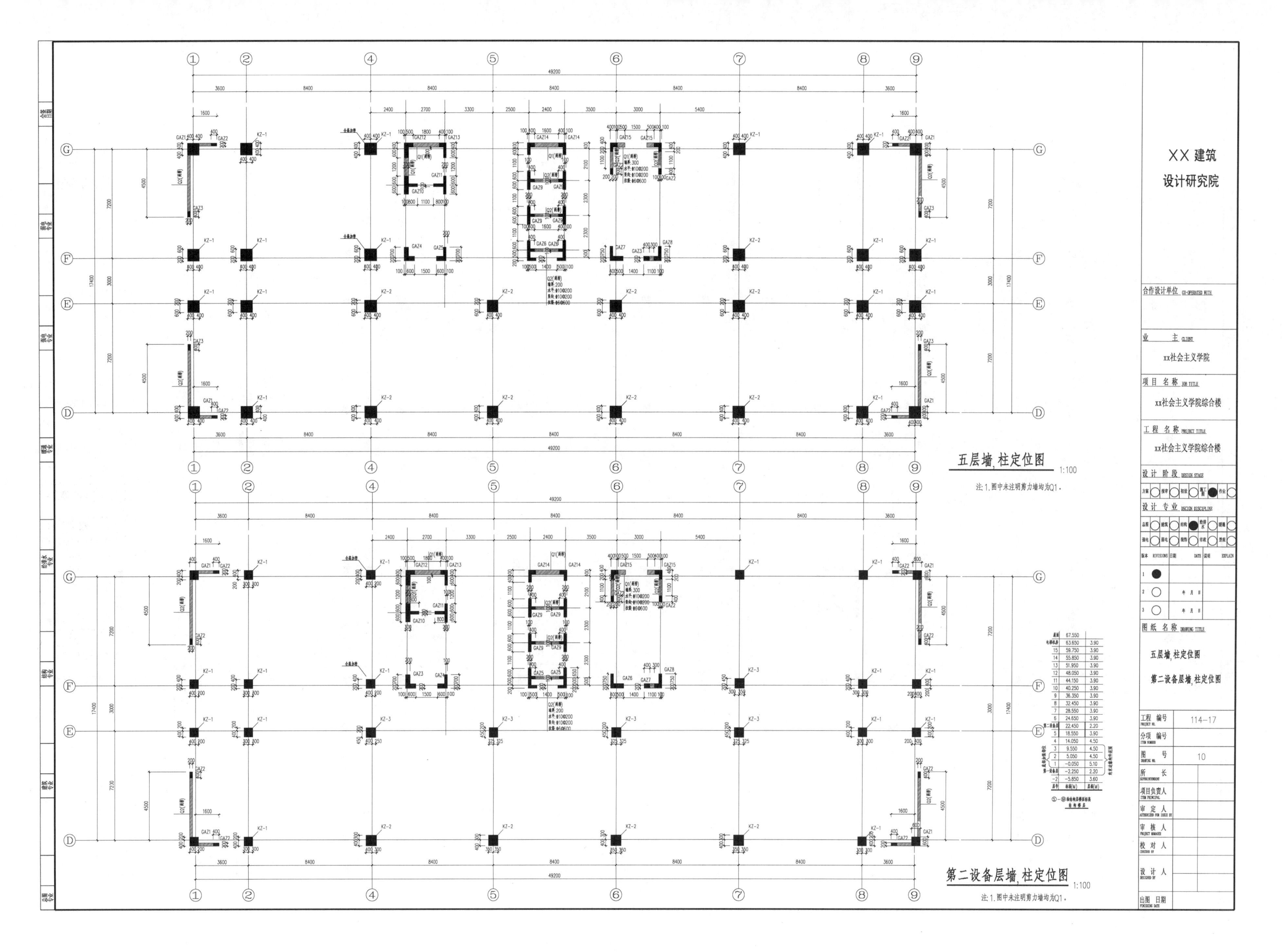
XX 建筑
设计研究院
合作设计单位 CO-OPERATED WITH
业 主 CLIENT
xx社会主义学院
项目 名称 JOB TITLE
xx社会主义学院综合楼
工程 名称 PROJECT TITLE
xx社会主义学院综合楼
设计 阶段 DESIGN STAGE
方案 报审 初设 施工图 作业
设计 专业 DSCIGN DISCIPLINE
总图 建筑 结构 给排水 暖通
强电 弱电 装饰 市政 景观
版本 RIVISIONS 日期 DATE 说明 EXPLAIN
图纸 名称 DRAWING TITLE
五层墙,柱定位图
第二设备层墙,柱定位图
工程 编号 PROJECT NO. 114-17
分项 编号 ITEM NUMBER
图 号 DRAWING NO. 10
所 长 SUPERINTENDENT
项目负责人 ITEM PRINCIPAL
审 定 人 AUTHORIZED FOR ISSUE BY
审 核 人 PROJECT MANAGER
校 对 人 CHECKED BY
设 计 人 DESIGNED BY
出图 日期 FINISHING DATE
五层墙,柱定位图 1:100
注:1.图中未注明剪力墙均为Q1。
第二设备层墙,柱定位图 1:100
注:1.图中未注明剪力墙均为Q1。
屋面 67.550
电梯机房 63.650 3.90
15 59.750 3.90
14 55.850 3.90
13 51.950 3.90
12 48.050 3.90
11 44.150 3.90
10 40.250 3.90
9 36.350 3.90
8 32.450 3.90
7 28.550 3.90
6 24.650 3.90
第二设备层 22.450 2.20
5 18.550 3.90
4 14.050 4.50
3 9.550 4.50
2 5.050 4.50
1 -0.050 5.10
第一设备层 -2.250 2.20
-2 -5.850 3.60
层号 标高(M) 层高(M)
底部加强部位
约束边缘构件范围
①-⑨轴结构层楼面标高
结构楼层

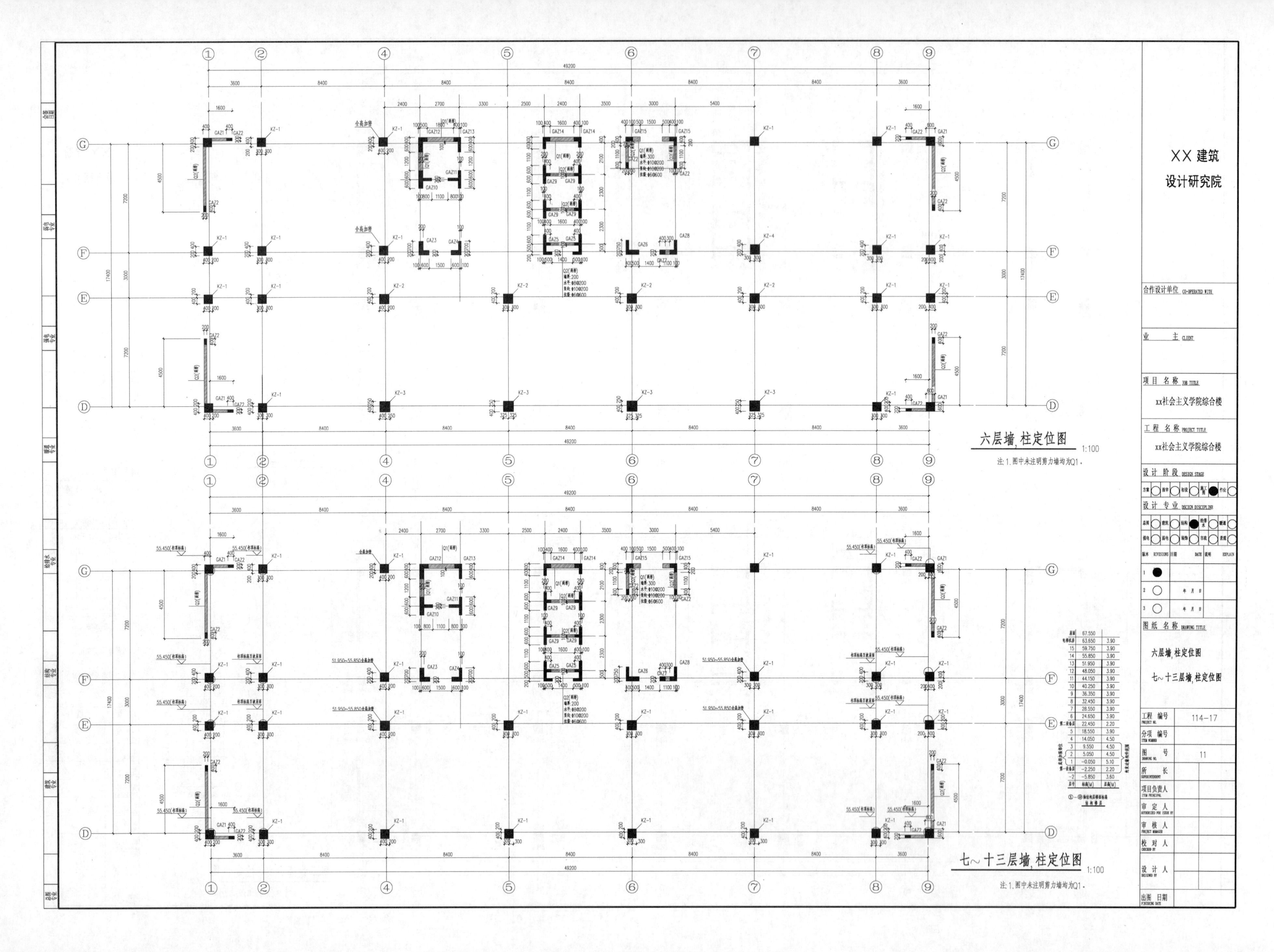
六层墙，柱定位图 1:100
注：1. 图中未注明剪力墙均为Q1。
七～十三层墙，柱定位图 1:100
注：1. 图中未注明剪力墙均为Q1。
XX 建筑
设计研究院
合作设计单位 CO-OPERATED WITH
业 主 CLIENT
项目名称 JOB TITLE
xx社会主义学院综合楼
工程名称 PROJECT TITLE
xx社会主义学院综合楼
设计阶段 DESIGN STAGE
设计专业 DESIGN DISCIPLINE
图纸名称 DRAWING TITLE
六层墙，柱定位图
七～十三层墙，柱定位图
工程编号 114-17
分项编号
图号 11
所长
项目负责人
审定人
审核人
校对人
设计人
出图日期

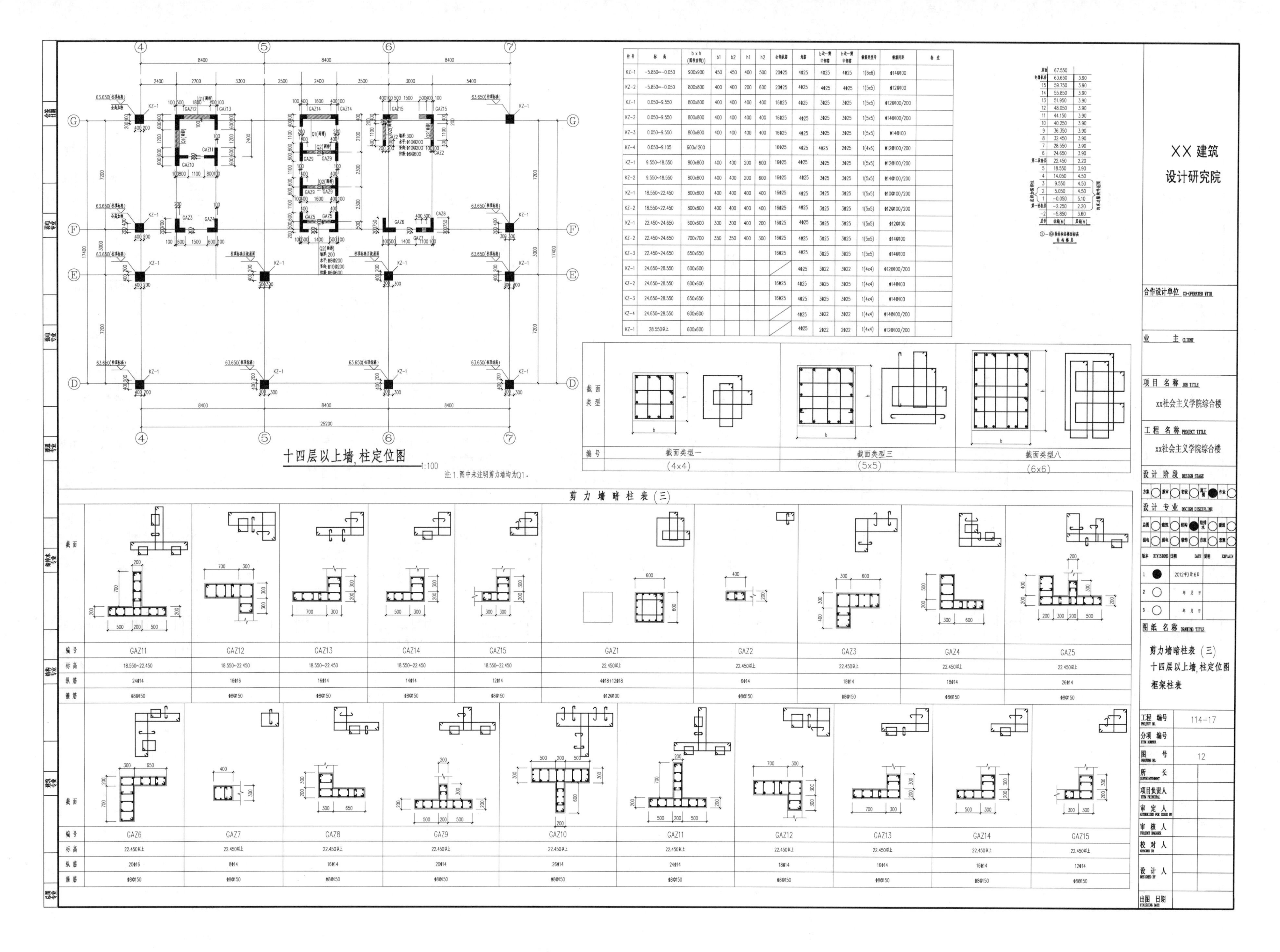
十四层以上墙, 柱定位图
1:100
注 1. 图中未注明剪力墙均为Q1。
剪力墙暗柱表（三）
截面类型一
(4×4)
截面类型三
(5×5)
截面类型八
(6×6)
XX 建筑
设计研究院
xx社会主义学院综合楼
剪力墙暗柱表（三）
十四层以上墙, 柱定位图
框架柱表
114-17
12

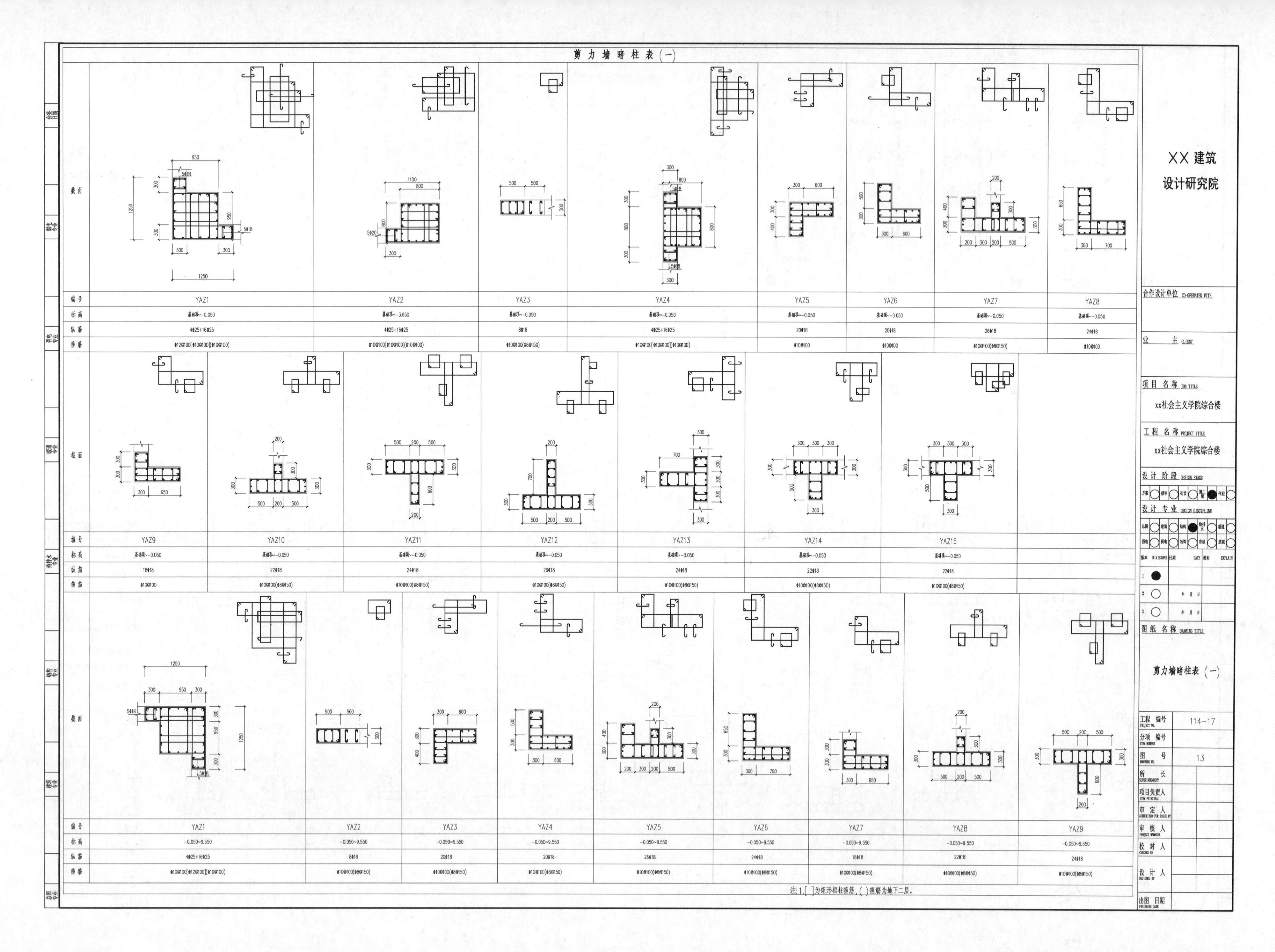

剪力墙暗柱表（一）
截面
编号
YAZ1 YAZ2 YAZ3 YAZ4 YAZ5 YAZ6 YAZ7 YAZ8
标高
基础顶~-0.050 基础顶~-3.650 基础顶~-0.050 基础顶~-0.050 基础顶~-0.050 基础顶~-0.050 基础顶~-0.050 基础顶~-0.050
纵筋
4Φ25+16Φ25 4Φ25+16Φ25 8Φ18 4Φ25+16Φ25 20Φ18 20Φ18 26Φ18 24Φ18
箍筋
Φ12@100Φ10@100 Φ10@100Φ10@100 Φ10@100(Φ8@150) Φ10@100Φ10@100 Φ10@100 Φ10@100 Φ10@100(Φ8@150) Φ10@100
YAZ9 YAZ10 YAZ11 YAZ12 YAZ13 YAZ14 YAZ15
基础顶~-0.050 基础顶~-0.050 基础顶~-0.050 基础顶~-0.050 基础顶~-0.050 基础顶~-0.050 基础顶~-0.050
18Φ18 22Φ18 24Φ18 26Φ18 24Φ18 22Φ18 22Φ18
Φ10@100 Φ10@100(Φ8@150) Φ10@100(Φ8@150) Φ10@100(Φ8@150) Φ10@100(Φ8@150) Φ10@100(Φ8@150) Φ10@100(Φ8@150)
YAZ1 YAZ2 YAZ3 YAZ4 YAZ5 YAZ6 YAZ7 YAZ8 YAZ9
-0.050~9.550 -0.050~9.550 -0.050~9.550 -0.050~9.550 -0.050~9.550 -0.050~9.550 -0.050~9.550 -0.050~9.550 -0.050~9.550
4Φ25+16Φ25 8Φ18 20Φ18 20Φ18 26Φ18 24Φ18 18Φ18 22Φ18 24Φ18
Φ10@100[Φ12@100](Φ10@100) Φ10@100(Φ8@150) Φ10@100(Φ8@150) Φ10@100(Φ8@150) Φ10@100(Φ8@150) Φ10@100(Φ8@150) Φ10@100(Φ8@150) Φ10@100(Φ8@150) Φ10@100(Φ8@150)
注:1.[ ]为矩形框柱箍筋，( )箍筋为地下二层。
XX 建筑
设计研究院
合作设计单位 CO-OPERATED WITH
业 主 CLIENT
项目名称 JOB TITLE
xx社会主义学院综合楼
工程名称 PROJECT TITLE
xx社会主义学院综合楼
设计阶段 DESIGN STAGE
设计专业 DESIGN DISCIPLINE
图纸名称 DRAWING TITLE
剪力墙暗柱表（一）
工程编号 114-17
分项编号
图号 13
所长
项目负责人
审定人
审核人
校对人
设计人
出图日期

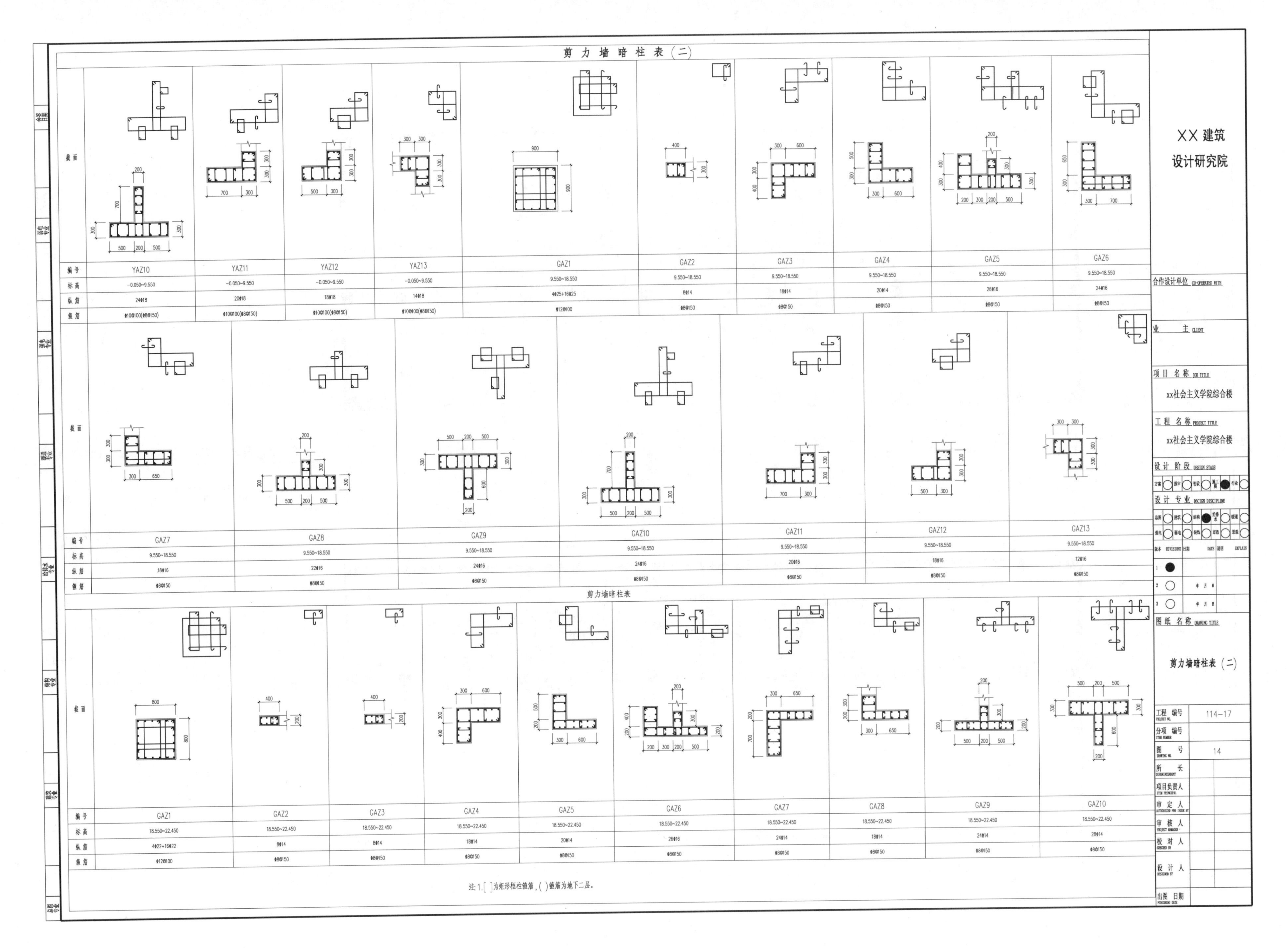

剪力墙暗柱表（二）

编号	YAZ10	YAZ11	YAZ12	YAZ13	GAZ1	GAZ2	GAZ3	GAZ4	GAZ5	GAZ6
标高	-0.050~9.550	-0.050~9.550	-0.050~9.550	-0.050~9.550	9.550~18.550	9.550~18.550	9.550~18.550	9.550~18.550	9.550~18.550	9.550~18.550
纵筋	24Φ18	20Φ18	18Φ18	14Φ18	4Φ25+16Φ25	8Φ14	18Φ14	20Φ14	26Φ16	24Φ16
箍筋	Φ10@100(Φ8@150)	Φ10@100(Φ8@150)	Φ10@100(Φ8@150)	Φ10@100(Φ8@150)	Φ12@100	Φ8@150	Φ8@150	Φ8@150	Φ8@150	Φ8@150

编号	GAZ7	GAZ8	GAZ9	GAZ10	GAZ11	GAZ12	GAZ13
标高	9.550~18.550	9.550~18.550	9.550~18.550	9.550~18.550	9.550~18.550	9.550~18.550	9.550~18.550
纵筋	18Φ16	22Φ16	24Φ16	24Φ16	20Φ16	18Φ16	12Φ16
箍筋	Φ8@150	Φ8@150	Φ8@150	Φ8@150	Φ8@150	Φ8@150	Φ8@150

剪力墙暗柱表

编号	GAZ1	GAZ2	GAZ3	GAZ4	GAZ5	GAZ6	GAZ7	GAZ8	GAZ9	GAZ10
标高	18.550~22.450	18.550~22.450	18.550~22.450	18.550~22.450	18.550~22.450	18.550~22.450	18.550~22.450	18.550~22.450	18.550~22.450	18.550~22.450
纵筋	4Φ22+16Φ22	8Φ14	8Φ14	18Φ14	20Φ14	26Φ16	24Φ14	18Φ14	24Φ14	28Φ14
箍筋	Φ12@100	Φ8@150	Φ8@150	Φ8@150	Φ8@150	Φ8@150	Φ8@150	Φ8@150	Φ8@150	Φ8@150

注：1.[ ]为矩形框柱箍筋，( )箍筋为地下二层。

XX 建筑设计研究院

合作设计单位 CO-OPERATED WITH

业主 CLIENT

项目名称 JOB TITLE xx社会主义学院综合楼

工程名称 PROJECT TITLE xx社会主义学院综合楼

图纸名称 DRAWING TITLE 剪力墙暗柱表（二）

工程编号 114-17

图号 14

所长 / 项目负责人 / 审定人 / 审核人 / 校对人 / 设计人 / 出图日期

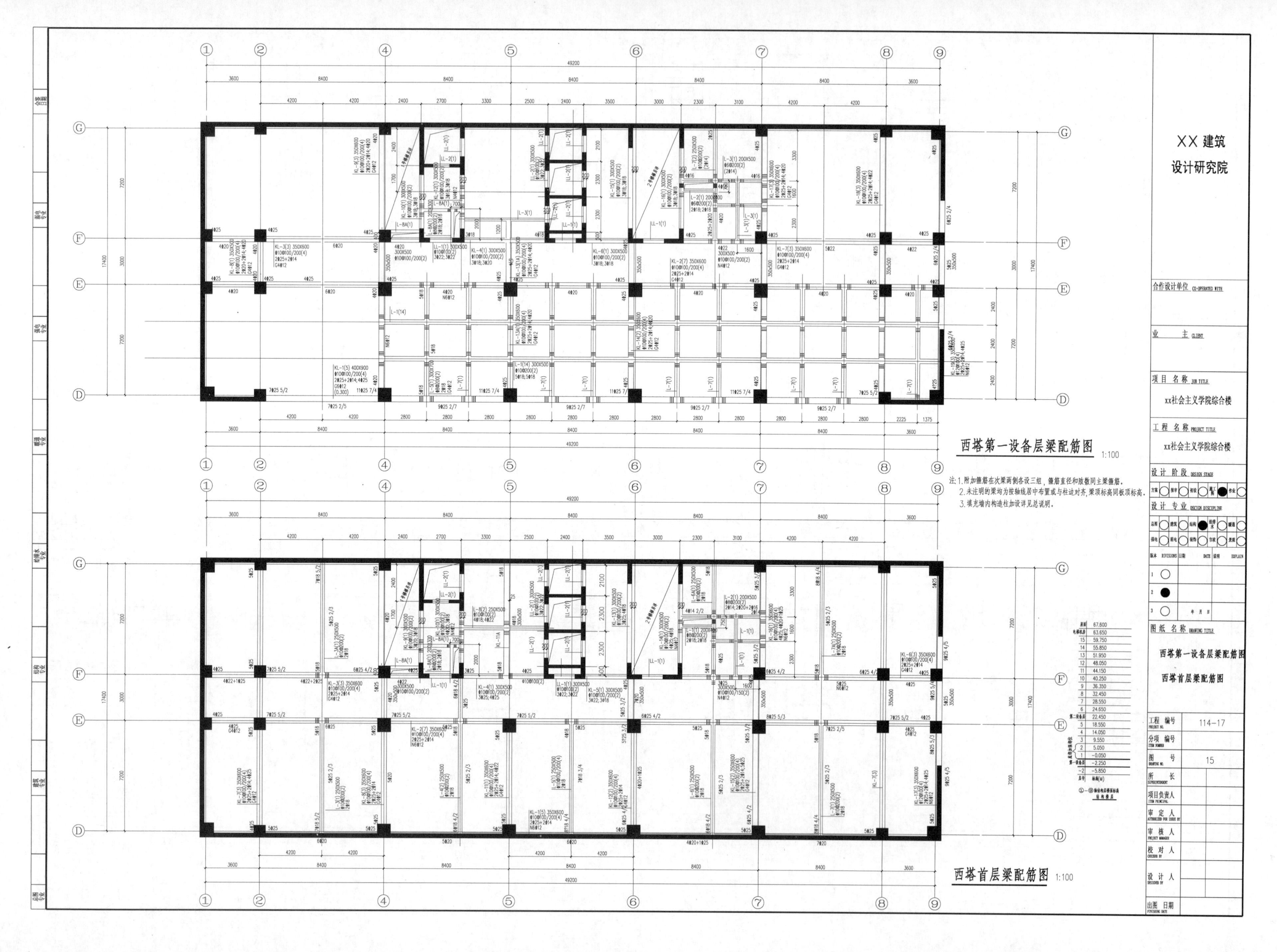

XX 建筑
设计研究院
西塔第一设备层梁配筋图 1:100
注：1. 附加箍筋在次梁两侧各设三组，箍筋直径和肢数同主梁箍筋。
2. 未注明的梁均为按轴线居中布置或与柱边对齐，梁顶标高同板顶标高。
3. 填充墙内构造柱加设详见总说明。
西塔首层梁配筋图 1:100
合作设计单位
业 主
项目名称
xx社会主义学院综合楼
工程名称
xx社会主义学院综合楼
设计阶段
设计专业
图纸名称
西塔第一设备层梁配筋图
西塔首层梁配筋图
工程编号 114-17
分项编号
图 号 15
所 长
项目负责人
审 定 人
审 核 人
校 对 人
设 计 人
出图日期

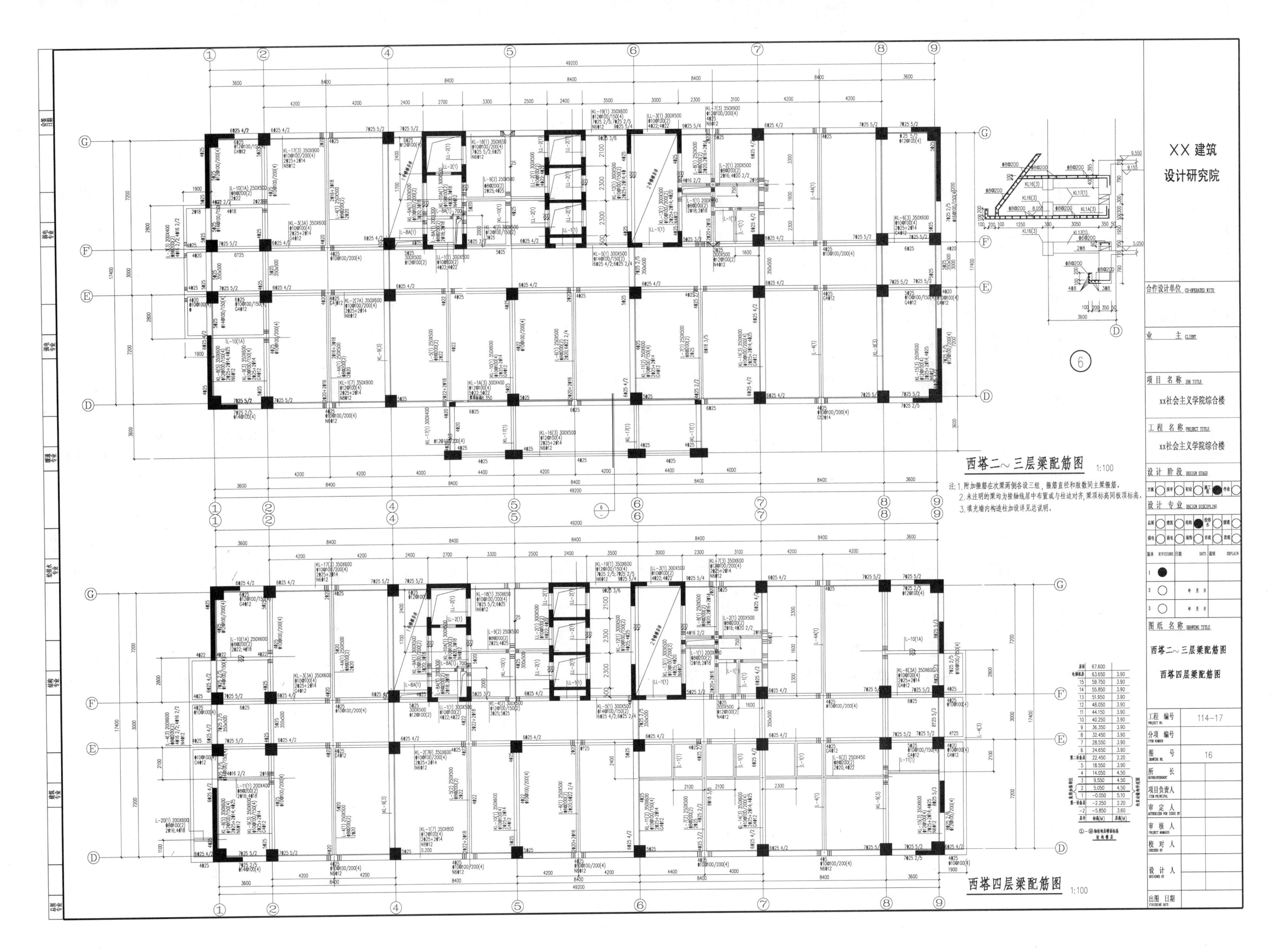

西塔二～三层梁配筋图 1:100
注：1. 附加箍筋在次梁两侧各设三组，箍筋直径和肢数同主梁箍筋。
2. 未注明的梁均为按轴线居中布置或与柱边对齐，梁顶标高同板顶标高。
3. 填充墙内构造柱加设详见总说明。
西塔四层梁配筋图 1:100
XX 建筑
设计研究院
合作设计单位 CO-OPERATED WITH
业 主 CLIENT
项目名称 JOB TITLE
xx社会主义学院综合楼
工程名称 PROJECT TITLE
xx社会主义学院综合楼
设计阶段 DESIGN STAGE
设计专业 DESIGN DISCIPLINE
图纸名称 DRAWING TITLE
西塔二～三层梁配筋图
西塔四层梁配筋图
工程编号 114-17
分项编号
图号 16
所长
项目负责人
审定人
审核人
校对人
设计人
出图日期

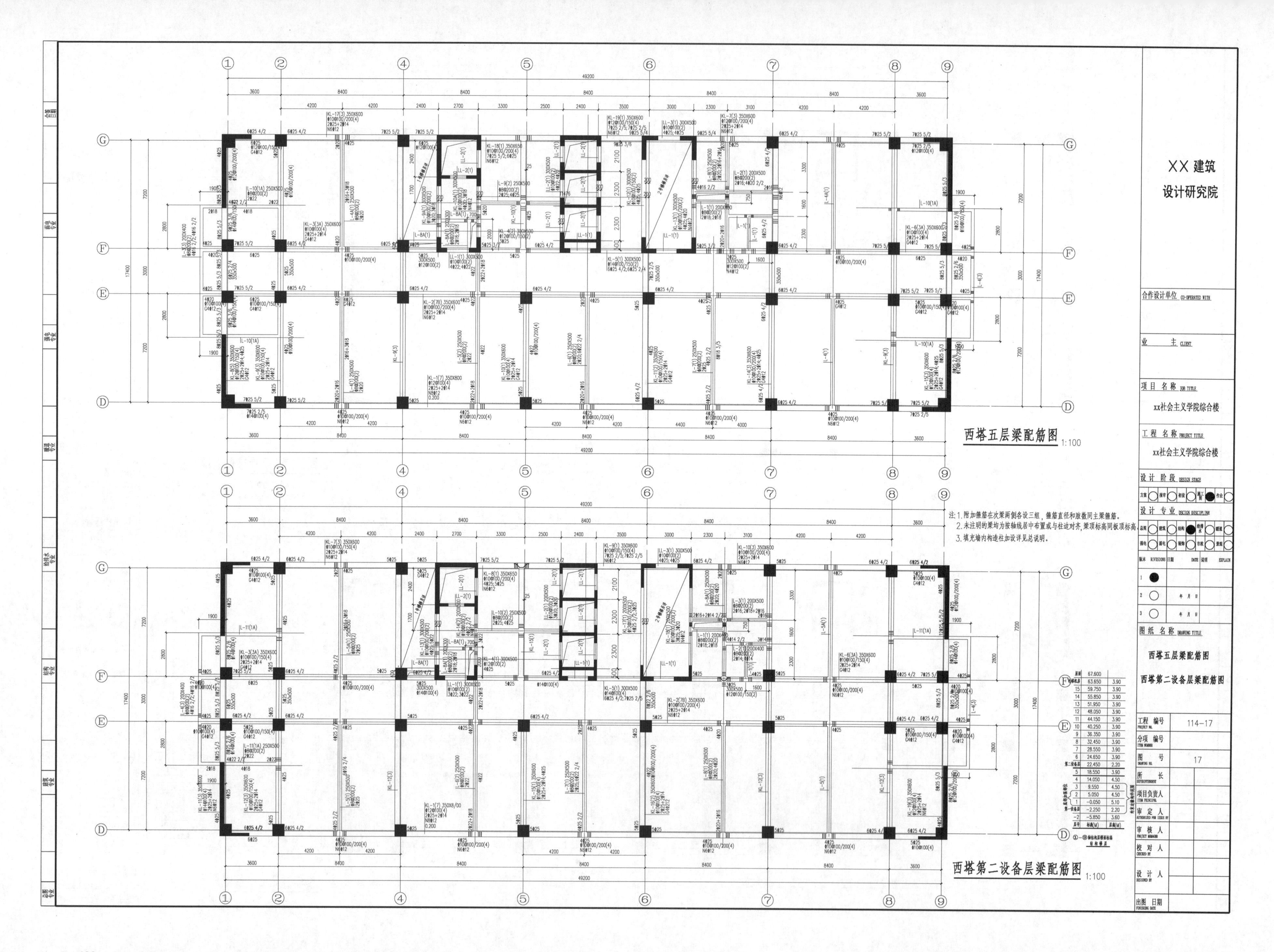
XX 建筑
设计研究院
西塔五层梁配筋图 1:100
西塔第二设备层梁配筋图 1:100
注: 1. 附加箍筋在次梁两侧各设三组，箍筋直径和肢数同主梁箍筋。
2. 未注明的梁均为按轴线居中布置或与柱边对齐，梁顶标高同板顶标高。
3. 填充墙内构造柱加设详见总说明。
合作设计单位 CO-OPERATED WITH
业 主 CLIENT
项目名称 JOB TITLE
xx社会主义学院综合楼
工程名称 PROJECT TITLE
xx社会主义学院综合楼
设计阶段 DESIGN STAGE
方案 报审 初设 施工图 作业
设计专业 DSCIGN DISCIPLINE
总图 建筑 结构 给排水 暖通
强电 弱电 装饰 市政 景观
版本 RIVISIONS 日期 DATE 说明 EXPLAIN
图纸名称 DRAWING TITLE
西塔五层梁配筋图
西塔第二设备层梁配筋图
工程编号 PROJECT NO. 114-17
分项编号 ITEM NUMBER
图号 DRAWING NO. 17
所长 SUPERINTENDENT
项目负责人 ITEM PRINCIPAL
审定人 AUTHORIZED FOR ISSUE BY
审核人 PROJECT MANAGER
校对人 CHECKED BY
设计人 DESIGNED BY
出图日期 FINISHING DATE

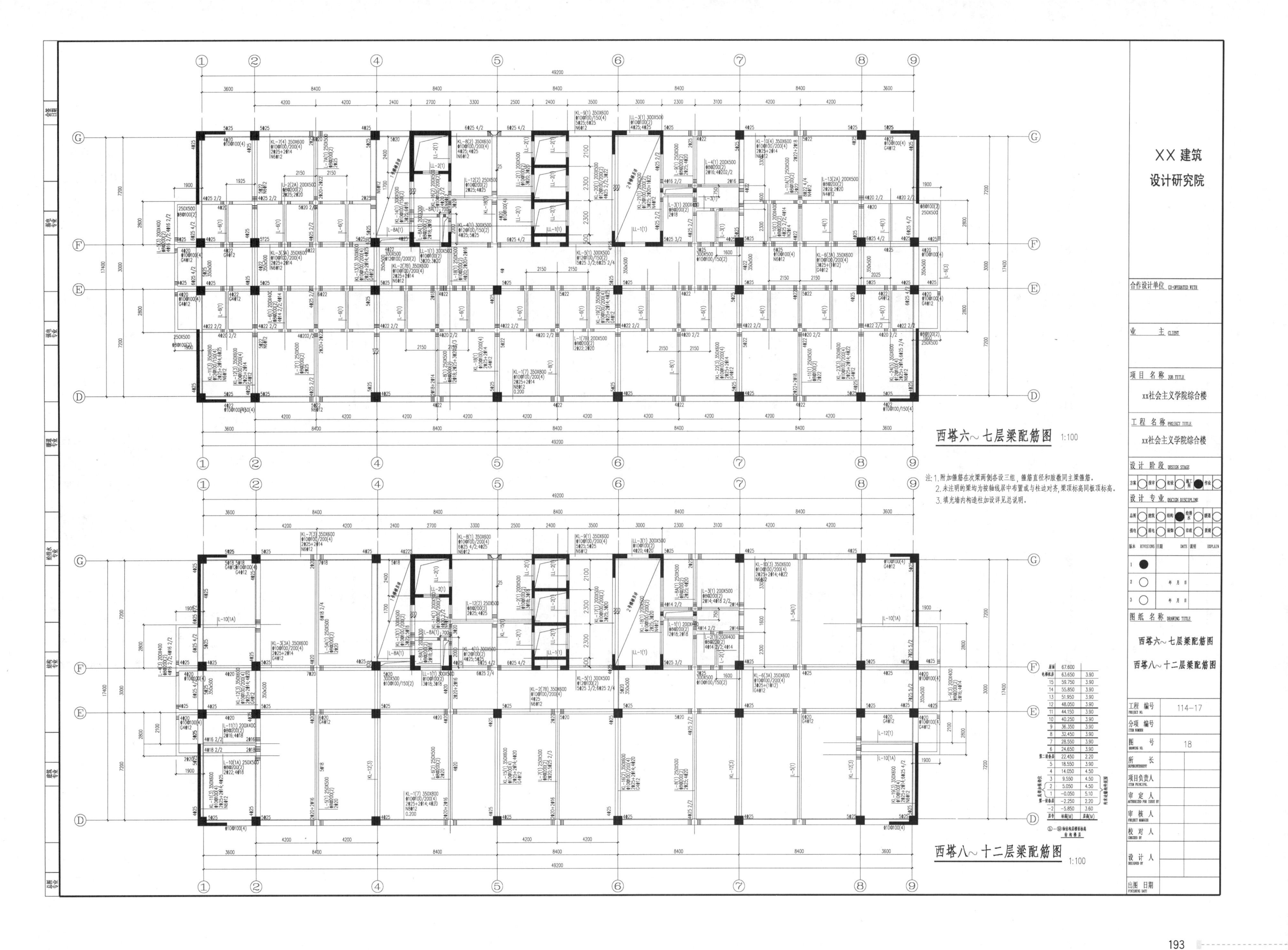
XX 建筑
设计研究院
合作设计单位 CO-OPERATED WITH
业 主 CLIENT
项目名称 JOB TITLE
xx社会主义学院综合楼
工程名称 PROJECT TITLE
xx社会主义学院综合楼
设计阶段 DESIGN STAGE
设计专业 DESIGN DISCIPLINE
图纸名称 DRAWING TITLE
西塔六～七层梁配筋图
西塔八～十二层梁配筋图
工程编号 114-17
分项编号
图号 18
所长
项目负责人
审定人
审核人
校对人
设计人
出图日期
西塔六～七层梁配筋图 1:100
注：1.附加箍筋在次梁两侧各设三组，箍筋直径和肢数同主梁箍筋。
2.未注明的梁均为按轴线居中布置或与柱边对齐，梁顶标高同板顶标高。
3.填充墙内构造柱加设详见总说明。
西塔八～十二层梁配筋图 1:100

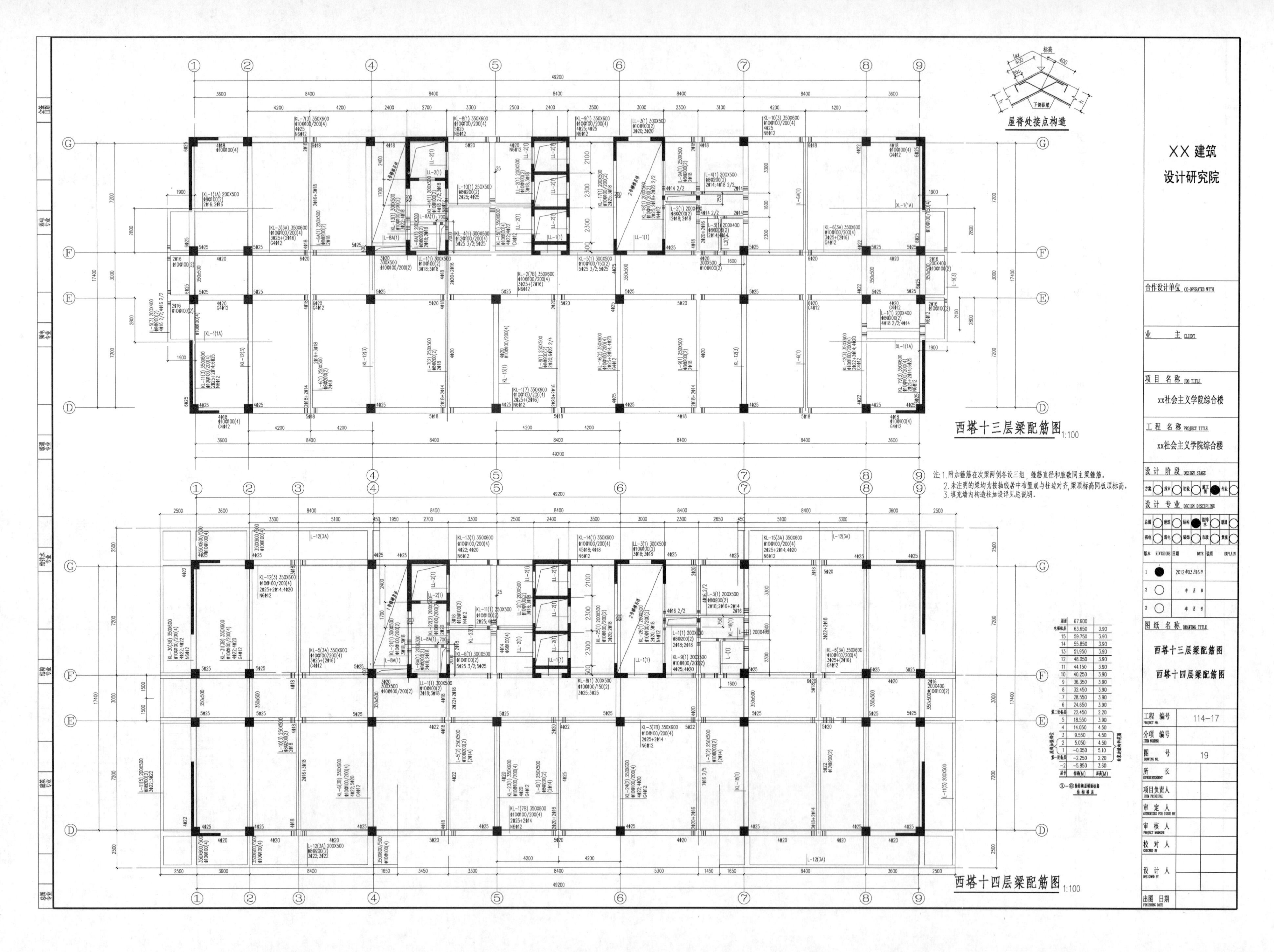

屋脊处接点构造
XX 建筑
设计研究院
合作设计单位
业 主
项目名称
xx社会主义学院综合楼
工程名称
xx社会主义学院综合楼
设计阶段
设计专业
2012年03月6日
图纸名称
西塔十三层梁配筋图
西塔十四层梁配筋图
工程编号
114-17
分项编号
图号
19
所长
项目负责人
审定人
审核人
校对人
设计人
出图日期
西塔十三层梁配筋图 1:100
西塔十四层梁配筋图 1:100
注：1. 附加箍筋在次梁两侧各设三组，箍筋直径和肢数同主梁箍筋。
2. 未注明的梁均为按轴线居中布置或与柱边对齐，梁顶标高同板顶标高。
3. 填充墙内构造柱加设详见总说明。

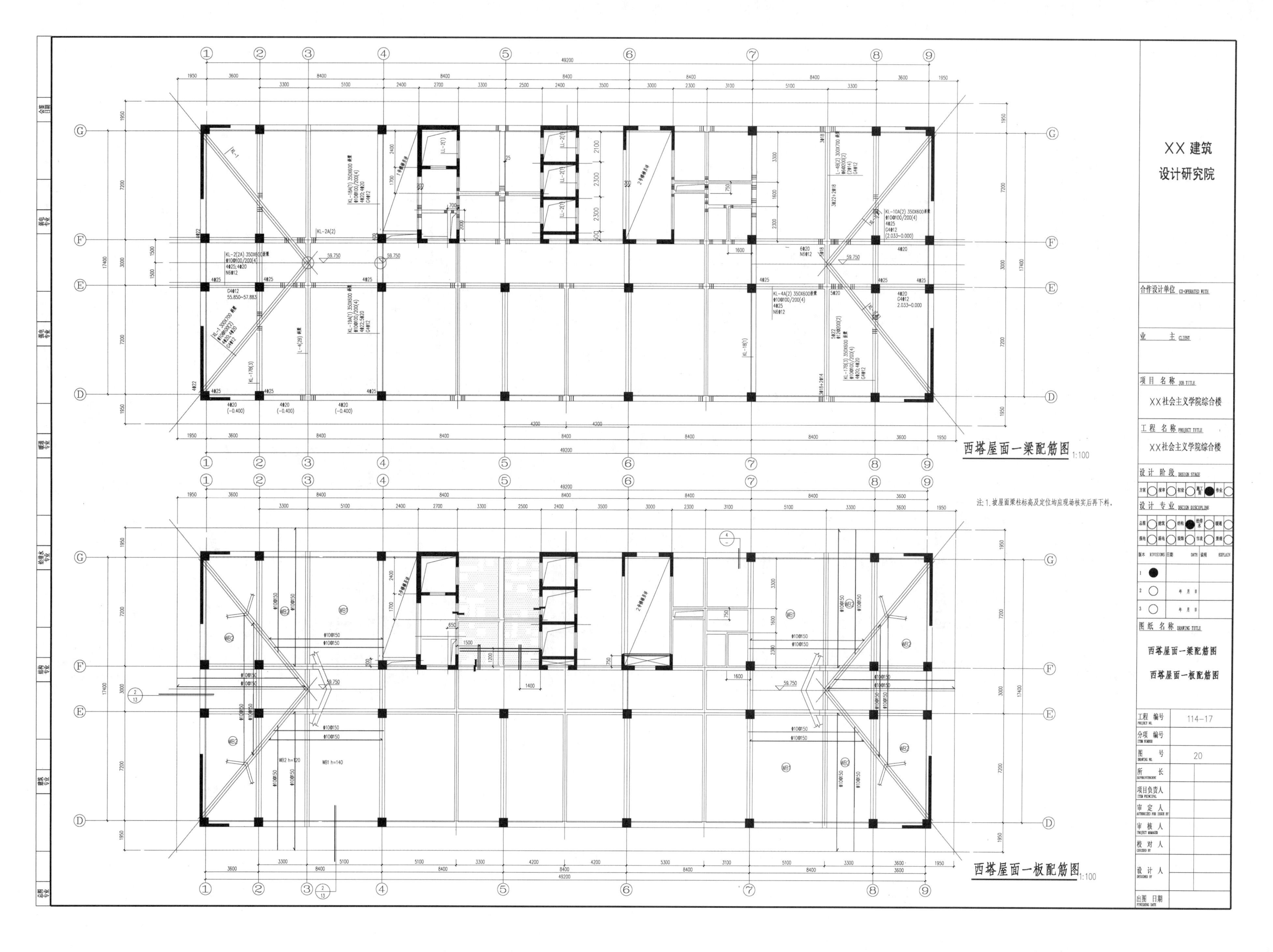

西塔屋面一梁配筋图 1:100
西塔屋面一板配筋图 1:100
注:1.坡屋面梁柱标高及定位均应现场核实后再下料。
XX 建筑
设计研究院
合作设计单位 CO-OPERATED WITH
业 主 CLIENT
项目名称 JOB TITLE
XX社会主义学院综合楼
工程名称 PROJECT TITLE
XX社会主义学院综合楼
设计阶段 DESIGN STAGE
设计专业 DESIGN DISCIPLINE
图纸名称 DRAWING TITLE
西塔屋面一梁配筋图
西塔屋面一板配筋图
工程编号 114-17
分项编号
图号 20
所长
项目负责人
审定人
审核人
校对人
设计人
出图日期

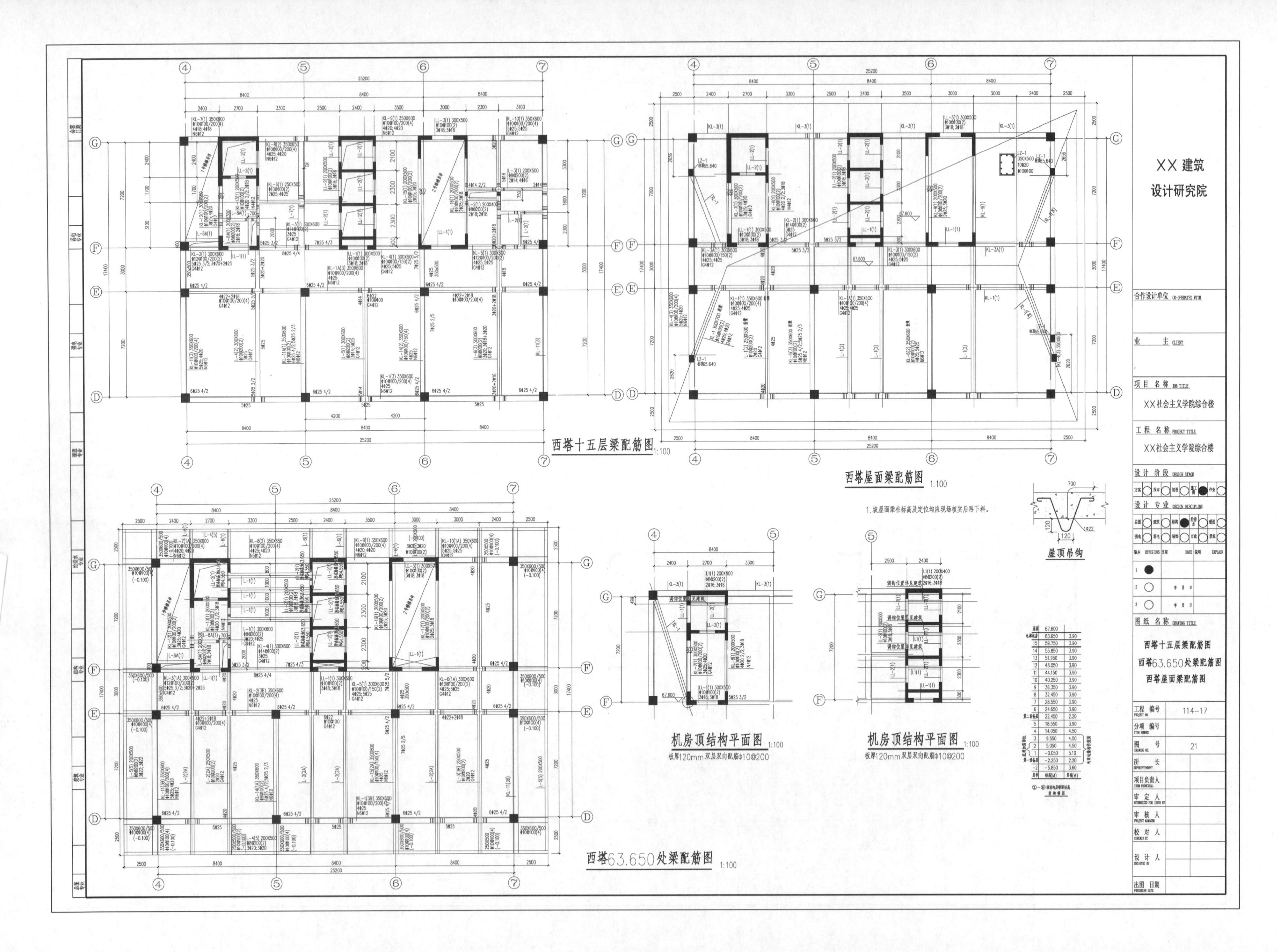
西塔十五层梁配筋图 1:100
西塔屋面梁配筋图 1:100
1. 坡屋面梁柱标高及定位均应现场核实后再下料。
屋顶吊钩
机房顶结构平面图 1:100
板厚120mm 双层双向配筋Φ10@200
机房顶结构平面图 1:100
板厚120mm 双层双向配筋Φ10@200
西塔63.650处梁配筋图 1:100
XX 建筑
设计研究院
合作设计单位 CO-OPERATED WITH
业 主 CLIENT
项目名称 JOB TITLE
XX社会主义学院综合楼
工程名称 PROJECT TITLE
XX社会主义学院综合楼
设计阶段 DESIGN STAGE
设计专业 DESIGN DISCIPLINE
图纸名称 DRAWING TITLE
西塔十五层梁配筋图
西塔63.650处梁配筋图
西塔屋面梁配筋图
工程编号 114-17
分项编号
图号 21
所长
项目负责人
审定人
审核人
校对人
设计人
出图日期

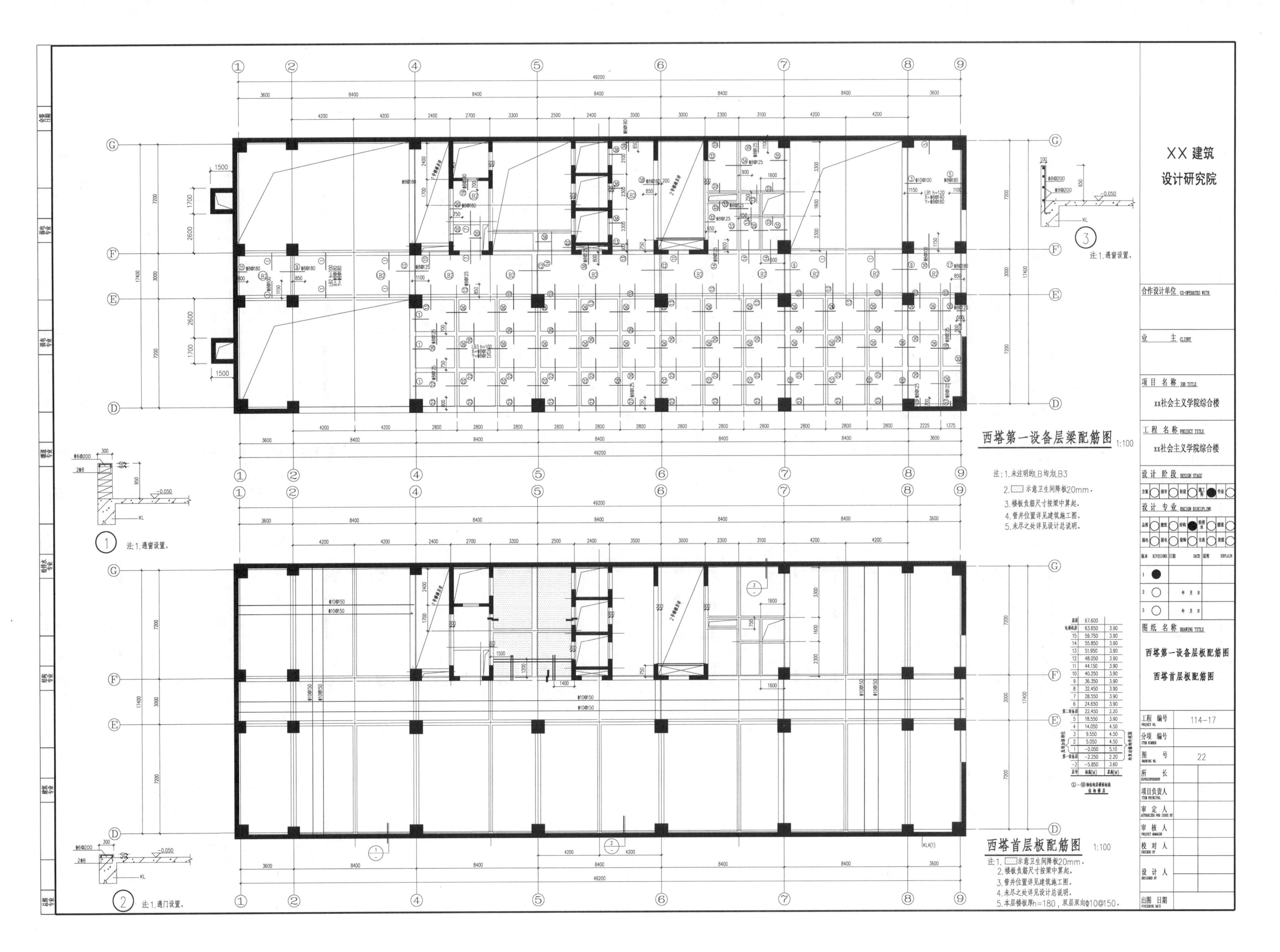
XX 建筑
设计研究院
合作设计单位 CO-OPERATED WITH
业 主 CLIENT
项目名称 JOB TITLE
xx社会主义学院综合楼
工程名称 PROJECT TITLE
xx社会主义学院综合楼
设计阶段 DESIGN STAGE
设计专业 DSCIGN DISCIPLINE
图纸名称 DRAWING TITLE
西塔第一设备层板配筋图
西塔首层板配筋图
工程编号 114-17
分项编号
图号 22
所长
项目负责人
审定人
审核人
校对人
设计人
出图日期
西塔第一设备层梁配筋图 1:100
注：1.未注明的LB均为LB3
2.示意卫生间降板20mm。
3.楼板负筋尺寸按梁中算起。
4.管井位置详见建筑施工图。
5.未尽之处详见设计总说明。
西塔首层板配筋图 1:100
注：1.示意卫生间降板20mm。
2.楼板负筋尺寸按梁中算起。
3.管井位置详见建筑施工图。
4.未尽之处详见设计总说明。
5.本层楼板厚h=180，双层双向Φ10@150。
注：1.通窗设置。
注：1.通门设置。
①-⑨轴结构层楼面标高
结构楼层

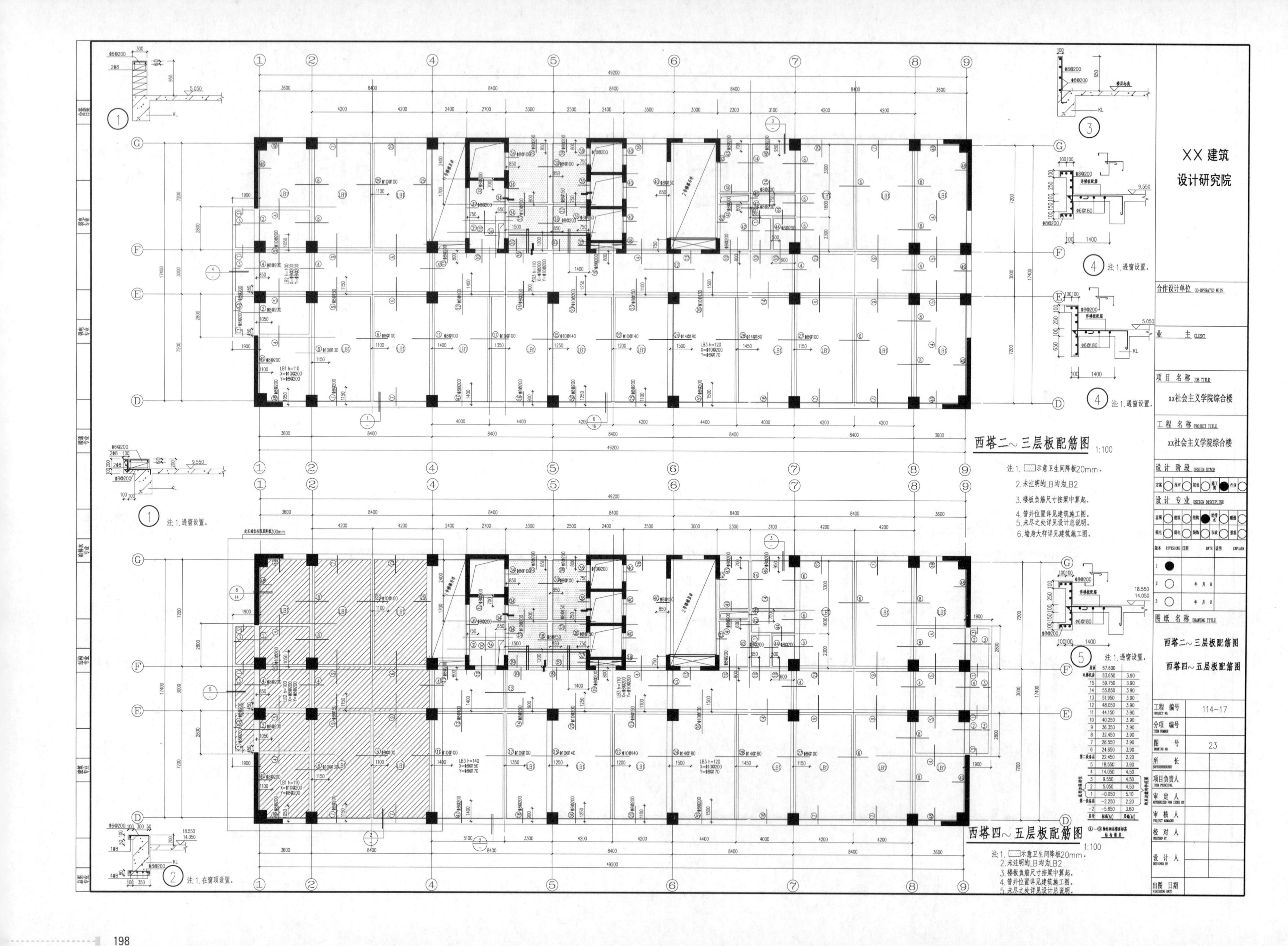
XX 建筑
设计研究院
西塔二～三层板配筋图 1:100
注:1. 示意卫生间降板20mm.
2.未注明的LB均为LB2
3.楼板负筋尺寸按梁中算起.
4.管井位置详见建筑施工图.
5.未尽之处详见设计总说明.
6.墙身大样详见建筑施工图.
西塔四～五层板配筋图 1:100
注:1. 示意卫生间降板20mm.
2.未注明的LB均为LB2
3.楼板负筋尺寸按梁中算起.
4.管井位置详见建筑施工图.
5.未尽之处详见设计总说明.
注:1.遇窗设置.
注:1.在窗顶设置.
49200
3600 8400 8400 8400 8400 8400 3600
17400
LB1 h=110
LB2 h=100
LB3 h=120
LB3 h=140
屋面 67.600
电梯机房 63.650 3.90
15 59.750 3.90
14 55.850 3.90
13 51.950 3.90
12 48.050 3.90
11 44.150 3.90
10 40.250 3.90
9 36.350 3.90
8 32.450 3.90
7 28.550 3.90
6 24.650 3.90
第二设备层 22.450 2.20
5 18.550 3.90
4 14.050 4.50
3 9.550 4.50
2 5.050 4.50
1 -0.050 5.10
第一设备层 -2.250 2.20
-2 -5.850 3.60
层号 标高(m) 层高(m)
合作设计单位 CO-OPERATED WITH
业 主 CLIENT
项目名称 JOB TITLE
xx社会主义学院综合楼
工程名称 PROJECT TITLE
xx社会主义学院综合楼
设计阶段 DESIGN STAGE
设计专业 DESIGN DISCIPLINE
图纸名称 DRAWING TITLE
西塔二～三层板配筋图
西塔四～五层板配筋图
工程编号 114-17
分项编号
图号 23
所长
项目负责人
审定人
审核人
校对人
设计人
出图日期

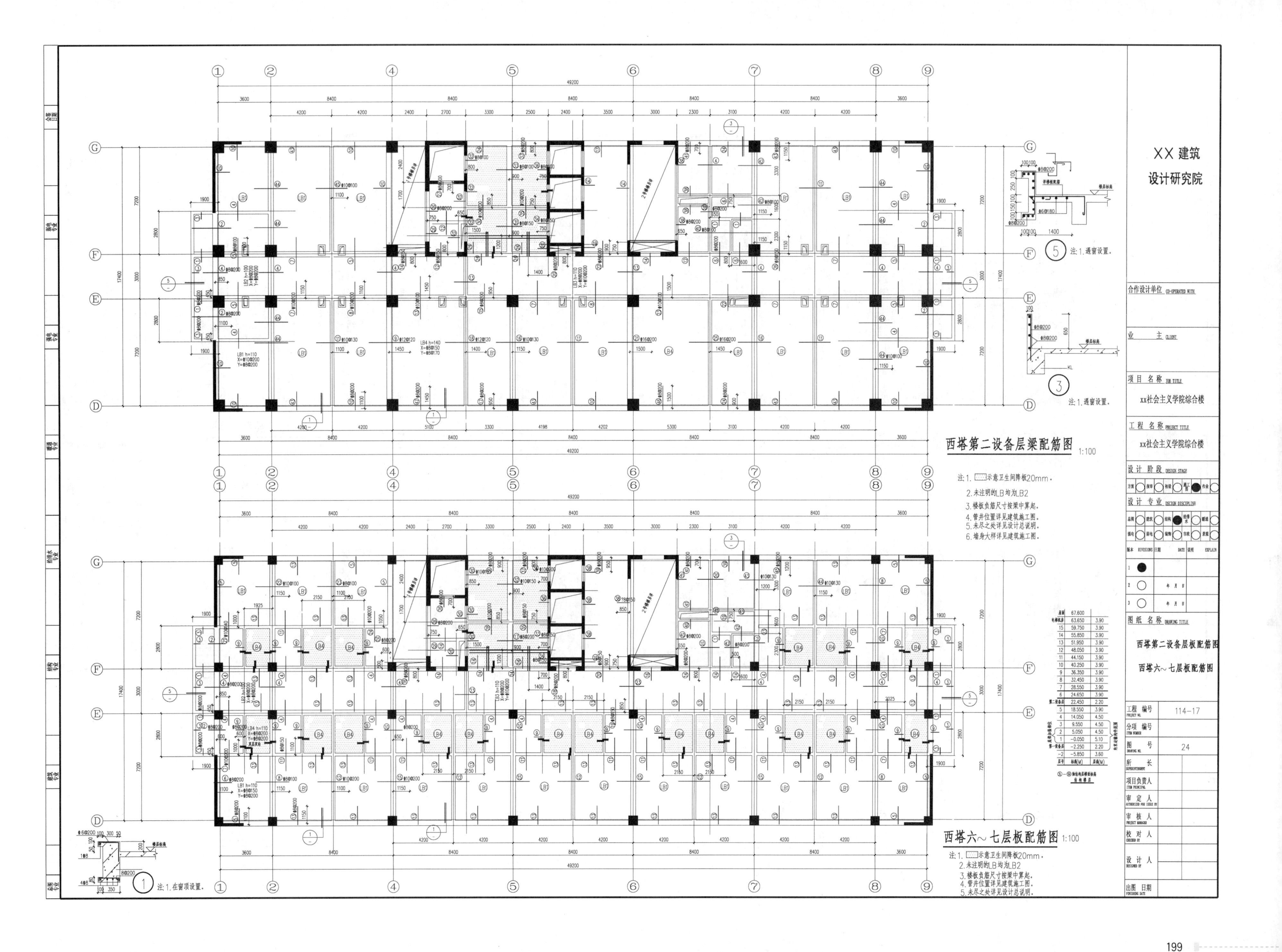
西塔第二设备层梁配筋图 1:100
西塔六～七层板配筋图 1:100
注:1. 示意卫生间降板20mm。
2. 未注明的LB均为LB2
3. 楼板负筋尺寸按梁中算起。
4. 管井位置详见建筑施工图。
5. 未尽之处详见设计总说明。
6. 墙身大样详见建筑施工图。
注:1. 遇窗设置。
注:1. 在窗顶设置。
XX 建筑
设计研究院
合作设计单位 CO-OPERATED WITH
业 主 CLIENT
项目名称 JOB TITLE
xx社会主义学院综合楼
工程名称 PROJECT TITLE
xx社会主义学院综合楼
设计阶段 DESIGN STAGE
设计专业 DESIGN DISCIPLINE
图纸名称 DRAWING TITLE
西塔第二设备层板配筋图
西塔六～七层板配筋图
工程编号 114-17
分项编号
图号 24
所长
项目负责人
审定人
审核人
校对人
设计人
出图日期

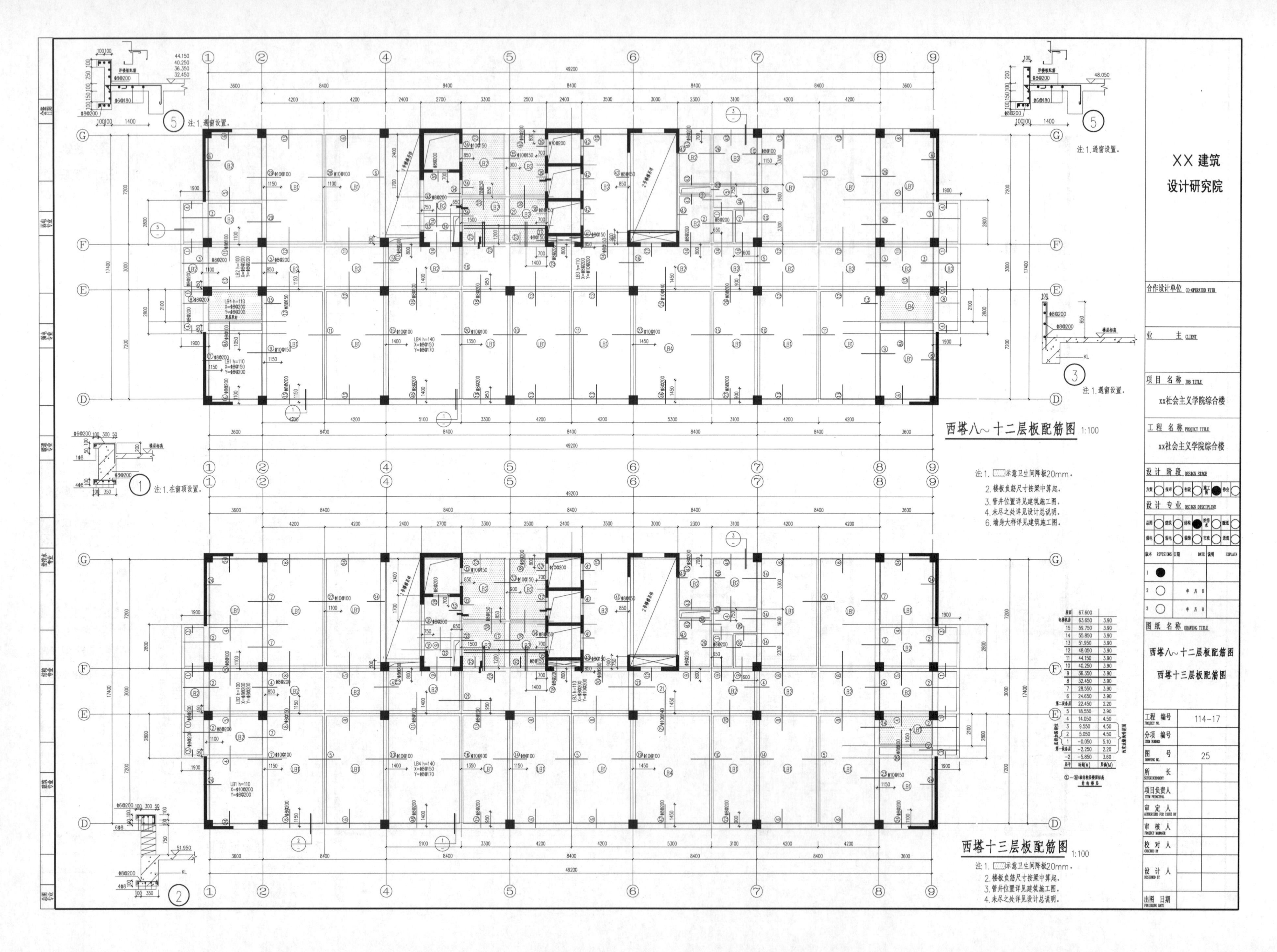
XX 建筑
设计研究院
合作设计单位 CO-OPERATED WITH
业 主 CLIENT
项目名称 JOB TITLE
xx社会主义学院综合楼
工程名称 PROJECT TITLE
xx社会主义学院综合楼
设计阶段 DESIGN STAGE
设计专业 DESIGN DISCIPLINE
图纸名称 DRAWING TITLE
西塔八～十二层板配筋图
西塔十三层板配筋图
工程编号 114-17
分项编号
图号 25
所长
项目负责人
审定人
审核人
校对人
设计人
出图日期
西塔八～十二层板配筋图 1:100
注：1. 示意卫生间降板20mm。
2. 楼板负筋尺寸按梁中算起。
3. 管井位置详见建筑施工图。
4. 未尽之处详见设计总说明。
6. 墙身大样详见建筑施工图。
西塔十三层板配筋图 1:100
注：1. 示意卫生间降板20mm。
2. 楼板负筋尺寸按梁中算起。
3. 管井位置详见建筑施工图。
4. 未尽之处详见设计总说明。
注:1.遇窗设置。
注:1.在窗顶设置。

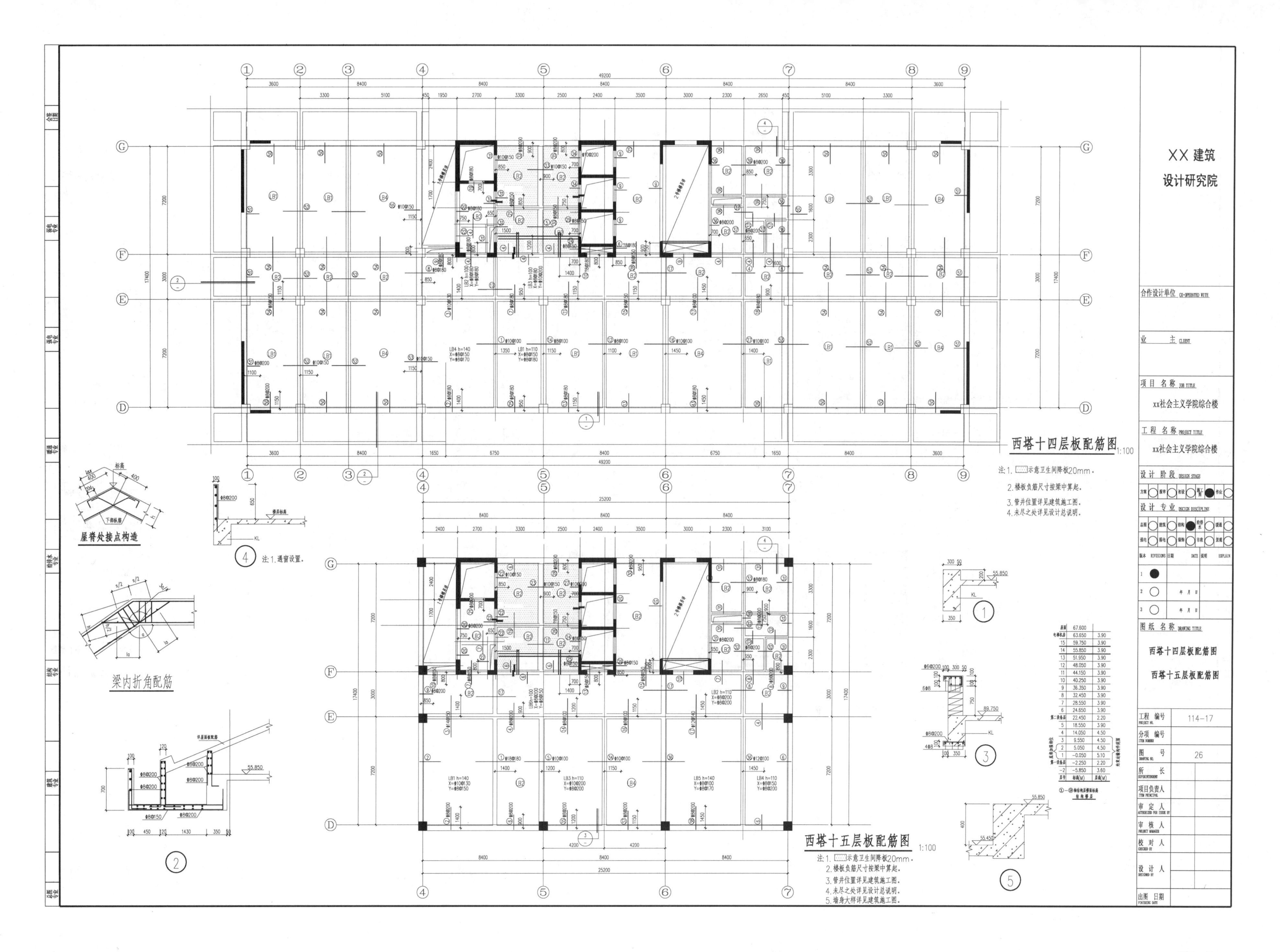

XX 建筑
设计研究院
合作设计单位 CO-OPERATED WITH
业 主 CLIENT
项目名称 JOB TITLE
xx社会主义学院综合楼
工程名称 PROJECT TITLE
xx社会主义学院综合楼
设计阶段 DESIGN STAGE
设计专业 DESIGN DISCIPLINE
图纸名称 DRAWING TITLE
西塔十四层板配筋图
西塔十五层板配筋图
工程编号 114-17
分项编号
图号 26
所长
项目负责人
审定人
审核人
校对人
设计人
出图日期
西塔十四层板配筋图 1:100
注:1. 示意卫生间降板20mm。
2. 楼板负筋尺寸按梁中算起。
3. 管井位置详见建筑施工图。
4. 未尽之处详见设计总说明。
西塔十五层板配筋图 1:100
注:1. 示意卫生间降板20mm。
2. 楼板负筋尺寸按梁中算起。
3. 管井位置详见建筑施工图。
4. 未尽之处详见设计总说明。
5. 墙身大样详见建筑施工图。
屋脊处接点构造
梁内折角配筋
注:1. 通窗设置。
49200
25200
17400

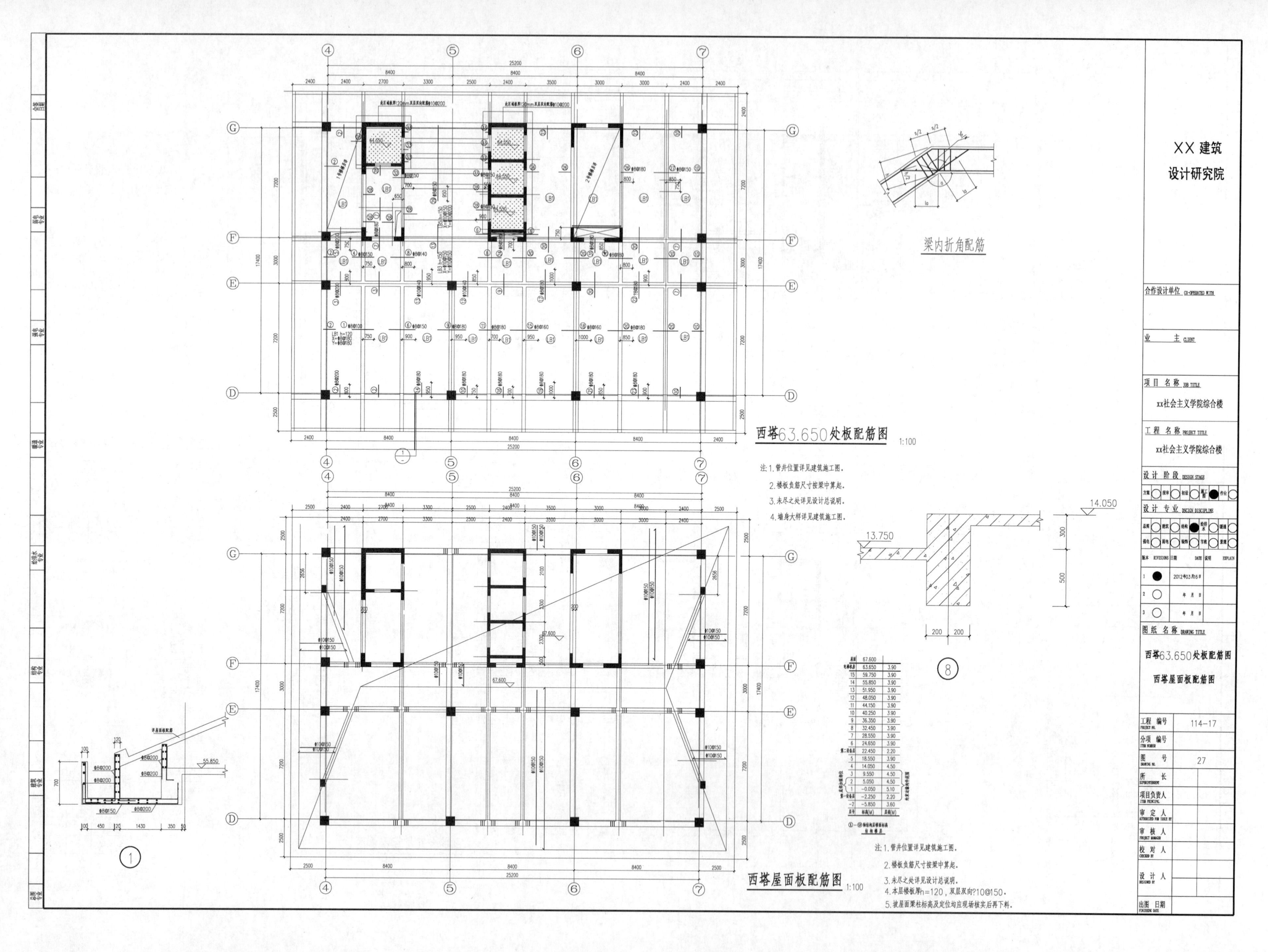
XX 建筑
设计研究院
梁内折角配筋
西塔63.650处板配筋图 1:100
注: 1. 管井位置详见建筑施工图。
2. 楼板负筋尺寸按梁中算起。
3. 未尽之处详见设计总说明。
4. 墙身大样详见建筑施工图。
14.050
13.750
300
500
200
200
8
屋面 67.600
电梯机房 63.650 3.90
15 59.750 3.90
14 55.850 3.90
13 51.950 3.90
12 48.050 3.90
11 44.150 3.90
10 40.250 3.90
9 36.350 3.90
8 32.450 3.90
7 28.550 3.90
6 24.650 3.90
第二设备层 22.450 2.20
5 18.550 3.90
4 14.050 4.50
3 9.550 4.50
2 5.050 4.50
1 -0.050 5.10
第一设备层 -2.250 2.20
-2 -5.850 3.60
层号 标高(M) 层高(M)
西塔屋面板配筋图 1:100
注: 1. 管井位置详见建筑施工图。
2. 楼板负筋尺寸按梁中算起。
3. 未尽之处详见设计总说明。
4. 本层楼板厚h=120，双层双向?10@150。
5. 拔屋面梁柱标高及定位均应现场核实后再下料。
合作设计单位 CO-OPERATED WITH
业 主 CLIENT
项目名称 JOB TITLE
xx社会主义学院综合楼
工程名称 PROJECT TITLE
xx社会主义学院综合楼
设计阶段 DESIGN STAGE
方案 报审 初设 施工图 作业
设计专业 DSCIGN DISCIPLINE
总图 建筑 结构 给排水 暖通
强电 弱电 装饰 市政 景观
版本 RIVISIONS 日期 DATE 说明 EXPLAIN
1 2012年03月16日
2 年 月 日
3 年 月 日
图纸名称 DRAWING TITLE
西塔63.650处板配筋图
西塔屋面板配筋图
工程编号 PROJECT NO. 114-17
分项编号 ITEM NUMBER
图号 DRAWING NO. 27
所长 SUPERINTENDENT
项目负责人 ITEM PRINCIPAL
审定人 AUTHORIZED FOR ISSUE BY
审核人 PROJECT MANAGER
校对人 CHECKED BY
设计人 DESIGNED BY
出图日期 FINISHING DATE

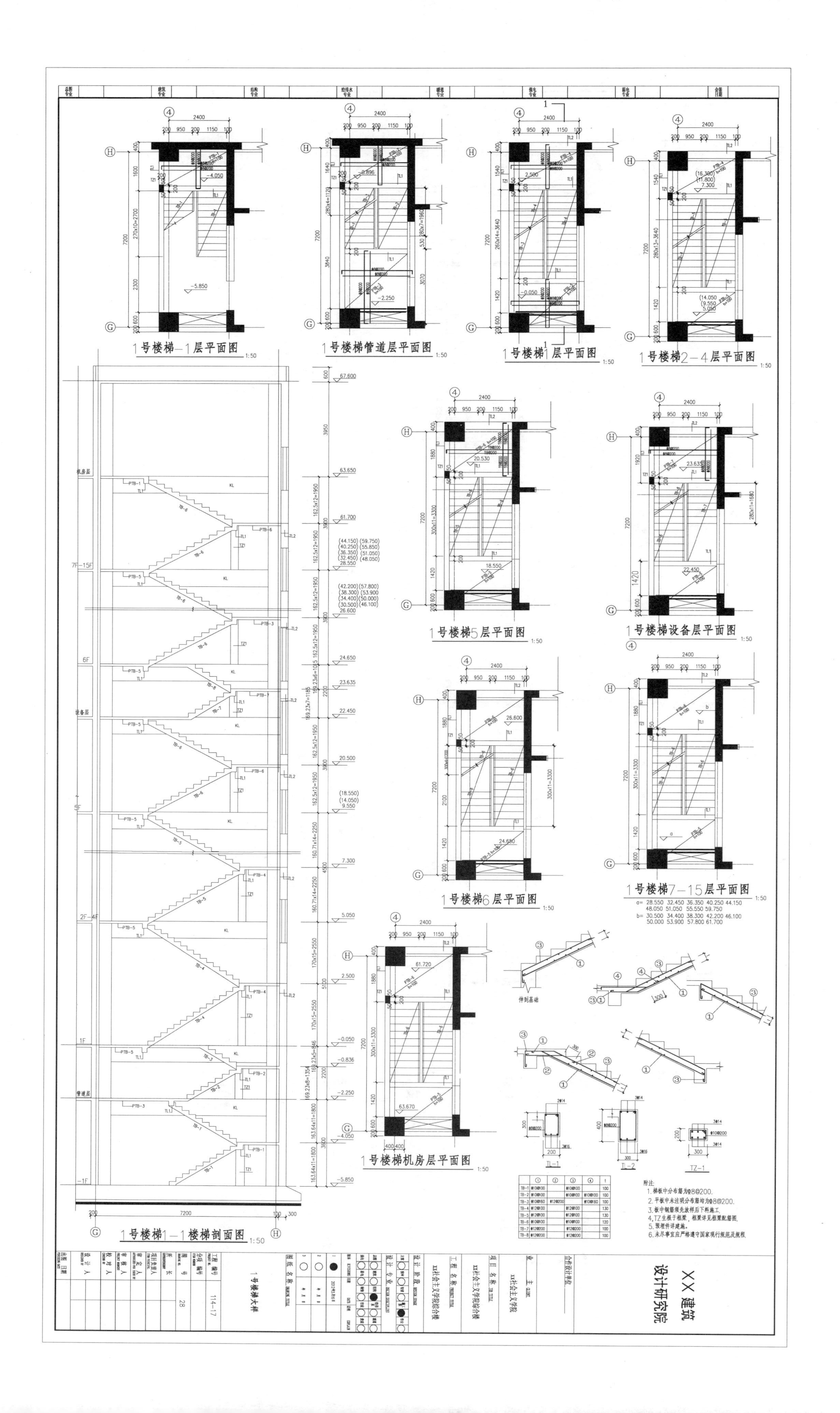

1号楼梯-1层平面图 1:50
1号楼梯管道层平面图 1:50
1号楼梯1层平面图 1:50
1号楼梯2-4层平面图 1:50
1号楼梯5层平面图 1:50
1号楼梯设备层平面图 1:50
1号楼梯6层平面图 1:50
1号楼梯7-15层平面图 1:50
a= 28.550 32.450 36.350 40.250 44.150
48.050 51.050 55.550 59.750
b= 30.500 34.400 38.300 42.200 46.100
50.000 53.900 57.800 61.700
1号楼梯机房层平面图 1:50
1号楼梯1-1楼梯剖面图 1:50
伸到基础
TL-1
TL-2
TZ-1
附注:
1. 梯板中分布筋为φ8@200.
2. 平板中未注明分布筋均为φ8@200.
3. 板中钢筋须先放样后下料施工.
4. TZ生根于框梁，框梁详见框架配筋图.
5. 预埋件详建施.
6. 未尽事宜应严格遵守国家现行规范及规程.
XX 建筑
设计研究院
xx社会主义学院
xx社会主义学院综合楼
1号楼梯大样
114-17
28

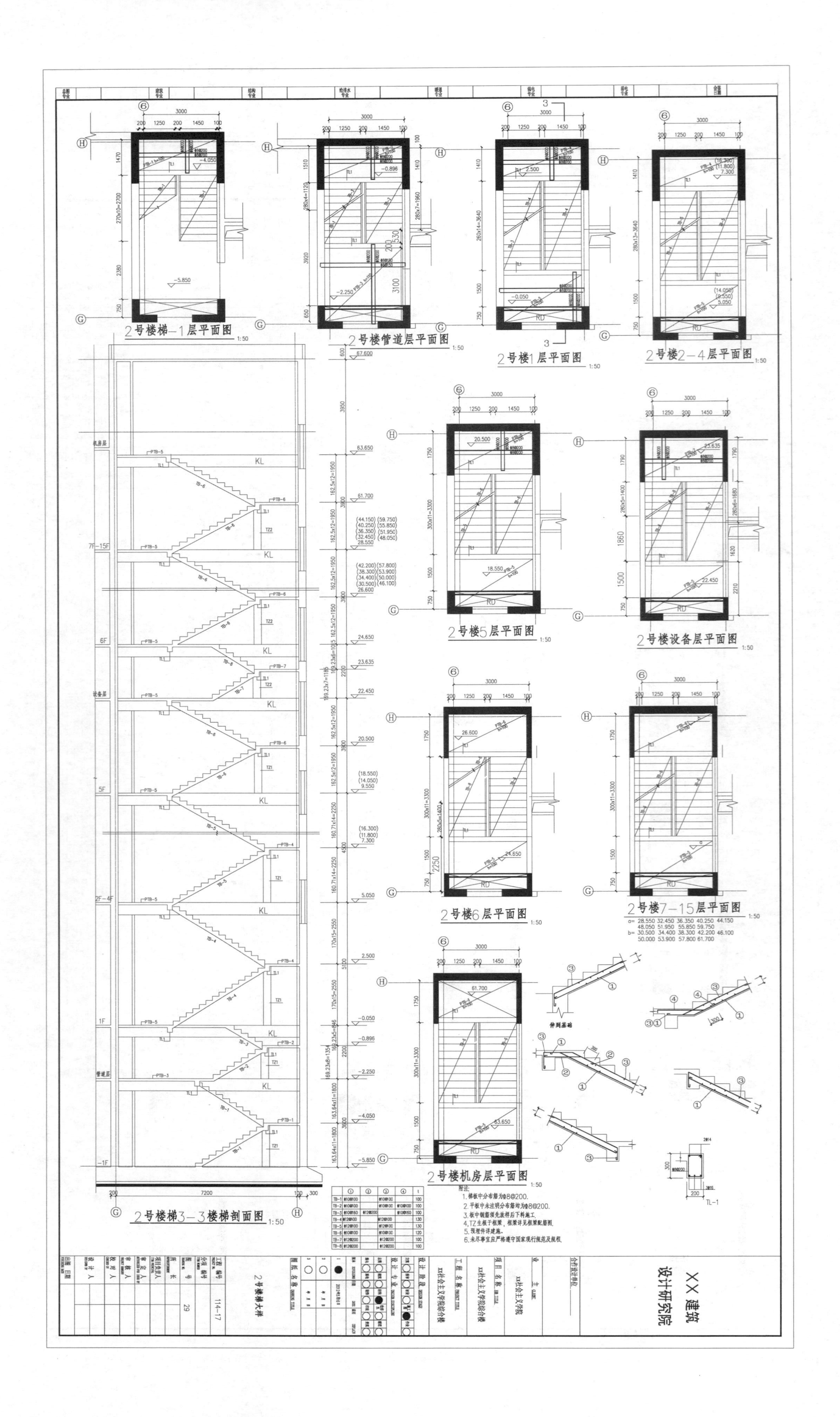

2号楼梯-1层平面图 1:50
2号楼管道层平面图 1:50
2号楼1层平面图 1:50
2号楼2-4层平面图 1:50
2号楼5层平面图 1:50
2号楼设备层平面图 1:50
2号楼6层平面图 1:50
2号楼7-15层平面图 1:50
2号楼机房层平面图 1:50
2号楼梯3-3楼梯剖面图 1:50
附注
1. 梯板中分布筋为Φ8@200.
2. 平板中未注明分布筋均为Φ8@200.
3. 板中钢筋须先放样后下料施工.
4. TZ生根于框架，框架详见框架配筋图.
5. 预埋件详建施.
6. 未尽事宜应严格遵守国家现行规范及规程.
XX 建筑
设计研究院
合作设计单位
xx社会主义学院
xx社会主义学院综合楼
xx社会主义学院综合楼
2号楼梯大样
114-17
29

附录3　××生物有限公司2#3#精品车间施工图(对应CAD图纸见电子资源3)

建 筑 设 计 说 明

一、设计依据

1. 《建筑制图标准》(GB/T50104-2010)
   《建筑设计防火规范》(GB50016-2014)
   《屋面工程技术规范》(GB50345-2012)
   《建筑地面设计规范》(GB50037-2013)
2. 建设单位提供的已批准的总体规划图和单体的方案图。
3. 建设单位提供的工艺布置及相关技术要求。

二、建筑概况

1、本工程为某地生物科技有限公司2#、3#精品车间，位置详总平面图，单栋建筑面积2087.27m²。
2、结构形式为单层单跨门式刚架结构，跨度29.6m。建筑高度为8.85米。长60.78米，宽30.48米。
3、抗震设防为7度，第二组，设计基本地震加速度为0.1g。
4、室内地坪±0.000的绝对标高为430.300，室内外高差150mm。
4、本工程建筑物耐火等级为二级，火灾危险性分类为丁类，构件的耐火极限：柱为2.5h，梁为1.5h。
5、本工程设计主结构正常使用年限为50年。
6、图中标高以米为单位，其余均以毫米为单位。

三、材料使用说明

1. 墙体
   A、±0.000以下采用MU10实心页岩标砖，M5水泥砂浆砌筑。
   B、±0.000以上采用MU10实心页岩标砖，M5混合砂浆砌筑，240mm厚。1.2m以上外墙板采用银灰色YX28-205-820型彩钢板（板厚0.4mm）订货前应送色卡，由建设单位定颜色。室内隔墙采用100厚夹芯板。
2. 墙面
   A、外墙面：详西南04J516-68-5407（订货前应送小样，由建设单位定颜色）
   B、内墙面：详西南04J515-5-N08
3. 屋面
   A、屋面防水等级为Ⅲ级
   B、屋面采用有檩屋盖，YX51-380-760（角驰Ⅲ）彩钢板（板厚0.5mm）.
   C、屋面排水采用有组织排水，Φ110PVC落水管。
4. 地面
   (1) 200厚C25混凝土地面原浆提光（按7.5X4.5m分格设分仓缝，缝内嵌油膏），下铺150mm厚连砂石垫层。（3：7砂石比）
   (2) 地面施工须符合《建筑地面工程施工质量验收规范》(GB50209-2010)要求。
   (3) 卫生间沿周边墙体作(120mm X300mm)C20细石混凝土止水线。
   (4) 卫生间排水坡向地漏或蹲便器，排水坡度为1%。
   (5) 卫生间的防水层采用SBC120聚乙烯丙纶防水卷材，上返墙面1.5M高（一道≥1.2mm厚），设备安装及防水节点参照西南11J517　35~37页的相关节点执行。

(5) 楼面
   楼面采用花纹钢板铺设，面层有二装处理。

(6) 油漆
   A、钢结构构件底漆采用红丹醇酸防锈漆两道，浅灰色醇酸磁漆两遍。
   B、钢结构构件的防火涂料应根据耐火极限按规范确定。由有资质的专业厂家施工。

四、室外工程

1、散水做法详西南11J812-4/4。每隔6米及转角处需做伸缩缝一道，缝宽20。内嵌油膏嵌缝。
2、坡道做法参西南11J812-6-C　2。

五、门窗等折板包边做法由施工单位根据门窗选型参01J925制作。

六、建筑、结构须与水、电气照明、动力密切配合施工。

图中未尽事宜按国家有关规范、规程执行。

图纸目录

图号	图纸名称	图幅
1/1	总平面图	A1
1/3	建筑设计总说明、门窗统计表、图纸目录、底层平面图	A1
2/3	夹层平面图　屋面平面图	A1
3/3	①-⑨立面图、⑨-①立面图、Ⓔ-Ⓐ立面图、Ⓐ-Ⓔ立面图 1-1剖面图、卫生间详图	A1

门窗表

类别	设计编号	洞口尺寸(mm) 宽度	高度	数量	名称	备注
门	M0921	900	2100	2	平开木门	厂家设计
	M1021	1000	2100	11	平开木门	厂家设计
	M1821	1800	2100	3	平玻璃开门	厂家设计
	M3933	3900	3300	2	卷帘门	厂家设计
	M4833	4800	3300	1	玻璃自动门	厂家设计
窗	C1209	1200	900	2	塑钢百叶窗	
	C1515	1500	1500	6	塑钢推拉窗	
	C3015	3000	1500	1	塑钢推拉窗	
	C3024	3000	2400	1	塑钢推拉窗	
	C4515	4500	1500	1	塑钢推拉窗	
	C4524	4500	2400	10	塑钢推拉窗	局部固定
	C9063	9000	2400	2	玻璃幕墙	厂家设计
	C12015	12000	1500	2	塑钢推拉窗	局部固定
	C34515	34500	1500	2	塑钢推拉窗	局部固定
墙洞	DK1221	1200	2100	1		

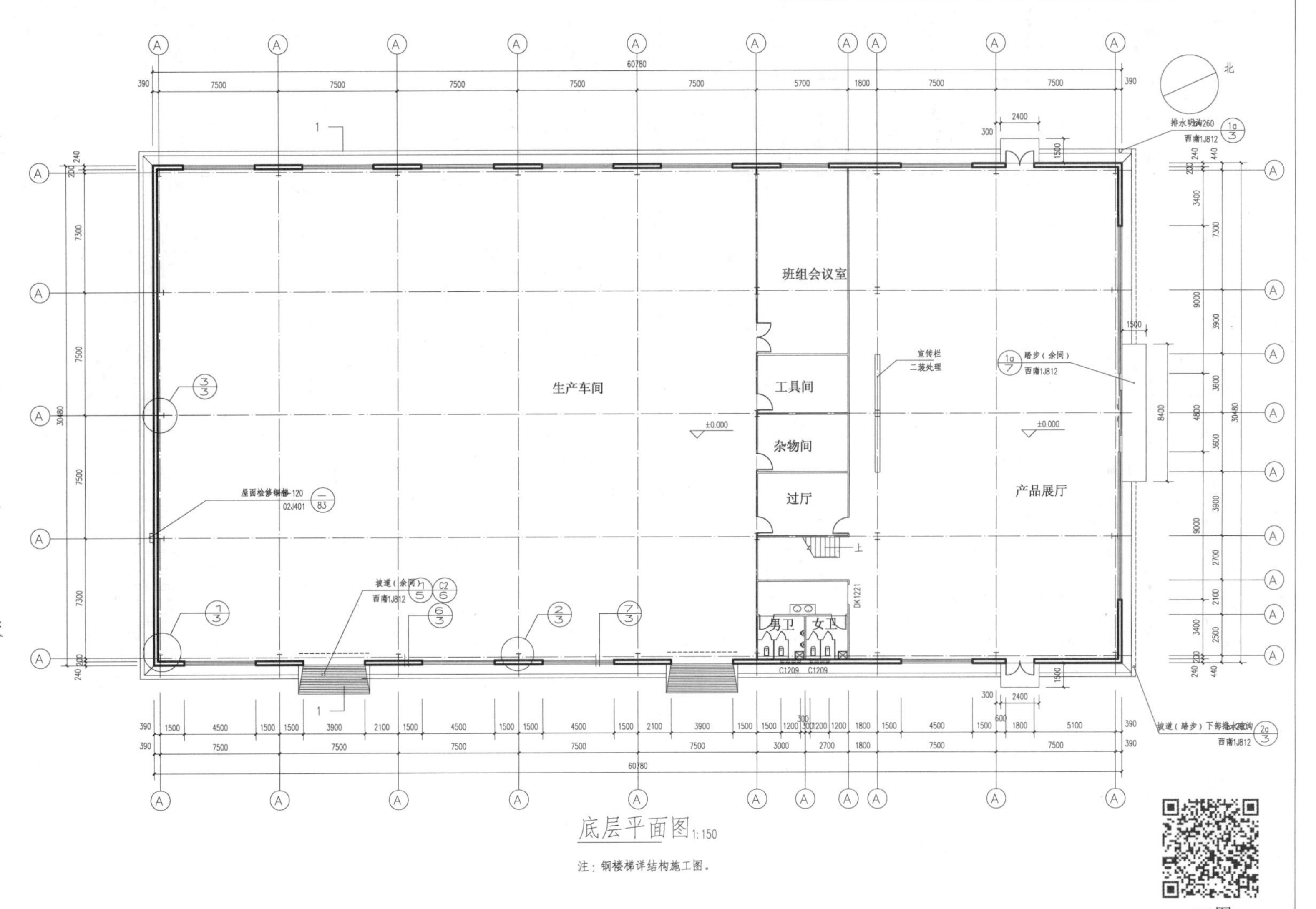

底层平面图 1:150

注：钢楼梯详结构施工图。

XX建筑设计有限公司

建筑设计说明
图纸目录　门窗表
底层平面图

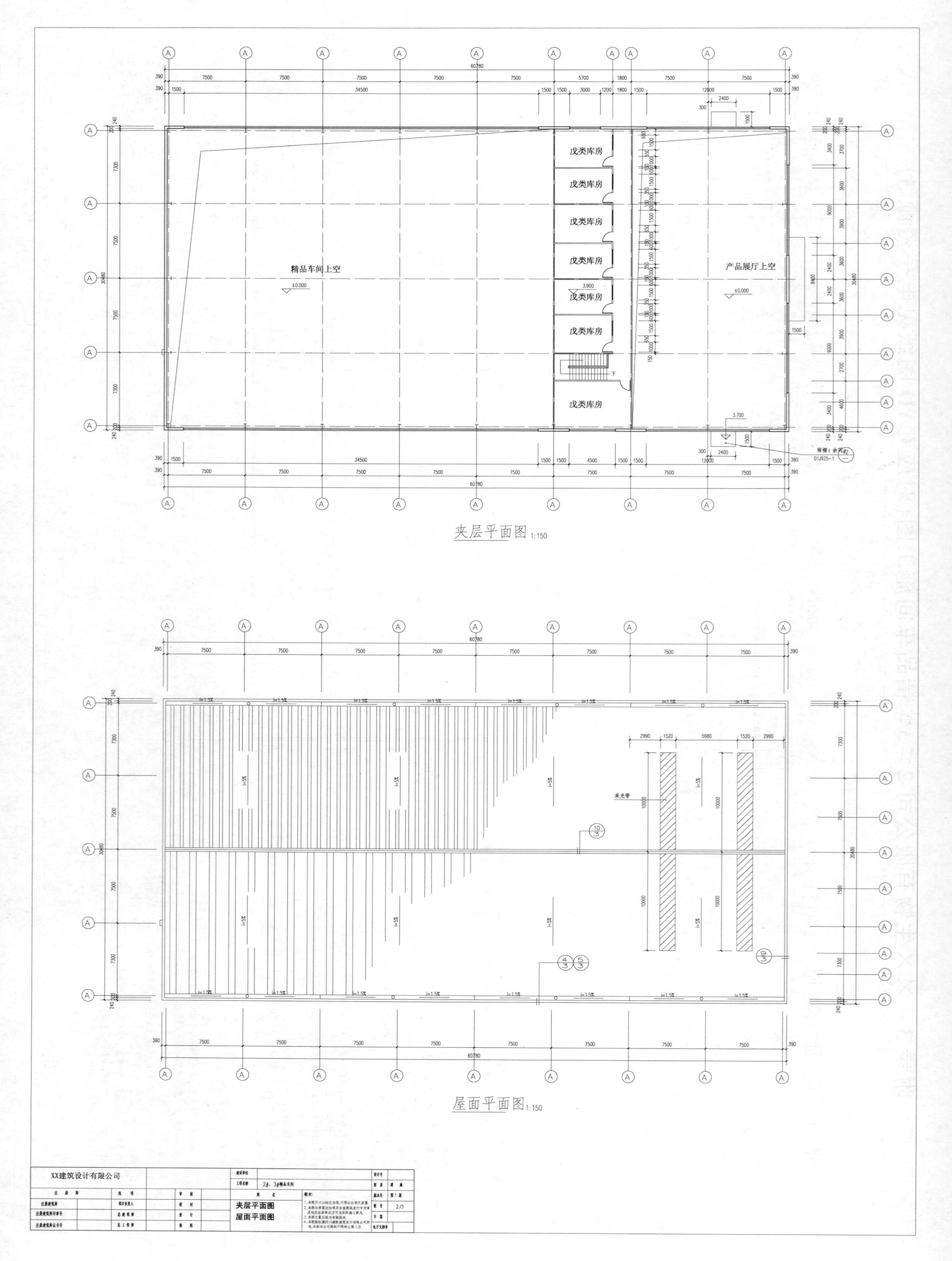
精品车间上空
皮类库房
产品展厅上空
夹层平面图 1:150
采光带
屋面平面图 1:150
XX建筑设计有限公司
2#、3#精品车间
夹层平面图
屋面平面图

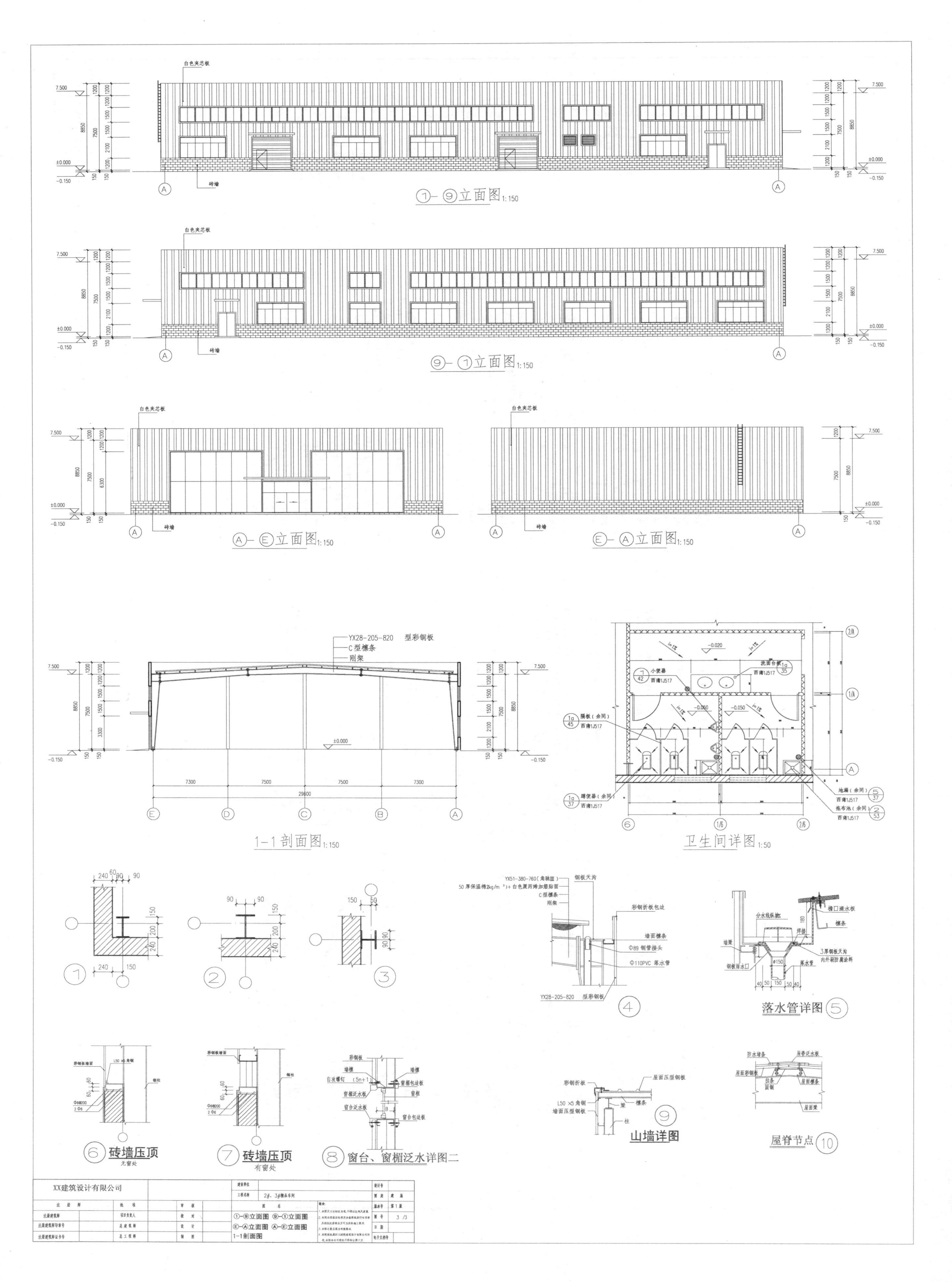
①-⑨立面图 1:150
⑨-①立面图 1:150
Ⓐ-Ⓔ立面图 1:150
Ⓔ-Ⓐ立面图 1:150
1-1剖面图 1:150
卫生间详图 1:50
落水管详图 ⑤
⑥ 砖墙压顶
无窗处
⑦ 砖墙压顶
有窗处
⑧ 窗台、窗楣泛水详图二
⑨ 山墙详图
屋脊节点 ⑩
XX建筑设计有限公司

结 构 设 计 总 说 明

一、设计依据

1.本工程设计遵循的标准规范、规程

《建筑结构可靠度设计统一标准》(GB50068-2001)

《建筑结构荷载规范》(GB50009-2012)

《建筑结构地基基础设计规范》(GB5007-2011)

《混凝土结构设计规范》(GB50010-2010)

《建筑抗震设计规范》(GB50011-2010)

《砌体结构设计规范》(GB50003-2011)

《建筑结构制图标准》(GB/T50105-2010)

《钢结构设计规范》(GB50017-2003)

《门式刚架轻型房屋钢结构设计规程》(CECS102:2002)(2012版)

《钢结构高强螺栓连接的技术规程》(JGJ82-2011)

《冷弯薄壁型钢结构技术规范》(GB50018-2002)

《本工程岩土工程勘察报告》

二、工程概况

1、本工程位于xx市xx县，位置详总平面图。为门式刚架轻型结构房屋。檐口高度为 7.50米。室内外高差0.15m。基础形式为独立柱基(砖墙下为混凝土条形基础)。砌体施工质量控制等级要求达到B级。

2、建筑物设计标高±0.000相当于绝对标高430.15m。

3、基础砼所处环境类别二类a级，上部砼所处环境类别为一类。

三、结构设计总体概述：

1. 建筑结构安全等级：二级 结构重要性系数γ_0=1.0

2. 设计合理使用年限：50年 易于替换的结构构件不超过25年。

3. 建筑抗震设防类别：丙类

4. 地基基础设计等级：丙级

5. 建筑物耐火等级：二级

6. 本工程除标高以m为单位，其余尺寸以mm为单位。

7. 本工程结构采用建科院PKPM-STS软件进行设计计算(2011.3 月版)。

四、自然条件

1、基本风压：(50年基准期) ω_0=0.3KN/m²

地面粗糙度分类： B类

2、基本雪压： S_0=0.1KN/m²

3、抗震设防烈度： 7度(0.1g)设计地震分组为第二组

建筑场地类别为： Ⅱ类 特征周期Tg=0.4s。

五、设计采用的均布荷载标准值

序号	部位	恒载标准值 (KN/m²)	活载标准值 (KN/m²)
1	不上人屋面	0.4	0.3
2	夹层	3.0	2.0
2	楼梯	--	3.5
备注	1、恒载标准值含板、檩条自重。 2、檩条计算恒载0.40KN/m²，活载0.5KN/m²，施工维修荷载1KN。		

六、主要材料

1. 钢材

1.1、冷弯薄壁型钢、热轧型钢和钢板质量标准应符合《碳素结构钢》(GB/T700-2006)或《低合金高强度结构钢》(GB/T1591-2008)的规定。钢材必须具备出厂证明，并有抗拉强度、伸长率、屈服强度、硫磷含量、含碳量和冷弯实验的合格保证。

1.2、本工程所采用的钢材除满足国家规范要求外，地震区尚应满足下列要求：钢材的屈服强度实测值与与抗拉强度实测值的比值应不应大于0.85。钢材应具有明显的屈服台阶，且伸长率应不小于20%，钢材应具有良好的焊接性和合格的冲击韧性。

1.3、各部分材料选用：见钢结构构件表。

1.4、钢结构构件名称代号：见钢结构构件表。

2、焊接材料

2.1、手工焊接的焊条，应符合《非合金钢及细晶粒钢焊条》(GB/T5117-2012)或《热强钢焊条》(GB/T5118-2012)的规定，焊条型号应与主体金属性能相适应。

2.2、自动或半自动焊接用的焊丝，应符合《熔化焊用钢丝》(GB/T14957-1994)、《气体保护电弧用碳钢、低合金钢焊丝》(GB/T8110-2008)等现行国家标准的规定，焊丝和焊剂应与主体金属力学性能相适应。

2.3、当两种不同强度的钢材相焊接时，采用与低强度的钢材相适应的焊接材料。

3、连接材料

3.1、普通螺栓连接：除注明外采用C级，强度级别为4.6级，应符合《六角头螺栓 C级》(GB/T5780-2016)和《六角头螺栓》(GB/T5782-2016)的规定，其机械性能应符合《紧固件机械性能 螺栓、螺钉和螺柱》(GB/T3089-2008)的规定。

3.2、高强螺栓连接：除注明外均采用10.9级摩擦型高强螺栓，应符合《钢结构用高强度大六角头螺栓》(GB/T1228-2006)、《钢结构用高强度大六角头螺母》(GB/T1229-2006)、《钢结构用高强度垫圈》(GB/T1230-2006)、《钢结构用高强度大六角螺栓、大六角螺母、垫圈技术条件》(GB/T1231-2006)。

4、压型钢板：

4.1、压型钢板采用彩色涂层钢板制作，其力学性能、工艺性能、涂层性能应符合《彩色涂层钢板与钢带》(GB/T12754-91-2006)、《建筑用压型钢板》(GB/T12755-2008)的规定。

4.2、压型钢板材料的要求详见《压型钢板、夹芯板屋面及墙体建筑构造》(01J925-1)。

4.3、压型板之间的连接、屋面板与支撑构件的连接及连接之间的连接、墙板与墙檩的连接应满足现行国家规范、规程及《压型钢板、夹芯板屋面及墙体建筑构造》(01J925-1)的要求。且应符合：固定式屋面板与檩条连接以及墙板与墙梁连接时，螺钉中心距不大于300mm且每块板与同一根檩条或墙檩的连接不少于3点，房屋端部和屋面板端头连接螺钉间距应加密，屋面板侧边搭接处钉距不大于400mm，墙板侧边搭接处钉距不大于500mm，螺钉直径应≥5.5mm。

5、混凝土

5.1、混凝土强度等级见下表。

序号	部位或构件	混凝土强度	序号	部位或构件	混凝土强度
1	独基垫层	C10	3	独立基础、地圈梁	C25
2	构造柱、圈梁、压顶	C20	4	混凝土条形基础	C15

5.2、钢筋保护层厚度(从最外侧钢筋算起)见下表。

序号	部位或构件	保护层厚度	序号	部位或构件	保护层厚度
1	构造柱	20	3	独基	40
2	圈梁	25	4	压顶	20

5.3、混凝土耐久性要求见下表。

环境类别	最大水胶比	最低混凝土强度等级	最大氯离子含量(%)	最大碱含量(%)
一	0.60	C20	0.3	不限制
二a	0.55	C25	0.3	3.0

5.4、砌体材料(采用烧结实心页岩砖)见下表。

砌体部位及范围	砖强度等级	砂浆强度等级
防潮层以下	MU10	M5
防潮层以上	MU10	M5
附注：防潮层以下为水泥砂浆，防潮层以上为混合砂浆。		

6、钢筋：φ(HPB300级)，Φ(HPB335级)。

七、地基基础

1. 基础设计根据建设单位提供的《岩土工程勘察报告》进行，采用粉质黏土④a和泥质粉砂岩⑤作为持力层，地基承载力特征值fak=180kPa，基础底标高为-1.500，局部持力层超深时采用C10混凝土浇筑至基底标高。

2. 根据地勘报告无砂土的地震液化问题。

3. 开挖基坑时应注意边坡稳定，定期观测其对周围道路、市政设施和建筑物有无不利影响，严禁超挖相邻基础，且加强支护措施。

5. 基础施工前应进行验槽，如发现土质与地质报告不符合时，须会同勘察、设计、监理、建设单位共同协商研究处理。

6. 基坑回填土及位于设备基础、地面、散水、踏步等回填土要分层夯实，每层厚度不大于250，压实系数应≥0.94。

八、钢结构制作、安装

1. 钢结构的制作安装前应编制工艺和施工组织设计，在制作中应实施工序质量控制建立质量保证体系。

2. 钢结构制作、安装过程中使用的计量器具必须经计量单位验证合格，并在有效期内制作，安装与验收(包括基础施工单位)统一用尺。

3. 所有钢材除须具有出厂合格证书外还应附有质量证明书，并在下料前应进行抽样复验，证明其结果符合国家标准的规定和设计文件要求，方可采用。

4. 钢结构的制作安装和验收要严格按《钢结构工程施工及验收规范》(GB50205-2001)规范执行。

5. 所有焊接材料、焊接工艺应满足《建筑钢结构焊接规程》(JGJ81-91)规定焊接钢梁，应采用埋弧自动或半自动焊，双面贴角焊缝的厚度除注明者外，不得小于5mm长度满焊。

6. 除图中注明外，所有角焊缝均为连续焊缝，焊缝高度h_f≥1.5√t，t为较厚焊件。且不大于较薄构件厚度的1.2倍。当t≤6mm时，h_f≤t。当t≥6mm时，h_f≤t-(1~2)mm。

7. 图中支撑系统采用一般螺栓，在安装定位后应加安装焊缝，不得漏焊。

8. 除拼接焊缝和图中注明的对接焊缝质量等级为二级外，其余焊缝质量等级为三级(钢梁所有板件对接焊缝为二级)。

9. 钢梁构件翼缘和腹板及端板的连接的贴角焊缝，应采用埋弧自动焊和半自动焊(或气体保护焊)。

10. 高强螺栓孔应采用钻成孔，孔径比螺栓直径D大2.0mm，当螺栓孔位置不对或误差较大时不得随意扩孔或烧孔，高强螺栓连接范围内不得上漆，构件接触面做喷砂处理或用砂轮打磨，不得做防锈保护其摩擦系数≥0.5，为了防止接触面锈蚀，在构件对接后，接点周边用建筑胶密封，高强螺栓的施工应遵守《钢结构高强螺栓及验收规程》的相应规定，必须执行有关初拧、终拧的规定。

11. 钢结构制作除图中注明者外，还应满足《钢结构工程施工质量验收规范》(GB50205-2001)的规定。

12. 构件的放样工作应按施工图1:1绘出大样，校核尺寸准确后方可下料。实际下料实宜采用自动切割机切割，当板厚为18mm以上实，宜采用精密切割，下料时应考虑焊接收缩量，构件焊接时应选择合理的焊接顺序。

13. 焊接构件的坡口和切口质量应符合《气焊、手工电弧焊及气体保护焊焊缝坡口的基本形式与大小》GB/T985。

14. 构件部件的工厂焊接，现场拼装焊接，必须由取得考试合格证明书的焊工来承担。

15. 安装前应对每一个钢构件进行全面检查，如构件的数量、长度、垂直平整度，以及柱脚锚栓的空间位置的准确性，安装接头处螺栓孔之间的尺寸等是否符合设计要求，对制造中遗留下的缺陷及运输中产生的变形，应在地面校正，妥善处理。

16. 钢构件因长途运输装卸等而产生变形时，施工前应进行矫正，使之平直。

17. 按照前应对全部柱顶位置、标高、轴线、预埋螺栓尺寸验收合格后方可吊装。

18. 安装顺序应从靠近山墙的有柱间支撑的两榀刚架开始，在刚架安装完毕后，应将其间的檩条、支撑、拉条、隅撑等全部安装好，并检查垂直度和方正度，然后以这两榀刚架为起点，向房屋另一端安装，螺栓应在校准后在拧紧，刚架调整完毕后，全部高强螺栓应终拧完毕。全部连接螺栓，特别是钢梁拼装的高强螺栓，在安装完毕后，必须逐个检查，并做记号，避免漏拧。高强螺栓终拧前不得淋雨。

19. 刚架安装在形成空间刚度单元后，应及时对柱底及基础顶面的间隙采用细石混土进行二次浇灌。

九、钢结构的耐火极限根据使用要求由建施确定，防火涂料应符合规定。

十、钢结构的防锈、防腐及保护

1. 钢构件表面除锈去污处理，钢构件表面要彻底清除油污，再用抛丸方法去掉氧化皮，除锈达到国标GBSa2.0级。

2. 经表面处理后，立即将钢构件表面涂防锈防腐保护漆。(详建筑说明)

3. 钢结构需每年定期做检查并作防锈处理。

十一、钢结构的验收

1. 钢结构的施工与验收应严格遵守《钢结构工程施工及验收规范》GB50205-2001，钢构件的外行尺寸允许偏差和钢结构安装允许偏差应符合GB50205-2001中附录B、附录C的规定。

2. 钢结构的检验应严格遵守《钢结构检验评定规范》GB50221-95规定。

十二、施工部门对图纸有疑问或发现有矛盾之处，应书面通知设计部门进行解释或修改。

十三、设计功能未尽事宜由设计、施工、建设单位共同协商解决。

十四、未经技术鉴定或设计许可，不得改变结构的用途和使用环境。

十五、其它未尽事宜按国家有关规范进行施工。

图纸目录

XX建筑设计有限公司						建设单位			设计号	
						工程名称	2#3#精品车间		图 别	结 施
注 册 师		批 准		审 核		图 名		敬告： 1.本图尺寸以标注为准，不得以比例尺度量。 2.本图必须签注批准并加盖图纸发行专用章及相应注册章后方可为实际施工图用。 3.本图之最后版为有效版本。 4.本图版权属四川超隆建筑设计有限公司所有，未经本所授权不得转让第三方。	版本号	第1版
注册结构工程师		项目负责人		校 对		结构设计总说明 图纸目录			图 号	11
注册结构工程师印章号		总 建 筑 师		设 计					日 期	
注册结构工程师证书号		总 工 程 师		制 图					电子文档号	

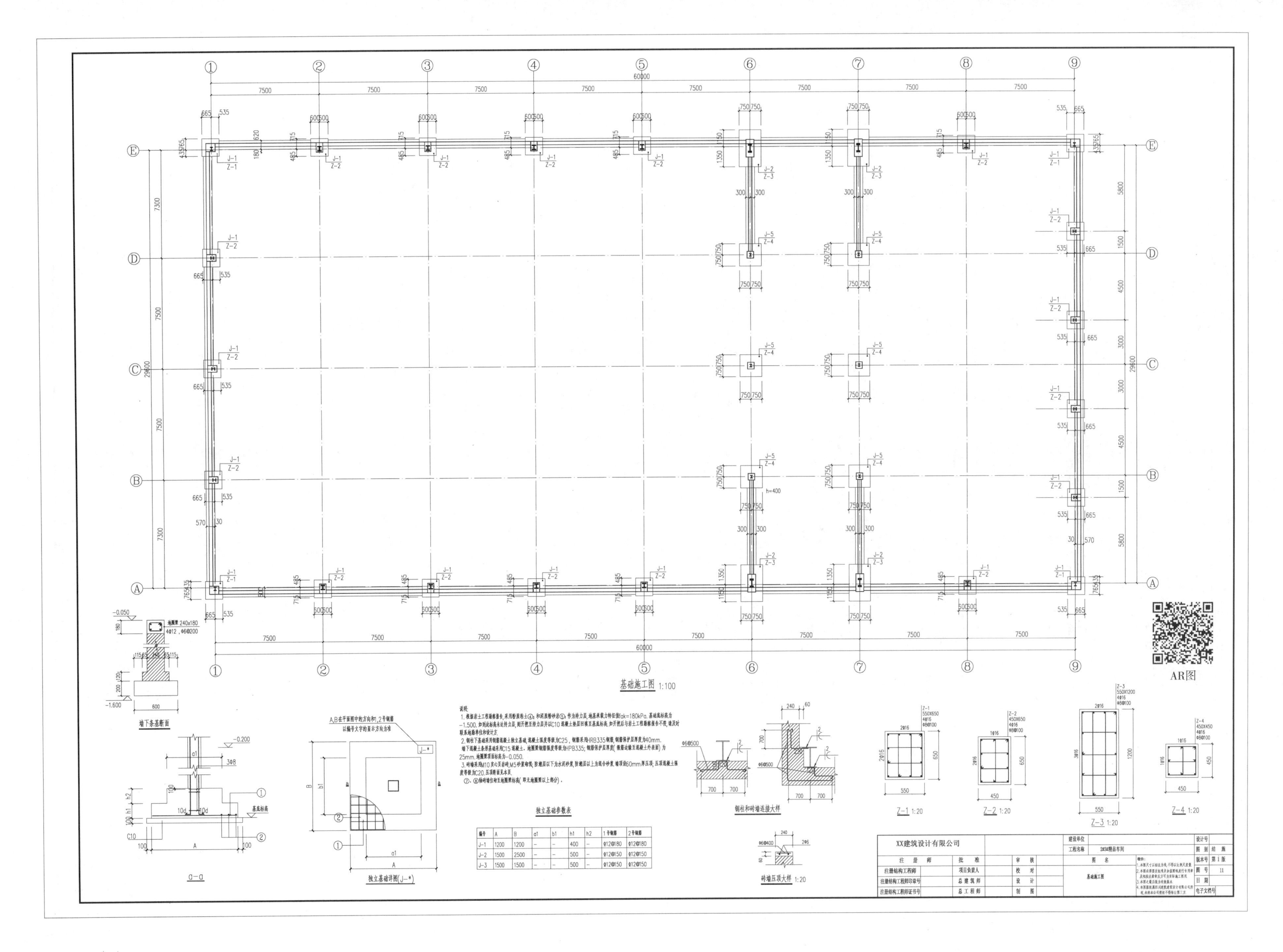

基础施工图 1:100
说明：
1. 根据岩土工程勘察报告，采用粉质粘土④2和泥质粉砂岩⑤1作为持力层，地基承载力特征值fak=180kPa。基础底标高为-1.500。如到此标高未达持力层，则开挖至持力层并以C10混凝土垫层回填至基底标高。如开挖后与岩土工程勘察报告不符，请及时联系地勘单位和设计方。
2. 钢柱下基础采用钢筋混凝土独立基础，混凝土强度等级为C25，钢筋采用HRB335钢筋，钢筋保护层厚度为40mm。墙下混凝土条形基础采用C15混凝土。地圈梁钢筋强度等级为HPB335；钢筋保护层厚度（箍筋边缘至混凝土外表面）为25mm。地圈梁顶面标高为-0.050。
3. 砖墙采用M10实心页岩砖，M5砂浆砌筑；防潮层以下为水泥砂浆，防潮层以上为混合砂浆，墙顶设60mm厚压顶，压顶混凝土强度等级为C20。压顶断面见本页。
⑦、⑧轴砖墙仅砌至地圈梁标高（即无地圈梁以上部分）。
墙下条基断面
地圈梁 240x180
4Φ12，Φ6@200
a–a
独立基础详图(J-*)
A,B在平面图中的方向和1,2号钢筋以编号文字的显示方向为准
钢柱和砖墙连接大样
砖墙压顶大样 1:20
Z-1 1:20
Z-2 1:20
Z-3 1:20
Z-4 1:20
AR图
XX建筑设计有限公司
基础施工图

独立基础参数表

编号	A	B	a1	b1	h1	h2	1号钢筋	2号钢筋
J-1	1200	1200	–	–	400	–	Φ12@180	Φ12@180
J-2	1500	2500	–	–	500	–	Φ12@150	Φ12@150
J-3	1500	1500	–	–	500	–	Φ12@150	Φ12@150

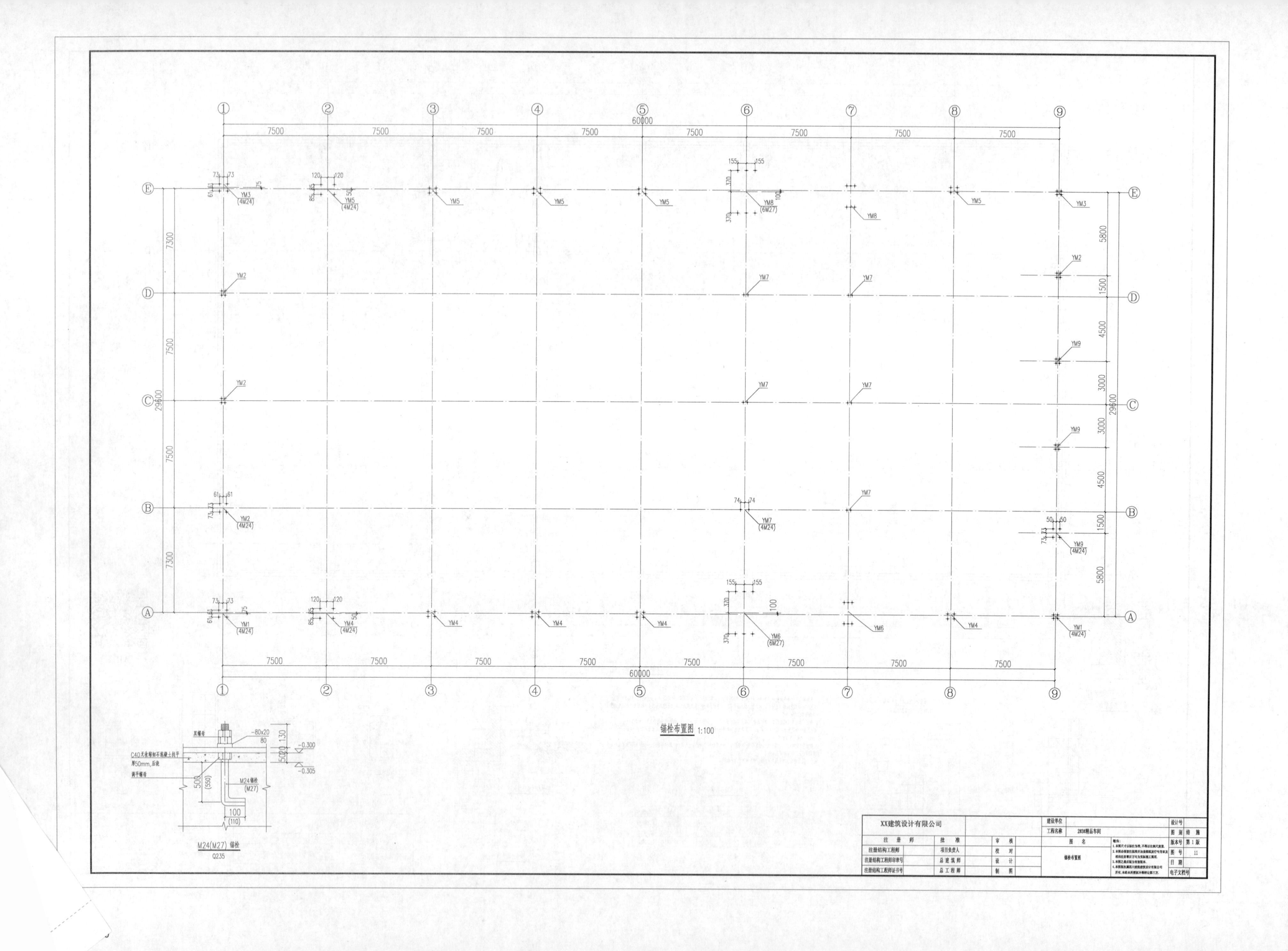

锚栓布置图 1:100
60000
7500
29600
7300
5800
1500
4500
3000
YM1 (4M24)
YM2 (4M24)
YM3 (4M24)
YM4 (4M24)
YM5 (4M24)
YM6 (6M27)
YM7 (4M24)
YM8 (6M27)
YM9 (4M24)
双螺母
-80x20
80
C40无收缩细石混凝土找平
厚50mm,后浇
调平螺母
M24锚栓
(M27)
-0.300
-0.305
M24(M27) 锚栓
Q235
XX建筑设计有限公司
建设单位
工程名称
2#3#精品车间
设计号
图别 结施
版本号 第1版
图号 11
日期
电子文档号
注册师
批准
审核
注册结构工程师
项目负责人
校对
注册结构工程师印章号
总建筑师
设计
注册结构工程师证书号
总工程师
制图
图名
锚栓布置图
敬告:
1. 本图尺寸以标注为准,不得以比例尺度量.
2. 本图必须签注批准并加盖图纸发行专用章及相应注册章后方可为实际施工图用.
3. 本图之最后版为有效版本.
4. 本图版权属四川省院建筑设计有限公司所有,未经本所授权不得转让第三方.

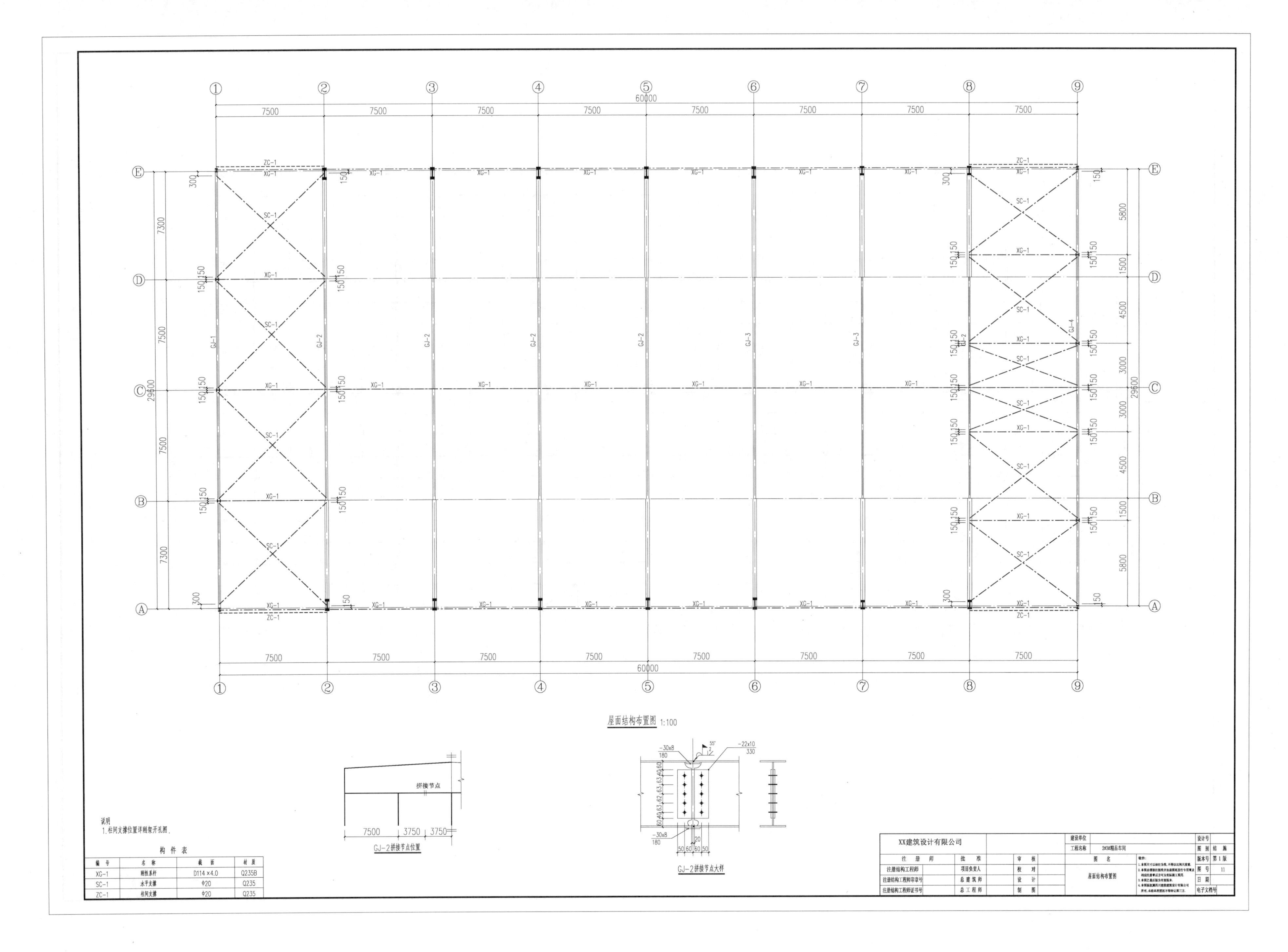

构 件 表

编号	名称	截面	材质
XG-1	刚性系杆	D114×4.0	Q235B
SC-1	水平支撑	Φ20	Q235
ZC-1	柱间支撑	Φ20	Q235

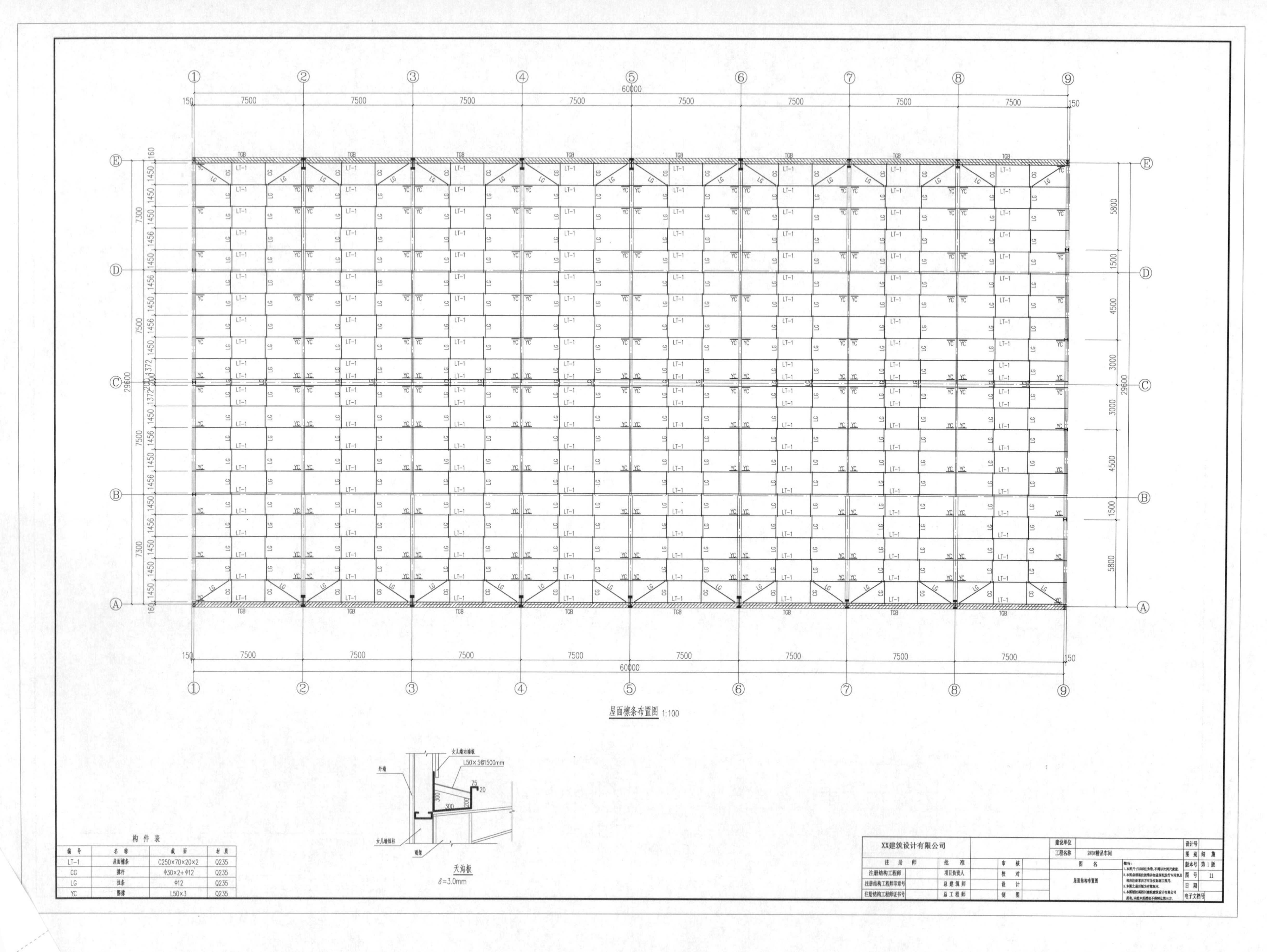

构件表

编号	名称	截面	材质
LT-1	屋面檩条	C250×70×20×2	Q235
CG	撑杆	Φ30×2+Φ12	Q235
LG	拉条	Φ12	Q235
YC	隅撑	L50×3	Q235

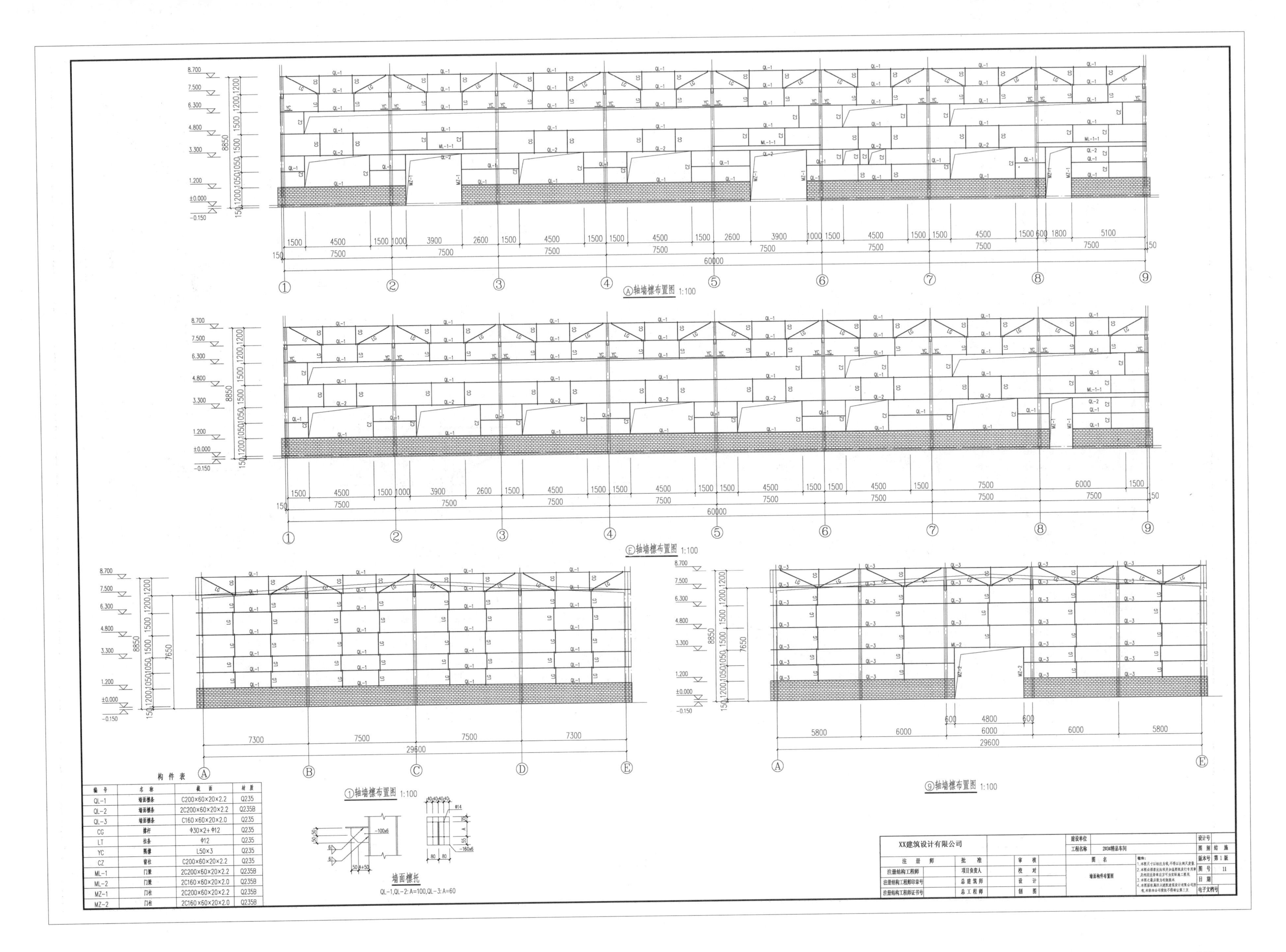

构件表

编号	名称	截面	材质
QL-1	墙面檩条	C200×60×20×2.2	Q235
QL-2	墙面檩条	2C200×60×20×2.2	Q235B
QL-3	墙面檩条	C160×60×20×2.0	Q235
CG	撑杆	Φ30×2+Φ12	Q235
LT	拉条	Φ12	Q235
YC	隅撑	L50×3	Q235
CZ	窗柱	C200×60×20×2.2	Q235
ML-1	门梁	2C200×60×20×2.2	Q235B
ML-2	门梁	2C160×60×20×2.0	Q235B
MZ-1	门柱	2C200×60×20×2.2	Q235B
MZ-2	门柱	2C160×60×20×2.0	Q235B

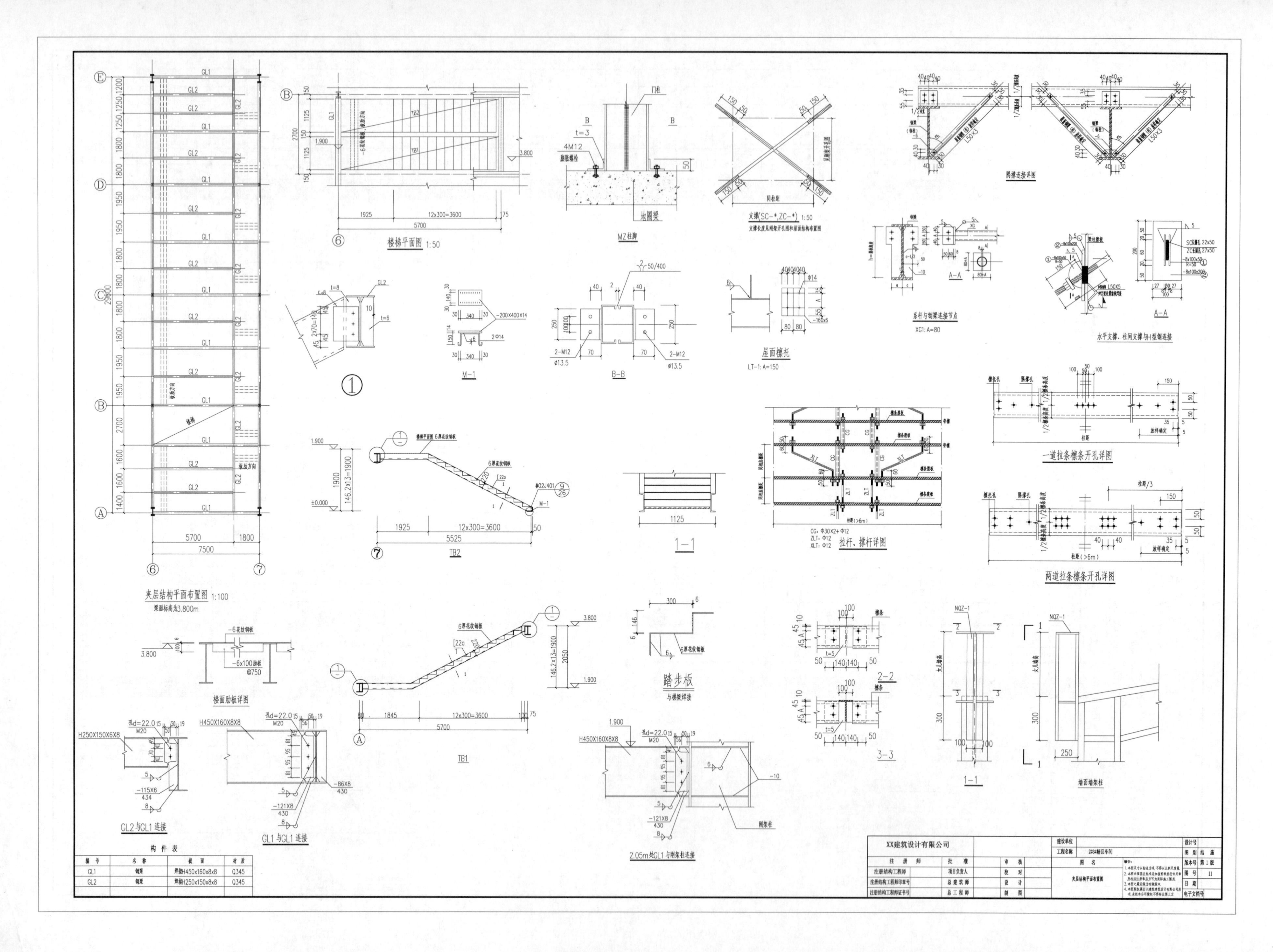

构件表

编号	名称	截面	材质
GL1	钢梁	焊接H450x160x8x8	Q345
GL2	钢梁	焊接H250x150x8x8	Q345

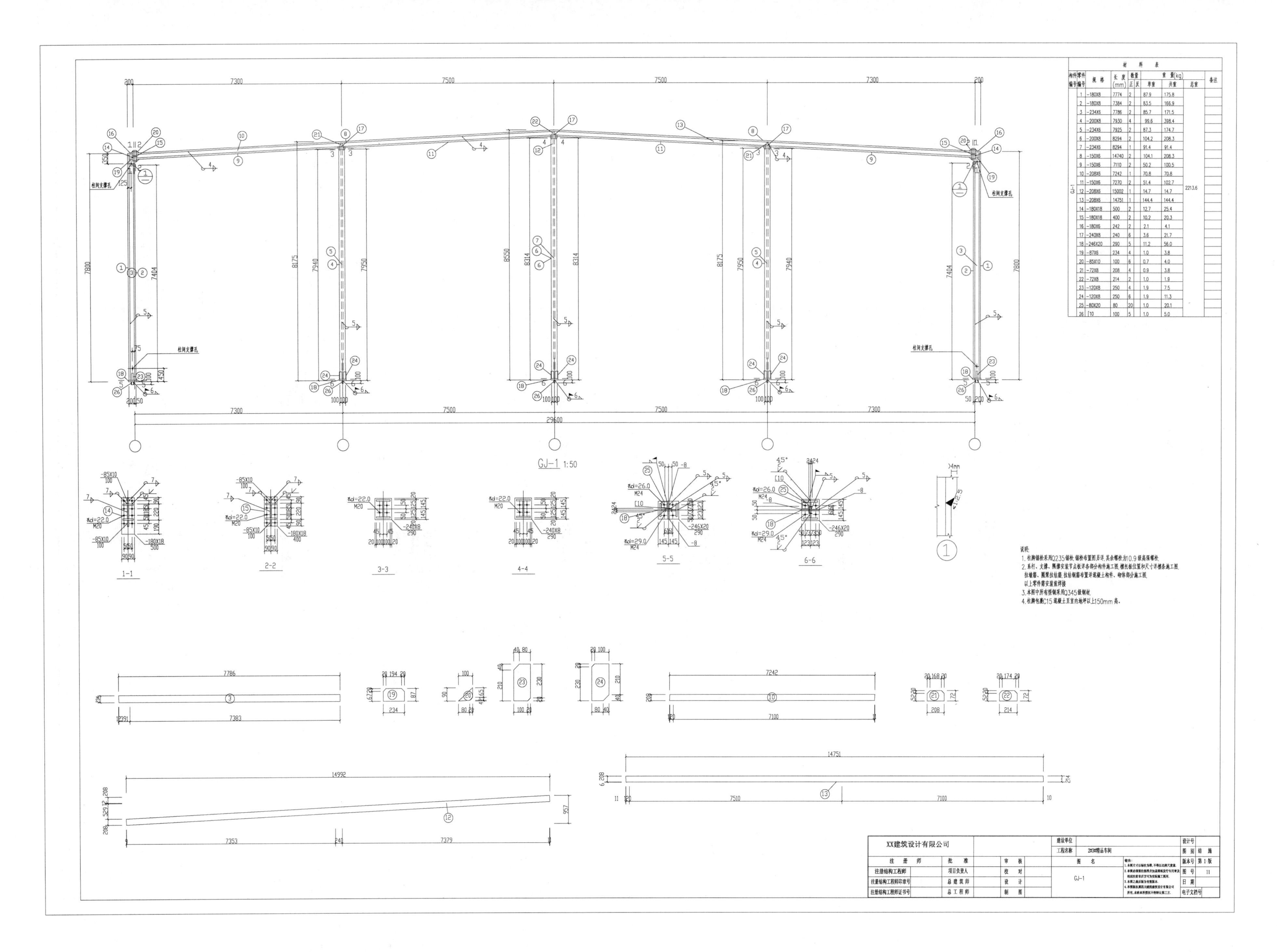

材料表

构件编号	零件编号	规格	长度(mm)	数量 正	数量 反	重量(kg) 单重	重量(kg) 共重	重量(kg) 总重	备注
GJ-1	1	-180X8	7774	2		87.9	175.8	2213.6	
	2	-180X8	7384	2		83.5	166.9		
	3	-234X6	7786	2		85.7	171.5		
	4	-200X8	7930	4		99.6	398.4		
	5	-234X6	7925	2		87.3	174.7		
	6	-200X8	8294	2		104.2	208.3		
	7	-234X6	8294	1		91.4	91.4		
	8	-150X6	14740	2		104.1	208.3		
	9	-150X6	7110	2		50.2	100.5		
	10	-208X6	7242	1		70.8	70.8		
	11	-150X6	7270	2		51.4	102.7		
	12	-208X6	15002	1		14.7	14.7		
	13	-208X6	14751	1		144.4	144.4		
	14	-180X18	500	2		12.7	25.4		
	15	-180X18	400	2		10.2	20.3		
	16	-180X6	242	2		2.1	4.1		
	17	-240X8	240	6		3.6	21.7		
	18	-246X20	290	5		11.2	56.0		
	19	-87X6	234	4		1.0	3.8		
	20	-85X10	100	6		0.7	4.0		
	21	-72X8	208	4		0.9	3.8		
	22	-72X8	214	2		1.0	1.9		
	23	-120X8	250	4		1.9	7.5		
	24	-120X8	250	6		1.9	11.3		
	25	-80X20	80	20		1.0	20.1		
	26	[10	100	5		1.0	5.0		

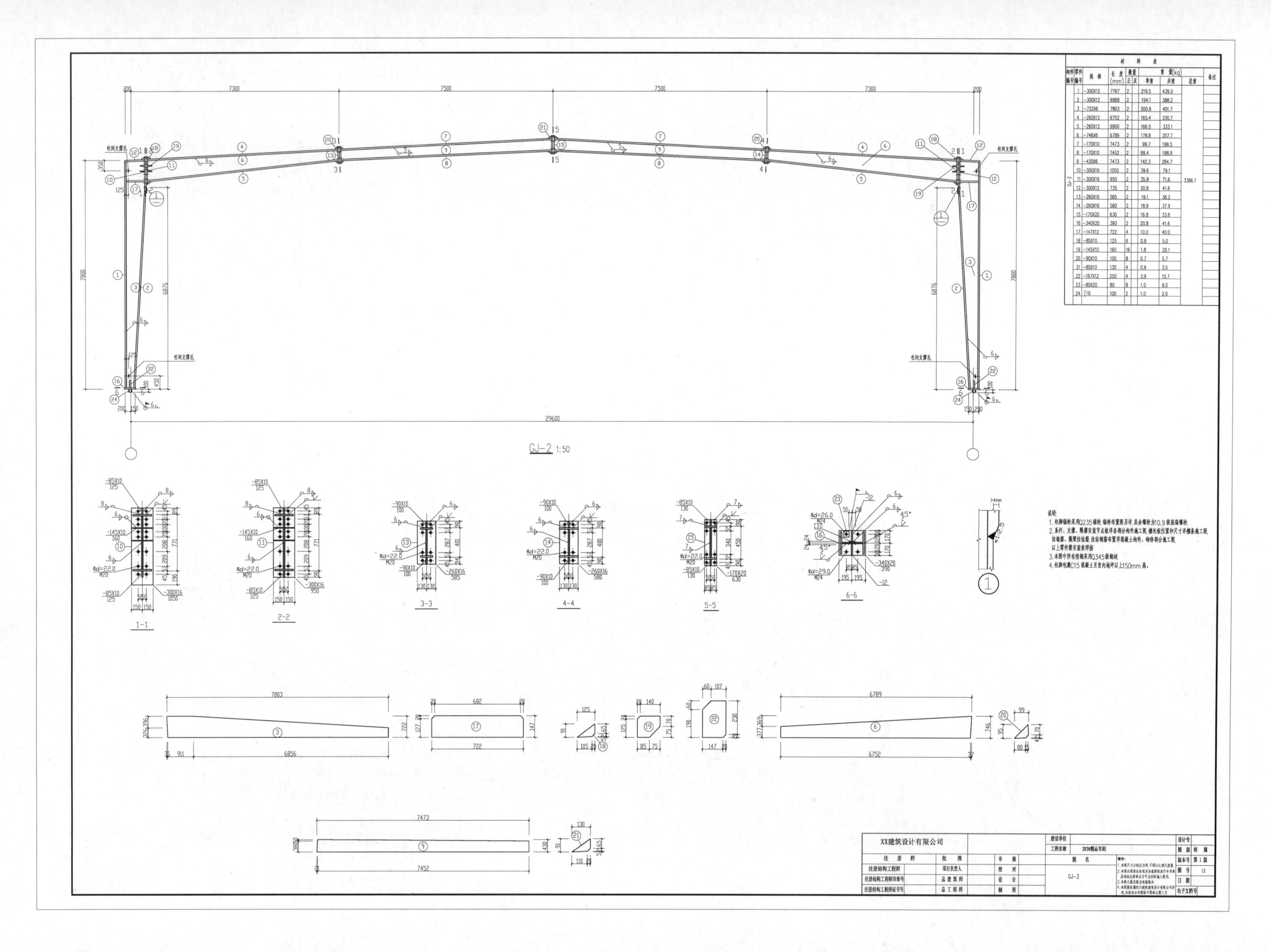

材料表

构件编号	零件编号	规格	长度(mm)	数量 正	数量 反	重量(kg) 单重	重量(kg) 共重	重量(kg) 总重	备注
GJ-2	1	-300X12	7767	2		219.5	439.0	3386.1	
	2	-300X12	6868	2		194.1	388.2		
	3	-722X6	7803	2		200.9	401.7		
	4	-260X12	6752	2		165.4	330.7		
	5	-260X12	6800	2		166.5	333.1		
	6	-746X6	6789	2		178.8	357.7		
	7	-170X10	7473	2		99.7	199.5		
	8	-170X10	7452	2		99.4	198.9		
	9	-430X6	7473	2		142.3	284.7		
	10	-300X16	1050	2		39.6	79.1		
	11	-300X16	950	2		35.8	71.6		
	12	-300X12	735	2		20.8	41.6		
	13	-260X16	585	2		19.1	38.2		
	14	-260X16	580	2		18.9	37.9		
	15	-170X20	630	2		16.8	33.6		
	16	-340X20	390	2		20.8	41.6		
	17	-147X12	722	4		10.0	40.0		
	18	-85X10	125	6		0.8	5.0		
	19	-145X10	160	16		1.8	29.1		
	20	-90X10	100	8		0.7	5.7		
	21	-85X10	130	4		0.9	3.5		
	22	-167X12	250	4		3.9	15.7		
	23	-80X20	80	8		1.0	8.0		
	24	[10	100	2		1.0	2.0		

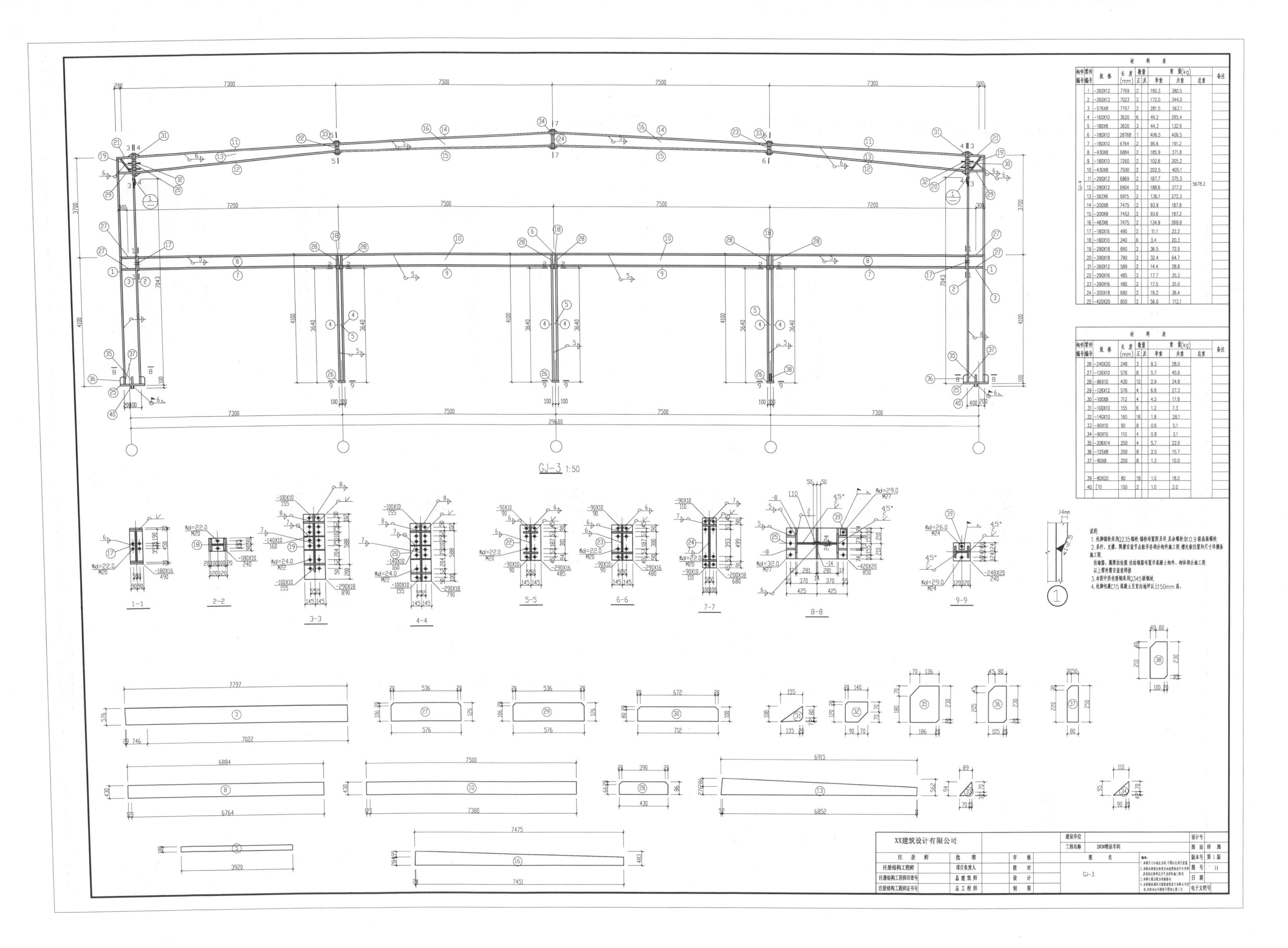

材料表

构件编号	零件编号	规格	长度(mm)	数量 正	数量 反	重量(kg) 单重	重量(kg) 共重	重量(kg) 总重	备注
GJ-4	1	-260X12	7769	2		190.3	380.5	5678.2	
	2	-260X12	7023	2		172.0	344.0		
	3	-576X8	7797	2		281.5	563.1		
	4	-160X10	3620	6		49.2	295.4		
	5	-180X8	3620	3		44.3	132.9		
	6	-180X10	28768	1		406.5	406.5		
	7	-180X10	6764	2		95.6	191.2		
	8	-430X8	6884	2		185.9	371.8		
	9	-180X10	7260	2		102.6	205.2		
	10	-430X8	7500	2		202.5	405.1		
	11	-290X12	6869	2		187.7	375.3		
	12	-290X12	6904	2		188.6	377.2		
	13	-562X6	6915	2		136.1	272.3		
	14	-200X8	7475	2		93.9	187.8		
	15	-200X8	7453	2		93.6	187.2		
	16	-483X6	7475	2		134.9	269.8		
	17	-180X16	490	2		11.1	22.2		
	18	-180X10	240	6		3.4	20.3		
	19	-290X18	890	2		36.5	72.9		
	20	-290X18	790	2		32.4	64.7		
	21	-260X12	589	2		14.4	28.8		
	22	-290X16	485	2		17.7	35.3		
	23	-290X16	480	2		17.5	35.0		
	24	-200X18	680	2		19.2	38.4		
	25	-420X20	850	2		56.0	112.1		

材料表

构件编号	零件编号	规格	长度(mm)	数量 正	数量 反	重量(kg) 单重	重量(kg) 共重	重量(kg) 总重	备注
	26	-240X20	248	3		9.3	28.0		
	27	-126X10	576	8		5.7	45.6		
	28	-86X10	430	12		2.9	34.8		
	29	-126X12	576	4		6.8	27.3		
	30	-100X8	712	4		4.5	17.9		
	31	-100X10	155	6		1.2	7.3		
	32	-140X10	160	16		1.8	28.1		
	33	-90X10	90	8		0.6	5.1		
	34	-90X10	110	4		0.8	3.1		
	35	-206X14	250	4		5.7	22.6		
	36	-125X8	250	8		2.0	15.7		
	37	-80X8	250	8		1.3	10.0		
	39	-80X20	80	18		1.0	18.0		
	40	[10	100	2		1.0	2.0		

说明:

1. 柱脚锚栓采用Q235锚栓,锚栓布置图另详,其余螺栓为10.9级高强螺栓.
2. 系杆、支撑、隅撑安装节点板详各部分构件施工图,檩托板位置和尺寸详檩条施工图.
   拉墙筋、圈梁拉结筋,拉结钢筋布置详混凝土构件、砌体部分施工图.
   以上零件需安装前焊接
3. 本图中所有型钢采用Q345级钢材.
4. 柱脚包裹C15混凝土至室内地坪以上150mm高.

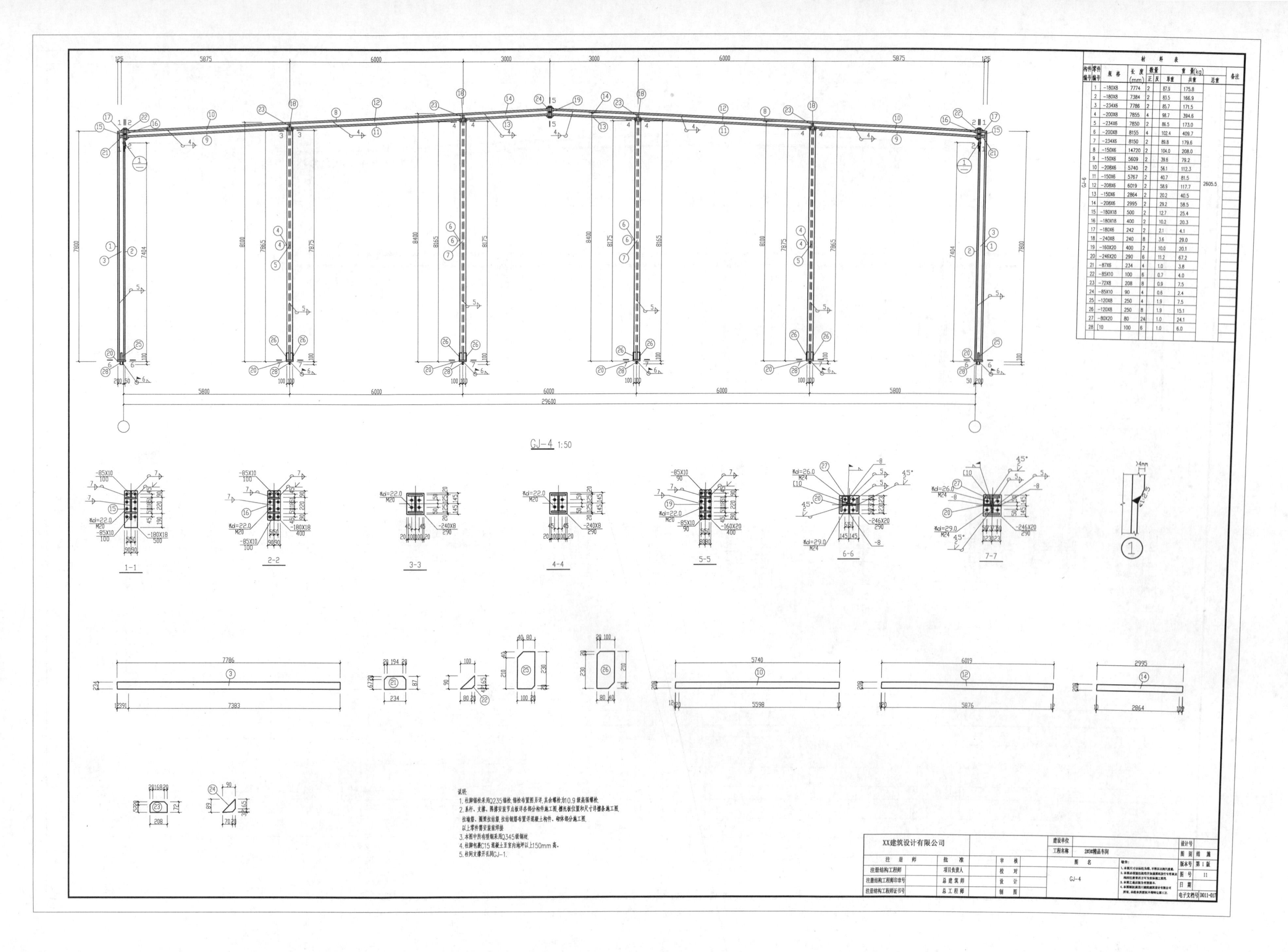

材料表

构件编号	零件编号	规格	长度(mm)	数量 正	数量 反	重量(kg) 单重	重量(kg) 共重	重量(kg) 总重	备注
GJ-6	1	-180X8	7774	2		87.9	175.8	2605.5	
	2	-180X8	7384	2		83.5	166.9		
	3	-234X6	7786	2		85.7	171.5		
	4	-200X8	7855	4		98.7	394.6		
	5	-234X6	7850	2		86.5	173.0		
	6	-200X8	8155	4		102.4	409.7		
	7	-234X6	8150	2		89.8	179.6		
	8	-150X6	14720	2		104.0	208.0		
	9	-150X6	5609	2		39.6	79.2		
	10	-208X6	5740	2		56.1	112.3		
	11	-150X6	5767	2		40.7	81.5		
	12	-208X6	6019	2		58.9	117.7		
	13	-150X6	2864	2		20.2	40.5		
	14	-208X6	2995	2		29.2	58.5		
	15	-180X18	500	2		12.7	25.4		
	16	-180X18	400	2		10.2	20.3		
	17	-180X6	242	2		2.1	4.1		
	18	-240X8	240	8		3.6	29.0		
	19	-160X20	400	2		10.0	20.1		
	20	-246X20	290	6		11.2	67.2		
	21	-87X6	234	4		1.0	3.8		
	22	-85X10	100	6		0.7	4.0		
	23	-72X8	208	8		0.9	7.5		
	24	-85X10	90	4		0.6	2.4		
	25	-120X8	250	4		1.9	7.5		
	26	-120X8	250	8		1.9	15.1		
	27	-80X20	80	24		1.0	24.1		
	28	[10	100	6		1.0	6.0		

参考文献

陈清来，2007. 钢筋混凝土结构平法设计与施工规则[M]. 北京：中国建筑工业出版社.
丁春静，2003. 建筑识图与房屋构造[M]. 重庆：重庆大学出版社.
丁建梅，张桂娟，李平，2008. 建筑工人识图速成[M]. 哈尔滨：黑龙江科学技术出版社.
冯波，2012. 建筑电气工程图识读[M]. 北京：机械工业出版社.
高霞，杨波，2007. 建筑施工图识读技法[M]. 合肥：安徽科学技术出版社.
高远，张艳芳，2008. 建筑构造与识图[M]. 北京：中国建筑工业出版社.
何伟良，王佳，杨娜，2007. 建筑电气工程图识读与实例[M]. 北京：机械工业出版社.
胡兴福，2008. 建筑结构[M]. 北京：高等教育出版社.
江萍，陈卓，2011. 施工图识图与会审[M]. 武汉：武汉理工大学出版社.
姜庆远，2003. 怎样看懂土建施工图[M]. 北京：机械工业出版社.
蒋林君，2011. 通风空调工程施工图识读快学快用[M]. 北京：中国建材工业出版社.
李晓红，2010. 混凝土结构平法识图[M]. 北京：中国电力出版社.
李亚峰，张吉库，2012. 建筑给水排水施工图识读[M]. 北京：化学工业出版社.
刘昌明，鲍东杰，陈扬，等，2009. 建筑设备工程[M]. 武汉：武汉理工大学出版社.
马光红，伍培，2009. 建筑制图与识图[M]. 北京：中国电力出版社.
茅洪斌，2008. 钢筋翻样方法及实例[M]. 北京：中国建筑工业出版社.
孙玉红，2008. 房屋建筑构造[M]. 北京：机械工业出版社.
王全凤，2005. 砌体结构施工图快速识读[M]. 福州：福建科学技术出版社.
王全凤，2006. 快速识读建筑电气施工图[M]. 福州：福建科学技术出版社.
王武齐，2010. 钢筋工程量计算[M]. 北京：中国建筑工业出版社.
魏明，2008. 建筑构造与识图[M]. 北京：机械工业出版社.
魏艳萍，2006. 建筑识图与构造[M]. 北京：中国电力出版社
闫培明，2008. 房屋建筑构造[M]. 北京：机械工业出版社.
张会平，2012. 建筑制图与识图[M]. 郑州：郑州大学出版社.
张岩，2005. 建筑制图与识图[M]. 济南：山东科学技术出版社.
郑贵超，2009. 建筑构造与识图[M]. 北京：北京大学出版社.
周佳新，2013. 建筑采暖通风工程图识读[M]. 北京：化学工业出版社.